第二版

中国煤炭性质、分类和利用

陈鹏 编著

化学工业出版社
·北京·

本书是一本从煤炭性质入手，以煤炭分类为主线，阐述煤炭利用过程中如何选择和开发洁净、有效利用途径的专著，为读者在中国煤炭资源、性质及分类到有效和洁净利用工程之间架起一座桥梁。重点论述中国煤炭资源的特性、煤岩组成及其特点、煤质分析、煤的分类和评价方法，并针对不同种类煤的特性，分析了煤对各种转化利用的适应性，阐明了煤性质与分类对焦化、燃烧、气化、液化及对环境影响的指导作用，进而论述了煤分类学在煤利用工程中的应用。

本书可供从事煤田地质勘探、煤炭生产及煤炭利用（如冶金、电力、化工、建材、环保）的技术人员以及物资和外贸等方面的科技人员、管理干部和有关高等院校师生阅读参考。

图书在版编目(CIP)数据

中国煤炭性质、分类和利用/陈鹏编著．—2版．—北京：化学工业出版社，2006.12（2024.10重印）
ISBN 978-7-5025-9279-0

Ⅰ．中…　Ⅱ．陈…　Ⅲ．①煤质-研究-中国②煤炭-分类-研究-中国③煤炭-应用-研究-中国　Ⅳ．TQ53

中国版本图书馆 CIP 数据核字（2006）第 144476 号

责任编辑：王苏平　　　　装帧设计：张　辉
责任校对：陈　静

出版发行：化学工业出版社（北京市东城区青年湖南街 13 号　邮政编码 100011）
印　　装：北京科印技术咨询服务有限公司数码印刷分部
850mm×1168mm　1/32　印张 21¾　字数 587 千字
2024 年 10月北京第 2 版第16次印刷

购书咨询：010-64518888　　　　售后服务：010-64518899
网　　址：http：//www.cip.com.cn
凡购买本书，如有缺损质量问题，本社销售中心负责调换。

定　价：68.00 元　

再版前言

本书第一版经数次重印后，出版社就酝酿再版。对作者来说，再版需要增添新的内容，收集最近的资料和更新数据，要在4～5个月内完成，时间和精力是完成再版的最大障碍，承诺这本书的再版是几经踌躇后才做出的决定。

从本书首版到现在，只有短短5年。期间，国内煤化工产业出现一派大好形势，迎来煤化工利用又一个春天，这激发起再版的欲望；一些洁净煤关键技术的突破，在内容上也使我感到有再版的必要；本书第一版面世后，蒙读者垂青，咨询要求和鼓励不断，也敦促我对内容做与时俱进的增补；2006年初，中国创建的煤质国家标准被投票通过成为国际标准，书的再版也将为介绍中国人自己的国际标准提供一个平台；本书荣获2004年中国石油和化学工业协会科技进步二等奖也成为化学工业出版社说服自己将书再版的一个理由。

因为是再版，原版的总体结构保持不变，还是按原来的顺序分10章来撰写，但每一章内容都有所增补，一些章目随章节内容稍有变动。第一版中的前言和后语，作为一段历史记忆而继续留存。原附录不变，附录中新增ISO 15585：2006硬煤-黏结指数测定方法（第一版）的中译本。

第1章中除因年代更迭需要更新统计数据之外，还增补了“煤化工的发展机遇”和“煤基多联产”两节。

第2章章目修改成“中国煤炭资源的特点、分级及13个大型煤炭基地”，内容除新增1999年“固体矿产资源/储量分类”国家标准外，还增添了最近公布的国内13个大型煤炭基地，可惜由于资料收集方面的原因，煤质部分数据有的煤炭基地数据相对较多，有的就显得很少，未能相互配套，不能不说是一个遗憾。

第 3 章增加了应用 X 射线光电能谱研究煤还原程度的结果，增补了镜质组等显微组分荧光性质的数据，为解释焦化过程中的一些煤质异常，提供了一种方法。

第 4 章内容基本保持不变，增加了煤炭分析方法的一些国际动态，诸如对原国家标准“烟煤黏结指数测定方法”升格为国际标准 ISO 15585 Hard Coal-Determination of Caking Index（公布日期 2006-01-15）的叙述；同时提及罗加指数 ISO 335 已于 2004 年 10 月被投票废除。

第 5 章增补了最新的国际煤分类标准 ISO 11760 Classification of Coals（公布日期 2005-02-15），并做了较为详细的介绍。

第 6 章增加了煤燃烧后排放物中飞灰的特征及迁移以及矿物质中的重金属在不同粒径飞灰上的担载情况。

第 7 章章目修改成“气化工艺与煤质”，跳出原来“气化工艺及对煤质的要求”的框框，增补对现代气化工艺特点的介绍及对煤质的要求，报道了一些煤种在各种类型气化炉上的小试结果；同时在影响煤成浆性煤质因素方面也增多了篇幅。此外，增添了“煤炭地下气化”一节。

第 8 章除增补焦炭热性质预测部分外，还增添了“烟煤黏结现象的化学解释”和“炼焦技术的未来和当前面临的问题”两节。

第 9 章章目修改成“液化工艺与煤质”，这样内容范围就不仅仅限于液化工艺对煤质的要求，除增添“煤炼油和煤提油”小节外，在液化和煤化工、化学制品方面也增加了篇幅，特别对煤液化衍生物的芳烃特性和作为高聚物的原料做了较详细的阐述，在“岩相组成和性质”一节中也做了一些增补。

第 10 章增添了“概述”一节，列举了煤热解转化工艺的主要排放物危害和与燃烧排放物的比较，以及增补“致癌作用与实例”小节；对煤转化工艺中排放二氧化碳的封存和利用专门增添一节进行讨论。

"再版前言"写到这里，可以告一段落。至于再版后能否让读者得到更多的收获和启迪，能否像本书第一版那样受人欢迎，实在无从知晓。但愿书的新版能在大搞煤炭转化的热潮中对读者有所裨益。

作　者

2007 年 1 月，北京

第一版前言

本书主要取材于作者的科研成果及其所引文献。作者的科研内容涉及中国煤炭性质及分类、煤岩相分离及其应用、炼焦用煤评价方法、成型焦化、煤加氢、煤中孔结构及其吸附性能、动力煤合理利用和洗选、无烟煤粉煤的利用、由煤制取化学品、沥青中间相应用、煤中硫和有机硫的鉴定与分布及其对环境的影响，以及褐煤炼焦工程。作者研究试验的煤种范围广泛，涵盖我国所有成煤时代的各煤田和矿区，积累了丰富的煤质资料，为读者提供了中国煤炭资源特征及利用的大量信息。本书内容共分五部分，书后附有煤质结果作为附录。

第一部分：写作背景。通过对煤化学进展的回顾，介绍煤化学和煤化工在20世纪中的成就，集中在煤分类及煤的热解、燃烧、气化、液化等领域，并指出煤炭研究随着政治形势的变化而兴衰。当今，迫于环境的压力，国际上对煤炭研究与投入又进入低谷。而我国是一个煤炭大国，在相当长的一段时期内，以煤为主要能源和原料的情形将不会改变。面对国际煤炭不景气的形势，我国煤化学科技工作者肩负着更重大的创新责任。我国煤炭利用中存在的低效和污染严重等问题，作者认为，除技术和装备水平等原因外，也由于煤炭供需双方缺乏对煤性质与分类的深入了解，这说明了煤性质和分类在煤利用过程及环境保护中的重要意义。这些就是本书的写作背景和意图。

第二部分：介绍中国煤炭资源及其性质与煤岩特征，以便读者从多方位来认识煤炭。谈及煤的储量和分级；从地质的角度介绍煤岩特性，并与国际上的煤岩性质和组成做比较；介绍煤的组成性质和检测；通过对煤中的有机质、无机物和孔结构的分析，描述了煤的化学性质、物理性质及工艺特性；以及近代测试技术在煤组成、性质与结构方面的最新成果及其应用。

第三部分：煤炭分类体系。介绍了制定中国煤炭分类完整体系的方法和过程，通过分类指标的选择及分类方法学研究，完成了煤的技术分类，使先前的经验分类提升到科学分类；随着国内市场经济的发展，为满足煤炭利用和贸易的需要，制定了煤的编码系统，以提供煤质的重要信息；鉴于近期我国将加入世贸组织及煤炭国际贸易量的增大，在评价煤炭储量、类别和煤质方面都有与国际接轨的迫切要求，制定了中国煤层煤分类，构成中国煤分类的完整体系。此外，还扼要介绍了主要产煤国的煤分类，以及新的国际煤分类的起草过程。

第四部分：煤性质与分类对煤转化工艺过程的影响。阐述了煤分类对焦化、燃烧、气化及液化的指导作用。煤性质及分类的研究是为煤利用工程服务的，针对不同种类煤的特性，分析了煤对各种转化利用的适应性。以焦化工程为例，依据煤分类的主要分类指标：煤阶和黏结指数所构成的炼焦用煤评价方法，用来指导炼焦配煤、预测焦炭质量和选择经济配煤比，使配煤技术产生了重大变革。这一方法已在国内多数焦化厂得到广泛应用，并取得很大经济效益，也扩大了炼焦用煤资源。由此阐明煤性质与分类对煤转化的工程意义。

第五部分：煤炭和环境问题。阐述煤及煤炭利用过程中的有害物质及其防治，中国煤中有害微量元素的分布、迁移；煤利用过程中的致癌化合物的形成、结构及致癌活性；以及中国煤中硫的分布、燃煤后生成二氧化硫的危害和减排措施。这些对煤的洁净利用和环境保护都有重要意义。

附录部分将煤分类研究过程中所采集煤样的测试结果，汇集整理贡献给读者。这些煤样采集自全国各地区，几乎涵盖了不同成煤时代和地层，包括不同煤阶的近千个煤样，如此丰富的煤质数据与素材，犹如给读者一把打开中国煤炭资源数据宝库的钥匙。

本书是一本从煤炭性质入手，以煤炭分类为主线，阐述煤炭利用过程中如何选择和开发洁净、有效利用途径的专著，希望能为读者在中国煤炭资源、性质及分类到有效和洁净利用工程之间架起一座桥梁。它的出版将填补这方面的空白。但是希望与现实之间总有一段距离，这本书能否达到作者的期望和效果，只能有待读者去评价。因而在写作过程中，时时感受到自我挑战的压力。如果它能对从事煤炭事业的科技工作者、教育界的同行、环境保护工作者、管理和外贸人员，哪怕有一点帮助和贡献，作者也将感到莫大欣慰。

本书出版过程中得到了国家科学技术学术著作出版基金委员会的资助，作者在此表示衷心的感谢。

作　者

2001 年 5 月

目　录

1　绪论 ………………………………………………………… 1

1.1　20世纪煤化学进展回顾 ……………………………… 2

1.1.1　20世纪煤利用研究的重大贡献 …………………… 3

1.1.2　20世纪煤利用研究的兴衰 ………………………… 4

1.2　煤炭在社会发展过程中的地位和作用 ………………… 6

1.2.1　煤炭在一次能源中的地位 ………………………… 6

1.2.2　能源效率和洁净煤技术 …………………………… 11

1.2.3　煤化工的发展机遇 ………………………………… 18

1.2.4　煤基多联产 ………………………………………… 22

2　中国煤炭资源的特点、分级及13个大型煤炭基地 ……… 27

2.1　煤的生成：成煤作用及煤的系列 ……………………… 27

2.2　中国煤炭资源分类和分级 ……………………………… 30

2.2.1　煤炭资源储量的分类 ……………………………… 30

2.2.2　煤炭资源储量的分级 ……………………………… 32

2.2.3　“固体矿产资源/储量分类”国家标准（GB/T 17766—1999） …… 34

2.3　中国煤炭资源储量和特点 ……………………………… 36

2.3.1　储量 ………………………………………………… 36

2.3.2　资源分布特征 ……………………………………… 37

2.4　13个大型煤炭基地 ……………………………………… 42

2.4.1　神东基地 …………………………………………… 42

2.4.2　晋北基地 …………………………………………… 51

2.4.3　晋东基地 …………………………………………… 53

2.4.4　蒙东（东北）基地 ………………………………… 55

2.4.5　云贵基地 …………………………………………… 59

2.4.6　河南基地 …………………………………………… 60

2.4.7　鲁西（兖州）基地 ………………………………… 63

2.4.8　晋中基地 …………………………………………… 64

2.4.9 两淮基地 …… 66
2.4.10 黄陇（华亭）基地 …… 68
2.4.11 冀中基地 …… 69
2.4.12 宁东基地 …… 71
2.4.13 陕北基地 …… 72
3 煤的岩相组成与特性及其分类 …… 75
3.1 煤显微组分及其分类 …… 75
3.1.1 煤岩宏观组成 …… 75
3.1.2 煤岩显微组分 …… 76
3.1.3 显微煤岩类型 …… 82
3.1.4 显微组分的成因 …… 82
3.2 镜质组平均反射率 …… 84
3.2.1 镜质组反射率：表征煤阶的分类指标 …… 84
3.2.2 最大反射率、随机反射率和最小反射率 …… 86
3.3 反射率分布图 …… 87
3.3.1 用反射率分布图来判别混煤 …… 88
3.3.2 评价煤岩分离组分的纯度 …… 89
3.3.3 反射率分布图的特征划分 …… 90
3.4 中国煤岩相组成特点 …… 92
3.4.1 中国煤岩组成的分布特征 …… 92
3.4.2 不同成煤时代煤显微组分的性质差异 …… 96
3.4.3 还原程度及其应用 …… 98
3.4.4 显微组分性质 …… 101
3.4.5 近代分析技术测试显微组分性质 …… 101
3.5 煤岩参数对加工工艺的影响及“煤岩相化学” …… 116
3.5.1 煤岩参数对加工工艺过程的影响 …… 116
3.5.2 煤岩学在煤化学中的应用及“煤岩相化学” …… 116
4 煤炭的组成、性质及检测 …… 119
4.1 煤的化学组成与性质 …… 119
4.1.1 煤质分析中的基准与符号 …… 119
4.1.2 元素分析：碳和氢 …… 124
4.1.3 元素分析：氧和氮 …… 128
4.1.4 元素分析：硫 …… 130

4.1.5 水分 …… 132
4.1.6 灰分 …… 136
4.1.7 挥发分和固定碳 …… 139
4.1.8 发热量 …… 144
4.2 煤中矿物质与有害元素 …… 151
4.2.1 矿物质来源与赋存形态 …… 151
4.2.2 煤中矿物质测定与灰分 …… 154
4.2.3 矿物质的分析方法 …… 155
4.2.4 煤灰的化学组成 …… 156
4.2.5 煤中微量元素与有害元素 …… 158
4.2.6 煤中伴生元素：锗、镓、铀、钒及其他 …… 160
4.3 煤的孔结构 …… 162
4.3.1 煤中孔的分类与形态 …… 162
4.3.2 煤中孔的孔径及其分布 …… 165
4.3.3 煤多孔性的应用 …… 170
4.4 煤的物理性质与工艺性质 …… 174
4.4.1 密度、视密度和散密度 …… 174
4.4.2 煤的抗碎强度和显微硬度 …… 180
4.4.3 煤的成型性 …… 184
4.4.4 煤的可选性 …… 188
4.4.5 煤的可磨性 …… 191
4.4.6 煤的磨损性 …… 196
4.4.7 煤的燃点与氧化自燃 …… 199
4.4.8 煤受热后的塑性 …… 201
4.4.9 黏结性 …… 210
4.4.10 结焦性 …… 219
4.4.11 煤灰熔融性和灰黏度 …… 223
4.4.12 煤灰玷污性 …… 230
4.4.13 煤对二氧化碳的化学反应性 …… 231
4.4.14 煤的热稳定性 …… 233
4.4.15 煤的结渣性 …… 235
4.4.16 煤液透光率 …… 237
5 煤炭分类 …… 239

5.1 分类研究的历史沿革 …… 239
5.2 中国煤炭分类的完整体系 …… 244
5.3 中国煤炭分类 …… 245
5.3.1 烟煤分类 …… 246
5.3.2 无烟煤分类 …… 259
5.3.3 褐煤分类 …… 259
5.3.4 分类效果与特点 …… 260
5.3.5 各类煤的性质 …… 262
5.4 中国煤炭编码系统 …… 265
5.4.1 编码参数和方法 …… 267
5.4.2 编码系统的积极作用及与国外编码系统的比较 …… 271
5.5 中国煤层煤分类 …… 272
5.5.1 煤阶 …… 273
5.5.2 组成 …… 279
5.5.3 品位 …… 281
5.5.4 煤层煤分类的称谓与命名表述 …… 281
5.6 中国煤分类体系的工程意义 …… 282
5.6.1 炼焦用煤评价方法 …… 283
5.6.2 煤炭利用指南 …… 286
5.7 国际煤炭分类 …… 289
5.7.1 国际硬煤分类 …… 289
5.7.2 国际褐煤分类 …… 291
5.7.3 国际中、高煤阶煤编码系统 …… 292
5.8 主要产煤国家的煤炭分类 …… 295
5.8.1 美国煤炭分类 …… 295
5.8.2 澳大利亚煤炭分类与编码系统 …… 296
5.8.3 前苏联煤炭分类 …… 298
5.8.4 英国煤炭分类 …… 300
5.8.5 波兰煤炭分类 …… 302
5.8.6 德国煤炭分类 …… 303
5.8.7 法国、荷兰和意大利煤炭分类 …… 304
5.9 最新国际煤分类标准（ISO 11760：2005） …… 305
5.9.1 煤阶 …… 307

5.9.2 组成 …… 311
5.9.3 灰分产率 …… 311
5.9.4 称谓与命名表述 …… 312
5.9.5 分析误差 …… 313
6 煤分类学在燃烧工程中的应用 …… 314
6.1 煤燃烧的基本原理 …… 315
6.1.1 煤的燃烧过程 …… 315
6.1.2 煤燃烧的动力工况 …… 316
6.1.3 煤的燃烧机理 …… 318
6.1.4 煤的燃烧方式与环境保护 …… 318
6.1.5 煤质特征对燃烧工况的关系 …… 320
6.2 煤阶的影响 …… 322
6.3 化学组成和性质 …… 324
6.3.1 发热量 …… 324
6.3.2 挥发分 …… 328
6.3.3 灰分与矿物质 …… 334
6.3.4 水分 …… 345
6.3.5 硫 …… 346
6.3.6 氮 …… 350
6.3.7 氯与氟 …… 355
6.4 物理机械性能 …… 357
6.4.1 黏结性和膨胀性 …… 357
6.4.2 可磨性 …… 358
6.5 煤岩相组成及其性质 …… 360
6.6 评定燃烧特性的有潜力的分析技术 …… 363
6.6.1 差示热重分析 …… 363
6.6.2 热解质谱 …… 365
6.6.3 滴管炉试验及其他 …… 366
7 气化工艺与煤质 …… 368
7.1 概述 …… 368
7.2 气化工艺分类 …… 370
7.3 气化工艺特点与煤质 …… 372
7.3.1 移动床气化 …… 372

7.3.2 流化床气化 …… 384
7.3.3 气流床气化 …… 393
7.3.4 熔融床气化 …… 407
7.4 影响煤成浆性的煤质因素 …… 409
7.4.1 煤的成浆性及其分类 …… 409
7.4.2 煤阶 …… 410
7.4.3 矿物质（灰分） …… 412
7.4.4 粒度分布和粒度级配 …… 414
7.4.5 添加剂与煤质及其他 …… 419
7.5 煤炭地下气化 …… 421
7.5.1 国内外地下气化发展状况 …… 422
7.5.2 问题与对策 …… 426
8 煤分类学在焦化工程中的应用 …… 428
8.1 煤阶的影响 …… 430
8.2 化学组成和性质 …… 436
8.2.1 碳和氢及其原子比 …… 436
8.2.2 氧 …… 437
8.2.3 硫 …… 440
8.2.4 氯和磷 …… 440
8.2.5 挥发分 …… 441
8.2.6 水分 …… 442
8.2.7 无机组分 …… 442
8.3 物理性质与工艺性质 …… 445
8.3.1 吉泽勒最大流动度 …… 447
8.3.2 胶质层最大厚度 …… 452
8.3.3 黏结指数 …… 454
8.3.4 坩埚膨胀序数 …… 455
8.3.5 奥阿膨胀度 …… 457
8.4 煤岩相组成和性质 …… 460
8.4.1 活性组分与惰性组分 …… 461
8.4.2 显微组分受热后的变化特征 …… 462
8.4.3 活性组分与惰性组分的最佳比例 …… 464
8.4.4 焦炭的显微结构 …… 465

8.5 评定煤结焦性能的有潜力的分析技术 …… 467
8.5.1 核磁共振 NMR …… 467
8.5.2 傅立叶红外光谱 FTIR …… 470
8.6 烟煤黏结现象的化学解释 …… 471
8.7 炼焦技术的未来和当前面临的问题 …… 473
9 液化工艺与煤质 …… 477
9.1 概述 …… 477
9.1.1 煤的直接液化 …… 477
9.1.2 煤的间接液化 …… 486
9.1.3 煤炼油和煤提油 …… 492
9.2 煤液化与化学制品 …… 502
9.2.1 煤间接液化与煤化工 …… 502
9.2.2 煤直接液化与煤化工 …… 505
9.3 直接液化工艺对煤质的要求 …… 510
9.3.1 煤阶的影响 …… 511
9.3.2 煤的化学组成和性质：碳和氢 …… 518
9.3.3 氧和氮 …… 519
9.3.4 硫 …… 521
9.3.5 挥发分 …… 521
9.3.6 水分 …… 522
9.3.7 无机组分 …… 522
9.4 岩相组成和性质 …… 524
9.5 具有潜力的分析技术 …… 527
9.5.1 差示扫描热量计 …… 527
9.5.2 热解质谱 …… 528
9.5.3 核磁共振 …… 530
9.5.4 傅立叶红外光谱 …… 531
9.5.5 热重分析 …… 534
10 煤和煤利用过程中的有害物质及其防治 …… 536
10.1 概述 …… 536
10.2 煤中有害元素的分布、迁移及防治 …… 540
10.2.1 煤中微量元素及其分布 …… 540
10.2.2 煤中有害元素的迁移与富集 …… 566

10.2.3 煤中有害物质的防治 …… 570
10.3 煤利用过程中的致癌化合物 …… 573
10.3.1 多环芳烃化合物的形成 …… 573
10.3.2 致癌化合物的活性及其分子结构 …… 575
10.3.3 致癌作用与实例 …… 580
10.4 煤中硫和 SO_2 排放及其防治 …… 582
10.4.1 中国不同含硫量煤的分布 …… 582
10.4.2 高硫煤的赋存、生产与消费 …… 585
10.4.3 SO_2 的减排措施及其经济性 …… 590
10.4.4 脱除煤中有机硫的方法 …… 605
10.5 排放 CO_2 的封存及利用 …… 606
10.5.1 CO_2 封存 …… 607
10.5.2 CO_2 利用 …… 611
附录 1 烟煤分类用煤（洗煤）性质及其炼焦所得焦炭结果 …… 615
附录 2 烟煤分类煤样（大样的浮煤）的分析结果 …… 627
附录 3 烟煤分类煤样（小样）的分析结果 …… 635
附录 4 无烟煤分类煤样的分析结果 …… 646
附录 5a 褐煤分类煤样的分析结果 …… 656
附录 5b 褐煤分类煤样煤质特征综合表 …… 659
附录 6 国际标准 ISO 15585 硬煤-黏结指数测定方法 2006-01-15 第一版 …… 661
主要参考文献 …… 673
第一版后记 …… 674

1 绪 论

2000 多年以前，我国劳动人民就已经知道利用煤炭。到汉代，煤已被用于冶炼。对煤的科学研究大体上是与煤的工业利用，即 1780 年左右的工业革命初期同步的，到现在已有 220 年的历史。与煤化学同期发展的煤岩学，诞生于 1830 年前后，从那时起煤化学与煤岩学一直成为煤炭科学研究的两大研究支柱。

就煤化学的发展而言，可以分为四个阶段。在萌芽阶段（1780～1830 年）人们优先考虑的问题是煤的起源。到 1830 年左右，人们基本接受了煤是由植物质，特别是陆生植物群形成的看法。但究竟是原地形成还是漂流物质迁移形成则还悬而未决。对解决这个问题，地质学和岩石学起着重要作用。

在 1830～1912 年的启蒙阶段，煤炭研究中首次应用显微镜，1887 年辨认出煤中四种主要煤岩类型，为 1919 年斯托普斯（Stopes）的镜煤、亮煤、暗煤和丝炭煤岩相分类奠定了基础，开辟了通向经典煤岩学之路。与此同时，法国也开展了对煤的系统研究，率先提出了以元素组成为基础的第一个煤分类系统，开始对煤的热分解、溶剂抽提和煤的氧化进行一系列研究。

经典阶段（1913～1963 年）可以说是煤化学发展的黄金时期。在这一时期，煤作为热源和能源处在实际垄断地位，在铁路运输、航海以及炼焦和电力生产中的使用取得了重要突破，人们对煤化学和煤岩学的研究，产生了极大的兴趣。这些将在“20 世纪煤化学进展回顾”中详细论述。

从 1963 年到现在，对煤炭的研究经历了从衰落、复兴到陷入低谷和再振兴的变动期。20 世纪 60 年代初期，大量的廉价石油和天然气动摇了煤炭经济，煤炭工业逐渐衰落，同时也削弱了煤炭科学研究，使之处在停滞不前的状况。几次石油危机又重新唤起人们对煤炭的兴趣，又一次改变了燃料结构的面貌，石油价格的惊人上涨，恢复了煤在能源结构中的地位。到70～80年代，环境保护的呼声，再一次冲击煤炭利用及煤化学研究的进程，最近十年有关地球气温变暖的问题，温室气体CO_2的排放，构成对煤炭利用及研究的又一次冲击，使煤炭研究重新陷入低谷。但是，廉价的油、气时代总有终结的时候，从全球观点看，煤炭始终是最主要的能源资源和化工原料，随着洁净煤技术的进展，在进入新世纪之时，煤炭生产将持续增长，它将恢复和保持最具竞争力的地位。

进入21世纪，随着全球经济一体化的加快和经济复苏，世界石油价格不断上涨并屡创新高但很不稳定，石油资源显得日益紧缺，我国经济持续快速发展对进口石油的依赖程度也在逐年提升。在缓解能源瓶颈的举措中，煤制油、煤制甲醇和二甲醚等替代能源的技术研究和产业化业已启动，新型煤化工在我国正面临新的发展机遇和长远的发展前景，中国将成为世界最大的煤化工业国家。我国作为煤炭大国，别无选择地要接受种种挑战，在世界煤炭科研和新型煤化工技术开发中担当重任，为煤炭的再度振兴和未来的发展做出艰巨而重大的努力。

1.1 20世纪煤化学进展回顾

经过前述四个阶段的发展，煤化学作为煤炭科学的一门学科，它有了确切的研究对象——褐煤、烟煤与无烟煤及其他，有明确的研究目的——煤的转化、转化产物的用途以及有害物生成和防治等，使煤化学成为煤炭科学中一个重要分支。近百年来的科学进展，使人们对煤炭有了更全面、深刻的认知；同时人们也深切地体会到，千变万化的政治、经济形势，强烈影响着煤化学研究的兴衰。

回顾20世纪煤化学的进展，令人高兴地看到，在岩相学、煤分类学、煤的液化与气化及煤加工工艺反应机理和动力学理论方面，都取得了巨大进步；同时也看到，在科研成果向工业应用转化过程中，给我们留下了诸多遗憾。下面，先来看看百年来煤化学学科中具有里程碑意义的贡献。

1.1.1 20 世纪煤利用研究的重大贡献

第一位应该载入史册的煤化学科学家，是德国的贝吉乌斯，他年仅 27 岁时就研究开发了煤在高温高压下的直接液化技术。研究最初是为阐明煤化过程的纯学术性研究，很快发展为煤的液化加工工艺。通过煤加氢，得到了与石油高压加氢所得产物相似的油品(富氢的烷烃)。1914 年建成每天处理 1t 煤的中试厂，到 1945 年已建成 18 座工厂投入工业运转，年生产能力为 410 万吨。1931 年贝吉乌斯获得了煤化学科技史上惟一的一个诺贝尔奖，以表彰他和鲍斯基在化学学科中应用高压技术所做出的杰出贡献。煤的直接液化技术一直到现在还在美国、日本、德国和中国继续得到新的开发、研究与验证。

第二个做出杰出贡献的是温克勒，他在 1921 年（时年 33 岁），研究用褐煤以蒸汽部分活化、气化制备活性炭时，发现了“流化现象”，从而开发了流化床反应器，后来称之为温克勒炉。这一技术原理的应用，引起固体物料加工工艺的革命，人们先后开发出煤的流化床气化、流化床燃烧、流化床碳物料的活化等工艺，这些成果成为煤化学领域应用流化床技术的成功范例。事实上，流化技术的工业应用，远远超出了煤炭领域，在不同工业领域中均获得了巨大成功。

第三个重大技术成果当推 1921 年开发的“煤间接液化”技术，即 F-T（费-托）合成液烃技术。通过煤的气化生产合成气，再经费-托合成生产液体燃料。到 1945 年，德国已建成了 9 座间接液化厂，日本有 4 座，继后法国、马来西亚各建 1 座；这一技术在南非取得更大的成功，三个沙索尔投产厂每年用 25Mt 煤生产出约 5Mt 液体燃料，一直生产至今。

另一项科技前沿成果是在对煤燃烧过程的研究中，提出的气-固宏观反应动力学原理，之后发展成著名的多孔固体的气-固相反应理论。今天非均相气固反应理论已成为化学工程的经典内容，广泛应用于模拟煤气化、燃烧反应，以及各种反应器结构的设计，也成为了解多孔材料，包括催化剂构成的理论基础。

1.1.2 20世纪煤利用研究的兴衰

20世纪上半叶，煤化学研究硕果累累，欣欣向荣，出现了煤化学的黄金时代。许多工业国家相继成立煤炭科研中心，推动了日后几十年的科研进程。从1955年到1968年，共召开两年一度的国际煤化学会议7次，成为世界煤化学家交换科研成果的论坛。我国在20世纪50年代也先后成立了几个煤炭科研机构，1962年在太原召开了第一次全国煤化学利用会议，相关的学报也相继问世。

石油、天然气的迅速崛起，对煤在能源中的首要地位发起了挑战，核能似乎也打开了洁净能源的另一个空间，使煤化学的繁荣形势发生了短时间的逆转。自1968年布拉格国际煤科学会议后，会议活动暂停，并沉寂了相当长的时间，出版了47年的德国煤化学主要刊物也于1969年停刊，这些都标志着煤化学研究开始陷入了低谷。

到20世纪70年代初，面对石油、天然气资源有限的现实，使人们重新回到煤炭的开发利用上来。1973年的石油危机，使新一轮煤化学研究全面复苏。同时，随着近代物理化学技术的进展，一批现代化大型仪器问世，如红外、核磁、质谱、X射线仪等，也使煤化学研究深入到分子级水平，对煤结构有了更为深入的了解。中断多年的国际煤科学会议于1981年重新召开。一批新的著名煤化学国际学术刊物相继出版：1977年《燃料加工技术》在美国创刊；1987年《能源和燃料》刊物问世；《燃料》杂志改版成月刊，并扩充出版篇幅。这些都有力地推动了煤化学研究的进程。

国内煤化学及利用的研究也出现了蓬勃发展的景象：一些院校恢复了煤炭加工利用专业的招生；先后建成一些与煤化学利用相关的重点实验室或工程研究中心，涌现出大批实用性的科技成果；出版了许多有关煤化学及利用的书刊；人们对煤炭科研的兴趣也迅速复苏。在国际学术舞台上，从20世纪80年代末开始，连续召开了6届中日煤化学学术会议；先后有多人被邀担任国际著名学术刊物的编委，本书作者亦被邀担任《燃料加工技术》刊物的远东地区主编；1999年在中国第一次举办了国际煤科学会议。所有这些，都为向世界介绍我国有关煤化学的科研成果打开了重要通道，有助于扩大我国科学家在国际学术界的影响，提高我国煤炭科学在国际上的学术地位。

到20世纪80年代，环境保护问题冲击着煤化学和利用研究的进程，促使煤化学家特别关注煤在燃烧利用过程中产生的各种有害物质，尤其是SO_2、NO_x对生态环境造成的危害，加快了对煤中氮、硫化合物结构特性，以及矿物质及其飞灰、灰渣的研究，强化了对煤作为污染排放源的防治的研究及废弃物进一步利用的研究。最近十年造成地球气候变暖的温室效应引起各国的广泛重视，燃煤生成的二氧化碳，以及采煤过程中逸出的甲烷问题深受关注，对煤炭利用构成又一次冲击，迫使工业发达国家对新能源的开发增加投入，同时对煤炭科研的投入又一次走向低谷。与发达国家相比，我国的能源科技发展计划的基本指导方针，仍然是以煤炭为基础，以电力为中心，加强石油天然气的资源勘探和开发，积极发展新能源。随着国家加大对能源领域的科技投入，以及洁净煤技术越来越受到国家和社会群体的高度重视，21世纪初将进入一个对煤进行更有效、更洁净利用的时代。

除前面讲到的一些里程碑式的贡献之外，20世纪煤化科研前进的道路上也留下了诸多遗憾。特别是加氢气化和催化气化，以及加氢热解与等离子体热解工艺，没有能在工业上得到推广应用。这些都需要在技术、经济上加以总结。加氢气化的目的是解决煤制代用天然气，但是煤在气化反应过程中，反应性迅速下降、恶化，严重阻碍碳的转化；加钾化合物通蒸汽的催化气化，也由于气化过程中活性化合物失活以及活性物与煤中矿物质的相互作用，形成两个无法逾越的障碍而未能工业化。以制取芳烃为目的的加氢热解和制备乙炔为目的的等离子热解技术，也由于过程中反应选择性和诸多副反应的问题，没有能达到预期目的，使得这两种热解工艺至今在商业化中未获最后成功。

这些今天尚未工业化的工艺，使我们积累了不少知识、经验和教训，总有一天，我们会感到这些经验有多么宝贵，我们会在前人工作的基础上认真总结教训，使煤化学研究更快地前进，同时将使煤炭在能源结构中更具竞争力，从而使煤科学的研究经久不衰。

1.2 煤炭在社会发展过程中的地位和作用

人类文明的进步主要依靠生产力的发展，包括能源的开拓和工具的发明创造与使用。煤炭作为重要的能源和工业原材料，在人类文明发展史上，起过无法估量的作用，预计在21世纪，还会继续写下光辉的篇章。

1.2.1 煤炭在一次能源中的地位

现在世界的主要能源是煤、石油、天然气、水能和核能，此外还有太阳能、风能、地热、海洋能、生物质能和低热值矿物能源，如油页岩、泥炭和石煤等，后者在能源构成中所占的比重很小。图1-1示出了2002年世界一次能源消费的构成。随着人类对能源的需求不断增长，以及科学技术的进步和主要能源的日益消耗，煤炭将再次逐渐受到应有的重视。因为人们总是优先开发最适于利用和成本最低的能源，而其次才考虑它们天然储藏的数量。表1-1列出了中国与世界化石能源剩余探明可采储量及储采比。从所列数据可以看出，石油和天然气储量有限，且地理分布很不均衡，世界一次能源结构必将再次发生变化，煤炭在能源结构中的地位定能再次得到增强。

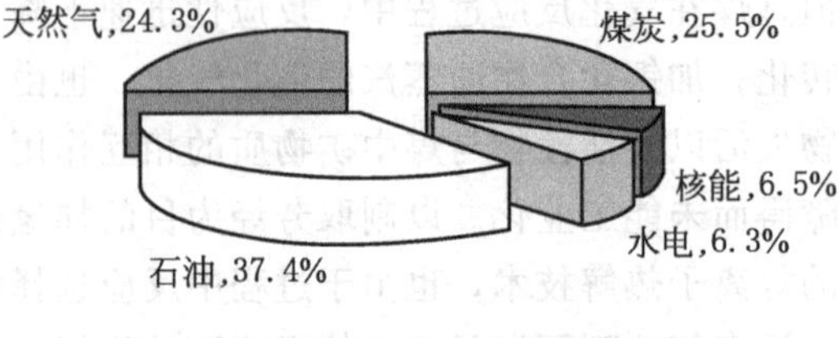

图1-1 2002年世界一次能源消费构成

（资料来源：英国石油公司世界能源统计评论，2002年）

表 1-1　中国与世界化石能源剩余探明可采储量及储采比（1999 年 1 月）

能源类别	中国				世界总计	
	剩余可采储量/亿吨	储采比/年	占全球比例/%	在世界排序位次	剩余可采储量/亿吨	储采比/年
煤炭	1145.0	92	11.63	3	9842	218
石油	32.74	20.5	2.32	10	1411.29	42.6
天然气	13668.9m³	63.0	0.95	20	1439470.7m³	61.5

注：表中数据转引自《能源政策研究》，2000 年 No.1。

煤炭资源在地域上的分布，在 21 世纪将会有所改变，与 20 世纪的最大不同表现在欧洲，煤炭资源能列在前十名的国家，只剩下俄罗斯、乌克兰和前南斯拉夫（图 1-2）。在 21 世纪，煤炭生产国主要将在亚洲、北美和澳洲。

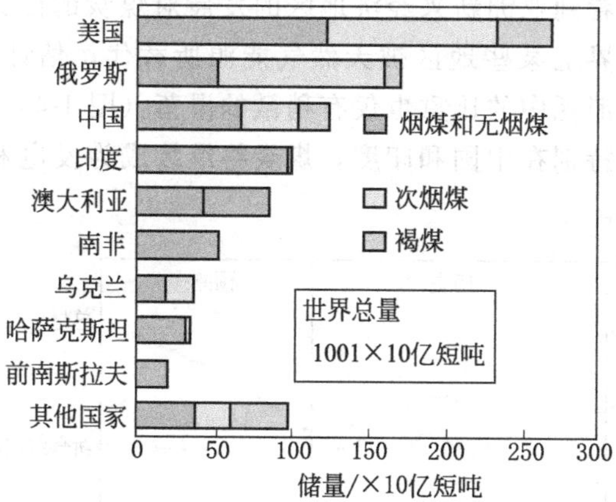

图 1-2　世界煤炭可采资源储量（1 短吨＝0.907 吨）

（资料来源：IEA，2005 年）

世界煤炭的可采资源储量约 1 万亿吨，按现在的消费水平，足够有 190 年的供应量。在这总储量中，美国占 27%，俄罗斯占 17%，中国占有 13%，三国资源储量占世界总储量的 57%。就煤阶上看，烟煤及无烟煤（统称硬煤）占世界可采资源储量的 53%，次烟煤约占 30%，褐煤量占 17%。

从煤炭生产情况看，20 世纪世界硬煤生产一直是直线上升态势。从 1975 年到 2000 年中，增加产量约 12 亿吨，增长率达 50%。20 世纪末，煤炭贸易量也迅速增加，1998 年比 1980 年增长了 220%，而且继续呈现增长势头。欧共体 15 国成为煤炭进口国，进口煤炭甚至已替代了国内的煤炭生产。由于冶金用煤需求每年约 6 亿吨，炼焦煤国际贸易的增长，也推动了世界能源贸易的增长。2003 年世界煤炭贸易总量为 7.14 亿吨，占世界煤炭消费量的 13%，预计到 2025 年世界煤炭贸易总量为 9.69 亿吨，约占总耗煤量的 12%。

从煤炭消费的情况看，亚洲和太平洋新兴经济地区国家对煤炭的需求增长加速，反映亚洲经济起飞对能源有更大的需求。图 1-3 示出自 1970 年到 2025 年世界煤炭按经济区域的消费量变化，可以清楚地看到亚洲新兴经济地区的发展对煤炭的巨大需求。煤炭虽然在世界上某些地区被天然气能源所替代，估计到 2025 年煤在总能源消耗中的比重也仅有稍微的滑落（图 1-4）。在新兴的亚洲市场，特别在中国和印度，煤炭将继续成为发电和工业部门燃料的主体。

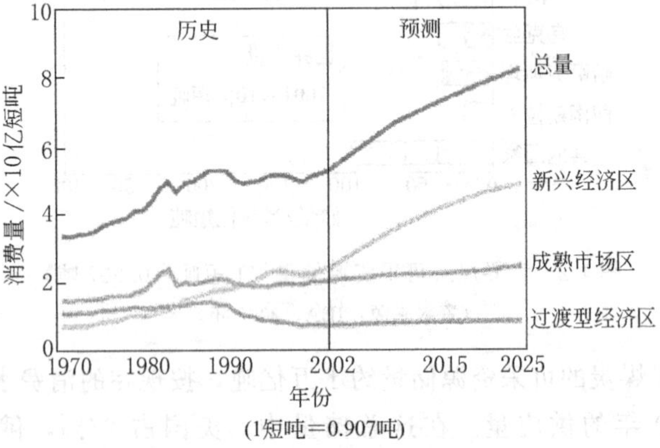

图 1-3　世界煤炭按经济区域的消费量（1970～2025 年）

（资料来源：EIA，2005 年）

在世界电力生产中，燃煤发电高居首位。以 1996 年为例，电力生产中燃煤发电占 37%；油占 9%；天然气占 16%；再生能源占 21%及核能占 17%。具体到各国的耗煤份额，则有高有低：中国、澳大利亚和南非的电力工业中，用煤发电占主导地位，分别为 80%、80%以上和 90%；而日本和欧共体发电耗煤仅占 15%和 29%。据预测，到 2020 年燃煤发电仍占首位，为 34.5%；天然气发电比例将有所增加，占 25%。图 1-5 是用于电力生产的世界能源消费构成，煤炭仍将是电力生产中的主导能源。

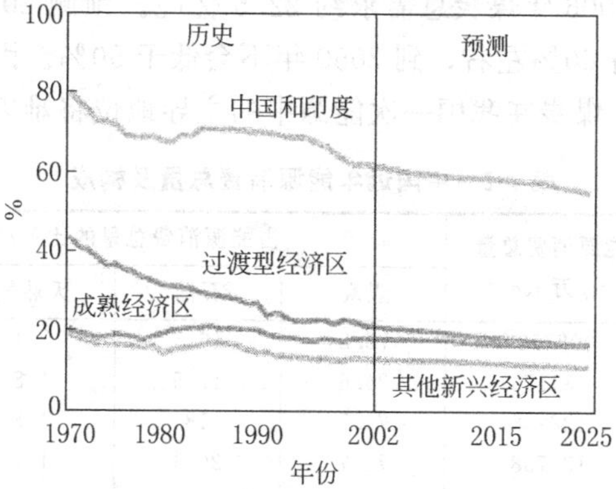

图 1-4　世界煤炭按经济区域占总能源消费的百分数（1970～2025 年）

（资料来源：EIA，2005 年）

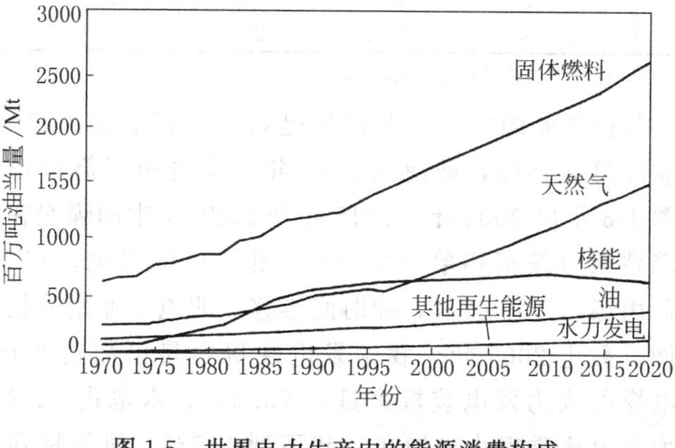

图 1-5　世界电力生产中的能源消费构成

［资料来源：1998 年国际能源署（EIA）世界能源展望］

中国的能源消费结构长期以来一直以煤为主，这是能源消费的一大特征。由表1-2可见中国近年来的一次能源消费总量及构成，尽管煤炭消费量的比例，从20世纪50～60年代的90%以上降到2003年的67.1%，但煤炭消费的主导地位均没有改变。2004年，煤炭生产量19.56亿吨，约占能源生产总量的74%；煤炭消费量18.7亿吨，约占能源消费总量的68%。2005年的煤产量达21.1亿吨，预计2006年煤炭总需求约22.5亿吨。预测2010年能源消费中煤炭将占60%左右，到2050年不会低于50%。因此，在相当长的时期内，煤炭在我国一次能源中的主导地位将难以改变。

表1-2 中国近年能源消费总量及构成

年份	能源消费总量/万tce	占能源消费总量的比重/%			
		煤炭	石油	天然气	水电
1990	98703	76.2	16.6	2.1	5.1
1995	131176	74.6	17.5	1.8	6.1
1996	138948	74.7	18	1.8	5.5
1997	137798	71.7	20.4	1.7	6.2
1998	132214	69.6	21.5	2.2	6.7
1999	130119	68	23.2	2.2	6.6
2000	130297	66.1	24.6	2.5	6.8
2001	134914	65.3	24.3	2.7	7.7
2002	148222	65.6	24	2.6	7.8
2003	167800	67.1	22.7	2.8	7.4

注：资料来源为中国统计年鉴，2004年。

全国各行各业的主要能源仍然是煤炭，其消费大户是发电。据国际能源总署预测，即使到2025年，发电用煤仍然是煤炭的大户。图1-6示出2002年，2015年及2025年中国煤炭在各工业部门的消费量（按英热单位统计）变化。由图可见，在2002年非电工业用煤，还占47%，随时间推移，非电工业用煤仍将占有较大比例。截止2005年，我国发电装机容量已超过5亿千瓦，其中用电煤的火力发电装机容量占75.6%，水电占22.9%，核电和风力发电比重很小，加在一起不到1.5%，值得特别关注的是2005年新增发电装机6600万千瓦，其火电比重高达83%。过多的依靠煤电资源，加大了煤炭资源的压力。如果在2010年把火电的比重控制到70%左右，火电装机容量仍然是5.6亿千瓦，2020年控制在60%，即7.2亿千瓦，大量煤炭的消耗对于煤炭资源和生态环境来说仍将是不堪重负。

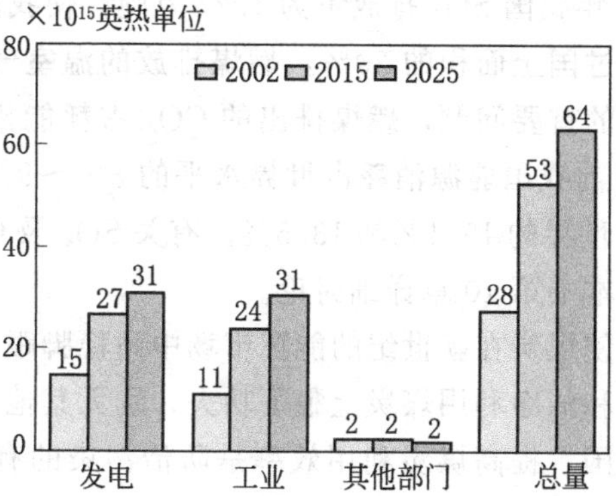

图1-6　不同年份中国煤炭在各部门的消费量（以英热单位计算）
（资料来源：EIA，2005年）

一个非常突出的问题是能源消费结构问题。中国煤炭转化为电和热的比例较低，而同期在美国发电用煤占到总煤耗量的89%，英国为76.9%。我国用于工业锅炉、窑炉、炊事和采暖的煤炭比例很高，约占47%～48%，大量煤炭是直接燃烧使用。这种高度依赖煤炭的消费结构，与工业化国家以油、气燃料为主的能源消费结构特征迥然不同；同时，中国电力占终端能源消费的比重与工业发达国家相比，明显偏低，需要努力提高一次能源转换成电能的比重。

1.2.2　能源效率和洁净煤技术

煤炭的大量用于直接燃烧，带来两个问题：一是能源效率问题，二是环境问题。前者指从开采、加工、转换、输送、分配到终端利用的能源系统的总效率十分低。其中开采效率为32%，中间环节效率为70%，终端利用效率为41%。如果以中间环节和终端利用两个效率计为能源效率，其乘积即29%。它比国际先进水平约低10个百分点，而终端利用效率低10个百分点以上。这需要采取节能优先的能源发展战略，依靠科技来提高能源效率。

从能源环境看，大量燃煤造成对城市的大气污染，在农村过度消耗生物质能引起农村生态环境的破坏。燃煤释放的 SO_2 占全国 SO_2 排放总量的 80%以上，NO_x 占 60%，烟尘占 70%。据中国环境年鉴，2002 年我国 SO_2 排放量为 1927 万吨，使我国酸雨区域迅速扩大，已超过国土面积的 30%，燃煤排放的温室气体 CO_2 也是世界各国关注的首要问题，燃煤排出的 CO_2 占耗能排放的 CO_2 总量的 85%。目前我国能源消耗占世界水平的 8%～9%，而 SO_2 和 CO_2 的排放占世界的 15.1%和 13.5%。有关 SO_2 及 CO_2 的排放和治理问题将在本书第 10 章详细讨论。

为此，要使煤炭在新世纪的能源市场中站稳脚跟，必须在提高煤炭利用效率和洁净利用煤炭上狠下功夫，别无其他选择。对我国这样的耗煤大国，提高煤炭利用效率是防治污染的有效手段之一。它意味着每消耗一吨煤，产生的能量愈多，地区性污染就愈少。生产等量电力，如果煤炭燃烧效率能从 30%提高到 40%，就可以减少 25%的 CO_2 排放量。而我国火力发电站效率较低，2005 年全国发电煤耗为 374g/(kW·h)（占全国 70%以上的火力发电机组），要比世界先进水平高出 60～70g/(kW·h)，全国发电耗煤每降低 1g 标煤/kW·h，就意味着全国少烧 24.3 万吨标准煤，电厂平均煤炭利用效率 30%左右，与现代化国家的 45%相比，相距甚远。

应用现代洁净煤技术来改善燃煤环境也是降低煤炭市场风险的有效措施。洁净煤技术指的是提高煤炭利用效率和减少环境污染的煤炭开发、燃烧、转化及污染控制等新技术群。最近美国开发的“维新-21”（Vision 21）技术[1]，按其概念设计，煤的利用率可以提高到 55%，这就大大降低了温室气体的排放量，这是面向 21 世纪的新技术（图 1-7）。随着这一新技术的实现与推广，到 21 世纪下半叶，可以期待煤转化为能的“零污染”技术出现。

---

[1] Vision 21 一词，国内有不同的译法，诸如“展望-21”、“梦幻-21”和“前景-21”等，作者按音译与意译相结合的原则，译作“维新-21”。

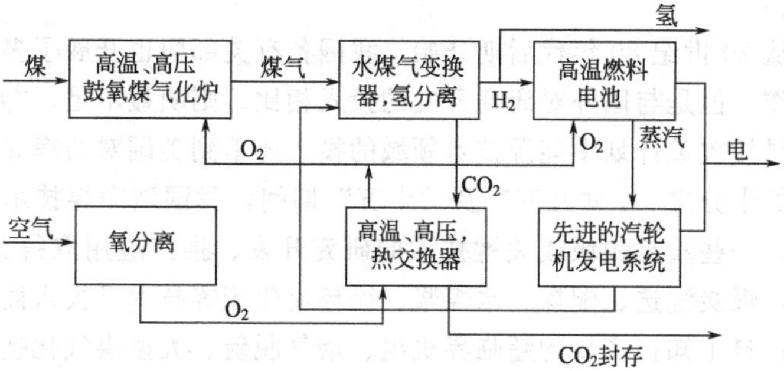

图 1-7　Vision 21 电厂（维新-21）由煤转化成氢和电能示意图
（资料来源：普林斯顿大学能源与环境研究中心，“应用于化石燃料环境和气候友好的技术战略”世界能源委员会杂志，伦敦，7 月，1998 年）

洁净煤技术已经受到工业发达国家的高度重视。例如从 1985 年开始的十年中，美国政府已投入了 69 亿美元发展洁净煤技术。近年来，各工业发达国家制定了 21 世纪能源和能源科技新世纪战略规划或计划，旨在解决能源利用造成的环境问题。例如，美国洁净煤技术计划（CCT）已转入“维新-21”计划，制定了 21 世纪美国煤炭能源工厂的发展规划。

值得一提的是，Shell（壳牌）公司提出合成气园的概念，它亦以煤的气化或渣油气化为核心，所得的合成气用于整体煤气化联合循环（IGCC）发电、生产甲醇和化肥，并作为城市煤气供给用户。合成气园的概念比一般的多联产系统更为广泛，更接近工业生态科技园模式。

最近美国国家煤炭理事会提出一份报告拟推进一揽子（共八项）洁净煤深加工计划，以增加国内能源供应，满足美国未来发展的需要。这一揽子计划的实施将新增 13 亿短吨（约合 11.8 亿吨）的煤炭需求。据悉，这 8 项煤炭深加工计划内容主要涉及：通过煤炭液化技术生产油品醇类等液体燃料，通过煤炭气化技术生产燃气；通过洁净煤发电技术建设总装机 1 亿千瓦的发电厂，使煤炭转化为清洁电力；开发煤氢转化技术以及开发碳的捕集、封存技术等。

从20世纪80年代后期开始，我国各有关部门也开展了多项研究工作，但是与国外对研究开发的投入相比，则明显不足，“九五”期间科技攻关计划中能源技术领域的投入还不到美国对洁净煤技术投入的十分之一。“九五”及“十五”期间，我国洁净煤技术发展迅速，一些重点领域或关键技术的研究开发、推广应用取得突破。其中，煤炭洗选、配煤、水煤浆、循环流化床等技术已投入商业化应用；自主知识产权的超临界机组、烟气脱硫、大型煤气化技术等正在开发之中；以自主技术为主的煤炭液化、IGCC、煤层气开发等技术已开始进入工业性示范阶段；型煤、中小型燃煤工业锅炉技术、煤矸石综合利用、粉煤灰综合利用、矿井水资源化利用等技术正在提高和完善之中。但当前的洁净煤技术尚不能适应国民经济发展及市场需求，仍有待发展。下面就近年来取得的主要成就作一简要叙述。

在煤炭加工处理技术方面，已建成选煤厂的入选能力约达7亿吨，2003年全国入选原煤约5亿吨，使入选原煤占煤总量的34%上下，结束了入选比例小于20%的历史。水煤浆燃烧技术虽处于发展前期，已建成14座制浆厂，总能力达到426万吨/年（2003年）；已被6台220t/h电站锅炉用作燃料。技术上的差距主要表现在水煤浆制备、输送、储备技术和制浆药剂生产的自主知识产权方面。

在燃烧发电技术方面，有循环流化床锅炉燃烧（CFBC）、增压流化床燃煤发电技术（PFBC-CC）、超超临界发电技术和煤气化联合循环发电（IGCC）技术。

CFBC在国际上在向大型化发展。250MW循环流化床早在1997年度投入商业运行，美国已有350MW级的循环流化床锅炉电站于2003年投入运行。我国采用自有技术开发并占据了大部分75t/h级的循环床市场。1996年后在掌握国际最新水冷方型分离器紧凑式循环床技术上取得突破，并取得自主知识产权。引进300MW CFBC锅炉的工程也已经投运，并逐步实现国产化及批量生产。当前要着眼于热电煤粉炉如何改造成循环流化床锅炉或紧凑式循环锅炉，研究循环床高效脱硫技术、解决磨损以及蒸汽、煤气联产技术等。

在 PFBC-CC 发电技术方面，我国研建 15MW 的 PFBC 试验电站，已于 2000 年末在徐州贾旺电厂投入运行。国外第一代 PFBC-CC 机组（发电量 80MW）也已投运；第二代即加压部分煤气化补燃加流化床燃烧的联合循环发电技术是国际上有发展前景，可提高发电效率、改善环境的洁净发电新技术之一，我国拟建造 100MW 的示范电站对该技术进行开发，这就需要国内加速第一代 PFBC-CC 电站国产化，完成二次开发，并研究第二代 PFBC-CC 的关键技术。

整体煤气化联合循环 IGCC（Integrated Gasification Combined Cycle）发电技术在发达国家已取得技术上的成功。国内要在引进建设 300～400MW IGCC 装置示范工程中进行消化吸收，对关键技术和设备实现国产化，并研究开发高温煤气的净化技术和先进大型气化炉工程的关键技术以及系统集成及电站成套设计技术。据报道，2006 年初，由中科院物理所和南京汽轮电机（集团）公司联合研发的 IGCC 发电机组（863 项目）在结束 168h 考核运行后，正式交付用户，投入商用，说明 IGCC 发电技术的开发在世界煤化工行业率先取得突破。

另一个 863 项目“超超临界燃煤发电技术”也已经通过验收，目前已完成国内 20 台超超临界机组工程的设计工作，正在建设我国第一台国产 1000MW 级超超临界发电机组，如以 2×600MW 火力发电机组为例，超超临界机组发电效率可达 45%，比亚临界机组提高 3%～4%，发电标准煤耗小于 275g/(kW·h)，每年可减用标准煤 16.5 万吨，减排 SO_2 2500t，减排 NO_x 810t，减排 CO_2 46 万吨，这将大幅度提升我国洁净煤发电技术水平。

此外，燃煤电站的“超细化煤粉再燃低 NO_x 燃烧技术”及“可资源化烟气脱硫技术”也都已经完成了中试，在烟气污染排放控制技术方面取得进展。

煤炭转化成清洁燃料的技术是洁净煤技术中的重要内容，诸如液化、气化、热解技术和地下气化技术等。煤炭液化技术随着近来国际石油价格的上涨，会有一定的经济效益。鉴于我国是个富煤缺油的国家，煤液化有可能成为解决石油紧缺和建立战略储备的一条重要途径。国内经过多年的试验研究，完成了国内液化用煤的煤种评价、工艺评价等基础性工作，神华集团在对国内外煤直接液化工艺认真筛选基础上，采用众家之长和成熟的单元工艺技术，开发出自己的煤液化工艺路线和催化剂制备技术，以无水无灰基计算，C_4 以上的油收率达 57%～58%，油品重馏分增多，更有利于柴油产品的生产；由煤炭科学研究总院等单位研发的 863 催化剂制备装置设备简单，操作稳定而且成本低，仅为国外催化剂价格的 1/3 到 1/6。2004 年 9 月和 2005 年 10 月在上海 6t/d PDU 装置上两次成功运行，打通工艺流程，并为今后工程放大、优化工业装置运行提供技术支持，力争在 2008 年前在内蒙古建成世界上第一个商业规模百万吨级的煤直接液化厂。国内煤间接液化技术也有相当突破，完成了 5000t 级煤炭间接液化中试，开发了可用于煤间接液化催化剂系列产品，具备进行 10 万吨级工业化示范能力。山东兖矿集团和中科院山西煤化所在煤间接液化费-托合成工艺研究方面已取得很大进展，解决了催化剂制备、分离以及浆态床反应器等三大技术难点，分别都已经建成年产千吨和万吨级合成油的工业装置并中试成功，在工程化和商业化方面迈上一个新的台阶。

煤炭气化技术与国外还存在较大差距，表现在目前国内大多数企业仍采用技术落后的常压固定床气化技术，而国外近年来主要发展流化床、气流床等大型气化技术。在 863 专项资助下，华东理工大学在新型水煤浆气化技术上取得突破，系统研究了四喷嘴对置气化炉内流动及反应规律，确定了新型水煤浆气化示范装置（1150t 煤/d）的工艺路线，并已正式投入运行。西安热工研究院负责的 863 专项“干煤粉加压气化技术”也经验收，完成中试装置的配套研究，包括干煤粉浓相加压输送试验室研究，干煤粉加压气化小试，气化过程模拟，完成 14 种中国典型煤种的高温（1500℃）、高压（3.0MPa）气化反应动力学特性研究，完成了干煤粉加压气化装置连续168h运行，具备了工程放大的条件。当前在华能集团支持下，已制定出1000～2000t/d的两段式干煤粉加压气流床气化炉开发计划，完成了工艺设计。以该技术为核心的“绿色煤电”第一阶段煤气化发电示范工程（25万千瓦）将于2009年建成投运。

在甲醇制烯烃（MTO）方面，中科院大连化物所、陕西新兴煤化工公司和洛阳石化工程公司合作进行了MTO万吨级的工业化试验已在西安投入运行，并取得成功，这将打破环球石油公司（UOP）和埃克森石油公司（Exxon）等公司的技术垄断。

传统的煤热解技术是与高温焦化相联系的，在洁净煤技术领域应用热解技术，目的不是为了得到焦炭，而是为了获得液体燃料、代用天然气或化工产品。这种应用除经济成本因素外，在技术上存在残炭反应活性问题、反应的选择性以及产物的高效分离和净化利用等问题。中国对此也进行了大量研究开发工作，积累了丰富的经验，有半焦热载体干馏和粉焦流化气化工艺、多段回转炉热解工艺、分级转化、加氢热解等，但大都由于工艺应用的局限性和其他经济因素，至今尚未投入商业运行。

煤作为燃料，其使用如今受到巨大的环境压力，发展洁净煤技术，是缓解这一压力，实现我国可持续发展的必然和现实的选择。但是必须指出，煤作为冶金工业的原料——炼焦用煤，由煤生产焦炭目前仍占有不可动摇的地位。全世界钢铁工业每年用煤约6亿吨，在我国炼焦用煤量占煤炭消费构成的13.86％（1997年）。通过炼焦得到的化学产品煤焦油，更是近代新材料和特殊化学制剂的原料。煤化工产品在整个化工产品中占有很大的比重，约有60％的化工原料来自煤炭。

要降低煤炭工业面临的压力，就必须探索其他利用煤的途径。应认识到，煤是一种最主要的碳氢化合物资源，除用于燃烧之外，也是化学制剂的原料，这是煤炭利用更具有应用潜力的一个方面。由煤制取煤基化学制品和高聚物，诸如工程塑料、高温耐热高聚物、碳/碳复合材料、液晶高聚物、高聚薄膜和碳纤维等，有着广泛而深刻的新内容，会促进化工原料的更迭。从历史上看，原料和原材料的变更总是对化学工业产生很强的冲击。回顾20世纪40年代以前，大多数有机化学工业以煤衍生物为原料；到50年代，有机原料从乙炔到乙烯的变化，造成后来由煤到石油为原料的更迭，以乙烯和丙烯为基础的石油化学工业成为一个主要的工业部门。而煤基化学制品及其芳香高聚物产品则主要立足于煤的芳香结构特性，这些是很难从石油得到而需求量又非常大的化学制品，这类化工产品的开发将要重新回到以煤为主要原料的技术路线上来。如果芳香高分子化合物从煤中开发制取，脂肪族化合物由石油馏分得到，这样就能更好地发挥物尽其用的效果，使煤的身价成百上千倍地提高，煤炭资源将越加宝贵。

1.2.3 煤化工的发展机遇

我国煤化工经过几十年的发展，在化学工业中占有很重要的位置。据统计，20世纪90年代煤化工的产量占化学工业（不包括石油和石化）大约50%，合成氨、甲醇两大基础化工产品，主要以煤为原料。近年来，由于国际油价的节节攀升，煤化工越来越显示出优势。因此，目前全国各地发展煤化工的热情很高，拟上和新上的煤化工的项目很多，项目规模大小不一，几乎是有煤的地方都要发展煤化工。

煤炭焦化、煤气化——合成氨——化肥已成为我国占主要地位的煤化工业，并于近年来得到持续、快速的发展。基于国内石油消费的增长和供需矛盾的突出，煤制油、甲醇制取烯烃等技术引进、开发和产业化建设加快速度，重点项目已经启动；结合当前煤炭工业和未来发展新型煤基能源转化系统技术的需求，多联产系统及相关专属性技术研究已被列为国家中长期科技发展重点。我国煤化工业对发挥丰富的煤炭资源优势，补充国内油、气资源不足和满足对化工产品的需求，推动煤化工清洁电力联产的发展，保障能源安全，促进经济的可持续发展，具有现实和长远的意义。新型煤化工在我国正面临新的发展机遇和长远的发展前景。

2005年6月，国务院“关于促进煤炭工业健康发展的若干意见”中又明确提出，要推进洁净煤技术产业化发展。积极开展液化、气化等用煤的资源评价，稳步实施煤炭液化、气化工程。加快低品位、难采矿的地下气化等示范工程建设，带动以煤炭为基础的新型能源化工产业发展。由此可见，煤化工已成为国家能源发展战略重点之一和国家重点推进的产业，煤化工将迎来又一个春天。

先来看看炼焦工业，当前中国炼焦工业技术已进入世界先进行列，新建的大部分是技术先进、配套设施完善的大型焦炉，炭化室高6m的大容积焦炉已实现国产化，2004年机械化焦炉生产的焦炭约占焦炭总产量的70%；干熄焦、地面除尘站等环保技术已进入实用化阶段；化学产品回收能力加强；改造装备简陋、落后的小型焦炉，淘汰土焦及改良焦炉的进展加快。

注重煤焦油化学产品，集中深加工和增强焦炉煤气的有效利用，是焦化工业综合发展、提升竞争能力的重要方向。对布局较为集中的大型炼焦企业，应在焦油深加工、剩余煤气的利用方面统筹规划，以实现规模化生产和高效、经济生产。

煤制油是大家都广泛关注的项目。煤直接液化、间接液化的产品以汽油、柴油、航空煤油以及石脑油、烯烃等为主，产品市场潜力巨大，工艺、工程技术集中度高，是中国新型煤化工技术和产业发展的重要方向。正如前述，这两种技术在研究开发和大规模工程示范方面均得到发展。

煤基甲醇技术有较宽的煤种适应性，投资相对较低，工艺条件相对缓和，可以通过改变生产工艺条件调整产品结构，或以发动机燃料为主，或以化工品为主，因此将可能成为未来煤化工产业发展的重要途径。

生产甲醇等化学物质，是煤化工的又一重要方向。煤炭是国内生产甲醇的主要原料，煤基甲醇产量约占总产量的70%以上。今后甲醇消费仍然以化工需求为主，需求量稳步上升；作为汽油代用燃料，主要方式以掺烧为主，局部地区示范和发展甲醇燃料汽车，消费量均有所增加。预计不用3年时间我国国内甲醇生产、消费量将达到平衡，国内生产企业之间、国内甲醇与进口甲醇之间的竞争将日趋激烈，降低生产成本对市场竞争显得更为重要。

发展甲醇下游产品是未来发展方向。甲醇是重要的基础化工原料，其下游产品有：醋酸、甲酸等有机酸类，醚、酯等各种含氧化合物，乙烯、丙烯等烯烃类，二甲醚、合成汽油等燃料类。结合市场需求，发展国内市场紧缺、特别是可以替代石油化工产品的甲醇下游产品是未来大规模发展甲醇生产、提高市场竞争能力的重要方向。

通过煤气化-合成氨制造化肥，是煤化工的又一途径。受国内石油和天然气资源制约，以煤为原料生产合成氨是今后发展的方向，预计占到60%以上。与建设大中型合成氨建设配套，煤气化技术也取得较大进步和发展。新建煤气化技术有：水煤浆、干煤粉气流床气化，用于中小型化肥厂改造的流化床煤气化，加压固定床煤气化。中小型固定床间歇煤气化技术所占比例正在逐步减少。国内先进煤气化技术研究开发近年来的进展，已如前述，这里，不再重复。

煤制油产业进入工业示范生产阶段预示着我国已经完成煤制油技术的关键性突破。在建和拟建项目总规模已达500万吨。据公开资料显示，除列入国家规划的项目外，神华集团的规划规模已超过1000万吨/年。兖矿集团除在贵州纳雍、织金地区的100万吨/年间接液化项目外，还在陕西榆林进行投资；内蒙古伊泰和山西潞安利用中科院山西煤化所的煤制油技术生产规模16万吨/年的间接液化制油也已经启动；大唐国际发电引进日本煤直接液化技术，也已经开始前期工作，预计到2010年拥有日处理3000t煤的煤制油能力。此外，宁夏、云南、陕西、内蒙古、黑龙江、安徽、河南、贵州、甘肃、山西和新疆等大小不等的煤制油项目都在筹划中。预计到2020年将形成4000万～5000万吨/年的煤制油生产能力，如果以产油5000万吨计算，煤制油的年耗煤量将达 2 亿吨以上，约占 2020 年产煤量 28 亿吨的 1/14；5000 万吨/年的油品量约占石油年需求量 4.5 亿～5.0 亿吨的 1/8 到 1/9，按当时石油国内最高产量 2.0 亿吨计算，能使石油对外依存度控制在 60%的警戒线以内。

煤制油产业属技术、资金、人才密集型产业，存在较大的投资风险，它的发展是有条件的。从煤制油的立项开始就一直存在两种不同意见的争论。归纳起来，对煤制油持悲观、负面性意见有：①煤制油是一种战略，现实情况并非到实施的程度，为什么日本、美国、德国都掌握技术，但只进行示范试验？②煤制油是用一种稀缺、优质资源替代另一种优质、稀缺资源，用一种不可再生资源替代另一种不可再生资源；③我国煤炭资源量，特别是可采储量少，可直接利用的煤炭资源量仅能维持 30 年；④能源效率低，直接液化的吨油消耗煤约 3.5～4.0t，间接液化的吨油消耗高达 4.0～4.5t 煤，这种负能量转化过程是对资源的极大浪费；⑤现在油价高涨，是指的期货价，实际交易价仍在每桶 40 美元上下，与煤制油成本相差无几；如果将先前的煤炭核算价提高，成本优势何在？国际油价变动怎么办？⑥油制品销售渠道在国内已被某些机构所垄断，自产油品很难进入销售市场；⑦煤制油产业对环境的影响，特别在西部缺水地区，如工业用水及 CO_2 排放问题不容忽视等。

从吨油产品的新鲜水消耗来看，大凡煤化工项目，都是耗水大户，例如每生产 1 吨甲醇约耗 $6m^3$ 水，煤直接液化的吨油耗水约 $7m^3$，间接液化约 $12m^3$，只有焦化的吨产品耗水较少，约 $1m^3$。这不能不说是制约煤化工发展，特别在缺水地区发展煤化工的一个制约因素。与原油精炼工艺相比较，煤制油产业的 CO_2 排放是从长远来看必须解决的一个问题，无论封存或高浓度 CO_2 的利用都应该及早筹划进行研发，减少温室气体排放对环境的影响，确保煤炭继续成为能源的重要组成之一，用以证明煤制油是更有效、更清洁的一种煤炭利用方法。

1.2.4 煤基多联产

煤基多联产是近年来提出的将多种现代能源转化技术（煤炭气化、煤制油、发电、供热等）与化工品合成技术进行优化耦合的技术体系，其基本要点是：以煤、石油焦等为原料，通过气化、气体净化等技术得到合格的原料气或燃料气，并在净化过程中解决硫等污染物的回收和资源化；煤气在其后的过程中将有可能作为发电、供热的燃料，也能合成液体燃料、代用燃料或其他化工产品等，促进煤炭可持续发展；如果将煤气转化为氢气作为新能源，则转化过程中的 CO_2 有可能被单独分离和捕集，从而成为接近零排放的新型能源系统。即使在没有完全实现近零排放的情况下，由于多个能源、化工系统的组合，多联产系统通过能源的梯级利用和系统耦合等，得以实现技术优化和经济效益最大化。

早在 50 年以前，化工生产中就有“联产”的实践，最可称道的当推侯氏制碱法（联碱法），它将纯碱（Na_2CO_3）和合成氨厂相联合，利用合成氨厂的氨和 CO_2 作为碱厂的原料，解决了氨碱法（索尔维法）废液的排放，使碱厂只需投入洗盐或优质盐，就可以生产出纯碱和氯化铵，在产出 1 吨纯碱的同时，副产 1 吨氯化铵，使盐利用率达到 95%以上。按这种“联产”的思路进行优化耦合，必将对煤基多联产概念有所创新。

先前提到的维新-21（Vision-21），见图 1-7，就是洁净高效利用煤炭等化石燃料和其他碳基燃料满足能源和环境要求的多联产新途径。它以气化为龙头，合成气用于制氢，氢用于高温燃料电池发电，电池余热供热，CO_2 或其他污染物在原料（燃料）制备阶段得到分离和治理。美国的能源界将该系统作为 21 世纪未来新型能源系统的发展方向之一，并于气体分离技术、CO_2 捕集、封存技术、高温燃料电池技术等方面开展基础研究和技术开发。

维新-21 具有以下特点：①多种先进技术的组合，可使系统的性能和成本实现“跳跃式”的改善；②可用多种燃料，包括煤、天然气、渣油、石油焦、生物质、纸浆黑液、城市垃圾等；③多联产，在发电的同时，可联产工艺用蒸汽、运输用洁净液体燃料、合成气、高价值化学品、氢等；④模块式组合，可以根据市场需求把多种技术先进的模块（或称“能源岛”）组合成能源综合体；模块可以相互交换（interchange）、连接或并置；⑤零排放，颗粒物、SO_2、NO_x和固体废物等污染物接近零排放；通过提高效率 CO_2 可减排 40%～50%，采取封存（sequestration CO_2 捕集后封存在海洋、地层或陆上生态系统中，或采用先进的生物和化学工艺处理）等办法，可实现零排放。工厂无烟囱，可建在城市附近或工业中心。

维新-21 的目标与正在开发的电力和燃料新技术相比，有着更为明确的先进目标，下面来看看实施后的效率、成本及计划实施的时间表。①效率。煤炭发电系统超过 60%，天然气发电系统超过 70%，热电联产超过 85%，用煤生产车用液体燃料和氢 75%，联产运输用液体燃料和化学品超过 90%。②零排放。SO_2、NO_x 颗粒物、痕量元素、有机物接近零排放，SO_2、NO_x 脱除并转化成有益环境的产品，如化肥等化学品；CO_2 通过提高效率减排 40%～50%，采取“碳闭路循环”、制取工业品或封存等办法实现零排放。③成本。用煤发电的成本低于目前最好的粉煤锅炉电厂，所有商业化产品都有竞争力，低成本的能源供应将增强美国工业的竞争力。④促进能源结构改善，保障能源可靠供应。⑤用先进技术生产合成天然气，保证天然气价格长期稳定。⑥经济、环境和能源的最终目标是保持并改善美国的生活质量。⑦时间表。2006 年以前完成改进的气化器、燃烧器和气体分离膜的研究开发，2012 年完成子系统和模块设计，2015 年完成商业厂设计。事实上，重要的时间点，还有待单项技术的成熟度和作为新型能源系统能否替代现存系统的逐步置换过程。其中捕集、封存 CO_2、减少温室气体排放是目前推动发展的最主要动力。

壳牌（Shell）公司提出的合成气园概念是以煤气化为核心，将一步法生产甲醇、化肥或其他高附加值化学品、与联合循环发电相结合，同时还生产民用煤气和供热（图 1-8）。更广义的多联产技术概念还将煤化工、合成工艺、冶金还原冶炼等组合成整体，或在煤矿区将能源转化和化工产品的生产、电力或热力输送形成一个综合整体。

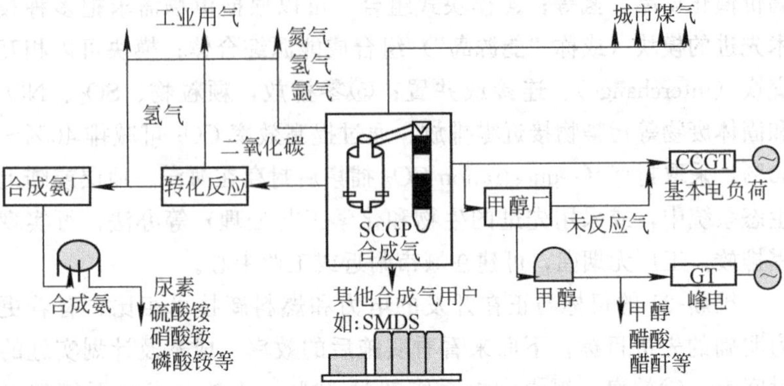

图 1-8　Shell 合成气园（Syngas Park）

总而言之，多联产系统的核心就是强调系统内物质交换和能量转换过程的有机耦合、优化与集成，从而使得系统具有灵活的原料和产品系统，比各自单独生产简化工艺流程，减少基本投资和运行费用，根据市场需求调整产品结构改善负荷跟踪性能，并进而改善环境性能。因而从系统工程角度而言有大量的科学问题需要研究，如联产系统的优化综合，优化运行，负荷跟踪和控制，灵活系统（燃料、产品）设计等。国内外联产系统的研究发展也表明将联产系统作为一个整体进行系统集成和优化是联产关键技术的重点和前沿。

国内在 20 世纪末开始现代意义上的煤炭多产品联合生产概念的探索。图 1-9 为山东兖州某煤业集团建设的煤化工联产项目概念工艺流程示意图，规模为 76MW 发电能力和年产 24 万吨甲醇的煤气化合成甲醇、联合循环发电部分联产示范工程。原料煤气化，净化后煤气的一部分送往甲醇合成，另外一部分用于分离出 CO；部分甲醇作为产品，另外一部分甲醇与分离出的 CO 合成醋酸；分离出 CO 后的其他剩余可燃气体和部分原料气用于燃气轮机发电，高温废气经余热锅炉产生蒸汽供蒸汽轮机发电。该系统的特点是两种合成产品和联合循环发电以并联的形式布置，以化工产品为主。

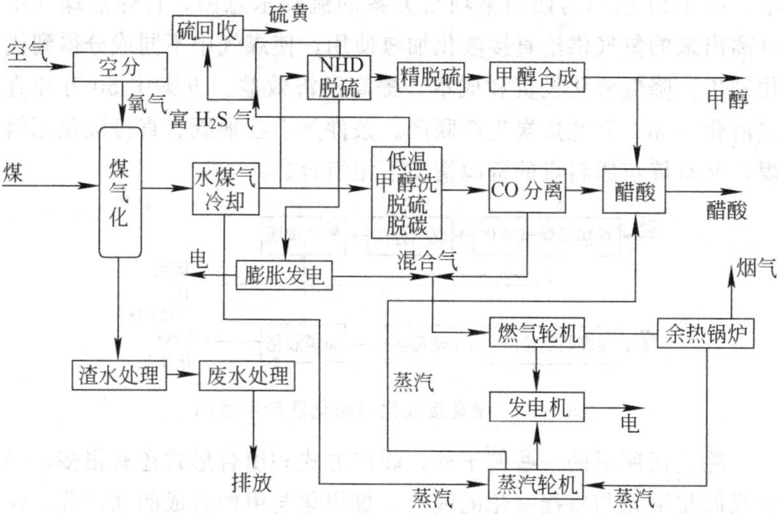

图 1-9　煤气化合成甲醇、联合循环发电部分联产系统示意图

（资料来源：李现勇，2005 年）

另外一个例子是 F-T 合成、甲醇与发电联产系统，图 1-10 为华北某项目联产系统方案框架示意图。净化后煤气首先通过 FT 合成，获得液体燃料与部分化工产品，合成后尾气进入浆态床甲醇合成塔，剩余的大部分 CO 和 H 合成甲醇，甲醇塔出来的尾气送联合循环发电。该工艺的特点是 FT 合成、甲醇合成、发电呈串联形式联产，减小 FT 合成的外循环气体比例，原料气中的有效成分在甲醇合成塔得到最后充分利用，可燃尾气通过发电利用。

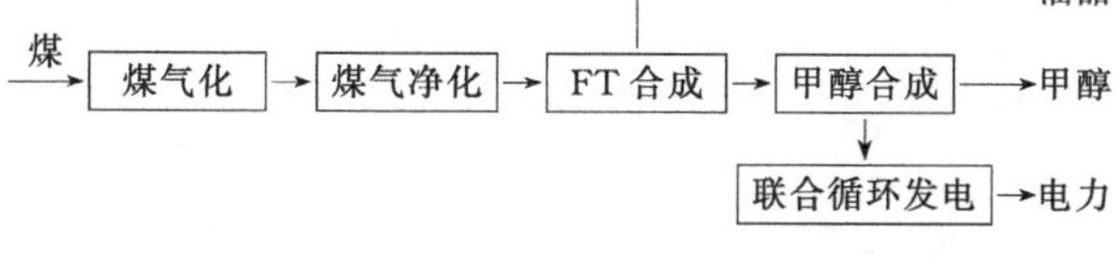

图 1-10　FT 合成、甲醇合成与发电联产系统

另一种思路是利用焦炉煤气中的氢气。众所周知，炼焦煤气中含有 50%以上的氢气，如果将其中的氢气分离，其余煤气成分作为炼焦炉燃料，氢气可提供给其他煤制油工艺利用，降低制氢成

本。图 1-11 所示为西南某项目方案的流程示意图，自炼焦煤气中分离出来的氢气供给直接液化加氢使用，使煤气中不同成分得到优化利用，降低液化投资和成本，提高经济效益。方案中 50 万吨直接液化与 300 万吨焦炭生产联产。条件是在当地既有直接液化原料煤，又有炼焦原料煤的资源情况下相组合。

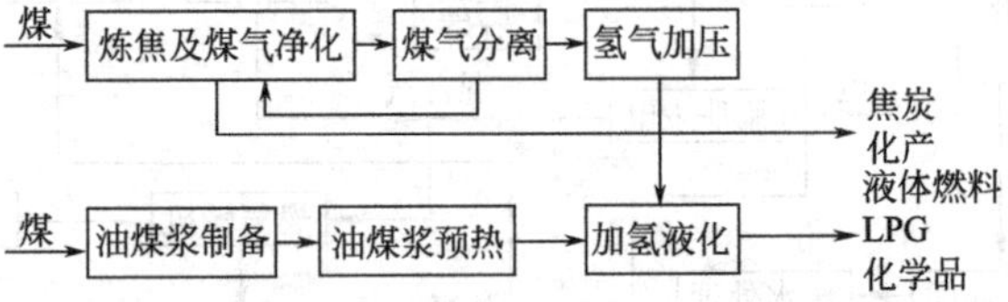

图 1-11　煤直接液化与焦化联产示意图

除上面所举的一些例子外，联产方式和组合形式还有很多，诸如煤间接液化与直接液化的联产、煤焦化与甲醇合成的联产等，这些都是目前技术条件下可以实现的多种煤化工单元工艺的简单拼接、组合与联产，应该说还处于煤基多联产的初级阶段，缺少优化耦合的内涵。可以预计在煤化工技术及产业化发展过程中，一定会出现高效率、零排放的综合能源厂，它对未来能源与经济、社会和环境相协调的可持续发展具有巨大战略意义，它的诞生将预示着现在广受指责的煤炭会有更加光明的前景。

2 中国煤炭资源的特点、分级及13个大型煤炭基地

2.1 煤的生成：成煤作用及煤的系列

煤是由泥炭或腐泥转变而来。泥炭主要是高等植物遗体在沼泽中经过生物化学作用而形成的一种松软有机质的堆积物。

泥炭的形成是一个复杂的生物化学变化过程。通常在低洼积水的沼泽里，植物经历了繁殖、死亡期后，堆积于沼泽的底部，在厌氧细菌的作用下，形成了各种较简单的有机化合物及其残余物，这一氧化分解过程称之为腐植化作用。此后，被分解的植物遗体被上部新的植物不断覆盖，转到沼泽较深部位，从而由氧化环境转入弱氧化甚至还原环境中。在缺氧条件下，原先形成的有机化合物发生复杂的化学合成作用，转变为腐植酸及其他合成物，从而使植物遗体形成一种松软有机质的堆积物，聚积成泥炭层。

腐泥的形成过程与泥炭不同。低等植物和浮游生物在繁殖、死亡后，遗体堆积在缺氧的水盆地的底部，主要是在厌氧细菌参与下进行分解，再经过聚合和缩合作用，便形成暗褐色和黑灰色的有机软泥——腐泥层。表2-1表明泥炭和腐泥的主要区别。

表2-1 泥炭和腐泥的主要区别

比较项目	泥炭	腐泥
原始质料	高等植物	低等植物和浮游生物
宏观特征	褐色、黑褐色松软有机质堆积物	暗褐色和黑灰色有机软泥
元素组成特征	氢含量较低，碳含量较高，H/C原子比值较低	氢含量高，氧含量低，H/C原子比值高
有机组成特点	富含腐植酸	富含沥青质
工艺性质	焦油产率较低	焦油产率高
形成过程	先受到氧化分解，后在厌氧条件下由合成作用形成	在厌氧细菌作用下，经过分解、聚合与缩合作用形成

其后，泥炭或腐泥不断被上层沉积物覆盖，埋藏到一定深度，经受压力、温度等作用，发生了新的一系列物理化学变化。在这个过程的早期阶段，进行的是成岩作用，它使泥炭转变成褐煤，腐泥转变成腐泥褐煤；后期则受变质作用的影响，使褐煤转变成烟煤或无烟煤，腐泥褐煤转变成腐泥烟煤或腐泥无烟煤。成煤和变质作用总称为煤化作用。

根据原始植物质料和聚积环境的不同可将煤细分为三大类。

① 腐植煤类　其前身是高等植物遗体在沼泽中形成的泥炭。

② 腐泥煤类　其前身是低等植物遗体在湖泊等水体中形成的腐泥。

③ 腐植腐泥煤类　成煤原始质料兼有高等植物和低等植物，聚积环境介于前两类之间的过渡情况。

由上可见，从植物死亡、堆积、埋藏到转变成煤，要经过一个演变过程，这个过程称为成煤过程。不同的成煤物料，经历不同成煤过程（见表 2-2），出现了各具特性（指物理、化学、煤岩和工艺性质）的不同类别的煤炭。

表 2-2　煤的成煤过程

项目 \ 成煤序列	植物──→泥炭──→褐煤──→烟煤──→无烟煤		
转变条件	水中，细菌，数千年到数万年	地下（不太深），数百万年	地下（深处），数千万年以上
主要影响因素	生化作用，氧供应状况	压力（加压失水），物化作用为主	温度、压力、时间，化学作用为主
转变阶段	第一阶段泥炭化阶段	第二阶段成岩阶段	煤化阶段变质阶段

在自然界中储量最大、分布最广的要数腐植煤，它又可分为陆植煤和残植煤。陆植煤是由植物中的纤维素和木质素等主要组分形成的，通常讲的煤大都是指腐植煤中的陆植煤。残植煤是由植物中含量较少、但在成煤初期最不易被微生物分解的组分形成的，所以单独的残植煤很少，多以薄层或透镜体夹在陆植煤中。我国江西乐平和浙江长广煤田有典型的树皮残植煤，云南禄劝泥盆纪地层中有典型的角质残植煤，大同煤田发现有少量孢子残植煤夹层。

自然界中储量很少的是腐泥煤和石煤。它们由低等植物包括菌藻类植物形成，这些植物无根、茎、叶器官的分化，是地球上最早出现的生物，种类达两万种以上，但数量少，是造成腐泥煤储量低的原因。

腐植煤和腐泥煤的主要特征见表 2-3。

表 2-3　腐植煤和腐泥煤的主要特征

特　征	腐植煤	腐泥煤
颜色	褐色或黑色，多数为黑色	多数为褐色
光泽	光亮者居多	暗
用火柴点燃	不燃烧	能燃烧，有沥青气味
氢含量/%	<6%	>6%
低温干馏焦油产率/%	<20%	>25%

煤炭的演变史与生物的进化史一样，经历了由低级向高级逐步演化的漫长历史进程。表 2-4 列举了中国主要成煤期所处的地质年代以及相应的煤田举例。

表 2-4　中国主要成煤期和成煤情况举例

代		纪	距今年代/百万年	中国主要成煤期△	生物演化：植物	生物演化：动物	煤种	我国煤田举例
新生代		第四纪	1.6		被子植物	出现古人类	泥炭	四川若尔盖、青海河南县
		晚第三纪	23	△		哺乳动物	褐煤为主，少量烟煤	辽宁新宾、清原，广东茂名、高要、新会，龙口，小龙潭等
		早第三纪	65					
中生代		白垩纪	135	△	裸子植物	爬行动物	褐煤、烟煤，少量无烟煤	云南、广西褐煤等，大同、阜新、萍乡等
		侏罗纪	205					
		三迭纪	250					
古生代	晚古生代	二迭纪	290	△	蕨类植物	两栖动物	烟煤、无烟煤	内蒙、新疆、山西、开滦、淮南、本溪等；广东台山、秦岭西段等地
		石炭纪	355					
		泥盆纪	410		裸蕨植物			
	早古生代	志留纪	438		菌藻植物	鱼类	石煤	南方几省如浙江、湖南
		奥陶纪	510			无脊椎动物		
		寒武纪	570					
新元古代			1000		海藻 无植物化石发现			
中元古代			1600					
古元古代			2500					
太古代			4000					

2.2 中国煤炭资源分类和分级

煤炭资源是指天然赋存于地下的煤，且从其数量及赋存状态来看，当前可以经济地开采或有可能在不久的将来可以经济地开采的煤。现今各国计算煤炭资源量的各种参数（最小可采厚度、最大埋深、最低热值等）各不相同，但大体比较接近。煤炭储量指的是经过不同程度的地质勘查而计算出的煤炭资源量，它们是在当时的具体经济条件下可以开发获利的部分，而把难以肯定获利的部分列入次经济储量。

2.2.1 煤炭资源储量的分类

由于各国或地区对煤炭资源的要求不同，参数不一，迄今大约出现了近百种的分类方案。按其目的而言，这些分类可归纳为两个系统：①供煤田或地区勘探与开发使用的储量分类系统；②供国家或世界资源与储量统计用的分类系统。前者经常是经有关方面批准的供一个煤田或地区使用的，后者是由国际组织或一些学者提出的。这两大系统都使用国际公认的、按勘查程度划分资源与储量类别的三分法原则，分成论证储量（demonstrated reserves）（或称证实储量、确认储量、工业储量）、推测储量（inferred reserves）和预测资源量（undiscovered resources）。论证储量是指经过详细地质勘查证明可供矿山生产设计使用的储量；推测储量是指经过少量勘查而估算的储量，可靠性差，一般不能供矿山生产使用，只能作远景规划的依据。预测资源，是根据地质理论推测有可能存在的资源，只供作进一步地质勘查的依据。由于各国制定和掌握的具体标准不一样，煤炭资源的分类便出现了大同小异的局面。表 2-5 大致对比了一些主要产煤国家煤炭资源和储量的分类系统。

联合国经社理事会自然资源委员会于 1979 年在安卡拉召开第六次会议，提出国际固体矿产资源分类的基本方案，把资源分为三类：确认量、估计量和潜在量；确认量和估计量又分为经济量和准经济量。1980 年美国矿务局和地质调查局制定了“矿产资源和储量的分类原则”，提出了“储量基础”的概念，当引进经济标准后，

表 2-5 一些国家煤炭资源和储量分类对比表

<table>
<tr><th>国家</th><th colspan="4">美国</th><th colspan="2">加拿大</th><th colspan="2">法国</th><th colspan="2">原西德</th><th colspan="3">前苏联</th><th colspan="2">中国</th></tr>
<tr><td rowspan="10">总资源</td><td rowspan="6">已鉴定的资源</td><td rowspan="3">经济储量</td><td rowspan="2">论证的</td><td>测定的</td><td rowspan="2">论证储量</td><td rowspan="2">1A</td><td rowspan="3">有用储量</td><td>a_1</td><td rowspan="3">商品储量</td><td>A+B</td><td rowspan="3">经济储量</td><td rowspan="2">确认的</td><td>A+B（有时 C_1）</td><td rowspan="3">能利用储量</td><td>A+B</td></tr>
<tr><td>推测的</td><td>b_1</td><td>C_1</td><td>C_1</td><td>C</td></tr>
<tr><td colspan="2">推测的</td><td>推测储量</td><td>2A</td><td>c_1</td><td>C_2</td><td>估计的</td><td>C_2</td><td>D</td></tr>
<tr><td rowspan="3">次经济储量</td><td rowspan="2">论证的</td><td>测定的</td><td rowspan="2">论证储量</td><td rowspan="2">1BC</td><td rowspan="3">非有用储量</td><td>a_2</td><td rowspan="3">潜在储量</td><td>a+b</td><td rowspan="3">准经济储量</td><td rowspan="2">确认的</td><td>A+B（有时 C_1）</td><td rowspan="3">暂不能利用储量</td><td>A+B</td></tr>
<tr><td>推测的</td><td>b_2</td><td>c_1</td><td>C_1</td><td>C</td></tr>
<tr><td colspan="2">推测的</td><td>推测储量</td><td>2BC</td><td>c_2</td><td>c_2</td><td>估计的</td><td>C_2</td><td>D</td></tr>
<tr><td rowspan="4">未发现的资源</td><td rowspan="2">经济资源</td><td colspan="2">假定资源</td><td rowspan="4"></td><td>3A</td><td rowspan="4">未发现资源</td><td rowspan="4"></td><td rowspan="4">假定资源</td><td rowspan="4"></td><td rowspan="4">假定资源</td><td rowspan="4"></td><td>P_1</td><td rowspan="4">预测资源</td><td>E</td></tr>
<tr><td colspan="2">假想资源</td><td>4A</td><td>P_2</td><td>F</td></tr>
<tr><td rowspan="2">次经济资源</td><td colspan="2">假定资源</td><td>3BC</td><td rowspan="2">P_3</td><td rowspan="2">G</td></tr>
<tr><td colspan="2">假想资源</td><td>4BC</td></tr>
</table>

注：资料来源为马学昌等，1994 年。

它最终可分解为储量、边界储量和次经济资源三部分。由此可见，在商品经济中，储量是随着生产技术和市场需求情况的变化而变动的。当生产技术进步、开发成本降低时，或市场需求大、煤炭价格上涨时，原不可采资源就成了可采的，储量便会增加；反之，储量便会减少。各类资源可以互相转化，处于经常变动的状态中。

经过地质勘探，获得了确认储量（工业储量）之后，便可以设计开采了。在开采时，储量不可能完全采出，要在地下损失一部分。损失的大小，取决于生产技术和管理水平。预计可以采出的那部分储量，叫做可采储量（recoverable reserves）。可采储量和储量一样，也是随生产技术和市场需求情况的变化而变动的。它比储量的变动更剧烈，更直接地影响矿山的经济效益和服务年限。如果一个煤田勘探出了很高的储量，但获得的可采储量不多，不言而喻，这样的勘探经济效益是不高的。所以，可采储量更受到重视。

2.2.2 煤炭资源储量的分级

下面简要介绍煤炭的储量分级。

为了进一步表示资源和储量的研究程度和可靠程度，许多国家都规定把它们分成若干等级（见表 2-5)。我国在 20 世纪 50 年代初向前苏联学习，故分级与前苏联相似，把储量分成 A、B、C、D 四级，把预测资源量分成 E、F、G 三级。

在地质勘查工作中，研究程度和可靠程度最高的是 A 级储量。这种储量的煤层的层位、厚度、产状、结构及其变化情况均已可靠地确定，煤质及煤种也已确定，对开采有较大影响的构造已经查明，开采设计所需的各种技术参数的原始资料均有保证。

B 级储量的条件是煤层层位、厚度、产状、结构及其变化情况已基本确定，煤质及其变化基本查明，落差大于或等于 50m 的断层已查明，煤的工艺性质已做了必要的研究，开采设计所需的主要技术指标已做了充分研究。

A＋B 级储量统称为高级储量。

C 级储量的条件是煤层的层位、厚度及变化情况已初步查明，煤质和煤种、煤层产状和地层构造均已基本了解，可以满足论证所控制储量的工业价值的需要。

A＋B＋C 级储量的总和又称为工业储量，是编制矿区开发初步设计所需的储量。其中 A＋B 级储量必须占到一定的比例。

D 级储量的条件是对煤层层位、厚度、煤质、产状、构造等有初步了解。这种储量是根据少量工作或相邻的储量推测而得的，其可靠性差，只能作进一步地质勘查的依据。

预测资源量是根据地质理论推测的，有人称之为未发现的资源、假定资源或假想资源。我国把这种资源分为 E、F、G 三级。不考虑开发的技术经济条件，只就数量而言，E 级资源的可靠性是较大的。它是在煤田普查勘探区以外，向深部或两侧有限推测的资源量，或经少量勘查工程证实有可采煤层存在，并已取得少量煤质数据所估算的资源量。F级资源是根据地质或物探资料推断的，数量可多可少，一般不致落空。G级资源的推测，可靠性最差，可能完全没有煤层存在。

地质勘查是一个研究和认识的过程，是由不知到知、由知之甚少到逐步深入了解的过程。我国把煤炭资源的勘查分为循序渐进的四个阶段：找煤（初步普查）、普查（详细普查）、详查（初步勘探）和精查（详细勘探）。每一个阶段都要求对资源达到相应程度的了解，其勘查程度与煤炭工业的基本建设程序相适应。地质勘探要求投入很多的人力和财力，并具有很大的风险，所以，只能根据工作需要研究至一定程度，钻孔网距有如100m×100m，300m×300m，及至>1500m×>1500m等。若研究的精度过高，而当前又不能利用，便会造成资金积压和浪费人力。我国现在把凡是经过勘查的资源量统称探明储量，这是不对的，往往使人产生误解。因为“探明”一词字面上表示已经探得十分清楚，无需继续探求，而事实上，矿产资源被初步勘查发现之后，还要经过多次勘查，才能确定其经济价值。即使“精查”储量，也只能保证矿山建设初步设计的需要，尚不能满足进一步开发的要求。探明储量属于非精查储量，更谈不上“探明”了，所以“探明储量”一词必须慎用。

和计算煤炭资源储量有关的还有煤层厚度、煤层埋深与煤类的关系等问题。1974年世界能源会议规定计算煤资源不包括0.6m厚度以下的煤层，也不考虑1500m深以下的煤层（对于烟煤与无烟煤），尽管事实上还有大量的煤资源埋藏在离地表1500m以下。世界各国在计算资源储量时，按煤类不同有不同的埋深及煤层厚度的规定。表2-6列举了不同国家在计算煤资源储量时，埋深和煤层厚度的最大值与最小值，以资比较。

我国对煤储量的计算标准（表2-7）除与煤类有关外，还和开采方式或煤层倾角有关。对于煤炭资源贫化地区和暂不能利用的储量，计算标准都相应放宽。对于深度，一般以三个不同层次，即600m、1000m及2000m埋深的资源量作为统计基准。

表 2-6　不同国家计算煤资源储量时的埋深和煤层厚度

煤　类		埋深/m	煤层厚度/m
褐煤	最小值	50（加拿大）	0.5（南非）
	最大值	700（土耳其）	2.7（乌克兰）
次烟煤	最小值	300（加拿大）	0.6（乌克兰）
	最大值	1800（乌克兰）	1.5（澳大利亚）
烟煤和无烟煤	最小值	400（南非）	0.2（美国）
	最大值	1800（乌克兰）	1.5（澳大利亚）

注：资料来源，Alpern，2000 年。

表 2-7　中国一般地区煤储量计算标准

煤层厚度	煤层倾角	储量类别					
		能利用储量			暂不能利用储量		
		炼焦用煤	动力煤	褐煤	炼焦用煤	动力煤	褐煤
最低煤层厚度/m	<25°	0.7	0.8	1.0	0.6	0.7	0.8
	25°～45°	0.6	0.7	0.9	0.5	0.6	0.7
	>45°	0.5	0.6	0.8	0.4	0.5	0.6
	露天开采 1.0				0.5		

2.2.3 “固体矿产资源/储量分类”国家标准（GB/T 17766—1999）

由国土资源部等单位起草、提出，国家质量技术监督局于1999 年 6 月 8 日发布、同年 12 月 1 日起实施“固体矿产资源/储量分类标准（GB/T 17766—1999）”已开始执行。在该标准中，依据地质勘探的可靠程度将矿产资源（储量）分为探明、控制、推断、预测 4 类，同时依据经济性将“查明矿产资源”分为经济的、边际经济的、次边际经济的、内蕴经济的 4 大类，见表 2-8。

结合上述资料及“固体矿产资源/储量分类标准（GB/T 17766—1999）”对中国煤炭资源作分析说明，有关名词说明如下。

（1）煤炭资源总量：指赋存于地下的具有现实的或潜在的经济价值的煤炭资源，又可根据地质工作的深度划分为已发现煤炭储量/资源和预测资源两部分。

表 2-8　固体矿产资源/储量分类表

<table>
<tr><td rowspan="2"></td><td colspan="3">查明矿产资源</td><td>潜在矿产资源</td></tr>
<tr><td>探明的</td><td>控制的</td><td>推断的</td><td>预测的</td></tr>
<tr><td rowspan="4">经济的</td><td>可采储量(111)</td><td rowspan="2" colspan="2"></td><td rowspan="8"></td></tr>
<tr><td>基础储量(111b)</td></tr>
<tr><td>预可采储量(121)</td><td>预可采储量(122)</td><td rowspan="6"></td></tr>
<tr><td>基础储量(121b)</td><td>基础储量(122b)</td></tr>
<tr><td rowspan="2">边际经济的</td><td>基础储量(2M11)</td><td></td></tr>
<tr><td>基础储量(2M21)</td><td>基础储量(2M22)</td></tr>
<tr><td rowspan="2">次边际经济的</td><td>资源量(2S11)</td><td></td></tr>
<tr><td>资源量(2S21)</td><td>资源量(2S22)</td></tr>
<tr><td>内蕴经济的</td><td>资源量(331)</td><td>资源量(332)</td><td>资源量(333)</td><td>资源量(334)?</td></tr>
</table>

注：表中编码，第一位数表示：1＝经济的，2M＝边际经济的，2S＝次边际经济的，3＝内蕴经济的；第二位数表示：1＝可行性研究，2＝预可行性研究，3＝概略研究；第三位数表示：1＝探明的，2＝控制的，3＝推断的，4＝预测的，b＝未扣除设计、采矿损失的可采储量，?＝经济意义未定的。

预测资源量：根据零星资料和地质理论推断或根据已知地区的类比、外推进行估算的资源量。

(2) 已发现煤炭储量/资源量：指按规范的方法和程序进行了找煤、普查或勘探工作，对煤炭的类别、煤质均有一定了解并计算得到的资源数量，相当于以往的“探明储量”，也相当于 1992 年“固体矿产地质勘探总则（GB 13908)”中的“A+B+C+D”级的煤炭总储量。已发现煤炭储量/资源量又可划分为已查证煤炭储量/资源量和找煤资源量两部分。

找煤资源量：地质工作程度极低，个别情况下工作程度可能稍高，仅作为对资源预测结果的验证，通过“找煤”以确定有无进行普查的可能，是一种过渡性、中间性工作，其结果尚不能达到对资源前景做出初步评价的程度，但在资源评价时将其包括在内。

(3) 已查证煤炭储量/资源量：指经过规范方法普查或勘探工

作之后计算的资源量。相当于以往"探明储量"中的"普查储量"、"详查储量"和"精查储量"之和，可进一步划分为精/详查储量和普查资源量两部分。

普查资源量：相当于"普查储量"，反映煤炭资源潜力和前景，是国家宏观经济决策、综合国力评估、制订远景规划的依据，或用于矿业权益的转让。

(4) 精/详查储量：相当于"精查储量"和"详查储量"，是工业性、开发性地质工作成果，是工程设计和建设的依据。按照开发的经济性和综合条件将精/详查储量分为能利用储量和暂不利用储量。

能利用储量：经过对储量的开发利用内外部条件进行综合评价，确认可以在当前或已经规划在近期进行开发利用，作为新建矿井设计和建设的储量。

(5) 可采储量：经过技术经济论证和计算，符合当前技术经济条件，可作为煤矿生产计划、开采后企业可获得效益的那一部分储量。

2.3 中国煤炭资源储量和特点

2.3.1 储量

为了适应经济发展的远景规划和综合国力评估的需要，中国先后组织了三次全国煤田预测，最新资料已于20世纪90年代末期完成，它为21世纪煤炭工业发展规划提供了资源依据。截止1992年末，我国已发现煤炭资源为1.02Tt (10^{12}t)，其分项构成如下：

- 已发现煤炭资源 1.02Tt
  - 已查证资源 0.68Tt
    - 储量 0.44Tt
      - 生产和在建矿井所占储量 0.19Tt
      - 未被占用储量 0.25Tt
    - 普查资源量 0.24Tt
  - 待查(找)煤资源量 0.34Tt

按国际统计口径，我国已查证的煤炭可采资源量为114.5Gt (10^9t)，居世界煤炭已查证可采资源的第三位（表2-9）。这里的已查证可采资源量指在当前技术条件下适合当地经济的可采储量，它占全国煤储量的26%。

表 2-9 世界主要产煤国已查证可采资源量(截止 1996 年末) 单位：Gt

序号	国　别	烟煤和无烟煤	次烟煤	褐煤	总量	百分率/%
1	美国	111.33	101.97	33.32	246.64	25.06
2	俄罗斯	49	97.47	10.45	157.01	15.95
3	中国	62.2	33.7	18.6	114.5	11.63
4	澳大利亚	47.3	1.9	41.2	90.4	9.19
5	印度	72.7	—	2	74.73	7.59
6	德国	24	—	43	67	6.81
7	南非	55.33	—	—	55.33	5.62
8	乌克兰	16.38	16.02	1.94	34.35	3.49
9	哈萨克斯坦	31	—	3	34	3.45
10	波兰	12.1	—	2.19	14.3	1.45
11	巴西	—	11.95	—	11.95	1.21
12	加拿大	4.5	1.28	2.82	8.02	0.88
合　　计		509.49	279.02	195.69	984.21	92.34

注：资料来源为 1998 年世界能源委员会《能源资料调查》。

2.3.2 资源分布特征

我国煤炭资源分布的自然特征有以下几点。

(1) 按各主要聚煤期所形成的煤炭资源量看，差别较大，其中以侏罗纪成煤最多，占总量的 39.80%，以下依次为二叠纪（北方）38.04%、白垩纪 11.91%、二叠纪（南方）7.54%、第三纪 2.27%、三叠纪 0.44%。这和全球性主要聚煤期的储量分布基本一致。

(2) 从地域上看，煤炭资源相对比较集中。在全国形成几个重要的煤炭分布区，主要有北方太行山到贺兰山之间包括晋、陕、蒙、宁、豫和新疆塔里木河以北，以及南方川南、黔西、滇东的富煤区。在东西分布上，大兴安岭-太行山-雪峰山一线以西地区，已发现煤炭资源占全国的 89%，而该线以东仅占 11%。东部资源贫乏的省区，不可能就地解决缺煤问题，对煤炭的需求必须靠调入解决。

根据资料对截至 1999 年末有关储量/资源数据的归类统计结

果，表 2-10、表 2-11、表 2-12 分别为全国煤炭资源总量（分区）统计表、已发现煤炭储量/资源量统计表、已查证煤炭储量/资源量统计表。

表 2-10 全国煤炭资源总量统计表（垂深 2000m）

分 区	东北	华北	华南	西北	滇藏	合 计
资源总量/亿吨	3933.06	28118.57	3783.54	19786.00	76.32	55697.49
比例/%	7.06	50.49	6.79	35.52	0.14	100

表 2-11 全国已发现煤炭储量/资源量（探明储量）统计表

分 区	东北	华北	华南	西北	滇藏	合 计
储量/亿吨	1311.69	6656.16	978.40	1223.57	6.63	10176.45
比例/%	12.89	65.41	9.61	12.02	0.07	100

表 2-12 全国已查证煤炭储量/资源量统计表

区划	储量/亿吨			普查资源量/亿吨	合 计	
	生产、在建占用	尚未占用	合 计		资源量/亿吨	比例/%
华北	774.05	1563.83	2337.88	1173.43	3511.31	51.87
华东	269.63	137.58	407.21	122.17	529.38	7.82
中南	117.59	76.72	194.31	61.65	255.96	3.78
东北	157.59	47.37	204.96	31.63	236.59	3.49
西南	125.79	322.49	448.28	128.42	576.70	8.52
华南	12.70	14.71	27.41	1.00	28.41	0.42
西北	458.69	354.97	813.66	817.84	1631.50	24.10
总计	1916.04	2517.67	4433.71	2336.14	6769.85	100.00

由表列数据可见：全国垂深 2000m 以浅的煤炭资源总量为 55697.49 亿吨，其中以华北赋煤区为最高，占资源总量的 50%以上；西北区次之，约占 36%；东北、华南分别约为 7%。垂深 1000～2000m 的预测资源量为 27080.56 亿吨，占 48.6%；全国已发现资源及 1000m 以浅的预测煤炭资源合计为 28617 亿吨。

全国已发现储量/资源量为10176.45亿吨，其中主要集中在华北，占总量的65%，东北、西北分别约各占12%，西南约10%。

截至1992年末，已发现煤炭储量/资源量中，已查证储量/资源量为6769.85亿吨，占已发现储量/资源量的66.5%；其中精/详查储量4433.71亿吨，占65.5%；普查资源量为2336.14亿吨，占34.5%。已查证储量/资源量的52%在华北，24%在西北，华东、西南各占约8%，其余分布在中南、东北、华南。

全国精/详查储量中，生产和在建矿井已占用的有1916.04亿吨，占精/详查储量的43.2%；尚未被占用的为2517.67亿吨，占56.8%。

由上可见，中国煤炭资源分布相对集中，北方地区已发现资源占全国的90.29%（包括东北及内蒙古东部），形成山西、陕西、宁夏、河南、内蒙古中南部和新疆等富煤地区；南方地区已发现资源的90.6%集中在四川、贵州、云南3省富煤区。

(3) 从煤类上看，从褐煤、烟煤到无烟煤各种煤类的资源都有，但其数量和分布却极不均衡。除褐煤占已发现资源的12.8%以外，在硬煤（指烟煤和无烟煤）中，低变质烟煤所占的比例为总量的41.6%，贫煤和无烟煤占17.6%。中变质烟煤，即传统上称之为“炼焦用煤”的数量却较少，只占27.6%，而且大多数为气煤，占烟煤的46.9%。肥煤、焦煤、瘦煤则较少，分别占烟煤的13.6%、24.3%和15.1%。要合理地规划优质炼焦煤的勘查开发和利用，对煤炭资源的状况，必须保持清醒的认识。尤其要认清在已查证而未被占用的0.26Tt储量中，精查储量仅有0.12Tt，可见精查储量对于当前建设需求的保证程度很低，必须慎重对待。我国煤炭资源的现状是，预测的资源量多，经过勘查的少，可供当前开发利用的更少。

在已发现资源中，动力煤约占72.54%；动力煤中褐煤占17.75%，低变质烟煤占44.63%；褐煤、长焰煤、不黏煤、弱黏煤、气煤等低变质煤占已发现资源量的58.13%。

由表 2-13 可见，我国动力煤中低变质煤种（褐煤、长焰煤、不黏煤和弱黏煤）的普查量占储量/资源量的比例均在 64%以上，精查比例均小于 20%，需加大勘探力度；炼焦煤的精、详查比例较高，合计占 60%，说明长期以来我国偏重炼焦煤的勘探开发。在总量中，精查储量比例为 25.24%，详查储量占 17.63%，普查资源量占 57.13%。

表 2-13 已发现煤炭储量/资源量（累计探明储量）分煤种数量及比例（1999 年底）

煤 种	精 查		详 查		普 查		合计/亿吨
	储量/亿吨	比例/%	储量/亿吨	比例/%	资源量/亿吨	比例/%	储量/资源量
褐煤	255.53	19.31	152.58	11.53	915.42	69.16	1323.54
长焰煤	217.12	14.34	270.53	17.87	1026.64	67.79	1514.29
不黏煤	229.53	14.13	351.41	21.63	1043.79	64.24	1624.74
弱黏煤	122.52	65.22	14.66	7.81	50.67	26.97	187.85
贫煤	151.12	24.46	221.42	35.84	245.29	39.70	617.83
无烟煤	391.44	32.74	197.11	16.49	606.95	50.77	1195.50
天然焦	2.91	17.90	0.92	5.65	12.44	76.45	16.27
未分类	42.32	4.34	65.46	6.72	867.01	88.94	974.79
炼焦煤	1188.16	41.71	542.27	19.04	1118.06	39.25	2848.49
合计	2600.65	25.24	1816.36	17.63	5886.27	57.13	10303.28

全国煤炭保有储量的平均硫分为 1.1%，硫分小于 1%的低硫、特低硫煤占 63.5%，主要有华北、东北、西北的侏罗纪煤系和华北、华东的早二叠世煤系；含硫大于 2%的占 16.4%，其中大于 3%的高硫煤约占 8.5%，主要有南方各煤田以及山东、山西、陕西和内蒙古西部的太原组，该部分煤虽然数量不多，但分布较广，接近经济较发达地区，开采年代早，对环境的影响较大。表 2-14、表 2-15 是中国煤炭资源中、商品煤中全硫的分布情况。

表 2-14　中国煤炭资源中全硫的分布情况

煤种	平均硫分/%	各煤种所占比例/%					
		特低硫分(＜0.5%)	低硫煤(0.5%～1.0%)	低中硫煤(1.0%～1.5%)	中硫煤(1.5%～2.0%)	中高硫煤(2.0%～3.0%)	高或特高硫(＞3.0%)
全国	1.01	48.6	14.85	9.30	5.91	7.86	8.54
动力煤	1.15	39.35	16.46	16.68	9.49	7.65	7.05
炼焦煤	1.03	55.16	13.71	4.18	3.29	8.05	9.62
华北	1.03	42.99	14.40	16.94	10.74	8.88	3.57
东北	0.47	51.66	14.04	19.68	1.92	2.05	0.00
华东	1.08	46.67	31.14	3.70	3.20	4.72	9.21
中南	1.17	65.20	12.42	7.66	2.34	5.50	6.71
西南	2.43	13.22	10.71	7.52	2.68	17.40	43.61
西北	1.07	66.23	6.20	2.50	4.01	9.31	9.98

表 2-15　中国商品煤中全硫的分布情况

煤种	平均硫分/%	各煤种所占比例/%					
		特低硫分(＜0.5%)	低硫煤(0.5%～1.0%)	低中硫煤(1.0%～1.5%)	中硫煤(1.5%～2.0%)	中高硫煤(2.0%～3.0%)	高或特高硫(＞3.0%)
全国	1.08	43.48	18.55	12.80	6.70	6.98	5.82
动力煤	1.00	42.13	21.97	15.04	10.30	3.00	4.44
炼焦煤	1.10	45.10	16.63	10.71	3.90	9.69	7.44
华北	0.92	39.14	23.66	19.30	9.85	3.25	1.80
东北	0.54	50.68	16.61	3.29	2.15	3.87	0.95
华东	1.12	45.79	20.12	13.37	5.34	5.34	9.89
中南	1.18	61.99	11.08	10.07	4.83	7.58	4.44
西南	2.13	23.87	10.14	6.77	5.33	14.58	38.66
西北	1.42	30.21	12.66	14.22	9.21	25.13	5.75

中国煤炭的灰分普遍较高，一般在15%～25%，灰分小于10%的特低灰煤约占全国保有储量的15%～20%，主要分布在华

北大同、鄂尔多斯等侏罗纪煤田。目前，全国保有储量中，动力煤的平均灰分为 16.8%，其中华北 17.4%、东北 20.7%、华东 16.7%、中南 18.1%、西南 21.4%、西北 12.6%。

综上所述，中国煤炭资源丰富，分布较广，资源潜力大；煤种齐全，特别是低变质、中低变质的煤种占有较大比例，这对发展煤炭气化、液化，特别是直接液化是非常重要的资源保障。

2.4 13 个大型煤炭基地

为了积极推进以煤为主的能源战略布局，未来几年内将建设 13 个大型煤炭基地。这是一项非常复杂的工作，要考虑资源、运输、市场、环保、区域经济发展等先决条件，还要考虑到各方面的利益。这 13 个大型煤炭基地涉及 14 个省、区，总面积 10.34 万平方公里，煤炭保有储量 6908 亿吨，占全国煤炭储量的 70%。

建设规划中的 13 个大型煤炭基地，它们是：神东、晋北、晋东、蒙东（东北）、云贵、河南、鲁西、晋中、两淮、黄陇（华亭）、冀中、宁东、陕北等，并将其纳入《能源中长期发展规划纲要》及《煤炭工业中长期发展规划》。这 13 个煤炭基地包括 98 个矿区，建设规模 13 亿吨。2005 年，煤炭产量达到 11 亿吨，占全国煤炭产量 21.1 亿吨的 52%，形成 2 个亿吨级生产能力的特大型企业集团和 6 个 5000 万吨级生产能力的大型企业；到 2010 年，煤炭产量达到 17 亿吨，形成 5～7 个亿吨级生产能力的特大型企业集团和 5～6 个 5000 万吨级生产能力的大型企业。全国大、中型煤矿采煤机械化程度要分别达到 95%和 80%以上。中国的煤炭工业将在“大整合”中催生更多的“巨无霸”。基地建设将按照发展循环经济的要求，建成煤炭调出基地、电力供应基地、煤化工基地及资源综合利用基地。

2.4.1 神东基地

神府东胜矿区是我国目前已探明储量最大的煤田，已探明储量 2236 亿吨，位列世界八大煤田之一。现在先期开发的神府东胜矿区仅为神府东胜煤田的一小部分。神府东胜矿区分为五个勘探区，即神木北部详查勘探区、神连详查勘探区、准格尔召新庙详查勘探区、布尔台详查勘探区和新民普查勘探区。矿区面积 3481km^2。矿区已探明 A+B+C+D 级储量 354.22 亿吨，其中精查储量已占总量的 54%，说明勘探程度较高。图 2-1 是神府东胜矿区井田划分及开发规划图。

神府东胜矿区位于陕西省神木县北部、府谷县西部和内蒙古自治区伊克昭盟的南部，地处乌兰木伦河和窟野河的两侧。

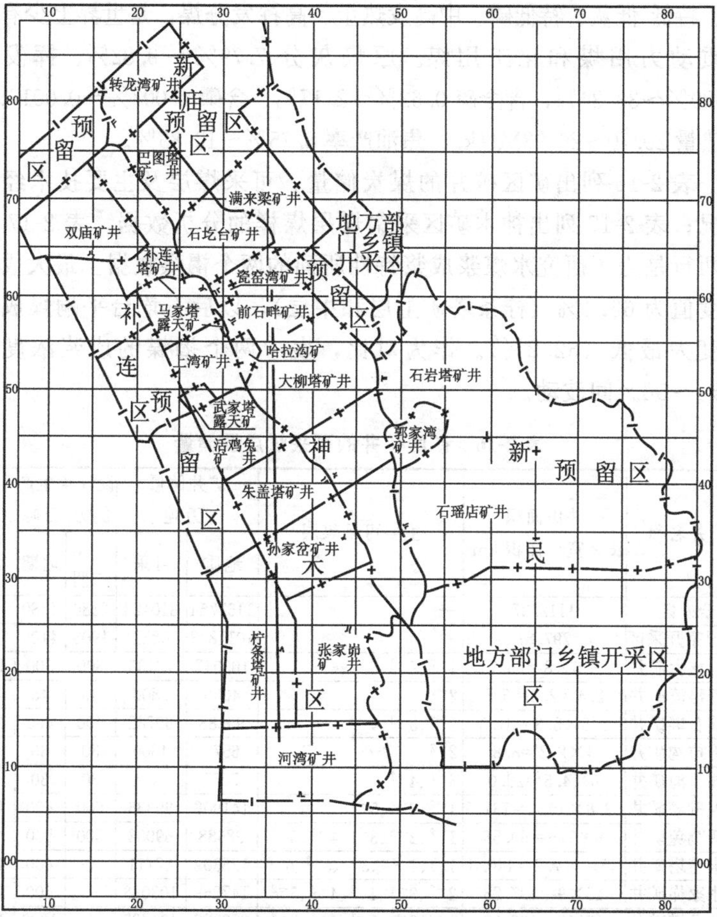

图 2-1 神府东胜矿区井田划分及开发规划图

（资料来源：杜润泉，1995 年）

神府东胜矿区石炭系、二叠系和侏罗系均含煤，但目前勘探和开发的主要是侏罗系煤田。含煤地层为中、下侏罗统延安组，由砂岩和泥岩组成，厚二三百米，平行不整合于富县组之上。延安组含煤 20 余层，其中可采煤层 9 层，多属中厚及厚煤层。主煤层有 4 层，单层煤一般厚 2.3～4m，最大厚度 12.3m。

煤类以不黏结煤、长焰煤为主，次为弱黏结煤、气煤，属特低-低硫、特低-低灰、特低磷、中高发热量、高挥发分煤，是世界上少有的优质动力用煤和化工用煤。原煤灰分 7.79%～9.82%、挥发分 34.89%～38.34%，含全硫 0.62%～2.17%、含磷 0.007%～0.0017%、发热量 29.70～29.98MJ/kg、焦油产率 8.75%～10.85%。

表 2-16 列出矿区矿井的煤炭储量、可采煤层及主要技术经济情况；表 2-17 列出神木矿区采集煤层煤样的分析数据。表 2-17 最末两行是为了研究水煤浆成浆特性所列的两个褐煤数据。最大成浆浓度值为 65.4%（柠条塔矿上层和中层），以后石圪台平峒煤成浆浓度为最低（62.2%）。作为对比，表中两个褐煤的成浆浓度在 52%～58%间波动。

表 2-16　矿区矿井的可采煤层及储量

矿井名称	井田面积 长×宽=面积 km^2	主要可采煤层	矿井储量/万吨		设计年生产能力/万吨		服务年限
			地质	可采	一、二期	远期	
全矿区	1112.37	—	1157754	810428	2180	4680	—
1. 国家开采区	797.87	—	1011873	708311	1905	4105	—
石圪台矿井	8.5×8=65.7	1^{-2}、2^{-2}、3^{-2}、4^{-2}	103047	72133	300	300	111
瓷窑湾矿井	2.4×2.3=5.5	2^{-2}	4000	2800	45	45	44
前石畔矿井	9.8×8.3=81.3	2^{-2}、3^{-2}、4^{-2}	99688	69782	400	400	125
哈拉沟矿井	4×2.2=8.8	2^{-2}	6572	4600	30	30	65
郭家湾矿井	6×4.5=28.0	3^{-1}、4^{-2}	7077	4954	30	30	69
大柳塔矿井	13.8×10.4=131.5	1^{-2}、2^{-2}、5^{-2}	141908	99336	600	600	118
活鸡兔矿井	8×7.5=60.56	1^{-2}、2^{-2}、3^{-1}、4^{-2}、5^{-2}	98688	69082	500	500	99
朱盖塔矿井	18.5×7.2=140.0	1^{-2}、$2^{-2上}$、3^{-1}、5^{-1}、5^{-2}	125302	87711	—	400	111
张家峁矿井	15×9=137.78	2^{-2}、3^{-1}、4^{-2}、4^{-3}、5^{-2}	147269	103088	—	600	123
柠条塔矿井	17×8=138.37	1^{-2}、2^{-2}、3^{-1}、4^{-2}、5^{-2}	278322	194825	—	1200	116
2. 乡镇开采区	314.5		145881	102117	275	—	—

注：资料来源：杜润泉，1995 年。

表 2-17　神木矿区采集煤层煤样分析

采煤矿点及煤层		工业分析/%			最高内在水分/%	元素分析(daf)/%				$Q_{gr,daf}$ /(MJ/kg)	官能团(daf)/(mmol/g)	
		M_{ad}	A_d	V_{daf}	MHC_{ad}	C	H	N	St		总酸性基	羧基
后石圪台平峒	1—2	9.18	10.35	33.40	14.12	80.74	4.71	1.03	0.37	28.90	2.64	0.08
大柳塔,上层	2—2	9.18	4.95	37.49	11.52	80.29	4.84	1.07	0.38	29.46	2.55	0.05
大柳塔,下层	2—2	10.03	4.05	38.17	12.75	80.09	5.09	0.89	0.42	29.32	2.70	0.05
柠条塔露天矿,上层	2—2	7.50	5.60	38.57	9.55	81.01	5.22	1.02	0.40	30.37	1.31	—
柠条塔露天矿,中层	2—2	5.06	9.71	41.84	8.66	79.00	5.12	0.98	0.47	30.14	1.40	0.01
柠条塔露天矿,下层	2—2	6.38	5.39	38.84	9.34	80.73	5.26	1.06	0.50	30.63	0.94	0.02
四门沟,上层	3—1	7.81	4.85	34.44	10.56	82.20	4.90	1.07	0.32	30.44	1.23	0.03
四门沟,下层	3—1	8.68	3.01	37.41	10.87	81.51	5.17	1.03	0.47	30.80	1.54	0.02
喇嘛寺平硐	4—2	6.52	8.17	38.04	9.41	81.88	5.25	1.11	0.36	30.91	1.05	—
榆家梁朝阳沟	5—2	5.09	4.91	32.15	8.78	82.53	4.80	0.94	0.27	31.39	0.70	—
大砭窑主平峒	5—2	5.25	9.49	36.35	8.40	82.39	5.17	1.24	0.30	31.45	0.37	—
神木煤		7.38	4.65	36.69	9.93	80.93	5.12	1.10	0.32	32.77	2.02	0.08
黄县褐煤		12.01	9.75	45.27	18.20	73.92	5.36	1.89	0.74	—	4.58	0.43
云南可保褐煤		17.86	17.08	53.84	26.58	68.16	5.14	1.60	1.17	—	5.45	0.69

注：资料来源：吴家珊等，1992 年。

表2-18及表2-19是矿区各煤层煤的煤岩分析数据，前者列出镜质组最大反射率，后者列出煤的显微组分统计。由表列数据可见，矿区煤的境质组平均最大反射率在0.44%～0.68%之间，属次烟煤及低变质烟煤，化学活性好，矿物质含量低，是气化的好原料。由于本区煤在成煤初期曾经受了一定程度的氧化，一些丝质（惰质）组和稳定（壳质）组都带有氧化特征。惰质组中结构体占绝对优势（70.2%～85.3%），镜质组中结构体为40.2%～52.1%，植物组织胞腔多为空洞，这会导致吸附水凝聚在胞腔中和富集腔中，这是含水量高的内在因素，这对制取高浓度水煤浆及出口远程运输带来诸多不利因素。

本矿区煤层煤的煤灰成分中，氧化钙含量普遍较高。这里举补连塔矿煤作为例子（表2-20）。煤灰成分中的二氧化硅和三氧化二铝含量较低，分别低于32%和小于14%，三氧化二铁和氧化钙含量相对较高，分别为15.89%～18.59%和22.10%～26.95%。但其煤中矿物质经过稀盐酸处理后，氧化钙可降至5.58%，氧化镁也降为0.48%，三氧化硫由原样的9.55%～16.91%而降为1.20%。从而可提高其煤灰熔融性温度，但灰中三氧化二铁降低不明显。煤灰熔融性温度较低，软化温度（ST）为1120～1200℃，在固定床气化和燃烧时易于结渣，但适用于液态排渣的气化炉和电站锅炉。

表2-21列出神东煤田部分矿井的煤质工艺数据，可供参考。

表2-22列出了神东矿区煤中32种微量元素的含量分布范围、算术平均值等统计数据，以及中国煤中、中国西北侏罗纪煤中各种微量元素的平均含量。

从表2-22可见，神东煤中除Mn、Sr、B等少数元素含量略高于中国煤中平均含量外，其余各种元素含量均低于中国煤中平均含量。在目前受关注程度较高的各种有害元素中，神东煤中Cl含量略低于其在中国煤中平均含量，而F、P、Be及重金属元素Ni、Co、Cr、As等元素含量不足中国煤中平均含量的一半，Cu、Pb、U、Th、Hg等元素含量不足中国煤中平均含量的1/5。特别需要

表 2-18 矿区各煤层煤的镜质组最大反射率

煤层号	东胜北区	新庙区	补连区	神北石圪台区	活鸡兔-柠条塔	大保当区	榆林-横山区
	反射率，$\frac{\text{最小值～最大值}}{\text{平均值(样品数)}}R_{max}$，%						
1^{-2}	$\frac{0.410\sim0.470}{0.440(2)}$		$\frac{0.475\sim0.618}{0.520(6)}$	$\frac{0.485\sim0.487}{0.486(2)}$	$\frac{0.509\sim0.575}{0.547(4)}$		
2^{-2}		0.478(1)	$\frac{0.478\sim0.622}{0.522(9)}$	$\frac{0.480\sim0.530}{0.504(5)}$	$\frac{0.530\sim0.600}{0.567(5)}$	0.6001	0.538(1)
3^{-1}	0.465(1)		$\frac{0.500\sim0.631}{0.555(10)}$	$\frac{0.510\sim0.530}{0.517(2)}$	$\frac{0.540\sim0.640}{0.580(4)}$	0.608(1)	0.580(1)
4^{-2}	0.479(1)	$\frac{0.494\sim0.500}{0.497(2)}$	$\frac{0.520\sim0.636}{0.576(6)}$	$\frac{0.500\sim0.540}{0.520(3)}$	$\frac{0.500\sim0.650}{0.600(3)}$	0.674～0.676 (2)	$\frac{0.537\sim0.600}{0.560(3)}$
5^{-1}			0.597(1)	$\frac{0.510\sim0.560}{0.540(5)}$	$\frac{0.530\sim0.620}{0.594(7)}$	0.676(1)	
5^{-2}			$\frac{0.588\sim0.637}{0.610(3)}$		$\frac{0.590\sim0.650}{0.608(4)}$	0.679(1)	$\frac{0.580\sim0.605}{0.592(3)}$

注：资料来源为高文生，1995 年。

表 2-19　主要可采煤层煤显微组分统计

煤层号	显微组分含量/%				
	镜质组	半镜质组	丝质组	壳质组	矿物质总数
			最小值～最大值 / 平均值(样品数)		
1^{-2}	30.74～53.20 / 36.57(20)	3.40～19.70 / 8.50	28.90～50.50 / 51.40	0.30～4.00 / 0.67	0.70～5.40 / 2.86
2^{-2}	35.90～71.10 / 57.30	2.20～11.70 / 6.18	19.80～40.96 / 34.12	0～2.50 / 0.32	1.10～4.56 / 2.08
3^{-1}	47.80～71.50 / 64.02(30)	2.40～9.0 / 5.80	21.20～40.00 / 27.06	0.19～1.80 / 1.32	0.80～4.70 / 1.9
4^{-2}	24.40～65.46 / 50.89(32)	2.85～10.10 / 5.92	26.20～45.60 / 39.94	0～2.25 / 0.83	0.90～5.00 / 2.42
5^{-2}	24.01～64.80 / 39.46(27)	4.41～13.50 / 8.06	34.81～61.95 / 48.72	0～1.10 / 0.42	0.90～6.00 / 3.34

注：资料来源为高文生，1995 年。

表 2-20　补连塔矿煤层煤样的平均煤质指标

煤样类别	工业分析/%							$Q_{gr,ad}$	灰熔融性温度/℃			
	M_t	M_{ad}	A_{ad}	V_{ad}	V_{daf}	$S_{t,ad}$	P_{ad}	/(MJ·kg^{-1})	DT	ST	HT	FT
煤层原样	14.2	8.78	6.24	28.60	33.65	0.47	0.002	27.65	1120～1150	1120～1200	1150～1270	1130～1235

煤样类别	煤灰成分含量/%								
	SiO_2	Al_2O_3	Fe_2O_3	CaO	MgO	TiO_2	SO_3	K_2O	Na_2O
煤层原样	24.00～31.12	10.55～13.54	15.89～19.59	22.10～26.95	1.12～1.34	0.57～0.90	9.55～16.91	0.45	0.29
稀盐酸处理	48.58	21.22	16.83	5.58	0.48	1.05	1.20	0.47	0.39

注：资料来源为姜英等，2004 年。

表 2-21　神东矿区一些矿井的煤质数据

项　　目		补连塔	大柳塔(混)	上　湾	神　府
工业分析	水分 M_{ad}/%	11.1	10.21	9.00	9.44
	灰分 A_{ad}/%	6.07	11.83	6.37	6.84
	挥发分 V_{ad}/%	27.88	31.91	31.31	30.21
	固定碳 FC_{ad}/%	54.95	46.05	53.32	53.51
元素分析	碳 C_{ad}/%	67.6	64.28	68.38	66.14
	氢 H_{ad}/%	3.58	4.06	4.10	3.78
	硫 $S_{t,ad}$/%	0.31	0.37	0.38	0.41
	氮 N_{ad}/%	0.62	0.69	0.87	0.94
	氧 O_{ad}/%	10.72	8.56	10.90	12.45
	砷 As/$\times 10^{-6}$	2	2	3	
	氟 F/$\times 10^{-6}$	4	15	8	
	氯 Cl/%	0.005	0.004	0.009	
	磷 P/%	0.004	0.005	0.003	
灰熔融性温度	变形温度 DT/℃	1140	1140	1070	1020
	软化温度 ST/℃	1220	1170	1090	1060
	流动温度 FT/℃	1240	1240	1170	1100
可磨指数 HGI		56	60	55	63
高位热值 Q/(MJ·kg^{-1})		26.27	25.99	27.66	25.85
灰组成	SiO_2/%	26.04	51.11	38.3	33.9
	Al_2O_3/%	11.59	17.7	10.18	14.94
	Fe_2O_3/%	20.24	6.21	14.52	8.22
	CaO/%	27.34	12.64	21.89	22.66
	MgO/%	1.79	1.96	1.6	2.28
	SO_3/%	10.37	4.59	9.17	12.45

注：资料来源为任相坤，2005 年。

表 2-22　神东煤中微量元素分布特征　　单位：μg/g

元 素	分布范围	算术平均值	中国煤中平均含量	西北侏罗纪煤中平均含量
As	1.1～3.0	1.8	4.09	3.97
B	31～86	67	63	
Be	0.13～1.62	0.53	1.75	0.89
Cd	0.029～0.079	0.055	0.81	0.38
Cu	1.8～6.3	3.4	17.87	15.49
Cr	1.5～14.2	7.5	16.94	17.73
Co	1.6～6.6	3.3	10.62	7.65

续表

元素	分布范围	算术平均值	中国煤中平均含量	西北侏罗纪煤中平均含量
Cl	90～674	189	218	318
Cs	0.05～2.22	0.42	1.51	1.32
F	20～144	63	157	124
Ge	0.06～5.10	0.80	2.43	1.64
Ga	0.56～3.07	1.32	6.84	2.77
Hg	0.007～0.090	0.019	0.154	0.090
Mn	81～437	226	77	
Mo	0.15～0.85	0.42	2.70	2.00
Ni	4.73～10.91	6.56	14.44	16.64
Pb	2.18～4.97	3.13	16.64	7.22
P	10～217	75	216	217
Se	0.14～1.00	0.24	2.82	0.41
Sc	0.80～2.80	1.87	4.40	3.78
Sb	0.42～1.60	0.66	0.71	0.76
Ta	0.04～0.12	0.07	0.40	0.17
Tl	0.11～0.34	0.25	0.4	
Th	0.25～1.49	0.68	5.88	3.25
U	0.15～0.60	0.36	2.33	1.70
V	3.62～16.63	7.17	51.18	32.90
W	0.12～2.34	0.45	1.05	0.61
Yb	0.12～0.62	0.29	1.76	1.14
Y	1.32～5.74	2.98	9.07	3.07
Ba	23～296	91	270	276
Sr	102～1310	259	195	187
Zn	3.29～17.62	7.27	35	

注：资料来源为任德贻，1999年。

指出的是，神东煤中Se含量特低，不足中国煤中平均含量的1/10。此外，神东煤属于特低磷、特低氯、Ⅰ级含砷煤。煤中Hg、Cr、Pb、F、Ge、Se、Cd等元素含量，神东煤均属于上述元素含量最低的级别。神东煤的这一煤质特性对其加工利用是非常有利的。

有害微量元素含量低是包括神东矿区在内的中国西北早-中侏罗世煤的一个基本煤质特征，但即使与西北早-中侏罗世煤相比，神东煤中各种微量元素平均含量也是比较低的。

2.4.2 晋北基地

晋北基地以大同矿区为主的动力煤基地。大同矿区位于山西省北部，行政区划包括大同市及朔州市的左玉、右玉、山阴和怀仁县。煤田大致为一长方形盆地，长 85km，宽 30km，面积 $2550km^2$。

大同煤盆地经历过石炭、二迭、侏罗纪 3 个成煤时期，主要煤种为弱黏煤、气煤、不黏煤、1/3 焦煤、长焰煤。大同矿区现勘查井田 34 处，1996 年底煤炭保有储量 150 亿吨左右，其中弱黏煤近 60 亿吨，气煤、1/2 中黏煤、1/3 焦煤、长焰煤及分类不明的煤约 90 亿吨。现开采的是侏罗纪煤层。

侏罗纪主要含煤地层为下侏罗纪大同组，煤系厚度 234m，煤层总厚度 26m，其中可采煤层 14～21 层，划分为 15 个煤层组，其中 2、3、7、11、12、14 煤层组分布广泛，煤层稳定，储量较大，可采性好。侏罗纪煤层煤均属优质弱黏、不黏煤，灰分较低，A_d 大都在 5%～15%之间；V_{daf}一般在 29%～35%，并有随煤层加深逐渐降低的趋势；$S_{t,d}$多在 0.4%～2.0%之间，有随煤层加深逐渐增高的趋势，但多以硫铁矿硫形式存在，易洗选脱除。由于侏罗纪煤层煤灰成分中 Fe_2O_3 含量普遍较高，多在 15%～25%左右，煤灰熔融性温度较低，ST 一般在 1250℃以下。

矿区二迭纪山西组含煤 4 层，1 号煤层厚 4m，可采，其余局部可采。石炭纪太原组含煤 10 层，可采煤层总厚度 15m，其中 7 号和 10 号煤层不可采，其余均为可采或局部可采。石炭纪和二迭纪的煤多属气煤，埋藏较深，煤质远不及侏罗纪煤。灰分普遍较高，A_d 多在 20%～30%以上。硫分是上部煤层低，$S_{t,d}$都不超过 1%；底部则普遍较高，如太原组 8～9 号煤层，$S_{t,d}$都在 2%～4%之间。灰中 Al_2O_3 含量较高，平均在 30%以上，而 Fe_2O_3 和 CaO 含量普遍较低，因而煤灰熔融性温度普遍较高，ST 一般都在

1400℃以上。

大同煤田煤的煤质数据列见表2-23，侏罗纪煤以惰质组含量高为其特征，要充分利用煤岩分选技术。例如原首钢曾对大同马武山煤利用煤岩分选技术，来扩大大同弱黏结煤在炼焦配煤中的比例，不但降低炼焦配煤的灰分，同时也降低了配煤成本。可见合理采用煤岩分选技术乃是扩大大同煤利用途径的有效手段。

表2-23 大同煤田煤的煤质数据

煤层名称		煤质分析/%			Q /(MJ/kg)	煤类
		A_d	V_{daf}	$S_{t,d}$		
大同组	2	7.73	30.69	0.70	30.97	弱黏
	3	13.52	33.33	0.63	31.25	弱黏
	4	8.58	33.23	0.75	31.23	弱黏
	7	10.82	33.49	0.69	32.19	弱黏
	8	12.26	35.52	0.93	30.90	弱黏
	9	12.29	31.08	0.49	32.52	弱黏
	10	15.97	35.93	0.59	31.82	弱黏
	11^{-1}	10.56	30.56	0.83	32.50	弱黏
	11^{-2}	11.46	32.77	0.44	32.39	弱黏
	12	11.77	30.82	0.44	32.53	弱黏
	13	9.84	30.03	0.89	33.10	弱黏
山西组	山4	27.74	38.41	0.50	31.56	气煤
太原组	2	26.00	37.88	0.42	31.15	气煤,1/2中黏煤
	3	25.03	38.58	0.46	31.67	气煤,1/3焦煤
	5	25.61	37.43	0.51	32.04	气煤,长焰煤
	8	24.38	38.42	2.07	32.25	气煤,1/2中黏煤

注：资料来源：中国中煤能源集团公司网，2002年。

要注意下部煤层太原组煤的开发与利用，随着开采深度的增加，大同矿区的煤炭质量有所下降，特别是全硫含量平均已超过1%，要加强动力煤的选煤工作，进一步提高煤炭质量。

大同煤中微量元素含量较低（数据从略），通过浮沉试验及煤岩组分定量统计，计算了14种有害微量元素在大同煤不同煤岩组分中的分布，分析其赋存状态及其在煤炭洗选过程中的脱除潜力。结果表明，大同煤中大部分微量元素含量较低，但As，Hg，Cr，Sb等元素在有机组分中含量偏高；大部分微量元素主要分布于矿物中，其中 B，Be，Cd，Co，Ni 和 Sb 等有害元素含量偏高。相对而言，As，B，Ba，Cd，Co，Cr，Mn 和 Ni 等元素在镜质组中含量较高，而 Be，Li，Pb 和 Sb 等元素在惰质组中含量较高。浮沉试验表明，微量元素在煤炭洗选过程中的迁移、脱除行为主要受其赋存特征影响。

平朔矿区位于山西省宁武煤田北端，地处朔州市平鲁区，东起马关河，西至七里河，北界为 9 号煤层露头线，南至安家岭勘探区南界，面积约 $110.4km^2$。

平朔矿区的主要含煤地层为上石炭纪太原组、下二迭纪山西组。矿区内地质构造简单，断裂小，煤层埋藏较浅，且较集中，普遍适于露天开采。太原组平均厚度 80m，含可采或局部可采煤层 10 层，其中 4、9、11 号为主要可采煤层，分别为 6.3m、13.6m、4.6m。平朔矿区现勘查井田 14 处，到 1996 年底矿区煤炭保有储量 131 亿吨，除少量长焰煤外，其余均为气煤，其中 4、9、11 号煤层所占储量比例分别为 31%、52%、17%。

平朔矿区的成煤环境自上而下为陆相和海陆交替相，硫分变化很有规律，随煤层埋藏深度加深而明显增加。如 4 号煤层 $S_{t,d}$ 为 0.38%，9 号为 1.38%，11 号则高达 2.70%。各层煤的灰分也有所不同，4 号和 11 号煤层灰分较高，A_d 在 27%～29%左右；9 号层则相对较低，一般在 21%左右。该矿区煤灰成分中 Al_2O_3 含量较高，一般在 40%～48%左右，因此灰熔融性温度较高，ST 大多在 1450℃以上。

综上所述，平朔煤挥发分高、易点燃、燃烧性能稳定、热效率高、飞灰可燃物少、发热量高，配煤或洗选后属特低～低硫煤，且煤灰熔融性温度较高，是优质的动力用煤。

2.4.3 晋东基地

主要涵盖阳泉、潞安、翼城、阳城、盂县和晋城等高煤阶煤矿区，是山西省内著名的无烟煤矿区。沁水煤田预测储量 1515 亿吨，保有储量 840.01 亿吨。煤质优良，具有低灰、低硫、低磷、发热量高、硬度大等特点，构造简单，煤层稳定，易于开采。限于篇幅，这里以阳泉矿区及晋城成庄、潞安常村矿为例加以说明。

阳泉矿区位于山西省沁水煤田东北边缘，地跨阳泉、寿阳、昔阳、和顺、左权等市县，面积1105km^2。阳泉矿区的主要含煤地层为石炭纪太原组和二迭纪山西组，属海陆交替相沉积，总厚度为160～225m，其中上部的山西组厚约60m，太原组厚约136m。矿区共含有16个煤层，自上而下编号为1～16。可采、局部可采7层，煤层总厚13.85m，其中15号煤层赋存稳定，为全区稳定的主采煤层，主要局部可采煤层还有3号、6号、8号、9号、12号、13号层。该矿区现有勘查井田18处，到1996年底煤炭保有储量约47亿吨，除少量的贫煤外，其余均为低阶无烟煤。

阳泉矿区煤的灰分较低，多属低灰和中低灰分煤，其中又以15号层煤的灰分最低，A_d在10%～12.7%之间，其他大部分煤层在15%～20%之间，只有少数在20%以上。矿区煤的硫分一般都在2%以下，其中山西组煤层的硫分较低，$S_{t,d}$一般在0.4%～1.1%之间，而太原组各层煤的硫分则相对较高，$S_{t,d}$一般在1.2%～1.8%，少数可达2.0%以上。该矿区煤灰成分中Al_2O_3含量普遍较高，一般可达30%～40%以上，SiO_2的含量也在42%～56%左右，因而灰熔融性温度很高，ST大部分在1500℃以上。

阳泉矿区浅部为山西组，属陆相沉积，深部为太原组，故硫分在各煤层的分布有显著特点，如3号，6号属山西组，全硫含量一般小于1%，而8号，9号，12号，15号属太原组，全硫含量一般在1.0%～2.5%之间，属中硫分煤，但其形态主要以硫化铁为主，经洗选加工处理可降到1%以下。煤灰中SiO_2、Al_2O_3含量在85%以上，所以灰熔融性温度较高，ST多在1500℃以上，是优质的动力煤。煤质特征，见表2-24。

表2-24 阳泉矿区煤质特征

煤质指标	M_t/%	A_d/%	$S_{t,d}$/%	$Q_{gr,ad}$/(MJ/kg)	$Q_{net,ar}$/(MJ/kg)	HGI	ST/℃
煤层煤		12.88	1.05	30.06		56	>1500
商品煤	5.42	18.50	1.20		26.30	68	>1500

表 2-25 中除列出晋东基地的潞安矿区及晋城矿区的可采储量、煤类及成煤时代外，还列出我国其他一些动力煤矿区的相关资料作为对比。表 2-26 的煤质数据，其煤样是采自大同的四台矿，平朔的安太堡露天矿，神华神东的上湾矿，兖州北宿矿，义马的耿村矿，霍林河的南露天矿，晋城的成庄矿，潞安常村矿，准格尔的黑岱沟露天矿，云南小龙潭煤矿，铁法的大兴矿及宁煤集团的汝箕沟平峒。

晋东、晋北、晋中、神东和陕北大型煤炭基地处于中西部地区，主要担负向华东、华北、东北等地区供给煤炭，并作为“西电东送”北通道电煤基地。

2.4.4 蒙东（东北）基地

主要有蒙东霍林河、东北的铁法、沈阳、抚顺等矿区，以及黑龙江四大矿区。简述如下：

霍林河矿区位于内蒙古哲里木盟霍林郭勒市境内，长约 60km，平均宽 9km，面积 540km^2。本区含煤地层为侏罗系上统霍林河组，属陆相沉积，共含煤 24 层，其中可采 9 层，可采煤层总厚度为 81.17m，煤层结构复杂，厚度变化大，其中 14 号、17 号、19 号及 21 号煤层分布面积广，厚度大，稳定性较好，为矿区主要可采层。矿区 1996 年保有储量为 130 亿吨。

霍林河矿区煤属高煤阶褐煤，具有水分含量高，发热量低，可磨性较差等特点，是中等灰分、低硫煤，霍林河矿区煤质状况，见表 2-27。

随开采深度的增加，煤层的灰分有逐渐减小的趋势，而硫分则有增加的趋势。浅部煤层 A_d 一般在 30%左右，$S_{t,d}$ 在 0.2%～0.5%左右；中部煤层 A_d 约在 20%～30%，$S_{t,d}$ 在 0.6%～0.8%；到了深部煤层；A_d 一般在 20%左右，$S_{t,d}$ 则在 1.0%～1.2%左右。浅部煤层煤灰成分中 Al_2O_3 含量较少，灰熔融性温度都较低，ST 一般在 1100～1250℃，而深部煤层则由于煤灰成分中 SiO_2 和 Al_2O_3 含量较高，灰熔融性温度也较高，ST 一般在 1250～1450℃。

表 2-25　中国一些动力煤矿区（井）的可采储量和煤类

矿区(井)名称	山西大同	山西平朔	陕西、内蒙神东	山东兖州	河南义马	内蒙古霍林河	山西晋城	山西潞安	内蒙准格尔	云南小龙潭	辽宁铁法	宁夏汝箕沟
可采储量/万吨	185938	45239	258942	202070	11095	212282	89732	72773	135741	98283	99283	11123
煤类	弱黏煤	气煤	不黏煤、长焰煤	气煤	长焰煤	褐煤	无烟煤	贫煤	长焰煤	褐煤	长焰煤	无烟煤
成煤时代	早、中侏罗世	石炭、二叠纪	早、中侏罗世	石炭纪	早、中侏罗世	晚侏罗世	二叠纪	二叠纪	二叠纪	第三纪	晚侏罗世	早、中侏罗世

表 2-26　中国一些动力煤矿区的主要煤质指标

矿区名称	M_{ad}/%	A_d/%	V_{daf}/%	CRC	FC_d/%	$S_{t,d}$/%	$Q_{gr,ad}$/(MJ·kg^{-1})	$Q_{gr,d}$/(MJ·kg^{-1})	$Q_{gr,daf}$/(MJ·kg^{-1})
大同四台	7.25	14.66	31.07	2	58.83	1.79	25.52	27.51	32.24
平朔安太堡	5.4	18.69	39.08	3	49.53	0.52	24.38	25.77	31.70
神东上湾	10.56	7.02	36.84	2	58.72	0.42	27.19	30.40	32.70
兖州北宿	1.92	14.60	46.23	6	45.92	4.00	28.39	28.84	33.77
义马耿村	8.04	21.31	41.13	2	46.33	2.61	21.66	23.55	29.93
霍林河南露天	17.38	25.56	48.42	1	38.40	0.56	17.58	21.28	28.59
晋城成庄	0.85	16.17	5.85	1	78.93	0.28	29.50	29.75	35.12
潞安常村	0.71	17.16	14.77	3	70.60	0.26	29.48	29.69	35.84
准格尔黑岱沟	8.65	24.63	38.50	2	46.35	0.49	22.00	24.08	31.95
云南小龙潭	30.15	10.05	52.73	1	42.52	0.60	17.28	24.74	27.50
铁法大兴	6.86	46.75	42.06	1	30.86	0.33	15.73	16.89	31.71
宁煤汝箕沟	1.10	5.59	9.31	1			33.58	33.95	35.96

注：资料来源为陈亚飞，2003 年。

表 2-27 霍林河煤质特征

煤质指标	M_t/%	A_d/%	$S_{t,d}$/%	$Q_{gr,ad}$ /(MJ/kg)	$Q_{net,ar}$ /(MJ/kg)	HGI	ST/℃
煤层煤		17.36	0.80	19.71		53	1300
商品煤	29.51	28.31	0.70		13.83	60	1340

铁法矿区位于辽宁省铁岭市境内，由铁法、康平 2 个煤田组成。铁法煤田东起大台山，西至调兵山，以北辽河为界，南至汪荒地、张庄可采边界线，面积约 513.3km^2。康平煤田东起白家窝堡，西至包子沿，南起边家窝堡，北至嘎叭屯，面积约 67.5km^2。

铁法矿区含煤地层均为中生界上侏罗纪。其中铁法煤田含煤 20 层，可采 12 层，煤层总厚度 35m；康平煤田含煤 3 层，总厚度 0.7～19.02m，平均 5m。1996 年底整个矿区煤炭保有储量约 21 亿吨，以长焰煤为主，占总储量的 64.75%；气煤次之，占 24.74%；另外还有不黏煤占 9.54%，天然焦占 0.97%。长焰煤主要分布于矿区北部，即大明一矿、大明二矿、晓明矿等，大隆矿、小青矿、晓南矿以长焰煤为主，西部大兴矿以气煤为主。

铁法矿区煤层以区域变质为主，随赋存深度的增加，煤的变质程度相对增高。一般 550m 以上为长焰煤带，550～660m 为长焰煤、气煤过渡带，660m 以下则为气煤带。由于火成岩的侵入，部分煤层变成了不黏煤，甚至有的成为天然焦。铁法矿区大多属高灰低硫煤，A_d 一般在 25%～40%，平均 29.93%；$S_{t,d}$多在 0.3%～0.8%，平均 0.60%，属低硫煤。煤灰成分中 SiO_2 含量较高，多在 60%以上，SiO_2 和 Al_2O_3 之和一般都在 80%以上，故其灰熔融性温度较高，ST 一般均在 1300℃以上，平均 1340℃。铁法矿区煤的灰分过高，有的高达 60%以上。为满足用户的要求，必须对煤炭进行洗选，所以一般都配有选煤厂，洗选方式以跳汰和重介为主。

抚顺矿区位于辽宁抚顺市南，西距沈阳市 49km。含煤地层分布于浑河南岸，海拔 70～100m。南北两侧均为低山，海拔 170m 左右。抚顺矿区下第三系可分为七段，自下向上为：（1）玄武岩、砂砾岩段；（2）下含煤段（B 层煤）；（3）凝灰岩、玄武岩段；

(4) 凝灰岩、砂岩段（A层煤）；(5) 上含煤段（本层煤）；(6) 油页岩段；(7) 绿色页岩、泥灰岩段。

抚顺矿区共含3层煤，其中以本层煤为主。顶板为油页岩，F6断层以西可分为5个自然分层，煤层最大厚度79.93m；中部考虑台区分为4个自然分层，煤厚33～97m，一般55m；东部龙凤区分为3个自然分层，煤厚0.61～51.30m，平均19.25m以上，含油率2%～10%之间。表2-28列出抚顺矿区的煤层特征，可供参考。

表2-28　抚顺矿区的煤层特征

煤层名称	煤层厚度/m	煤质(平均值)				煤类
		A_d	V_{daf}	$S_{t,d}$	Q/(MJ/kg)	
本层煤	50.00	5～30	38～48	>1	33.03～35.13	长焰煤、气煤
B层煤	7.52	20～30	>40	1～3	29.27～33.45	长焰煤

黑龙江四大矿区，这里以双鸭山矿区为例。双鸭山矿区位于黑龙江省东北部，隶属双鸭山市管辖。矿区含煤地层面积3210km^2，包括双鸭山、集贤、双桦、宝清、宝密5个煤田，其中双鸭山煤田全部开发，集贤煤田部分开发。

双鸭山矿区的主要含煤地层为晚侏罗纪城子河组，煤田基本形成后，在侏罗纪末和白垩纪初发生了一次大的构造运动，连续的煤田形成了分散的若干小煤田。现已探明的煤田有：中部双鸭山煤田，面积600km^2；集贤煤田在西北部，面积1200km^2；双桦煤田在西南部，面积450km^2；宝清和宝密两煤田均在东南部，面积分别为420km^{2}和540km^2。矿区共含煤80余层，其中可采和局部可采5～15层，可采总厚度5～20m，煤层薄且结构简单，多为1.3m以下的单煤层。空间赋存有一定规律，浅部厚，可采层多，煤质好；深部薄，可采层少，煤质差。到1996年底，矿区的煤炭保有储量达65亿吨，其中气煤最多，占总储量的58.86%；长焰煤次之，占30.62%。另外，由于火成岩的侵入，使许多煤层发生接触变质，所以矿区中还有无烟煤、贫煤、焦煤、1/3焦煤、弱黏煤、不黏煤等多个煤种，是煤种比较齐全的一个矿区。

双鸭山矿区属低中灰分、特低硫煤，多数煤层灰分 A_d 为10%～25%，但也有少数在30%～45%左右，相对来说气煤的灰分要比长焰煤的略高。硫分除个别煤层略高外，多数煤层 $S_{t,d}$ 在0.10%～0.45%之间，是典型的特低硫煤。煤灰成分中的 SiO_2 和 Al_2O_3 都较高，而 CaO 含量差别较大。对气煤来说，CaO 一般在4.0%左右，因而灰熔融性温度较高，ST 多在1350～1450℃；而长焰煤的 CaO 含量偏高，在9.0%左右，因而灰熔融性温度较低，多在1200～1250℃。

2.4.5 云贵基地

南方诸产煤省中，从资源来看，具备基地条件只有贵州西部与云南连接的一带。如六枝、盘县、水城和老厂矿区等均可成为云贵基地的组成部分。限于资料，这里仅以水城和小龙潭矿区为例，作一简要说明。

贵州水城矿区位于贵州省西部，水城、威宁、赫辛、纳雍境内。地势西北高，东南低。最高点韭菜坪海拔2900m，最低点北盘江渡口海拔902m。贵州水城矿区含煤地层为二迭统龙潭组，年代地层包括龙潭阶和长兴阶两部分，厚约250～500m。含煤性以威水背斜为界有所差异，北翼一般可含可采煤10～20层，可采总厚20m；以11号层煤为界，含硫量上高下低，南翼可采煤一般8～38层，可采总厚12～45m。水城煤煤层特性数据见表2-29。

表2-29　水城煤煤层特性

煤层名称	煤层厚度/m	煤质(平均值)				煤类
		A_d	V_{daf}	$S_{t,d}$	Q/(MJ/kg)	
1	1.5	25.24	31.83	2.79	34.21	气煤、焦煤
4	0.85	29.35	29.94	2.91	35.68	气煤、瘦煤
7	1.70	22.95	30.46	1.99	35.13	气煤、瘦煤
11	4.25	14.31	30.30	1.38	36.04	气煤、焦煤
12	2.45	22.08	27.90	0.26	34.77	气煤、焦煤
17	0.80	20.07	26.80	0.20	35.77	肥煤、焦煤
29	1.00	40.22	23.55	0.09	—	肥煤、焦煤

云南小龙潭矿区位于云南南部开远县境内，地形呈盆地形，盆内海拔1040～1200m。南盘江横越矿区向东流入广西。

小龙潭矿区含煤地层为新第三纪，含复合煤层1层，称N31，是一巨厚复杂结构的褐煤层，平均厚度139m，内有夹矸数十层。该煤层储量大，煤层厚，埋藏浅，宜于露天开采。到1996年底，矿区煤炭探明保有储量10亿多吨，煤种均为褐煤。

小龙潭矿区煤的灰分一般在15%～25%，精煤挥发分大于50%，硫分 $S_{t,d}$ 多在2.5%以上。其煤灰成分组成较为特殊，SiO_2 和 Al_2O_3 含量都较低，二者之和尚不足30%，CaO含量在30%甚至40%以上，Fe_2O_3 也在10%以上。因其硫含量和CaO含量都较高，因而煤灰成分中的 SO_3 含量也很高，近30%。煤灰中碱性氧化物比例高，使得灰熔融性温度较低，ST多在1150℃左右。

2.4.6 河南基地

包括"中原煤仓"平顶山矿区、义马、郑州、鹤壁、焦作、登封等矿区，探明煤炭储量达200亿吨。以郑州矿区为例，该矿区位于郑州西南，地跨新密、新郑、登封三市及郑州郊区。矿区东西走向长100km，南北宽，西部为5km，东部为45km，面积1000km^2，郑州矿区范围内新密、登封和荥巩煤田均为石炭、二迭纪含煤地层。可采煤层主要为二迭纪山西组的二$_1$煤层，占总储量的85%，石炭纪太原群的一$_1$煤层和二迭纪石盒子组的六$_4$煤层仅局部可采。1997年底保有地质储量22.85亿吨，其中新密煤田17.35亿吨，占75.9%，登封煤田4.13亿吨，占18.1%，荥巩煤田1.37亿吨，占6%。现有裴沟、米村、芦沟、王庄、大平、超化等六个生产井田。1997年底保有地质储量为4.14亿吨，其中可采储量2.38亿吨，占地质储量的57.5%。

郑州矿区煤的灰分都较低，山西组二$_1$煤层 A_d 多在13%～15%，太原组一$_1$煤层为11%～18%，各矿商品煤灰分一般在20%左右。矿区煤层硫分自上而下逐渐增高，二$_1$煤层 $S_{t,d}$ 在

0.30%～0.45%左右，属特低硫煤，而一$_1$ 煤层则高达 5.06%～6.75%，属特高硫煤，且以有机硫为主，难于洗选，精煤硫分仍然很高。煤灰成分中 Al_2O_3 含量很高，多在 30%以上，故而灰熔融温度较高，ST 多在 1450℃以上，仅有个别煤层与矿井 CaO 含量达 10%左右，煤灰熔融性温度略有下降，但仍在 1300℃以上。郑州煤的最大特点就是可磨性特别好，无论是贫煤还是无烟煤，其哈氏可磨性指数均在 140 以上，这主要是在成煤过程中，煤层结构受到了地壳构造运动的破坏，导致其结构呈片状或粒状，使煤的质地变得极为松软，造成易磨、抗碎强度差。郑州矿区商品煤粒度组成以粉煤为主，－6mm 级占 70%以上，其中－0.5mm 级占 30%左右，－0.2mm 级占 15%左右，主要生产煤种为无烟煤、贫煤和贫瘦煤。但由于＋25mm 级含矸率高（6%～10%），矸石灰分高（45%～49%），且块煤易碎，煤、矸抗碎强度差异大，致使矿区煤炭加工利用的发展受到了制约。郑州矿区煤主要质量指标，见表 2-30。

表 2-30　郑州矿区煤质特征

煤质指标	M_t/%	A_d/%	$S_{t,d}$/%	$Q_{gr,ad}$ /(MJ/kg)	$Q_{net,ar}$ /(MJ/kg)	HGI	ST/℃
煤层煤		11.62	0.34	30.61		148	1430
商品煤	5.4	20.48	0.35		25.62	149	1470

郑州矿区煤具有金刚石金属光泽，为灰黑至黑色，条痕为黑至棕黑色，染手严重。多呈粉末状、粒状，局部受构造影响为鳞片状。断口多为参差状，少数呈纤维状及不规则状。无烟煤真相对密度（TRD_d）为 1.53～1.58，较一般无烟煤低。煤的抗碎强度和热稳定性差，可磨性特好（HGI＞140），硬度极低（属 1～2 级），多数煤用手指即可捻碎。

郑州矿区煤的宏观煤岩类型多为半亮型，其煤岩显微组分与华北区二迭纪的烟煤相似，现将各矿煤样煤岩相鉴定结果列于表 2-31。

表 2-31 郑州矿区煤的煤岩相鉴定结果

矿名	显微组分及矿物含量,%									最大平均反射率 $\overline{R}_{max}$/%
	含矿物基/%					去矿物基/%				
	镜质组	半镜质组	惰质组	天然焦	矿物质	镜质组	半镜质组	惰质组	天然焦	
王庄	42.5	10.8	39.7		7.0	45.7	11.6	42.7		2.54
米村	59.9	7.2	20.8	0.6	11.5	68.1	8.1	23.4	0.7	2.35
芦沟	62.4	6.6	20.3		10.7	69.9	7.4	22.7		2.95
裴沟	44.1	10.2	37.1		8.6	48.2	11.2	40.6		1.99
大平	55.6	9.0	27.4	0.8	7.2	59.9	9.7	29.5	0.9	2.12
超化	61.0	24.5	5.0		9.5	67.4	27.1	5.5		2.19

从煤岩定量中得知，各矿井煤的镜质组及惰质组含量相差较大。其中裴沟和王庄的含量相近，镜质组为42%～45%，惰质组近40%，多数矿的镜质组在55%～65%之间。煤中的矿物以黏土为主，其次有少量浸染状黄铁矿及碳酸盐类。煤岩的另一特征是在干镜下可见众多的显微裂隙，有些间距达10μm以上，这也是煤炭粉碎的原因。通过电子显微镜观察发现，矿区煤受两期构造影响，基本上是沿滑面碎裂。如大平矿可见到以张性为主的两组相交的微构造，已碎之煤亦为两组构造相交的小粒。芦沟矿则以压性结构为主，有的被挤压成鳞片。米村矿是先张后压的微构造，有些煤是先碎成小块后又压在一起的。煤中有许多孔洞，是由于受机械力作用而形成的。在放大倍数达4000倍时，其形状不规则：还有些圆形的小孔，则可能是气孔。由于煤粒破碎严重，因而真正的气孔较少，成煤与变质过程中生成的气体，可以很容易的由大小裂隙与孔洞中逸出。生成的气孔，有些在后期受力的情况下遭受破坏，因而在构造煤中找到气孔是比较困难的。

煤灰成分中 Al_2O_3 含量高达33%～38%，再加上 SiO_2 二者合计约占煤灰组成的80%以上，Fe_2O_3 多在5%以下，CaO含量为6%～14%。因此煤灰的融熔温度比较高，变形温度（DT）多在1400℃以上。此外，煤灰中含稀散元素较多，如铍、锆、钛、钼、锗、镓、铜、锶、钡、硼等，其中铍含量达20μg/g，镓含量达40μg/g值得注意，其他元素因品位低，无应用价值。

2.4.7 鲁西（兖州）基地

包括兖州、枣滕、新汶、龙口、淄博、肥城、黄河北、济宁和巨野 9 个矿区，矿区探明煤炭储量约 160 多亿吨，其中兖州矿区拥有已探明及推定储量 19.31 亿吨。目前矿区有南屯、兴隆庄、鲍店、东滩和济宁二号等 5 座煤矿，其煤田面积分别为 $47.1km^2$，$54.0km^2$，$37.5km^2$，$60.0km^2$ 及 $90.0km^2$；已探明储量分别为 83.0Mt，160.8Mt，156.9Mt，210.9Mt 及 47.8Mt；已探明及推定总储量 19.31 亿吨中，各矿分别拥有 162.0Mt，407.7Mt，355.9Mt，543.9Mt 及 461.8Mt。

兖州矿区主要含煤地层为石炭纪太原组和二迭纪山西组，含煤共 23 层，平均总厚度 17.11m，可采和局部可采 8 层，厚度 10.94m。山西组的第三层煤为稳定可采煤层，第二层为局部可采煤层。太原组的第十六上、十七层为稳定可采煤层，第六、十、十五上、十八上等为局部可采煤层，其他各层均不可采。十五上层在南屯、鲍店井田邻接处有局部边缘相变为油母页岩的块段，厚度为 1.7～1.8m，含油率一般为 9%～15%。到 1996 年底矿区煤炭保有储量近 27 亿吨，绝大部分为气煤，仅少部分为气肥煤（如杨村矿）。矿区内山西组储量约占 55%，太原组约 45%。目前开采比例是山西组约为 90%，太原组约 10%。

兖州矿区的煤层稳定，山西组的煤质远好于太原组，山西组煤层的灰分 A_d 在 11%～16%，由北部兴隆庄向南经鲍店、东滩到南屯逐渐增加；硫分变化趋势也与灰分相似，从北到南 $S_{t,d}$ 由 0.5% 以下到 0.7%略有增高，以有机硫为主，较难脱除。太原组的十五上、十六上及十七层的灰分较低，A_d 约在 11%～13%，而十八上层的灰分较高，为 21%～25%，属中灰分煤；但太原组硫分普遍较高，南部的唐村、北宿两矿 $S_{t,d}$ 在 3%～5%，北部的杨村矿最高达 4%～6%，硫铁矿硫所占比重较大，较易脱除，精煤含硫量在 1.7%～2.8%。山西组煤灰成分中 Al_2O_3 含量，多在 30%以上，因而煤灰熔融性温度也较高，ST 一般在 1300℃以上，而且有不少大于 1500℃。太原组煤灰成分中 SiO_2 和 Al_2O_3 含量均很低，二者之和约在 40%左右；Fe_2O_3 含量异常高，多在 20%以上，有的高达45%，故煤灰熔融性温度较低，ST多在1130～1200℃。

兖矿集团生产的原煤全部经过筛选，并拥有几座大型选煤厂。选后产品中，1#精煤（A_d≤7%）用于宝钢配煤炼焦用；2#精煤（A_d≤9%）用于出口日本及国内马鞍山钢铁公司等炼焦用；洗动力煤（A_d<14%）用于出口日本、韩国或供给国内部分对煤质要求较高的动力煤用户。

2.4.8 晋中基地

包括乡宁、古交等矿区已经形成的炼焦煤集团。太原西山煤田含煤面积1764km²，保有储量117.86亿吨，其中炼焦用煤储量37.41亿吨。如果将山西霍西煤田包括在内，又包括有汾西矿区、霍县矿区、万安勘探区和克城煤矿等4个矿区，保有储量241.35亿吨，主要是炼焦用煤，非炼焦用煤仅约5亿吨。

西山矿区位于山西省太原市西郊，由前山矿区和古交矿区两部分组成。矿区南北长约68km，东西宽约36km，面积2448km²，含煤面积1746km²。

西山矿区是西山煤田北部的一部分，含煤地层为石炭纪太原组和二迭纪山西组。煤系地层总厚度131～146m，含煤12层，可采或局部可采6～8层。其中前山矿区6～7层可采，分上、中、下3个煤组，煤层总厚度16～18m；古交矿区含6～8个可采煤层，总厚度14～16m。全矿区的炼焦煤占一半以上，煤质优良，主要可采煤层为山西组2号煤层与太原组8号煤层。

西山煤田煤的变质程度在水平方向由北向南、由西向东逐渐加深；在垂直方向由上而下逐渐加深。前山区以瘦煤、贫瘦煤和贫煤为主，古交区以焦煤为主，是全国重要的焦煤、瘦煤基地之一，主要牌号有肥煤、焦煤、瘦煤、贫瘦煤及无烟煤。到1996年底，矿区煤炭探明保有储量40亿吨以上，二迭纪约占45%。从煤种来看，肥煤占14.9%，焦煤27.3%，瘦煤19.3%，贫瘦煤、贫煤36.4%，无烟煤占2.1%。矿区今后的发展主要以开采古交矿区焦煤、肥煤为主。

矿区的6个可采煤层均属中等灰分，A_d在15%～25%。高灰分的只有石炭纪太原组的6#煤层，已开采的有白家庄矿和官地矿的部分采区，灰分可高达25%以上；2#、3#和8#煤层因煤层较厚而分层开采，上层灰分在20%～22%，下层灰分一般在15%以下，个别采区煤层灰分在9%～11%；4#煤层由于煤层夹矸薄厚不稳，灰分平均在18%～20%。山西组煤层硫含量一般为0.5%～1.5%，$S_{t,d}$平均在1%以下，属低硫煤层。太原组煤层一般在2%左右，个别煤层可达3%，主要以硫化铁形态存在。煤灰成分中SiO_2和Al_2O_3含量较高，特别是Al_2O_3高达40%左右，因而煤灰熔融性温度较高，ST一般大于1500℃。

西山矿区煤的煤质特点是块煤硬度低，大于50mm的选块只有5%～10%，经入仓装车限下率可达40%～50%，块煤产率低，所以大部分以混煤品种销售。煤质属中等灰分、低硫、低磷、高灰熔融性温度、高发热量，是优质动力煤，普遍用于发电、机车、建材等部门。洗精煤主要供给宝钢、鞍钢、包钢、首钢、太钢等各大钢铁公司及焦化厂配煤炼焦。

矿区以贫煤及瘦煤为主，前者储量约占80%，并有少量焦煤及肥煤，分布在矿区北部和山西组煤层中。矿区山西组煤层都为中灰低易选瘦煤，可用于炼焦配煤；太原组煤煤层多为中灰、中硫、中等可选的贫煤，是动力用煤和良好的民用燃料。

山西东山矿区的地层分布中，石炭系、二迭系是矿区内的含煤地层，共含煤20多层，其中可采煤层6层。石炭系太原组15号煤，平均厚度为6.4m，是最主要的可采煤层；13号煤平均厚度为1m，属较稳定煤层，结构简单，大部可采；12号煤厚1.02m；山西组6号煤厚10.2m；3号煤厚1.20m属局部可采的不稳定煤层。

矿区主要可采煤层的煤质特征，由于成煤时代、沉积环境和地质条件的差异，表现出不同的特征。如煤中挥发分主要取决于煤的变质程度：太原组15号煤的挥发分从矿区北部的18.83%下降到南部13.3%；山西组煤的挥发分要比太原组煤高。

从煤灰分看，各煤层灰分一般在11.5%～23.5%之间，属中等灰分煤，山西组煤的灰分高于太原组煤；矿区北部煤的灰分低于矿区南部的灰分。山西组煤层的全硫含量小于1%，而太原组煤层的煤全硫含量都在2.5%上下，属中、富硫煤。煤灰的熔融性温度一般较高，ST通常都大于1500℃。

2.4.9 两淮基地

包括淮南、淮北矿区，相邻的徐州矿区划入此基地似在情理之中。这个基地探明煤炭储量近300亿吨，其中淮南是“不折不扣”煤的世界，远景储量就444亿吨，探明储量153亿吨，按照规划，到2010年，煤产量将超过1亿吨，到2020年年产量达1.5亿吨。火电装机容量将从2010年的1000万千瓦到2020年的2000万千瓦，将超过三峡电站的1800万千瓦的规划装机容量。

安徽淮南矿区位于安徽省中北部，以淮南市为主，东部伸入滁州地区，向西延展至阜阳附近，地跨淮河两岸，因20世纪40年代发现本区于淮河南岸，故称淮南煤田。地跨定远、怀远、长丰、凤台、颖上、利辛、阜阳、阜南、临泉、淮南等县市，面积约$7250km^2$，含煤面积$3200km^2$。

淮南煤田的含煤地层为石炭纪太原组、二迭纪山西组和上、下石盒子组。太原组含煤10层，均不可采。二迭纪共含煤40层，从下而上分为A、B、C、D、E 5个含煤组，其中可采13～18层，可采总厚度25～33m，以中厚煤层为主，均含在A、B、C 3个煤组内。主要可采层有山西组的A_1、A_3，下石盒子组的B_4、B_5、B_6、B_7、B_8、B_9、B_{10}、B_{11}和上石盒子组的C_{11}、C_{13}、C_{15}、C_{16}煤层。1996年年底，煤田煤炭保有储量170亿吨，其中老区11亿吨，新区159亿吨，而且煤种较齐全，上部有1/3焦煤、气煤，下部有焦煤、肥煤、瘦煤等。老区以1/3焦煤、肥煤、焦煤为主，占本区的93%；新区以1/3焦煤、气煤为主，占本区储量的62%，其中1/3焦煤占41%。精煤主要供华东地区钢铁公司及焦化厂配煤炼焦使用。

淮南矿区灰分A_d在5.1%～44%，一般为15%～25%，并沿地层自下而上逐渐增高。即A组煤为低灰煤，B组煤中低-低高灰煤，C组除C_{13}槽较低外，多为中灰、中高灰煤，D、E组属高灰煤。矿区煤中硫含量较低，$S_{t,d}$多在0.10%～2.00%，除B_9槽为低中-中硫煤外，其他各层均为特低-低硫煤。由于煤灰成分中Al_2O_3含量多在30%以上，SiO_2与Al_2O_3之和大于80%，有的甚至达90%，所以煤灰熔融性温度较高，ST多在1500℃以上。

淮北矿区（煤田）位于安徽省北部，地跨淮北市、濉溪县、砀山县、萧县、宿县、固镇县、蒙城县、涡阳县等1市7县，含煤面积约6912km²，主要由濉萧、宿县、临涣、涡阳4个矿区组成。

淮北煤田的含煤地层有石炭纪太原组，二迭纪山西组、下石盒子组、上石盒子组，山西组和下石盒子组为主要含煤地层，共含11个煤层，其中可采和局部可采8层，煤层厚度4.5～18.5m。煤层厚度变化大，有岩浆侵入，瓦斯大，地压大，开采深度大，地质条件复杂，开采比较困难，是矿区煤炭资源的主要特点。到1996年年底，全煤田的煤炭保有储量达57.9亿吨，其中濉萧矿区15.6亿吨，临涣矿区36.0亿吨，涡阳矿区4.5亿吨，宿县矿区17.8亿吨。淮北煤田基本构造形成于燕山期，地质活动剧烈，伴有大面积岩浆侵入，如濉萧矿区四周均处于火成岩体包围中，对煤的变质影响巨大，致使矿区的煤种牌号较为齐全，有气煤、肥煤、1/3焦煤、焦煤、瘦煤、贫瘦煤、贫煤、无烟煤和天然焦等，甚至一个矿井都有几个煤种，很难勘查出单一煤种的储量。

淮北煤田煤层复杂，煤质变化也较大，煤的灰分以沈庄矿7煤层最低，A_d为4.01%，杨庄矿3煤层最高，A_d为56.02%，二者相差50%以上。硫分均较低，$S_{t,d}$多在0.5%左右，其中又以芦岭矿最低，在0.25%～0.40%，沈庄矿6、7煤层略高，在0.50%～1.50%，有机硫比例较大，难脱除。淮北煤质复杂，但有一个共同特点，就是灰熔融性温度高，ST均在1450℃以上，这主要与其煤灰成分中Al_2O_3含量多在35%以上有关。

淮北矿区的洗精煤主要供宝钢、马钢和上海、淮北、铜陵等焦化厂作配煤炼焦用。

徐州矿区位于江苏省北部徐州市东西侧的铜山县和沛县境内，包括贾汪、九里山、闸河、市沛4个煤田，含煤总面积866km²。

徐州矿区的主要含煤地层为石炭纪太原组、二迭纪山西组和下石盒子组，共含煤24层。太原组含煤14层，其中17、20、21煤层组可采，均为薄煤层；山西组含煤6层，7、8、9煤层可采；下石盒子组含煤4层，1、2、3煤层可采，3煤层最厚，达3.8m。1996年年底，矿区煤炭保有储量达14亿吨，以气煤、气肥煤、1/3焦煤为主，由于火成岩的侵入，还有少量的贫煤、焦煤等煤种。

徐州矿区煤层灰分变化较有规律，自上而下逐渐减小。如上部的下石盒子组，A_d 在20%～40%左右；中部的山西组，A_d 一般在8%～25%；下部的太原组，A_d 则在8%～20%左右。煤中硫分则相反，由上而下逐渐增高，这主要与煤系的沉积环境有关。如上部石盒子组属陆相沉积，$S_{t,d}$ 一般都小于1%；山西组属湖沼相沉积，$S_{t,d}$ 也一般都小于2%；而太原组属海陆交替相沉积，$S_{t,d}$ 多在2%～8%。太原组以硫铁矿硫为主，而山西组和下石盒子组以有机硫为主。太原组的煤灰成分与其他两组差别也很大，Al_2O_3 含量多在20%以下，Fe_2O_3 一般在25%～35%，有的甚至高达50%，故煤灰熔融性温度较低，ST多在1150～1250℃左右。山西组和下石盒子组煤灰成分中 Al_2O_3 含量多在30%以上，煤灰熔融性温度也就较高，ST多在1400℃以上。

2.4.10 黄陇（华亭）基地

陕西黄陵、甘肃华亭、庆阳等相近矿区，探明储量在200亿吨以上，具备建设大型煤炭基地的条件。据报道，庆阳境内煤炭预测储量达1342亿吨，占甘肃全省预测储量的94%，特别是千米以上浅层的预测资源达84亿吨，且储量集中，构造简单，煤质优良，是未受破坏的整状煤田。

黄陇煤田向西延伸向甘肃华亭煤田相连，产于同一层位；在黄陵、焦坪、彬县、旬邑等矿区，保有储量为136.84亿吨，主要是弱黏结煤。

华亭矿区是甘肃省储量最大煤质最好的一块煤田，已经探明的保有储量33.7亿吨，可采储量8.75亿吨。煤质优良，具有高挥发分、高化学活性、高发热量和低灰、低硫、低磷“三高三低”的特点，是优质的民用、动力、化工和气化用煤，赋存条件好，瓦斯含量低、煤层平均厚度 32.65m。煤质牌号属长焰煤和不黏煤。其商品煤的煤质指标：全水分 M_t<17.0%，水分 M_{ad}<8.0%，灰分 A_d<14%，挥发分 V_{daf} 28.0%～35.0%，全硫 $S_{t,d}$<0.7%，磷含量 P_{daf} 0.006%～0.009%，收到基低位发热量 $Q_{net,ar}$ 20～22MJ/kg。

2.4.11 冀中基地

包括开滦、峰峰和蔚县矿区，探明煤炭储量 150 亿吨左右。

开滦矿区位于河北省唐山市，地跨丰润、丰南、滦县、滦南、玉田、唐山 6 个县市。矿区地处燕山南麓，华北平原北缘，由开平向斜、车轴山向斜和林南仓向斜 3 个构造单元组成，总面积 760km²。

开滦矿区各矿井分布于开平和蓟玉两煤田内。煤系形成时代均为石炭纪和二迭纪，下部为海陆交替相沉积，中部为陆相，上部为单一的正大陆相。含煤约 18 层，可采或局部可采 5～7 层。自下而上为中石炭纪本溪统的唐山组（含 15、16、17 煤层）、上石炭纪太原统的开平组（含 13、14 煤层）、赵各庄组（含 11、12 煤层）、二迭纪下统的大苗庄组（含 5、6、7、8、9、10 共 6 个煤层）和唐家庄组（含 3、4 煤层）。其中 7、8 两层最为稳定，为主采煤层，煤层可采厚度以唐山矿最厚，达 25.5m；吕家坨矿最薄，为 11.99m；全区平均厚度在 15m 左右。矿区主要为炼焦煤，变质程度由北→东→东南→南的方向逐渐加深，煤质牌号也由气煤、1/3 焦煤变为肥煤、焦煤。到 1996 年年底矿区的煤炭探明保有储量达 44 亿吨，其中 1/3 焦煤最多，约占总储量的 40%；其次是气煤，约占 29%；肥煤和焦煤分别约占 24%和 7%。

开滦矿区煤的灰分较高，主采煤层 7、8 煤层灰分约为 25%～30%，商品煤灰分平均在 25.5%左右，最高的荆各庄矿 A_d 在 40%以上，范各庄矿也在35%～40%之间，马家沟矿最低，约在 17%～18%之间。矿区的 7、8、10 煤层属低硫煤，全硫平均含量在 0.5%左右，5、9 煤层也多在 1%以下，以有机硫为主；11、

12、14 煤层的硫含量均较高，一般均在 2%以上，有的高达 3%左右，属于中高硫和高硫煤层，并以硫铁矿硫为主，占全硫含量的 70%左右。煤的灰成分组成是以 SiO_2 和 Al_2O_3 为主，Al_2O_3 多在 30%以上，两者之和占煤灰组成的 80%以上；而 Fe_2O_3、CaO 含量较低，Fe_2O_3 含量在 5%左右，CaO 含量在 3.6%左右；所以煤灰熔融性温度较高，ST 一般均在 1500℃以上。

开滦矿区主要可采层的煤质情况，见表 2-32。

表 2-32 开滦矿区煤层煤质

煤层名称	煤层厚度/m	煤质分析/%				煤 类
		A_d	V_{daf}	$S_{t,d}$	Q/(MJ/kg)	
5 层	1.56	11.88	34.44	0.51	29.90	气煤、肥煤
8 层	2.32	21.52	37.46	0.61	25.67	焦煤、气肥煤、肥煤
9 层	3.47	18.76	36.25	0.75	27.20	气煤、肥煤、焦煤
12^{-1}层	2.22	17.20	35.61	1.60	27.56	气煤、肥煤、焦煤

峰峰矿区位于太行山东麓，邯郸市西南 36km。矿区北起洺河，南至漳河，西依太行山，东邻京广铁路，南北长 45km，东西宽 28km，面积 $1260km^2$。

矿区的含煤地层为二迭纪的山西组和石炭纪的太原组及本溪组，总厚约 200m，共含煤 15～22 层，其中可采和局部可采 7 层。山西组含煤 2～5 层，可采 1 层（即 2 号煤），也是矿区的主要可采煤层，厚 0.35～6.8m，平均 3.52m，煤种为肥煤和焦煤。太原组共含煤 12～15 层，可采及局部可采 6 层，即 3、4、6、7、9 号煤，平均煤厚 6.7m，煤种以焦煤和瘦煤为主。本溪组煤层均不可采。到 1996 年年底，矿区煤炭探明保有储量约 25 亿吨。牌号较齐全并呈规律性变化，即从南向北由肥煤逐渐递变为焦煤、瘦煤、贫瘦煤、贫煤到无烟煤，但煤层垂直上下变化不大，呈稳定状态。总的来说，峰峰矿区是以炼焦煤为主，约占 70%，而贫煤和无烟煤约占 30%。

峰峰矿区受沉积环境的影响，山西组为陆相沉积煤层，故上部的小煤层和大煤层含硫较低，$S_{t,d}$一般在 0.12%～1.00%之间，平均0.41%。而下部太原组属海陆交互相沉积，含硫高，$S_{t,d}$一般在2.00%～3.50%，少数在3.50%～5.00%，极个别可达到5%以上，除下架煤层有机硫含量较高外，其他各层大部分以结核状的硫铁矿的形式存在，经洗选加工较易脱除。各煤层的灰分变化不大，A_d一般在15%～30%，经洗选加工后可降至12%以下，多属中等难选煤。其煤灰成分以SiO_2和Al_2O_3为主，二者多在80%以上，故而灰熔融性温度较高，ST一般在1400～1500℃，仅有个别煤层因Fe_2O_3或CaO过高，ST降至1300℃以下。对矿区的商品煤来说，ST多在1400～1500℃，很少有低于1300℃的。

峰峰矿区有多个炼焦煤选煤厂，洗精煤主要供武钢、首钢、包钢、邯钢等炼焦用煤，大量的洗混煤、洗末煤等则主要用于电力、民用等部门。峰峰矿区也是重要的动力煤供给地。

冀中和鲁西、河南、两淮基地，由于地处煤炭消费量大的东中部，担负着向京津冀、中南、华东地区供给煤炭，其重要性可见一斑。

2.4.12 宁东基地

主要包括鸳鸯湖、灵武、横城三个矿区，以及马家滩、积家井、萌城、韦州和石沟驿等8个勘探区，其中尚有石沟驿井田和煤化工项目区，宁东能源重化工基地远景规划面积为2855km²。该区域优质无烟煤储量达273亿吨。宁东能源重化工基地也是宁夏回族自治区内最重要的能源建设项目。宁夏境内含煤面积1.17万千平平米，全区煤炭远景储量2029亿吨，探明储量310亿吨，主要分布在宁东煤田和贺兰山煤田。

宁东煤田南北长130km，东西宽50km，探明地质储量约273.14亿吨，占全区探明储量的87.6%，远景预测储量1394.3亿吨，共规划7个矿区和一个独立井田，规划规模为1.3亿吨/年。

宁东煤田煤层埋藏浅、地质构造简单，煤种以不黏煤和长焰煤为主，煤炭变质程度低，活性较高，以其低-特低灰、低-特低硫、低-特低磷和中等发热量为其特点，是优质的化工及动力用煤。

以鸳鸯湖矿区为例，煤田南北长11km，东西宽6km，煤田面积约66km^2。主要可采煤层有7层煤，即1，3，5，8，11，17和第18层煤，其煤质情况按煤层加权平均如下：$M_{ad}=11.6\%$，$A_d=14.9\%$，$V_{daf}=36.6\%$，$C_{daf}=76.5\%$，$H_{daf}=4.6\%$，$S_{daf}=1.1\%$，$O_{daf}=16.9\%$，$N_{daf}=0.9\%$，低位发热量$Q_{net,d}=24.63MJ/kg$；煤灰熔融性温度，DT＝1133℃，ST＝1164℃及FT＝1189℃。煤灰成分分析结果表明，Fe_2O_3与CaO含量之和约占煤灰总量的30%，SiO_2，Al_2O_3和TiO_2等酸性组分总量约为45.3%，碱性组分总量为38.2，煤灰的碱酸比为0.84。

2.4.13 陕北基地

基地坐落在陕西榆神地区。1996年陕西煤田地质局185队就开始对榆神矿区进行详查，榆神矿区是陕北侏罗纪煤田地质条件、煤质特征最好的地区，低灰、低硫、低有害组分和高发热量的煤质特征，在世界上也是罕见的。榆神矿区位于神府矿区南部，面积为5500km^2，探明储量为301亿吨，矿区可采煤层13层，其中主要可采煤层4层，主采煤层厚度平均10m，最厚可达12m，是国内外罕见的可建设特大型现代化矿区的、条件优越地区之一。

榆神矿区包括锦界、大保当、曹家滩、金鸡滩、杭来湾、榆树湾及西湾等井田。矿区煤炭利用规划以就地转化为主。其中锦界、大保当、金鸡滩井田面积约350km^2，地质储量约66亿吨，可采储量51.65亿吨，依次有12.73亿吨，21.53亿吨及17.40亿吨。对于大保当井田，其可采煤层有1^{-2}，2^{-2}，3^{-1}，4^{-3}，5^{-3}及5^{-4}层煤。含煤地层系侏罗纪中统延安组，地质构造简单是倾角不足1°的单斜构造，无明显断层与岩浆活动。各层煤为低灰、低硫、低磷（平均值0.07%～0.026%）、低水分、特低砷（平均1～4mg/kg）和高挥发分、高热值的不黏煤和长焰煤，$A_d=5.73\%\sim10.88\%$，$V_{daf}=26.28\%\sim38.06\%$，$S_{t,d}=0.29\%\sim0.62\%$，$Q_{net,ar}=25.34\sim26.67MJ/kg$；煤中氟含量在74～175mg/kg间，氯0.026%～0.043%。

据大保当井田的地勘报告资料，各层煤中惰质组含量都较高，参见表 2-33。按现行国际煤分类 ISO 11760：2005 属“中等镜质组含量、低灰、中煤阶煤 C (或 D)”。

表 2-33 大保当井田煤的显微煤岩特征

煤层	镜质组最大反射率 $\overline{R}_{max}$/%	有机显微组分/%				无机显微组分/%		
		镜质组	半镜质组	惰质组	壳质组	黏土类	硫化物	碳酸盐
1^{-2}		44.8	5.5	46.3	1.4	0.2	0.9	0.9
2^{-2}	0.605	55.1	4.7	36.3	1.9	0.4	0.5	1.1
3^{-1}	0.585	47.9	6.2	43.4	0.9	0.8	0.2	0.6
4^{-3}	0.621	47.9	5.3	41.6	1.9	1.9	—	1.4
5^{-3}	0.608	48.2	5.4	41.9	2.0	0.9	0.3	1.3
5^{-4}		37.2	2.3	58.0	1.2	0.3	0.3	0.7

注：资料来源为陕西煤田地质局有关资料，2005 年。

各层煤的碳含量 C_{daf}＝82.49%～83.58%，H_{daf}＝4.88%～5.22%之间。煤灰成分特点是氧化硅类及碳酸盐类矿物含量高，次之为硫化物，黏土矿物含量较低。煤灰成分中碱性氧化物含量相对较高，酸性氧化物相对较低，其煤灰熔融性温度低。各层煤的黏结指数多数为 0；部分为 1～5，少量为 6～11。焦油产率的综合平均值在 7.9%～13.9%之间。从气化性能看，大保当煤的抗碎强度属Ⅰ级高强度煤，抗碎强度 70～89 之间；哈氏可磨性 HGI＝44～63；950℃下煤对 CO_2 还原率的综合平均值为 21.9%～31.4%之间，在 1100℃反应时对 CO_2 的还原率在 65.8%～72.3%间波动；煤的热稳定性 TS_{+6} 为 84.2%～97.9%。通过可选性评价大保当煤属极易选-易选煤，当理论分选密度为 1.50 时，其相应精煤理论产率在 78.72%～94.72%间波动（2^{-2} 煤层煤），对 3^{-1} 煤层，可达 94.05%～98.12%。

西湾各煤层煤的显微煤岩组分定量结果见表 2-34。由表列数据可见，随煤层垂深加深，镜质组最大反射率有逐渐增大的趋势，从 2^{-2} 层的 0.598%，到 5^{-4} 层煤的 $\overline{R}_{max}$＝0.661%；从镜质组含量上看，离地表较浅的煤层有较高的镜质组含量，其惰质组含量相对较低；到深部煤层惰质组含量增高而镜质组含量相对减少。在无机显微组分中，以相对较高的碳酸盐含量为其特点，预示着西湾煤与

表 2-34　西湾井田煤显微煤岩组分定量结果

煤层	镜质组最大反射率 $\overline{R}_{max}$/%	有机显微组分/%				无机显微组分/%		
		镜质组	半镜质组	惰质组	壳质组	黏土类	硫化物	碳酸盐
2^{-2}	0.598	54.1	6.5	34.7	1.8	0.65	0.6	1.8
3^{-1}	0.626	60.8	5.1	29.6	1.8	0.9	0.4	1.7
4^{-3}	0.636	45.1	7.9	42.8	1.9	1.0		1.0
5^{-3}	0.648	47.1	5.5	40.6	2.4	2.5		1.5
5^{-4}	0.661	44.5	5.8	44.0	3.7	1.3	0.2	0.5

注：资料来源：陕西煤田地质局有关资料，2005 年。

大保当煤相似有较低的灰熔融性温度。

总起来说，陕北基地煤的含硫量都不高，但在榆神矿区西南角边，煤层煤的硫分含量有增高的趋势（$S_{t,d}$=1.84%）。该区中能煤田 3 号煤中硫普遍偏高，约在 2%上下。

3 煤的岩相组成与特性及其分类

煤岩学是把煤看成一种沉积岩，在自然状态下以光学显微镜为主要手段来进行研究的一门学科。由于煤岩学方法能在镜下客观地显示出煤中各种有机成分和无机成分混合体的全貌，从此结束了把煤视为均匀黑色矿物的概念。煤这种可燃有机岩石，在岩石组成上常常具有明显的不均一性。一方面表现在煤是有机物质和无机物质混合组成的复合体；另一方面还在于组成煤的植物有机残体所具有的复杂性和多样性。煤的这种不均一性对煤的性质和对煤的加工利用都发生深刻的影响。煤岩组成是按岩石学原理和方法划分出的各种宏观与微观组分，不同煤田或煤层中的煤岩组成很不相同。煤岩特征反映了煤的生成的演化过程。因此，用煤岩学观点对煤进行分类是煤分类学中的一项重要内容。

3.1 煤显微组分及其分类

3.1.1 煤岩宏观组成

煤岩的宏观组成是用肉眼方法观察煤的光泽、颜色、硬度、脆度、断口、形态等主要特征而能区分出来的组分。Stopes 在 1919 年首先将腐植煤划分为镜煤、丝炭、亮煤和暗煤四种组分。后来按这四种不同宏观煤岩成分以不同比例和序列沿层秩理分布构成条带状煤。表 3-1 列出新编煤岩学手册中划分的四种煤岩组分的特征。

（1）镜煤　是煤中肉眼见到的最光亮和最黑的组分。常常具有垂直裂纹，易破碎成立方形小块。断口往往呈贝壳状。在煤层中多呈条带状、透镜状分布。一般认为厚度至少应超过 3～10cm 才能划作宏观煤岩类型的镜煤。腐植煤中镜煤分布很广，是常见的煤岩类型。

（2）亮煤　亮煤是腐植煤中主要宏观煤岩组分，光泽不如镜煤

表 3-1　烟煤的宏观煤岩组分

煤的类型	煤岩成分	宏观鉴别特征
腐植煤	镜煤	光亮,黑色,易碎,常具有裂缝
	亮煤	半亮,黑色,很细的层状
	暗煤	暗淡,黑色或灰黑色,坚硬,表面粗糙
	丝炭	丝绢光泽,黑色,纤维状,软,很脆
腐泥煤	烛煤	暗淡或微油脂光泽,黑色,均匀的,非层状,很硬,贝壳状断口,黑色条痕
	藻煤	类似烛煤,但外表微带褐色,条痕为褐色

亮，颜色不如镜煤黑，也具有很多内生裂隙和一定的脆性。在煤层中亮煤是不均一的组分，常含有平行层理分布的其他微细的镜煤、暗煤、丝炭组分，往往具肉眼隐约可见的微细纹理构造。

(3) 暗煤　为黑色或灰黑色。光泽暗淡。黑色的暗煤具有弱的油脂光泽，致密坚硬，很少裂隙，断口粗糙。暗煤在一般腐植煤中的分布较亮煤和镜煤少，但有时也可形成较厚暗煤分层。暗煤也是不均一的煤岩成分，其中可以含不同数量微亮煤、微镜煤和丝炭等。有时暗煤容易与含碳较高的碳质页岩混淆。

(4) 丝炭　类似木炭，黑色，丝绢光泽，有时为纤维状，多孔，质软，污手。也有被矿物质充填细胞孔腔的硬丝炭。一般煤中丝炭含量不多，常呈扁平状透镜体沿煤分层的层面分布。厚度一般在一毫米至几毫米，某些特殊煤层也可富集厚度达数十厘米的丝炭层。

在显微镜下划分的煤岩类型则称为微镜煤、微亮煤、微暗煤、微丝炭等。

3.1.2　煤岩显微组分

将煤磨制成薄片、光片在透射光、反射光和荧光显微镜下观察，进一步看出煤是由更加复杂的有机和无机组分构成的。岩石学中把构成岩石的各种结晶组分称为矿物，煤岩学中则把显微镜下可以辨认的构成煤的各种有机组分用 maceral 这个词来描述，以往曾译为“煤素质”，目前常译为“显微组分”。为了统一在显微镜下识别与划分煤岩组成，国际煤岩学会（ICCP）规定主要用显微镜在反射光、油浸，物镜 25～50 倍下观察煤中各种组分的形态，测定某些煤岩组分的物理化学性质，探讨它们与古植物组织的关系，具体划分显微组分和亚组分。

按照上述方法，国际煤岩学会对褐煤和硬煤分别制定了显微组分的分类。由于我国还没有制订出褐煤的显微组分分类，故沿用国际显微组分分类（表 3-2）。烟煤部分，我国制定了烟煤显微组分分类（表 3-3），它和国际硬煤显微组分分类（表 3-4）所不同的是在镜质组 V 与惰质组 I 之间，多划出一个过渡组分——半镜质组

表 3-2　国际褐煤显微组分分类

<table>
<tr><th>显微组分组
(Group Maceral)</th><th>显微组分亚组
(Maceral Subgroup)</th><th>显微组分
(Maceral)</th><th>显微亚组分
(Maceral Type)</th></tr>
<tr><td rowspan="6">腐植组
(Huminite)</td><td rowspan="2">结构腐植体
(Humotelinite)</td><td>结构木质体
(Textinite)</td><td></td></tr>
<tr><td>腐木质体
(Ulminite)</td><td>结构腐木质体
(Texto-ulminite)
充分分解腐木质体
(Eu-ulminite)</td></tr>
<tr><td>碎屑腐植体
(Humodetrinite)</td><td>细屑体(Attrinite)
密屑体(Densinite)</td><td></td></tr>
<tr><td rowspan="2">无结构腐植体
(Humocollinite)</td><td>凝胶体(Gelinite)</td><td>多孔凝胶体
(Porigelinite)
均匀凝胶体
(Levigelinite)</td></tr>
<tr><td>团块腐植体
(Corpohuminite)</td><td>鞣质体
(Phlobaphinite)
假鞣质体
(Pseudo-phlobaphinite)</td></tr>
<tr><td>稳定组
(Liptinite)</td><td></td><td>孢粉体(Sporinite)
角质体(Cutinite)
树脂体(Resinite)
木栓质体(Suberinite)
藻类体(Alginite)
碎屑稳定体
(Liptodetrinite)
叶绿素体
(Chlorophyllinite)
沥青质体(Bituminite)</td><td></td></tr>
</table>

续表

显微组分组 (Group Maceral)	显微组分亚组 (Maceral Subgroup)	显微组分 (Maceral)	显微亚组分 (Maceral Type)
惰质组 (Inertinite)		丝质体(Fusinite) 半丝质体 (Semifusinite) 粗粒体 (Macrinite) 菌类体 (Sclerotinite) 碎屑惰质体 (Inertodetrinite)	

表 3-3 中国烟煤显微组分分类

组	代号	组 分	代号	亚 组 分	代号
镜质组	V	结构镜质体	T	结构镜质体 1 结构镜质体 2	T_1 T_2
		无结构镜质体	C	均质镜质体 基质镜质体 团块镜质体 胶质镜质体	C_1 C_2 C_3 C_4
		碎屑镜质体	VD		
半镜质组	SV	结构半镜质体	ST		
		无结构半镜质体	SC	均质半镜质体 基质半镜质体 团块半镜质体	SC_1 SC_2 SC_3
		碎屑半镜质体	SVD		
惰质组	I	半丝质体	SF		
		丝质体	F		
		微粒体	Mi		
		粗粒体	Ma	粗粒体 1 粗粒体 2	Ma_1 Ma_2
		菌类体	Scl	菌类体 1 菌类体 2	Scl_1 Scl_2
		碎屑惰质体	ID		
壳质组	E	孢子体	Sp	大孢子体 小孢子体	Sp_1 Sp_2
		角质体	Cu		
		树脂体	Re		

续表

组	代号	组分	代号	亚组分	代号
壳质组	E	木栓质体	Sub		
		树皮体	Ba		
		沥青质体	Bt		
		渗出沥青体	Ex		
		荧光体	Fl		
		藻类体	Alg	结构藻类体	Alg_1
				层状藻类体	Alg_2
		碎屑壳质体	ED		

表 3-4 国际硬煤显微组分分类

显微组分组 (Group Maceral)	显微组分 (Maceral)	显微亚组分 (Submaceral)	显微组分种 (Maceral Variety)
镜质组 (Vitrinite)	结构镜质体 (Telinite)	结构镜质体-1 (Telinite 1) 结构镜质体-2 (Telinite 2)	科达树结构镜质体(Cordaitotelinite) 真菌结构镜质体(Fungotelinite) 木质结构镜质体(Xylotelinite) 鳞木结构镜质体(Lepidophytotelinite) 封印木结构镜质体(Sigillariotelinite)
	无结构镜质体 (Collinite)	均质镜质体 (Telocollinite) 团块镜质体 (Corpocollinite) 胶质镜质体 (Gelocollinite) 基质镜质体 (Desmocollinite)	
	镜屑体 (Vitrodetrinite)		
壳质组 (Exinite)	孢子体 (Sporinite)		薄壁孢子体(Tenuisporinite) 厚壁孢子体(Crassisporinite) 小孢子体(Microsporinite) 大孢子体(Macrosporinite)
	角质体 (Cutinite)		
	树脂体 (Resinite)	镜质树脂体 (Colloresinite)	
	木栓质体 (Suberinite)		

续表

显微组分组 (Group Maceral)	显微组分 (Maceral)	显微亚组分 (Submaceral)	显微组分种 (Maceral Variety)
壳质组 (Exinite)	藻类体 (Alginite)	结构藻类体 (Telalginite)	皮拉藻类体(*Pila*-Alginite) 轮奇藻类体(*Reinschia*-Alginite)
		层状藻类体 (Lamialginite)	
	荧光体 (Fluorinite)		
	沥青质体 (Bituminite)		
	渗出沥青体 (Exsudatinite)		
	壳屑体 (Liptodetrinite)		
惰质组 (Inertinite)	半丝质体 (Semifusinite)		
	丝质体 (Fusinite)	火焚丝质体 (Pyrofusinite) 氧化丝质体 (Degradofusinite)	
	粗粒体 (Macrinite)		
	菌类体 (Sclerotinite)	真菌菌类体 (Fungosclerotinite)	密丝组织体(Plectenchyminite) 团块菌类体(Corposclerotinite) 假团块菌类体(Pseudocorposclerotinite)
	微粒体 (Micrinite)		
	惰屑体 (Inertodetrinite)		

SV，其反射率一般比镜质组略高0.2%～0.3%，这一点可作为划分组别的定量依据；当随煤阶增高时，半镜质组和镜质组就很难加以区分。由于半镜质组在性质上更接近于镜质组，在受热后，它在一定程度上也可以软化，在煤粒内部略具塑性。为了与国际煤分类方案接轨，中国沿用的“四分法”，即将煤中显微组分分成镜质、半镜质、惰质和壳质组四种组分，不久也将改成“三分法”，即将

半镜质组并入镜质组，按镜质、惰质和壳质组三种组分来加以划分，以便于简单而有效地描述和辨别煤的组成与性质，适应煤的焦化、液化、成型、燃烧等加工利用工艺的需要。

同一煤中各显微组分在性质上有较大的差异，无论从化学组成、物理性质乃至工艺特性都不相一致。表 3-5 列出我国烟煤中不同显微组分在真相对密度 ρ、挥发分 V_{daf}、碳含量 C_{daf}、氢含量 H_{daf} 和反射率 $R_{o,max}$ 诸性质上的差异。

表 3-5　中国烟煤中镜质组、半镜质组、惰质组（丝质组）的若干基本性质①

产　地	显微组分	ρ /(g/cm³)	V_{daf}/%	C_{daf}/%	H_{daf}/%	H/C 原子比	芳碳率 f_a	$R_{o,max}$ /%
山东兖州兴隆庄 P1	镜质组	1.275	44.92	83.67	5.73	0.82	0.64	0.64②
	半镜质组	1.310	40.10	87.27	5.30	0.73	0.66	
	惰质组	1.353	21.52	92.32	4.14	0.54	0.82	
山西大同云岗 J1-2	镜质组	1.300	39.70	83.10	5.47	0.79	0.70	0.76
	半镜质组	1.360	30.70	84.70	4.46	0.63	0.79	
	惰质组	1.450	17.30	88.10	3.55	0.48	0.91	
四川白腊坪 T3	镜质组		32.79	86.99	5.32	0.73	0.75	0.99
	半镜质组		30.10	87.49	5.06	0.69	0.77	
	惰质组		22.85	88.56	4.37	0.59	0.84	
山西西曲 C-P	镜质组	1.300	21.59	90.82	4.79	0.64	0.84	1.33
	半镜质组	1.370	14.34	91.58	4.33	0.57	0.91	
	惰质组	1.430	10.02	93.75	3.82	0.49	0.93	

① 各产地煤中镜质组的分离纯度较高，在 90%～95%以上；惰质组的分离纯度次之；半镜质组的分离纯度较低，均不足 50%。所列性质的数据均系解线性方程组法计算求得。

② 系平均随机反射率 $R_{o,ran}$ 值。

注：资料来源：庞博、杜铭华、龚至丛和王国金等，1985 年，1984 年，1986 年，1988 年。

随着煤阶的增高，不同显微组分之间的性质差异就逐渐变小。图 3-1 示出在煤镜质组中碳含量与反射率的坐标系中，显微组分性质渐趋一致的情况，也反映出各显微组分的反射率随煤阶而变化的规律。

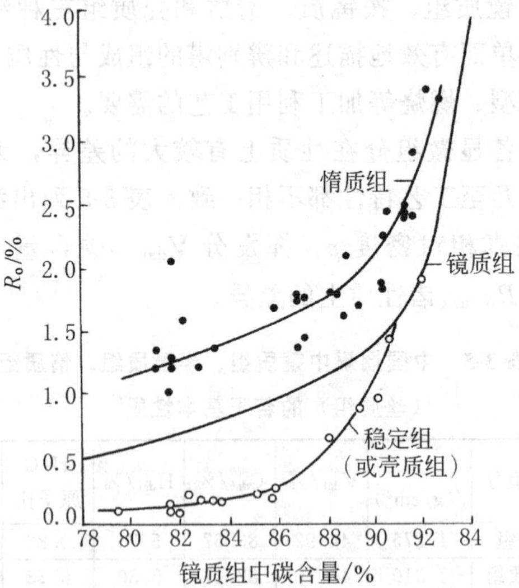

图 3-1　各显微组分的反射率随煤阶（以碳含量表征）而变化的规律

（资料来源：D. W. Van Krevelen，1993 年）

3.1.3　显微煤岩类型

煤的显微煤岩类型是在显微镜下见到的各类显微组分的典型组合，国际上将显微煤岩类型组别分为微镜煤（Vitrite）、微稳定煤（Liptite）、微惰煤（Inertite）、微亮煤（Clarite）、微镜惰煤（Vitrinertite）、微暗煤（Darite）和微三组分混合煤（Trimacerite）。它们和宏观煤岩组成和显微组分间有如图 3-2 的相互关系。

3.1.4　显微组分的成因

镜质组、惰质组和稳定组（亦称壳质组）等显微组分是植物的残体在不同的聚积环境下经过不同的过程而形成的。

(1) 镜质组　亦称凝胶化成分，由植物残体受凝胶化作用而形成。植物残体的木质纤维组织在积水较深和无空气进入的沼泽中受到厌氧微生物的作用逐渐分解，细胞壁不断吸水膨胀，细胞腔则逐渐缩小，以至完全失去细胞结构，形成无结构的胶态物质或进一步分解为溶胶，成煤后就成为镜质组显微组分。由于凝胶化程度不

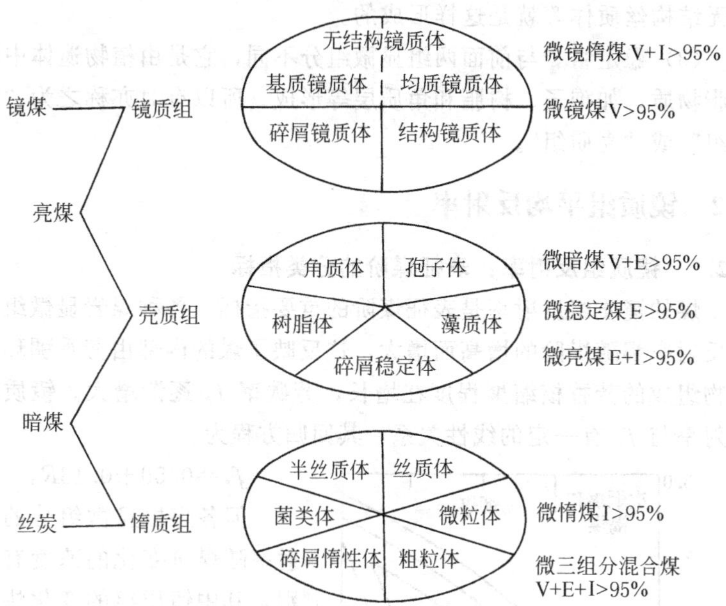

图 3-2　煤的显微组分组、显微组分、煤宏观组成和显微煤岩类型间的相互关系

同，所以形成的显微组分从细胞结构完整清晰的木煤经木镜质体和结构镜质体等到无结构镜质体或透明基质，其中还夹杂着一定量的稳定组分。

（2）惰质组　亦称丝炭化成分，是由丝炭化作用形成的，所以有时亦称丝质组。植物残体的木质纤维组织先处在氧化性环境下，细胞腔中的原生质很快被需氧微生物破坏，而细胞壁相对较稳定，仅发生氧化和脱水，残留物的碳含量大大提高。由于地质条件的变化，上述环境转变为还原性的，故这部分残留物没有完全破坏，而成为具有一定细胞结构的丝炭。另外，也有人认为一部分丝炭来自森林火灾留下的木炭，故称“火焚丝炭”。

上述两种作用也可能交替发生，除完全丝炭化的物质不可能再进行凝胶化外，处于丝炭化过程中的中间产物都可以再凝胶化；处于凝胶化任何阶段的产物也都可再进行丝炭化，半丝质体、微粒体和无结构丝质体等就是这样形成的。

(3) 稳定组　与前面两组显微组分不同，它是由植物遗体中的类脂物质，如孢子、树脂和角质层等形成。所以有时亦称之为“类脂组”或“壳质组”。

3.2　镜质组平均反射率

3.2.1　镜质组反射率：表征煤阶的分类指标

煤的镜质组反射率是表征煤阶的重要指标。各种煤岩显微组分的反射率都随煤阶的增高而增大，这反映了煤的内部由芳香稠环化合物组成的芳香核缩聚程度在增长，芳碳率 f_a 逐渐增大。镜质组反射率与 f_a 有一定的线性关系，其回归方程为：

$$f_a = 0.59 + 0.13R_o$$

但各煤岩显微组分的反射率随煤阶变化的速度有差别，其中镜质组的变化快而且规律性强（见图 3-3）。镜质组是煤的主要组分，颗粒较大而表面均匀，其反射率易于测定。而且，镜质组反射率与表征煤阶的其他指标（如挥发分、碳含量）不同，它较少受煤的岩相组成变化的影响，因此是公认的较理想的煤阶指标，尤其适用于烟煤阶段。中国煤的镜质组反射率与干燥无灰基挥发分（V_{daf}）和碳含量（C_{daf}）的关系见图 3-4。测定镜质组反射率时，实际上得到的观察值是一种分布，称之为反

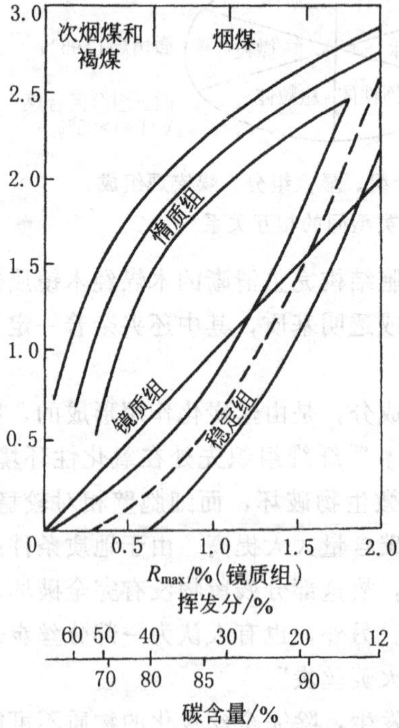

图 3-3　不同显微组分的煤化轨迹示意图
（资料来源：Smith 和 Cook，1980）

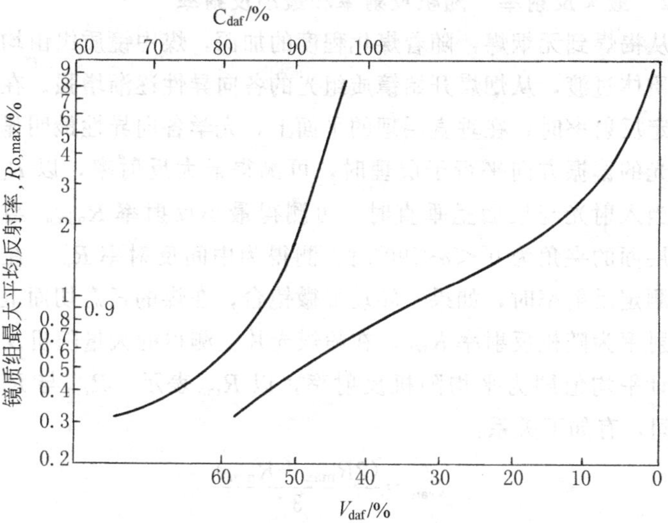

图 3-4　中国煤的镜质组反射率与干燥无灰基挥发分 V_{daf} 和碳含量 C_{daf} 的关系

射率分布直方图，这种分布可以用来求出反射率的平均值，也可以用测值的标准差来表示镜质组内的均匀程度，这些将在下一节专门加以讨论。

煤岩显微组分是弱吸收性物质，其反射率与折射率和吸收率的关系服从费涅尔-比尔（Fresnel-Beer）公式：

$$R=\frac{(N-N_o)^2+N^2k^2}{(N+N_o)^2+N^2k^2}\times 100\%$$

式中　R——显微组分反射率，%；

N——显微组分折射率；

N_o——介质（空气、油、水）的折射率；

k——显微组分吸收率。

对于中煤阶煤（$R_o<1.5\%$），随芳碳率增加，其折射率主要取决于煤的反射率，k 几乎是一个常数；对于高煤阶煤（$R_o>2\%$）来说，煤的反射率很大程度上由煤的吸收率来决定。

3.2.2 最大反射率、随机反射率和最小反射率

从褐煤到无烟煤，随着煤化程度的加深，煤中镜质组由均质向非均质体过渡，从烟煤开始镜质组光的各向异性逐渐增强。在偏光下测定反射率时，在垂直层理的平面上，光学各向异性最明显。当入射光的偏振方向平行于层理时，可测得最大反射率，以 R_{max} 表示；当入射光与层面呈垂直时，可测得最小反射率 R_{min}。当入射光与层面的夹角为 $0°<\alpha<90°$时，测得为中间反射率 R_m。在非偏光下测定反射率时，如果不转动显微镜台，在煤的任意切面上测得的反射率为随机反射率 R_{ran}。在粉煤光片上测得的大量随机反射率的统计平均值即为平均随机反射率，以 R_{ran} 表示。R_{ran} 与 R_{max} 和 R_{min} 间，有如下关系：

$$R_{ran}=\frac{(2R_{max}+R_{min})}{3}$$

当 $R_{max}<2.5\%$，国内常用下式来求取 R_{max} 值，

$$R_{max}=1.0645R_{ran}$$

当 $R_{max}=2.5\%\sim6.5\%$时，$R_{max}=1.2858R_{ran}-0.3936$

最大反射率和最小反射率之差称为双反射，它反映煤的各向异性程度，并随煤阶增高而增大。各向异性程度 A_R，在评价高煤阶煤（如无烟煤）时，也是一个常用的指标。其数值计算有下式：$A_R=\frac{R_{max}-R_{min}}{0.5(R_{max}+R_{min})}\times100\%$。$A_R$ 值越大，说明其各向异性程度越高。如低阶无烟煤（汝箕沟）$A_R=20\%\sim22\%$。

经过国际上对煤镜质组反射率的大量统计，随机反射率与最大反射率之间，有如下国际上常用的关系式：

$$R_{ran}=0.92R_{max}+0.02$$

相关系数高达 0.9963。必须指出，随机反射率的测定，一般其标准差都比较大，因此要在混煤中鉴别不同煤阶的煤，相对来说就比较困难。由于自动扫描系统可以成功地用于自动快速测定镜质组的反射率，并输出反射率分布曲线，所以为广大煤岩工作者所乐于采用。

各种不同煤岩显微组分的反射率，都可以图像分析来完成。图 3-5 示出一个不同显微组分的随机反射率分布直方图。从图上可见，不同组分的 R_{ran} 有不少是相互重叠的，只能靠显微组分在镜下的不同形态才能区分出并确定其组分，才能为反射率定值。用自动图像系统就无法解决其形态问题，使测值带来不少的误差。

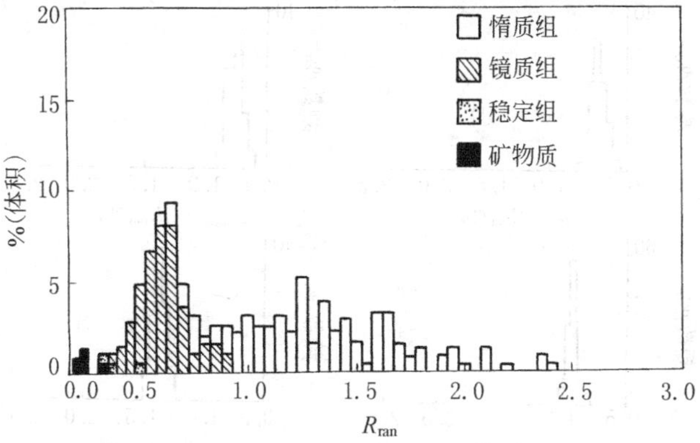

图 3-5 煤中显微组分的随机反射率分布直方图

（资料来源：J. F. Unsworth 等，1991 年）

由于镜质组反射率能作为煤阶的一个指标，在我国煤层煤分类和编码系统中，已采用 R_{ran} 作为一个分类指标。在煤焦生产中，它可以用来评价煤质，指导配煤和进行焦炭强度的预测研究。根据反射率的分布图还可以判别是否混煤和混煤的种类。在蓝色光中测定镜质组反射率还能鉴别煤是否经历氧化，测定氧化程度的深浅。全煤样的反射率扫描，可测出煤中黄铁矿含量和根据反射率来初步划分煤岩显微组分的定量工作。

3.3 反射率分布图

反射率分布图是把煤中镜质组反射率测值按一定间隔绘制的直方图。早在 20 世纪 70 年代，就有人将这种方法用于指导煤焦配煤，认为配煤的反射率分布图特征是影响焦炭质量的一个重要因素。到 20 世纪 80 年代，欧洲许多国家相继提出用反射率分布图来判别商品煤质量，并作为分类、编码系统中的一项指标。

3.3.1 用反射率分布图来判别混煤

不同煤阶的煤，其反射率测值不同且有不同的分布。图 3-6 示出从长焰煤、气煤、肥煤、焦煤、瘦煤、贫煤到无烟煤的反射率分布图。这些分布图的特点是均属正态分布，测值标准差 S 一般都

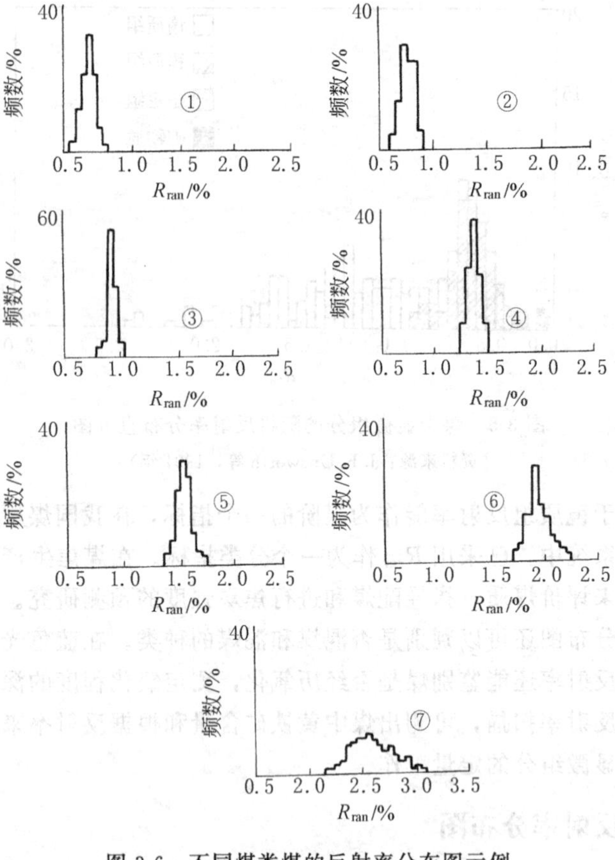

图 3-6　不同煤类煤的反射率分布图示例

图注：① 平朔长焰煤 R_{ran} 0.61%，S 0.06；② 石嘴山气煤 $\bar{R}_{ran}$ 0.76%，S 0.06；③ 蒲县肥煤 $\bar{R}_{ran}$ 0.96%，S 0.04；④ 柳林焦煤 $\bar{R}_{ran}$ 1.41%，S 0.05；⑤ 漳村瘦煤 $\bar{R}_{ran}$ 1.62%，S 0.07；⑥ 陵川贫煤 $\bar{R}_{ran}$ 1.99%，S 0.11；⑦ 纳雍无烟煤 $\bar{R}_{ran}$ 2.65%，S 0.19（S 为标准差）

在 0.1%范围之内，七个不同煤阶煤反射率的平均值从 0.61%到贫煤 1.99%，及至无烟煤的 2.65%。

图 3-7 所示就是一个典型的混煤特征。它是华东某焦化厂购进的洗精煤，用常规化学方法来检测该混煤的挥发分产率、黏结指数等，它具有一般焦煤的性质，但从分布图上，可以分辨出这一混煤是由典型的肥煤（R_{max}=1.059%）配上贫煤（R_{max}=2.05%）而成，这种混煤并不能起到典型焦煤的作用。如果将它作焦煤来配煤炼焦，所得焦炭耐磨强度明显恶化，其耐磨强度 M_{10} 由 7.0%左右变差到 8.5%。可见，有必要引进反射率分布图这一方法，因为它能清晰地检测出该工业用煤是单煤还是混煤，以及混合的简单或复杂程度，可解决煤炭贸易和科技交流中常规煤质分析不能解决的混煤难题，克服化学分析检测煤质指标的局限性。

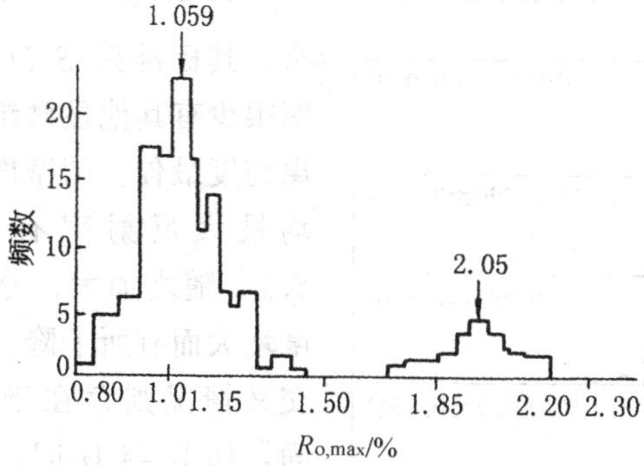

图 3-7　用反射率分布图来检查洗精煤混煤

3.3.2　评价煤岩分离组分的纯度

兖州兴隆庄大槽煤经等密度梯度高速离心技术分离后，按真相对密度，可将大槽煤分成 40 个组分。按图 3-8 的分布曲线，将组分适当组并成 7 个组分。图中 E、V 和 I 分别表示兖州煤的稳定组、镜质组和惰质组。煤岩分离工作中，各显微组分的纯度是个至关重要的指标，但是又无法用常规方法来鉴别与评价。下面介绍用反射率频数分布图作为分离纯度优劣的评价依据（图 3-9，图中符号意义见图 3-8）。由图不难看出，以稳定组（E）测值分布宽度最

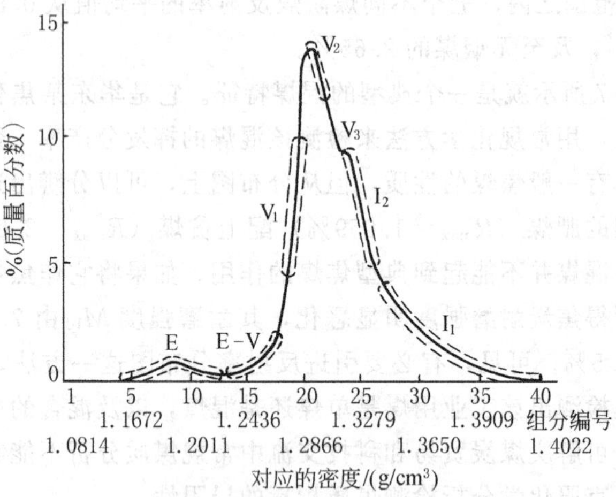

图 3-8　兖州煤各显微组分的密度与质量百分数的分布曲线

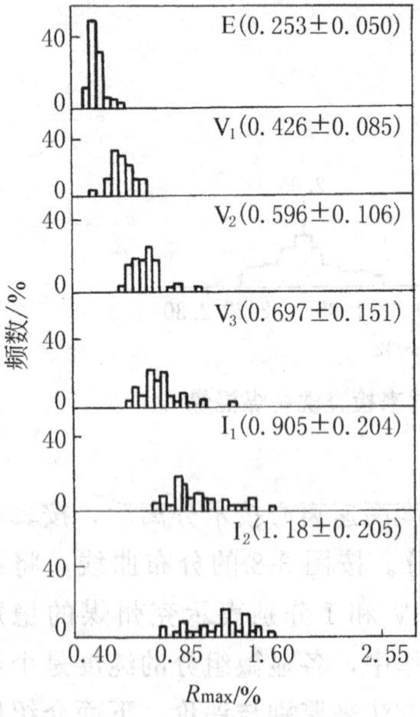

图 3-9　兖州煤显微组分最大反射率测值的频数分布

窄，其标准差 *S.D.*＝0.05，说明很少有其他显微组分混入，分离纯度最佳。随密度级增大，平均最大反射率有所增高，其 *S.D.* 随之加大，分离纯度随密度增大而有所下降。反射率重叠交叉情况则存在于同类组分之间，如 I_1 与 I_2 间，但对不同类显微组分之间，却只有少量混杂交叉，说明应用等密度梯度高速离心（DGC）技术的分离效果是满意的。用反射率分布图中测值的集中程度来说明分离组分的纯度，有其不可替代的独特优点。

3.3.3　反射率分布图的特征划分

反射率分布图不仅能判别混煤及评价煤岩分离后组分的纯

度，也为炼焦配煤技术中应用煤岩学配煤创造前提条件，其重要性已逐渐取得共识。由于大部分工业用煤是不同程度的混煤，其反射率分布图千差万别，为了统一规范，需要建立一个科学的判别模

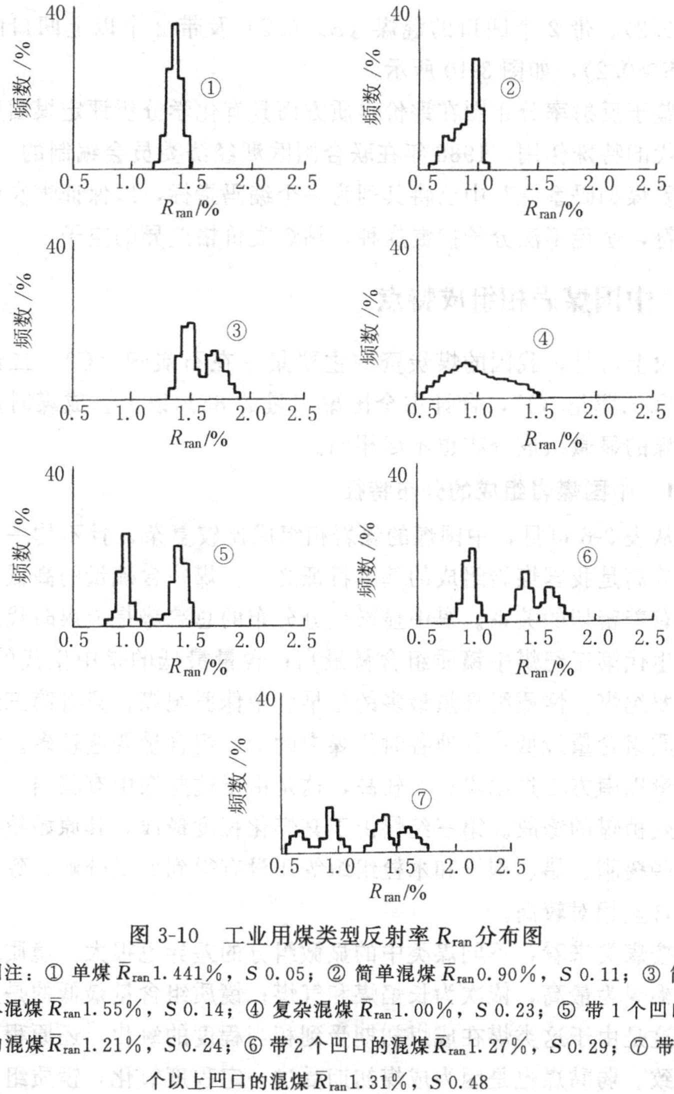

图 3-10　工业用煤类型反射率 R_{ran} 分布图

图注：① 单煤 $\bar{R}_{ran}$1.441%，S 0.05；② 简单混煤 $\bar{R}_{ran}$0.90%，S 0.11；③ 简单混煤 $\bar{R}_{ran}$1.55%，S 0.14；④ 复杂混煤 R_{ran}1.00%，S 0.23；⑤ 带 1 个凹口的混煤 $\bar{R}_{ran}$1.21%，S 0.24；⑥ 带 2 个凹口的混煤 $\bar{R}_{ran}$ 1.27%，S 0.29；⑦ 带 2 个以上凹口的混煤 $\bar{R}_{ran}$1.31%，S 0.48

式。经过大量模拟混配试验，表明反射率分布范围、标准差、凹口数目是区分混煤组合特征的有效指标，其中尤以凹口对区分混煤最为灵敏。为此可按分布图分六种组合类型：单煤（$S \leqslant 0.1$）、简单混煤（$S>0.1\sim \leqslant 0.2$）、复杂混煤（$S>0.2$）、带 1 个凹口的混煤（$S>0.2$）、带 2 个凹口的混煤（$S>0.2$）及带 2 个以上凹口的混煤（$S>0.2$），如图 3-10 所示。

鉴于反射率分布图在评价煤质方面具有化学分析评定煤质所不可替代的特殊作用，1988 年在联合国欧洲经济委员会编制的“中、高煤阶煤编码系统”中已将其列为一个编码指标，以保证煤炭的质级相符，避免不法分子掺混煤种，钻煤类价格差异的空子。

3.4 中国煤岩相组成特点

由上可见，我国的煤炭资源主要集中在石炭纪（C）、二迭纪（P）和侏罗纪（J），合计占全国聚煤量的 85%以上。成煤时期不同，煤的显微组成分布也不尽相同。

3.4.1 中国煤岩组成的分布特征

从表 3-6 可见，中国煤的煤岩相组成比较复杂，且不均一，惰质组分高是我国煤岩组成的基本特征之一。煤中含硫量的高低也和成因有着密切的关系。煤中显微组分分布的总趋势是成煤时代越晚的新生代第三纪煤中镜质组含量最高；含量最低的是中生代的早、中侏罗纪煤。惰质组含量最多的是早、中侏罗纪煤，只有第三纪煤中惰质组含量最低；其他各时代煤中的惰质组含量普遍较多。稳定组含量以南方二迭纪煤相对较高，这是由于这些煤中有相当一部分树皮残植煤的缘故。第三纪煤由于其煤化程度最浅，其原始植物中的一些树脂、蜡、孢子和木栓组织等还没有得到大量分解，致使稳定组含量相对较高。

按煤类来看，不同煤类中的显微组分的差异也很大。镜质组含量以褐煤为最高，依次为长焰煤和气煤；镜质组含量最低的是不黏煤，这是由于这类煤在成煤初期受到相当程度的氧化，还原程度较低所致。弱黏煤也是因为成煤初期受过一定程度氧化，镜质组含量

表 3-6　中国不同成煤期与地域煤中显微组成的分布

成煤期	地域	显微组成/%				硫含量 S_d/%	成因类型
		镜质组	半镜质组	惰质组	稳定组		
石炭纪(C3)	北部、东部	60～85	<10	<25	<7	>1	海相、过渡相
二迭纪(P1)	北部、东部	50～80	5～15	20～35	0～20	<1	陆相、过渡相
二迭纪(P1)	湖北、湖南	70～96	<5	<10	—	>5	海相、过渡相
二迭纪(P2)	南方	13～85	2～10	7～35	0～75	0.2～10	陆、海、过渡相
三迭-侏罗纪(T3-J1)	江西、广东、湖南	65～92	<10	<25	<5	0.4～5	陆、过渡、海相
三迭-侏罗纪(T3-J1)	西南	45～89	5～15	15～40	0～10	<1	陆相、过渡相
侏罗纪(J1-J2)	北部、西北	15～62	5～10	27～74	<3	<1	陆相
侏罗纪(J1-J2)	新疆	55～95	<10	4～37	<5	<1	陆相、过渡相
侏罗纪(J1、J2、J3)	东北	68～95	0～20	1～15	0～12	<1	陆相
第三纪(E)	抚顺	>80F	<10	～5	～5	<1	陆相

较低，而惰质组含量较高。惰质组含量最少的是褐煤，长焰煤的惰质组含量也相对较低。稳定组含量最高的是气肥煤，稍高一点的是气煤，其余各类煤的平均含量都小于5%，总的趋势是煤阶越高，稳定组含量越低。表3-7列出中国不同煤类的显微组分分布特征。

表 3-7　中国不同煤类的显微组分分布特征　　单位：%

煤　类	镜质组	半镜质组	惰质组	稳定组
褐　煤	60.3～98.9[①] / 87.62(45)	0.0～13.9 / 3.06	0.0～28.5 / 4.61	0.0～19.9 / 4.70
长焰煤	32.9～99.1 / 77.12(55)	0.40～24.0 / 6.92	0.0～54.6 / 12.90	0.0～22.6 / 3.06
弱黏煤	21.6～69.7 / 41.44(46)	2.5～22.2 / 12.3	19.5～72.1 / 44.66	0.0～7.4 / 1.60
不黏煤	4.05～59.3 / 28.57(42)	2.8～64.5 / 12.05	29.0～85.2 / 56.87	0.0～8.7 / 2.50
气　煤	36.6～95.5 / 71.02(40)	0.3～22.5 / 3.94	5.3～53.7 / 18.48	1.6～15.4 / 6.56
气肥煤	14.3～80.8 / 43.92(10)	1.4～12.96 / 5.46	11.6～20.76 / 14.52	2.5～69.7 / 36.10
肥　煤	38.4～96.0 / 62.51(46)	0.0～6.5 / 3.44	2.5～56.2 / 31.11	0.0～16.6 / 2.94
1/3 焦煤	34.7～92.0 / 61.66(55)	0.3～11.4 / 3.71	4.6～55.2 / 30.11	0.0～16.1 / 4.52

续表

煤类	镜质组	半镜质组	惰质组	稳定组
焦煤	31.3～93.4 / 60.90(35)	0.0～16.5 / 5.82	5.1～59.1 / 33.13	0.0～2.0 / 0.15
瘦煤	43.2～78.0 / 61.19(6)	1.7～10.4 / 5.43	20.3～46.9 / 33.30	0.0～0.15 / 0.08
贫瘦煤	39.1～95.5 / 66.63(12)	0.0～2.9 / 1.23	0.8～60.9 / 32.01	0.0～1.6 / 0.13
贫煤	52.0～93.5 / 62.06(5)	0.0～2.4 / 0.89	3.5～48.0 / 26.9	0.0～1.7 / 0.15
无烟煤	51.4～65.2 / 55.91(5)	0.0～15.2 / 9.50	23.6～48.6 / 34.59	0.0～0.0 / 0.00

① 测值范围 / 均值(煤样数)。

注：资料来源为陈怀珍、陈文敏，2000 年。

我国典型的动力煤矿区是以侏罗纪煤为主，晚侏罗纪的阜新、铁法、平庄、扎赉诺尔和营城煤中镜质组含量较高，大都达 70% 以上（见表 3-8）；而早、中侏罗纪煤的镜质组含量普遍较低；平均

表 3-8　中国典型动力煤矿区煤中显微组分分布特征　　单位：%

矿区名称	镜质组	半镜质组	惰质组	稳定组	煤类
大同	22.5～65.2① / 40.15(34)	2.5～22.2 / 12.53	19.5～72.1 / 45.90	0.6～3.0 / 1.42	弱黏煤
神府	24.0～71.5 / 49.66(25)	1.8～12.2 / 7.27	11.9～51.2 / 39.58	0.5～7.2 / 2.51	不黏-长焰煤
靖远	10.5～48.5 / 27.22(9)	2.8～11.5 / 5.36	46.6～78.3 / 64.58	0.8～5.8 / 2.84	不黏煤
义马	58.0～79.3 / 67.41(8)	1.7～4.4 / 2.54	17.6～37.4 / 28.59	0.8～2.6 / 1.46	长焰煤
华亭	5.6～33.8 / 24.48(5)	16.1～42.9 / 23.36	47.2～54.5 / 50.68	0.0～4.8 / 1.48	不黏煤
下花园	28.6～69.7 / 51.94(7)	1.6～14.4 / 6.59	24.8～61.1 / 40.23	0.0～3.3 / 1.24	弱黏煤
阜新	86.7～93.8 / 91.04(5)	0.3～8.2 / 3.80	2.8～5.2 / 4.62	0.0～1.6 / 0.54	长焰煤
铁法	60.6～95.0 / 82.77(3)	0.9～37.9 / 12.13	1.1～7.5 / 3.93	0.5～2.1 / 1.17	长焰煤
窑街	43.3～59.3 / 53.07(3)	7.7～10.7 / 9.37	29.0～44.1 / 35.23	1.8～3.2 / 2.33	长焰煤
哈密	19.4～41.6 / 27.67(3)	4.0～6.8 / 5.03	48.6～74.6 / 65.17	1.7～3.0 / 2.13	不黏煤

续表

矿区名称	镜质组	半镜质组	惰质组	稳定组	煤类
阿干镇	13.1～49.5 26.15(4)	2.9～8.7 5.33	44.1～79.5 64.60	0.9～8.7 3.92	不黏煤
净石沟	9.3～47.5 28.40	3.0～3.7 3.35	46.3～85.2 65.75	2.5～2.50 2.50	不黏煤
平　庄	79.4～95.5 85.55(4)	2.5～7.8 5.62	1.8～16.1 8.08	0.0～1.9 0.75	褐煤
扎赉诺尔	61.0～94.1 72.80(3)	1.8～29.2 17.57	2.0～28.5 8.47	0.0～1.9 1.16	褐煤
营　城	89.5～99.1 94.43(4)	0.4～4.5 2.57	0.5～1.6 1.15	0.0～6.3 1.85	长焰煤

① 测值范围/均值(煤样数)。

注：资料来源为陈怀珍和陈文敏，2000年。

含量低于28%的如阿干镇、靖远和哈密等矿区；大同矿区的弱黏煤中镜质组含量仅40%上下；神府矿区的不黏煤中镜质组含量，平均在50%左右；义马煤中的镜质组含量稍高些，为67.41%。这主要是由于成煤过程中沉积环境的还原程度不同所引起的。惰质组的含量与镜质组含量的情况相反，以早、中侏罗纪煤为高，其中尤以净石沟、哈密和阿干镇、靖远等矿区煤中惰质组含量最高，平均都在64%以上。动力煤的稳定组含量普遍较低，最高的阿干镇矿区，其煤中含量在4%以下，而阜新和平庄矿区煤中稳定组含量都低于1%，其他各矿区稳定组的平均含量在1.16%～2.84%之间。

表3-9列出我国一些典型炼焦煤矿区煤中显微组分的分布特征。

表3-9　中国典型炼焦煤矿区煤中显微组分分布特征　　单位：%

矿区名称	镜质组	半镜质组	惰质组	稳定组	煤类
乐　平	24.3～43.5① 31.41(3)	1.3～13.0 4.56	9.0～20.8 14.63	31.4～62.2 49.40	气肥煤
开　滦	57.9～72.4 64.05(10)	1.8～6.4 4.19	19.1～37.8 28.77	0.0～9.0 2.99	肥煤
乌　达	28.3～75.4 52.01(15)	1.6～11.4 5.78	21.3～61.5 39.98	0.0～4.2 2.23	肥煤
七台河	69.4～91.6 83.53(6)	0.3～2.4 1.06	7.6～29.6 15.37	0.0～0.3 0.04	1/3焦煤

续表

矿区名称	镜质组	半镜质组	惰质组	稳定组	煤类
鸡西	60.9～84.6 / 76.00(9)	1.1～9.6 / 4.38	8.6～33.1 / 17.92	0.0～4.2 / 1.70	1/3 焦煤
双鸭山	64.3～87.7 / 73.81(7)	1.0～23.1 / 14.76	0.9～13.1 / 9.66	0.0～3.2 / 1.77	气煤
枣庄	40.1～82.6 / 58.90(5)	2.4～4.9 / 3.24	14.9～47.7 / 31.26	0.0～12.9 / 6.60	肥煤、1/3 焦煤
兖州	51.8～81.8 / 72.66(8)	1.7～4.4 / 3.25	14.7～33.5 / 19.84	1.8～10.4 / 4.25	气煤
淮北	49.1～80.6 / 68.1(5)	3.3～8.0 / 6.61	13.6～26.2 / 19.27	0.2～19.7 / 6.02	焦煤、1/3 焦煤
长广	13.8～23.9 / 16.87(4)	0.9～4.9 / 2.21	6.8～14.8 / 11.07	67.6～74.4 / 69.85	气肥煤
平顶山	40.2～88.1 / 57.49(9)	0.4～5.9 / 2.39	9.4～49.7 / 36.62	0.0～8.2 / 3.53	1/3 焦煤
资兴	46.4～85.7 / 62.53(9)	2.8～10.7 / 6.75	11.2～42.0 / 30.47	0.0～0.9 / 0.25	焦煤
盘江	39.5～59.6 / 50.52(15)	2.1～5.1 / 2.58	30.7～44.8 / 36.83	4.3～16.6 / 10.07	肥煤
水城	36.6～58.1 / 48.36(5)	1.0～4.3 / 2.42	28.7～53.7 / 38.24	5.4～16.1 / 10.98	气煤、1/3 焦煤
石炭井	41.9～54.6 / 46.19(7)	8.2～13.6 / 10.98	33.6～47.1 / 41.99	0.0～1.9 / 0.84	焦、瘦煤
艾维尔沟	78.4～96.0 / 90.93(6)	1.4～16.5 / 4.80	2.5～6.5 / 4.27	0～0 / 0	肥、焦煤

① $\frac{\text{测值范围}}{\text{均值(煤样数)}}$。

注：资料来源为陈怀珍和陈文敏，2000 年。

统计我国主要炼焦煤产地煤的岩相组成情况，根据中国煤分类试验研究的 142 个煤焦用煤数据，镜质组含量（V_t）小于 70%的占 62.6%，而大于 80%的只有 12%；如果以总惰质组分量（I_c）（指惰质组和 2/3 半镜质组加矿物质之和）进行统计，I_c>30%的煤样约占一半左右，而小于 20%的为 18.3%。其分布频率示于图 3-11。

煤岩相不均一、惰性组分高是我国烟煤的基本特征之一，在焦化、液化、燃烧和气化工艺选择和选用煤种时，要关注煤的岩相组成及其分布，以便作出正确的抉择。

3.4.2 不同成煤时代煤显微组分的性质差异

如果按不同成煤时代，在等变质（指 R_{max} 相近）情况下，可

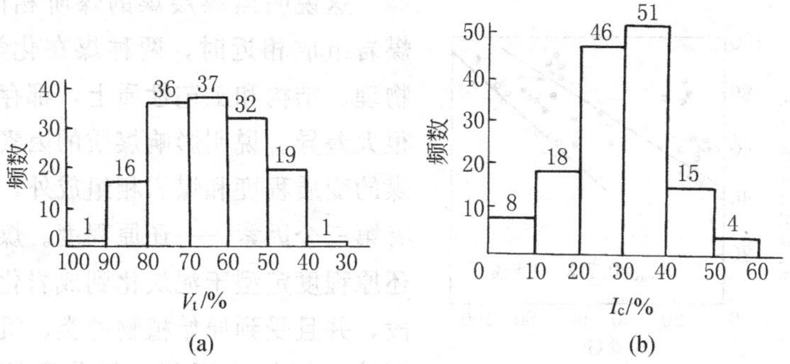

图 3-11 主要炼焦用煤中镜质组含量（a）与总惰质组分量（b）的分布

以观察到由于成煤时代不同煤的活性组分含量（$100-I_c$,%）与煤黏结指数G有不同的变化规律（图 3-12）。图 3-12 的（c）图，表示R_{max}＝1.1%～1.2%这个等变质阶段煤，当显微组成中活性组分含量相同时，古生代煤的黏结性都要比中生代煤的要高；对于R_{max}＝0.7%～0.8%或R_{max}＝0.9%～1.0%等变质阶段煤的情况，也都有相同的变化规律。这不但反映在黏结性指标上，如G、b（膨胀度）和α_{max}煤塑性体吉氏最大流动度，而且煤中硫含量也有明显差异（表 3-10）。

表 3-10 不同成煤时代煤中显微组成的性质差异

矿名	时代[①]		R_{max}	显微组成,vol/%					煤的性质					
				V_t	SV	I	E	$M.M.$	V_{daf} /%	H_{daf} /%	S_d /%	G	b/%	$\lg\alpha_{max}$
天祝	M	J1-J2	0.659	86.0	4.5	3.1	2.7	3.7	42.30	5.74	0.86	5	−35	0.60
徐州	P	C3	0.679	85.9	2.2	4.5	4.3	3.1	46.28	5.90	3.18	99	269	5.50
四方台	M	J3-K1	0.738	83.8	2.6	0.6	9.0	4.0	40.61	6.00	0.30	69	−10	2.49
肥城	P	C3	0.709	78.0	5.4	11.5	3.4	1.7	43.30	5.83	2.95	100	248	5.61
汉中	M	J1-J2	0.969	76.6	8.3	10.1	2.7	2.3	30.71	5.52	0.88	80	51	3.13
范各庄	P	P1	0.923	77.3	2.8	10.7	4.2	5.0	37.10	6.00	1.77	97	269	5.51
广旺	M	T3-J1	1.166	77.9	4.4	14.6	0.1	3.0	29.08	5.21	0.65	90	119	3.46
汾西	P	C3	1.182	78.0	3.9	15.7	—	2.4	27.47	5.22	1.52	97	266	5.21
资兴	M	T3-J1	1.380	70.6	9.7	14.9	0.3	4.5	24.94	4.99	0.84	79	55	2.82
牛马司	P	P2	1.301	62.1	4.7	29.2	2.3	1.7	24.02	5.08	1.29	89	137	4.24

① 表中：M为中生代煤；P为古生代煤。

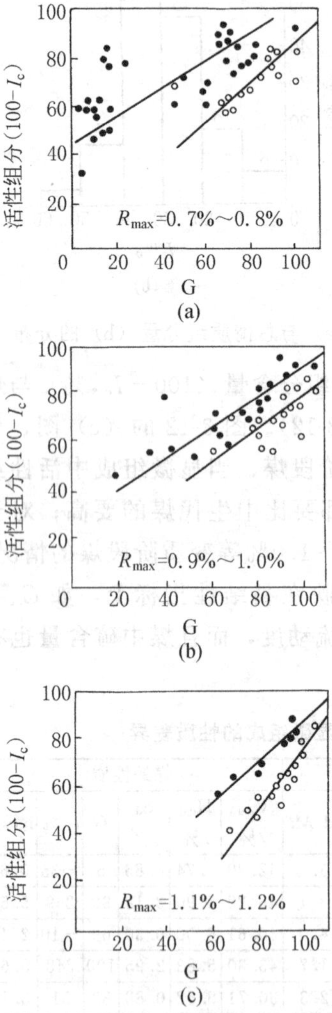

图 3-12　不同成煤时代煤中活性组分的黏结性差异

图中：○为古生代煤；●为中生代煤

（资料来源：龚至丛和张秀仪，1980年）

这说明当煤层煤的煤阶相同、煤岩组成相近时，两种煤在化学、物理、结构和工艺性质上，都存在很大差异。说明影响煤质的因素除煤的变质程度和煤岩相组成外，还有第三个因素——还原程度。煤的还原程度定型于泥炭化到成岩化阶段，并且受到原始植物种类、沉积环境、好氧或厌氧、氧化还原电位，以及沼泽水的 pH 值所控制。

3.4.3　还原程度及其应用

煤的还原程度是影响我国煤性质的第三个成因因素，它的影响主要体现在煤的成因类型上，而不同的煤类型又是通过显微组分的组成的特征得到反映。不同还原程度（类型）的煤由于形成环境及组成上的差异，必然致使煤质发生明显的变化。这种变化不但反映在煤的化学组成与性质、化学工艺性质上，还影响到煤在埋藏过程中的产烃能力和自燃发火倾向。表 3-11 所列的各种指标显示出不同还原程度煤的化学工艺性质及产烃能力存在明显的差异。表中 Y 值表示胶质层最大厚度的测值；Tar_{ad} 表示焦油产率；氯仿沥青值是煤用氯仿抽出物产率；最末一列是通过热模拟测算的产烃率。

煤的还原程度不同决定了煤性

表 3-11 我国还原程度不同煤的化学工艺性质及产烃能力

煤型		$R_{o,max}$	C_{daf} /%	H_{daf} /%	$S_{t,d}$ /%	V_{daf} /%	H/C 原子比	Y 值 /mm	G	Tar_{ad} /%	氯仿沥青 "A"/(mg/g)	热模拟产烃率 /(mg/g)
强还原型Ⅰ	$Ⅰ_1$	0.5～0.8	76.0～80.0	$\frac{6.5\sim10.9}{8.2}$	1.8～2.74	43.6～74.0	$\frac{0.98\sim1.66}{1.30}$	$\frac{17.0\sim21.0}{19.0}$	22～97	$\frac{18.0\sim46.0}{33.0}$	$\frac{28.0\sim37.0}{33.0}$	89～115
	$Ⅰ_2$	0.6～0.8	80.0～85.4	$\frac{5.7\sim7.1}{6.4}$	1.2～12.1	40.0～52.0	$\frac{0.81\sim1.08}{0.90}$	$\frac{14.0\sim26.0}{20.0}$	77.1	$\frac{7.0\sim23.6}{15.5}$	$\frac{44.0\sim49.0}{47.0}$	
较强还原型Ⅱ		0.6～0.7	80.0～82.9	$\frac{5.5\sim6.1}{5.9}$		44.1～57.4	$\frac{0.81\sim0.87}{0.84}$	$\frac{16.0\sim33.5}{24.3}$	$\frac{70\sim103}{94}$	$\frac{10.0\sim17.0}{15.0}$	$\frac{37.5\sim68.5}{56.2}$	73～92
		0.7～0.8	81.7～84.0	$\frac{5.7\sim6.1}{5.9}$	2.0	42.2～46.7	$\frac{0.84\sim0.88}{0.85}$	$\frac{17.0\sim31.5}{24.1}$	$\frac{81\sim100}{95}$	$\frac{13.0\sim22.0}{16.0}$	61.3	
		0.8～0.9	83.2～84.7	5.8	—	40.0～45.6	$\frac{0.80\sim0.81}{0.81}$	$\frac{28.0\sim41.0}{33.0}$	100	$\frac{13.4\sim13.6}{13.5}$	$\frac{40.6\sim68.5}{50.5}$	
		0.9～1.0	88.0	5.4	—	33.4～39.4	0.74	$\frac{41.0\sim44.0}{42.5}$	100	$\frac{11.6\sim13.0}{12.3}$	$\frac{38.0\sim52.9}{46.0}$	—
		1.0～1.2	88.5～89.0	$\frac{5.3\sim5.4}{5.3}$	7.3	26.0～32.6	$\frac{0.71\sim0.73}{0.72}$	$\frac{30.0\sim39.0}{34.0}$	$\frac{90\sim100}{95}$	$\frac{9.0\sim11.6}{10.5}$	45.2	
较弱还原型Ⅲ		0.6～0.7	82.5～84.1	$\frac{5.4\sim5.8}{5.6}$		37.7～40.7	$\frac{0.73\sim0.83}{0.78}$	$\frac{8.5\sim19.5}{12.4}$	$\frac{49\sim73}{62}$	$\frac{8.5\sim12.0}{10.0}$	$\frac{23.0\sim39.6}{32.2}$	23～46
		0.7～0.8	83.2～84.9	$\frac{5.4\sim5.7}{5.5}$	0.3	38.0～39.2	0.80	$\frac{10.7\sim14.0}{13.2}$	$\frac{72\sim76}{74}$	$\frac{9.3\sim13.0}{11.3}$	$\frac{25.6\sim33.3}{30.0}$	
		0.8～0.9	83.7～86.3	$\frac{5.1\sim5.5}{5.4}$	—	36.6～40.0	$\frac{0.73\sim0.77}{0.75}$	$\frac{13.0\sim13.7}{13.3}$	$\frac{70\sim93}{83}$	$\frac{10.0\sim13.0}{11.0}$	42.9	
		0.9～1.0	85.2～87.2	5.3	—	34.3～36.5	0.73	19.0	$\frac{66\sim75}{70}$	12.0	$\frac{22.8\sim31.9}{27.5}$	—
		1.0～1.2	88.6	5.1	1.3	27.8	0.70	26.0	81	11.4	8.9	

注：表中分数形式数字表示$\frac{测值范围}{均值}$。

资料来源为赵师庆，1997 年。

质上的差异，在相同的煤阶下：① 强还原型煤比弱还原煤有较高的碳氢原子比（H/C）、硫含量（$S_{t,d}$）、挥发分产率（V_{daf}）、焦油产率（Tar_{ad}）和较强的黏结能力（黏结指数 G 和 Y 值）；② 强还原型煤比弱还原煤有较高的氢含量和产烃率。由此可见，强还原型煤是较好的炼油煤，也是非常好的烃源岩；较强还原型煤具有较好的黏结能力，是良好的炼焦煤和烃源岩；而弱还原型煤在这些性质方面，都比前者差。

煤还原程度大小更重要的应用，是用来评定煤自燃发火倾向（图 3-13）。由图可见，自燃发火倾向大的煤，多数集中在倒“U”形线外，均属强还原性煤；在倒“U”形线内的煤，即便硫含量较高，自燃发火倾向大的煤层也为数较少。这对煤矿安全生产也是一种重要的提示。

随着研究的深入，对煤还原程度的认识将日益深入，国内外学

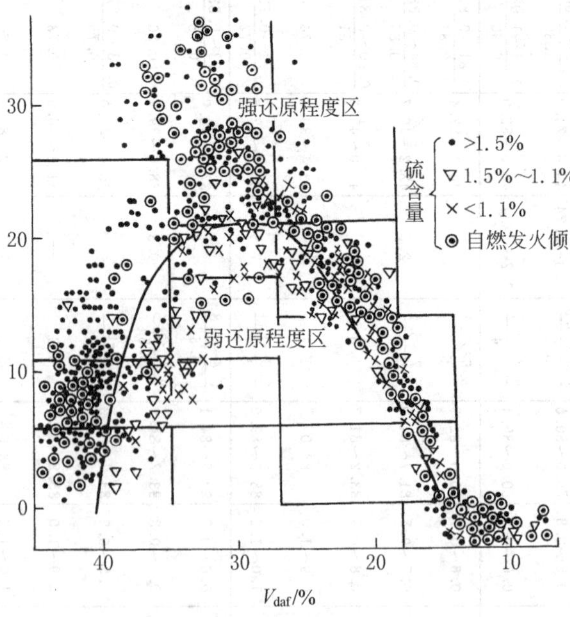

图 3-13 煤的自燃发火倾向与煤还原程度和煤类的关系

（资料来源：Matsenko，G. P. ИГИ，14，5，18，1980 年）

者对“还原程度”这一客观存在，逐渐取得共识。但是究竟用什么指标来表征煤的还原程度，却很不统一。此外，目前还无法从化学结构上对其差异作出科学的解释，例如究竟是含氢的数量还是含氢类型不同，才导致煤还原程度的差别。由上可见，煤的还原程度将是一个潜在的煤质分类指标。

3.4.4 显微组分性质

20世纪50年代后期，德国克罗格尔首先成功地分离出纯度很高的煤岩显微组分。随着显微组分分离技术的发展，对显微组分性质的研究迅速展开。这对深刻认识和合理利用煤炭有很重要的意义。煤在工业界一直被认为是大宗物料，实用上都利用煤的平均性质，因此几乎所有煤加工利用领域的技术和工艺都把煤中有机物作为均一体来处理。而从煤岩学的观点看，煤中有机质不能视作均一体，而应认为是性质不同有机质的混合物。煤显微组成性质不但随变质程度、还原程度不同而有所不同，即便在同一煤内，镜质组、稳定组和惰质组的性质也各不相同。表3-12、表3-13和表3-14分别转引并列出中国煤中镜质组、惰质组和稳定组的工业分析和元素分析数据。表中芳碳率 f_a 系通过相关计算推定，非实测值。

由表可见，相比较而言，镜质组的特点是碳含量中等，氧含量高，芳香族成分含量较高。随着煤阶增高，镜质组的碳含量增加，氧含量下降；氢含量在低煤化度时大致相同，从中等煤阶烟煤开始，突然减少。稳定组的特点是有较高的氢含量和脂肪族成分较多。惰质组的特点是碳含量较高，氢含量很低。它的芳构化程度比镜质组更高。

3.4.5 近代分析技术测试显微组分性质

下面举一个高纯度分离煤显微组分，并用近代测试仪器检测其性质的例子。煤样采自兖州兴隆庄大槽，低灰（8.10%）、低硫（0.39%），$R_{max}=0.68\%$，黏结指数 $G=49$，镜质组 $V_t=49.3\%$，稳定组 $E=10.3\%$，惰质组 $I=40.3\%$。煤样粉碎到平均当量粒径约 $2\mu m$，用浓盐酸、氢氟酸处理，以氯化铯溶液为介质，采用等密度梯度高速离心技术（12000r/min），将煤样按密度分成40个

表 3-12 中国煤中镜质组的工业分析和元素分析数据

产 地	时代	镜质组反射率 $R_{o,max}$/%	V_{daf} /%	C_{daf} /%	H_{daf} /%	O_{daf} /%	原子比 H/C	芳碳率 f_a
云南昭通	N	0.25①	62.79	66.05	5.82	—	1.057	0.54
甘肃大滩	J	0.30	49.60	71.56	5.05	21.37	0.841	0.68
内蒙古元宝山平庄	J3-K1	0.41	38.72	74.88	4.55	19.41	0.729	
辽宁抚顺西露天	E	0.57	43.55	79.11	6.10	13.49	0.925	0.69
陕西神木雷家沟	J	0.60	38.20	80.14	5.11	12.97	0.765	0.75
辽宁抚顺老虎台	E	0.66	39.69	81.39	5.83	11.30	0.860	0.72
山西平朔	C-P	0.70	43.40	78.46	5.32	13.43	0.813	0.70
辽宁抚顺龙凤	E	0.73	39.26	82.44	5.66	8.81	0.824	0.71
江西乐平鸣山	P2	0.74	39.30	82.89	5.52	8.16	0.799	0.71
山西大同云岗	J	0.76	39.70	83.10	5.47	10.12	0.790	0.70
山西蒲县东河	P1	0.82	39.10	84.45	5.66	8.15	0.800	0.80
黑龙江鹤岗兴山	J	0.90①	36.69	84.36	5.69	8.57	0.809	0.72
河北峰峰三矿	P1	1.08①	32.69	88.04	5.52	4.22	0.752	0.74
贵州盘县火铺	P2	1.25	27.44	87.70	5.14	—	0.707	0.80
河南临汝朝川	P1	1.31	25.56	88.26	5.09	5.24②	0.692	0.82
河北峰峰五矿	P1	1.42	21.92	89.26	4.92	2.98	0.661	0.84
河北峰峰四矿	P1	1.57	17.88	90.73	4.82	2.38	0.637	0.87
河南临汝庇山	P1	1.88	15.72	90.63	4.19	3.80②	0.555	0.90
河南新密新登	P1	2.32	13.05	90.50	4.16	3.78②	0.552	0.93
河南新密米村	P1	2.51	10.39	91.70	4.01	2.62②	0.525	0.95
宁夏汝箕沟	J	3.49	6.73	95.84	3.56	0.15	0.443	0.95
河南焦作焦西	P1	4.64	4.67	94.39	2.39	2.16②	0.304	0.98
河南济源克井	P1	6.80	2.40	95.80	1.20	1.62②	0.150	0.99

① 代表参考值。

② 此值系（$O_{daf}+S_{daf}$）之和。

注：资料来源转引自韩德馨“中国煤岩学”，1996 年。

表 3-13 中国煤中惰质组的工业分析和元素分析数据

产 地	时代	镜质组反射率 $R_{o,max}$/%	V_{daf} /%	C_{daf} /%	H_{daf} /%	O_{daf} /%	原子比 H/C	芳碳率 f_a
云南昭通	N	0.25①	45.04	80.15	4.44		0.665	0.78
陕西神木雷家沟	J	0.60	26.90	84.49	4.11	10.08	0.584	0.84
山西平朔	C-P	0.70	24.05	84.74	3.96	9.89	0.561	0.87
山西大同云岗	J	0.76	17.30	88.07	3.55	7.72	0.484	0.91
黑龙江鹤岗兴山	J	0.90	18.90	88.51	3.88	6.10	0.526	0.88

① 为参考值。

注：资料来源转引自韩德馨“中国煤岩学”，1996 年。

表 3-14　中国煤中稳定组的工业分析和元素分析数据

产　地	时代	显微组分	镜质组反射率 $R_{o,max}$ /%	V_{daf} /%	C_{daf} /%	H_{daf} /%	O_{daf} /%	原子比 H/C	芳碳率 f_a	显微组分纯度 /%
辽宁抚顺西露天矿	E	树脂体	0.57②	99.01	80.73	10.10	8.90	1.501	0.01	
山西浑源	C2	藻类体	0.61	68.61	79.16	10.92	6.04	1.655	0.38	61
山东兖州兴隆庄	P1	孢子体	0.64①	66.84	82.82	7.30	8.38	1.058	0.39	
云南华坪白沙坪	D2	角质体	0.72	83.48	70.62	9.34		1.592	0.22	86
山西河曲	C2	角质体	0.74	72.77	78.34	6.36		0.974	0.34	(手选)
江西乐平鸣山	P2	树皮体	0.74	73.50	79.61	7.56	9.60	1.140	0.32	
山西轩岗	C2	角质体	0.80	63.39	75.29	6.17		0.983	0.47	(手选)
山西轩岗	C2	孢子体	0.80②	64.80	86.24	7.84	4.40	1.091	0.39	
山西蒲县东河	P1	藻类体	0.82②	54.38	86.40	8.08	4.02	1.122	0.51	68
江西乐平钟家山	P2	树皮体	0.97	49.80	87.14	6.90		0.950	0.56	
四川攀枝花大麦地	D2	角质体	1.01	60.93	75.86	8.00		1.265	0.50	74
贵州盘县老屋基	P2	树皮体	1.12	49.22	85.08	6.58		0.928	0.58	75
贵州盘县火铺	P2	树皮体	1.25	41.76	85.22	6.24		0.879	0.66	70

① 代表镜质组反射率为平均随机反射率 $R_{o,ran}$ 值；富集的显微组分为壳质组，但以小孢子体为主。

② 系指参考值。

注：资料来源转引自韩德馨“中国煤岩学”，1996 年。

组分（参见图 3-8），组分编号和代号以及分离前后煤岩定量对照见表 3-15。

表 3-15　分离后显微组分分组情况与煤岩定量结果对比

代　号	组分编号	煤岩分离组分组并后的实测结果/%(体积百分数)		显微镜下煤岩定量结果(1000 点测定)/%(体积百分数)
Y_4	1～13	5.786	10.415	10.3(E)
Y_5	14～18	4.629		
Y_6	19～20	14.373	49.418	49.3(V_t)
Y_7	21～22	25.590		
Y_8	23	9.455		
Y_9	24～28	28.166	40.167	40.4(I)
Y_{10}	29～40	12.001		

分离纯度已如 3.3.2 所述，尤其对惰质组，其纯度要比表 3-13 所列组分高。对兖州煤各显微组分分别进行元素分析、MAS/

CP-^{13}C 核磁共振、X 衍射测定、傅立叶红外光谱（FTIR）、热解质谱（MS）、透射电镜（TEM）和 X 光电能谱（XPS）分析，结果见表 3-16～表 3-18 和图 3-14～图 3-18。

表 3-16　兖州煤显微组分的芳碳率及晶核晶格大小与面网间距

组　别	芳碳率①	面网间距 d_{002}/nm	晶核面网高 L_c/nm	面网 L_a/nm
E	0.56	0.429	0.638	1.824
V_1	0.64	0.372	0.658	1.768
V_2	0.69	0.360	0.790	1.490
V_3	0.70	0.360	0.802	1.976
I_1	0.73	0.357	0.964	1.868
I_2	0.77	0.355	1.298	1.998

① 芳碳率为通过固态^{13}C-NMR 的实测值。

表 3-17　兖州煤显微组分的结构特征（FTIR）

波长/cm^{-1}	基团特征	E(No. 9)	V_t(No. 21)	V_t-I(No. 25)	I(No. 30)
1269	C—O,Car—O—Cal Cal—O—Cal 除外	较小	明显	明显	明显
1374	CH_2	明显	有肩	可辨认	较 V_t 弱
1451	CH_3 对称伸缩和 CH_2 剪切振动	强	强	弱	较弱
1610	酚基芳烃中 C—C	弱	非常强	强	强
1791	C—O,酯,酐	较强	弱	可辨认	有肩
2854	脂肪族 C—H	强	不强	较弱	有肩
2926	CH_2—不对称伸缩	非常强	强	弱	非常弱
3050	芳香性 C—H	不出现	有肩	有肩	可辨认
3400	OH 或 NH	较强	非常强	强	强

表 3-18　兖州煤显微组分中有机硫的存在形态

显微组分	有机硫含量/%	形态硫含量/%			
		P—S—S—P 硫醚、硫醇	脂肪硫 R—O—S—S—R	Ph—S—R	噻吩硫 同系物
$E(Y_4)$	0.40	0.26	—	—	0.14
E-$V_t(Y_6)$	0.19	—	—	0.19	—
$V_t(Y_7)$	0.14	0.07	0.07	—	—
V_t-I(Y_8)	0.17	0.07	—	—	0.10
$I_1(Y_9)$	0.18	0.06	0.12	—	—
$I_2(Y_{10})$	0.10	0.05	—	—	0.05

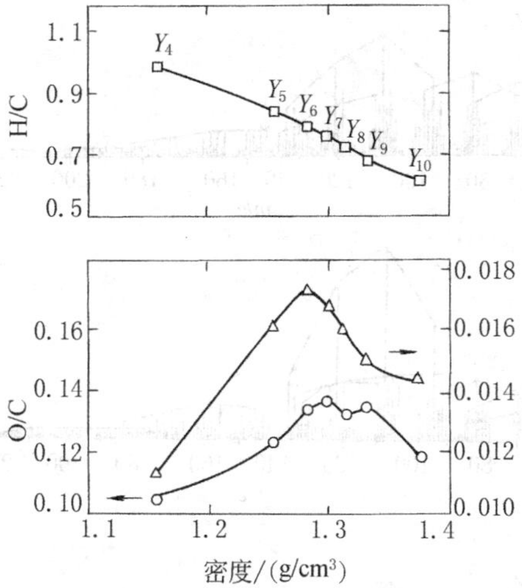

图 3-14　兖州煤显微组分中 H/C、O/C、N/C 原子比的变化

从元素分析结果看，H/C 原子比随密度增加而逐渐减小，含量相对变化最大的要数氢含量，由稳定组 H＝6.65%，降到惰质组中的 H＝4.18%，与碳含量的情况相反。氧含量变化在 V_t-I 的过渡阶段，出现双峰，使含氧量的正常递变发生曲折，预示着 V_3 组分的特殊性质（参见图 3-14）。

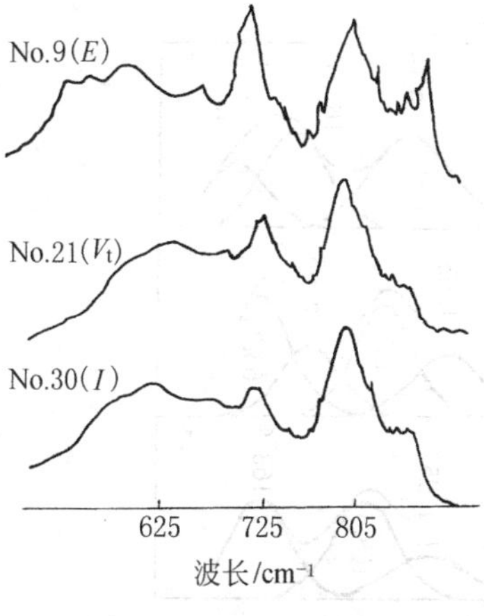

图 3-15　兖州煤显微组分在 600～900cm⁻¹的红外光谱

兖州煤稳定组的芳碳率很低，仅 0.56，惰质组有较高的 f_a＝0.73～0.77。

表 3-16 的一个明显特点是随着密度增大，煤显微组分中芳烃面网间距 d 不断减小和结构单元中面网总高 L_c 有规律地增大。而芳核面网尺寸 L_a 的变化，却不同于如上的规律，呈现两头值大，中间小。V_3 组分的 L_a 异于镜质组而有较大的 L_a，与惰质

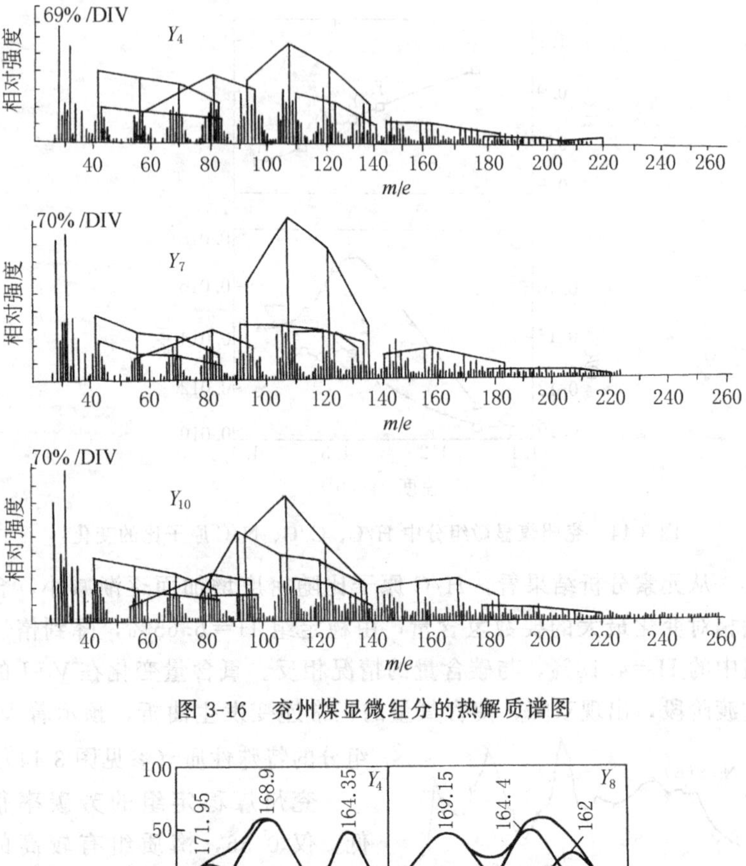

图 3-16　兖州煤显微组分的热解质谱图

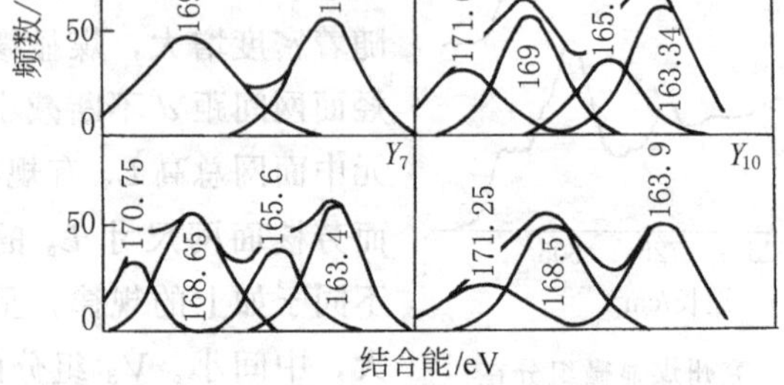

图 3-17　兖州煤显微组分的 XPS 谱图

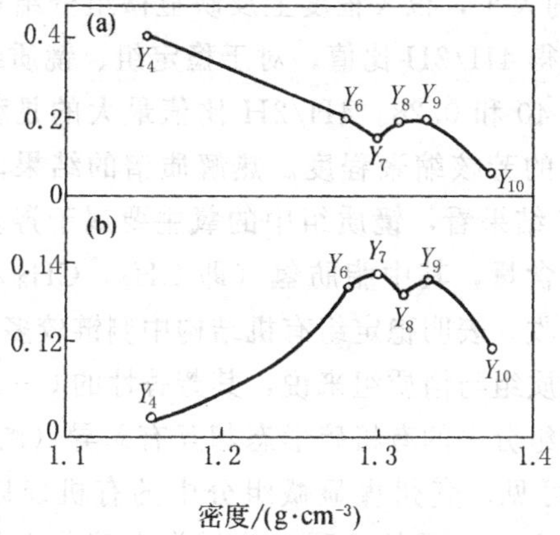

图 3-18 兖州煤显微组分中有机硫（S_o）含量和 O/C 原子比与密度的关系

组的值相近。大的 L_a 值，反映煤结构单元中存在有更多的缩聚芳烃，其单层碳面网约由 5～7 个芳环所组成。V_3 组分虽然从反射率值上归属镜质组，但在其他性质与构型上，却和惰质组相接近，预示着它在热解过程中，只能起到类似于惰质组的作用。这就是兖州大槽煤的黏结性不如变质程度与之相同而含镜质组多的煤的原因。

热解质谱结果表明：惰质组有着更强的多核芳烃裂段的离子强度（参见图 3-16），如 $M156$ 和 $M170$，以及 $M192$ 和 $M206$，这些裂段一般认为来自甲基萘类、甲基菲类等二环、三环的芳烃，说明惰质组内缩合芳烃量较镜质组为高。镜质组中由于 $M94$、$M108$、$M122$ 和 $M136$ 离子裂段强度占优势，表明存在有大量的酚类和带有羟基的芳烃化合物。稳定组则有较多的烯类裂段，带有共轭双键的二烯类系列也较其他显微组分多。这些多支化而芳核缩聚程度不高的多层片芳核构型，致使稳定组具有较高的 L_a 值，这与惰质组的缩聚芳核多的构型是不同的。

通过显微组分的 FTIR 图谱上指纹区段的曲线进行分解与拟合（图 3-15），比较芳环上相邻四氢与二氢 C—H 面外振动（四氢为 770～735cm^{-1}，二氢为 850～795cm^{-1} 峰下面积）强度的比值。

4H/2H 比值的大小，很大程度上反映显微组分结构单元中芳核的缩聚程度。测得 4H/2H 比值，对于稳定组、镜质组和惰质组，分别为 0.57，0.40 和 0.28。4H/2H 比值最大的是稳定组，恰恰说明它有着最低的芳核缩聚程度。热解质谱的结果，也证明了这一点。从表 3-17 结果看，镜质组中的氧主要属于羟基基团。稳定组内有较高的氢含量，其中脂肪氢（即 CH_2，CH_3）的特征峰在其谱图上有强吸收，表明稳定组有机结构中侧链较多或有较多的环烷烃。相对于镜质组与惰质组来说，其芳香性的 C—H 吸收很弱。

不同显微组分中的有机硫形态却互有差异（图 3-17）。由表 3-18 和图 3-18 可见，兖州煤显微组分中的有机硫以稳定组含硫最高。稳定组中含有大量的硫砜、硫醚类含硫化合物；镜质组中硫砜、硫醚与脂肪族硫化物含量相当；惰质组中噻吩型硫占有机硫的一半。噻吩型硫随密度增加，含量有所减少。这些结果将有助于深入认识和研究煤的结构和利用途径，以及研究脱除有机硫的新方法。深入了解显微组分的性质与含量无疑将对煤的性质和加工利用有着重大的影响。

应用 X 射线光电子能谱（X-ray Photoelectron Spectroscopy，XPS）研究不同还原程度煤显微组分的表面结构，对组分表面碳、氧、氮元素的化学环境以及存在形态进行分析对比，看看还原程度对不同煤显微组分表面结构的影响。平朔煤形成于三角洲环境，属较强还原性煤；神东煤形成于内陆湖泊相，属弱还原性煤。分别采自山西平朔安太堡露天 4 号煤层和神东矿区马家塔露天 2^{-2}煤层。有机显微组分的分离与富集采用等密度梯度离心法，分析结果列见表 3-19。XPS 测定时使用功率为 200W，全扫描透过能为 150eV，基础真空为 10^{-7}Pa，以 C（1s)(284.6eV）为内标标准进行校正。所得谱图用专用软件进行分峰拟合；各结合能的归属按相关文献指认不同元素的相关官能团。平朔煤和神东煤的 XPS 结果见表 3-20。

结果表明，还原程度较强的平朔煤相应的显微组分要比还原程度较弱的神东煤的对应组分 C—C 或 C—H 含量要高；神东煤惰质组会有较多的羧基，表明受氧化的程度较大，从 O（1s）的结果

表 3-19　平朔煤和神东煤的分析数据

样品	工业分析 W/%			$S_{t,d}$%	元素分析 W/%				煤岩相分析(V)/%			
	M_{ad}	A_d	V_{daf}		C_{daf}	H_{daf}	N_{daf}	S_{daf}	V	I	E	M
神东煤	9.80	4.50	33.72	0.45	79.53	4.16	0.91	0.48	40.1	56.8	0.4	2.7
平朔煤	2.23	17.90	37.19	0.87	80.41	5.20	1.38	1.06	44.6	42.1	7.2	6.1
神东镜质组	9.77	1.77	41.17	0.18	77.93	4.71	1.00	0.18	91.8	5.7	1.8	0.8
神东惰质组	6.53	3.72	27.08	0.28	82.08	3.68	0.78	0.29	6.9	91.5	1.0	0.6
平朔镜质组	4.59	4.56	40.22	1.03	81.67	5.00	1.35	1.08	91.2	5.9	2.5	0.4
平朔惰质组	3.02	21.87	32.55	0.63	80.15	4.49	1.33	0.81	5.9	81.7	3.9	8.5

注：资料来源为常海洲，2006 年。

表 3-20　平朔煤和神东煤的 X 射线光电子能谱结果

元素	结合能/eV	官能团类型	含量(摩尔)/%			
			平朔镜质组	平朔惰质组	神东镜质组	神东惰质组
C(1s)	284.6	C—C,C—H	84.32	77.80	81.71	71.34
	286.3	C—O	5.96	12.85	7.96	11.91
	287.5	C═O	1.75	2.02	3.08	3.25
	289.0	COO	7.97	7.33	7.25	13.50
O(1s)	530.0	无机氧	6.00	2.32	15.07	3.53
	531.3	C═O	13.05	13.11	9.84	11.00
	532.8	C—O	63.67	64.98	59.24	53.72
	534.0	COO	11.45	13.88	9.00	15.89
	535.4	吸附氧	5.83	5.71	6.83	15.86
N(1s)	398.8	吡啶氮	39.51	54.01	36.57	34.01
	400.2	吡咯氮	39.09	40.19	48.49	50.08
	401.4	季氮	18.48		10.53	11.62
	402.9	氧—氮	2.93	5.80	4.41	4.27

注：资料来源为常海洲，2006 年。

看，吸附氧含量高，自燃性较强；吡啶氮和吡咯氮是含氮官能团的主要存在形式，这是因为它们有比较稳定的芳香共轭体系，也由于成煤植物中叶绿体、生物碱有关，神东煤中的氮以吡咯氮为主是其主要特点，这种五员环中的氮可能与成煤植物的叶绿素结构有关，它具有芳香共轭体系，稳定性较高，这些资料也许为神东马家塔煤直接液化油的脱氮技术的选择提供了线索。

利用煤显微组分的荧光性不同来研究应用煤岩学和解释焦化过程中的一些煤质异常，也是一种近代分析测试技术中的一种。煤的荧光性质是指在蓝光或紫外光等的照射激发下，煤中显微组分在可见光区（400～750nm）发光的特性。据有关荧光特性的基础研究得知，含有 π 电子的不饱和结构的芳烃和共轭多烯是发荧光的主要原因。运动着的 π 电子通过吸收激发能量，从基态跃迁到较高能级的轨道。当被激发的 π 电子返回到基级时，就发出荧光。Rui Lin 和 Alan Davis 用这一模型和爱因斯坦—普朗克方程（Einstein-Planck）$\left(\Delta E=\frac{hc}{\lambda}\right.$，$h$—普朗克常数，$c$—光速，$\lambda$—光波长$\left.\right)$成功地解释了随煤化程度提高，煤的荧光性质的变化趋势。此外，也有报道煤中能发荧光的基团浓度过大时，会产生相互抑制现象而使荧光强度减弱。

煤的荧光性质除了用荧光色作定性描述外，通常用以下几个参数定量地表示：（1）在 546nm 处的荧光强度；（2）相对荧光强度的光谱分布（荧光光谱），最大强度波长 λ_{max}，红光（650nm）和绿光荧光强度的商 Q_{max}；（3）在 546nm 处荧光强度的变化过程。

人们发现，随煤化程度增高，煤中壳质组和镜质组荧光光谱的最大强度波长 λ_{max} 向长波方向移动，其最大荧光强度减弱，整个光谱也以同样的幅度下降。泥炭中孢子体的荧光光谱峰出现在小于 500nm 处，从褐煤到高挥发分烟煤，其孢子体的 λ_{max} 移到 560～580nm。从高挥发分烟煤到中等挥发分烟煤，孢子体的 λ_{max} 在 630～670nm。煤阶更高时，光谱峰逐渐移到近红外和红外区。壳质组其他显微组分的荧光最大强度波长也有同样的红移趋势。与此同时，壳质组的最大荧光强度随煤化程度的增加而逐渐减弱。

除无烟煤外，所有的镜质组在适当的激发光波长和足够的激发光强度下均能发出不同程度的荧光。

曾对我国不同煤化阶段的炼焦用煤进行过荧光色和荧光强度的研究。发现炼焦煤各种显微组分的荧光色及其变化规律。对镜质组平均最大反射率在0.67%～1.71%的19个炼焦煤，在蓝光激发下的观察结果表明，煤中镜质组、半镜质组、惰质组、壳质组分别显示出不同程度的可见荧光。由于煤中各显微组分发荧光的能力不仅决定于成煤的原始材料和煤化作用程度，而且与沥青化作用程度也密切相关。

镜质组：在蓝光激发下，炼焦煤镜质组的荧光色随变质程度加深的变化规律大致为：反射率在0.7%左右时为棕褐色；反射率在1.0%左右时变为棕黄色，然后逐渐再加深为棕褐色、深褐色、黑褐色；在反射率约为1.5%以后，镜质组与半镜质组、惰质组荧光色的差别难以用肉眼观察。

惰质组：在蓝光激发下，炼焦煤中惰质组的荧光色有黑棕色和黑褐色，不发荧光的仍为黑色。随煤变质程度的加深，发荧光惰质组的荧光色逐渐加深。煤中惰质组有一部分发荧光，它们可能是在泥炭化阶段时经历过凝胶化作用的镜煤丝炭和沥青化作用时有沥青质渗透进去的丝炭。

半镜质组：半镜质组的荧光色介于镜质组与惰质组之间，并随煤的变质程度增高而逐渐加深。

壳质组：壳质组是煤中荧光特性最显著的组分，其形状、结构在蓝光激发下均比普通反射光下清晰，易于分辨。在与其共生的镜质组反射率小于0.9%时，壳质组一般均显亮黄色，其荧光都远强于其周围的镜质组。当反射率为1.0%左右时，壳质组的荧光大幅度衰减，失去其原有的明亮黄色，而呈杏黄色。到反射率为1.3%以上时，壳质组的荧光色逐渐与其共生的镜质组荧光色接近。

炼焦煤阶段各种显微组分的荧光强度的变化规律如下：

① 显微组分的荧光色和荧光强度之间有明显规律，即荧光色

深，荧光强度弱，荧光色浅，荧光强度强。

② 单种煤镜质组的荧光强度变化与其反射率一样，基本呈正态分布。

③ 在镜质组各显微组分中，基质镜质体的荧光强度比均质镜质体的稍高，均质镜质体的荧光强度又比结构镜质体的稍高，这种趋势与它们的反射率变化趋势相反。

④ 炼焦煤镜质组的荧光强度随变质程度的提高逐渐增大，约在 $R_{max}=1.1\%$ 左右时达到极大值，然后减小（图 3-19）。

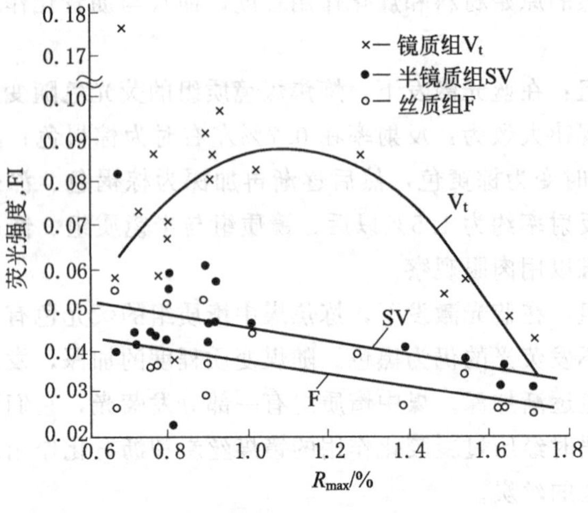

图 3-19　不同变质程度煤的镜质组、半镜质组、惰质组的荧光强度

（资料来源：周师庸，1999 年）

由图 3-19 可以看出，半镜质组和惰质组的荧光强度都随其镜质组反射率的增大而减弱，但减弱幅度不大。煤中显微组分的荧光强度按壳质组、镜质组、半镜质组、惰质组的次序依次减弱。此外，镜质组的反射率约在 1.12%之后，随着煤化程度增高，各显微组分之间的荧光强度的差异变小。

统计了镜质组荧光强度和各种黏结性指标间的关系，发现炼焦煤的镜质组平均荧光强度与奥阿膨胀度（a+b）之间没有明显的线性关系，而与黏结指数 G、最大胶质层厚度 Y 值与吉氏最大流动度

的对数值 $\lg\alpha_{max}$（MF）间却有较好线性关系。这三个黏结性指标都在一定程度上反映了煤受热后起黏结作用的流动相的数量与质量，正是这部分流动相包含了在汞灯激发下产生二次荧光的物质。由此荧光强度 FI 在一定程度上可以反映煤的黏结性，它与 G、Y、$\lg\alpha$ 间的函数关系式如下：

$G=-13.2928+1056.58FI$，相关系数 $r=0.798$

$Y=-2.6593+234.49FI$，$r=0.8979$

$\lg\alpha=-2.8813+83.26FI$，$r=0.9296$

用煤的荧光强度可以判别常规煤质指标反常的煤种，是荧光强度应用到焦化现象的另一功能。这里举一个三组变质程度相同或相近，而炼得的焦炭质量却有很大的差异。图 3-20 是这三组煤，即枣庄局魏庄、兖州南屯；北票台吉和抚顺龙凤；以及双鸭集贡和二道河子煤的荧光强度分布图。这 6 个煤样的煤岩相结果及焦炭质量见表 3-21。表列数据可见，每组煤中，对应焦炭强度好的煤，其

表 3-21　三组变质程度相同而焦炭质量相异煤的数据

组别	煤样	$\overline{R}_{max}$/%	煤岩组成(V)/%						Y	G
			镜质组	半镜质组	惰质组	壳质组	矿物	总惰量		
1	枣庄局魏庄	0.67	70.6	3.6	14.0	8.2	3.6	20.0	36	99.9
	兖州南屯	0.67	58.4	6.5	21.4	8.4	5.3	31.0	8	33.6
2	北票台吉	0.76	62.3	8.0	16.8	9.5	3.4	25.6	14	65.5
	抚顺龙凤	0.77	81.0	3.6	4.3	7.3	3.8	10.5	11.5	67.3
3	双鸭集贡	0.80	81.2	3.5	8.4	4.5	2.4	13.2	12.5	70
	二道河子	0.82	79.9	3.0	8.0	5.1	4.0	14.0	5.5	18.4

组别	煤样	$\lg\alpha$	焦炭质量			荧光强度		
			M_{40}	M_{10}	F_{10}	镜质组	半镜质组	惰质组
1	枣庄局魏庄	5.61	40.2	18.9	8.0	0.175	0.081	0.054
	兖州南屯	1.23	—	—	42.4	0.057	0.040	0.027
2	北票台吉	4.81	56.4	14.8	7.9	0.086	0.044	0.036
	抚顺龙凤	2.09	—	—	10.8	0.059	0.044	0.036
3	双鸭集贡	2.34	36.8	15.5	3.7	0.070	0.055	0.043
	二道河子	0.79	—	—	79.0	0.038	0.023	0.021

注：资料来源为周师庸，1991 年。

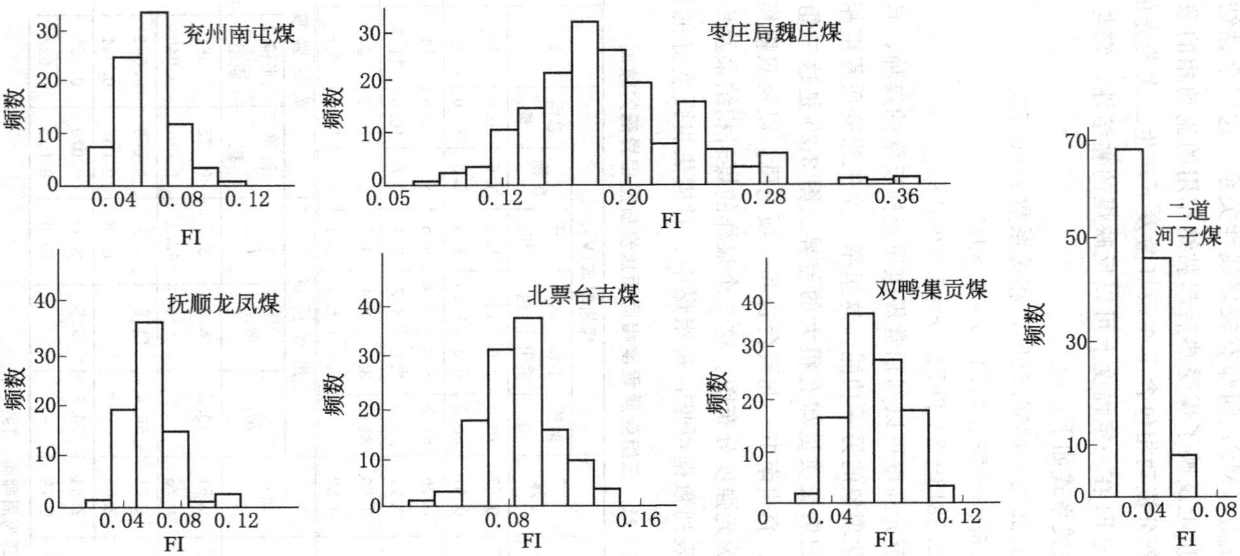

图 3-20　三组煤的荧光强度分布图

（资料来源：周师庸，1991 年）

荧光强度都明显地好于另一个煤样，而且其荧光强度的分布也较宽。

由表 3-21 和图 3-20 可见，每组煤中，对应焦炭强度好的煤的荧光强度都明显地高于另一个煤样，而且其荧光强度分布也较宽些。在三组煤中，尤以第一组煤的差异最为显著。这两种煤的反射率均为 0.67%，而魏庄煤却显示出特别好的结焦能力。其最大胶质层厚度 Y、黏结性指数 G 和基氏流动度 $\lg\alpha$ 都比兖州南屯煤高 3～4 倍，其焦炭强度 $M_{40}=40.2$，$M_{10}=18.9$，而兖州南屯煤炼焦后没有大于 40mm 的焦炭，未经转鼓焦炭的筛分组成中，小于 10mm 的量占 42.4%。与此相对应，魏庄煤和兖州南屯煤镜质组的平均荧光强度分别为 0.175 与 0.057，对应的半镜质组和惰质组也表现出同样的荧光强度差异。

魏庄煤镜质组的荧光强度分布在 0.06～0.36 之间，镜下观察发现，其荧光色从暗棕色到黄色，有的已接近壳质组，但又无壳质组的形态。该煤半镜质组与惰质组的荧光强度也十分明显地高于同等变质程度的兖州南屯煤。以上这些现象都表明，魏庄煤在成煤过程中可能经历了强烈的沥青化作用，使有些壳质组转变成了基质镜质体，有些则可能渗透到各种显微组分之中，使该煤表现出了强的荧光性与良好的黏结性。这些差异在反射率和煤岩组成两项指标中是反映不出来的。因此煤的荧光性质可以从成因上反映某些反射率和煤岩组成不能体现的煤的特性。

表 3-21 中第三组双鸭集贡煤与二道河子煤是一组反射率与煤岩组成均十分接近的煤，它们的黏结性、结焦性与荧光强度分别表现出与第一组煤相同的趋势。二道河子煤具有较同等变质程度煤低的荧光强度，它的结焦性也出奇地差，所得焦炭的 F_{10} 值高达 79.0%（见表 3-21）。

表 3-21 中的第二组北票台吉和抚顺龙凤煤与其他两组的情况又不太一样。这两种煤的反射率相同，黏结性指标差别也不大。而且焦炭质量差的龙凤煤从煤岩组成上看，甚至比台吉煤优越，总惰性物含量比台吉煤少 15%。但荧光强度高的台吉煤的焦炭质量远

比荧光强度低的龙凤煤好得多。

综上所述，当反射率和煤岩组成相似时，镜质组的平均荧光强度不仅能准确判别其焦炭质量的优劣，而且能判别变质程度相同黏结性相近的两种煤的焦炭质量。

3.5 煤岩参数对加工工艺的影响及“煤岩相化学”

煤岩学作为一门学科，除学科自身发展外，更重要的是在煤炭分类和加工利用各领域得以应用，如果从事煤炭相关工作的科技人员，谙熟煤岩学的内涵，恰当地运用煤岩学的观点和方法，对合理选择原料煤，改善加工工艺，提高产品质量，分析生产中出现的问题，以及由此提出新技术、新工艺等方面，在不同程度上都会获得有益的启示和实际效果。

3.5.1 煤岩参数对加工工艺过程的影响

表 3-22 列出了影响主要加工工艺过程的煤的性质与煤岩因素。

3.5.2 煤岩学在煤化学中的应用及“煤岩相化学”

近年来，煤岩学观点和方法在煤分类、煤化学利用领域都普遍得到应用，并取得一系列成果。

(1) 把煤岩学中的镜质组反射率和煤的显微组分纳入中国煤分类的完整体系，确立了煤岩参数在例行煤质评价中的地位，推动煤岩学在煤加工转化领域中的应用与推广。

(2) 以镜质组反射率和惰质组含量为基础，研究开发出多种煤岩配煤炼焦方法，在焦化领域取得实效；通过对煤岩参数的测试，对炼焦用煤性质有了更全面的了解，为选择配煤和解释配煤炼焦中所出现的异常现象，提供有力的佐证。

(3) 显微组分分离技术的进步，把煤化学推向分子级水平，丰富了对煤显微组分结构特性的认识。

(4) 通过煤岩学研究，揭示了显微组分特征对煤成烃、煤自燃发火倾向的认识，丰富了煤第三成因因素——还原程度的内涵。

此外，如表 3-22 所列，煤岩学在煤加工转化方面也得到了广泛应用。利用煤岩显微组分在密度上的差异，指导选煤技术以提高

表 3-22　影响主要加工工艺过程的煤的性质与煤岩因素

工艺过程	性　质	所受影响于
采矿与备煤	硬度、可磨性与磨损性	类型：矿物质的数量、种类及分布情况 类型：有机物：稳定组的韧性，丝质组的脆性 煤阶：低阶煤的镜质组韧性，中阶煤的脆性和高阶煤具有硬度
	特殊颗粒形成	类型：特殊层位
燃　烧	发热量 （作为燃料）	类型：矿物质含量，稳定组具有较高热值 煤阶：高煤阶煤，较低水分和含氧量
	可磨性	（见前）
	可燃烧性	类型：灰的碱度/灰的酸度，比值越高越易结渣 类型：碱性渣促使玷污
	氢含量	类型：稳定组富氢 煤阶：高煤阶煤较少
	硫含量	类型：泥炭沼泽形成
	自燃性	煤阶：低煤阶煤易自燃
热　解	液体产率	类型：稳定组高产率和惰质组低产率 煤阶：高阶煤低产率，低阶煤多 CO_x 和水
	液体质量	类型：蜡质煤多脂肪烃化合物 煤阶：低煤阶煤所得含氧化合物多
	黏结	煤阶：烟煤易熔融
焦　化	焦炭强度	类型：合适的活性组分与惰质组分比例 煤阶：只有部分烟煤能炼制焦炭 煤阶：强度主要来自中、低挥发分煤
	焦炭产率	煤阶：煤阶越高，产率越高
	焦炭品质	类型：灰分最好＜10％ 类型：硫分要求＜1％ 类型：碱性物与磷含量要低 类型：灰软化温度 ST＞1250℃
液　化	液体产率	见“热解”
	自催化作用	类型：某些矿物质具有催化作用
气　化	产率（速率）	类型：碱金属的催化作用 类型：惰性组的低反应性 类型：Al_2O_3 能减弱碱金属的催化作用 类型：稳定组能使初始甲烷量增大 煤阶：高煤阶煤活性较低 煤阶：高挥发分烟煤具有高甲烷量 煤阶：低阶煤中碱土金属催化剂的离子化交换

续表

工艺过程	性　质	所受影响于
气　化	半焦强度	类型：低阶粒煤易碎成粉 煤阶：强还原性烟煤黏结与膨胀
	结渣	类型：受矿物种类及数量影响

选煤效果；利用不同煤岩类型煤硬度与强度的不同，在焦化领域开发出分级破碎工艺以提高焦炭的质量；燃煤领域应用煤岩学观点研究残焦及飞灰的形态结构，研究煤惰质组与未燃尽炭之间的关系，更新了煤燃烧的某些概念，并以此来改善和控制富惰质煤的燃烧过程；利用不同煤阶和煤岩组分及不同粒级煤对气化反应速率和液化转化率的差异，为选择适宜的气化（液化）用煤及其工艺条件，提供重要的技术依据。

煤岩学还对焦炭显微结构，中间相成焦理论、煤沥青衍生产品及碳材料研究，提供了新的评价方法或观点，拓宽了煤岩学指导生产实践的应用范围。

但是，煤岩学作为一门学科，还不够完整、科学，许多学科性问题至今尚未解决。例如，反射率这个重要的煤阶指标，它与煤化学结构中C═C双键到底有些什么具体联系？不同显微组分性质与分子间的化学结构到底有哪些异同？惰质组究竟有没有化学活性以及在哪些转化工艺中是不具活性的？凡此种种，都有待煤化学与煤岩学两门学科的不断交叉与渗透，互相补充。“煤岩相化学”这一分支的建立，将推动煤化学与煤岩学在学科本身及应用领域进入到更高的层次，使煤分类的研究及加工利用步入崭新的发展阶段。

4 煤炭的组成、性质及检测

为了对煤质进行评价、分类，洁净、合理利用煤炭资源，除采用煤岩相组成检测外，还要对煤的化学、工艺性质进行检测。由前文可知，煤由有机质和少量矿物质构成，其实体就是有机质加矿物质。通过对煤的工业分析和元素分析，可以对煤的化学成分和使用性质有基本的了解。煤的发热量是评价煤质的一项重要指标，它反映了煤作为燃料时的使用价值，是进行燃烧计算时不可缺少的基本数据。最基本的煤质分析就是煤的工业分析、元素分析和煤的发热量，以及煤受热后的各种性质。

4.1 煤的化学组成与性质

4.1.1 煤质分析中的基准与符号

在煤质分析中得到的煤质指标，根据不同需要，可采用不同的基准来表示。“基”表示化验结果是以什么状态下的煤样为基础而得出的。煤质分析中常用的“基”有空气干燥基、干燥基、收到基、干燥无灰基、干燥无矿物质基。

空气干燥基——以与空气湿度达到平衡状态的煤为基准。表示符号为 ad（air dry basis）。

干燥基——以假想无水状态的煤为基准。表示符号为 d（dry basis）。

收到基——以收到状态的煤为基准。表示符号为 ar（as received）。

干燥无灰基——以假想无水、无灰状态的煤为基准。表示符号为 daf（dry ash free）。

干燥无矿物质基——以假想无水、无矿物质状态的煤为基准。表示符号为 dmmf（dry mineral matter free）。

各种基准与煤质指标间的关系如图 4-1。

表 4-1 列出已知基的分析值换算到另一基准的计算公式。表中

表 4-1　煤不同基准的换算公式

要求基 已知基	空气干燥基 ad	收到基 ar	干基 d	干燥无灰基 daf	干燥无矿物质基 dmmf
空气干燥基 ad		$\frac{100-M_{ar}}{100-M_{ad}}$	$\frac{100}{100-M_{ad}}$	$\frac{100}{100-(M_{ad}+A_{ad})}$	$\frac{100}{100-(M_{ad}+MM_{ad})}$
收到基 ar	$\frac{100-M_{ad}}{100-M_{ar}}$		$\frac{100}{100-M_{ar}}$	$\frac{100}{100-(M_{ar}+A_{ar})}$	$\frac{100}{100-(M_{ar}+MM_{ar})}$
干基 d	$\frac{100-M_{ad}}{100}$	$\frac{100-M_{ar}}{100}$		$\frac{100}{100-A_d}$	$\frac{100}{100-MM_d}$
干燥无灰基 daf	$\frac{100-(M_{ad}+A_{ad})}{100}$	$\frac{100-(M_{ar}+A_{ar})}{100}$	$\frac{100-A_d}{100}$		$\frac{100-A_d}{100-MM_d}$
干燥无矿物质基 dmmf	$\frac{100-(M_{ad}-MM_{ad})}{100}$	$\frac{100-(M_{ar}+MM_{ar})}{100}$	$\frac{100-MM_d}{100}$	$\frac{100-MM_d}{100-A_d}$	

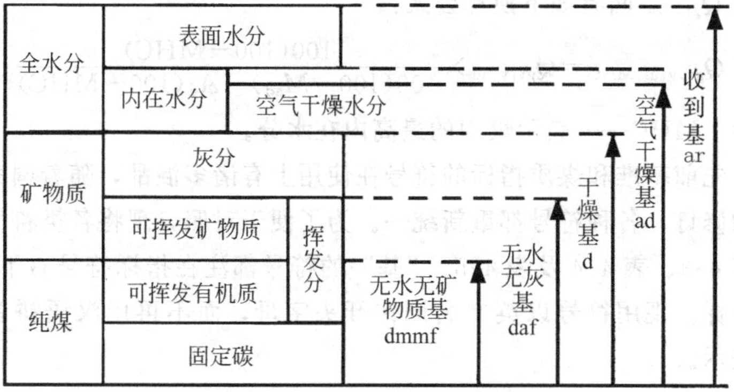

图 4-1　煤质指标与各种不同基准的关系

M 表示水分；A 代表煤灰分；MM 表示煤中矿物质含量。下标 ar，ad 等表示各种基准。表 4-2 为不同基准间换算示例。无水无矿物质基的挥发分 V_{dmmf} 计算时，要考虑 CO_2 校正及煤中含硫矿物，V_{dmmf}（校正）值可按下式计算：

$$V_{dmmf}(校正)=\frac{100\times(V_{ad}-0.13A_{ad}-0.2S_{t,ad}-0.7CO_{2,ad}+0.12)}{100-M_{ad}-1.1A_{ad}-0.53S_{t,ad}-0.74CO_{2,ad}+0.36}$$

式中　S_t——代表煤中全硫量。

表 4-2　基准换算计算示例

指　　标	报告用基准				
	ar	ad	d	daf	dmmf
水分 M/%	15	5.0			
灰分 A/%	13.4	15.0	15.8		
挥发分 V/%	28.6	32.0	33.7	40.0	40.5
固定碳 FC/%	43.0	48.0	50.5	60.0	59.5
发热量 Q/(MJ/kg)	22.4	25.0	26.3	31.3	32.1

在对低煤阶煤进行分类与煤质评价时，国际上常用恒湿无灰基高位发热量（$Q_{gr,v,af,MHC}$）作为分类指标，它和空气干燥基高位发

热量 $Q_{gr,v,ad}$ 间有如下换算公式：

$$Q_{gr,v,af,MHC}=Q_{gr,v,ad}\times\frac{100(100-MHC)}{100(100-M_{ad})-A_d(100-MHC)}$$

式中　MHC——表示煤中的最高内在水分。

先前基准和煤质指标的符号在使用上有诸多混乱，随着国家标准的修订，各种符号都重新统一。为了便于对照，现将各类符号列于表 4-3、表 4-4 及表 4-5。“基”的符号都注在指标符号右下方，作下标。现用符号以英文名词作开头字母，而不再用汉语拼音字头表示。

表 4-3　各种基采用的符号对照表

新基的名称	现用符号	曾用的名称	曾用符号
空气干燥基	ad	分析基	*f*
干燥基	d	干燥基	*g*
收到基	ar	应用基	*y*
干燥无灰基	daf	可燃基	*r*
干燥无矿物质基	dmmf	有机基	*j*

表 4-4　煤质分析指标新旧符号对照

指　标　名　称	单　位	新符号	旧符号
收缩度	%	a	a
灰分	%	A	A
视(相对)密度	无	ARD	—
膨胀度	%	b	b
结渣率	%	*clin*	JZ
半焦产率	%	CR	K
坩埚膨胀序数	无	CSN	—
灰熔融性变形温度	℃	DT	T_1
苯萃取物产率	%	E_b	E_b
固定碳	%	FC	C_{GD}
灰熔融性流动温度	℃	FT	T_3
黏结指数	无	G,($G_{R.I.}$)	$G_{R.I.}$
腐植酸产率	%	HA	H
灰熔融性半球温度	℃	HT	—
哈氏可磨性指数	无	HGI	K_{HG}
水分	%	M	W
最高内在水分	%	MHC	W_{ZN}
矿物质	%	MM	MM

续表

指标名称	单位	新符号	旧符号
透光率	%	P_M	P_M
发热量	MJ/kg,J/g	Q	Q
罗加指数	无	R.I.	R.I.
抗碎强度	%	SS	—
灰熔融性软化温度	℃	ST	T_2
焦油产率	%	Tar	T
真(相对)密度	无	TRD	d
热稳定性	%	TS	R_W
挥发分	%	V	V
干馏总水产率	%	$Water$	W_Z
焦块最终收缩度	mm	X	X
胶质层最大厚度	mm	Y	Y
二氧化碳转化率	%	α	α

表 4-5 指标细分时下标符号及新旧对照

项目名称	新符号	旧符号	项目名称	新符号	旧符号
弹筒	b	—	硫酸盐	s	*LY*
外在或游离	f	*WZ*	恒容高位	gr,v	*GW*(恒容)
内在	inh	*NZ*	恒容低位	net,v	*DW*(恒容)
有机	o	*YJ*	恒压低位	net,p	*DW*(恒压)
硫化铁	p	*LT*	全	t	*Q*

国际上除上述各种基准外，在欧洲和澳洲还常用有水、无灰基(moist，ash-free)，记作 maf。这个符号常常和美国所示的无水、无灰基相混淆，亦有人建议改为 afm。在煤炭国际贸易或阅读国外资料时，要倍加注意。

另一个必须注意的是灰分与矿物质。煤炭本身并不含有“灰分”，灰分是煤经燃烧后的残留物。一般来说，要分析煤中有机部分时，用无矿物质干基（dmmf）计算，要比无灰干基（daf）来得好。因为测定煤挥发分时，煤中可以挥发的物质既包括煤中有机质，也包括无机质中可以分解的物质，如黏土矿物中的水化物；碳酸盐能分解出 CO_2；黄铁矿和白铁矿分解出硫；氯化物分解后形成 HCl。用 daf 基来计算挥发分时，没有把矿物质分解的那部分量考虑在内，致使无灰干基的挥发分值高于无矿物质干基的值。当煤中黄铁矿硫、碳酸盐或氯化物含量高时，这种失真就特别显著。在英国煤分类系统中，就采用KMC公式来进行修正。

$$MM=1.13A+0.5S_p+0.8CO_2-2.8S_s+2.8S_A+0.3Cl$$

式中　S_A——留存在灰中的硫酸盐硫。

鉴于灰分测定要比煤中矿物质测定简单得多，许多国家还习惯用无水无灰基（daf）挥发分等作为煤的分类参数。当利用较高矿物质或矿物质含量变化大以及含硫量较高的煤时，必须注意灰分和矿物质在基准上的差异。

4.1.2　元素分析：碳和氢

碳和氢都曾经作为煤的主要分类指标。在美国煤分类中，仍用固定碳（不是元素碳）作为分类参数。在“中国煤炭分类”中，氢列为无烟煤分类的辅助指标。

煤的有机质主要由碳、氢、氧、氮和硫五个元素组成，另一些数量很少的元素如磷、氯和砷等一般不列入有机质元素组成之内。煤的有机质是成煤植物在一定条件下，经过一系列物理化学和生物化学作用而形成的高分子缩聚物。它是工业利用中最主要的有用成分。了解煤中有机质的化学组成和分子结构，才能认识煤的各种性质及其在加工利用过程中变化的实质。

煤是由植物发展变化生成的。尽管各个地质时代成煤原始物料的基本化学结构会有所不同，但仍可用现代植物的化学结构来对煤的前驱体进行种种推测。按对腐败作用稳定性的高低，植物中各种起源物质可按下列顺序排列，排列在先的，在腐败过程中最容易遭受生化降解。其顺序为：

①蛋白质；　⑦种子外壳；
②叶绿素；　⑧色素；
③油类；　⑨角质层与表皮；
④碳水化合物，包括淀粉与纤维素；　⑩孢子的花粉外腹；
⑤木质素；　⑪树蜡；
⑥表皮；　⑫树脂。

其中只有最稳定的物质才能以能够辨认的形式在煤化过程中保留下来。排在木质素前面的那些植物质，一般很快地被分解，而后面的角质、蜡、树脂则能够抵抗细菌的侵袭，非常缓慢地发生变化。最能抗住微生物腐败的化学物种一般也最有可能成为煤的前驱体，如木质素、蜡、丹宁、黄酮类和生物碱等，它们就成为煤的有机质的主体，从元素组成上看，主要是碳、氢和氧。

随着煤化程度的增加，C、H和O含量均呈现出一定规律的变化，C基本上是均匀增加；H在中等煤化程度以前大致不变或变化幅度很小，进入无烟煤阶段后明显减少；O与C的情况正好相反，随煤化程度增加而逐渐降低。N和S则无一定变化规律（表4-6）。

表4-6 成煤植物和不同煤化阶段镜质组的碳氢等元素组成比较

名称	元素组成(daf)/%			
	C	H	N	O+S
木本植物	50～55	5.15	1.64	39.37
泥炭	55～65	5.3～6.5	1～3.5	27～34
低煤阶褐煤	60～70	5.5～6.6	1.5～2.5	20～23
高煤阶褐煤	70～76.5	4.5～6.0	1～2.5	15～30
长焰煤	77～81	4.5～6.0	0.7～2.2	10～15
气煤	79～85	5.4～6.8	1～1.2	8～12
肥煤	82～89	4.8～6.0	1～2	4～9
焦煤	86.5～91	4.5～5.5	1～2	3.5～6.5
瘦煤	88～92.5	4.3～5.0	0.9～2	3～5
贫煤	88～92.7	4.0～4.7	0.7～1.8	2～5
低阶无烟煤	89～93	3.2～4.0	0.8～1.5	2～4
中阶无烟煤	93～95	2.0～3.2	0.6～1.0	2～3
高阶无烟煤	95～98	0.8～2.0	0.3～1.0	1～2
残植煤	82～86	5.0～6.5	1.0～1.6	4～8

成煤物质在煤化过程中的变化趋势是部分有机组成不断从煤中散失，但其损失的比例不同，因此残存在高煤阶煤镜质组中的元素组成也发生了明显变化。从相对含量来看，变化量大的是碳、氧、氢。随着变质程度增大，碳含量增高，氧和氢含量减少，因此也有把煤化作用叫做“增碳化作用”，或把原子比H/C

值和 O/C 值作为判断煤化程度的指标，即煤阶的指标（图 4-2）。图上方是木质素、纤维素等植物体经生物化学作用变成泥炭、腐植酸，其 H/C、O/C 原子比随之降低。继而腐植酸脱去亲水的含氧官能团羟基，放出 H_2O，脱羧基，放出 CO_2，脱甲基和甲氧基，放出 CH_4，而缩聚成较大的分子，失去酸性成为不溶于碱的腐植质，这时泥炭就逐渐成为褐煤、烟煤。中阶烟煤（图中Ⅶ）之后大量放出甲烷，使氢含量剧烈降低，即 H/C 原子比迅速减少，变质成无烟煤。在这一煤化阶段，氢含量的变化是最敏感的，而O/C原子比的变化仅略有减少，元素组成的变化，也使煤的工艺性质及孔结构产生变化。

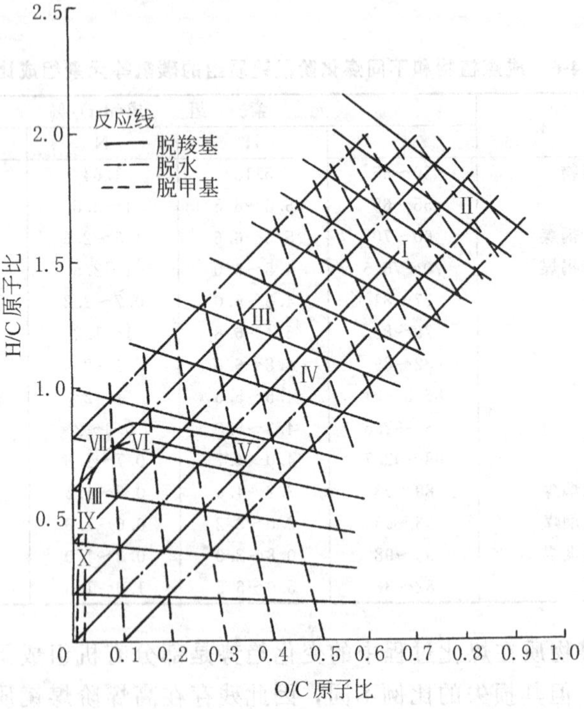

图 4-2　煤化过程不同煤类的 H/C 和 O/C 原子比的变化

Ⅰ—树木；Ⅱ—纤维素；Ⅲ—木质素；Ⅳ—泥炭；Ⅴ—褐煤；Ⅵ—低阶烟煤；Ⅶ—中阶烟煤；Ⅷ—高阶烟煤；Ⅸ—低、中阶无烟煤；Ⅹ—高阶无烟煤煤随煤化程度的递变不但影响元素组成的变化，同时也使碳、氢的化学类型发生改变。举例来说，煤中碳在 82.5%～92.5%范围内，煤中碳属于芳香碳与脂肪族碳的相对比例也在发生变化。氢的情况也是如此。图 4-3 示出镜煤中碳和氢类型的分布。

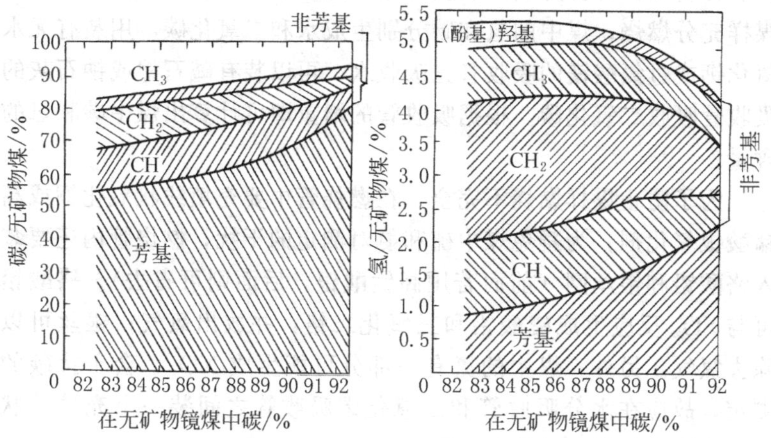

图 4-3　镜煤中碳（左）和氢（右）类型的分布

与元素碳不同，美国煤分类中常用固定碳作为较高煤阶的分类指标，其值并不是直接测定得到的，而是以煤为 100%，减去水、灰和挥发分之和。因此固定碳的误差就包含了三者误差之和，降低了固定碳的可靠性与正确性。

煤中碳含量一般认为具有可加性。由于它随煤化过程有规律地变化，因此在先前煤的科学分类中常用来表征煤阶，并作为分类指标。

煤中氢含量在评价煤液化和焦化工艺性质时极为重要。如前所述，在煤化过程中，氢以低分子量物质的形式不断释放，使煤中含氢量随煤化作用加深而减少，从这个意义说，氢含量也可作为煤阶参数。但由于它的变化不大，作为分类指标，意义就不如碳含量。在无烟煤分类中，它的变化值较为明显，用来作分类的辅助指标。氢含量一般认为具有可加性。需要注意的是煤镜质组中的氢含量一般和测定整体煤的氢含量差别较大，由此可能对煤阶得出不同的推论。

氢含量和碳含量通常在同一实验操作中测定。

燃烧法是目前测定煤中碳和氢的最通用的方法。其原理是：将盛有分析煤样的瓷舟放入燃烧管中，通入氧气，在800℃温度下使煤样充分燃烧，煤中的氢和碳分别生成水和二氧化碳，用装有无水氯化钙或过氯酸镁的吸收管先吸收水，再以装有碱石棉或钠石灰的吸收管吸收二氧化碳。根据吸收管的增重即可计算出煤中碳和氢的含量。

为了防止煤样燃烧不完全，在燃烧管中要充填线状氧化铜或高锰酸银氧化剂；为避免煤中硫和氯对测定的干扰，燃烧管内还要装入铬酸铅和银丝网（前面若用高锰酸银，后面则可省去）。铬酸铅可与 SO_x 反应生成硫酸铅和三氧化二铬，并放出氧气；银丝可以除去氯气。另外，煤中的氮有一部分可能生成 NO_x，会干扰碳的测定，故应在水分吸收管和二氧化碳吸收管之间装一个充填粒状 MnO_2 的吸收管，以除去 NO_x。

总之，煤中碳、氢数据是煤质的基本指标。如将煤作动力燃料时，可用元素分析数据，计算煤的发热量；在煤化工利用时，氢含量或C/H在很大程度上决定着焦化产品的产率、煤气的产率和质量、液化的液体产率。

4.1.3 元素分析：氧和氮

氧含量是煤化学特性中的重要表征，氧含量变化很大，一般随煤化程度加深而降低。泥炭和褐煤中容易分解的活性氧占一半以上。它既可以表征煤阶，与其他特性组合后，又可以用来评价煤的液化、焦化和燃烧性能。由于许多煤往往易受氧化、风化使氧含量发生变化，因而将氧作为煤阶指标受到限制与干扰。当煤受到氧化时，氧含量迅速增高，碳含量明显降低，所以氧含量是确定煤层风化、氧化程度的指标之一。

此外，到目前为止，煤中含氧量的直接测定方法还为数甚少，这也是影响以氧含量判定煤阶和工艺性质的一大障碍。比较成熟的方法是舒兹法。其原理是：有机物在纯氮气流中于1120℃下高温裂解，纯碳与析出裂解产物中有机结合态的氧和部分可能存在于水中的氧反应生成CO，CO同五氧化二碘定量反应，析出当量的碘，此时CO转化成CO_2；根据析出碘量或生成的CO_2量，即可算出试样中原有的氧含量。碘用$Na_2S_2O_3$滴定法定量，CO_2通过酸碱滴定或重量法定量。由于此法所用仪器、设备和操作步骤都较为繁复，故较少使用，但此法不失为较可靠的煤中氧含量直接测定法，并被制定为国际标准ISO 1994—1976。

通常认为氧含量对配煤具有可加性。传统氧含量值都用“差减法”，即按元素分析以100%扣除测出的其他元素（C，H，N和S）的总和，计算求出。这样算出的氧含量包括测定其他四个元素所测误差的代数和。尤其用干燥无灰基计算时，要比干燥无矿物基（dmmf）误差更大。

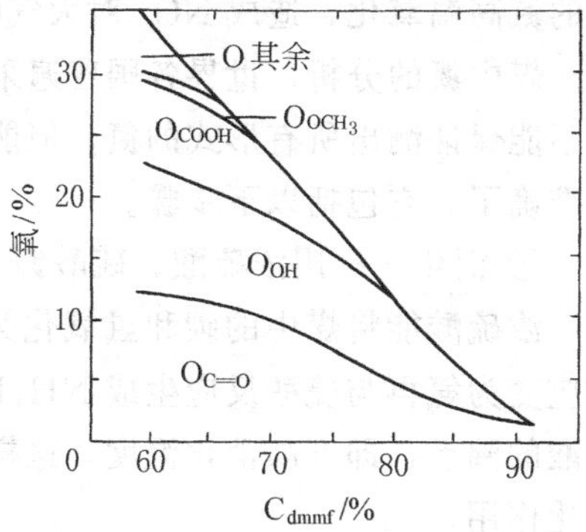

图4-4　煤中含氧基团随煤化程度，C_{dmmf}/%的变化关系

煤中含氧基团主要有羧基、酚羟基、醌基、甲氧基和醚键等。图4-4示出煤中含氧基团随煤中碳含量的变化。随着煤化程度的增高，甲氧基最早消失，在高阶褐煤中基本上已不存在，其次是羧基，它的存在是褐煤的主要特征，在低煤阶烟煤中其数量已大为减少，羟基和羰基存在于整个烟煤阶段，甚至在无烟煤阶段还有发现。另外有部分羰基同时也是醌基，具有氧化还原性能。还有些活性氧主要是醚键和杂环（呋喃环）中的氧，它们存在于整个成煤过程。含氧官能团含量以褐煤为最高，主要基团是羧基和羟基；在烟煤阶段其含量大大降低，而且以非活性氧为主，无烟煤中的氧含量更低。

氧含量的多少对煤的直接液化和制备水煤浆特别敏感。O/C

原子比高的煤，对煤液化时氢耗、转化率和油产率都产生负面影响；在制备水煤浆过程中，O/C 原子比高的煤，在相同制浆条件下，要比 O/C 比低的浆体流动性差很多，其表观黏度将成倍增长。

煤中含氮量一般较少，通常在1%～2%之间，它与煤阶的关系，无规律可循。它主要是由成煤植物中蛋白质转化而来，随煤化程度增高略有降低。它在煤中的存在形式主要是胺基、亚胺基、五元杂环（吡咯、咔唑等）和六元杂环（吡啶、喹啉）等，不过至今尚未见较多定量报道。煤中的氮在高温热解时，转化成氨及吡啶类有机含氮化合物，燃煤时氮在氧化气氛中转化成 NO_x，加上空气中的氮高温氧化，造成 NO_x 对大气的污染。

煤中氮的分析，世界各国普遍采用凯氏法或改良凯氏法。此法并不能保证测出所有形式的氮，但能测出绝大部分的氮，一般已足够准确了。它包括以下步骤。

① 消化——用浓硫酸、硫酸钾和硫酸铜作反应剂。

浓硫酸能将煤中的碳和氢氧化为 CO_2 和 H_2O，氮经过复杂的反应变为氨再与硫酸反应生成 NH_4HSO_4。硫酸钾的主要作用是提高酸的沸点，即升高消化温度，这样可缩短反应时间。硫酸铜可起催化作用。

② 蒸馏——向消化后的溶液加入过量碱并蒸出氨。

$$NH_4HSO_4+H_2SO_4+4NaOH\text{（过量）}\longrightarrow NH_3\uparrow+2Na_2SO_4+4H_2O$$

③ 吸收——以硼酸作吸收剂，与氨生成分子络合物。

$$H_3BO_3+xNH_3\longrightarrow H_3BO_3\cdot xNH_3$$

④ 滴定——以标准酸滴定。

$$2H_3BO_3\cdot xNH_3+xH_2SO_4\longrightarrow x\,(NH_4)_2SO+2H_3BO_3$$

根据硫酸标准溶液的完全反应浓度，计算出煤中氮含量。

4.1.4 元素分析：硫

煤中全硫已列为煤炭编码系统中的一个煤质指标，用它来表征煤利用过程中的一种潜在污染源。通常认为硫具有可加性。由于煤中含硫量多少与煤阶没有显著性相关，并不用它作为煤阶指标。

硫在煤中有三种赋存形态：有机硫，与煤中烃类化合物相结合的硫；无机硫中的硫化物硫（大部分以黄铁矿硫形态存在）；无机硫中的硫酸盐硫；煤中有时也有微量的元素硫存在。这些形态硫的总和称为全硫。煤中有机硫目前还没有标准方法来直接测定，作者曾用透射电子显微镜（TEM）法来检测煤中有机硫的含量。通常有机硫含量是通过全硫和无机硫测定后，用差减法求算而得，相应带入诸多误差，降低了可靠性和准确度。下面介绍一下全硫和无机硫的测定原理。

(1) 全硫的测定　有艾氏法、高温燃烧法和弹筒燃烧法等。

① 艾氏法——是世界各国测定煤的全硫的标准方法，精确度高，但时间长。原理是：将艾氏试剂（由 Na_2CO_3 和 MgO 按质量比 1∶2 混合而成）与煤混匀后，置于马弗炉中加热，使煤缓慢燃烧，煤中的硫全部转化为 Na_2SO_4 和 $MgSO_4$，然后将它们转变为硫酸钡后定量测定。

② 高温燃烧法——使煤在高温氧气流中燃烧，硫都变为 SO_2，以过氧化氢吸收后用酸碱滴定法测定生成的 H_2SO_4 量。硫铁矿硫、元素硫和有机硫在800℃可完全分解，而硫酸盐硫则要在1350℃以上才能分解。为了降低其分解温度，保证尽可能完全分解，需要采用催化剂，如石英砂和磷酸铁等。我国采用在煤样上覆盖石英砂的方法，燃烧温度为1250℃。当煤中氯含量较高时，需要采取其他措施以消除氯的干扰，否则数据偏高。

(2) 无机硫的测定

① 硫酸盐硫 S_s——用稀盐酸溶解煤样中的硫酸盐，然后测定盐酸中的 SO_4^{2-}。

② 硫铁矿硫 S_p——直接测定法是用硝酸处理，使煤中的 S_p 氧化为 H_2SO_4，然后测定 SO_4^{2-}，减去 S_s 即为 S_p；间接测定法是分别测定硝酸处理溶液和盐酸浸取液中的铁含量，根据二者之差和硫铁比计算出 S_p。

③ 元素硫 S_{el}——普通煤中 S_{el} 很少，一般不去测定。对高硫煤需单独测定。方法是用 Na_2SO_3 溶液浸取，这时，$S+Na_2SO_3 \longrightarrow$

$Na_2S_2O_3$，再用碘量法测定生成的 $Na_2S_2O_3$。

有机硫 S_o 即从全硫 S_t 中减去上述无机硫含量：

$$S_o = S_t - (S_s + S_p + S_{el})$$

煤中有机硫主要有硫醇、硫醚、脂肪族硫和噻吩硫。褐煤中有机硫以—SH 和脂肪 R—S—R 为主；烟煤中以噻吩硫为主，如中阶烟煤有机硫中噻吩硫：芳香硫化物：脂肪族硫化物之比约 50：30：20，参见表 4-7。

表 4-7　煤中有机硫存在形态及其分布举例

煤　类	有机硫含量/%	含硫基团占有机硫量/%				
		硫醇	酚—SH	脂肪族 R—S—R	芳香族 R′—S—R′	噻吩系物
低阶褐煤	0.80	6.5	21	17	24	31.5
高阶褐煤	1.48	30	30	25.5	—	14.5
低阶烟煤	1.43	18	6	17	4	55
中阶烟煤	3.2	7	15	18	2	58

煤中硫是我国各部门特别关注的问题。由于我国一次能源结构中，以煤为主体，商品煤平均硫含量约 1%，而 84%的煤炭直接燃用，致使大量 SO_2 排放形成酸雨。1998 年燃煤排放的 SO_2 约为 18.14Mt，燃煤排放的 SO_2 是全国 SO_2 污染的主要来源。尤其突出的问题是，仅占煤炭消费总量约 7%的含硫量大于 3%的高硫煤，其排放的 SO_2 量占全国排放总量的 1/4 左右。另一个严重的问题是在高硫商品煤中，无法通过洗选方法脱除的有机硫量高，其有机硫占有率占全硫量的 43.5%。为此，研究中国煤中硫的赋存及脱硫以控制 SO_2 污染，是当前洁净煤技术的主题。本书将有专门章节详细讨论煤中硫及 SO_2 排放问题，以及如何缓解燃煤所造成对环境的压力。

4.1.5　水分

煤中的水分含量影响到煤的工业用途，例如水的存在会相对降低煤的发热量。水分常被作为低煤阶煤的分类指标。在中国煤炭编码系统中，水分被列为低阶煤的煤质编码参数。在中国煤层煤分类中，当划分低阶煤时，需用最高内在水来换算恒湿基发热量等。一般来说，水分随煤阶增高而下降，且和煤中含氧量有密切关系，这在很大程度上是由于煤中孔隙率发生变化的缘故。

煤是多孔性固体，或多或少地含有水分，其含量和存在状态与煤的内部结构和外界条件有密切关系。水分的存在一方面对煤的加工利用带来不利影响，另一方面也反映煤的孔结构变化，所以是基本的煤质指标之一。

商品煤中的水分还是煤炭生产、流通领域中的一个计价因素。煤炭供需双方的合同通常规定煤的最高水分及水分超量的扣款方法。煤中灰分、硫分的多少，影响煤的使用价值，煤中水分虽谈不上有害，但属无效物质。对炼焦用煤来说每提高1%水分，结焦时间相应增长数十分钟，对焦炉硅砖炉体也造成不良影响；水分在蒸发时要消耗一定的汽化热，作为燃料煤中的水，使纯煤的发热量降低；在运输过程中水分不但增添无效运力，水分大的煤，在冬季易冻车而造成卸车困难；有的用煤设备，对煤中水分有其严格要求，否则将降低设备的运行效率。

煤中水分的存在状态，可以分为3类：①表面水分——即煤表面的水分，在其周围有一蒸汽压力，约等于水的平衡蒸汽压力；②吸收水分——即存在于因煤的构造特性形成的微孔和缝隙中的水，微孔的直径受成煤年代的影响，平均为40nm，吸附水量为1%～30%；③化合水分——即某些矿物成分的化学结构中的一部分水，如硫酸钙 $CaSO_4 \cdot 2H_2O$、高岭土 $Al_2O_3 2SiO_2 \cdot 2H_2O$ 中的结晶水，这种水只能在高于煤的分解温度才能完全脱除。

通常从水的不同结合状态，将前两种水分统称游离水，即以机械方式，如附着吸附方式与煤相结合的。吸附或凝聚在煤颗粒内部的毛细孔中的水，又称为内在水分。附着在煤颗粒表面和裂隙的水，称之为外在水分。外在水分附着在煤粒表面，最容易脱除，而内在水分则比外在水分较难蒸发，要大量脱除内在水分，需进行热力干燥。外在水分与内在水分的总和，称之为煤的全水分。

煤炭在开采运输过程中，由于井下环境、湿度、涌水条件的不同，煤粒不但包含有内在水，且有不同数量的表面水。表面水的数量，一般为 0～30%，取决于下列变量：煤的类别；环境相对湿度；煤中矿物成分和含量；煤颗粒大小及粒度分布；井下与地面温度，氧化、化学添加剂等。

内在水分的含量多少与煤的煤化程度有关。以烟煤为例，焦煤、肥煤中的水分量低；低阶褐煤水分最高；到高阶无烟煤阶段，煤中的内在水分又明显增高。图 4-5 示出了约 2000 个不同成煤时代煤样中的水分随煤化度（这里以煤中氧含量表示）有规律的变化条带。

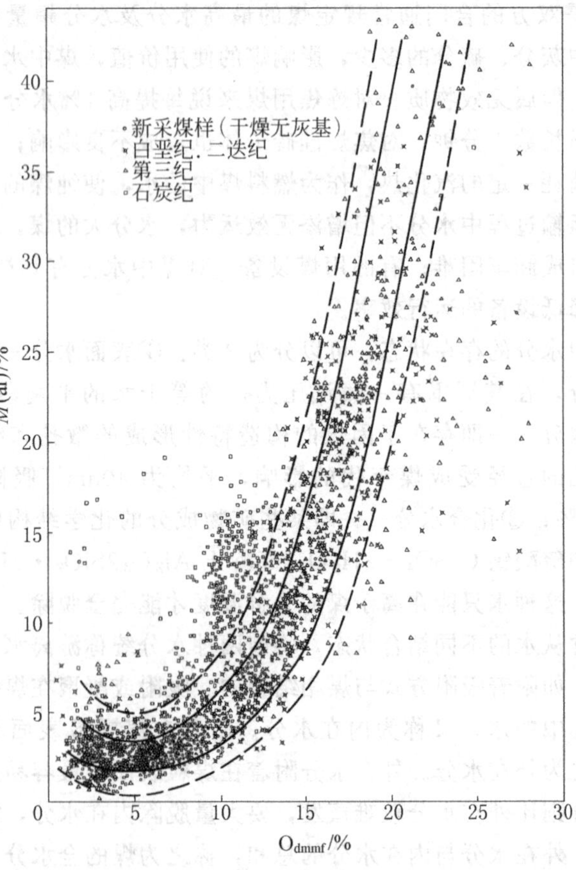

图 4-5　煤中水分含量与氧含量

如果将适当粒度的煤样浸泡在水中，使之饱吸水分，取出煤样后，以适当方式除去表面水分，然后测定煤中的水分含量，这个水分称之为煤的最高内在水分（MHC)。这种水分相当于煤层埋藏于井下的真正内在水，可以认为它是煤的一部分。商品煤的计价水分是煤的全水分 M_t，一般 M_t 均高于该煤的最高内在水分 MHC，即煤的 M_t＞MHC。

我国一些主要煤矿不同煤化程度煤中水分的实际含量的变化情况见表 4-8。由表列数据可见，煤中全水分 M_t 均大于该煤的最高内在水分 MHC，这两种水分的差值，也因煤种而异。

表 4-8　我国一些主要煤矿煤中水随碳和氧含量的变化

矿　　区	牌号	C_{daf}/%	O_{daf}/%	MHC/%	M_t/%
鹤壁	PS	90.88～91.59	2.67～1.44	2.28	4.80～7.13
潞安	S	90.53～90.96	3.03～2.74	2.52	6.40～5.74
峰峰	J	88.20～90.03	4.63～2.18	2.86	4.80～7.86
开滦、峰峰	F、J	87.22～89.53	4.99～2.35	2.50～2.90	7.00～8.36
平顶山、淮南	1/3J	84.92～86.05	8.47～6.66	3.30～4.25	6.66～9.36
邢台、大屯、鹤岗等	1/3J	83.69～87.36	9.95～6.33	3.12～4.21	2.80～8.55
徐州、枣庄、新汶等	QF、Q	82.28～87.22	8.06～3.46	—	3.30～9.11
大同	RN	81.91～85.02	12.02～8.74	10～6	6.25～12.66
淮南、兖州、抚顺、辽源等	Q	79.28～83.62	12.51～8.46	4.88～7.01	6.20～10.80
义马	CY	75.52～78.80	17.04～15.66	11.0～13.60	11.82～16.90
平庄、扎赉诺尔、大雁等	HM	64.52～75.14	23.12～18.16	17.0～30.8	25.66～96.66

注：表中 MHC 系最高内在水分，M_t 为全水分。

最高内在水分是在相对湿度 96%的环境中，在 30℃±0.1℃下使充分润湿的煤样与饱和硫酸钾溶液的气相达到平衡，再按测定＜3mm煤样的全水分的测定方法测得的水分。以这种煤样为基准，就称为恒湿基。最高内在水分随煤化程度的变化与煤的孔隙率变化是一致的。

需要提醒注意的是关于煤中全水分与外在水分和内在水分的关系问题。从形式上看，全水分应该是内水分和外水分之和，但是由于计算基准不同，不能简单地用实测的内水与外水相加去计算全水分 M_t。如果以 M_{inh}表示煤的内在水分，则有：

$$M_t = M_f + M_{inh} \cdot \frac{100 - M_f}{100}, \%$$

式中　M_f——煤的外在水分。

测定煤中水分的方法有干燥失重法、直接质量法、直接容量法和真空或氮气干燥法四种。国内多数采用干燥失重法，即将已知质量的煤样在一定温度的（105～110℃）干燥箱干燥到恒重，以所失去的质量占煤样原质量的百分数，即为水分测定值。干燥时间随煤种、称样量、粒度和温度的不同而异。为了进行在线分析，快速、准确地了解煤中水分，国内外已经研究开发出微波干燥法；还有微波吸收和反射法；利用固体物料中水的导电率的介电常数的电学法；以及核磁共振测水法。中子辐射仪已用于煤仓、车皮和煤流现场测定煤中水分。

在测定时值得注意的是要按规定检查样品干燥后是否达到恒重；温度过高或时间过长，可能使煤样发生氧化，出现称重先增加后又减小等现象，测定低阶煤水分时，要特别留意。另外在样品采集、缩分和制样过程中要保证样品有合乎要求的代表性；操作要符合规范；严格防止在上述过程中发生化学变化或杂物沾污等误操作。

一般认为水分是具有加和性的参数。由于全水和内在水含量的测定中，不包含分解水（即某些有机组分中的化学结合水）或矿物质中的水（矿物中的水化水），所以当煤中矿物质含量很高时，用水分作煤阶指标或加和性计算时，要格外注意。在低阶煤的水分测定中，煤对氧化特别敏感，因此对这类煤从制样开始，及至分析检验，都要特别小心。

目前各国及国际标准在煤水分测定时，测定技术有所不同，导致测值的差异。要注意某些测定方法并不适宜于所有煤阶煤的水分测定。

4.1.6　灰分

煤的灰分不是煤的一种固有性质，因为煤中并不含“灰”，灰分是煤在规定条件下完全燃烧后的固态残留物。在一般资料中，灰分与矿物质经常互用，严格地讲是不正确的。灰分在数量上和性质上都与煤中矿物质不能等同。

灰分是一个重要的煤质指标。它对煤的加工利用产生负面影响，同时造成对环境的污染。从对煤质评价及煤对环境的影响考虑，灰分被列入“中国煤炭编码系统”和“中国煤层煤分类”中，作为一个分类编码参数。

煤经高温燃烧后，矿物质在煤灰中以矿物质的氧化物形态存在。通常将一定质量的煤在815℃±10℃的温度下将煤中的可燃物完全燃烧，然后对留下的残留物称重，经计算得到煤的灰分产率，习惯上称之为煤的灰分（$A/\%$）。

灰分按其存在形态可分为内在灰分和外在灰分。内在灰分来源于原生矿物质和次生矿物质，很难用洗选方法除去。外在灰分来源于外来矿物质，比较容易用洗选方法除去。矿物质在燃烧过程中，常常发生失去结晶水、受热分解、氧化反应和挥发等变化。例如失去结晶水的反应有：

$$CaSO_4 \cdot 2H_2O \xrightarrow{\triangle} CaSO_4 + 2H_2O \uparrow$$

$$Al_2O_3 \cdot SiO_2 \cdot 2H_2O \xrightarrow{\triangle} Al_2O_3 \cdot SiO_2 + 2H_2O \uparrow$$

对于碳酸盐等矿物，温度达到500℃时开始分解，致使质量变小：

$$CaCO_3 \xrightarrow{\triangle} CaO + CO_2 \uparrow$$

$$FeCO_3 \xrightarrow{\triangle} FeO + CO_2 \uparrow$$

温度到400～600℃时，有些矿物在空气氧的作用下，发生氧化反应，有质量增重或减少的现象：

$$4FeS_2 + 11O_2 \xrightarrow{\triangle} 2Fe_2O_3 + 8SO_2 \uparrow$$

$$2CaO + 2SO_2 + O_2 \xrightarrow{\triangle} 2CaSO_4$$

$$4FeO + O_2 \xrightarrow{\triangle} 2Fe_2O_3$$

碱金属氧化物和氯化物在700℃以上的温度，会部分挥发，所以测灰分的温度，也不应定得过高。

为了避免 SO_2 和 CaO 在燃烧过程中生成 $CaSO_4$，煤样测灰时，应在500℃保持一段时间，让 FeS_2 和有机硫充分燃烧，并将生成的 SO_2 排出（因为在500℃时，碳酸盐类还没有分解），避免硫酸钙的生成影响结果的准确性。

灰分的测定方法有缓慢灰化法和快速灰化法。其要点是称取一定质量的煤样，放入箱式电炉（马弗炉）内灰化，然后在一定温度下燃烧到恒重。以残留物质量占煤样原质量的百分数作为灰分测定值。

煤灰分的存在不但影响燃烧过程中煤的发热量，同时也影响煤灰的熔融特性以及对炉膛表面的腐蚀及灰沉积情况，燃后煤灰微尘对大气环境造成污染。炼焦用煤对灰分更有严格的要求，因为焦炭的灰分主要来源于煤中灰分，焦炭灰分增加使焦炭的有效成分降低。冶金焦灰分增加，导致高炉利用系数下降，焦比上升，对于炼焦用煤必须洗选来降低煤的灰分。灰分对煤的气化和燃烧都有不利的影响，它会影响锅炉燃烧效率和气化炉的气化强度。

煤灰也可以综合利用变害为利。如用煤灰生产水泥、预制块、砖瓦和轻骨料等建筑材料；在农业上用作土壤改良剂；煤灰中稀有元素含量高时，尚可富集、提取稀有元素，并将其制成功能材料。在煤液化过程中，煤中硫铁矿能对加氢液化起到催化作用。

通过测定煤中矿物质，也能估算出煤的灰分。矿物质可通过仪器法直接测定，如X射线衍射法、傅立叶变换红外光谱等方法。另外有些国家还将低温灰化法列为国家标准，如AS1038：22。低温灰化法LTA较适宜对高阶煤进行测灰，同时要注意低温灰化过程中，出现某些矿物的氧化，造成测定误差。用自动扫描电镜结合X射线能谱法能避免氧化。为了快速测定煤中灰分，已有快速的 γ 射线、β 射线和非放射性的X射线测灰仪投放市场，它们对控制洗煤的灰分有重要作用。

中国生产矿区煤层煤和商品煤的平均灰分都在20%以上。在商品煤中，以炼焦煤灰分最低，稍高于10%；动力煤灰分达25%以上，其中以发电用煤平均灰分最高，A_d 多在 27%～28%左右，且有少数高达 30%～40%。表 4-9 列出 1998 年中国商品煤的灰分分布。

表 4-9 中国商品煤的灰分分布（1998 年）

商品煤	A_d/%				
	<8.00	8.01～15.00	15.01～25.00	25.01～35.00	>35.01
占商品煤量/%	5.08	35.32	43.11	11.95	3.74

灰分在 10%～20%的煤矿主要有大同、阳泉、潞安、阜新、平朔、晋城、抚顺、石炭井和鹤壁等；灰分在 20%～30%的煤矿有平顶山、兖州、西山、淮南、鹤岗、徐州、新汶、峰峰、双鸭山、鸡西、七台河、义马、枣庄、平庄、郑州、汾西和铜川等；灰分在 30%以上的煤矿主要有开滦、铁法、盘江等。

从煤种上看，以不黏煤和弱黏煤的灰分最低，平均在 10%上下；从成煤时代上看，以早、中侏罗纪煤的灰分最低，A_d平均在10%以下。

4.1.7 挥发分和固定碳

挥发分产率是煤分类中最常用的一个参数，它不但是表征煤阶的常用参数，也可表征煤的焦化、液化及燃烧特性。通常，挥发分随煤阶增高而递减，常作为煤分类的主要指标。对于配煤，一般认为挥发分具有加和性，实际上这种可加性是有条件的。

煤样在规定条件下，隔绝空气加热一定时间，逸出的挥发物减去水分后得到的测值，实际上是煤中有机质受热分解析出的一部分气态和蒸汽产物，称之为挥发分。它占煤样质量的百分比，定义为挥发分产率，简称挥发分（%）。挥发分的测定结果，有时受煤中矿物质的影响，当煤中碳酸盐含量较高时，有必要对测得的挥发分值加以校正。测定方法比较简单：称取 1g 空气干燥煤样，装入带盖的瓷坩埚内，放入 900℃高温的炉内，隔绝空气条件下加热 7min，以煤样在 900℃±10℃的失重占煤样质量的百

分数减去 M_{ad}，即得空气干燥煤样的挥发分。

$$V_{ad}=\frac{G-G_1}{G}\times 100-M_{ad}$$

式中 V_{ad}——空气干燥煤样挥发分，%；

G ——空气干燥煤样的质量，g；

G_1——焦渣的质量，g；

M_{ad} ——空气干燥样的水分，%。

如煤中碳酸盐形式的 CO_2 含量≥2%，应对由上式求得的结果进行校正。因为高温下碳酸盐分解析出的 CO_2 也包括在挥发分内，使 V_{ad}值偏高。当碳酸盐 CO_2 量为 2%～12%时，可按下式校正，校正后的挥发分 V'_{ad}有

$$V'_{ad}=V_{ad}-(CO_2)_{ad}$$

式中 $(CO_2)_{ad}$——空气干燥煤样中以碳酸盐形式存在的 CO_2 含量，%。

挥发分产率事实上是煤样量、粒度、加热速率和挥发分测定温度的函数。各国在挥发分测定时有不同的标准，因此对同一煤样，测定结果略有差异。表 4-10 列出各主要工业国测定方法的要点与差异。不言而喻，在同一个完整分类系统中，必须使用同一测定方法，测定数据才可作相互比较或校正。在煤炭的国际贸易中，要特别注意测定方法造成的测值差异，避免经济损失。

由于各个显微组分有不同的挥发分值，因此煤挥发分值将随煤中显微组成而变化，而且非常敏感。举图 4-6 中的一个例子，当某煤的反射率 $R_r=0.9$，这个煤中的镜质组挥发分约为 38%，其稳定组挥发分约 55%，而其惰质组挥发分却只有 23%。腐植煤中各显微组分的挥发分的顺序为稳定组＞镜质组＞丝质组；腐植煤镜质组的挥发分随煤化程度的增加大体上均匀下降，所以通常把它作为代表煤化程度的指标。它对无烟煤和烟煤比较适用，但对褐煤不适宜。腐泥煤的挥发分通常都高于腐植煤。

在烟煤阶段，挥发分与煤镜质组反射率呈良好的线性关系（图 4-7），由于中国煤中惰质组含量比美国煤要高，而和澳大利亚、加

表 4-10　各主要工业国（组织）的煤的工业分析方法要点

项目	测定条件	中国国家标准（GB 212）	国际标准（ISO）①	美国材料协会标准（ASTM 3172）	英国标准（BS 1016. part3）	前苏联标准（ГОСТ 11014）	日本工业标准（JIS　M8812）
水分测定	方法	干燥失重法	直接质量法 直接容量法	干燥失重法	直接质量法 真空或氮气干燥法	干燥失重法	干燥失重法
	加热温度/℃ 干燥时间/h	105～110 1.0～1.5	105～110 1.0	104～110 1.0	105～110 1.0	105～110 0.5～1.0	107±2 1.0
灰分测定	方法 加热温度/℃	灰化法 815±10	灰化法 815±10	灰化法 750	灰化法 815±10	灰化法 800±25	灰化法 815±10
	500℃保持时间/h	0.5	0.5～1.0h 由 500℃升至 815℃	1.0h 由 500℃升至 750℃	1.0～1.5h 由 500℃升至 815℃	—	0.5～1.0h 由 500℃升至 815℃
挥发分测定	加热温度/℃ 加热时间/min 坩埚材质	900±10 7 瓷	900±10 7 石英	950±20 7 铂	900±5 7 石英	850±10 7 瓷或石英	900±20 7 铂

① ISO 348；ISO 1015；ISO 1171；ISO 562

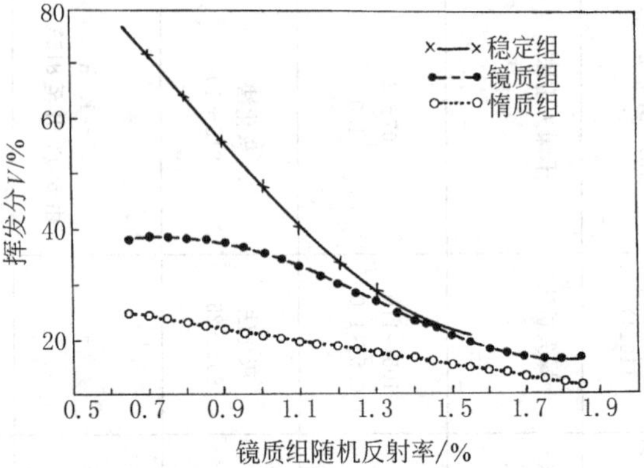

图 4-6　不同显微组分的挥发分与其镜质组随机反射率的关系

拿大煤相近，所以由图 4-7 可见，同样是 $R_{max}=1$ 的煤，中国煤的挥发分值就比美国的低 4%左右。如果用挥发分作为煤阶参数，就会有使煤阶值偏高的可能。这是用挥发分作为煤阶参数的一个主要缺点。从图中可以看到的另一点是，挥发分产率对较高煤阶的烟煤（$R_{max}>1$）是一个较好的煤阶指标；当挥发分增大到 34%～36%以上，就出现另一种变化规律（图 4-7 中 C 与 D)。

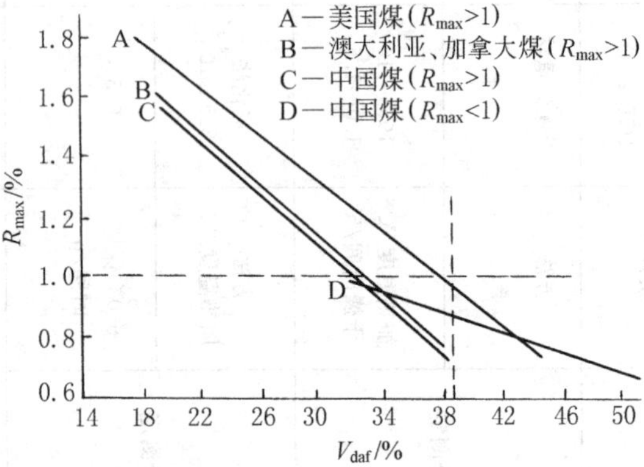

图 4-7　中国煤与其他国家煤的 R_{max}-V_{daf} 关系

关于煤岩显微组成对煤阶参数挥发分和随机反射率的影响，国外统计了世界各地约4000多个煤样数据，示于图4-8。

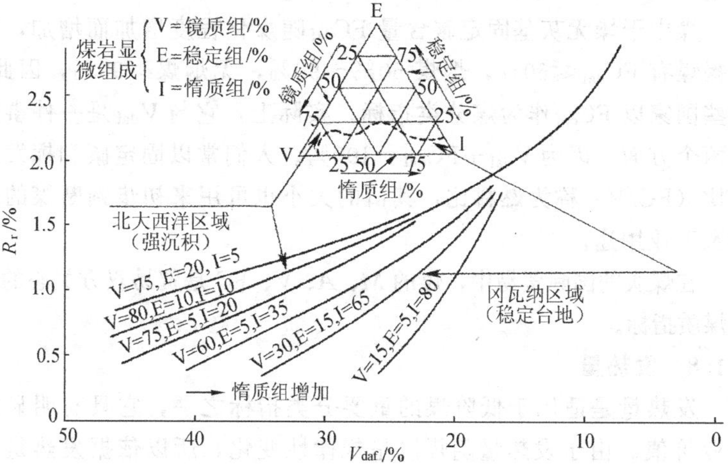

图 4-8　煤岩显微组成不同对挥发分和反射率的影响

（资料来源：M. J. Lemos De Sousa，1994 年）

对于富镜质组煤，煤的挥发分也可以根据元素分析值加以估算（无烟煤及氧含量大于15%者除外）：

$$V = 10.61H - 1.24C + 84.15$$

反之，也可从挥发分来估算煤的碳、氢含量。

由上可见，挥发分可用来初步评判煤阶和化学工艺性质，便于确定煤的加工利用途径。又因挥发分的测定方法远较测定反射率方便，设备简易、快速，所以大多数国家仍采用挥发分作为煤炭工业分类和煤炭贸易中的重要指标。煤炼焦时，还可根据配煤挥发分的高低，预测焦化化学产品的收率。

煤中固定碳是指从煤中除去水分、灰分和挥发分后的残留物，即

$$FC_{ad} = 100 - (M_{ad} + A_{ad} + V_{ad})$$

式中　FC_{ad}——空气干燥基煤样中的固定碳。

固定碳和挥发分一样不是煤中的固有成分，而是热分解产物。此外，固定碳与煤中碳元素含量是两个不同的概念，绝不可混淆。

煤中干燥无灰基固定碳含量 FC_{daf} 随煤化程度增加而增加，对于褐煤有 $FC_{daf} \leqslant 60\%$，烟煤 50%～90%，无烟煤＞90%，因此，有些国家以 FC_{daf} 作为煤分类指标。实际上，它与 V_{daf} 是一件事情的两个方面，因为 $V_{daf}+FC_{daf}=100\%$。人们常以固定碳和挥发分之比（FC/V）称为燃料比，其值的大小也可用来初步判断煤的种类及工业用途。

在煤炭的国际贸易中，煤的 M、A、V、FC 是贸易双方关心的重要煤质指标。

4.1.8 发热量

发热量是适用于低阶煤的重要分类指标之一，它具有明显的商业价值。由于发热量随煤阶呈规律性变化，所以依据发热量可以初略估算出与煤化程度有关的一些煤质特征。发热量在中国煤分类和中国煤层煤分类中，都被列为低阶煤的分类指标或辅助指标，同时也是中国煤炭编码系统中的主要煤质指标。此外，在国际煤炭分类和一些国家的煤分类中，常采用恒湿无灰基发热量作为低阶煤的分类指标。发热量和其他与煤阶相关的指标随煤化程度的变化关系见图 4-9。由图中（c）可见，在低阶煤阶段，发热量的变化非常明显，说明它是表征低阶煤较为灵敏的指标。在这个阶段，由于氢的燃烧热大于碳的燃烧热，所以发热量会在这区段出现一个最高值。

单位质量的煤完全燃烧时放出的热量称为煤的发热量，以符号 Q 来表示。煤的发热量不但是煤炭分类及煤质分析的重要指标，也是热工计算的基础。在煤的燃烧或转化过程中，常用发热量来进行热平衡、热效率和耗煤量计算，并以此进行设备的选型或燃烧方式选择。因此，发热量也是确定动力用煤价格的主要依据。常用的表示方式有：弹筒发热量、恒压发热量、恒容发热量、高位发热量、低位发热量。

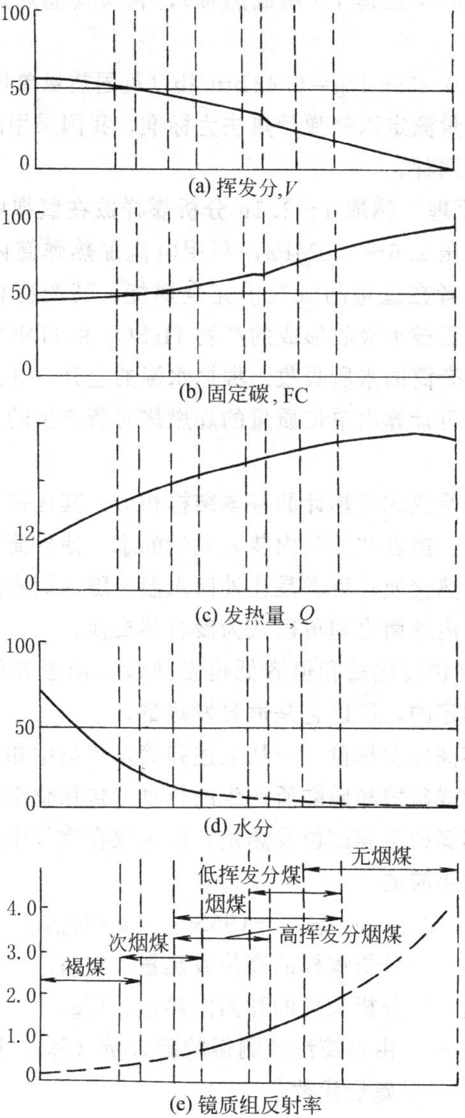

图 4-9 煤中挥发分（a）、固定碳（b）、发热量（c）、水分（d）和镜质组反射率（e）随煤阶的变化

（资料来源：A. M. Carpenter，1988 年）

热量的国际单位是J（焦或焦耳），它与其他热量单位之间的关系如下：

$$1J/g=0.239cal/g=0.43Btu/lb$$（英国热量单位/磅）

煤的发热量测定以氧弹量热法为标准，我国采用的量热计有恒温式和绝热式两种。

① 测定原理　称取1～1.1g分析煤样放在氧弹中，从氧气钢瓶充氧气至初压2.6～3.0MPa，利用电流加热弹筒内的金属丝使煤样着火。后者在过量的氧气中完全燃烧，其产物有CO_2、H_2O和灰以及燃烧后被水吸收形成的产物H_2SO_4和HNO_3等。燃烧产生的热量被内套筒的水所吸收。根据水温的上升，并进行一系列的温度校正后，可计算出单位质量的煤燃烧时所产生的热量，即弹筒发热量$Q_{b,ad}$。

恒温式和绝热式量热计的基本结构相似，其区别在于热交换的控制方式不同。前者在外筒内装入大量的水，使外筒水温基本保持不变，以减少热交换；后者是让外筒水温追随内筒水温而变化，故在测定过程中内外筒之间可以认为没有热交换。

② 恒容高位发热量和恒容低位发热量　由于弹筒发热量是在恒定体积下测定的，所以它是恒容发热量。

煤的恒容高位发热量——从上述弹筒发热量中扣除由于煤中的硫和氮分别生成硫酸和硝酸所产生的热量（包括化学生成热和溶解热）后即得到煤的恒容高位发热量，因为煤在空气中燃烧时，是不会生成硫酸和硝酸的。

$$Q_{gr,v,ad}=Q_{b,ad}-(95S_{b,ad}+\alpha\cdot Q_{b,ad})$$

式中　$Q_{gr,v,ad}$——分析煤样的高位发热量，J/g；

$Q_{b,ad}$——分析煤样的弹筒发热量，J/g；

$S_{b,ad}$——由弹筒洗液测得的硫含量（%），通常用煤的全硫量代替；

95——硫酸生成热校正系数，为0.01g硫生成硫酸的化学生成热和溶解热之和，J；

α——硝酸生成热校正系数。

当$Q_{b,ad} \leqslant 16.7kJ/g$时，$\alpha = 0.001$；

当$16.7kJ/g < Q_{b,ad} \leqslant 25.10kJ/g$时，$\alpha = 0.012$；

当$Q_{b,ad} > 25.10kJ/g$时，$\alpha = 0.0016$。

煤的恒容低位发热量——上述高位发热量中包含水的冷凝热，而煤在工业锅炉中燃烧时，水在烟道气中以气态存在，所以需要引入低位发热量的概念。恒容低位发热量$Q_{net,v,ad}$可用下式计算：

$$Q_{net,v,ad} = Q_{gr,v,ad} - 25(M_{ad} + 9H_{ad})$$

式中　H_{ad}——分析煤样中氢的含量，%；

25 ——常数，相当于0.01g水的蒸发热，J。

工业燃烧设备中所能获得的最大理论热值是低位发热量。因为煤在锅炉内燃烧和在氧弹内燃烧条件不大一样，所得的燃烧产物不同，因而获得的热量也不同。

第一，煤在氧弹内燃烧时，其中的硫形成了硫酸，而在锅炉内燃烧时，其中的硫只形成SO_2，随烟道气排出。因而氧弹内测得的发热量比实际燃烧多出一个硫酸生成热和二氧化硫生成热之差。

第二，煤在氧弹内燃烧时，有一部分氮形成了硝酸，有硝酸生成热放出，而在锅炉内燃烧时，氮基本上以游离氮（少量氮氧化物）排出，没有硝酸形成，得不到硝酸生成热。

第三，煤在氧弹内燃烧时，煤中的水由燃烧时的气态变为液态，有水的汽化潜热放出，而在锅炉内燃烧时，水作为水蒸气随烟道气排走，得不到水的汽化潜热。

由此可以看出，煤在工业燃烧设备中燃烧时不可能得到硫酸与二氧化硫生成热之差、硝酸生成热和水的汽化潜热，而这三项热量在氧弹中都能获得。工业燃烧设备中所能获得的最大理论热值必然是从弹筒发热量中扣除了这三项热量的热值，而弹筒发热量扣除了这三项热量之后就称为低位发热量。

各种基的低位发热量Q_{net}，按下式计算。

$$Q_{net,M} = (Q_{gr,ad} - 206H_{ad}) \times \frac{100 - M}{100 - M_{ad}} - 23M$$

式中　H_{ad}——分析基氢含量，%；

M_{ad} ——分析基水分，%；

M ——要计算的那个基础的水分，%。对于干燥基 $M=0$；对于空气干燥基，$M=M_{ad}$；对于收到基，$M=M_t$（全水）。

由此可推出，由分析基高位发热量计算干基、分析基和收到基低位发热量的公式分别为：

$$\text{干基：} Q_{net,d}=(Q_{gr,ad}-206H_{ad})\times\frac{100}{100-M_{ad}}$$

$$\text{分析基：} Q_{net,ad}=(Q_{gr,ad}-206H_{ad})-23M_{ad}$$

$$\text{收到基：} Q_{net,ar}=(Q_{gr,ad}-206H_{ad})\times\frac{100-M_t}{100-M_{ad}}-23M_t$$

式中各符号的意义同上。

煤中各显微组分有着不同的发热量。对于多数煤而言，稳定组的发热量要大于镜质组的发热量，而镜质组的发热量又大于惰质组的发热量，即 $Q_E>Q_V>Q_I$。但是这种差别随着煤阶的增高而逐渐消失。图 4-10 示出不同煤阶煤中各显微组成的发热量（高位）值。

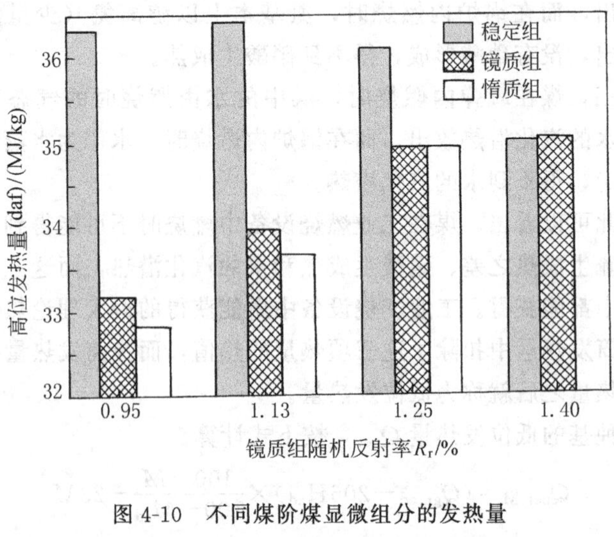

图 4-10 不同煤阶煤显微组分的发热量

（资料来源：J. F. Unsworth 等，1991 年）

在反射率 0.95～1.40 范围内，(Q_E-Q_V) 之差，约在 3MJ/kg 到 0MJ/kg 间变化。

煤的发热量除直接测定外，还可以利用煤的工业分析和元素分析数据进行计算。计算结果与实测之间的偏差一般＜418J/g，相对误差约1.5%。现举例如下。

烟煤的 $Q_{net,v,ad}$ 的经验计算公式为

$$Q_{net,v,ad}=[100K-(K+6)\times(W_{ad}+A_{ad})-3V_{ad}-40M_{ad}]\times4.1868\ J/g$$

式中，K 为常数，在 72.5～85.5 之间，根据煤样的 V_{daf} 和焦渣特征[1]查表可得。另外，只有当 $V_{daf}<35\%$ 和 $M_{ad}>3\%$ 时才减去 $40M_{ad}$。

褐煤的 $Q_{net,v,ad}$ 的经验计算公式为

$$Q_{net,v,ad}=[100K_1-(K_1+6)\times(M_{ad}+A_{ad})-V_{daf}]\times4.1868\ J/g$$

式中，K_1 为常数，范围 61～69，与煤中的氧含量有关，查表可得。

煤的有机组成主要由碳、氢、氧、氮和硫五种元素组成，且各种元素的理论燃烧热是个常数。据此，一些学者又提出用煤的元素分析结果计算煤的发热量。其中比较有名的是杜隆 (Dulong) 公式：

$$Q/2.33=14.544C+62.028(H-O/8)+4050S$$

式中，Q 为发热量，J/g；C、H、O 和 S 分别为碳、氢、氧和硫的含量，以小数表示。但由于煤中各元素的结合状态不同，其结构燃烧热也不相同，而且煤中矿物质燃烧时也有热反应，因而计算值与实测值总有不小的误差。

煤的发热量随煤阶呈有规律的变化，随煤阶增高而增大。只有在无烟煤阶段，观察图 4-9 中 (c) 可见，出现一个最大值。之后，又随煤化程度的增加，发热量略有降低，但降幅不大。这也反映出

---

[1] 测定挥发分后，坩埚中残留下来的不挥发物质称为焦渣。随煤种的不同，它有不同的形状、强度和光泽等物理性状。特征大致可分 8 类，用以初步判断煤的黏结性、熔融性和膨胀性。

煤中化学组成与结构的变化。前者的发热量上升趋势，是源于碳含量增加，氧含量明显降低，而氢含量则变化不大；后者则由于氢含量明显变小，而碳增加及氧的减少的幅度又不明显所致。氢的明显变化使氢含量成为无烟煤类划分小类的一个指标。

必须指出，在应用发热量指标时，要注意所涉及的应用对象。弹筒发热量往往用来计算高位发热量和低位发热量，高位发热量一般用来评定煤的质量和研究煤质工作；低位发热量因为最接近工业锅炉燃烧时的实际发热量，常用于设计计算。

表 4-11 列出我国各大矿局煤的发热量及其他煤质指标（以年产量大小为序），可见各煤类发热量测值及大致变化范围，以及煤炭质量情况，可供参考。

表 4-11　中国各大矿局原煤产量及商品煤质量（1997 年）

矿局名称	产量/10^4t	煤类①	M_t /%	A_d /%	V_{daf} /%	$S_{t,d}$ /%	$Q_{net,ar}$ /(MJ/kg)	ST② /℃
大同	3407.20	B	8.0	10.2	30.2	0.74	26.97	1200
平顶山	1956.41	B	5.8	26.9	33.9	0.49	22.75	1424
兖州	1923.98	B	7.7	20.1	39.7	0.98	23.31	1445
开滦	1863.12	B	8.4	33.1	36.2	1.02	19.18	1460
西山	1709.03	B	5.2	20.4	18.0	1.12	25.90	>1350
阳泉	1634.31	A	5.4	18.5	9.9	1.20	26.30	>1400
铁法	1506.71	B	11.7	32.0	40.8	0.67	18.27	1399
淮北	1438.49	B	7.1	28.3	30.3	0.44	18.76	1465
淮南	1381.60	B	6.4	27.0	37.9	0.51	22.25	1500
鹤岗	1299.80	B	7.0	21.4	36.9	0.21	24.10	1324
潞安	1283.68	B	5.0	16.5	16.5	0.33	26.80	1420
徐州	1268.23	B	7.5	24.0	37.5	0.66	22.26	1345
阜新	1183.58	B	13.5	19.7	39.5	0.85	21.41	1294
新汶	1170.76	B	10.9	28.5	39.3	1.21	20.00	1379
平朔	1160.40	B	8.5	14.0	37.4	1.16	24.94	>1450
峰峰	1002.83	B	6.1	22.7	19.7	0.84	24.45	1449
双鸭山	1000.20	B	9.5	21.6	40.2	0.22	22.29	1354
晋城	967.01	A	5.8	18.4	6.9	0.47	25.96	1499
鸡西	948.15	B	4.5	28.3	33.4	0.30	22.67	1353
七台河	880.00	B	3.8	24.2	30.3	0.19	25.02	1380
义马	850.60	B	8.9	23.9	35.5	1.31	20.68	1318

续表

矿局名称	产量/10^4t	煤类①	M_t /%	A_d /%	V_{daf} /%	$S_{t.d}$ /%	$Q_{net,ar}$ /(MJ/kg)	ST② /℃
枣庄	808.79	B	7.8	22.9	37.8	1.44	23.12	1373
抚顺	760.29	B	11.1	18.1	45.9	0.55	22.87	1350
平庄	663.09	L	24.8	24.4	44.1	1.11	15.19	1260
郑州	650.61	B	5.4	20.5	12.4	0.35	25.62	1452
石炭井	605.81	B	4.4	19.8	13.9	0.55	25.88	1208
鹤壁	590.43	B	6.2	17.1	16.7	0.30	26.77	1401
汾西	569.54	B	4.6	23.6	24.0	2.72	24.13	1448
铜川	555.88	B	6.4	28.8	27.6	1.96	22.38	1338
盘江	437.71	B	8.2	33.3	34.1	0.49	20.21	1270

① 煤类：A—无烟煤；B—烟煤；L—褐煤。

② 煤灰的软化温度。

注：资料来源为陈文敏等，1999 年。

4.2 煤中矿物质与有害元素

煤中矿物质是煤中无机物的总称，它们在化学组成和物理特性上有很大的差异。它包括煤中单独存在的矿物质，有黏土矿物如高岭土、蒙托石、硫化物矿、方铅矿、碳酸盐类、硫酸盐矿物、硅酸盐矿物、石英、氧化物及氢氧化物矿物等；也包括与煤的有机物结合的无机元素，它们是以羰基盐类存在，如钙、钠或其他盐相结合的。此外矿物质中还有许多微量元素，包括有益及有害元素，它关系到环保的重要议题，关系到植物、动物和人类的生计与健康。

了解煤中矿物质和微量元素及其作用非常重要。例如煤的可选性就受到煤与共生矿物赋存状态的影响，通过鉴别矿物质及选择性破碎可以经过洗选大量脱除外在矿物质。煤中矿物质对于研究煤质特征和煤的加工转化都有比较重要的现实意义，它对煤的气化、焦化、液化和燃烧都有一定影响；在煤炭分类、发热量计算或其他基准换算中有时要求换算成无矿物质基的含量，了解煤中矿物质就成为煤质分析中的一个重要项目。在混配煤计算中，一般认为矿物质具有可加性。

4.2.1 矿物质来源与赋存形态

煤中无机组分以三种主要形式存在于煤中：①溶解在煤孔隙水

中（如 NaCl）；②与煤有机质化学结合（离子交换或成矿时有机质中的矿物）；③离散型的矿物颗粒。

矿物质的来源有原生矿物质、次生矿物质和外来矿物质之分。原生矿物质是指原始成煤植物含有的矿物质，它参与成煤过程，因此很难脱除，但其含量较少，一般不超过 1%～2%。次生矿物质指在成煤过程中进入煤层的矿物质，有通过水力和风力搬运到泥炭沼泽中而沉积的碎屑物和从胶体溶液中沉积出来的化学成因矿物。通常这类矿物在煤中的含量也不很高，约在 10%以下。原生矿物和次生矿物质都属于内在矿物质，它们较难用洗选法脱除。在采煤过程中混入煤中的底板、顶板和灰石层的矸石，统称为外来矿物质。外来矿物质的量随煤层结构的复杂程度和采煤方法的不同而有较大的变化范围，一般波动在 5%～10%，有时也可高达 20%以上。这类外来矿物质比较容易用重力洗选法脱除。按来源形式煤中矿物的分类见表 4-12。

表 4-12　按来源形式煤中矿物的分类

矿物组	成煤第一阶段同时形成的，同时沉积—早期成岩（紧密共生的）		成煤第二阶段后形成的	
	水或风运移来的	新形成的	沉积在裂隙、节理和孔穴中（松散共生）	共生矿物的转变（紧密共生）
黏土矿物	高岭土，伊利石，绢云母，混合层结构的黏土矿物，蒙脱石，白土石			伊利石，绿泥石
碳酸盐		菱铁矿，铁白云石结核，白云石，方解石，铁白云石，菱铁矿	铁白云石，方解石，白云石，丝炭中铁白云石	
硫化物		黄铁矿结核，胶黄铁铁矿，粗黄铁矿（白铁矿），FeS_2-Ca-FeS_2-Zn 结核	黄铁矿，白铁矿，锌硫化物（闪锌矿），铅硫化物（方铅矿），铜硫化物（黄铜矿），丝炭中黄铁矿	共生 $FeCO_3$ 结核转变为黄铁矿

续表

矿物组	成煤第一阶段同时形成的,同时沉积—早期成岩(紧密共生的)		成煤第二阶段后形成的	
	水或风运移来的	新形成的	沉积在裂隙、节理和孔穴中(松散共生)	共生矿物的转变(紧密共生)
氧化物		赤铁矿	针铁矿,纤铁矿	
石英	石英粒子	玉髓和石英,来自风化的长石和云母	石英	
磷酸盐	磷灰石	磷钙土,磷灰石		
重矿物和其他矿物	金岩石,金红石,电气石,正长石,黑云母		氯化物,硫酸盐和硝酸盐	

矿物质的赋存形态有黏土矿物、碳化物矿物、碳酸盐矿物、硫酸盐矿物、氯化物矿物、硅酸盐矿物，此外尚有贵金属矿物、稀有元素如含锗、镓、钒等和放射性元素铀和钍等的矿物。表 4-13 列出煤中鉴定出的矿物质。

表 4-13　煤中鉴定出的矿物质

黏土矿物	蒙脱土、伊利石、高岭土、多水高岭土、绿泥石(蠕绿泥石,叶绿泥石)、混合层黏土矿物
硫化物矿物	黄铁矿、白铁矿、闪锌矿、方铝矿、黄铜矿、磁黄铁矿、砷黄铁矿、针硫镍矿
碳酸盐矿物	方解石、白云石、菱铁矿、铁白云石、毒重石
氧化物和氢氧化物矿物	赤铁矿、磁铁矿、金红石、褐铁矿、针铁矿、纤铁矿、水铝石
氯化物矿物	岩盐、钾盐、水氯镁石
硅酸盐矿物	石英、黑云母、锆石、电气石、柘榴石、蓝晶石、十字石、绿帘石、钠长石、透长石、正长石、辉石、角闪石、黄玉
硫酸盐矿物	重晶石、石膏、硬石膏、烧石膏、黄钾铁矾、水铁矾、四水白铁矾、水绿矾、针绿矾、粒铁矾、硫镁矾、芒硝、纤钠铁矾
磷酸盐矿物	磷灰石、(氟灰石)

4.2.2 煤中矿物质测定与灰分

要精确测定煤中的矿物质是比较困难的。用比重法将煤中矿物质进行分离，似乎很简单，但事实上在煤中的矿物质有不少是呈细浸染型分散于煤体，不可能将矿物质完全分离，只能做到使煤样中的一部分成为相对富矿物质的，另一部分是相对多的纯煤。于是就出现了低温氧化和高温氧化来除去煤中的有机质，以测定煤中矿物质的方法。在低温下用液体氧化剂处理煤，或用射频感应等离子体的低温灰化炉，使氧活化后通过煤样，让煤中有机物在低于150℃下氧化，以测定煤中矿物质含量。

高温氧化灰化法只能测定煤的灰分产率，通过灰分来定性和定量地估算煤中矿物质含量。由于高温灰化时，FeS_2 矿物氧化成 Fe_2O_3 和 SO_2；有些 SO_2 和 Ca 结合留在灰中，使测定结果失真；又如煤中黏土矿物含有水分，它是结合在黏土矿物的晶格内的，如高岭土含有13.96%的结合水，伊利石含有4.5%，蒙脱石含有5%结合水，高温灰化时，这些水都损失掉；又如 $CaCO_3$ 煅烧成 CaO，使 CO_2 损失掉等等。矿物质在高温时发生的化学变化，使组成有所变化，且质量也有所不同。因此，用灰分产率来计算矿物质含量时，人们提出了许多公式，其中最简单的是 Parr 提出的公式，称之为 Parr 公式：

$$MM=1.08A+0.55S_t$$

式中 MM ——煤中无机矿物质含量，%；

A ——煤的灰分产率，%；

S_t ——煤中全硫含量，%。

式中系数0.55主要考虑了黄铁矿硫的情况，也稍微考虑到煤中的有机硫。后来 Given 在对煤的纯有机物进行换算时，提出了以下修正：

$$MM=1.13A+0.47S_p+0.5Cl$$

式中 S_p ——煤中黄铁矿硫的含量，%；

Cl ——煤中氯的含量，%。

在英国，King-Maries-Crossley 提出 KMC 公式：

$$MM = 1.13A + 0.5S_p + 0.8CO_2 - 2.8S_A + 2.8S_s + 0.3Cl$$

式中　CO_2——煤中 CO_2 含量，%；

S_A——煤灰中硫的含量，%；

S_s——煤中硫酸盐硫的含量，%；

Cl——煤中氯的含量，%。

KMC 公式考虑了不同形态的硫、碳酸盐和氯化物以及灰中的硫酸盐，是个较全面的公式。

4.2.3　矿物质的分析方法

除应用等离子低温灰化（LTA）法直接测定煤中矿物质含量外，还有许多仪器分析方法用来测定煤中矿物质的组成。X 射线衍射法对鉴定煤中矿物质是一种很简单的方法；广泛用来研究煤中矿物的方法还有红外光谱法、差热分析法、电子显微镜法以及穆斯鲍尔谱法。图 4-11 是采用 X 射线衍射（XRD）法测定煤经低温灰化后的谱图。

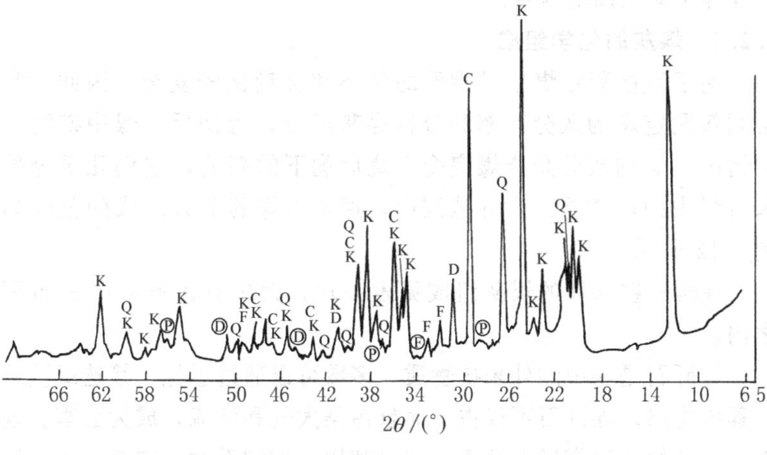

图 4-11　煤经低温灰化后的 X 衍射谱图

K—高岭土；Q—石英；C—碳酸钙；Ⓓ—碳酸镁·碳酸钙；

Ⓕ—氟化钙·磷酸钙；Ⓟ—黄铁矿

（资料来源：J. F. Unsworth，1991 年）

国际上煤中矿物质测定方法很不统一。有酸抽取法：煤样用盐酸和氢氟酸处理，以脱除煤中部分矿物质，再测定不溶部分矿物质，从而计算煤中矿物质含量。这一方法与低温灰化法相比，仪器设备比较简单，试验周期较短，易于掌握，但此法要使用有毒和强腐蚀性的氢氟酸，测定手续也较为繁琐。低温灰化法的优点是在不破坏矿物质结构的条件下，直接测定矿物质含量，其缺点是试验周期需 100～125h，很费时，且需要专门的设备，试验条件比较严格，而且还要测定残留物中的碳、硫含量。除上述两种方法外，就是计算法，即由煤中灰分产率，根据经验公式来计算矿物质含量，当然准确度较差。

我国沿用酸抽取法来测定矿物质含量，当煤样测得煤中水分和灰分后，用盐酸和氢氟酸处理，计算用酸处理后煤样的质量损失，灰化酸处理过后的煤，测定灰中氧化铁含量，以分别计算扣除氧化铁后残留在灰分及酸处理过的煤样中黄铁矿含量；再测定酸处理过的煤样中氯的含量，以计算其吸附盐酸的量。根据以上结果，计算出煤样中矿物质的含量。

4.2.4 煤灰的化学组成

鉴于直接测定煤中矿物质的种类和含量比较复杂，因此，常常间接测定煤的灰分产率和分析煤灰成分，近似反映煤中矿物质的情况。煤的灰分是指煤完全燃烧后剩下的残渣，它们几乎全部来自煤中的矿物质。世界范围内，通常烟煤的灰分组成的范围如图 4-12 所示。

我国一些煤样的煤灰组成见表 4-14，大多数在图 4-12 的范围之内。

煤矸石是煤中的外来矿物质，多数可以通过手拣、筛选或洗选过程中排出。煤矸石不仅占地而且污染大气和河流，成为公害。现在人们开始认识煤矸石并逐步加以利用，把它看做是宝贵的矿山资源。我国已经研究成功用流化燃烧法将煤矸石作为劣质燃料用来发电，同时开始对煤矸石进行综合利用，化害为利。煤矸石的主要成分一般以 SiO_2 和 Al_2O_3 为主。必须充分了解煤矸石的组成和特性，

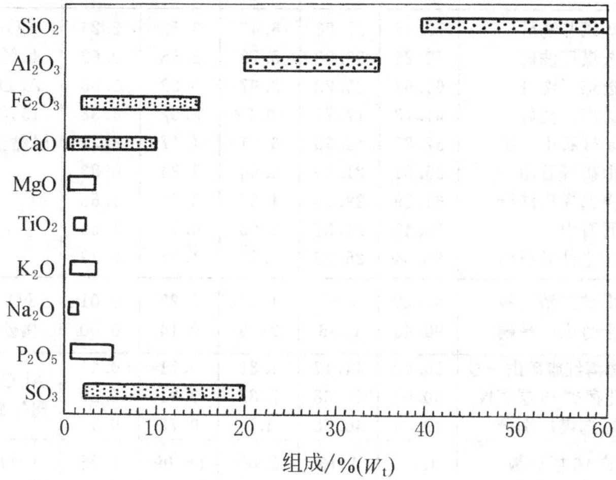

图 4-12　烟煤灰分组成的一般范围

(资料来源：J. F. Unsworth，1991 年)

表 4-14　我国一些煤样的灰分组成　　单位：%

煤产地	SiO_2	Al_2O_3	Fe_2O_3	CaO	MgO	TiO_2	K_2O Na_2O	SO_3	碱酸比①
阳泉无烟煤	52.66	33.58	7.01	0.23	1.27	0.81	1.99	0.45	0.10
晋城无烟煤	47.39	33.59	4.73	6.46	0.85	0.90	3.34	2.70	0.19
西山贫瘦煤	56.33	31.38	6.94	2.18	0.48	1.03	0.46	1.20	0.11
灵武不黏煤	37.93	14.52	16.41	10.93	4.97	0.90	2.50	11.84	0.65
长广气煤	46.05	29.73	15.17	3.45	0.50	1.60	1.11	2.41	0.26
大同弱黏煤	57.79	18.44	13.13	3.44	0.65	1.25	—	3.23	0.16
扎赉诺尔煤	41.11	13.60	12.44	13.98	3.03	1.23	2.99	9.45	0.58

① 碱酸比$=\frac{Fe_2O_3+CaO+MgO+K_2O+Na_2O}{SiO_2+Al_2O_3+TiO_2}$。

才能确定煤矸石的合理利用途径。表 4-15 是我国一些煤矸石的主要化学成分，可供参考。

表 4-15　我国一些矿井煤矸石和洗矸的主要化学成分 单位：%

煤矸石产地	SiO_2	Al_2O_3	Fe_2O_3	CaO	MgO	岩石类型
开滦唐山矿风井洗矸	59.13	21.83	6.43	3.53	2.24	SiO_2 含量：40%～70% Al_2O_3 含量：15%～30% 属黏土岩矸石
峰峰马头选煤厂洗矸	52.26	30.09	5.78	2.58	0.62	
鸡西滴道选煤厂洗矸	64.67	23.28	3.97	0.32	1.06	
阜新海州选煤厂洗矸	61.13	17.71	10.32	5.02	4.38	
淄博洪山矿矸石山	57.87	18.90	6.71	4.17	8.27	
徐州大黄山矿矸石山	65.81	21.39	5.64	1.34	0.83	
淮南望凤岗选煤厂洗矸	61.29	29.75	4.35	0.76	0.63	
萍乡高坑矸石山	65.42	21.87	3.95	0.70	1.60	
平顶山一矿主井矸石山	63.34	25.56	4.76	1.07	0.49	
甘肃山丹煤矿三槽底板	89.20	1.54	1.59	7.23	0.01	SiO_2＞70% 属砂岩矸石
湖南涟邵金竹山一平峒	90.45	0.36	2.59	0.14	0.00	
内蒙古海渤湾红旗矿山一号	50.72	44.17	1.88	0.71	0.51	Al_2O_3＞40% 属铝质岩矸石
山东兖州北宿矿 18 层底板	50.03	40.68	2.82	0.81	1.29	
南票矿务局选煤厂洗矸	49.14	40.68	1.3	0.72	0.13	
兖州唐村矿 16 层底板	1.09	1.13	2.00	86.09	1.78	CaO＞30% 属钙质岩矸石
云南小龙潭矿矸石	14.28	2.98	4.98	68.60	1.40	

4.2.5　煤中微量元素与有害元素

随着人们环保意识的增强，对煤中微量元素的形成和控制，日益受到重视。按煤中微量元素的存在形态、浓度、pH 值和氧化-还原条件及其他因素，可以将其划分为必需的、非必需的和有害的三类。某些微量元素在特定浓度时是属于有益的，浓度高一些就成为有害的，再高些就成为有毒的了。这种浓度间的差异是很微小的，这就要求取样和分析能最大限度地减少误差或玷污，选用合适的参考物及正确的分析方法，方能对微量元素及对环境的影响作出正确的评价。

从工业利用的角度看，过去关注的煤中主要有害元素是磷、砷、氯、铅等几种。它们的危害性各不相同，如煤中磷主要对炼焦用煤有害，砷主要对酿造工业和食品工业有害，氯主要对燃烧和炼焦有害。对微量元素而言，煤中下列 26 种元素对环境的影响尤为敏感（表 4-16）。表中从左到右对环境影响的重要性渐次减弱。它们在煤中含量的数值范围见表 4-17。

表 4-16 受环境关注的煤中微量元素

第一类	第二类	第三类
砷 As 镉 Cd 铬 Cr 汞 Hg 铅 Pb 硒 Se	硼 B 氯 Cl 氟 F 锰 Mn 钼 Mo 镍 Ni 铍 Be 铜 Cu 磷 P 钍 Th 铀 U 钒 V 锌 Zn	钡 Ba 钴 Co 碘 I 镭 Ra 锑 Sb 锡 Sn 铊 Te

注：资料来源为 D. J. Swaine，2000 年。

表 4-17 煤中对环境有影响的微量元素含量范围

元素		主要(矿物)来源	数量范围/10^{-6}
As	砷	黄铁矿	0.5～80
Ba	钡	重晶石	20～1000
Be	铍	与有机质结合	0.1～15
B	硼	与有机质结合	5～400
Cd	镉	闪锌矿	0.1～3
Cl	氯	孔隙水氯离子或与显微组分吸附	50～2000
Cr	铬	与有机质结合，伊利石、铬铁矿	0.5～60
Co	钴	复合共生	0.5～30
Cu	铜	黄铜矿、黄铁矿	0.5～50
F	氟	各种矿物	20～500
Pb	铅	方铅矿	2～80
Hg	汞	黄铁矿	0.02～1
Mn	锰	碳酸盐、菱铁矿、铁白云石	5～300
Mo	钼	硫化物，与有机质结合	0.1～10
Ni	镍	多种型结合	0.5～50
P	磷	磷酸盐	10～3000
Ra	镭		～1
Sb	锑	有机质结合，黄铁矿和硫化物	0.05～10
Se	硒	有机质结合，黄铁矿	0.2～10
Te	铊	黄铁矿	0.2～1
Th	钍	黏土、磷钇矿、风信子玉矿物	0.5～10
Sn	锡	氧化物与硫化物	1～10
V	钒	黏土、有机质结合	2～100
U	铀	有机质结合，风信子玉矿物，硅酸盐	0.5～10
Zn	锌	闪锌矿	5～300

注：资料来源为 D. J. Swaine；FuPT，21，2000 年，B. Alpern，2000 年。

4.2.6 煤中伴生元素：锗、镓、铀、钒及其他

锗、镓、铀、钒等伴生元素由于它们的经济价值，有不少国家已经在煤中进行提取。

锗通常多散布于各种硅酸盐矿石、碳酸盐与锡石的共生矿物、铌-钽铁矿和硫化物中。在煤中富集程度大多在5g/t(10^{-6})以下，少数有富集到工业可采品位20g/t以上，我国在浙江某地曾发现含锗3000g/t的锗矿化木。主要富集在低阶煤中，且以薄煤层居多，多数富集在靠近煤层顶板、底板部位。从煤岩显微组成看，镜质组富集程度高，而以惰质组中含锗为最低。

镓在煤中的品位要在30g/t以上才具有工业提取价值，通常煤中镓在10～30g/t之间。由于镓与铝的原子半径相近，不少含三氧化二铝高的煤，镓的品位也较高。燃煤富集后，镓在煤灰中有时可达500g/t以上。

铀是煤中较易富集的元素之一。通常很少在高阶煤中富集，一般不超出10g/t，多数富集在褐煤中。我国已经发现一些含铀品位超过300g/t的褐煤矿点。铀在煤中赋存，如表4-17所示，可能大多是与煤有机质结合为主，低阶煤中腐植酸容易吸附铀离子使之成为金属有机络合物，又借腐植酸的还原作用，能把铀离子还原为不溶于水的铀，固定在煤的有机组分中。

钒的富集，在我国以早古生代的石煤中最多。浙江、湖南等地的石煤，其钒含量不少已超出具有工业提取价值的品位，达到0.5%～1%以上。石煤中提钒工艺并不复杂，大多采用食盐焙烧法。

煤中除上述稀有元素较易富集外，有时还富集铍、锂、铼、铟、铊、钍、钛、铌、钽、锆、锶、钨和银、金、铂等一系列有用元素。这些元素的用途十分广泛。它们在煤中的富集情况见表4-18，表中同时还列出世界煤中这些元素的平均含量和美国煤中这些元素的平均含量，以兹比较。

由表4-18数据可见，中国煤中镧、铈、钕、钐、铽、镱、砷、镥、钴、铬、铯、铪、钾、钠、镍、钽、钍和铀的平均含量均高于世界煤中含量的平均值；铕、铁、钪、硒和钨的平均含量与世界煤的均

表 4-18　中国、美国和世界煤中稀有元素的平均含量比较

元素	中国	世界	美国	元素	中国	世界	美国
镧 La	0.58～70.90① 24.06	10.0	4～20	铪 Hf	0.31～13.30 2.74	0.6	0.8～5
铈 Ce	2.76～158.00 44.96	0.4	7～40	钾 K	0.1×10^3～10.2×10^3 2.96×10^3	100.0	200～4×10^3
钕 Nd	3.77～67.40 21.18	4.7	7～10	钠 Na	23.4～4.6×10^3 828.12	0.2×10^3	200～4×10^3
钐 Sm	0.08～14.30 3.80	1.6	0.5～3	镍 Ni	4.0～255.00 21.40	15.0	3～80
铕 Eu	0.02～2.90 0.72	0.7	0.1～0.8	铷 Rb	1.4～93.8 17.52	100.0	2～40
铽 Tb	0.07～2.11 0.54	0.3	0.08～0.7	锑 Sb	0.04～28.60 1.27	3.0	0.1～10
镱 Yb	0.05～5.97 1.47	0.5	0.3～1.8	钪 Sc	0.12～18.30 6.21	5.0	1～10
镥 Lu	0.01～1.04 0.26	0.07	0.04～0.2	硒 Se	0.12～56.7 4.27	3.0	0.5～10
砷 As	0.21～97.8 7.79	5.0	0.5～100	锶 Sr	29.00～894.00 180.23	500.0	40～600
钡 Ba	4.10～1850.00 202.00	500.0	50～500	钽 Ta	0.04～4.02 0.66	0.2	0.1～2
溴 Br	0.24～67.70 6.78	17.0	0.5～50	钍 Th	0.09～25.40 7.00	2.0	1～6
钴 Co	0.83～39.60 7.40	5.0	1～40	铀 U	0.16～305.00 8.63	1.0	0.5～3
铬 Cr	3.53～1510.00 44.55	10.0	4～50	钨 W	0.17～57.60 2.46	2.5	0.3～1
铯 Cs	0.07～33.00 2.29	1.5	0.2～3	锌 Zn	0.58～158.00 39.17	50.0	5～5×10^3
铁 Fe	0.38×10^3～44.9×10^3 11.32×10^3	10.0×10^3	3×10^3～40×10^3				

① 表列元素含量为 g/t；表中横线上方为范围，下方为平均值$\left(\frac{范围}{平均值}\right)$。

注：资料来源，世界：引自 V. Valkovic，1983 年；美国：引自 J. Radional. Chem.，37，849，1997 年；中国：引自 Wang，Y. 等，1994 年。

值相当；低于均值的元素有钡、溴、铷、锑、锶和锌。除锌元素外，中国煤中所有表列元素含量的波动范围都要比美国煤中这些元素的含量范围宽。这种现象可以从煤的成因和地球化学观点得到解释。

4.3 煤的孔结构

煤体由有机质、矿物质和煤中的各类孔所构成，是有不同孔径分布的多孔固态物质，其总孔体积的主要部分是在微孔中。煤的孔隙率（有的称为孔隙度）及其与煤阶的关系具有很重要的实际意义，人们利用煤的多孔结构生产煤基吸附材料；煤中孔的体积和孔的大小分布决定着煤炭开采时甲烷从内孔结构扩散出来的难易程度，可以预报瓦斯突出的可能性；观察煤中裂隙、孔洞形态，了解孔分布规律及发育程度，对追溯生气源岩、评价煤成气资源有重要价值；在煤炭洗选工艺中，煤中有机质的相对密度部分地与煤的孔隙率有关，依此决定脱除煤中矿物质的洗选工艺；在煤的转化过程中，化学反应都必然在反应物及固体表面之间发生，许多表面是与孔结构相关联的，即反应产物的扩散与反应介质的进入，多数和煤中的孔结构有关；孔隙的发达程度，也影响水煤浆的制浆性能。要利用煤的多孔性，来制取煤基吸附材料、碳分子筛、活性焦、活性炭等等，以提高煤的使用价值。

杜比宁（Dubinin）建议使用下面的分类来区分多孔吸附剂不同大小的孔，这种分类也普遍用于煤化学研究：

① 大孔　孔径＞20.0nm；

② 过渡孔　孔径在2.0～20.0nm之间；

③ 微孔　孔径＜2.0nm。

4.3.1 煤中孔的分类与形态

到目前为止，对煤中孔隙的分类，还很不统一。有的将孔分成大孔和微孔两种，选定的分界点为孔有效半径 $r=10.0$nm 霍多特（ходот）将孔分四个级别：

① 大孔　孔径＞1000nm；

② 中孔　孔径在100～1000nm之间；

③ 过渡孔　孔径为10～100nm；

④ 微孔　孔径<10nm。

国际精细应用化学联合会（IUPAC）在1978年提出新孔径分类。

① 大孔（>50nm）。其中>1μm的孔能够用光学显微镜观察到；小的孔则能用扫描电子显微镜（SEM）看到煤中的微裂隙的孔；较大的孔则能用图像分析技术对孔径加以定量，或用压汞法进行孔径测定。

② 中孔（2～50nm）。能用SEM观察到或借透射电子显微镜（TEM）对孔进行定量测量；亦可用氮吸附法或小角中子（SANS）或X射线散射技术（SAXS）进行定量。

③ 微孔（<2nm）。微孔尺寸及孔径波动范围能用SAXS法或CO_2吸附法或纯氦比重技术进行计算。

按照IUPAC孔型分类及表征孔隙率的各种方法见图4-13。在

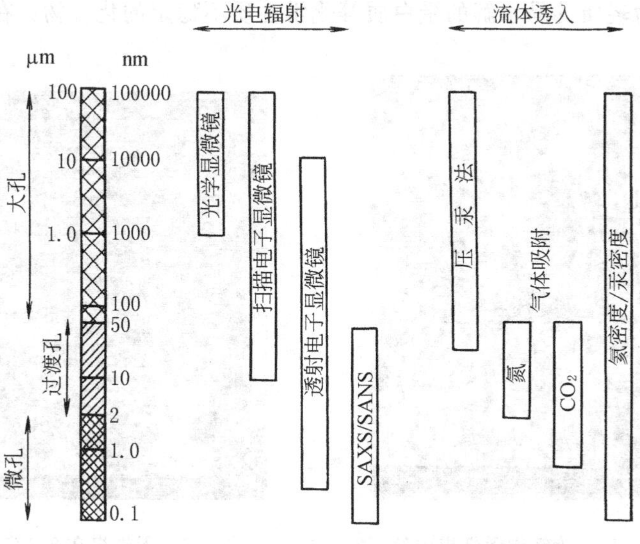

图4-13　孔型分类及有关孔的测定方法

（资料来源：D. J. Barratt等，1991年）

杜比宁的孔分类中，其物理依据有：所谓微孔，就是指在相当于滞后回线开始时的相对压力下已经被完全充填的那些孔隙，它们相当于吸附分子的大小。微孔的容积约为0.2～0.6cm^3/g，而其孔隙数量约为 10^{20} 个。全部微孔的表面积，对于煤基活性炭来说约为500～1000m^2/g。由此可见微孔是决定吸附能力大小的重要因素。由煤生产的活性炭，所有能够进行吸附的表面实际上就是属于这些孔。

中孔是那些能发生毛细凝聚使被吸附物质液化而形成弯液面，从而在吸附等温线上出滞后回线的孔隙。中孔的孔容积较小，约为0.015～0.15cm^3/g，其表面积也较小。

大孔在技术上是不能实现毛细凝聚的。这部分孔在成因上有如下几种类型：孔洞与裂隙。孔洞又有气孔、植物残余组织孔、溶蚀孔、铸模孔、晶间孔、原生粒间孔和缩聚失水孔。裂隙又分为内生裂缝和构造裂隙，如煤化过程中气体逸出留下的孔痕和植物残余组织孔。当原始成煤植物死亡埋藏后，由于植物各部分组织的细胞腔内多为轻质的易水解的蛋白质等化学性质不稳定的化合物，在细菌

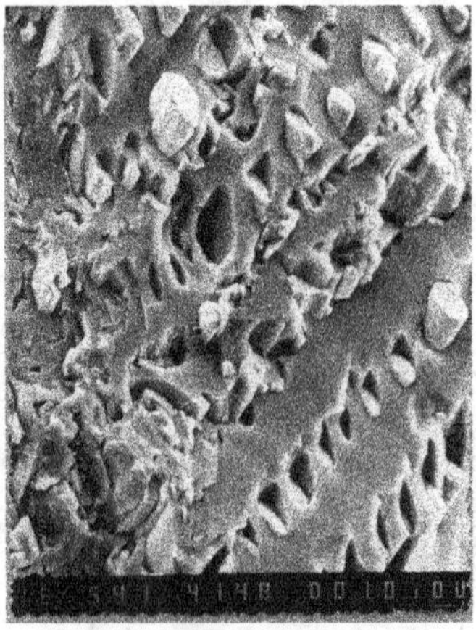

图 4-14　汝箕沟无烟煤中丝质体的胞腔结构（×540）

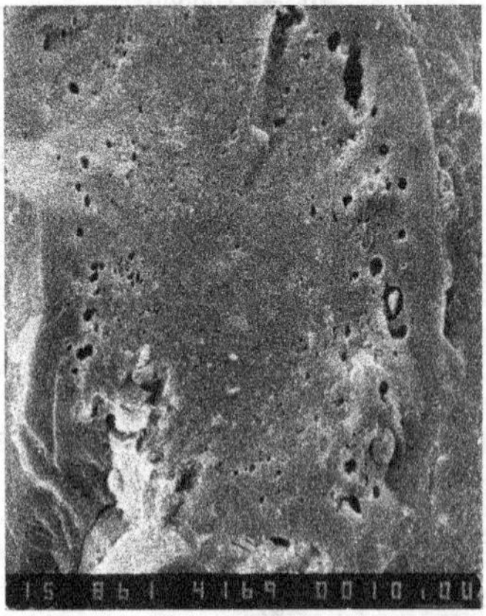

图 4-15　无烟煤在 850℃加热 15min 后，表面形成的析气孔（×860）

的酶的作用下不断分解，胞壁组织由于成煤条件不同、生物化学作用程度的不同，而保留了相应的胞腔组织。在扫描电镜或光学显微镜下可以看到丝质体的胞腔和孔结构（图4-14）。煤是一种致密程度不等的、多孔且具有热塑性的物质，在成煤过程和受热转化过程中，伴随有气体逸出，这样也形成不同类型的孔结构。图4-15是汝箕沟无烟煤加热到850℃时，煤粒表面由于析气所形成多而大的孔的图片（放大倍率×860）。

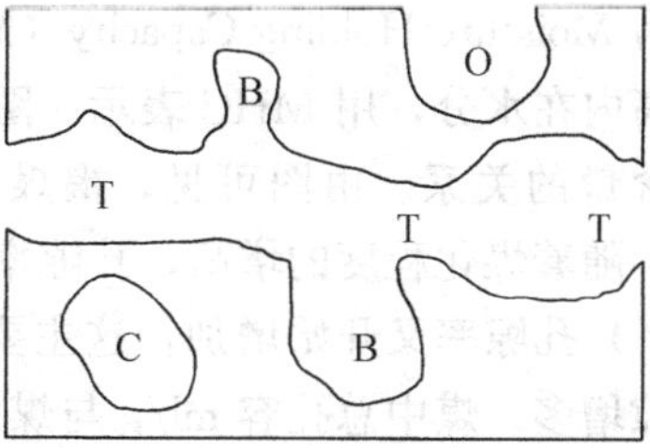

图4-16　不同形态的孔

O—敞开孔；C—封闭孔；T—孔的通道；B—盲孔

煤中孔还存在不同的形态。有些孔构成孔的通道，有些孔属于盲孔，有些是属于封闭孔，还有敞开式的孔。图4-16表示多孔固态物质中孔的不同形态。

4.3.2　煤中孔的孔径及其分布

煤的表面积是表征煤微孔结构的一个重要指标。分析基煤的总孔隙率通常可以通过氦、汞透入密度的差值来进行计算。可用下式计算煤中总孔的体积V_T，有

$$V_T=\frac{1}{\rho_{Hg}}-\frac{1}{\rho_{He}}$$

式中　V_T——煤中全部孔的体积，ml/g；

ρ_{Hg}——煤的汞法密度，g/ml；

ρ_{He}——煤的氦法密度，g/ml。

煤中最高内在水分的高低，在很大程度上取决于煤的内表面积，因此，它与煤的结构、煤化程度有密切的关系。煤的最高内在水分是指煤的孔内达到饱和吸水状态的水分，或者说是煤在饱和水蒸气的气氛中达到平衡时除去外在水以外的水分。在具体测定中，一般在温度30℃，相对湿度为96%～97%的气氛中进行。国际上有许多国家称之为容积水、平衡水、包藏水或最大含水量等，国际标准称

之为 Moisture-Holding Capacity（简称为 MHC），我国定义它为煤的最高内在水分，用 MHC 表示。图 4-17 是煤中最高内在水分与煤中碳含量的关系。由图可见，褐煤（$C_{daf}<75\%$）有着最发达的孔结构，随着煤化程度的增高，孔隙率逐渐变低；到无烟煤阶段（$C_{daf}>90\%$）孔隙率又开始增加，这主要由于煤芳香片层的秩理性增加使孔隙增多。煤中总孔容 ml/g 与煤中最高内在水分 MHC 之间大致上呈直线关系，图 4-18 中的曲线表示 $\text{tg}\theta=45°$ 相对应的直线。实验点间有如下回归方程：

$$V_T=0.72\text{MHC}+2.6$$

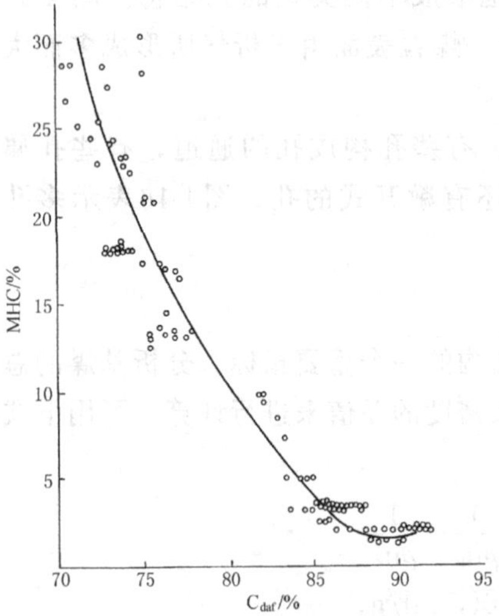

图 4-17 煤中最高内在水分随碳含量的变化

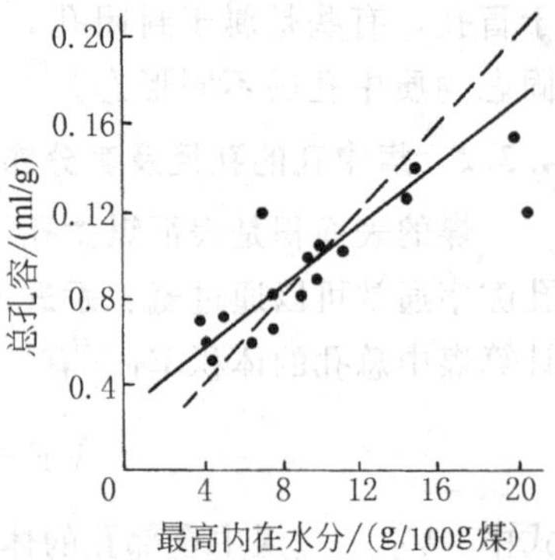

图 4-18 煤的总孔容与最高内在水分的关系

从图 4-19 可见，总孔容随煤阶的变化，与图 4-17 的变化曲线相类似。

煤岩显微类型不同，其孔结构也各有所差异。在对煤的吸氧自燃的研究中，曾对烟煤的四种煤岩类型进行不同吸附温度下的吸氧量试验（表 4-19），由表列数据可见，丝炭有着最大的吸氧量。只有当较高的吸附温度时，四种煤岩组分的吸氧量才基本相近。

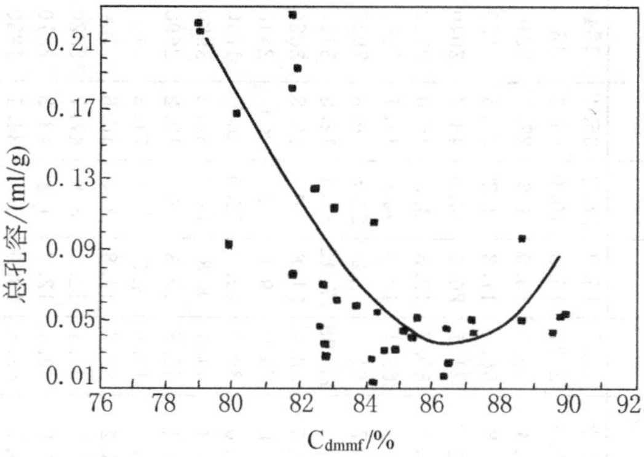

图 4-19 煤的总孔容随煤中碳含量的变化

（指<3.5μm 的孔）

表 4-19 煤中不同显微煤岩类型的吸氧量 (cm^3/g)

吸附温度/℃	镜煤	亮煤	暗煤	丝炭
15	5.7	5.2	5.15	12.63
50	13.4	12.5	9.9	45.0
100	60.9	60.3	43.2	51.6

对于显微组分来说，在烟煤阶段，其表面积大小顺序大致为：丝质组>稳定组>镜质组。

煤中孔的发育程度除与煤阶、显微煤岩类型有关系外，事实上和煤的成因类型也有一定的关系。还原程度高的海陆交互相煤层，它的煤岩组成与化学性质和陆相煤层相比，有着明显的差别。以华北石炭二迭纪含煤地层为例，太原组（海陆交互相）和山西组（陆相）同属一个含煤地层，在几乎所有各煤阶煤中，太原组煤的气孔都比山西组煤发育。正由于海陆交互相煤有着较为发育的孔结构，就有较好的生烃物质基础，有着较强的生气能力。这对研究煤层气是相当重要的。

表 4-20 列出我国一些煤的孔隙结构参数。表中排驱压力是指压汞时按 50%的进汞量所对应的压力，对于压汞曲线规则的煤样，用开始正常大量进汞的压力（门限压力）定为排驱压力。泥炭和褐煤由于其大孔发育，其排驱压力值很小，约 160～200Pa；一般煤样的排驱压力波动在 1000～3000Pa 之间。表中煤孔的内表面积，

表 4-20 煤的孔隙结构参数表

采样地点	时代	煤类	$R_{o,max}$/%	孔隙度/%	孔面积		孔容进汞量/(cm^3/g)	平均孔隙半径/nm	孔隙体积百分比/%				排驱压力/Pa
					BET法/(m^2/g)	压汞法/(m^2/g)			微孔	过渡孔	中孔	大孔	
黑龙江密山	Q	泥炭	0.15	24.72	8.6	27.13	0.206	15.2	19.7	16.9	28.2	35.4	184
云南宜良	N	褐煤	0.37	16.84	3.0	28.81	0.152	10.5	2.71	16.3	10.0	46.6	165
山东黄县	E	褐煤	0.45	12.91	13.0	48.23	0.130	5.4	55.0	13.9	3.6	27.5	2010
辽宁抚顺	E	气煤	0.63～0.68	7.64	1.4	21.04	0.051	4.8	56.9	17.3	3.3	22.5	1450
内蒙古大雁	J3-K2	褐煤	0.40	17.42	2.1	25.285	0.166	13.2	21.7	20.1	14.5	43.7	2040
辽宁阜新	J3-K2	长焰煤	0.59	9.57	8.4	45.39	0.093	4.1	80.7	13.8	3.3	16.0	2320
辽宁铁法	J3-K2	肥煤	1.11	8.85	374.5	54.48	0.112	4.1	69.1	12.0	4.2	14.7	1990
甘肃窑街	J1-2	藻煤	0.59	6.54	1.4	9.09	0.022	4.7	61.7	1.2	21.5	16.6	7920
新疆米泉	J1-2	气煤	0.70	7.50	2.1	27.18	0.154	11.3	22.98	17.12	37.1	12.8	3410
四川永荣	T3	气煤	0.85	6.94	0.2	20.55	0.047	4.5	58.9	21.6	0	19.5	3020
贵州水城	P2	气煤	0.65	6.81	2.2	36.78	0.070	3.8	73.0	19.0	0	8.0	2410
湖南邵东	P2	气煤	0.75	6.63	1.7	26.18	0.092	7.0	39.0	29.1	22.3	9.6	1760
浙江长广	P2	气煤	0.76	8.45	<0.1	17.96	0.058	6.4	44.4	8.8	12.5	34.3	3980
四川天府三矿	P2	瘦煤	1.85	6.24	0.3	18.69	0.038	4.1	68.5	19.3	0	12.2	2690
四川天府一矿	P2	贫煤	1.91	6.40	<0.1	17.05	0.123	14.4	19.6	3.5	5.3	71.6	—
安徽淮南(B)	P_1^2	气煤	0.75	6.81	0.9	19.89	0.08	8.2	38.2	11.8	3.4	46.6	844
安徽淮南(A)	P_1^1	气煤	0.72	6.98	0.2	22.41	0.84	7.5	37.1	11.4	3.8	47.7	2820
河北唐山(8煤)	P1	肥煤	1.09	6.36	<0.1	18.88	0.062	6.5	43.1	12.2	1.4	43.3	2810
山西临县(5煤)	P1	肥煤	1.12	6.10	0.9	16.12	0.046	5.7	48.6	13.9	3.4	34.1	1830
山西临县(8煤)	C3	焦煤	1.36	6.18	<0.1	18.12	0.068	7.5	36.8	10.2	3.1	49.9	1190
内蒙古准格尔	C3	长焰煤	0.57	9.18	2.6	32.25	0.076	4.7	58.7	21.7	6.6	13.0	760
山西平朔	C3	长焰煤	0.36	7.78	0.4	22.51	0.102	9.0	31.9	9.0	2.1	57.0	1010
山西阳泉(12煤)	C3	无烟煤	2.69	6.20	1.2	11.79	0.028	4.7	66.3	20.3	3.6	9.8	1980

由于测法不同，数值有较大的差别，总地来说，BET 法较压汞法获得的数值普遍低些。这主要是由于计算时所用的数学模型不同所致。表列孔隙体积百分比分类，是按 ходот 的孔型分类计算的。为了便于观察，图 4-20 示出我国一些煤的孔径分布图。

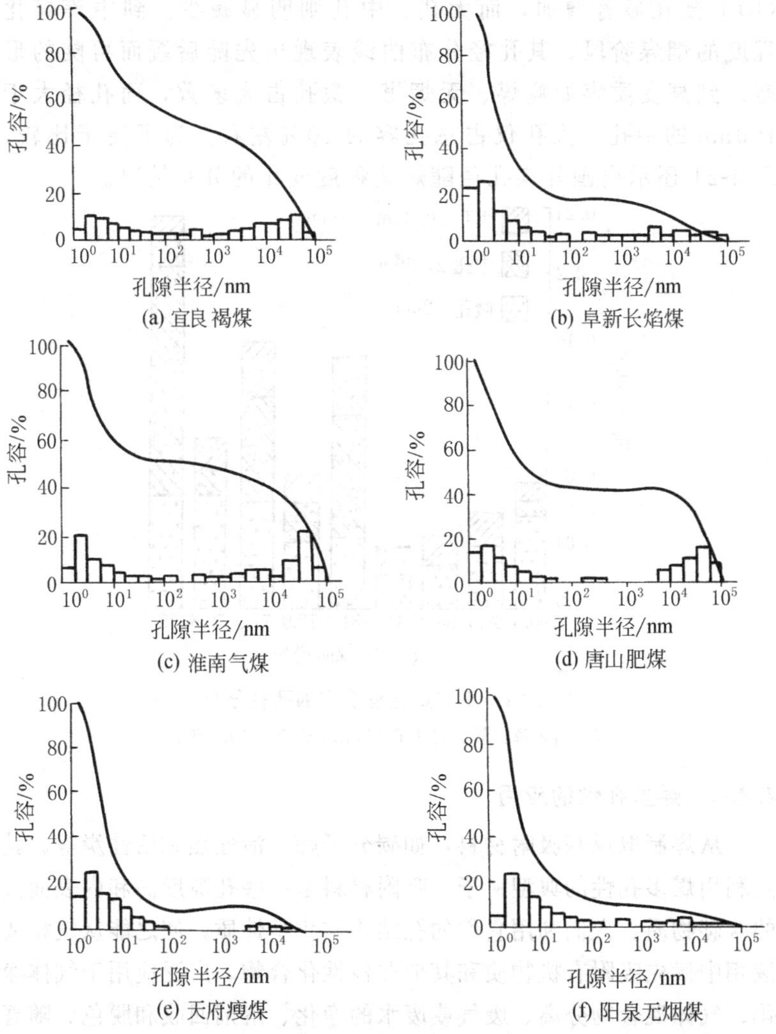

图 4-20 各种煤的孔径分布图

煤的孔径分布和煤化程度有着密切的关系。由图 4-20 可见，褐煤的孔径分布曲线，其斜率的变化不大，表明其孔隙大小的分布较为均匀，如图 4-20(a)，其中 $9\times10^3\sim9\times10^4$ nm 的大孔和 2～10nm 的微孔明显占多数。到长焰煤阶段［图 4-20(b)］微孔显著增加，而大孔、中孔则明显减少。到中等煤化程度的烟煤阶段，其孔径分布曲线表现出先陡后缓而再陡的形态。到高变质煤如瘦煤、无烟煤，微孔占大多数，而孔径大于 100nm 的中孔、大孔仅占总孔容的 10%左右。为了便于比较，图 4-21 还示出国外煤孔径随煤化程度变化的分布情况。

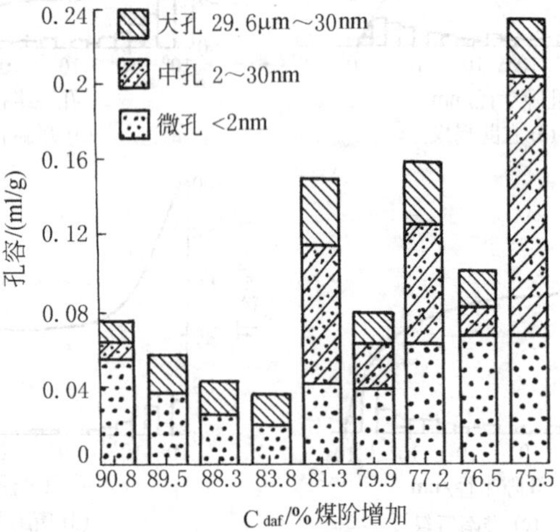

图 4-21 不同煤化程度煤的孔径分布

（资料来源：转引自 J. F. Unsworth 等，1991 年）

4.3.3 煤多孔性的应用

从煤制取煤基吸附材料，如碳分子筛、活性焦和活性炭等，就是利用煤多孔性的典型例子。吸附材料是一些孔隙度高和内表面大的含碳物质。人们利用它们的孔结构与化学性质，使之能从气相或液相中优先吸附有机物质和其他非极性化合物，广泛应用于气体净化、气体混合物分离、废气或废水的净化、溶剂回收和脱色。随着世界各国对环境质量要求的日益提高，吸附材料在环境保护和提高

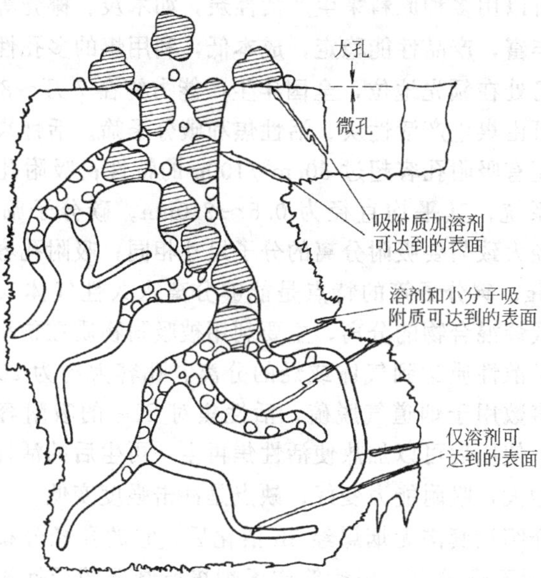

图 4-22　吸附材料孔隙示意图

人类生活质量方面起着越来越大的作用。由煤来生产吸附材料，就是充分利用煤的多孔性质。重要的是要有一个合适的宏观孔或运输孔对微孔或吸附孔的比例。一方面能将吸附物质迅速输送到内表面，另一方面又有足够大的内表面来提供高的吸附容量（图 4-22）。天然煤的孔结构并不能完全满足上述要求，要选用合适的煤为原料，经过预处理等工艺，来生产多种煤基吸附材料，如活性炭、活性焦和分子筛。这些吸附材料的孔径要求如图 4-23 所示。

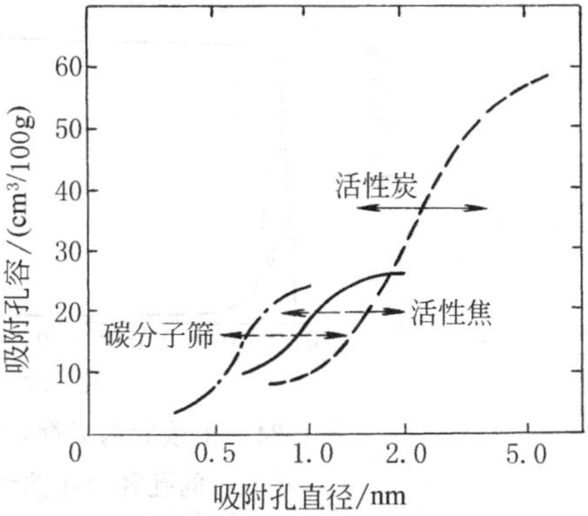

图 4-23　活性炭、活性焦和碳分子筛的孔容和孔分布

人们可以用多种原料来生产活性炭，如木炭、椰壳等，但由于煤的资源丰富，产品性能稳定，成本低，利用煤的多孔性来生产粒状活性炭已处在领先地位，全国年生产能力约在7万～8万吨采用不同工艺可由煤生产活性炭、活性焦和碳分子筛。活性炭除具有宏观孔外，还有吸附孔容超过$30cm^3/100g$的特性；吸附孔组成的微孔和中孔系统，其平均直径为0.5～2.0nm。碳分子筛的孔径很小，其直径大致与要吸附分离的分子尺寸相同；吸附孔容一般低于$30cm^3/100g$；碳分子筛的特点是能够分离永久性气体（如氧与氮的分离）或烃混合物的分离，主要利用被吸附物质在狭窄的微孔中有不同的扩散性质达到气体或烃的分离。孔容大约为$20cm^3/100g$的活性焦多数用于烟道气脱硫，活性焦对SO_2的吸附容量大，气流阻力低，使用后可以加热使活性焦再生，再生后的活性焦吸附容量能再次增大，吸附能力变好；缺点是冲击强度变低。

下面介绍汝箕沟无烟煤经3h活化后，它的孔径分布曲线（图4-24）。由图不难看出，用汝箕沟无烟煤所制造的活性炭，其多数孔径分布在1～2nm之间，只有很少部分的孔径大于2.0nm。

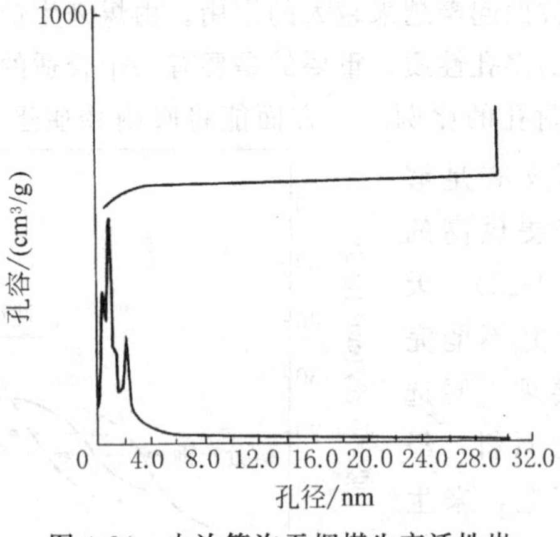

图4-24　由汝箕沟无烟煤生产活性炭的孔径分布曲线

笔者曾利用MAS/CP及偶极去相^{13}C-NMR法并结合X衍射法，对汝箕沟煤的类微晶结构进行研究。汝箕沟煤的结构为每层面约有 13 个芳环的非迫位结构，脂肪侧链很少，层间距 d_{002}＝34.957nm，约由 5 个单层平行迭加构成（L_C＝205.121nm）。由此设想其类晶排列及孔的结构（图 4-25）。这里用每一个分币作为汝箕沟煤分子的单层片结构，即每个分币约有 13 个芳环。由这些芳环只能构成 0.1nm 大小的超微孔，这些孔在测量时都属于无效孔；在一簇团分布与另一簇团分布之间的孔，大约从 0.3～20.0nm，其孔径属微孔到过渡孔。经过活化处理后，孔径的分布渐趋一致。由无烟煤生产的活性炭的高分辨电子显微镜图，可以清楚地观察到

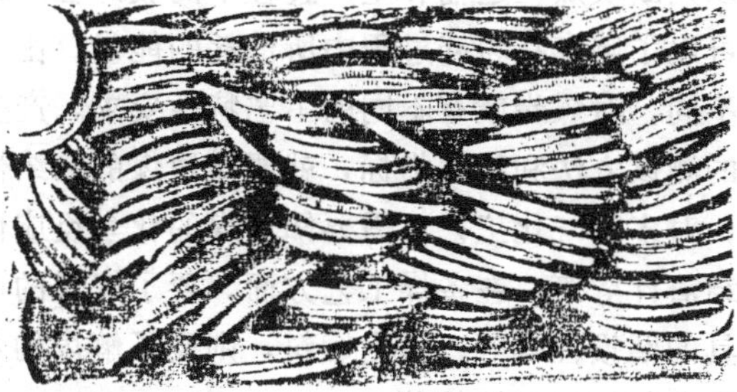

图 4-25　设想的汝箕沟无烟煤的类晶排列及孔结构

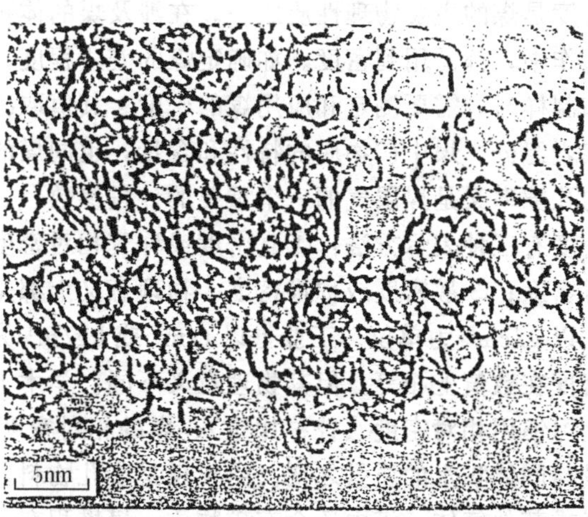

图 4-26　无烟煤制成的活性炭的高分辨电镜照片

孔的分布。在图 4-26 上，黑色部分是碳层结构，勾划出许多孔，其大小多数在 1.0～2.0nm 之间。观察结果和测定结果与对类晶孔结构的推断，大致上都能相互吻合。

4.4 煤的物理性质与工艺性质

煤的物理性质同化学性质一样，具有同等重要的作用。例如根据煤的真相对密度，就可以较明显地区分不同变质阶段的无烟煤，根据煤的视相对密度可为地质勘探过程计算煤层的储量；根据煤的机械强度可以判断块煤在运输和生产过程中的破碎程度；根据煤的可磨性指数可以了解煤在粉碎过程中所消耗的能量。由于煤炭加工利用的工艺不同，对煤炭就有不同的工艺特性要求，产生不同的表征工艺要求的测试方法和特性指标，就要知道煤的黏结性、结焦性和塑性等等；对多种气化工艺，需要知道煤的化学反应性（活性）、热稳定性、结渣性等等；在备煤工艺方面，要了解煤的可选性、成型性和对机具的磨损性等等；作为燃料，则要了解煤的着火点、沾污性、可磨性和灰的熔融性等等。

4.4.1 密度、视密度和散密度

煤的密度是煤的主要物理性质之一。在涉及煤的体积和质量关系的各种工作中，都需用到密度。如确定煤的变质程度，进行煤分类、精选和制样时，需要测定和应用煤的密度。其值取决于煤的变质程度、煤岩组分、煤中矿物质的特性和含量，也同煤的孔隙率有关，而煤的孔隙率又是煤层气的一个重要的计量参数。

煤的密度有三种表示方法：①真密度或称真相对密度；②视密度或视相对密度；③散密度或称堆密度。物理意义上都是单位体积煤的质量，以 g/cm^3 为单位。工业上以 t/m^3 或 kg/m^3 为单位。密度和相对密度在数值上相等，但其物理意义不同。学术上一般用密度，工业上习惯用相对密度（曾称比重）。煤的相对密度是指 20℃ 时煤的质量与同体积水的质量之比。由于煤是多孔物料，孔隙中含有水、空气或其他气体；煤中还会有矿物质；煤堆积在一起时，颗粒之间存在空隙，其中也充填有空气。为了适应不同的用途，所以

有如上的三种表示方法。

(1) 煤的真相对密度（曾称真比重）。按我国法定计量单位，应称为真相对密度，表示符号为 TRD（True Relative Density），是表示煤分子空间结构的物理性质，它和煤的其他性质有着密切关系。它是计算煤层平均质量的一项重要指标。在洗选煤或制备减灰试样时，也需要根据煤的真相对密度来确定减灰重液的相对密度。

影响煤的真相对密度的主要因素如下。

① 煤的变质程度。煤的变质程度是影响真（相对）密度的主要因素之一。随着煤变质程度的加深，纯煤真密度增大，如褐煤真密度一般小于1.3，烟煤多为1.3～1.4，而无烟煤则为1.4～1.9。

② 煤的岩相组成。同一变质程度的煤，不同岩相组分的真密度亦不相同。比如丝炭真密度为1.39～1.52，暗煤为1.30～1.37，亮煤为1.27～1.29，镜煤为1.28～1.30，角质化物质为1.20～1.25。

③ 煤的成因。不同成因的煤其真密度也不相同。腐泥煤的真密度要比腐植煤的小，除去矿物质的纯腐植煤的真密度都在1.25以上，而纯腐泥煤的真密度约为1.0。腐植煤的真密度较腐泥煤类大，是由它的分子结构所决定的。因为在腐植煤有机质中芳香结构比较多，其主要岩相组成有丝炭、镜煤、暗煤、亮煤，而腐泥煤成煤物质中主要是浮游生物及一些藻类，而藻类（相对）密度较小。

④ 煤中矿物质。由于煤中矿物质的（相对）密度比煤有机物大得多，例如常见的矿物质中，黏土相对密度为2.4～2.6，石英为2.65，黄铁矿为5.0，因此，煤中矿物质含量越高，煤的真密度也越大，也就是煤的真密度随煤中灰分的增高而增高。粗略地讲，灰分每增加1%，煤的真密度增加0.01%。参见图4-27。

测定煤的真密度常用比重瓶法，以水做置换介质，根据阿基米德原理进行计算。方法要点：以十二烷基硫酸钠溶液为润湿剂，使煤样在比重瓶中润湿、沉降并排除吸附的气体，根据煤样质量和它排出的纯水的质量计算煤的真密度。

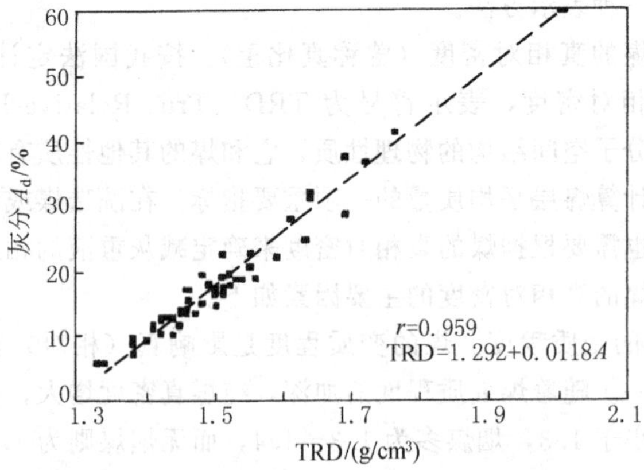

图 4-27　某矿煤中灰分含量与真相对密度的关系

计算公式如下：

$$(\mathrm{TRD}_{20}^{20})_{\mathrm{d}}=\frac{G_{\mathrm{d}}}{G_0+G_{\mathrm{d}}-G_1}$$

式中 $(\mathrm{TRD}_{20}^{20})_{\mathrm{d}}$——干基煤的真密度；

G_d——干基煤样质量，g；

G_0——比重瓶、浸润剂及水的质量，g；

G_1——比重瓶、浸润剂、煤样及水的质量，g。

干基煤样质量按下式计算；式中 M_{ad} 为空气干燥基煤样水分，%。

$$G_{\mathrm{d}}=G\times\frac{100-M_{\mathrm{ad}}}{100}$$

式中　G——空气干燥煤样质量，g。

用水作置换介质操作方便，但水分子的直径较大，不能进入很细的毛细管和微孔中，测得的真密度仅是近似值。用氦做置换介质可较准确地测定煤的真密度。氦的分子直径很小（17.8nm）能渗入微孔中，且对煤的表面不发生吸附作用。表 4-21 表明不同煤阶煤其氦密度与水密度测定值的差异。图 4-28 示出煤的氦密度随表征煤阶的碳含量的变化曲线。

表 4-21 不同煤阶煤的氦密度与水密度

挥发分 /%(maf)	密度/(g/cm³)		差值 /%	挥发分 /%(maf)	密度/(g/cm³)		差值 /%
	用氦	用水			用氦	用水	
44.5	1.31	1.31	0.0	23.7	1.31	1.32	+0.8
34.8	1.35	1.35	0.0	17.0	1.34	1.33	−0.7
32.9	1.27	1.28	+0.8	14.0	1.45	1.46	+0.7
29.6	1.30	1.29	−0.8	12.9	1.40	1.37	−2.1
26.6	1.28	1.28	0.0	11.7	1.39	1.45	+4.3
24.9	1.34	1.33	−0.7	3.4	1.57	1.57	0.0
24.6	1.38	1.45	+5.1	1.7	1.58	1.58	0.0

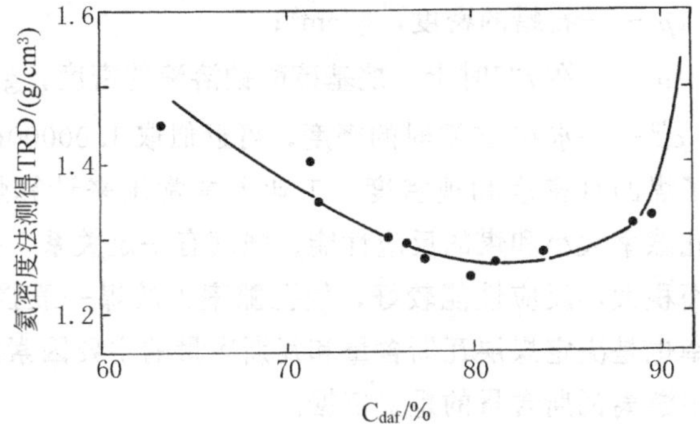

图 4-28 煤的氦密度随碳含量的变化

(2) 煤的视相对密度。煤的视密度是指 20℃时煤（包括煤中孔隙）的质量与同体积水的质量之比（曾称视比重），以 g/cm³ 表示。它是表示煤物理特性的一项指标，用于煤矿及地勘部门计算煤的埋藏量；在贮煤仓的设计及煤的运输、磨碎和燃烧等过程的计算中，也都需要这项测值。此外视密度还用来计算煤的气孔隙率，作为煤层气计量基准。

测定视密度的方法有多种，常用涂蜡法（或涂凡士林法）和水银法。视密度与真密度的区别就在于置换介质是否渗入煤中孔隙。涂蜡法是在煤粒外表面上涂上一层薄蜡膜，封住煤粒的孔隙，使介质不能进入孔隙。将涂蜡的煤粒浸入水中用比重天平称量，根据阿基米德原理测出煤粒的外观体积，从而计算出煤的视密度（ARD，Apparent Relative Density）。计算公式如下：

$$\mathrm{ARD}_{20}^{20}=\frac{G_1}{\left(\frac{G_2+G_4-G_3}{\rho_{\mathrm{r}}}-\frac{G_2-G_1}{\rho_{\mathrm{s}}}\right)\times\rho_{\mathrm{w}}^{20}}$$

式中 ARD_{20}^{20}——煤在20℃时的视相对密度，g/cm³；

G_1——煤样的质量，g；

G_2——涂蜡煤粒的质量，g；

G_3——比重瓶，涂蜡煤粒及水溶液的质量，g；

G_4——比重瓶，水溶液的质量，即空白值，g；

ρ_{s}——石蜡的密度，g/cm³；

ρ_{r}——在t℃时十二烷基硫酸钠溶液的密度，g/cm³；

ρ_{w}^{20}——水在20℃时的密度，可近似取1.00000g/cm³。

知道了煤的真密度和视密度，工业上常常用来计算煤的孔隙率。煤的孔隙率大小和煤的反应性能、强度有一定关系，孔隙率大的煤其表面积大，反应性能较好，但孔隙率大的煤一般强度较小。煤的孔隙率也是决定煤层瓦斯含量和瓦斯容量的主要因素之一，是计量煤层中游离瓦斯含量的重要依据。

根据视密度和真密度可以计算出煤的孔隙率，计算公式为：

$$孔隙率（\%）=\frac{真密度-视密度}{真密度}\times100$$

公式推导如下：

$$孔隙率（\%）=\frac{煤毛细孔隙体积}{煤视体积（即含孔隙煤体积）}\times100$$

令 V_{A}——含孔隙煤体积；

V_{T}——不含孔隙煤体积；

m——煤的质量。

则：

$$孔隙率（\%）=\frac{V_{\mathrm{A}}-V_{\mathrm{T}}}{V_{\mathrm{A}}}\times100$$

$$孔隙率(\%)=\frac{\frac{m}{ARD}-\frac{m}{TRD}}{\frac{m}{ARD}}\times 100=\frac{TRD-ARD}{ARD\times TRD}\times ARD$$

$$=\frac{TRD-ARD}{TRD}$$

有时也可用水银法来测定煤的视密度，要点是将煤粒直接浸入水银介质中，因水银的表面张力很大，在常压下不能渗入煤的孔隙,煤粒排出的水银体积，即为包括孔隙在内的煤粒外观体积，进而就可计算出煤的视密度。不同煤阶的煤，其视密度相差很大，褐煤为 1.05～1.30g/cm³，烟煤为 1.15～1.50g/cm³，无烟煤为 1.40～1.70g/cm³。

(3) 煤的散密度。散密度指包括煤粒间空隙和煤粒内孔隙的单位体积煤的质量，是工业上常用的计量指标。测定原理是以装满容器的煤粒集体的质量与容器容积（包括煤粒之间的空隙）之比，以 t/m³ 表示，有时也称煤的堆积密度。设计煤仓、计算煤堆质量和车船装载量以及焦炉和气化炉设备的装煤量时，都需要使用煤的散密度数据。散密度是在一定容器中直接测定的，测定时所用的容器愈大，准确性愈高。煤的散密度是条件性的指标，受容器的大小、形状和装煤方法以及煤的水分和粒度等因素的影响。为得到较好的可比性和尽可能接近实际，对测定条件都有严格的规定。煤的散密度随煤粒增大而增高。粒度愈均匀，煤的散密度愈小。煤的水分在增加到5%左右以前，散密度逐渐降低，此后即基本稳定。在生产实际中，煤的散密度一般为 0.5～0.75t/m³。根据煤的视密度和散密度，可以计算煤料堆积床层的空隙率或空隙度，即煤粒之间的空隙体积与煤粒堆积体积的比率：

$$空隙率=\frac{视密度-散密度}{视密度}\times 100\%$$

空隙率可用于计算床层的气体流动阻力。

对于同一个煤样来说，密度的数值为真密度＞视密度＞散密度。对于同一煤阶的煤来说，其中各显微组分的真密度也各不相同，其数值依次是丝质组＞镜质组＞稳定组。当煤中碳含量在94％以上，三种显微组分的真密度才趋于一致（图 4-29）。

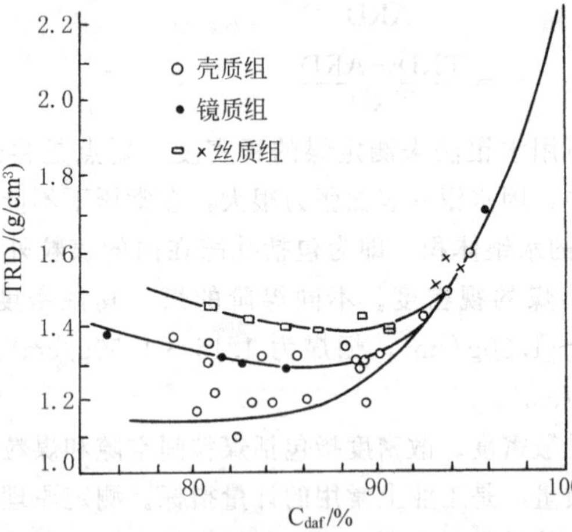

图 4-29　煤中不同显微组分的真密度随碳含量的变化

（资料来源：引自 D. W. Van Krevelen："Coal"，1993 年）

4.4.2　煤的抗碎强度和显微硬度

（1）抗碎强度。煤的抗碎强度是指一定粒度的块煤，从规定高度自由落下到足够厚的坚硬钢板上的抗破碎强度，故称抗碎强度（Shatter Strength）用 SS 表示。这个试验以往称为煤的机械强度试验，但用"机械强度"这一术语来定义该试验方法不够确切，因为它既包括煤的抗碎性能，又包括煤的抗压、耐磨等物理机械性质，它是一个综合性质的术语。为了区分于煤炭的抗压、耐磨特性的试验，故将原定义的"机械强度"改为"抗碎强度"。

抗碎强度试验方法是针对块煤在装卸、运输过程中落下和互相撞击而破碎等特点拟定的，它基本上反映出块煤在上述过程中的抗破碎特性，因此，块煤用户和设计单位都需了解所用煤的这一指标，它对于指导生产和工艺设备的选择具有实际的参考价值。用煤单位可根据煤的抗碎强度确定用煤粒度，而设计部门可根据煤的抗碎强度选用煤种，确定加工设备及工艺流程。

方法要点是将粒度 60～100mm 的块煤，从 2m 高处自由落下到规定厚度的钢板上，然后使大于 25mm 的块煤再次落下，如此落下破碎三次，以破碎后大于 25mm 的块煤占原煤样的质量百分数，表示煤的抗碎强度（%），按下式计算：

$$SS\ (\%) = \frac{m_1}{m} \times 100$$

式中 SS ——煤的抗碎强度，%；

m_1——落下试验后＞25mm 块煤质量，kg；

m ——落下试验前块煤质量，kg。

煤是结构不均一且有裂纹和局部缺陷的块状多孔体，煤内还会有不同含量的矿物质，所以它的破碎过程受裂纹和内部缺陷的大小、矿物含量的分布和多寡，以及多孔脆性体材料的抗断裂能力及孔结构和分布等影响。工业上，煤的抗碎强度就代表在一定的机械功作用下，煤粒度和外表面或新生表面的变化。

（2）煤的显微硬度。煤的显微硬度也是煤岩学与煤化学研究中一个常用指标。其测值与煤阶的变化有关，特别在无烟煤阶段，对煤阶的变化特别敏感，常用作无烟煤分类的辅助参数。显微硬度测定方法的特点是不必事先分离就可对各显微组分进行直接测定，因而也受到煤岩研究的重视。显微硬度值也用来计算煤的弹性模量；并可对煤的可磨性、成型性等物理机械性能进行估算。

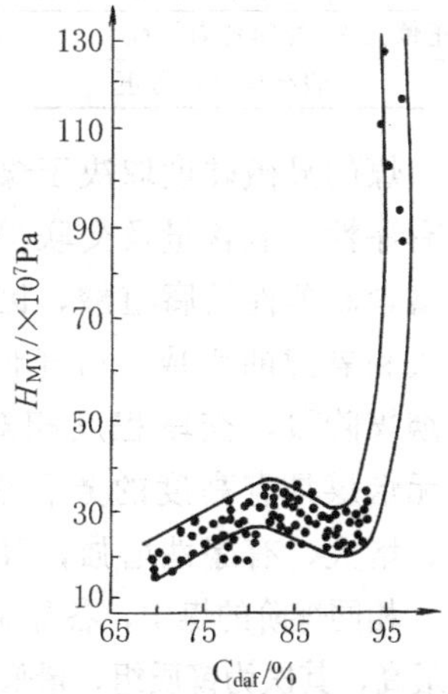

图 4-30 煤的显微硬度与碳含量的关系

显微硬度是在显微镜下，根据正四棱锥体金刚石压头在规定的试验力和一定的作用时间下，压入显微组分的程度来测定的。压痕越大表征煤的显微硬度越低，其值是以压锥与煤的单位实际接触面积上所承受的压力来表示，记作 H_{MV}，单位可以是 N/

mm^2 或 Pa。图4-30示出中国煤镜质组显微硬度随煤中碳含量的变化关系。图中曲线的显著特点是像张“靠背椅”，“椅背”是无烟煤，“上椅面”是烟煤，“下椅面”是褐煤。在C_{daf}=80%左右显微硬度有个最大值，到90%其值最小，到无烟煤阶段（C_{daf}>90%），显微硬度值随C_{daf}的增大而急速上升。因此，利用这一特点，可以将H_{MV}作为划分无烟煤变质阶段的重要依据（表4-22）。

表 4-22　显微硬度与无烟煤分类

项目 \ 代号		WY_3	WY_2	WY_1
编码		03	02	01
代表矿名		阳 泉	焦 作	京 西
H_{MV}/MPa		≤400	>400～800	>800
纯煤真密度		1.35～1.45	1.45～1.60	1.60～1.90
化学分析	H_{daf}/%	>3	>2～3	≤2
	C_{daf}/%	90～92	92～94	>94
	V_{daf}/%	10～6.5	6.5～3.5	≤3.5
	$Q_{gr,v,daf}$/(MJ/kg)	32～34	34～35	35～36
单凝胶偏 化基光质	颜色	白色	白色到 亮白色	亮白色
	多色性	不明显	较明显	明显
	与木质形态分子的界限	较清楚	不清楚	很不清楚
正偏交光	光学各向异性	较弱	强	很强
假结构显示程度		微弱	清楚	明显

煤的显微硬度取决于煤结构单元中芳香核的大小、分子间排列的有序性、氧含量及交联程度，以及高塑性物质的多少。例如，褐煤富含高塑性的腐植酸，因而H_{MV}值低；随煤阶增高，氧原子的引入和氧键的生成，分子间相互作用力增大，H_{MV}也增高；到高阶烟煤阶段，交联程度相对有所减弱，致使H_{MV}呈现出最小值；而无烟煤具有高度的芳香缩聚结构，随煤阶增高，相邻碳网的结合、增大，有序性增强，H_{MV}值相应增大。

相同煤阶的煤中，各显微组分的H_{MV}值不同。一般惰质组的H_{MV}值最高，其次为镜质组，最低为稳定组。此外，在不同还原程度的煤中，强还原煤中镜质组的H_{MV}要低于弱还原程度的，且差别十分显著。

如果在煤光片面上随机地选择测点，即很多测点（120～240

点）的显微硬度平均值称为全微硬度。由于测点选择的随机性，它恰当地包含了各种煤岩成分、矿物杂质、孔隙、裂隙等影响，可以期望全微硬度与宏观物理机械性能间有着较为密切的联系。如煤的弹性模量 E_s 与全微硬度间有下式：

$$E_s = 0.013(H_{MV})_{全} \times 10^{10}\,Pa$$

上述回归式由统计 20 多个煤样数据所得，相关系数为 0.93，如图 4-31。

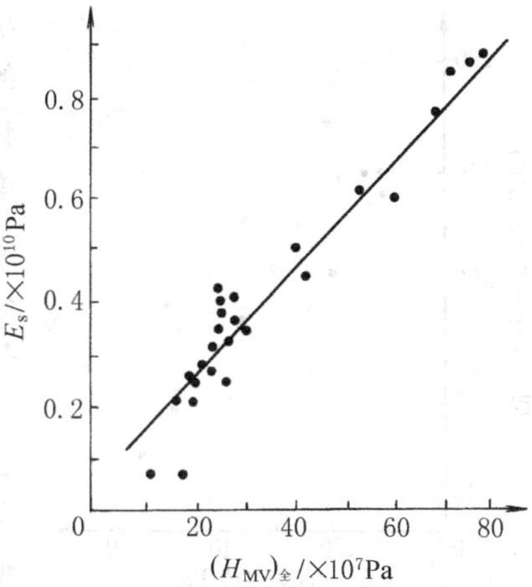

图 4-31　煤的全微硬度与静态弹性模量

煤的显微硬度与表征其他煤物理机械性能的参数也有很密切的关系，如可磨性（图 4-32）、煤型块的抗压强度等（图 4-33）。图 4-32 中元宝山、平庄、舒兰等褐煤，其 H_{MV} 值低，但可磨性系数却很

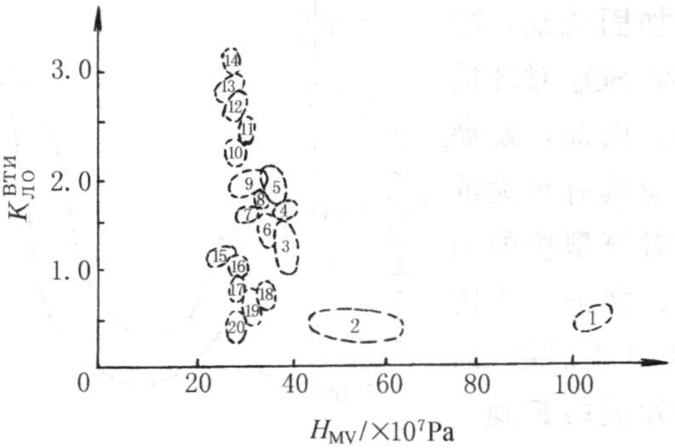

图 4-32　煤的显微硬度与全苏热工研究所可磨性系数 $K_{ЛО}^{ВТИ}$ 的关系

1—京西；2—焦作；3—阳泉；4—谢一；5—南票；6—大通；7—合山；8—平顶山；9—淮南；10—天府；11—西河；12—南桐；13—黑山；14—鹤壁；15—元宝山；16—平庄；17—舒兰；18—营城；19—百色；20—扎赉诺尔

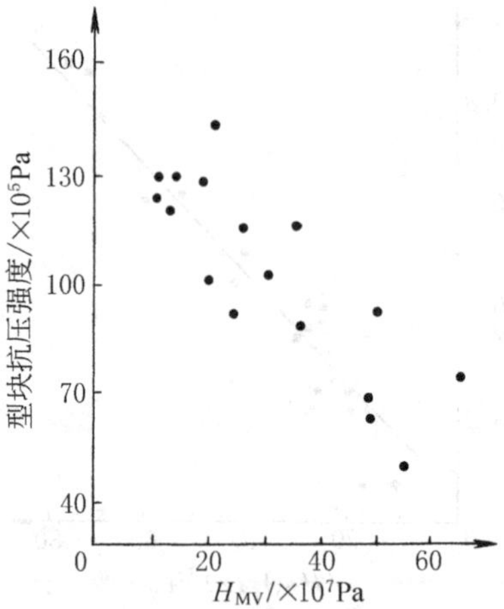

图 4-33　煤显微硬度值与煤型块抗压强度的关系

小，即不易磨细，这是由于褐煤的韧性所致。除褐煤聚集在图4-32左下方外，通过煤的显微硬度也可以初步估计出煤的可磨性系数。由图 4-33 也可对煤的成型性能进行估算。

4.4.3　煤的成型性

成型性是煤的塑弹性的综合体现，它又常常依赖于成型条件。在通行采用黏结剂煤成型的情况下，往往造成忽视煤成型性这一重要参数。这里所指的煤成型性，是指无黏结剂煤成型时的各种表征。

随着采煤机械化程度的提高，粉煤量比例不可避免地日渐增高，为解决粉煤利用和解决直接燃烧散煤造成的污染，既能节煤，又可通过添加固硫剂，减轻煤燃后产生 SO_2 对环境造成的压力。因此，发展粉煤成型工业具有重大的现实意义。对煤型块的强度进行分析，并进一步阐明表征煤成型性的指标，对型煤生产发展能起到一定的推动作用。

对于无黏结剂的煤成型的型块，其抗压强度随煤中碳含量的变化，如图4-34。

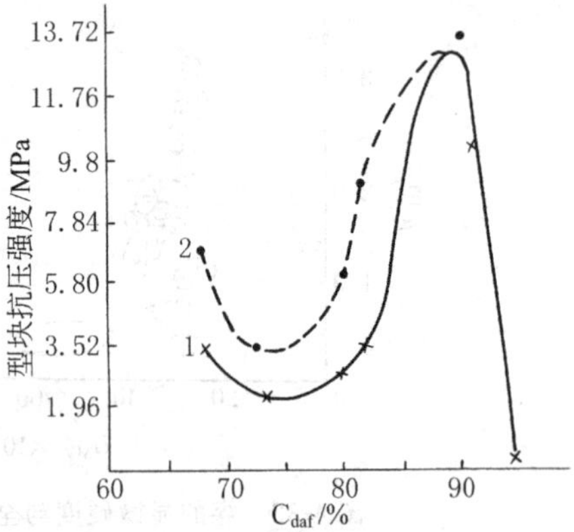

图 4-34　煤中碳含量与型煤的抗压强度

1—空气干燥样，成型压力 137.2MPa (1400kgf/cm³)；

2—20℃饱和水汽处理煤样，成型压力 196MPa (2000kgf/cm²)

型煤抗压强度随煤类

而异，与碳含量呈横S形。煤中碳含量在80%及90%左右出现峰谷，它与镜质煤显微硬度值随碳含量的变化恰恰相反。这说明成型性能与显微硬度都是煤物理机械性能在不同试验方法下的不同反映。

设型煤单位体积中煤的实际体积为M，孔的体积$N=1-M$，其中不包括煤内部结构中的微孔。定义孔隙率$n=N\times100\%$，隙比$\varepsilon=N/M$，可以推导出：

$$\varepsilon=\frac{n}{100-n}\quad 或\quad n=\frac{\varepsilon}{1+\varepsilon}$$

$$\varepsilon=\frac{\gamma-\gamma_c}{\gamma_c}$$

$$\gamma_c=\gamma_b\cdot\frac{100-M}{100}$$

式中　γ——煤的密度，g/cm^3；

γ_c、γ_b——分别为空气干燥和含水型煤的密度，g/cm^3；

M——含水型煤的水分，%。

根据煤料在型煤中受压或回弹的高度变化（图4-35），不难由成型曲线算出煤料在不同压力下的孔隙度与隙比。当煤料在没有径向变形的情况下（型模内），可以推出：

$$\frac{1}{1+\varepsilon_1}h_1=\frac{1}{1+\varepsilon_2}h_2=\frac{1}{1+\varepsilon_0}h_0$$

式中　h_0——开始成型时煤料在型模中的高度，cm；

h_1——加压到预定压力时，煤料在型模中的高度，cm；

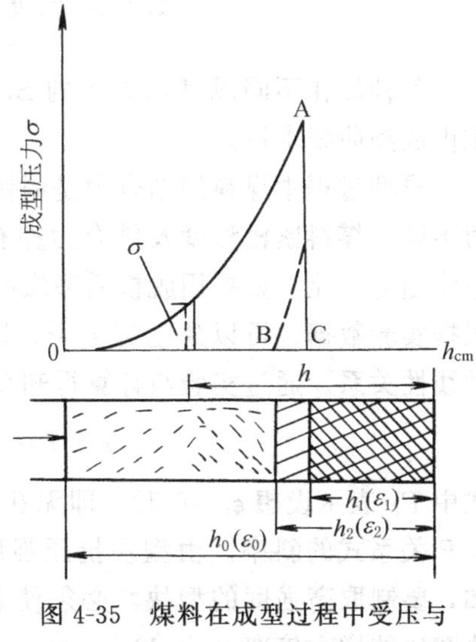

图4-35　煤料在成型过程中受压与型煤回弹时的高度变化

h_2——自预定压力减压到零时，型煤膨胀后在型模中的高度，cm。

定义煤料受到预定压力值的相对压缩率为 S_1，则有

$$S_1=\frac{h_0-h_1}{h_0}$$

由该压力卸压时，型煤的相对膨胀率 S_2 有

$$S_2=\frac{h_2-h_1}{h_1}$$

实验中，由于初始装填煤料入型模时，考虑到原始高度 h_0 的不稳定，遂以加压到 98.1×10^5Pa（100kgf/cm^2）时的高度，作为统一参考起点，避免由于 h_0 不稳定所造成的误差，这时将 h_0 记为 $[h_0]$。加压到 1373×10^5Pa(1400kgf/cm^2）时，煤料在型模中的高度记为 $[h_1]_k$，减压后高度记为 $[h_2]_k$，则相应的压缩率与膨胀率可改写为：

$$[S_1]_k=\frac{[h_0]-[h_1]_k}{[h_0]}$$

$$[S_2]_k=\frac{[h_2]_k-[h_1]_k}{[h_1]_k}$$

各种煤在不同成型压力下的 S_1、S_2、$[S_1]_k$ 和 $[S_2]_k$，都不难由成型曲线求得。

成型过程中煤料的结合力是型块获得强度的基础。由于成型压力不同，煤料紧密程度及结合力亦有所改变，表现在型煤强度上，亦将随之变化。如果用脱模后型煤的隙比 ε_t 表征煤料的紧密程度，根据实验数据，可以建立起 ε_t-P，即煤型块隙比与型块强度 P 间的线性关系。通过实验与计算得知型块强度 P 有下式：

$$P=P_0e^{-D\varepsilon_t}$$

式中 P_0 表示设想 $\varepsilon_t=0$ 时，即无孔型（块）煤的抗压强度；D 是 ε_t-P 关系式的斜率。由型块抗压强度随隙比的指数型变化关系得知，要制取高强度的型块，必须使 ε_t 减小。设 φ 为脱模过程中型块隙比的增大倍率（$\varphi>1$），$\varepsilon_t=\varphi\varepsilon_2$，则上式可改写为：

$$P=P_0 e^{-D\varphi\varepsilon_2}$$

于是有

$$\varepsilon_2=\frac{\varepsilon_0-(1+\varepsilon_0)[S_1]+[S_2]}{1-[S_2]}$$

代入后，得

$$P=P_0\{e^{-D\varphi\varepsilon_0}\times e^{-D\varphi(1+\varepsilon_0)[S_1]}\times e^{-D\varphi[S_2]}\}$$

或

$$P=P_0\{e^{-D\varphi(1-[S_1])\varepsilon_0}\times e^{D\varphi[S_1]}\times e^{-D\varphi[S_2]}\}$$

分析上面两个式子，可以得到很有用的推断。要使型块强度 P 增大，可以从以下几方面着手。

① 减少成型煤料的孔隙度，增大煤料的堆密度。如定容成型过程中的多次受压，选择适宜的操作水分和粒度调整，以及预压等。

② 增大 S_1 的变化。如加大成型压力，热成型、塑化、一定温度下加压等。

③ 减小 S_2 的变化。如增长成型时间，或者使煤料在最大压力下承受剪力及其他特殊处理。

从上述数学关系式中可知，在 S_1、S_2 和 ε_0 三个可变因素中，改变 S_1 效果最大；改变 S_2 的效果次之；变更 ε_0，效果还不及改变 S_2 显著。因此，要使型煤获得足够的强度，除主要考虑需加大 S_1 的变化外，在可能范围内，尚需对 S_2 和 ε_0 的变化采取措施，使它们对型煤强度的不利影响，减弱到最低限度。

通过上面的分析，不难理解型煤强度 P 是 $[S_1]$、$[S_2]$ 和 ε_0 的函数，而主要取决于 $[S_1]$ 和 $[S_2]$ 的大小。$[S_1]$ 是煤料在成型过程中的可压缩程度，表征了煤的塑性；$[S_2]$ 即型块的相对膨胀率，表示煤的弹性。前者对型煤起着积极的作用，而后者则促使型块松散，对强度有不利的影响。

用 $[S_1]_k$ 与 $[S_2]_k$ 的比值作为成型性指标，简称“缩膨比”，用 B 表示，它相当于煤的塑性与弹性之比。见下式：

$$B=\frac{[S_1]_k}{[S_2]_k}=\left(\frac{[h_0]-[h_1]_k}{[h_0]}\right)\Big/\left(\frac{[h_2]_k-[h_1]_k}{[h_1]_k}\right)$$

根据 Rammler 研究 Tiefschnitt 褐煤成型性的数据进行计算，结果示于图 4-36。由图可见，缩膨比 B 与其型煤抗压强度之间存在较好的线性关系，说明缩膨比可以作为表征煤成型性的一个指标。

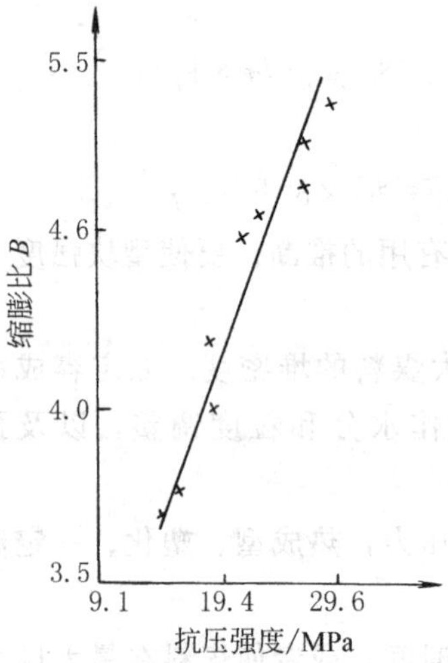

图 4-36　型煤抗压强度和缩膨比 B 的关系

4.4.4　煤的可选性

可选性是确定选煤工艺和设计选煤厂的主要依据。通过可选性可估计煤经洗选后各种产品的灰分和产率，所以可选性是表示从原煤分选出符合质量要求的精煤的难易程度。一般用煤的浮沉试验来确定煤的可选性，用以确定煤中各密度级产物的产率和灰分，为新建选煤厂确定合理的分选密度和洗选流程提供技术依据。它是洁净煤技术中的重要一环。

浮沉试验一般只对烟煤进行操作，但根据煤炭用途的某些特殊需要，也可对无烟煤和高阶褐煤进行浮沉试验，易泥化的低阶褐煤则无法进行试验。试验一般是在氯化锌与水配成的重液中进行。先按要求配制密度（kg/L）为 1.30，1.40，1.50，1.60，1.70，1.80 和 2.00 的重液（对无烟煤可适当增减某些密度级），把干燥后的煤样称重，放入盘中用水洗去 0.5mm 以下的煤泥，然后移入小桶中。小桶桶底用网眼小于 0.5mm 的筛网制成。把小桶浸入由低至高各密度级重液中。密度低于该重液密度的煤浮于液面，密度高于该重液密度的煤下沉到桶底，用网勺将液面浮煤捞出，再把带有沉物的小桶移入高一级密度的重液中进行浮沉，如此逐级进行，直至最后一密度级重液为止。将各密度级的煤样（浮煤）洗净、烘干，然后称重，并测定其灰分和水分等分析项目。试验结果汇总成浮沉试验综合表（表 4-23）。

表 4-23　50～0.5mm 粒级原煤浮沉试验综合表

密度级/(kg/L)	产率/%	灰分/%	累计				分选密度±0.1	
			浮物		沉物		密度/(kg/L)	产率/%
			产率/%	灰分/%	产率/%	灰分/%		
<1.30	10.69	3.46	10.69	3.46	100.00	20.50	1.30	56.84
1.30～1.40	46.15	8.23	56.84	7.33	89.31	22.54	1.40	66.29
1.40～1.50	20.14	15.50	76.98	9.47	43.16	37.85	1.50	25.31
1.50～1.60	5.17	25.50	82.15	10.48	23.02	57.40	1.60	7.72
1.60～1.70	2.55	34.28	84.70	11.19	17.85	66.64	1.70	4.17
1.70～1.80	1.62	42.94	83.32	11.79	15.30	72.04	1.80	2.69
1.80～2.00	2.13	52.91	88.45	12.78	13.68	75.48	1.90	2.13
>2.00	11.55	79.64	100.00	20.50	11.55	79.64		
合　计	100.00	20.50						

根据表 4-23 中数据，可以绘制出一组煤的可选性曲线（图 4-37），这些曲线用图解方式说明煤的可选性。这组曲线中包括：浮物曲线（β 曲线），表示浮物累计产率与其平均灰分的关系；沉物曲线（θ 曲线），表示沉物累计产率及其平均灰分的关系；灰分特性曲线（λ 曲线），表示浮物（或沉物）产率与其灰分的关系；密度曲线（δ 曲线），表示浮物（或沉物）累计产率与重液密度的关系；密度±0.1 曲线（ε 曲线），表示重液密度与该密度±0.1 密度区间的浮物产率的关系。图 4-37 中横坐标的下轴表示干基灰分（A_d,%），横坐标的上轴表示分选密度（δ，kg/L），纵坐标左侧表示浮物产率（γ_β,%），纵坐标右侧表示沉物产率（γ_θ,%）。λ 曲线的绘制方法是：将浮物产率画成平行横轴的直线，再将各级密度物的灰分标在这些横线上，所得各点向上引垂线直到上一级浮物产率线为止，以这些垂线的中点连接成平滑的曲线。该曲线的上限和下限是将曲线延伸而得，其上限必须与浮物曲线的起点相重合，其下限必须与沉物曲线终点相重合。由 λ 曲线可以初步判断煤的可选性。曲线上段越陡直，中段曲率越大，下段越平缓，则该煤越易选。反之则难选。从可选性曲线还可寻求产品的理论产率、理论灰分和分选密度。这三项指标中只要确定一项，就可从可选性曲线图

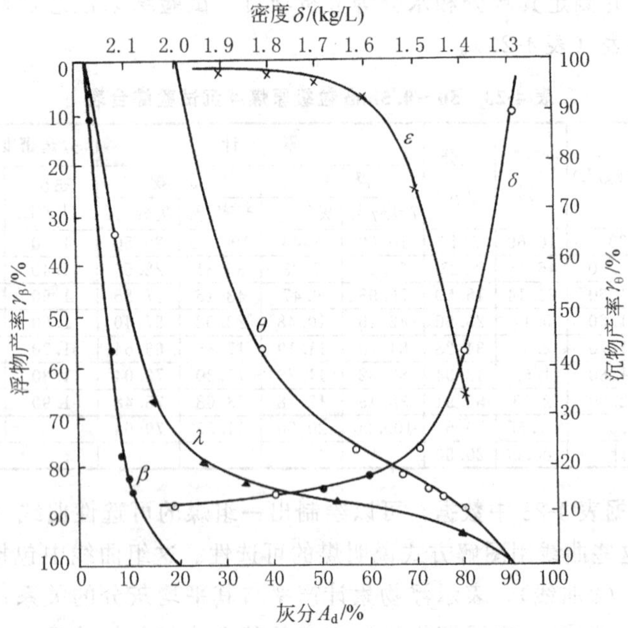

图 4-37 煤的可选性曲线示例

上查得其他两项指标。

评价煤炭可选性的较通用的方法有两种。①分选密度±0.1 含量法。它以煤中密度在分选密度±0.1 之间的煤的含量来评价煤的可选性等级，含量越低的煤料越容易分选。分选密度根据指定的精煤灰分来确定。②中间煤量法。以在高、低两种分选密度之间的中间煤多少来评价煤的可选性等级。若中间煤含量低，则该煤为易选煤。高、低两种分选密度（指相对密度）因煤而异，对烟煤可取 1.4 和 1.8 或 1.5 和 1.8；对无烟煤可取 1.8 和 2.0。此外，还有煤岩学方法、综合可选性指数法和全貌模型法等，但均未得到广泛使用。

影响煤可选性的因素很多，如煤中矿物质数量、种类、性质和分布状态以及煤岩的组成及其分布，其中尤以矿物质分布状态的影响为最显著。煤层形成时生成的内在矿物质，多数以浸染状、细条带状和团粒状等状态分散于煤粒中，用一般的洗选方法难以将它们分离；外来矿物质与煤的密度差别较大，选煤时容易分离；矸石与精煤的密度相差大，所以，因混入矸石多而造成灰分高的煤也容易分选；夹矸煤的密度介于精煤与矸石之间，称为中间煤，这种煤难以分离和分选。

4.4.5 煤的可磨性

煤的可磨性标志着煤磨碎成粉的难易程度。煤的可磨性与煤阶、水分含量和煤的岩相组成，以及煤中矿物质的种类、数量和分布状态有关。它是确定煤粉碎过程的工艺和选择粉碎设备的重要依据。在煤炭生产和利用方面，粉煤的应用与日俱增。例如火力发电厂燃用煤粉的锅炉、调制水煤浆和冶金高炉喷吹煤粉等方面都需要磨制和使用大量粉煤。在设计和改进制粉系统、估算磨煤机产量与电耗时，需要了解煤的可磨性。

国内沿用国外的测定方法，有美国的哈德格罗夫法和前苏联的全苏热工研究所（BTИ）法。它们的测定原理均依据磨碎定律，即研磨煤粉时所消耗的功与煤磨碎后的总表面积成正比。在实际测定时，则是用被测定煤样与标准煤样相比较而得出的相对指标来表示，称为可磨性指数。BTИ 法采用顿巴斯无烟煤作为标准煤，而哈德格罗夫法则以美国某矿区最易磨碎的烟煤作为标准煤。BTИ 法采用内径为 270mm、高为 210mm 的球磨机，内装 2kg 直径为 15mm 的瓷球和 6kg 直径为 35mm 的瓷球。将相同质量的标准煤和被测定的煤分别在球磨机中转动 15min，共 622r（即消耗相同能量），然后比较标准煤与被测定煤留在 0.088mm 筛上的质量百分数，作为相对可磨性指数 $K_{ЛО}^{ВТИ}$。在研磨 15min 后，标准煤残留在 0.088mm 筛上的质量百分数为 70%。被测定煤样的可磨性指数按下式计算：

$$K_{ЛО}^{ВТИ}=2\left(\ln\frac{100}{R_i}\right)^{1/5}$$

式中 R_i 为被测定煤样研磨 15min 后，残留在 0.088mm 筛上的质量百分数。当 $K_{ЛО}^{ВТИ}$ 大于 1 时，表示煤样易于磨碎；反之，表示煤样难于磨碎。

哈德格罗夫（Hardgrove）法操作简单，再现性好，世界上许多国家都加以采用。该法以美国某矿区易磨碎烟煤作为标准煤，其可磨性指数定为100，以此来比较被测定煤的哈氏可磨性，即相对可磨性指数。方法要点是将约50g规定粒级的空气干燥煤样放入哈氏研磨机中，研磨3min（60转）后筛分，称量0.071mm筛上煤样的量。用公式计算法或标准曲线法计算出哈氏可磨性HGI。哈氏可磨性HGI值越高，表示煤样可磨性越好。

两种计算方法如下所述。

① 采用下列公式计算

$$HGI=13+6.93W$$

式中 HGI——哈氏可磨性指数；

W——通过0.071mm筛的试样质量，g（由所用的试样50g±0.01g减去留在0.071mm筛上的试样质量求得）。

② 标准曲线法 用4个一组已知可磨性指数的标准煤样，它们的可磨性指数值分别约为40，60，80，110。按照前面的操作步骤，用实际使用的哈氏仪重复测定四次，分别称取通过0.071mm筛孔的筛下重量，计算其算术平均值。在直角坐标系上，取横坐标为哈氏可磨性指数，纵坐标为通过0.071mm筛的筛下物平均量，对以上4个煤样的试验数据作图，所得直线就是所用哈氏仪的校准图（图4-38），以后就可以根据校准图按试样的测值，查得被测试样的可磨性指数。

可磨性标准煤样由煤炭科学研究总院北京煤化所负责制作并提供。按标准规定，每年至少用可磨性标准煤样对所使用的仪器进行一次校正。

哈氏可磨性指数随煤化程度的深浅而变化，图4-39示出HGI与镜质组反射率的关系图。镜质组随机反射率R_r在1.6%～1.8%间的煤，其可磨性最好。

不同煤岩显微组分，虽HGI值相近，磨碎后的颗粒分布却不

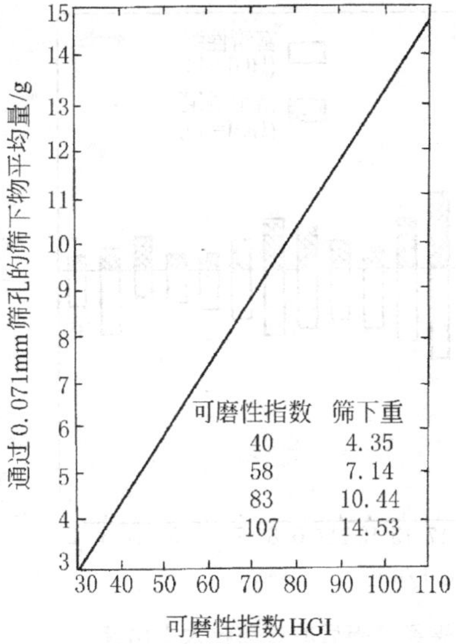

图 4-38 哈氏可磨性指数的校准曲线

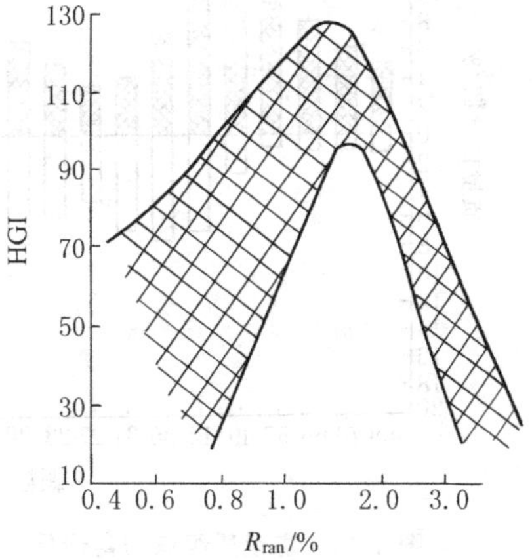

图 4-39 煤镜质组平均随机反射率与哈氏可磨性指数的关系

（资料来源：A. Daris，1978 年）

相同。如图4-40所示，富镜质组与富惰质组的两种煤 HGI 值相近，分别为 48 和 46，但其磨碎后的颗粒分布却有很大差异。富镜质组煤的粒径较粗，而富惰质组煤的粒径分布向更微细的方向发展。此外，煤的显微组分含量改变，其 HGI 值亦随之变化。曾对同一个煤样，通过显微组分的岩相分离，按不同密度将煤分成 5 个密度级，分别测定 $<1.3g/cm^3$，$1.3\sim1.35g/cm^3$，$1.35\sim1.4g/cm^3$，$1.4\sim1.45g/cm^3$ 及 $1.45\sim1.5g/cm^3$ 的哈氏可磨性，同时分别测出各组分中稳定组、惰质组和镜质组的百分含量（该煤样采用 0.5～3.0mm 的颗粒样进行分离）。其结果示于图 4-41。哈氏可磨性 HGI 从 43 到 50。富镜质组（镜质组含量≥80%的 $<1.3g/cm^3$ 部分）其 HGI=43；到富惰质组部分（密度从 $1.45\sim1.5g/cm^3$），其 HGI 则增高到 50。

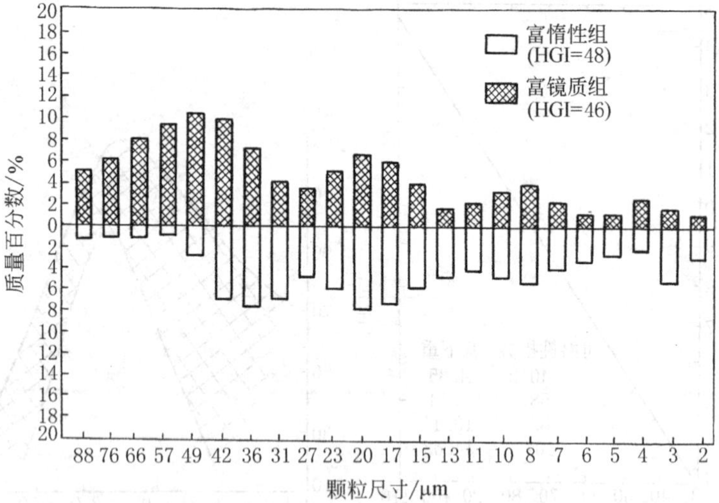

图 4-40　富镜质组煤与富惰质组煤经磨碎后的煤颗粒大小比较

（资料来源：P. T. Roberts 等，1991 年）

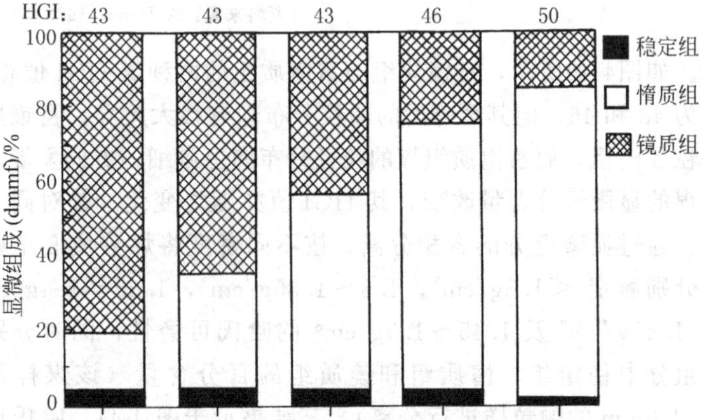

图 4-41　同一煤样，显微组成含量不同时的哈氏可磨性 HGI

（资料来源：D. J. Barratt 等，1991 年）

专门考察不同煤阶煤在灰分不同时的哈氏可磨性的变化（图 4-42）。图中注明△的是高煤阶烟煤；×为中煤阶烟煤；●、○ 和□属低煤阶烟煤。随着煤灰分产率的增多，它们的 HGI 值都趋向一致，都向 75 靠拢。对于那些可磨性好的煤，随灰分增多，HGI 逐渐变小，使 HGI 大致接近 75；而对于原来可磨性就差的煤，则随灰分增高，可磨性却变好，逐渐增大到 75 附近。说明不同煤阶煤的灰分不同，对可磨性有不同的影响。印度、英国等地煤都有相似的变化关系。

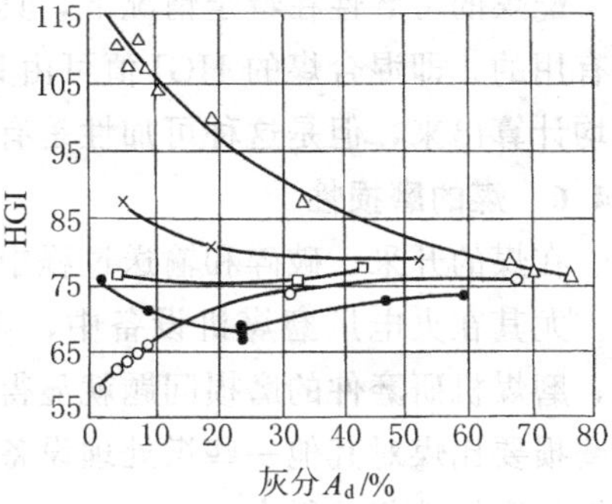

图 4-42　不同煤阶煤的 HGI 随灰分的变化情况

（资料来源：A. Fitton 等，1957 年）

煤中矿物质含量不同，会使哈氏可磨性产生不小的变化。黄铁矿是影响 HGI 的一个重要因素。图 4-43 示出黄铁矿占总矿物质量百分数逐渐增多，哈氏可磨性逐渐变差的情况。由图可见，当黄铁矿量占总矿物的 7%之后，煤的哈氏可磨性急剧降低。因此对于电厂用煤来说，煤中黄铁矿含量有个极限值，超过总矿物含量 7%时将严重影响磨煤机的出率，用这些煤进磨煤机就不大适宜。

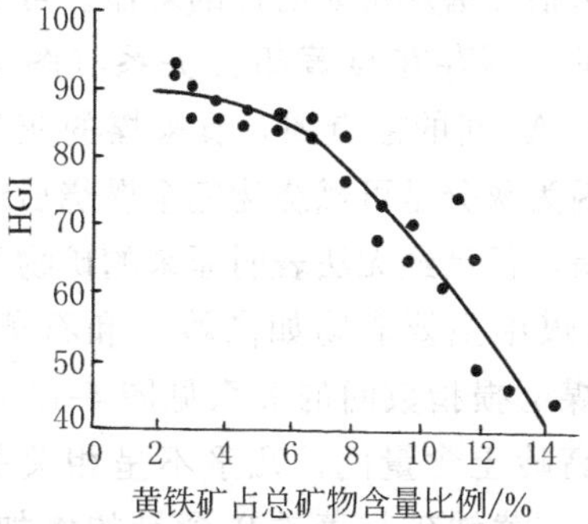

图 4-43　黄铁矿含量对 HGI 的影响

由于两种不同测定方法所测得的可磨性指数有较好的相关关系，国内用一些经验公式来互相换算，如 $K_{ЛО}^{ВТИ}=\frac{HGI+20}{70}$等等，换算的结果大致是近似的。

配煤的可磨性在特定情况下，具有可加性。这对实际应用是十分有用的，即混合煤的 HGI 值可由其配合煤各自的 HGI 值按加权平均计算出来，但是这种可加性是有条件的。

4.4.6 煤的磨损性

在煤的开采、破碎和输送过程中，都要遇到煤对设备的磨损问题。尤其在火电厂磨煤机设备中，煤是在承压状态下与金属相接触，磨煤机研磨件的磨损问题就显得更为突出。煤对磨煤机研磨件的磨损要比煤对其他一些煤处理设备的金属磨损厉害得多，而且各种煤的磨损性相差很大。

20 世纪 50 年代，由英国 Yancey，Geer 和 Price 首先提出用旋转法来测定煤的磨损指数，有时就以 YGP 表示煤的磨损指数，国内以 AI 表示（Abrasion Index)。方法要点是将 2kg 一定粒度的煤样放入已装好 4 个叶片的分体式研钵（或称磨罐）中，传动轴带动叶片旋转（12000±20）转后（转速 1420r/min)，以 4 个叶片的质量总磨损来计算煤的磨损指数，以每公斤煤磨损金属毫克数来表示，即mg（金属)/kg（煤)。尽管磨损指数与煤的可磨性都是煤处于破碎情况下的物理机械性质，但与可磨性有着完全不同的概念。测定可磨性的理论依据是物料的破碎定律，即在研磨物料时所消耗的功（能量）与所产生的新生表面积成正比，表明的是煤被磨碎的难易程度，可用来估算磨煤机的产率；而磨损指数则是表示煤被破碎时对设备磨损的强弱程度，用来估计磨煤机研磨件的寿命。可见 AI 和哈氏可磨性指数（HGI）间并不存在显著相关关系（图 4-44)。图 4-45 示出煤中灰分产率和 AI 间的散点图，看来煤的灰分也不能完全反映煤的磨损特性。因为灰分是可燃烧物完全燃烧后剩下的残渣，虽然灰分来源于矿物质，但已经无法表明原来的矿物类别及形态。通过 X 射线衍射测定煤中主要矿物如高岭土和石英、黄铁矿、菱铁矿的含量，它们与煤磨损指数间的关系见图 4-46 与图 4-47。由图 4-46 可见，AI 与高岭土含量间，几乎不呈相关关系；而在图 4-47 中可见，随石英、黄铁矿与菱铁矿含量的增加，磨损指数有增大的趋势。

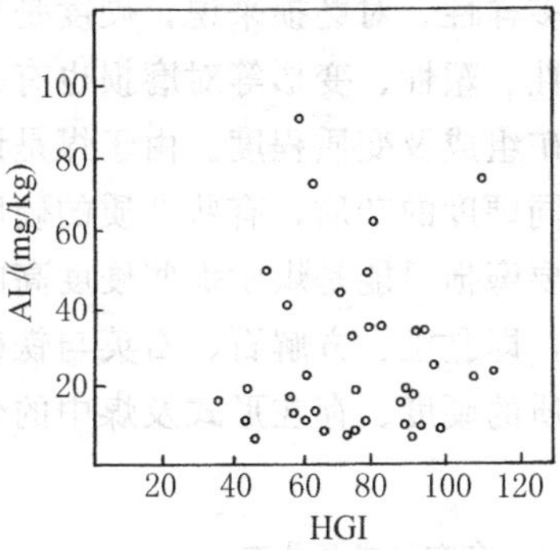

图 4-44　煤的磨损指数与可磨性的关系

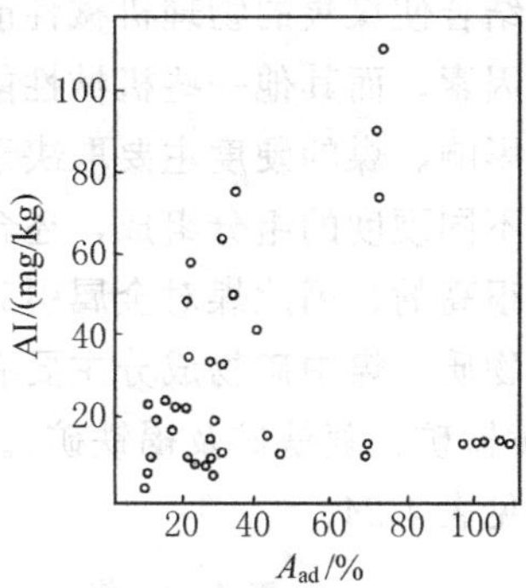

图 4-45　煤的磨损指数与煤中灰分的关系

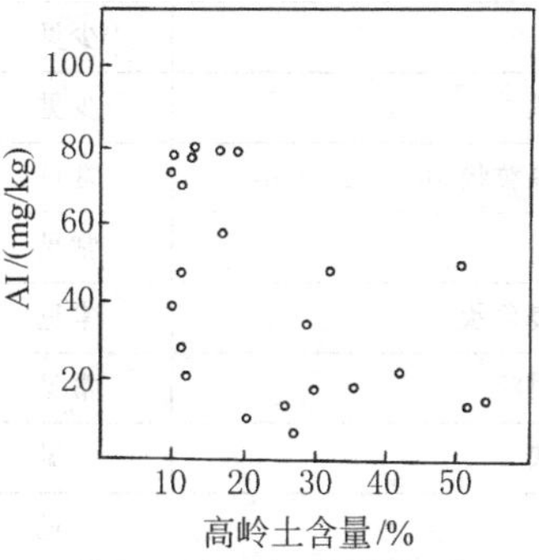

图 4-46　高岭土含量与磨损指数的关系

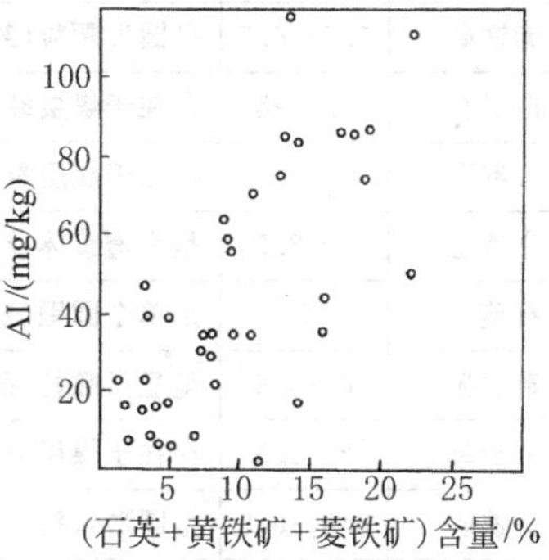

图 4-47　石英、黄铁矿和菱铁矿含量与磨损指数的关系

煤对金属的磨损是非金属对金属的磨损，属于磨料磨损，是各种磨损中最严重的磨损形式。这类磨损一般是指硬的磨粒或凸出物在零件表面的摩擦过程中使零件表面发生损耗的一种现象或过程。当磨粒硬度低于被磨金属的硬度时，几乎不产生磨损。磨煤的元件常用高锰钢，比纯煤的硬度高得多，可见纯煤对金属引起的磨损很小。但是煤是由各种不同比例的有机物和无机物组成，是属于生物沉积岩类的可燃矿物，煤的物理性质取决于煤炭积聚时原始材料的性质、成分、煤化程度以及矿物杂质的含量及性质，这些因素的不

同结合使煤炭的物理机械性能具有多样性。对磨损来说，硬度是重要因素，而其他一些机械性能如弹性、塑性、变形等对磨损也有一定影响。煤的硬度主要取决于其岩矿组成及变质程度。由于煤是许多不同硬度的组分组成，还含有不同硬度的杂质，有些杂质的硬度是很高的，因此煤对金属引起的主要磨损只能是煤中那些硬度高的矿物质。煤中矿物成分主要有四类，即黏土、方解石、石英与铁矿（黄铁矿、菱铁矿及褐铁矿）。矿物质的硬度、存在形式及煤中的分布见表 4-24。

表 4-24　煤中矿物的硬度、存在形式及分布

矿　物	莫氏硬度	存　在　形　式	在煤中分布
褐铁矿	1～5.5	呈微密块状	分布广
赤铁矿	5.5～6.5	呈圆形颗粒(约 1mm)	少见
白云石	3.5～4	存在于煤层裂隙呈粒状	少见
方解石	3	存在于煤层裂隙里呈颗粒状(0.3～0.5mm)	常见
高岭土	2～2.5	是小透镜体或夹层	常见
石英	7	是单个圆颗粒少数呈棱角状	常见
黄铁矿	6～6.5	呈显微颗粒、团状、薄膜状	常见
白云母	2～2.5	存在于煤层裂隙呈粒状	少见
磁铁矿	5.5～6.5	呈圆形颗粒	少见
菱铁矿	3.5～4.5	扁状颗粒(0.02～0.06mm)	

由表可见，方解石和高岭土的硬度为莫氏 2～3，相当于维氏硬度 100kgf/mm^2（98.1×10^{7}Pa），对金属的磨损甚微；菱铁矿的硬度较高，但因其颗粒很细（0.02～0.06mm），对金属的磨损不大。褐铁矿虽然分布广，但硬底低，对金属磨损也较小。煤中的石英和黄铁矿含量较高而硬度又高，如石英的莫氏硬度为 7，维氏硬度可达 900～1200kgf/mm^2（882.6×10^7～1176.8×10^{7}Pa），黄铁矿维氏硬度可达 1000kgf/mm^2（980.7×10^{7}Pa）左右，因此这二种矿物对煤磨损性起主要影响，煤的磨损性能与石英、黄铁矿的含量成正比（图 4-47）。当然磨粒磨损不仅与硬质颗粒的含量有关，

还和颗粒的形状、大小和存在形态等因素有关，实验点较为分散，也是意料中的情况。

4.4.7 煤的燃点与氧化自燃

煤释放出足够的挥发分与周围大气形成可燃混合物的最低着火温度叫做煤的燃点（曾称着火点）。燃点的测定是个规范性很强的试验，用不同的操作方法、不同仪器，特别是使用不同氧化剂会得出不同的燃点。因此，试验室测的燃点是相对的，并不能绝对反映在日常生活中和工业燃烧条件下煤开始燃烧的温度和煤堆放过程中因氧化发热而自燃的温度，但它们之间有相应的关系，总的趋势是一致的。

煤的燃点测定方法很多，一般都是在煤中加入或通入氧化剂，并以一定的升温速度加热至煤发生爆燃或明显的温度升高，测出此时的临界温度即为煤的燃点。

目前，我国使用的燃点测定方法按使用仪器的不同分为两种，一种是经典的“体积膨胀法”，另一种是自动的“温度实升法”。二者的测定原理相同，都是将煤与固体氧化剂（亚硝酸钠）混合，并以4.5～5℃/min的速度加热至使体积突然膨胀或煤爆燃或温度明显升高为标志。

测定煤的燃点有以下几方面的意义。

① 燃点与煤阶有一定的关系，一般煤阶高的煤燃点也比较高，煤阶低的煤燃点也低（见表4-25），所以燃点可以作为判断煤炭变质程度的参考。

表 4-25 我国各类煤的燃点范围

煤类	褐煤	长焰煤	不黏煤	弱黏煤	气煤	肥煤	焦煤	贫瘦煤	无烟煤
燃点/℃	267～300	275～330	278～315	310～350	305～350	340～365	355～365	360～390	365～420

② 根据煤的氧化程度与燃点之间的关系，利用原煤样的燃点和氧化煤样的燃点间的差值来推测煤的自燃倾向。一般地说，原煤煤样燃点低，而氧化煤样燃点降低数值大的煤容易自燃。

③ 根据煤的燃点的变化来判断煤是否被氧化。煤受轻微氧化时，用元素分析或腐植酸测定方法是难以做出判断的，而煤氧化后燃点却有明显下降，所以燃点可作为煤氧化的一种非常灵敏的指标。人们可以通过测定煤的燃点来判定煤的氧化程度，即分别测定原煤样、氧化煤样和还原煤样的燃点，然后按下式计算煤的氧化程度：

$$氧化程度（\%）=\frac{还原样燃点（℃）-原煤样燃点（℃）}{还原样燃点（℃）-氧化样燃点（℃）}\times 100$$

煤的燃点与煤的挥发分产率、水分、灰分以及煤岩组成有关。一般说来，煤的燃点随挥发分产率（V_{daf}）的增高而降低（见图 4-48），但在相同挥发分产率下，褐煤的燃点比烟煤低得多。

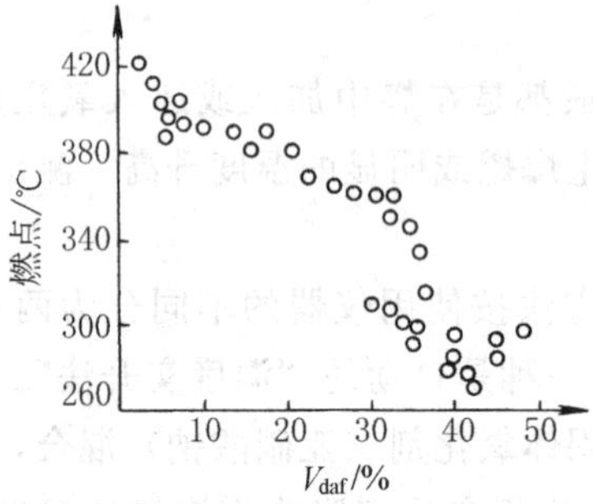

图 4-48　煤的挥发分和燃点的关系

煤的低温氧化是指煤在低于氧化临界点（或燃点）的温度下，与氧分子发生氧化作用的性质。风化作用实质上是煤中有机物质和某些矿物质的低温氧化引起的。因此，研究煤在低温下的氧化特性，对于防止煤的风化和自燃，进行人工破黏和氧化活化等具有重要的实际意义。各种煤抗风化和抗低温氧化的能力不同。腐植煤比腐泥煤易氧化。煤阶越低、煤中官能团（尤其是含氧官能团）越多，煤就越容易被氧化。氧化可使煤的燃点和黏结性显著下降，也可用煤实际燃点的降低值与极限降低值之比或用煤黏结性的恶化情况来确定煤的氧化程度。煤与氧反应时，在一个相当长的时间内显示不出煤温的明显上升，这一阶段称为诱导期。但这种氧化使煤的活性增大，会促使以后的氧化反应加速。当氧化产生的热量超过向四周散失的热量时，煤的温度升高，这个过程称为煤的自热过程。在煤的自热过程中，温度达到临界点，则氧化过程急剧加速，导致自燃，若在到达临界温度前，因外界条件改变，温度下降，则转入冷却阶段，使煤进入风化状态。煤风化后将失去自燃能力。除了无烟煤以外的所有煤种和除了丝炭以外的所有宏观煤岩成分，都会由于风化而改变性质。具体表现为以下四个方面：①物理性质的变化。风化后的煤失去光泽，硬度降低，变脆而易崩裂，煤的堆密度增加；②化学组成的变化。风化后煤中碳和氢含量降低，氧含量增加，含氧酸性官能团增加；③化学性质改变。含有再生腐植酸、低煤阶的煤在风化后挥发分减少，而高煤阶煤的挥发分却增加；④工艺性质的改变。风化后煤的黏结性变差，燃点降低，热加工产物的产率减少，其中以煤焦油的生成量减少最为明显，产生的气体中 CO_2、CO 的产率增加，H_2 和烃类的产率降低。

4.4.8 煤受热后的塑性

煤在干馏过程中形成胶质体，呈现塑性状态时所具有的性质，称之为塑性。煤的塑性指标一般包括煤的流动性、黏结性、膨胀性和透气性以及塑性温度范围等。要了解煤的塑性，既要测定胶质体的数量，又要掌握胶质体的质量，且必须用多种测试方法相互补充，才能比较全面地反映煤的塑性的本质。煤的塑性对煤在炼焦过程中黏结成焦起着重要作用，是影响煤的结焦性和焦炭质量的重要因素。它的一些指标常被选作烟煤分类中表征煤的工艺性质的分类指标，也是指导配煤和焦炭强度预测的重要参数。影响煤的塑性的因素比较多，在炼焦生产中调整这些因素，使煤的塑性处于适宜范围，能改善焦炭质量。

当煤粒隔绝空气加热至一定温度时，煤粒开始软化，在表面上出现含有气泡的液体膜（见图 4-49，Ⅰ）。温度进一步升高至500～550℃时，液体膜外层开始固化生成半焦，中间仍为胶质体，内部为未变化的煤（图 4-49，Ⅱ）。这种状态只能维持很短时间。因为外层半焦外壳上很快就出现裂纹，胶质体在气体压力下从内部通过裂纹流出（图 4-49，Ⅲ）。这一过程一直持续到煤粒内部完全转变为半焦为止。能否形成胶质体，胶质体的数量和性质对煤的黏结和成焦至关重要。

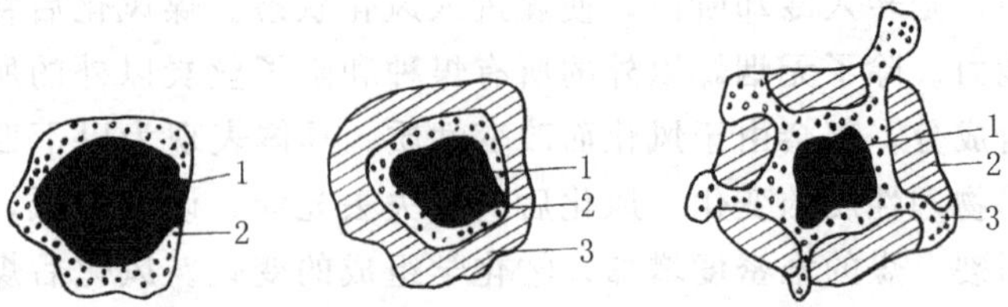

图 4-49 单颗煤粒在胶质体阶段的转化示意图

1—煤；2—胶质体；3—半焦

胶质体的来源可能有：

① 煤热解时结构单元之间结合比较薄弱的桥键断裂，生成自由基，其中一部分分子量不太大，含氢较多，使自由基稳定化，形成液体产物；

② 在热解时，结构单元上的脂肪侧链脱落，大部分挥发逸出，少部分参加缩聚反应形成液态产物；

③ 煤中原有的低分子量化合物——沥青受热熔融变为液态；

④ 残留的固体部分在液态产物中部分溶解和胶溶。

胶质体随热解反应进行数量不断增加，黏度不断下降，直至出现最大流动度。当温度进一步升高时，胶质体的分解速度大于生成速度，因而不断转化为固体产物和煤气，直至胶质体全部固化转变为半焦。

煤的塑性的测试方法可以分为两大类。第一类是间接测定法。借助煤在一定条件下加热后所生成的半焦或焦炭的形状或性质来判断煤的塑性。属于这一类的有：①根据焦炭形状来判别的方法，如坩埚膨胀序数法、格金焦型；②根据焦块的耐压或耐磨强度来鉴别的方法，如混砂法、罗加指数法、黏结指数法和测定胶质层指数后所得焦块的抗碎强度等。第二类是直接测定胶质体特性的方法。属于这一类的有：①直接观察煤在加热过程中的塑性变形的热显微镜法；②测定胶质体膨胀度和透气度的方法，如奥阿膨胀计法、鲁尔膨胀计法 、ИГИ 法、小型膨胀压力炉法、测定胶质层指数的体积曲线和气体流动法等；③测定胶质体的黏度或流动度的混砂法、波拉本达塑谱仪法、吉泽勒塑性计法以及由前苏联库茨尼列维奇提出的胶质体黏度动态测定法；④测定胶质体的量的方法，如胶质层指数测定法；⑤用胶质体特性温度来反映煤塑性的方法。这些测试方法，气体流动法和ИГИ法，都曾在历史上起了一定的作用。

用各种方法测得的煤塑性指标，往往只是从一个或几个方面反映煤在胶质体阶段的特性，各指标间虽有一定联系，但缺乏严格的对应关系。图 4-50 给出一些典型烟煤的塑性、膨胀性和流动性、不透气性随温度及煤化程度变化的情况。图中曲线 1 是用波拉本达塑谱仪测得的在固定转速下以扭矩表示的流动度变化曲线；曲线 2 是煤的奥阿膨胀度变化曲线；曲线 3 是煤的黏结性（以坩埚膨胀序数表示）随煤中挥发分的变化曲线。图 4-51 示出煤在受热后，塑性体，即胶质体的生成原由、出现状态以及依据实验现象所设计的各种测定方法之间的关系，描述了煤的塑性与黏结成焦过程。

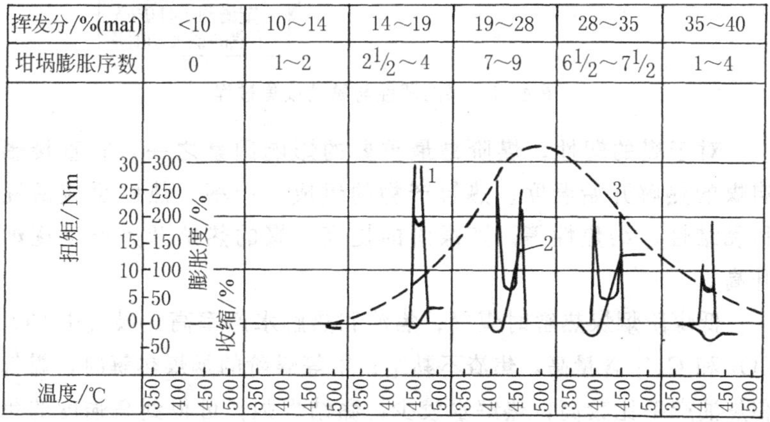

图 4-50　一些典型烟煤的塑性随温度的变化

1—胶质体在固定转速下扭矩的变化；2—膨胀与收缩曲线；3—煤的黏结性随煤中挥发分的变化

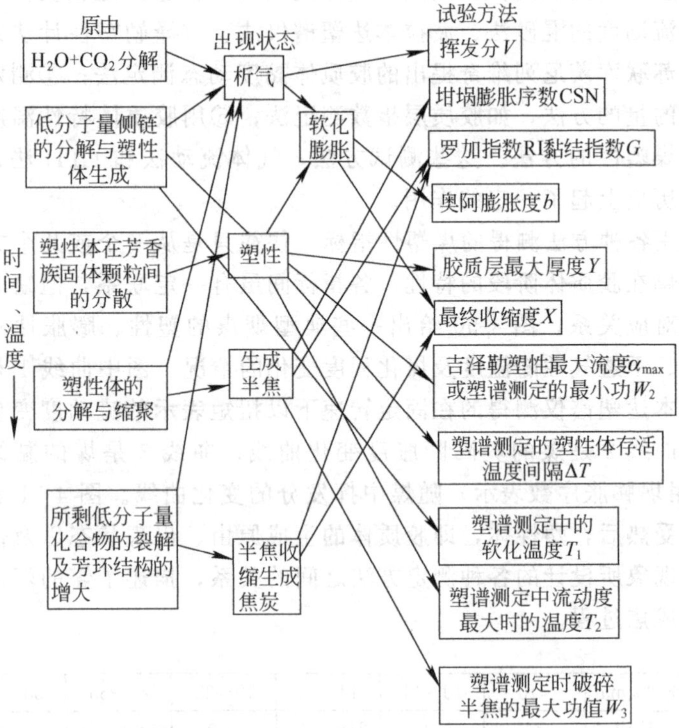

图 4-51　煤的塑性与黏结成焦过程

对于煤的塑性，煤阶是最重要的影响因素之一，它直接影响煤的热解开始温度、热解产物的组成与产率、热解反应活性和黏结性、结焦性等。随煤阶的提高，煤的热解开始温度逐渐升高。

低煤阶烟煤热解时煤气、焦油和热解水产率高，煤气中 CO、CO_2 和 CH_4 含量高，焦渣不黏结；中等煤阶的烟煤热解时，煤气和焦油产率比较高，热解水较少，黏结性强，可得到高强度的焦炭；高煤阶煤（贫煤以上）热解时，焦油和热解水的产率很低，煤气产率也较低，且无黏结性，焦粉产率高。表 4-26 所示为不同煤类干馏至 500℃时热解产物的平均分布。

表 4-26 不同煤类干馏至 500℃ 时热解产物的平均分布

煤 类	焦油/(L/t)	轻油/(L/t)	水/(L/t)	煤气/(m^3/t)	煤 类	焦油/(L/t)	轻油/(L/t)	水/(L/t)	煤气/(m^3/t)
烛煤	308.7	21.4	15.5	56.5	高挥发分烟煤 2	127.0	9.2	46.6	65.5
次烟煤 1	86.1	7.1	—	—	高挥发分烟煤 3	113.0	8.0	66.8	56.2
次烟煤 2	64.7	5.5	117	70.5	中挥发分烟煤	79.4	7.1	17.2	60.5
高挥发分烟煤 1	130.0	9.7	25.2	61.5	低挥发分烟煤	36.1	4.2	13.4	54.9

煤的化学、物理和工艺性质不仅取决于煤阶，而且取决于煤岩显微组成。煤岩显微组分的性质在煤化过程中通常都发生变化，而且煤岩显微组分本身就不是化学均一的物质，甚至在同一煤阶也是如此，所以，在研究煤岩显微组成对煤的软化行为的影响时，必须考虑到煤阶和煤岩显微组成的影响相互重叠的可能性。

不同煤岩显微组分具有不同的塑性。对炼焦而言，一般认为镜质组（V_t）和壳质组（E）为活性组分或可熔组分，惰质组（I）和矿物组（M）为惰质组分或不熔组分，当显微组分按“四分法”划分时，半丝质组（SF）为半惰质组分，即

$$总可熔组分（\%）=V_t+E+\frac{1}{3}SF$$

$$总不可熔组分（\%）=I+M+\frac{2}{3}SF$$

对于炼焦配煤而言，为了得到气孔壁坚硬，裂纹少和强度大的焦炭，可熔与不可熔组分的配比必须恰当。

最大流动度温度和固化温度受煤阶的影响甚大。这些性质与煤的热分解有直接的关系，但更大程度上是由煤的整体化学结构决定的，而不是由岩相结构决定的。在炼焦煤的性质中主要取决于煤岩显微组成，而不取决于煤阶的有吉泽勒塑性计或膨胀计开始移动的温度。煤的软化温度与热分解开始的温度无关。煤的软化类似于物理熔融过程，如沥青的软化，并不显示出热分解的特征。

用坩埚膨胀序数、格金焦型、流动度和膨胀度测定的煤的性质都是基于煤受热后物理和化学变化共同作用的结果，既与岩相组成有关，又与煤的化学组成有关。坩埚膨胀序数和格金焦型对镜质组含量和挥

发分更为敏感，最大流动度和膨胀度的测量则关系稍差。对于煤阶相同的煤，软化煤体的坩埚膨胀序数和流动性则完全取决于镜质组含量。对于不同煤阶的煤就未必如此，因为镜质组的黏结性随煤阶变化的影响甚大。煤的塑性、煤阶和煤岩组成之间的定性关系见表 4-27。

表 4-27　煤的塑性与煤阶和镜质组含量的关系

主要取决于煤阶	取决于煤阶和镜质组含量	主要取决于镜质组含量
最大流动度温度(G)	最大流动度(G)	开始软化温度(G)
固化温度(G)	最大膨胀度(A)	膨胀计开始移动时的温度(A)
	坩埚膨胀序数	
	格金焦型	
	最大胶质层厚度(S)	

注：G—吉泽勒塑性计法；A—奥阿膨胀计法；S—胶质层测定仪法。

（1）吉泽勒流动度（Gieseler fluidity）　所表征的是煤在干馏时形成胶质体的黏度，它能表征煤的塑性，是研究煤的流变性和热分解动力学的有效手段，可用以指导炼焦配煤和进行焦炭强度预测。

吉泽勒流动度的测定方法为，将 5g 粒度小于 0.425mm 的煤粉装入煤甑中，煤甑中央垂直方向装有搅拌器，向搅拌器轴施加恒定的扭矩（约为 100g·cm）。将煤甑放入已加热至规定温度的盐浴内，以 3K/min 的速度升温。当煤受热软化形成胶质体后，阻力降低，搅拌器开始旋转。胶质体相对数量越多，黏度越小，则搅拌器转动越快。转速以分度/min 表示，每 360°为 100 分度。转速随温度升高出现的有规律的变化曲线用自动记录仪记录下来。几种典型烟煤的流动度曲线示于图 4-52。根据曲线可以

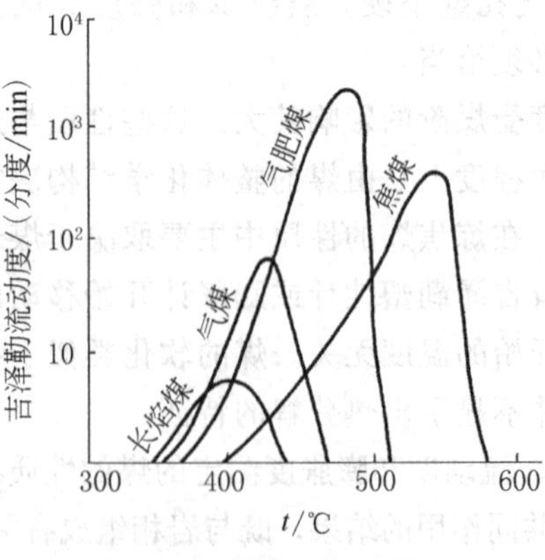

图 4-52　烟煤的吉泽勒流动度曲线

得出下列指标：

① 开始软化温度（T_p），指针转动1分度时对应的温度；

② 最大流动度时的温度（T_{max}），转速最大时对应的温度；

③ 固化温度（T_k），指针停止转动时对应的温度；

④ 最大流动度（α_{max}）；

⑤ 胶质体温度间隔（$\Delta T = T_k - T_p$）。

一般，气肥煤的流动度最大，肥煤的曲线平坦而宽，它的胶质体停留在较大流动性的时间较长。有些肥气煤的最大流动度虽然很大，但曲线陡而尖，说明该胶质体处于较大流动性的时间很短。

吉泽勒流动度指标可同时反映胶质体的数量和性质，具有明显的优点。其缺点是适用范围比较窄，仪器的规范性太强和重现性差。

一些新的煤转化工艺采用比传统焦炉中快得多的加热速度，因此提出了在更高加热速度下测定流动度的要求。高加热速度法可在大约100K/min下进行测量。这时，测得的T_{max}是盐浴温度。此外，还采用一个补充指标——塑性持续时间，该指标对一些新工艺非常重要。在高加热速度下，软化温度向高温侧移动，最大流动度增大，塑性持续时间缩短，但T_{max}不受影响。

通常，配煤的吉泽勒流动度没有可加性，使它在炼焦配煤中的应用中受到限制。

(2) 胶质层指数　胶质层指数包括胶质层最大厚度、最终收缩值，同时可以得到体积曲线形状、焦块特征、焦块抗碎能力等参数。用胶质层最大厚度等特性表征煤的塑性的指标。测定时，将100g煤样装入钢制煤杯，放入底部单向加热炉中，模拟工业条件以3℃/min升温速度加热。在煤样中形成一系列水平等温面，从上到下，温度逐层增高。软化点层面以上的煤保持原状，以下的煤则软化、熔融而形成胶质体；在温度相当于固化点的层面以下的煤则结成半焦。测定中按温度区间用探针测定软化点与固化点两个层面之间的胶质层厚度，以最大厚度Y值（有时记为y）为胶质层指数的一个指标；测定过程中，同时记录煤样受热后的体积变化曲线，当全部煤样转变为半焦后，由于体积收缩，体积曲线下降到最低位置，即测得另一个指标——最终收缩度 x 值，图 4-53 为胶质层曲线示意图，图的上部为体积曲线，下部为胶质层上下面间距离的变化曲线，可以从中读出 x 值和 Y 值。图 4-54 为几种典型的胶质层体积变化曲线。这种方法还可以对所得的半焦块的特征进行定性描述，如半焦块的缝隙、海绵体、色泽和融合状况等；进而把所得半焦块置于一定规格的打击器内，用重锤落下，以测定所得焦块抵抗破碎的能力。

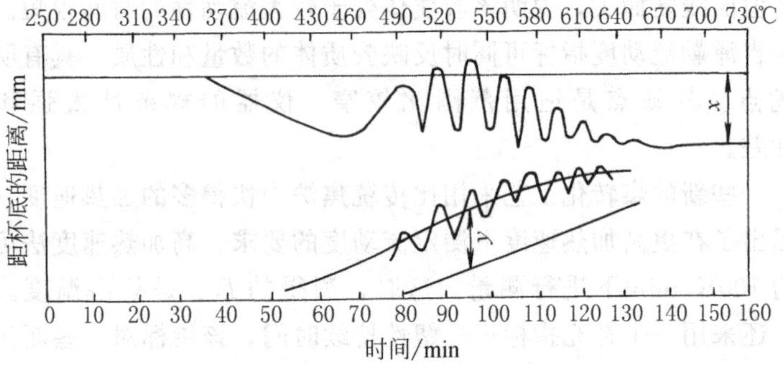

图 4-53　胶质层测定曲线示意图

挥发分（daf）为 30%左右的煤，Y 值最大；挥发分＜13%和＞50%的煤，Y 值接近于 0。肥煤的 Y 值为 25～35mm；气煤和焦煤的 Y 值为 10～24mm；瘦煤的 Y 值为 5～12mm；长焰煤的 Y 值小于 5mm。一般，最终收缩度 x 随着煤的挥发分增大而增大。Y 值主要表征塑性阶段胶质体的数量，它与胶质体的流动性、热稳定性、不透气性和塑性温度区间有关，对中等黏结性和较强黏结性烟煤有较好的区分能力。x 值与煤的挥发分和熔融、固化后的收缩等性质有关。体积曲线、半焦特征的定性描述以及半焦的抗破碎能力，可作为评价煤质的补充资料。所以，可以用胶质层指数来检验烟煤作为炼焦配煤的质量。

（3）胶质层最大厚度　Y 值在前苏联和波兰等国，长时期作为烟煤分类的指标之一。中国 1954 年和 1958 年制订的中国煤分类方

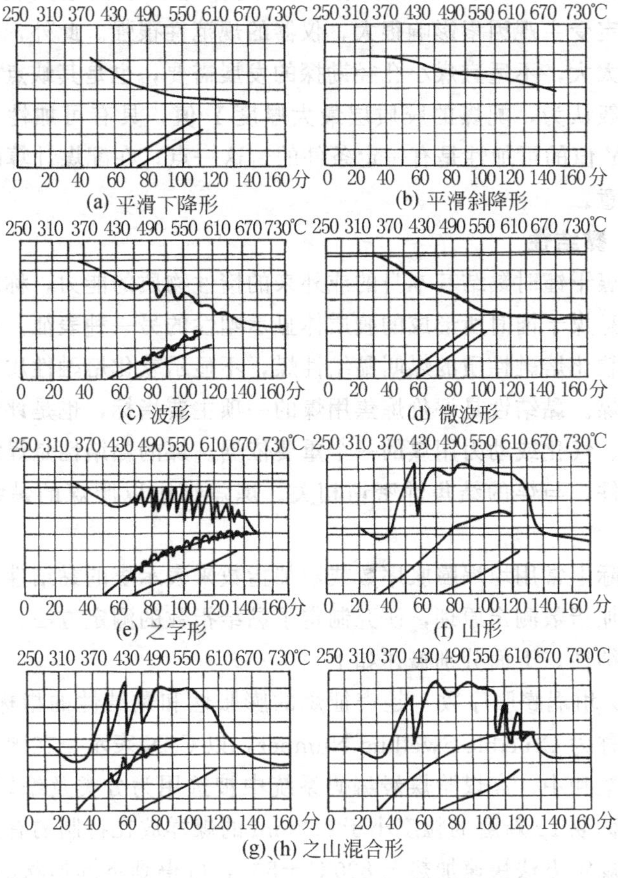

图 4-54　胶质层测定的体积曲线类型图

案中都将 Y 值作为烟煤分类的主要工艺指标。1986 年颁布的中国煤炭分类国家标准中，Y 值已改为区分强黏结性烟煤的辅助指标之一。

胶质层最大厚度 Y 值只能表示胶质体的数量，不能反映胶质体的质量，而且 Y 值受煤的膨胀的影响很大，若膨胀度大，则 Y 值显著偏高。由于 Y 值不能反映胶质体的性质，所以不少 Y 值相同的煤，在相同的炼焦条件下，却得出质量不同的焦炭。当 $Y<$

10mm 和＞25mm 时，Y 值数据很难测准。该方法的最大缺陷是 Y 值的测定受主观因素影响很大，仪器的规范性很强。此外，测试用煤样量太大，不适宜煤小孔径勘探的发展需要，也是其缺点。

一般认为，配煤的胶质层最大厚度 Y 值，具有可加性，但实际上，Y 值的可加性是有一定条件的，这一点，在配煤计算时需要引起注意。

4.4.9 黏结性

烟煤干馏时黏结其本身的或外来的惰性物质的能力，称之为黏结性，是煤干馏时所形成的胶质体显示塑性的另一种表征。在烟煤中显示软化熔融性质的煤叫黏结性煤，不显示软化熔融性质的煤为非黏结煤。黏结性是评价炼焦用煤的一项主要指标，也是评价煤低温干馏、气化或动力用煤的一个重要依据。煤的黏结性是煤结焦的必要条件，与煤的结焦性密切相关。炼焦煤中以肥煤的黏结性为最好。

国际上常用坩埚膨胀序数或罗加指数来表示煤的黏结性。我国参照罗加指数测定原理，研究制定了黏结指数的测定方法，来表征煤的黏结性。下面分别概述如下。

(1) 坩埚膨胀序数　是表征煤的膨胀性和黏结性的指标之一，英文名称为 Crucible Swelling Number，以 CSN 表示。在国际硬煤分类方案和中、高煤阶煤炭编码系统中被选用为分类及编码指标。该法为称取 1g 新磨的粒度小于 0.2mm 的煤样放在特制的有盖坩埚中，按规定方法快速加热至 820℃±5℃，可得到不同形状的焦块；将焦块与一组编了号码的标准侧面图形（图 4-55）比较，与焦块形状最接近的图形的序号就是煤样的坩埚膨胀序数。序数越大，表示煤的膨胀性和黏结性越强。

坩埚膨胀序数测定所用实验仪器和测定方法都非常简单，几分钟即可完成一次试验，所以得到广泛应用。但此法带有较强的主观性，有可能将黏结性较差的煤判断为黏结性较强的煤。此外，利用此法确定膨胀序数 5 以上的煤时，分辨能力较差。

煤的坩埚膨胀序数也是煤塑性的一种表征，所以它和煤中一些

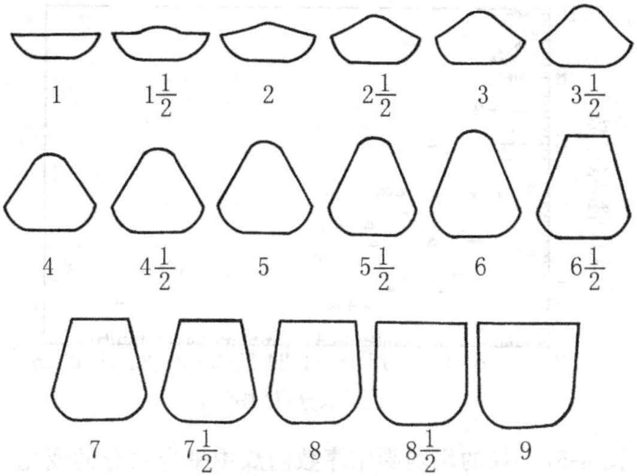

图 4-55　坩埚膨胀序数试验标准侧面图形和对应的序数

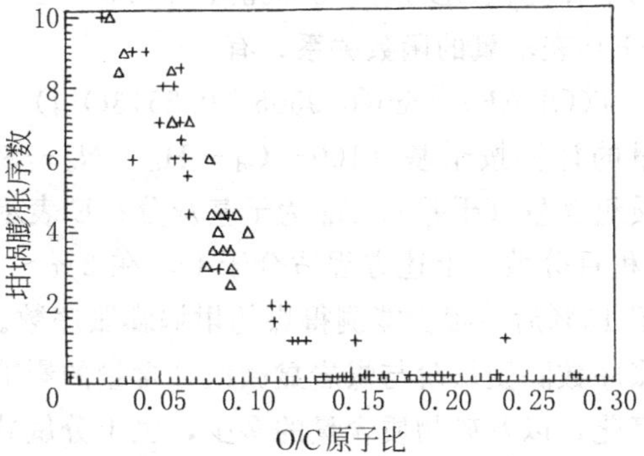

图 4-56　煤的坩埚膨胀序数随煤中(O/C) 原子比的变化

（资料来源：Neavel 等，1981 年）

特性参数必然存在一定的相关关系。图 4-56 示出 CSN 随煤中(O/C)原子比的变化关系，CSN 随煤中含氧量的增多而有规律地减小。图 4-57 是 CSN 与煤中平衡水分的关系，尽管实验点比较分散，但总的趋势是随煤中水的增加而有所降低。CSN 也因煤中显微组分含量的变化，而有规律地变化。根据大量美国煤的统计，有

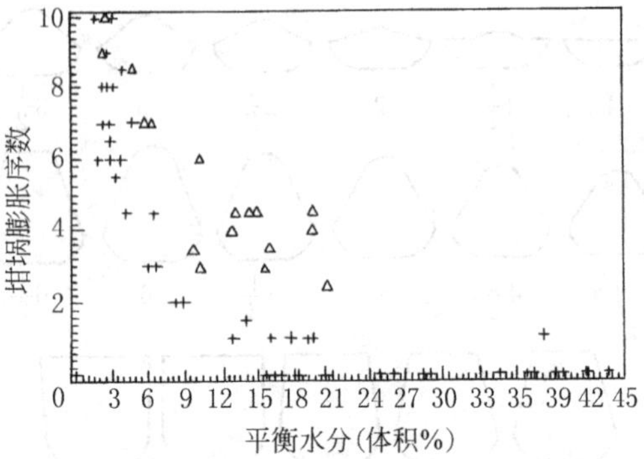

图 4-57　煤的坩埚膨胀序数随煤中平衡水分的变化

（资料来源：Neavel 等，1981 年）

下式：

$$CSN=5+4.68f(ODAF)-0.0039I^2+0.0897I-0.07E$$

式中 f（ODAF）表示氧的函数关系，有

$$f(ODAF)=\mathrm{Sin}(0.9505+0.2513O_{daf})$$

这里，氧含量的计算按干基（$100-C_d-H_d-N_d-S_{t,d}-A_d$）；$I$ 表示煤中惰质组含量（干基），A_d 为干基灰分；E 表示煤中稳定组（干基）的体积百分数。上述方程适合于 O_{daf} 在 2%～15%范围内。当含氧量大于 15%后，很少能测得煤的坩埚膨胀序数。

坩埚膨胀序数除受煤阶与煤岩显微组分含量的影响外，对煤是否受风化或氧化，以及矿物质含量的多少，也十分敏感。

由于坩埚膨胀序数主要测定煤的塑性及膨胀行为，所以，这个参数在配煤时没有可加性。

（2）罗加指数（Roga Index）　是表征烟煤受热后黏结惰性添加物（无烟煤）能力的一个煤的黏结性指标，采用转鼓试验测定焦块强度，来表征烟煤受热后黏结无烟煤的黏结力。罗加指数 RI 对中等黏结性煤具有较好的区分能力，所用设备简单，方法简便，试验快速。罗加指数与工业上的焦炭强度指数有较好的相关性，因此，在煤炭分类和国际煤炭贸易中曾广为应用，对炼焦配煤也具有一定的指导意义。1956 年的硬煤国际分类中，把罗加指数作为确定煤组别的指标之一。

测定罗加指数的方法是将一定量粒度为0.1～0.2mm的烟煤与5g粒度为0.3～0.4mm的专用无烟煤在规定条件下混合后，在850℃下快速加热15min，把所得焦块在特定的转鼓中进行三次转磨试验，分次过0.1mm圆孔筛后称重，然后根据试验数据，按照公式求得罗加指数RI。其计算公式为

$$RI=\frac{(m_1'+m_3)/2+m_1+m_2}{3m}$$

式中 m——炼焦后焦炭的总质量，g；

m_1'——第一次转鼓试验前筛上焦炭的质量，g；

m_1——第一次转鼓试验后筛上焦炭的质量；

m_2——第二次转鼓试验后筛上焦炭的质量；

m_3——第三次转鼓试验后筛上焦炭的质量。

该法的主要问题是各国所用的专用无烟煤不同，使试验结果难于比较，使推广应用受到极大的限制。

随着烟煤黏结指数测定方法的国际标准完成制定工作，并公开发布ISO-15585硬煤-黏结指数测定；随着新技术标准的推广应用，原有的标准就要废除，罗加指数ISO-335—1974（E）已于2004年10月被国际标准化组织第27技术委员会投票废除。

（3）黏结指数　是中国煤炭分类和中国煤炭编码系统两个国家标准中确定烟煤工艺类别与编码的主要指标之一，以$G_{R.I}$或简记G表示。根据煤的黏结指数，可以大致确定该煤的主要用途；利用煤的挥发分和黏结指数图，可以了解各种煤在炼焦配煤中的作用，这对指导炼焦配煤、确定经济合理的配煤比具有一定指导意义。黏结指数的测定原理与罗加指数的测定原理相似，即以一定质量的试验煤样和专用无烟煤混合均匀，在规定条件下加热成焦，所得焦炭在一定规格的转鼓内进行强度检验，以焦块的耐磨强度表示试验煤样的黏结能力。与罗加指数相比，主要区别是：将专用无烟煤粒度从0.3～0.4mm改为0.1～0.2mm，即与试验煤样粒度相同，以便于混合均匀；转鼓试验由原来三次减少为二次；专用无烟煤的配入量

改用两种比例，即当黏结指数 $G \geqslant 18$ 时，试验煤样与无烟煤比为 1∶5，$G<18$ 时，该比例为 3∶3；已研制成功专用无烟煤国家标样，统一制备与提供销售。黏结指数的计算公式为：

当 $G \geqslant 18$ 时，$$G=10+\frac{30m_1+70m_2}{m}$$

当 $G<18$ 时，$$G=\frac{30m_1+70m_2}{5m}$$

式中 m——焦化处理后焦块的总质量，g；

m_1——第一次转鼓试验后筛上焦块的质量，g；

m_2——第二次转鼓试验后筛上焦块的质量，g。

通过这些改进措施，增强了对不同黏结性煤的区分能力，简化了操作，提高了测试的精确性。这些改进，已取得国际标准化组织有关煤炭分析委员会的认可，并出版为国际标准，编号为 ISO-15585 “Hard Coal-Determination of Caking Index”。但黏结指数对强黏结煤的区分能力不足，尚有待于改进。

黏结指数值随煤阶和显微组成以及成因因素而变化。在本书 3.4.2中已有讨论。

国内一些主要煤田煤在 V_{daf}-G 图上的位置，示于图 4-58。这张 V-G 图可用来指导炼焦配煤和提供煤种互换时的重要技术依据，并用以评价炼焦用煤。统计计算了 134 个煤质数据和单煤焦的米库姆焦炭强度 M_{40}，M_{10} 和块焦率 Q_{60}（指大于 60mm 块焦占全焦的质量百分数），以及粉焦率 F_{10}（指小于 10mm 的粉焦占全焦的质量百分数），经过二次趋势面分析，结果示于图 4-59。图中（a），（b），（c）和（d）示出 M_{40}、M_{10}、Q_{60} 和 F_{10} 的等值线。由图表明，焦炭的抗碎强度 M_{40} 主要受煤阶（以 V_{daf} 表征煤阶）所控制，当 $V_{daf}<30\%$时，M_{40} 随着煤黏结指数的增高而增高；对于焦炭的耐磨强度 M_{10}，则主要随煤黏结指数变化而变化，随黏结指数的增高，焦炭的耐磨强度 M_{10} 变好；当 $G<60$ 时，块焦率 Q_{60} 随着 G 值增大而增高，对于中等以上黏结性煤，其 Q_{60} 随 V_{daf} 的增大而显著减小；粉焦率 F_{10} 则主要受煤黏结性强弱的影响，黏结指数越低，

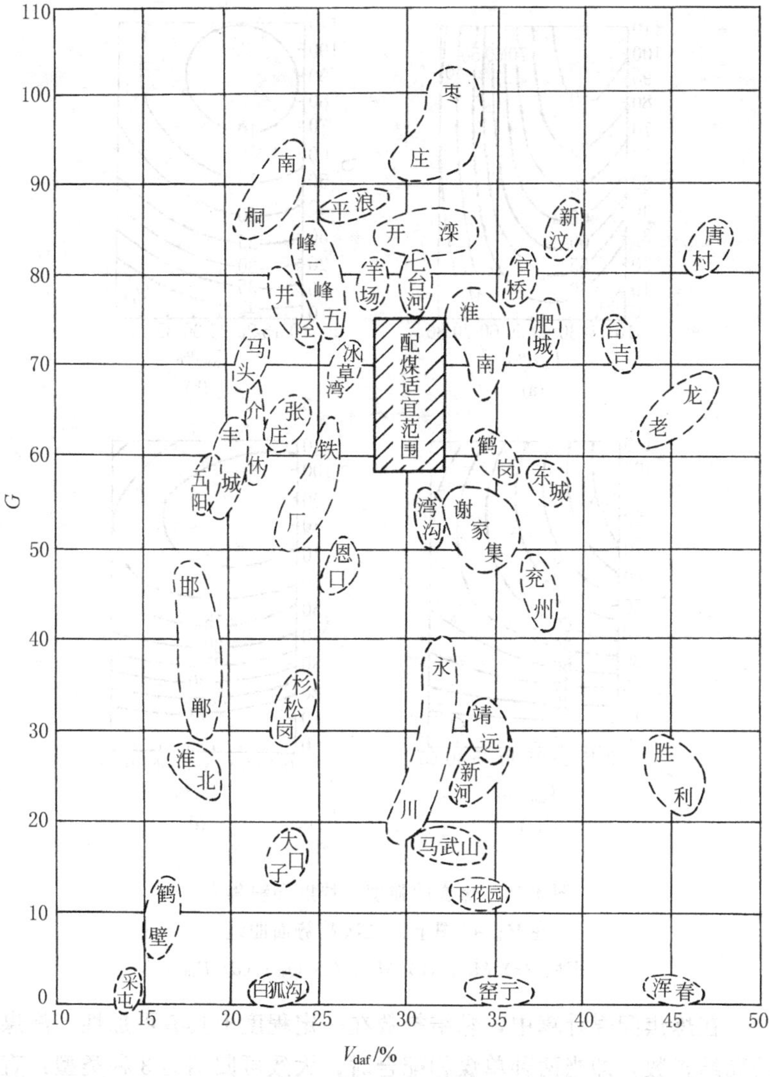

图 4-58　煤的 V_{daf}-G 图

粉焦率越多。根据烟煤的 V-G 图，只要给出煤的 V_{daf} 和 G 值，就可以大致了解这种煤或配煤的焦炭质量，同时还可以通过图上作业法知道应该配入哪些煤，使配煤的 V_{daf} 和 G 值进入到最佳配煤范围。

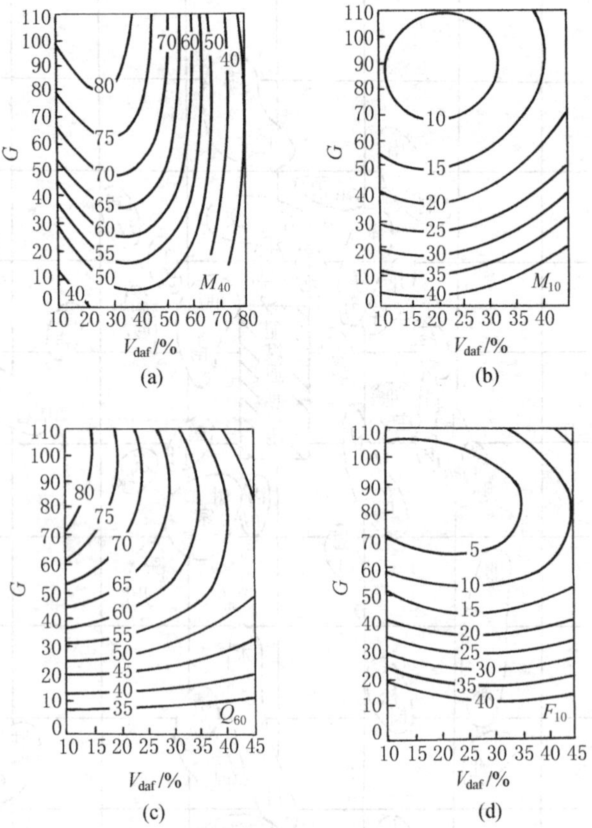

图 4-59　焦炭的强度、块度和粉焦率

在 V_{daf}-G 图上的二次趋势面曲线

图注：(a) M_{40}；(b) M_{10}；(c) Q_{60}；(d) F_{10}

在炼焦配煤计算中，黏结指数在一定程度上具有可加性。配煤的黏结指数，即当两种单煤相配合时，大致可归纳为 3 种类型：直线型、弓型和“S”型。如图 4-60 所示。直线型如图 4-60 中 1，即说明具有线性可加性，其条件是：两种煤的 $G>15$，两煤之间 G 的差值小于 45。

弓型曲线如图 4-60 中 2，一般在一种煤属强黏煤，另一种煤属

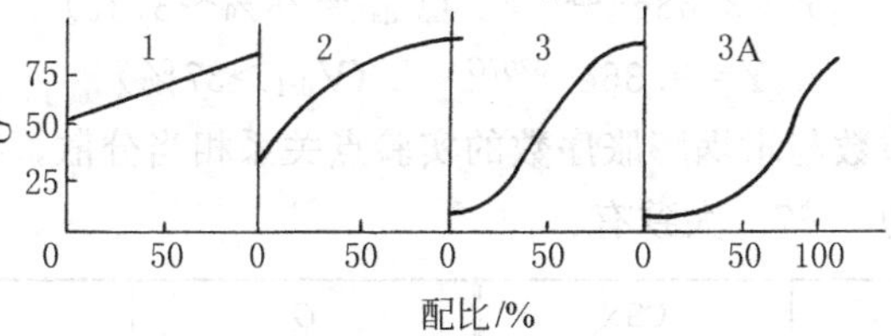

图 4-60　配煤黏结指数的三种类型示意

中黏结煤时出现。两种煤的 G_1、G_2 均大于 15，$\Delta=|G_1-G_2|$，差值在 45～70 之间，则配煤黏结指数 $G'=G_1-G_2(100\%-x)$，式中 x 是强黏结煤的配煤比例，%。

当强黏煤与弱黏结煤两种煤相配时，配煤黏结指数与配比之间的关系，则呈“S”型，如图 4-60 中 3。这时 $|G_1-G_2|>70$，且其中某一种煤的 G 值小于 15。在实际炼焦生产中，强黏结煤的比例通常都大于 60%～70%，可用下式求出配煤的黏结指数 $G'=G_1x+G_2(100\%-x)\alpha$。式中 α 是系数，当 $G_2=10-15$ 时，$\alpha=5$；$G_2<10$ 时，$\alpha=10$。

在中黏煤与弱黏煤相配时，$|G_1-G_2|>45$，其中弱黏煤的 $G_<15$，配煤黏结指数与配比之间的关系，如图 4-60 中 3A 的情况。这在实际生产中是极少遇见的。

随着黏结指数法在国内的广泛应用，就有通过某些煤质指标来推算黏结指数的需求，下面列举罗加指数（RI）、胶质层最大厚度 Y 值和坩埚膨胀序数 CSN 以及吉泽勒流动度（$\lg\alpha_{max}$）与黏结指数（G）的关系图或相关方程式。

黏结指数与罗加指数间有如下回归方程可供计算：

$$G=1.27RI-18.01$$

黏结指数与胶质层最大厚度 y 值，按挥发分值分段后的回归方程有：

$$Y=0.18G+0.02 \qquad (V_{daf}=10\%\sim20\%)$$

$$\frac{1}{Y}=\frac{9.38}{G}-0.057 \qquad (V_{daf}=20\%\sim28\%)$$

$$Y=3.68e^{0.02G} \qquad (V_{daf}=28\%\sim37\%)$$

$$Y=3.35e^{0.0207G} \qquad (V_{daf}>37\%)$$

黏结指数与坩埚膨胀序数的实验点关系相当分散，线性回归的相关系数为 0.67。大致有：

G	CSN	G	CSN
0～18	$0\sim1\frac{1}{2}$	>60～80	$2\frac{1}{2}\sim9$
>18～60	$1\frac{1}{2}\sim4\frac{1}{2}$	>80	$4\frac{1}{2}\sim9$

黏结指数值与吉泽勒最大流动度 α_{max} 的关系，如图 4-61 所示。图中纵坐标是 α_{max} 取对数后的值。它们之间有规律可循，仍可供相关人员参考。

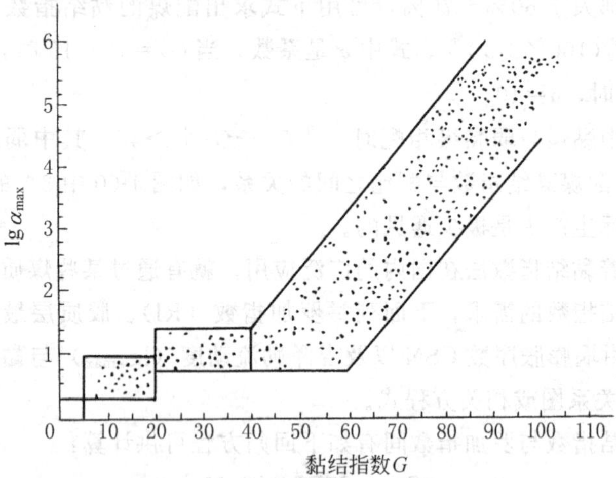

图 4-61　煤的黏结指数与吉泽勒最大流动度

煤中矿物质含量多少对黏结指数测值颇为敏感；煤经氧化、风化后，对 G 值也会产生较大的影响，这些都需要在制样和化验时密切注意。

烟煤黏结指数测定方法现今已升格为国际标准，发布时间：

2006年1月。编号为ISO-15585，名称为硬煤-黏结指数测定。它是由我国现行国家标准GB 5447—1997“烟煤黏结指数测定方法”和GB 14187—1997“测定烟煤黏结指数专用无烟煤技术条件”相合并而成。这是第一个由中国国家标准晋升为国际标准的煤质常用分析标准。它的颁布说明中国的煤质分析标准得到国际上的认同并已能跻身国际标准化舞台。中国需要自己的世界标准。该国际标准的中文译本见本书附录6。

按照国际惯例，国际标准的制订必须遵循技术成果共享的原则。ISO 15585与国内相关国标的主要差异有：①淡化原国家标准中的行政性参与；②标准无烟煤作为相关试验量值溯源的“源头”，拥有“知识产权”；③按照国际标准规则规定，对文本进行增减，文字部分更为简略；④专用无烟煤技术条件作为国际标准ISO 15585的附件；⑤将GB 14181—1997中的专用无烟煤改称“标准无烟煤”（Standard Anthracite）。该样品已经全国标样委员会认定通过批准为实物标样，编号为GSB D21001—1998，并以“奇唯”为商标品牌，进入国内外市场。

4.4.10 结焦性

结焦性是煤或配煤在通常炼焦条件下制成适用于冶金燃料的性质，习惯上往往以焦炉中炼得焦炭的强度来表示。它不仅应当包括焦炭的强度，还要包括焦炭的粒度分布、反应性和其他性质，即一整套决定冶金用焦质量的工艺性质。炼焦煤必须兼有黏结性和结焦性，两者密切相关。煤的黏结性着重反映煤在干馏过程中软化熔融形成胶质体并黏结固化的能力。测定黏结性时加热速度较快，一般只测到形成半焦为止。煤的结焦性全面反映煤在干馏过程中软化熔融直到固化形成焦炭的能力。测定结焦性时加热速度一般较慢。对煤的结焦性有两种不同的见解，一种认为在模拟工业炼焦条件（如3℃/min加热速度）下测定到的煤的塑性指标即为结焦性指标，硬煤国际分类中采用奥阿膨胀度和格金焦型作为煤的结焦性指标。另一种意见则认为在模拟工业炼焦条件下把煤炼成焦炭，然后用焦炭的强度和粉焦率等指标作为评价煤结焦性的指标，如用模拟工业炼焦炉条件的 200kg 试验焦炉的焦炭的强度来评定炼焦煤和配煤的结焦性。我国在制定中国煤炭分类国家标准中，即以 200kg 试验焦炉所得焦炭的强度和粉焦率，作为结焦性指标。炼焦煤中以焦煤的结焦性最好。

(1) 格金焦型（Gray-King assay） 它是英国沿用的煤炭分类指标，是用标准焦型为参照物来判断煤结焦性的一种指标，同时也表征煤的塑性行为。用格金焦型测定煤塑性的方法是将一定量煤样装入特定的干馏管中，于干馏炉内以一定升温速度加热到 600℃，并保持一定时间，将残留在干馏管中焦炭的形状与一组标准焦型相比较，以确定其型号。标准焦型分为 A～G 型，G 型以上有 G_1 到 G_X，其中 G_1～G_X 型为强膨胀煤生成的焦型。强膨胀煤必须加入一定量的电极炭，使其焦型与标准焦型 G 相一致。下标数字 1～X 即为得到 G 型焦时所配入电极炭的最少克数。各种格金焦型的特征见表 4-28。一般用室式焦炉生产焦炭时，要求配煤格金焦型为F～G。

表 4-28 各种格金焦型的主要特征

焦型	体积变化	主要黏结特征、强度和其他特征
A	试验前后体积大体相等	不黏结，粉状或粉中带有少量小块，接触就碎
B	试验前后体积大体相等	微黏结，多于三块或块中带有少量粉，一拿就碎
C	试验前后体积大体相等	黏结，整块或少于三块，很脆易碎
D	试验后较试验前体积明显减小（收缩）	黏结或微熔融，较硬，能用指甲刻画，少于五条明显裂纹，手摸染指，无光泽
E	试验后较试验前体积明显减小（收缩）	熔融，有黑的或稍带灰的光泽，硬，手摸不染指，多于五条明显裂纹，敲时带金属声响
F	试验后较试验前体积明显减小（收缩）	横断面完全熔融并呈灰色，坚硬，手摸不染指，少于五条明显裂纹，敲时带金属声响
G	试验前后体积大体相等	完全熔融，坚硬，敲时发出清晰的金属声响
G_1	试验后较试验前体积明显增大（膨胀）	微膨胀
G_2	试验后较试验前体积明显增大（膨胀）	中度膨胀
G_X	试验后较试验前体积明显增大（膨胀）	强膨胀

一般认为：格金焦型不具可加性。要知道配煤的焦型，只有通过实验，而不能通过配煤可加性计算来求得。格金焦型和黏结指数呈一正变关系。如果将格金焦型数字化后，以1代表A型，2代表B型，……7代表G型焦，8为G_1型，余下类推，则有如下关系可供参考。格金焦型的测定是项十分费时的操作，故影响了其在国内推广应用。

黏结指数	格金焦型
0～20	A～E
>20～60	E～G_1
>60	G_1～G_{12}或以上

(2) 奥阿膨胀度　以煤样干馏时体积发生膨胀或收缩的程度表征的一种煤的塑性指标。它主要取决于煤在生成胶质体期间的析气速度和胶质体的不透气性，和煤的岩相组成有密切关系。煤的膨胀度广泛用于研究煤的成焦机理、煤质鉴定和煤炭分类，指导炼焦配煤和焦炭强度预测等方面。中国煤炭分类国家标准中，奥阿膨胀度被确定为区分强黏结煤的一个辅助指标。

测定煤干馏时的膨胀和收缩程度的膨胀计有两类。一类是测定煤在软化、熔融和形成半焦时的体积变化，通常测定温度为300～500℃。这类膨胀计有：将煤压实后测定的奥阿膨胀计和鲁尔膨胀计，以及用粉煤测定的霍夫曼膨胀计。另一类膨胀计用以测定从形成半焦到1000℃的温度区间内，煤的收缩行为，这类膨胀计有高温膨胀计和热震式膨胀计。奥阿膨胀计是国际上是最通用的一种膨胀计。在20世纪50年代欧洲硬煤分类中，奥阿膨胀度曾列为煤结焦性的分类指标。

奥阿膨胀度测定的要点是：将试验煤样按规定方法制成一定规格的煤笔，放入内径为8mm的膨胀管中，煤笔上面放置一根能在管内自由滑动的膨胀杆，将上述装置放入专用的电加热炉内，以3℃/min的升温速度加热，记录膨胀杆的位移曲线。以位移曲线上升的最大距离与煤笔原始长度的百分数，表示煤的膨胀度b；以膨胀杆下降的最大距离占煤笔长度的百分数，表示最大收缩度a。试验中规定膨胀杆下降 0.5mm 时的温度为软化温度 T_1，膨胀杆下降到最低点后，开始上升的温度为开始膨胀温度 T_2，膨胀杆停止移动时的温度为固化温度 T_3。图 4-62 是煤的一组典型的奥阿膨胀曲线。

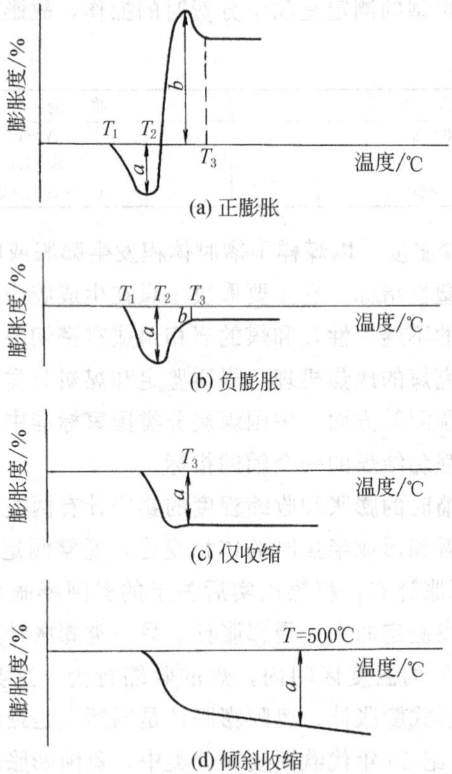

图 4-62　煤的典型膨胀曲线

奥阿膨胀度 b 值和黏结指数 G 值间呈指数型分布（图 4-63）。用指数方程回归后，取方程用于测算，计算误差较大。

奥阿膨胀度除取决于煤阶、显微组成、矿物质含量外，还对煤是否经受氧化或风化十分敏感，利用这一点可以较快地判断煤受到风化的程度。由于制备煤笔过程中，煤粒经历很高压力的冲击，测值还受制备时压力的影响，因此，奥阿膨胀度也不能实际反映煤在

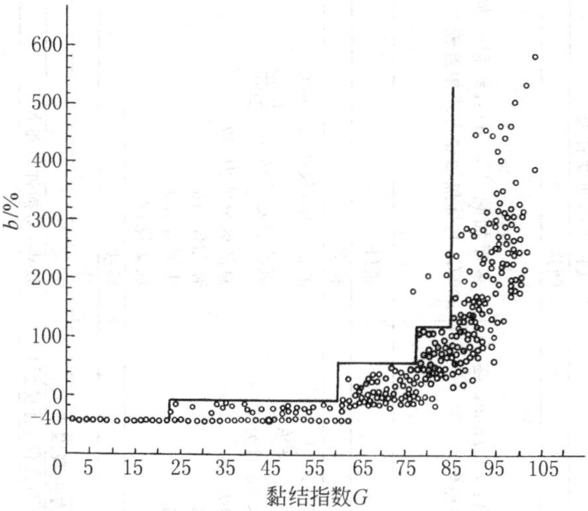

图 4-63　煤的黏结指数与奥阿膨胀度

焦炉中的行为。

奥阿膨胀度在配煤时不具可加性，也使这个指标在配煤炼焦中的应用受到限制。

以上三节讨论了煤受热后的塑性、黏结性和结焦性，表 4-29 列出国内常用的三种黏结性、塑性和结焦性指标的比较结果，以便读者对它们在黏结性方面的区分能力、对焦炭强度的表现能力、试验煤用量、仪器设备要求、测试返工率及测试工效等，有更深入的了解，加深对炼焦用煤特性以及试验方法的异同的认识。

4.4.11　煤灰熔融性和灰黏度

煤灰熔融性过去曾称煤灰熔点，它和灰黏度都是动力用煤和气化用煤的重要指标。煤灰熔融性主要用于固态排渣锅炉和气化炉的设计，并能指导实际操作；也可以作为液态排渣炉设计中的参考数据。但是，它只能定性地说明灰的熔化温度范围，而不能反映灰渣在熔化时的特性。煤灰黏度特性可以定量地反映灰渣在熔化时的特性，所以在设计液态排渣锅炉或气化炉时，灰黏度就成了必不可少

表 4-29　三种常用黏结指标的简要比较

项目＼指标	黏结指数 G	胶质层厚度 Y/mm	奥阿膨胀度 b/%
1. 物理意义	表示烟煤受热后与无烟煤颗粒之间结合的牢固程度	主要反映胶质体数量的多少	表示胶质体的膨胀性，主要和黏度及气化析出速度有关
2. 表示黏结性方式	直接	间接	间接
3. 加热条件	多面加热：850℃恒温加热15min；与炼焦加热方式相差较大，但与气化燃烧工艺加热方式相接近	单面加热：3℃/min，终温750℃，接近炼焦生产	多面加热：3℃/min，终温一般在500℃；与炼焦加热方式相差较大
4. 对焦炭强度的表现能力	较好	较差	稍好
5. 给出讯息量	单一	较多	较多
6. 对黏结性的区分能力	测值范围：0～105 试验误差：>18时为3； <18时为1 总的区分能力：48.3 强黏煤：8.3 中黏煤：20 弱黏煤：20	测值范围：5～40 试验误差：>20时为2 <20时为1 总的区分能力：26 强黏煤：7.5 中黏煤：9.5 弱黏煤：9	测值范围：仅收缩～400 试验误差：$>4.2+\frac{4.2b}{100}$ 总的区分能力：47 强黏煤：16 中黏煤：23 弱黏煤：8
7. 所需试验煤量	很少	太多	较少
8. 试验速度	快	慢	快
9. 操作情况	简便	较繁杂，人为主观因素大	方便
10. 设备制造	容易，无易损件	制造设备较不方便，有易损件	较难，易损件较难加工
11. 标准化要求	易于标准化；但需用统一的专用无烟煤标样	规范性强，标准化较难	易于标准化
12. 日工效/(个/天)	16	4	4
13. 测试返工率/%	3～5	10～20	5～10

的指标。

由于煤中矿物质的来源不同，煤经高温灼烧后剩下的残留物即灰分的成分十分复杂，其含量变化范围也很大。它们主要是硅、铝、铁、钙、镁、钾和钠等元素的氧化物和盐类，这些成分决定了煤灰的熔融性和灰渣黏度特性。在煤灰中这些成分以硅酸盐、硫酸盐以及各种金属氧化物的混合物的形式存在。当加热到一定温度时，这些混合物就开始部分熔化，随着温度的升高，熔化的成分就逐渐增多，而不是在某一固定温度时能够使固态全部转变成液态。所以，煤灰熔化时就可能有一个熔化的温度范围。我们平时所说的灰熔融温度就包括了煤灰在熔化时的三个特征温度，即开始变形温度 T_1 软化温度 T_2 和流动温度 T_3。在锅炉设计中，大多采用软化温度 T_2 作为灰的熔点。

根据煤灰熔融温度 T_2 的高低，把煤灰分成易熔、中等熔融、难熔和不熔四种，它们的熔融温度范围大致如下：

易熔　1160℃以下；

中等熔融　1160～1350℃；

难熔　1350～1500℃；

不熔　1500℃以上。

煤灰熔融温度是一个近似说明煤在锅炉中或在气化炉中灰渣熔融特性的数据。一般固态排渣炉，要求煤灰熔融温度愈高愈好，以避免由于结渣造成操作困难。灰熔融温度低的煤，由于熔渣会包裹住煤而造成燃烧不完全、从而增加灰渣含碳量，严重时会堵塞炉栅，造成燃烧不完全、排渣困难，甚至造成停炉、停气事故。熔渣还会腐蚀、共熔炉衬耐火材料，特别是当灰渣为酸性渣而炉衬耐火砖为碱性砖，或灰渣为碱性渣而炉衬耐火砖为酸性砖时，共熔情况将更为严重。有些锅炉则要求有较低的灰熔融温度，如链条炉需要灰熔融温度较低一些，这样可以保留适当的熔渣以起到保护炉栅的作用；而液态排渣炉则要求熔点愈低愈好。这时，光凭灰熔融温度的高低，已不能正确判断灰渣流动时的特性，而需要测定煤灰高温熔化时的黏度特性曲线。灰黏度就是说明灰渣熔化时的动态特性的重要指标。

近年来，世界工业发达的国家，为了提高燃料效率和充分利用劣质燃料，液态排渣方式的锅炉和气化炉有了很快的发展。在设计和指导实际操作上，灰渣的黏度特性曲线比灰熔融温度更加重要，例如它对确定熔渣的出口温度有着重要的作用。在固定床的煤气炉中，为使熔渣顺利排出，所用煤的灰黏度应小于5.0Pa·s；煤粉气化过程中，其黏度应小于25.0Pa·s；而在液态排渣锅炉中，顺利排出炉渣的煤灰黏度范围是5.0～10.0Pa·s。由于煤灰中无机成分的性质和含量变化很大，有时灰熔融温度相近而灰渣的黏度特性却不同。因此，在同一温度时，有些煤灰的熔点虽然相近，而灰渣的流动性有很大差别，这就需要通过灰黏度的测定，才能了解灰渣的这种特性。

目前，我国测定煤灰熔融性的试验标准和国际标准化组织（ISO）以及世界主要工业国的试验标准多数都采用角锥法。它的优点是操作简便、直观，效率高；缺点是主观误差大。随着摄像、彩电技术的发展，已经有与录像、摄像联动的灰熔融性测定仪问世，以提高测量精度。

进行煤灰熔融性测定时，要特别注意控制炉内的气氛性质。在氧化性气氛和还原性气氛条件下分别测得的灰熔融温度差别很大，特别是煤灰中氧化铁含量较多时，差别更大。有些含铁量高的煤灰，在不同气氛中测定的灰熔融性温度可相差300℃。这是因为煤灰中的铁在不同气体介质中以不同的价态出现，在氧化性介质中铁呈三价（Fe_2O_3），在弱还原性气体中铁呈二价（FeO），而在强还原性介质中，在高温时铁将变成金属铁（Fe）。其中，以Fe_2O_3熔点最高（1560℃），FeO最低（1420℃），金属铁熔点介于二者之间（1535℃）。必须指出，在实际熔融过程中，铁总是和煤灰中的硅酸盐及其他矿物质共熔，形成熔点更低的复合物。所以，测定煤灰熔融性时，必须严格控制炉内的气体成分。如果不掌握测定时的气体性质，有些煤灰熔融性温度相差很大，其所测出的熔融性是没有意义的。通常，煤灰熔融性是指在弱还原性气体介质中的测定结果。

角锥法的要点是将煤灰制成一定尺寸的三角锥体，置于托板上。在一定的气体介质中，以规定的升温速度加热，观察锥体受热过程中的形态变化，测出三个熔融特征温度，即变形温度（DT）、软化温度（ST）和流动温度（FT）（相对应于 T_1，T_2 和 T_3）。煤灰锥熔融的特征见图 4-64。

图 4-64 煤灰锥熔融特征示意图

1—原形；2—变形；3—软化；4—流动

变形温度（DT）指灰锥尖端开始变圆或弯曲时的温度。软化温度（ST）指锥体弯曲至锥尖触及托板，锥体变成球形和高度等于或小于底长的半球形时的温度。

半球温度（HT）指锥体变成半球形时的温度。

流动温度（FT）指锥体熔化成液体或展开成高度在 1.5mm 以下的薄层时的温度。需要指出，某些煤灰可能测不到此特征的温度点，如有的灰锥明显缩小直至完全消失；或缩小而实际不熔，形成一烧结块，但仍保持一定的轮廓；有的灰锥由于表面挥发而明显缩小，但却保持原来的形状；某些 SiO_2 含量高的灰锥容易产生膨胀或鼓泡，鼓泡一破即消失。这时，要在测试报告中说明其相应温度。

在相同的气氛中，煤灰熔融性温度完全取决于煤灰化学成分的性质和数量，所以有可能按煤灰成分分析的测值来计算出煤灰的熔融温度（表 4-30）。当灰分必须以熔渣形式排出时，煤灰黏度就显得十分重要，同理，也可以从煤灰组成进行估算。这时常常用到二个参数：碱酸比和二氧化硅比。前者有，

$$(Fe_2O_3+CaO+MgO+Na_2O+K_2O)/(SiO_2+Al_2O_3+TiO_2)$$

二氧化硅比以［S］表示，定义为：

$$[S]=SiO_2/(SiO_2+Fe_2O_3+CaO+MgO)$$

表 4-30　煤灰熔融温度与煤灰中铁、钙含量的统计关系①

煤灰熔融性温度/℃	温度值范围/℃	回归方程	标准差/℃
还原气氛			
变形温度	1140～1480	$DT_r=1567-16Fe_2O_3-33CaO$	41
软化温度	1240～1540	$ST_r=1630-16Fe_2O_3-25CaO$	35
流动温度	1290～1540	$FT_r=1653-14Fe_2O_3-21CaO$	18
氧化气氛			
变形温度	1240～1530	$DT_0=1567-10Fe_2O_3-37CaO$	43
软化温度	1320～1540	$ST_0=1567-10Fe_2O_3-26CaO$	21
流动温度	1370～1540	$FT_0=1567-8Fe_2O_3-18CaO$	24

① 适用于灰中 Fe_2O_3 含量在 1%～17%及 CaO 含量在 1%～7%范围内。

这二个参数可以相互转换，有：

$$碱酸比=1.385-0.015\ [S]$$

通过大量实验，得到煤灰黏度 η 与二氧化硅比的关联式。有

$$\log\eta=4.468\left(\frac{[S]^2}{100}\right)+1.265\left(\frac{10^4}{T}\right)-7.44$$

式中　T——温度，K。

煤灰黏度 η 和灰熔融性一样，在碱性组为 40%时黏度最小。大多数灰熔渣不是牛顿型流体，在高温时是均一液体，但在冷却后熔渣中的高熔点成分以固体析出而成为混合相。在 $\ln\eta$ 与 $1/T$ 的坐标图上，斜率突然发生变化，发生这种变化时的温度称临界黏度温度，T_{cv}。当炉温下降到 T_{cv} 以下时，熔渣很快会凝成固态。所以 T_{cv} 是液态排渣气化炉温度控制的界限，炉内温度不允许下降到 T_{cv} 以下，这是一个温度限度，因此 T_{cv} 是个很有用的参数。

熔渣黏度和灰分组成之间的关系之所以重要，是因为估算 η 所需的数据也能用于估算“临界黏度”下的温度，在该温度下冷却中的熔渣从牛顿流体变为假塑性固体。根据对不同熔渣的 η/T 的测值，可以推论“临界黏度”下的温度与 SiO_2、Al_2O_3、CaO 含量有关，并且与 $Fe_2O_3/(Fe_2O_3+1.11FeO+1.43Fe)$ 的“三价铁百分数”有关，此关系可用下式表示：

$$T_{cv}=2990-1470\left(\frac{SiO_2}{Al_2O_3}\right)+360\left(\frac{[SiO_2]^2}{[Al_2O_3]^2}\right)-14.7(Fe_2O_3+CaO+MgO)+0.15(Fe_2O_3+CaO+MgO)^2$$

式中，T_{cv}为“临界黏度”下的温度（℃）。使用此式时必须注意要对熔渣组成重新进行计算，以使 $SiO_2+Al_2O_3+Fe_2O_3+CaO+MgO=100$，这时 T_{cv}的标准偏差为55℃。

熔化了的熔渣的表面张力 *SF* 也可以根据煤灰主要组分的浓度用下式进行估算：

$$SF(1400℃)=3.24SiO_2+5.85Al_2O_3+4.4Fe_2O_3+4.92CaO+5.49MgO+1.12Na_2O-0.75K_2O$$

煤作为燃料，需要进行分检的项目如表 4-31 所示。这里的结渣指数（Slagging Index）R_s

$$R_s=碱酸比\times S_{t,d}$$

式中，碱酸比指煤灰中碱性氧化物与酸性氧化物的比值；$S_{t,d}$表示煤中的全硫干基百分数。如表 4-31 所示，$R_s=0.21$，表明该煤样有轻度结渣倾向，即煤在燃烧过程中黏集在耐火砖壁及其他暴露面上的黏附性较小。结渣指数与结渣状况间的关系如下：$R_s<0.6$ 轻度结渣；$R_s=0.6\sim2.0$ 中等结渣；$R_s=2.0\sim2.6$ 大量结渣；$R_s>2.6$严重结渣。

表 4-31 煤燃烧试验中的例行分析项目及结果

灰分 *d*/%	12.4	Fe_2O_3	8.6
挥发分 *d*/%	33.6	TiO_2	2.0
硫 *d*/%	0.98	Mn_3O_4	0.1
氮 *d*/%	1.6	CaO	6.5
发热量/(MJ/kg)	29.9	MgO	0.7
哈氏可磨性	49	Na_2O	0.4
煤灰熔融温度/℃		K_2O	0.1
DT(还原气氛)	1370	P_2O_5	1.5
DT(氧化气氛)	1380	SO_3	6.0
ST(还原气氛)	>1400	煤炭类别	烟煤
ST(氧化气氛)	>1400	碱/酸比	0.21
煤灰成分分析/%		结渣指数 R_s	0.21
SiO_2	47.6	玷污指数 R_f	0.08
Al_2O_3	28.3		

国际上除关注三个熔融特性温度 DT、ST 和 FT 外，不少国家的测值还多一个“半球温度”HT（Hemisphere Temperature），指煤灰角锥体受热过程中形态呈半球态时的温度。我国在修订标准时，将此项特征温度纳入国家标准，以便和国际标准接轨。

尽管煤灰熔融性试验得到广泛的应用，但由于先前的燃煤锅炉多数以层燃为主，而现今燃煤大多进展到粉煤燃烧锅炉，所以对原先的测定方法提出了质疑。例如，试验用煤灰是在实验室内制备的，与实际锅炉运行情况有很大的不同，特别在熔化与结晶态变化行为方面，原先的特征温度无法准确表征。

此外，由于灰熔融性温度的判断带有主观性，实验的再现性差，特别对变形温度的判定，不能给出恰当的结果，因此各国在制定标准时，实验室间的允许差较大。虽然特征温度可以通过煤灰化学组成含量进行估算，但是配煤的特征温度不具可加性。因此，用几种单煤的灰熔融特性温度并不可能正确预测配煤灰的玷污性及结渣特征。

4.4.12 煤灰玷污性

对于粉煤锅炉来说，由于煤在炉壁与过热器上的积灰与玷污，造成非计划的停工次数日渐频繁。人们开始注意到煤中有些矿物质乃是积灰玷污的根源。通过大量实验，人们认识到煤灰中碱金属氧化物（特别是 Na_2O）是引起玷污的元凶，提出了评定煤灰玷污性的指标，称为玷污性指数（Fouling Index）以 R_f 表示。对于烟煤煤灰的 R_f 有

$$R_f=\frac{\text{碱性氧化化合物}}{\text{酸性氧化化合物}}\times M_{Na_2O}$$

煤灰中碱性氧化物包括（$Fe_2O_3+CaO+MgO+K_2O+Na_2O$）；酸性氧化物有（$Al_2O_3+SiO_2+TiO_2$）。对于褐煤煤灰来说，经大量统计可简化为下式：

$$R_f=\frac{M_{Na_2O}}{6.0}$$

式中，M_{Na_2O}是煤灰中 Na_2O 的质量百分数，%。可见高钠含量

的煤是形成积灰玷污的主要因素。在国外，按 R_f 值划分四种玷污程度的等级，见表4-32。

事实上以碱金属氧化物含量也能评估煤灰的玷污性。总碱金属含量 $R_f' = [Na_2O + (0.6589K_2O)] \times 灰分/100$。对于烟煤煤灰来说，可以通过 R_f' 来了解煤灰的玷污等级（表4-33）。

表4-32 根据 R_f 值区分玷污性等级

R_f	玷污类型
<0.2	弱玷污
0.2～0.5	中等玷污
0.5～1.0	强玷污
>1.0	严重玷污

注：资料来源为 D. J. Barratt 等，1991 年。

表4-33 根据 R'_f 值区分玷污性等级

R_f'	玷污类型
<0.3	弱玷污
0.3～0.45	中等玷污
0.45～0.6	强玷污
>0.6	严重玷污

注：资料来源为 D. J. Barratt 等，1991 年。

煤中氯的存在会强化煤灰的积灰玷污过程。在燃煤过程中，含氯部分被挥发出来，能够凝聚在锅炉管壁，并同碱金属和硫氧化合物结合，造成腐蚀与玷污。氧化钠的含量一般在煤灰中约在2%上下，我国煤中氯化合物的含量，最大约在0.1%～0.3%之间。

4.4.13 煤对二氧化碳的化学反应性

煤对二氧化碳的化学反应性是指在一定温度条件下煤中的碳与二氧化碳进行还原反应的能力，或者说煤将二氧化碳还原成一氧化碳的能力。它以被还原成一氧化碳的二氧化碳量占参加反应的二氧化碳总量的百分数 α（%）来表示。通常也称为煤对二氧化碳的反应性。

煤的反应性与煤的气化和燃烧过程有着密切关系。它直接反映了煤在炉内的作用情况。反应性强的煤在气化和燃烧过程中，反应速度快，效率高。反应性强弱直接影响耗煤量、耗氧量及煤气中的有效成分的多少等。因此，煤的反应性是评价气化或燃烧用煤的一项重要指标。此外，测定煤反应性，对于进一步探讨煤的燃烧、气化机理亦有一定的价值。

煤的反应性有许多种表示方法，如反应速度法、活化能法、同温度下产物的最大百分浓度或浓度与时间作图法、着火温度或平均燃烧速度法、反应物分解率或还原率法、临界空气鼓风量法，以及挥发分热值表示法。我国采用二氧化碳的还原率表示煤的反应性。测定要点是：先将煤样干馏，除去挥发物（焦炭不需要干馏处理）；然后将其筛分并选取一定粒度的焦渣装入反应管中加热；加热到一定温度后，以一定的流速通入二氧化碳与试样反应，测定反应后气体中二氧化碳的含量；以被还原成一氧化碳的二氧化碳量占原通入的二氧化碳量的百分数（又称二氧化碳还原率）$\alpha(\%)$ 作为化学反应性指标。

$$\alpha(\%)=\frac{\text{转化为 CO 的 } CO_2 \text{ 量}}{\text{参加反应的 } CO_2 \text{ 量}}\times 100$$

或

$$\alpha(\%)=\frac{100\ (a-V_{CO_2})}{a(100+V_{CO_2})}\times 100\%$$

式中 V_{CO_2}——未被还原的 CO_2 含量，%；

a——钢瓶（通入）二氧化碳的纯度，%。

不同煤在不同温度下，测得的还原率见图 4-65。图中表明，二氧化碳还原率愈高，煤的反应性越好，反应性随温度升高而增加，随煤化程度加深而减弱。这与煤的分子结构和反应表面积有关。此外，煤的加热速度、灰分等因素，对反应性也有明显的影响。

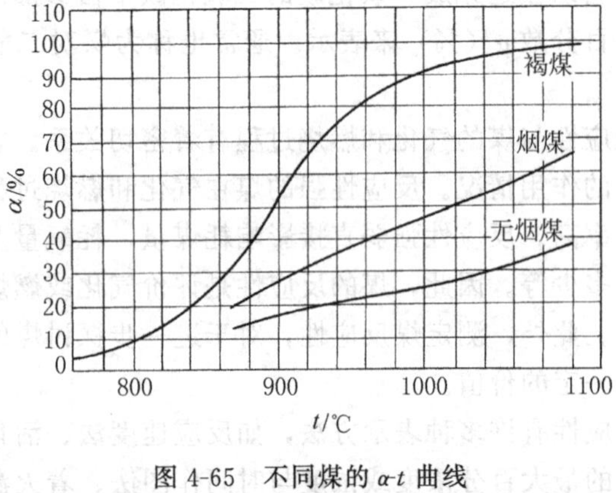

图 4-65 不同煤的 α-t 曲线

煤对 CO_2 的化学反应性与煤的变质程度、煤中灰分和灰的成分有关。

煤的 CO_2 反应性随其变质程度的加深而降低。一般来说褐煤的反应性最强，其次是长焰煤、气煤、肥煤、焦煤、瘦煤、贫煤，而无烟煤的反应性最弱。其一是因为低阶煤的微孔结构比较发达，即气孔率高，有效表面积大，利于 CO_2 和 C 的反应；其二是由于随着煤变质程度的加深，煤中碳逐渐变为类石墨结构，它的反应性就变弱。

和煤的 CO_2 反应性相似的还有表面氧化速率系数 K_c，图 4-66 示出我国和一些国外煤的表面氧化速率系数随煤化程度的变化关系。图 4-67 还示出在 500℃时所测得煤反应性指数随煤平均随机反射率的散点图。随着煤化程度的加深，反应性指数有变低的趋势。煤中显微组分含量的不同，也影响煤反应性变化，图 4-68 是澳大利亚波利煤中，惰质组含量不同，使煤反应性指数发生变化的情况。惰质组含量的增多，使反应性有规律地降低。

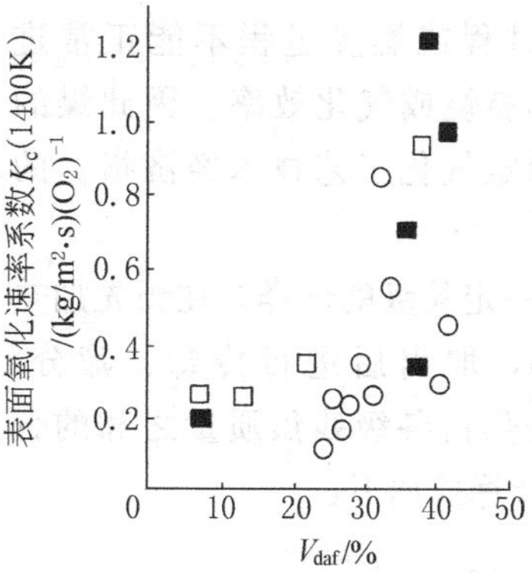

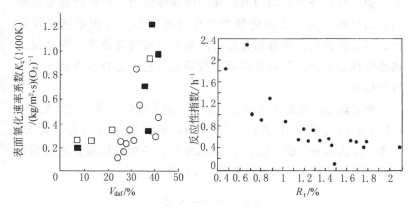

图 4-66　煤的氧化速率系数随煤化程度的变化

○—中国煤，加拿大煤等；□—英国煤

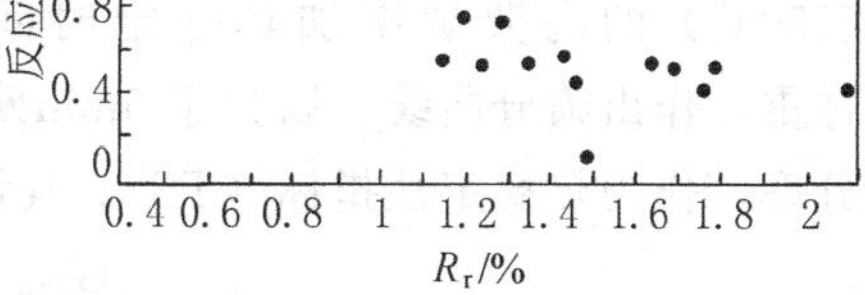

图 4-67　煤的反应性指数随镜质组平均随机反射率的变化关系

（资料来源：J. C. Crelling 等，1988 年）

4.4.14　煤的热稳定性

煤的热稳定性是指煤在高温燃烧或气化过程中对热的稳定程度，也就是一定粒度的煤样受热后保持原来粒度的性能。热稳定性

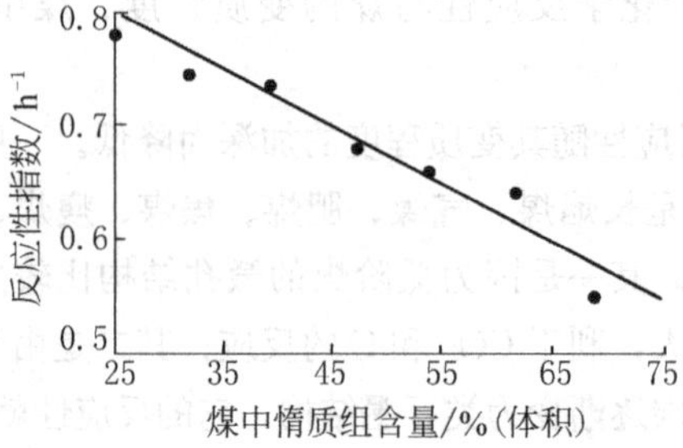

图 4-68　煤的反应性指数与煤中惰质组含量的关系

（资料来源：J. C. Crelling 等，1988 年）

好的煤在燃烧或气化过程中能以其原来的粒度燃烧或气化而不碎成小块或破碎较少；热稳定性差的煤在燃烧或气化过程中迅速破成小块，甚至成为煤粉。要求使用块煤作燃料或原料的工业层燃锅炉或煤气发生炉，如果使用热稳定性差的煤，将导致带出物增多、炉内粒度分布不均匀而增加炉内流体阻力，严重时甚至形成风洞而导致结渣，从而使整个气化过程或燃烧过程不能正常进行，不仅造成操作困难而且还会降低燃烧或气化效率。因此煤的热稳定性是生产、设计及科研单位确定气化工艺技术经济指标的重要依据之一。

测定热稳定性的基本原理，是取一定粒级的试样，在预先加热（850℃）的马弗炉中加热一定时间，取出后进行冷却、筛分、称重，作出筛分曲线。以大于 6mm残焦占各级残焦质量之和的百分率，作为热稳定性指标（TS）。其计算式如下：

$$TS_{+6}=\frac{G_{+6}}{G}\times 100$$

$$TS_{3\sim 6}=\frac{G_{3\sim 6}}{G}\times 100$$

$$TS_{-3}=\frac{G_{-3}}{G}\times 100$$

式中　TS_{+6}——煤的热稳定性指标，%；

$TS_{3\sim 6}$、TS_{-3}——煤热稳定性的辅助指标，%；

G——各级残焦质量之和，g；

G_{+6}——大于 6mm 残焦质量之和，g；

$G_{3\sim6}$——粒度为 3～6mm 残焦质量之和，g；

G_{-3}——小于 3mm 残焦质量，g。

煤的热稳定性主要受水分和煤结构因素的影响。煤裂隙中存在的水分在高温下急剧蒸发；以及由于煤结构不均一，在高温下造成大的内外温差，都使煤粒发生热爆现象。用热稳定性差的煤来压制型块，在炭化时要注意加热速度，否则由于热爆裂会使型煤破碎而影响正常的炭化过程。在炼焦生产中，由于黏结性烟煤加热时经历热分解与熔融过程，一般不考虑热稳定性问题，所以只对褐煤、不黏结烟煤和无烟煤才进行测定。

4.4.15 煤的结渣性

在气化（燃烧）过程中，煤中的碳与氧反应，放出热量，产生高温，使煤中灰分熔融成渣。渣的形成一方面使气流分布不均，易产生风洞，造成局部过热，而给气化发生炉的正常操作带来一定困难，结渣严重时还会导致停产；另一方面，结渣后煤块被熔渣包裹，煤未完全反应就排出炉外，增加了碳的损失量。在生产中为使气化发生炉正常运行，避免结渣，往往通入适量的水蒸气，但水蒸气的通入会降低反应层的温度，使煤气质量以及气化效率下降。因此煤灰的结渣性是气化用煤首先考虑的指标，同时对燃烧用煤也有参考价值。

用结渣性来判断煤的结渣性能优于灰熔融性，因为它比较全面地反映了煤的燃烧热、灰含量以及灰成分诸因素的影响，并模拟实际生产的条件在动态下进行测定。因此，其试验结果能更准确地反映煤在气化（燃烧）过程中的结渣特性。

方法要点：将 3～6mm 粒度的试样，装入特制的气化装置中，用同样粒度的木炭引燃，在规定鼓风强度下使其气化（燃烧），待试样燃尽后停止鼓风，冷却后取出灰渣称量和筛分，以大于 6mm 的渣块质量对总灰渣质量的百分比来评定煤的结渣性。不言而喻，这是一种规范性很强的测定法，因此，试验条件（包括仪器设备和工艺流程等）对测定结果有很大影响。

结渣率按下式计算

$$clin=G_1/G\times100$$

式中　*clin*——煤的结渣率，%；

G_1——粒度大于6mm灰渣块的质量，g；

G——总灰渣质量，g。

每一试样按0.1m/s，0.2m/s，0.3m/s三种鼓风强度进行试验。在结渣性强度区域图上（图4-69），以鼓风强度0.1m/s，0.2m/s和0.3m/s的平均结渣率绘制结渣曲线，以区分出强结渣、中等结渣和弱结渣区。影响结渣性指标的主要因素有煤的灰分产率和煤灰的熔融性。而煤灰熔融特性温度又取决于煤灰的化学组成。前已讨论，煤灰组成中，Fe、Ca、Mg、K、Na等元素含量多时，熔融特性温度较低；当Si、Al增多时，熔融特性温度增高。通常以系数K来表示煤灰成分与灰熔融特性温度的关系：

即
$$K=\frac{SiO_2+Al_2O_3}{Fe_2O_3+CaO+MgO}$$

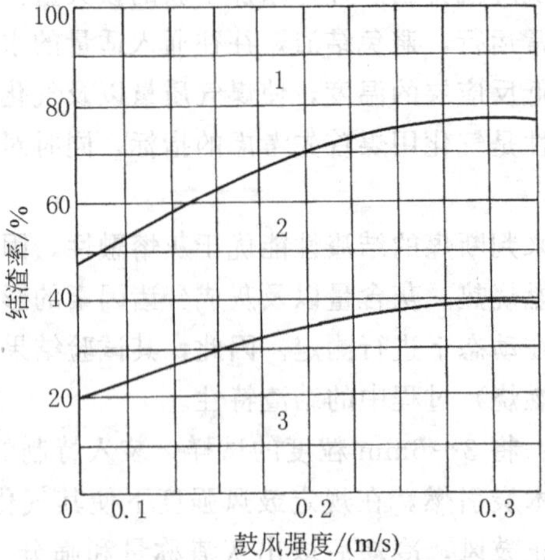

图4-69　结渣性强度区域图

1—强结渣区；2—中等结渣区；3—弱结渣区

当 K 值在 1 以下时，为易熔灰，一般软化温度 ST≤1100℃；当 K 值在 5 以上时，为难熔灰，软化温度 ST>1250～1500℃。一般说煤灰熔融特性温度越低，结渣率越高。

煤中灰分的多少对煤的结渣情形起着重要作用，是个首要的影响因素。大量试验数据和实际调查结果都证实，煤的灰分高，且灰熔融特性温度又比较低，在气化过程中很容易产生熔渣，形成的熔渣又把邻近的煤块包围起来，集成更大的渣块，使结渣率增高。

此外，煤灰周围的气氛对结渣性也有一定影响。因为还原性气氛中测得的煤灰熔融性温度比氧化性气氛测得的要低，因而，煤在还原性气氛中比在氧化性气氛中的结渣率高。煤中无机硫含量也影响结渣性，分析数据表明，煤中无机硫含量越高，煤灰熔融性温度越低，煤的结渣性相应也随之升高。

结渣性是测定煤灰在煤自身的反应热作用下发生形态变化的特性，受着煤灰成分及煤灰产率双重因素的影响。它比煤灰熔融性温度能更好地反映灰的成渣特性。如阳泉煤的变形温度 DT 大于 1500℃，大同煤灰的软化温度 ST 等于 1270℃。煤灰特性温度相差很大，但结渣率却彼此相近，其原因是阳泉煤灰分高于大同煤。大同煤灰的 ST 虽低，但它的灰分也低，致使结渣率并不高。通过大量试验数据的数学处理，得出鼓风流速 0.1m/s 时结渣率与煤灰软化温度（ST)、灰分的关系式如下：

$$clin(\%)=44.7+1.79A-0.03\mathrm{ST}$$

式中　A——煤中灰分产率，%；

　ST——煤灰的软化温度，℃。

从上式可以看出，结渣率高低取决于煤的灰分产率和煤灰熔融特性温度。单凭煤灰熔融特性温度，不能完全正确判断煤灰结渣的情况。

4.4.16　煤液透光率

专指低煤阶煤在规定条件下用硝酸与磷酸的混合溶液处理后所得溶液的透光百分率，记作 P_M，%。通常煤阶越低的煤越容易与稀硝酸起化学反应，从而产生有色溶液颜色也越深，对光的透过率

（即透光率）也越低。这种有色溶液主要是水溶性的有机二元酚或多元酚的硝基化合物和亚硝基化合物，也可能还有醌基化合物和显示黄色的偶氮化合物等。低阶褐煤的 P_M 多数在16%以下，到低阶烟煤，如长焰煤的 P_M 一般>50%～90%。据此，可以用 P_M 值的大小，对低煤阶煤进行分类。

透光率是项测定规范性很强的项目。反应温度是影响测值的最重要因素。此外，酸度、混合酸处理煤样的时间、煤样存放时间、煤中矿物质含量和煤岩显微组分都会对测值产生影响。测定透光率前，有色溶液的放置时间也会影响到测值的大小，因此一般都应当天进行比色测定。

煤经风化后，煤液的透光率变低，所以可用 P_M 值来大致区分煤是否遭受风化。

5 煤炭分类

为了适应不同用煤部门的需要，要依据煤的属性和成因条件，将煤分成多种类别。煤的分类是按照同一类别煤其基本性质相近的科学原则进行的。煤炭分类关系到地勘部门对资源的评价与储量计算，采煤部门确定开采及洗选加工方案，供销部门制定供煤体系与煤价，用煤部门如焦化、动力工业指导配煤和采用洁净煤技术工程措施。它是合理、洁净利用煤炭、优化资源配置的一项系统工程。

人们对各种自然界物质进行分类时，概括起来，需要遵循两个共同原则，第一是根据物质各种特性的异同，划分出自然类别（分类学）；第二步是对划分出的类别加以命名表述。这是分类系统学的通常程序。对煤炭进行分类时，根据分类目的的不同，有实用分类（技术分类和商业编码）和科学/成因分类（即使是纯科学分类，通常也有实际用途）两大类。这两大类构成了煤炭分类的完整体系。

在制订我国的煤炭分类完整体系过程中，遵循以下几个原则：①适应我国当前的技术发展水平；②符合我国的煤炭资源特点，同时要有利于开采及有效洁净和合理利用煤炭；③有利于煤炭用户提高生产产品的质量和产量；④应该是一系列有科学依据且有实用价值的分类，它包括从褐煤到无烟煤的分类；⑤煤类的划分要简明可行，切合实际应用，分类指标要反映煤化程度和主要工艺性质，测定方法简易可行，且使用测试煤量少，便于推广；⑥分类方案简洁、明了，便于储量和生产调运统计，亦有利于与国际上的相互对比与交流。

5.1 分类研究的历史沿革

煤炭分类的研究工作已有很长的历史。早在1599年，黎巴维斯（Libavius）对包括煤炭在内的矿石沉积有机岩进行过系统分类。接着柏屈兰特（E. Bertrand）在1763年出版的“Stocker”杂志上，发表了分类学如何引进科学指标的论文，着重指出选择分类指标的重要性，为煤分类研究作好了技术准备。1800年以前的研究工作，只是按煤外观不同把煤分为亮煤、暗煤和褐煤。

19世纪工业革命以来，煤成为主要的能源和原料，其用途日益广泛，产生了对煤炭分类的客观要求。1820年，英国开始按煤性质对煤进行简单的分类，出现了瘦煤、肥煤、硬煤和烟煤等名词。1826年，德国卡斯滕（G. J. B. Karsten）用煤热解后残渣的特性，将煤分为砂煤（不黏煤）、烧结性煤（弱黏煤）和黏结性煤；并认为煤中氢与氧之比，与煤的结焦能力有关。1837年出现了比较全面的分类系统，法国勒尼奥（V. Regnault）参照煤田的地质年代与构造，对世界一些地区不同级别的煤炭，按相对密度和元素分析结果进行分类，分别命名为无烟煤、肥烟煤、长焰烟煤、完全褐煤、不完全褐煤和泥炭，这些命名已与现今煤分类系列及其术语基本相当。1875年，德国舍恩多夫（A. Schondorff）进一步用挥发分和焦渣特征进行煤分类，可以看作是现代煤分类的雏形。

1899年英国的赛勒（C. A. Seyler）提出了著名的煤科学分类，以煤的元素分析为基础，用碳和氢作为分类指标，将煤分为四类，有褐煤（分二小类）、烟煤（分三小类）、半无烟煤及无烟煤；后于1931年和1938年又作了修订，采用无灰无硫干燥基的元素分析结果，即煤中所含的碳、氢、氧和氮之和，与挥发分分别作分类指标，同时还用各种煤的“黏结特性”、“焦炭质量”和煤的工业用途等，作为分类方案的注解。赛勒提出，具有相同含碳量的煤，它们的含氢量不同，可能是适中的，或高氢、低氢的，因而使煤在燃烧时产生的火焰有正常或长短之不同；又以各种煤的元素成分和它们的工业分析结果与英制热量单位进行换算，归纳整理出一些换算公式，力图强化实验室指标与煤在工业应用间的紧密联系，使分类研究对生产起到预测和指导作用。赛勒分类虽然没有在工业上得到广泛应用，但其提出的分类原则、名词术语、研究范围，以及力图在实际生产上能发挥作用的设想，一直为后来的煤分类研究者所称

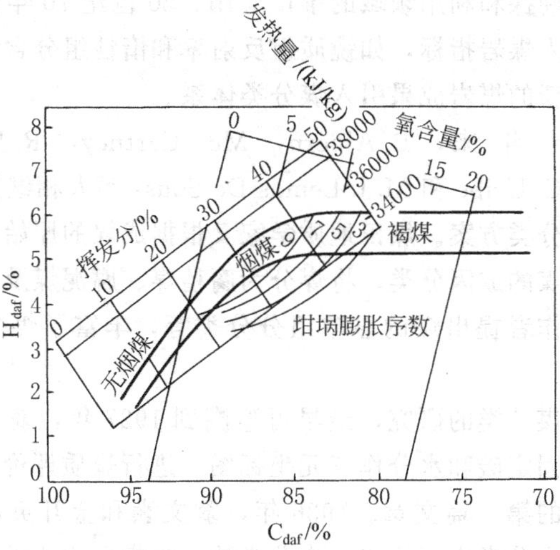

图 5-1 赛勒煤科学分类简图

道，他提出的分类图成为近代煤分类研究的重要成果。图 5-1 是赛勒煤科学分类的简图。

赛勒煤分类的主要不足在于：①煤类范围仅适用于富镜质体的腐植煤；②许多褐煤在分类图中不适用；③通过煤的元素分析结果很难预测煤在最终用途时的种种行为，因此这种分类缺乏在工业和商业上的应用价值；④按照当代的观点，图中缺少煤利用过程中煤级位和对环境影响的讯息。

由于各国煤炭资源特点的不同和科学技术水平的差异，世界各主要产煤国纷纷根据本国的特点提出不同的分类方法和分类指标，以适应本国工业发展的需要。1946 年英国科学和工业研究部(DSIR) 建议采用挥发分和格金焦型为指标的分类方案。随着钢铁工业的发展，20 世纪以来，各国大多倾向于以炼焦煤为主的分类，这些分类普遍以表征煤化程度的挥发分为主要分类指标，其中比较典型的是美国煤分类。同时还采用煤的黏结性作为另一个分类指标，如英国采用格金焦型，美国和法国采用坩埚膨胀序数，中国的黏结指数，前苏联的最大胶质层厚度，波兰的罗加指数等。随着煤岩学在煤炭勘探和利用领域的推广应用，20 世纪 70 年代后，许多国家逐渐引入煤岩指标，如镜质组反射率和惰性组分含量等作为分类指标，把新的煤岩成果引入煤分类体系。

近几十年来，B. Alpern，Mc Cartney，R. J. Marshall，Erimin，C. C. Uribe 和 M. J. Lemos De Sousa 等人相继发表论文提出不同的煤分类方案。煤田地质学家又根据成煤的原始植物和聚积环境制订了煤的成因分类，将煤分为腐植煤、腐泥煤及腐植腐泥煤等。煤岩工作者提出煤的显微组分分类等，丰富了煤分类的科学内容。

我国的煤分类的研究，最早可追溯到 1927 年，翁文灏曾按煤的挥发分、固定碳和水分作三元坐标图，进行煤质评价，这是讨论中国煤分类的第一篇文章。1936 年，翁文灏和金开英用煤的"加水燃率"作为分类指标提出一个分类法，将煤分为八类。新中国成立后，为适应国民经济发展的需要，特别是东北、华北重工业基地发展的需要，1954 年在大连召开了第一次全国煤分类会议，参照苏联顿巴斯和库茨巴斯等煤田的煤分类，分别制订了我国华北和东北地区两个地区性的分类方案，均以挥发分和胶质层最大厚度为分类指标。到 1956 年制订出一个全国统一的、以炼焦用煤为主的煤分类，并于 1958 年颁布试行（表 5-1）。

随着煤炭在冶金、制气、动力和化工等方面的应用日益增长，各种工业对煤的类别、品种和质量提出各自特定的技术要求。此外，各种以煤为原料或燃料的设备，只有使用类别合适的煤炭，才能充分发挥设备的效能和提高产品质量。原有分类在工业实践中逐渐暴露出其不适应性和诸多明显的缺陷。例如煤类划分不合理，同一大类煤（如气煤）的结焦性相差较悬殊；分类所用指标胶质层最大厚度 Y 值规范性强，对特强黏结和弱黏结性煤，测值不准，测定时需要煤样量大；有的煤类划分不清，如用 $V_{daf}>40\%$ 和不黏结（$Y=0$）来区分弱黏煤和长焰煤，显然不能将该两类煤分清；原来的煤分类以炼焦煤分类为主，对动力用煤的性质，研究工作还做得偏少等等。制订新分类，就成为经济发展的必然需求。从 70 年代开

表 5-1 中国煤分类（以炼焦用煤为主）方案（1958 年试行）

大类别名称	小类别名称	分类指标	
		V_{daf}/%	Y/mm
无烟煤		0～10	—
贫 煤		＞10～20	0(粉状)
瘦 煤	1 号瘦煤	＞14～20	0(成块)～8
	2 号瘦煤	＞14～20	＞8～12
焦 煤	瘦焦煤	＞14～18	＞12～25
	主焦煤	＞18～26	＞12～25
	焦瘦煤	＞20～26	＞8～12
	1 号肥焦煤	＞26～30	＞9～14
	2 号肥焦煤	＞26～30	＞14～25
肥 煤	1 号肥煤	＞26～37	＞25～30
	2 号肥煤	＞26～37	＞30
	1 号焦肥煤	≤26	＞25～30
	2 号焦肥煤	≤26	＞30
	气肥煤	＞37	＞25
气 煤	1 号肥气煤	＞30～37	＞9～14
	2 号肥气煤	＞30～37	＞14～25
	1 号气煤	＞37	＞5～9
	2 号气煤	＞37	＞9～14
	3 号气煤	＞37	＞14～25
弱黏煤	1 号弱黏煤	＞20～26	0(成块)～8
	2 号弱黏煤	＞26～27	0(成块)～9
不黏煤		＞20～37	0(粉状)
长焰煤		＞37	0～5
褐 煤		＞40	—

始，在国家标准局的组织下着手制订新的煤分类，历经十余年，完成并颁布了“中国煤炭分类”（GB 5751—86），制订过程和内容详见后面章节。

第二次世界大战后，煤炭的国际贸易量大幅度增加，迫切需要有一个统一的国际煤分类。联合国欧洲经济委员会（ECE-UN）组织欧、美十几个国家研究制订国际统一的分类，后于 1956 年发布了“硬煤国际分类”，到 1959 年又提出“褐煤国际分类”表，但这些分类都没有能在世界各国取得统一。20 世纪 80 年代以后，欧洲经济委员会又提出过“硬煤的编码系统”和“煤层煤分类”，都因为体系过于繁复，得不到国际标准化组织（ISO）的认可，未能在国际间推广应用。90 年代后，ISO 应煤炭的发展需求，重新组织各国煤分类专家成立国际煤分类工作组（ISO/TC27/WG18），制订新的统一的国际煤分类标准，目的是按照标准规范评价煤炭资源和储量，指导煤炭的勘探、开采和利用。作者多次与会参与制订工作，并提交“中国煤层煤分类”（GB/T 17607—1998）作为制订国际煤分类的讨论基础。

90 年代，环境对煤分类又提出了新的要求。煤炭在利用过程中造成的环境污染，特别是在燃煤过程中排放的微尘和二氧化硫，以及二氧化碳等温室气体，备受人们的关注。在分类系统中，充分考虑了煤对生态环境产生的影响，如灰分、硫分和有害元素这些指标的引入等。

由上可见，煤炭分类在实际应用中需要根据政治经济发展形势不断加以补充和修改，这也是国际煤化学界关注的课题。今后煤分类研究的发展趋势是：①方案逐渐统一，并制订出国际煤分类；②把反映煤性质的新方法和科技成果不断补充到分类系统中来，更新表征煤化程度和煤工艺性质的分类系统；③煤分类要对煤的燃烧和转化工艺，以及减缓煤对环境的影响起到指导作用；④分类方案要更简捷实用，便于推广应用，如采用数字编码等。

5.2 中国煤炭分类的完整体系

中国煤分类的完整体系，由技术分类、商业编码和煤层煤分类三个国家标准组成。前二者属于实用分类，后者属于科学/成因分类。它们之间就其应用范围、对象和目的而言，都不尽一致。表 5-2 比较了它们的主要差别。明确区分科学/成因分类与煤的技术/商业两大分类系统的异同也十分重要，可以促进学科与各种煤炭应用领域的发展与进步。这里必须指出，技术分类、商业编码和煤层煤分类三者形成一个完整体系，三者互为补充，同时执行。需要说明的是，制订中国煤层煤分类的主要目的是提供一个与国际接轨的

表 5-2 中国煤炭分类的完整体系

项　目	技术分类/商业编码	科学/成因分类
国家标准	* 技术分类：GB 5751—86 中国煤炭分类； * 商业编码：GB/T 16772—1997 中国煤炭编码系统	* GB/T 17607—1998 中国煤层煤分类
应用范围	1. 加工煤(筛分煤、洗选煤、各粒级煤)； 2. 非单一煤层煤或配煤； 3. 商品煤； 4. 指导煤炭利用	1. 煤视为有机沉积岩(显微组分和矿物质)； 2. 煤层煤； 3. 国际、国内煤炭资源储量统一计算基础
目的	1. 技术分类：以利用为目的(燃烧、转化)； 2. 商业编码：国内贸易与进出口贸易； 3. 煤利用过程较详细的性质与行为特征； 4. 对商品煤给出质量评价或类别	1. 科学/成因为目的； 2. 计算资源量与储量的统一基础； 3. 统一不同国家资源量、储量的统计与可靠计算； 4. 对煤层煤质量评价
方法	1. 人为制订分类编码系统； 2. 数码或商业类别(牌号)； 3. 有限的参数，有时是不分类界； 4. 基于煤的化学性质或部分煤岩特征	1. 自然系统； 2. 定性描述类别； 3. 有类别界限； 4. 分类参数主要基于煤岩特征

统一的尺度，用来评价和计算煤炭资源量与储量；煤层煤（科学/成因）分类并不是一种纯学科、理论式的分类，而是将煤层煤看作原生地质岩体的一种按自然属性的分类。由上可见，煤炭分类将根据实际需要在应用中不断加以扩展补充和修改，使分类更简捷、有效而实用，利于推广应用。

5.3 中国煤炭分类

现行中国煤炭分类是按煤的煤化程度将煤分成褐煤、烟煤和无烟煤三大类；再按煤化程度的深浅及工业利用的要求，将褐煤分两个小类，无烟煤分成三个小类。烟煤中类别的构成，按等煤化程度和等黏结性的原则，形成 24 个单元，再以同类煤加工工艺性质尽可能一致而不同煤类间差异最大的原则来组并各单元，将烟煤分成十二类。

分类程序上，首先是通过因子分析和趋势分析选择煤分类指标，再用分类指标对煤进行最优分割，经过聚类分析和多组判别，完成分类的全过程。指标的选择及分类划界，均以满足“同类煤主要工艺性质相近”为基本准则。在数学上满足 Wilks 准则，表达为按类内离差阵的行列式值$|W|$最小，和类间离差阵行列式值$|T|-|B|$最大，用计算误差函数U来说明分类的效果。表达式有：

$$U=|W|/|T|-|B|$$

此外，作F检验，按所定F值对判别值的大小逐次选择，目的是以这些指标组合与分类划界，能最佳地将煤区分开，最终形成中国煤炭分类。它与先前的分类方案相比，其特点是每类煤的属性非常显著，即每类煤的工艺性质十分相近，而不同的两类煤间性质差别很大。

5.3.1 烟煤分类

烟煤分类是煤分类中的主要部分，在国际硬煤分类和各国煤分类方案中都以烟煤分类为主。在分类指标上一般都采用表征煤变质程度和黏结性的指标。变质程度的指标各国多采用干燥无灰基挥发分（V_{daf},%），从发展来看，采用镜质组反射率要更好些。煤的黏结性指标有：罗加指数（RI）、奥阿膨胀度（b）、坩埚膨胀序数（CSI）、格金焦型（GK）、胶质层最大厚度（Y）等。各国都根据本国情况采用不同的指标和分类方法。在分类方案中对各类煤的划分都必须结合各国的煤炭资源特点，煤炭分类既有大体的一致性，也有各国的特殊性（表 5-3）。

（1）烟煤分类指标的选择。选择烟煤分类指标既要能反映烟煤的自然特性，又要考虑作为资源和能源的煤炭在合理利用时，能反映各种工艺对煤炭的质量要求；指标数目要少而有效，能反映煤的成因和工艺特性，测定方法简易可行，用煤样量少而便于推广。

表5-3 一些国家煤炭分类指标及方案对照简表

国家	分类指标	主要类别名称	类数
英国	挥发分,格金焦型	无烟煤,低挥发分煤,中挥发分煤,高挥发分煤	4大类 24小类
德国	挥发分,坩埚焦特征	无烟煤,贫煤,瘦煤,肥煤,气煤,气焰煤,长焰煤	7类
法国	挥发分,坩埚膨胀序数	无烟煤,贫煤,1/4肥煤,1/2肥煤,短焰肥煤,肥煤,肥焰煤,干焰煤	8类
波兰	挥发分,罗加指数,胶质层指数,发热量	无烟煤,无烟质煤,贫煤,半焦煤,副焦煤,正焦煤,气焦煤,气煤,长焰气煤,长焰煤	10大类 13小类
前苏联(顿巴斯)	挥发分,胶质层指数	无烟煤,贫煤,黏结瘦煤,焦煤,肥煤,气肥煤,气煤,长焰煤	8大类 13小类
美国	固定碳,挥发分,发热量	无烟煤,烟煤,次烟煤,褐煤	4大类 13小类
日本(煤田探查审议会)	发热量,燃料比	无烟煤,沥青煤,亚沥青煤,褐煤	4大类 7小类

对于烟煤分类来说，表征煤变质程度的指标，无疑将是划分烟煤的主要指标。至于哪个指标能较确切而又可行地表征烟煤的变质程度，这就需要选择。烟煤的性质差别很大，从成因上看，除变质作用不同外，这些差别主要是由于成煤原始植物和成煤环境，使煤的岩相组成各不相同，而性质各异。从利用方面看，当前大量烟煤用于进行热转化加工，如炼焦、固定床层燃烧和粉煤流态化燃烧、气化和各种工业炉窑，以及煤的液化和直接化学转化工艺。由于热加工方式的不同，各种工艺对煤质都有其特殊的要求，但不论煤是快速受热还是慢速受热（如焦化），煤的黏结性是热加工工艺中广泛要求的工艺性质，黏结性的强弱影响到煤的利用途径及加工方式。因此，这就要求选择一个能全面照顾到各种工艺对煤质要求的黏结性指标。

由于煤的焦化工艺对煤的质量要求最为严格，烟煤分类指标的选择要反映煤的变质程度、工艺性质，如选择反映煤结焦性的试验室分类指标时，应以 200kg 焦炉半工业性试验为主要依据之一，即把与焦炭物理机械性质关系密切的煤性质作为烟煤分类指标选择的一个依据。在各国煤分类和国际硬煤分类中，都以煤的变质程度（挥发分）和工艺性质（黏结性或结焦性）作为烟煤的分类指标（参见表 5-3）。这两种指标的组合，对焦炭强度起着决定性的影响。在新一轮煤分类研究中，共采集了 400 多个有代表性的煤样，进行了各种指标的测试，并对其测试结果进行了因子分析。这些指标有表征煤变质程度、黏结性和表征焦炭物理机械性质的指标。

这些烟煤样的测试结果，详见本书附录 1、2 和附录 3，供读者研究、引用和参考。从方法学上看，分类指标要以简明、实用为其主要特点，对分类指标有以下要求：

① 良好的重现性与重复性；

② 适当的精度；

③ 主观因素少，客观性强；

④ 具有良好的可信度与区分性；

⑤ 操作简易方便；

⑥ 仪器价廉易于购置；

⑦ 具有测试自动化的潜力，使之尽量减少主观因素并降低试验费用；

⑧ 对于配煤，指标最好能具有可加和性。

煤阶是分类系统中最重要的概念，它说明了煤化作用深浅的程度。但是煤化作用不是一种客观属性，在寻求煤阶的最佳量度时，就出现了意见分歧。理想的煤阶指标应该是测定简便、客观且灵敏地反映出植物质在泥炭化作用后演变到无烟煤的全过程，但到目前为止还很难找到任何一个单项指标能满足这个标准。成因分类在比较煤阶时，为了尽可能排除煤不均一性的影响，仅以煤中镜质组的行为为依据；但是在煤的商业应用中，最关心的是煤的整体，即整体煤所测得性质的平均值，它与只测定镜质组所得的结果差别很大，必然导致出现两种不同煤阶的测值结果。在工业应用上挥发分是最常用的煤阶指标，尽管它不能很好地反映高挥发分煤的煤阶，但由于测定方法简便实用，有利于推广应用，还一直作为各国煤工业分类中的主要指标。

在上一章 4.4.8、4.4.9 和 4.4.10 中对实验室表征煤结焦性和黏结性的指标，已经作了详细阐述，它们都在某种程度上表征烟煤黏结能力的某一方面。经综合比较表明，黏结指数法无论从测定原理、设备及操作简化程度、用煤样量、指标测定速度及精度、反映煤黏结性能及表现焦炭强度的能力等实际应用方面，基本上能满足烟煤分类中区分黏结性的要求。鉴于中国煤炭分类是一个有科学基础的技术分类，侧重于煤的实际应用，分类指标应考虑煤炭在热加工利用过程中所需要的那些性质。

下面就利用趋势面分析来比较一下各种指标组合在预测（或拟合）焦炭强度方面的表征能力（表 5-4），作为选定烟煤分类指标的最终技术依据。表中 M_{40} 和 M_{10} 分别代表焦炭经米格姆转鼓后，测得的抗碎强度和耐磨强度指标。由表 5-4 可见，V-G 指标组合在拟合或预测焦炭强度方面有着比其他黏结性指标组合更好的表现能力。表内结果是通过对 134 个单煤炼焦试验进行趋势面分析后得出的。应用趋势面分析，可以获得如图 4-59 的二次趋势分析图（即焦炭质量的等值线或等强度线图）。按最小二乘法原理，用 V_{daf}-G 拟合焦炭质量的回归方程系数及拟合优度，见表 5-5。以 M_{40} 为例，用 V_{daf}-G 表示的一次趋势方程为：

$$M_{40}=82.11-1.42V_{daf}+0.344G$$

表 5-4　不同指标组合时拟合焦炭强度的优度比较（$n=134$）

焦炭强度	趋势面	V_{daf}-G	V_{daf}-RI	V_{daf}-GK①	V_{daf}-$\lg\alpha_{max}$	V_{daf}-Y	V_{daf}-CSN	V_{daf}-b	R_{max}-$\lg\alpha_{max}$
M_{40}	二次	0.69	0.69	0.69	0.67	0.66	0.68	0.63	0.59
	三次	0.70	0.70	0.69	0.69	0.69	0.72	0.67	0.60
M_{10}	二次	0.82	0.78	0.75	0.66	0.55	0.56	0.44	0.66
	三次	0.82	0.81	0.79	0.72	0.70	0.59	0.62	0.70

① GK 为格金焦型，统计时以 1 为等差将字母数字化，如 A 记作 1，……G 记作 7，G_1 记作 8 等等。

表 5-5 *V-G* 拟合焦炭质量指标的回归方程及拟合优度（$n=134$）

指标		焦炭质量指标				
		M_{40}	M_{10}	Q_{60}	Q_{40}	F_{10}
一次	项系数常数	82.11	23.83	57.09	74.36	28.49
	V_{daf}	−1.42	0.351	−0.775	−0.815	0.255
	G	0.344	−0.29	0.305	0.44	−0.376
	拟合优度	0.53	0.68	0.36	0.62	0.56
二次	项系数常数	1.896	47.43	20.68	18.17	68.85
	V_{daf}	3.567	−0.542	−0.0953	2.3	−0.82
	G	0.866	−0.764	1.21	1.032	−1.38
	$(V_{daf})^2$	−0.0716	0.0714	−0.00126	−0.07	0.0129
	$V_{daf}\cdot G$	−0.0107	−0.00244	−0.0114	0.0172	0.00378
	G^2	−0.00267	0.00465	−0.00505	−0.0093	0.00767
	拟合优度	0.69	0.82	0.50	0.80	0.77

由此，只要知道单煤的 V_{daf}、G 值，就能预测出该单煤炼焦后所得焦炭的抗碎强度 M_{40}，该方程的拟合优度为 0.53。同理，可依据 V_{daf}-G 值知道该煤所得焦炭的耐磨强度 M_{10}，大于 60mm 的块焦率 Q_{60}、大于 40mm 的块焦率 Q_{40}，以及小于 10mm 的粉焦率 F_{10}。由于表 5-5 所列方程结果是由 200kg 试验焦炉（230kg 装炉煤）测定数据计算而得，在实际生产中焦炉所得焦炭的质量结果都要略好于上述各方程的计算值。

通过上述大量炼焦试验结果统计分析，烟煤分类特别对炼焦用煤的指标选定为煤的挥发分 V_{daf} 和黏结指数 G 是适宜的。

(2) 分类方法和过程　在煤的成因特征和工艺要求的指标选定之后，如何依据煤的自然本性和煤在热加工过程中的表现特性进行划界，是分类工作中的一个重要课题。有两种算法，其基本思想都是对样品按“物以类聚”的原则进行合并归类。一种称为经验分类，需要事先对样品确定类别数和选定典型，这就有赖于对分类对象性质的认识深度和生产实践经验，如果再应用聚类分析可适当弥补其不足；另一种是近年来发展的多变量的逐步聚类分析法和最优分割法，采用逐次对样品集合进行先分割，然后再归并的方法，对样品进行分类。下面以烟煤技术分类为例，示出分类的计算方法及

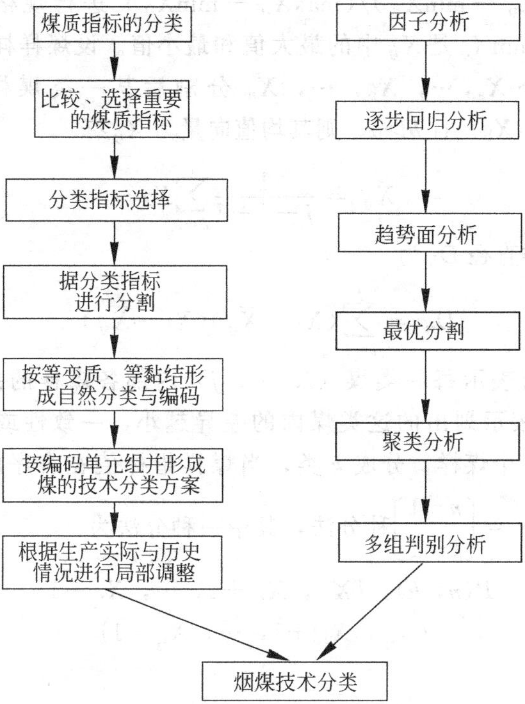

图 5-2 烟煤分类的计算方法及步骤

步骤（见图 5-2）。

最优分割法又称 Fisher 算法，它把分类对象（煤）先后作一个集合（类），根据煤变质程度或黏结性等特性值的数值顺序，对有序样品进行分割。分割的位置要求达到使分割后各类内部样品之间的差异尽可能地小，而类与类之间差异尽可能地大，以此作为衡量“最优”分割的标准。在数学上，对有序样品总能找到一个分割点满足上述要求，将样品分成两类。据此推广，对已分出两类中的某类，再寻找分割该类中的另一分割点，循此下去，确定最佳类别数 k，就能找到（$k-1$）个分割点。最终能对 n 个样品分成 $n-1$ 类。为消除各指标数量级上的差别，避免那些绝对值大的指标的突出作用，采用矩阵元素 X_{ij} 表示第 i 个煤样的第 j 个指标的实测值，

用 $Z_{ij}=(X_{ij}-\min X_{ij})/(\max X_{ij}-\min X_{ij})$ 进行规格化。式中 $\max X_{ij}$ 和 $\min X_{ij}$ 是 X_{ij} 中的最大值和最小值。设煤样样品依次为 X_1，X_2，$\cdots X_a$，$\cdots$，X_b，$\cdots$，X_n 分割后某一类煤样为（X_a，X_{a+1}，$\cdots$，X_b）且 $b>a$，则其均值向量为 $\overline{X}_{ij}$ 有

$$\overline{X}_{ij}=\frac{1}{j-i+1}\sum_{\ell=i}^{j}X_\ell$$

定义类直径 D_{ij} 为

$$D_{ij}=\sum_{l=1}^{j}(X_l-\overline{X}_{ij})(X_l-\overline{X}_{ij})$$

类的直径就表示每一类煤（i，$\cdots$，j）内部各煤样的差异情况。D_{ij} 越小，表示划出的这类煤内的差异越小，一致性或集中性越显著。对 n 个煤样，分成 k 类，当煤样指标值在有序的情况下：有 $R(n,k)=\begin{bmatrix}n-1\\k-1\end{bmatrix}$ 种分法，其中一种分法为

$$\begin{aligned}P(n,k):&\{X_{i_1},X_{i_1}+1,\cdots,X_{i_2}-1\}\\&\{X_{i_2},X_{i_2}+1,\cdots,X_{i_3}-1\}\\&\vdots\\&\{X_{i_k},X_{i_k}+1,\cdots,X_n\}\end{aligned}$$

其中：$i_1=1<i_2<i_3<\cdots<i_k<n$。

确定了某一种分法，其类直径分别有 $D(X_1,X_{i_2-1})$，$D(X_{i_2},X_{i_3-1})$，$\cdots$，$D(X_{i_k},X_n)$ 对于这种分割法，其各类直径的总和 S 可写为

$$S=D(X_1+X_{i_2}-1)+D(X_{i_2},X_{i_3-1})+\cdots+D(X_{i_k},X_n)$$

所谓最优分割解，就是要在所有可能的 $R(n,k)$ 种分法中，找出使 S 达到最小值的那种分割法。它可以使误差函数 $E[P(n,k)]=\sum_{i=1}^{k}D(X_{ij},X_{ij+1}-1)$ 最小。

当 n、k 一定时，$E[P(n,k)]$ 越小，表示各类煤的离差平方和越小。$E[P(n,k)]$ 随分类类别数目 k 的增加而减小，根据曲线的特性点（如拐点）所对应的 k 值，选定合理的类别数。

据此，按所测得的近千个烟煤、褐煤与无烟煤样的化学、物理和工艺性质数据进行分类。烟煤的试验项目包括：①工业分析（水分、灰分、挥发分）及全硫；②胶质层最大厚度 y(mm)；③罗加指数 RI 及黏结指数 G；④格金焦型 GK；⑤坩埚膨胀序数 CSN；⑥奥阿膨胀度 b(%)；⑦吉氏最大流动度 α_{max}（度/min）；⑧镜质组平均最大反射率 R_{max}（%）；⑨煤岩显微组分——镜质组、惰性组及稳定组；⑩200kg 焦炉炼焦试验中的焦炭抗碎及耐磨强度 M_{40} 及 M_{10}(%)，粉焦率 F_{10}(%)，及各级焦炭筛分组成，如>80mm，>60～80mm，Q_{60}、Q_{40} 及 F_{10}；⑪煤的元素分析；⑫煤的发热量。测得结果详见附录。

首先按煤的变质程度寻求最优分割点。选定表征煤变质程度的 V_{daf} 为序，另有镜质组平均最大反射率、氢碳原子比等，以焦炭质量为背景，按八个指标进行最优分割计算，结果见表 5-6。

表中分类顺序号是指按 V_{daf} 值大小排列后的顺序号。如分为两类时，分界顺序号为 75。第一类所对应的 V_{daf} 值为 44.27%～27.95%，第二类为 27.51%～16.14%，等等。由表 5-6 不难看出，在分割类别数 $k \geqslant 4$ 后，V_{daf} 值在 36.18%～36.15%、27.95%～27.51% 及 19.38%～18.84% 之间始终出现最优分割点。分类类别数每增加一类，最小误差函数值 E 随之减小。根据 E-k 变化曲线图（图 5-3），不难算出曲线的回归方程，见图框内方程。由图 5-3 看出，按煤的变质程度划界，一般分 5～6 类，就可以有

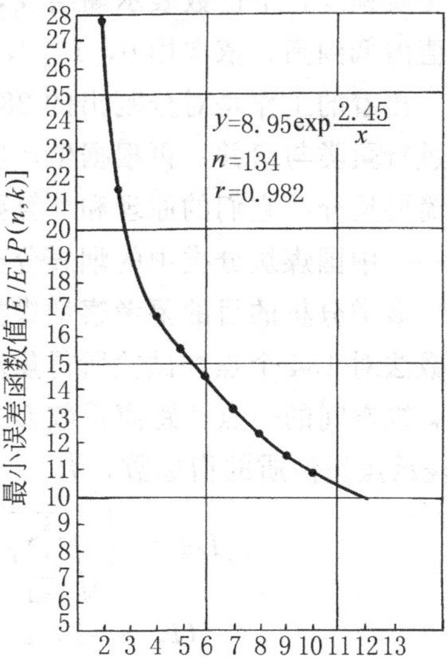

图 5-3 按烟煤变质程度（m=8）进行最优分割时的 E-k 变化曲线

较小的误差函数的变化率。对应于表 5-6 的五类分割点，大致为 36%、28%、19.5%及 17%，归整后分割点即在 20%、28%、36%附近。为了考察分割点的稳定性，曾经将指标数由原来的 $m=8$ 改为 $m=5$ 进行计算，其结果见表 5-7。比较表 5-6、表 5-7 分割的结果可以看出，两者分界顺序号基本相同，只是当类别数 k 很大时，才稍有差异，表明最优分割点具有相当的稳定性。

对烟煤的黏结性和结焦性分级，即对 G 值的分割，同样可以应用最优分割来划界，结果见表 5-8。最终确定对于 G 值的分割点有 5、20、40、60、75 和 90。这样，在 V_{daf}-G 二元坐标系中，按烟煤的变质程度和黏结性，形成烟煤的自然分类。按变质程度将煤分为低挥发分、中低挥发分、中等挥发分和高挥发分四种；按黏结性将煤分为不黏、微黏、弱黏、中黏、中强黏、强黏与特强黏煤七级，计 4×7=28 个单元。每一单元用一个两位数表示，十位数表示变质程度，个位数表示黏结性，不黏煤的个位数取 0，按黏结指数值由低到高，依次用 0，1，2，……6 表示。

接着的工作是对分割出的 28 个单元，按分类原则和最小类别数进行聚类与组并；再根据生产实际与历史情况进行局部调整。下面简要地介绍它们的原理和计算要点，以及最终制定的技术分类方案——中国煤炭分类中的烟煤分类方案。

聚类分析的目的要考察烟煤类别的最低限度类别数。采用距离系数法对 134 个焦炉试验所得焦炭质量进行聚类，即把每个煤样看作 k 维空间的一点，距离系数 D_{ik} 值相当于 k 维空间中两点的距离，k 表示焦炭性质的指标数，有

$$D_{ik} = \left\{ \sqrt{\sum_{j=1}^{k} (X_{ij} - X_{kj})^2} \right\} \Big/ k$$

$$(i,\ k=1,\ 2,\ \cdots,\ n;\ i \neq k)$$

距离 D_{ik} 越小，表示两煤样相近性越大，反之，就说明性质差距较远。计算程序大致有数据规格化，计算出 $(n-1)/2$ 个 D_{ik} 值，选出 D_{ik} 值最小煤样对，组合距离最短煤样对，反复比较与计算，形成聚类系统谱图。根据计算所形成的类别，按煤样所在位置注明在

表 5-6 按烟煤的变质程度进行最优分割的结果（$m=8$）

类别	项目	1	2	3	4	5	6	7	8	9	10	11	12
二类	分类顺序号	1～75	76～134										
	分界 V_{daf} 值/%	44.27～27.95	27.51～16.14										
三类	分类顺序号	1～44	45～104	105～134									
	分界 V_{daf} 值/%	44.27～33.02	32.74～22.36	20.99～16.14									
四类	分类顺序号	1～29	30～75	76～118	119～134								
	分界 V_{daf} 值/%	44.27～36.18	36.15～27.95	27.51～19.38	18.84～16.14								
五类	分类顺序号	1～29	30～75	76～117	118～130	131～134							
	分界 V_{daf} 值/%	44.27～36.18	36.15～27.95	27.51～19.52	19.38～17.07	16.77～16.14							
六类	分类顺序号	1～29	30～75	76～103	104～118	119～130	131～134						
	分界 V_{daf} 值/%	44.27～36.18	36.15～27.95	27.51～22.67	22.36～19.38	18.84～17.07	16.77～16.14						
七类	分类顺序号	1～6	7～8	9～29	30～75	76～117	118～130	131～134					
	分界 V_{daf} 值/%	44.27～41.93	40.80～40.60	39.43～36.18	36.15～27.95	27.51～19.52	19.38～17.07	16.77～16.14					
八类	分类顺序号	1～6	7～8	9～29	30～75	76～103	104～118	119～130	131～134				
	分界 V_{daf} 值/%	44.27～41.93	40.80～40.60	39.43～36.18	36.15～27.95	27.51～22.67	22.36～19.38	18.84～17.07	16.77～16.14				
九类	分类顺序号	1～6	7～8	9～29	30～72	73～75	76～103	104～118	119～130	131～134			
	分界 V_{daf} 值/%	44.27～41.93	40.80～40.60	39.43～36.18	36.15～28.36	28.25～27.95	27.51～22.67	22.36～19.38	18.84～17.07	16.77～16.14			
十类	分类顺序号	1～6	7～8	9～29	30～52	53～72	73～75	76～103	104～118	119～130	131～134		
	分界 V_{daf} 值/%	44.27～41.93	40.80～40.60	39.43～36.18	36.15～31.46	31.08～28.36	28.25～27.95	27.51～22.67	22.36～19.38	18.84～17.07	16.77～16.14		
十一类	分类顺序号	1～6	7～8	9～19	20～26	27～44	45～72	73～75	76～103	104～118	119～130	131～134	
	分界 V_{daf} 值/%	44.27～41.93	40.80～40.60	39.43～37.10	36.78～36.26	36.24～33.02	32.74～28.36	28.25～27.95	27.51～22.67	22.36～19.38	18.84～17.07	16.77～16.14	
十二类	分类顺序号	1～6	7～8	9～19	20～21	21～29	30～52	53～72	73～75	76～103	104～118	119～130	131～134
	分界 V_{daf} 值/%	44.27～41.93	40.80～40.60	39.43～37.10		36.78～36.18	36.15～31.46	31.08～28.36	28.25～27.95	27.51～22.67	22.36～19.38	18.84～17.07	16.77～16.14

表 5-7　按烟煤的变质程度进行最优分割的结果（$m=5$）

二类	分类顺序号	1～44							45～134				
三类	分类顺序号	1～44							45～118			119～134	
四类	分类顺序号	1～29						30～75			76～118	119～134	
五类	分类顺序号	1～29						30～75			76～117	118～130	131～134
六类	分类顺序号	1～29						30～72		73～75	76～117	118～130	131～134
七类	分类顺序号	1～6	7～8	9～29				30～75			76～117	118～130	131～134
八类	分类顺序号	1～6	7～8	9～29				30～72		73～75	76～117	118～130	131～134
九类	分类顺序号	1～6	7～8	9～19		20～29		30～72		73～75	76～117	118～130	131～134
十类	分类顺序号	1～6	7～8	9～19		20～26		27～44	45～72	73～75	76～117	118～130	131～134
十一类	分类顺序号	1～6	7～8	9～19		20	21～26	27～44	45～72	73～75	76～117	118～130	131～134
十二类	分类顺序号	1～6	7～8	9～11	12～19	20	21～26	27～44	45～72	73～75	76～117	118～130	131～134

表 5-8　按烟煤的黏结性进行最优分割的结果（$m=9$）

二类	分界顺序号	1～92						93～134			
	分界 G 值	101～71						70～16			
三类	分界顺序号	1～66						67～118		119～134	
	分界 G 值	101～71						77～43		40～16	
四类	分界顺序号	1～10				11～66		67～118		119～134	
	分界 G 值	101～95				95～78		77～43		40～16	
五类	分界顺序号	1～10				11～66		67～101	102～120	121～134	
	分界 G 值	101～95				95～78		77～62	62～39	35～16	
六类	分界顺序号	1～5			6～25		26～66	67～101	102～120	121～134	
	分界 G 值	101～98			98～89		89～78	77～62	62～39	35～16	
七类	分界顺序号	1～4		4～5		6～25	26～66	67～101	102～120	121～134	
	分界 G 值	101～99		90～98		98～89	89～78	77～62	62～39	35～16	
八类	分界顺序号	1～4		4～5		6～25	26～66	67～92	93～118	119～128	129～134
	分界 G 值	101～99		99～98		98～89	89～78	77～71	71～43	40～21	20～16
九类	分界顺序号	1～2	3	4	5	6～25	26～66	67～92	93～118	119～128	129～134
	分界 G 值	101～100	99	—	98	98～89	89～78	77～71	71～43	40～21	20～16

V_{daf}-G 图上，对于烟煤至少要有 5～6 类，清晰地勾画出炼焦用煤的最少类别数。

据聚类分析结果设计 n 个方案，用多组判别分析法加以比较。多组判别多数应用在某些煤样的类别归属，在已知情况下，研究另一些存疑煤样的类别问题。多组判别是两组判别的一种推广。对于两组典型煤，第一组有 n_1 个，第二组有 n_2 个，同时测得各个煤的许多性质，即有 k 个指标值，如 X_1，X_2，…，X_k，作 k 个指标的线性组合，即

$$B=\lambda_1 X_{11}+\lambda_2 X_{12}+\cdots\lambda_k X_k$$

其中 $\lambda_i(i=1, 2, \cdots, k)$ 为待定系数。根据 Fisher 准则，要使两类煤间分离最大，对下式 H 值要求最大值，即

$$H=\frac{(\bar{B}_1-\bar{B})^2}{\sum_{i=1}^{2}\sum_{j=1}^{n}(B_{ij}-\bar{B}_{\mathrm{i}})^2}$$

式中 B 为判别量。计算出各类煤内每个指标的值与标准差，按类内离差阵的行列式值 $|W|$ 最小，和类间离差阵行列式值 $|T|-|B|$ 最大的 Wilks 准则，计算误差函数 U，比较各方案的 U 值，用以说明分类的效果。

$$U=\frac{|W|}{|T|-|B|}$$

此外作 F 检验，按所定 F 值对 λ_i 值的大小逐次选择，挑选出 λ 值大的指标，即以这些指标组合分类，能最好地将烟煤区分开来，最终形成烟煤技术分类的建议方案。按变质程度与黏结性，将烟煤初步命名并分为贫煤、瘦煤、焦煤、亚焦煤、肥煤、肥气煤、气煤、长焰煤、弱黏煤和不黏煤等 10 类。以上类别的划分都考虑以炼焦工艺性质为基础。它与原分类方案相比较，建议方案的特点是每类煤的属性比较显著，即每类煤的炼焦工艺性质十分相近，两类间性质差别较大。最后，根据生产实际与历史情况进行局部调整后，确定将具有交叉过渡性质的煤局部进行调整，单独成类，有贫瘦煤、1/2 中黏煤；建议方案中的亚焦煤更名为 1/3 焦煤，肥气煤更名为气肥煤。最终完成的烟煤分类，详见图 5-4。

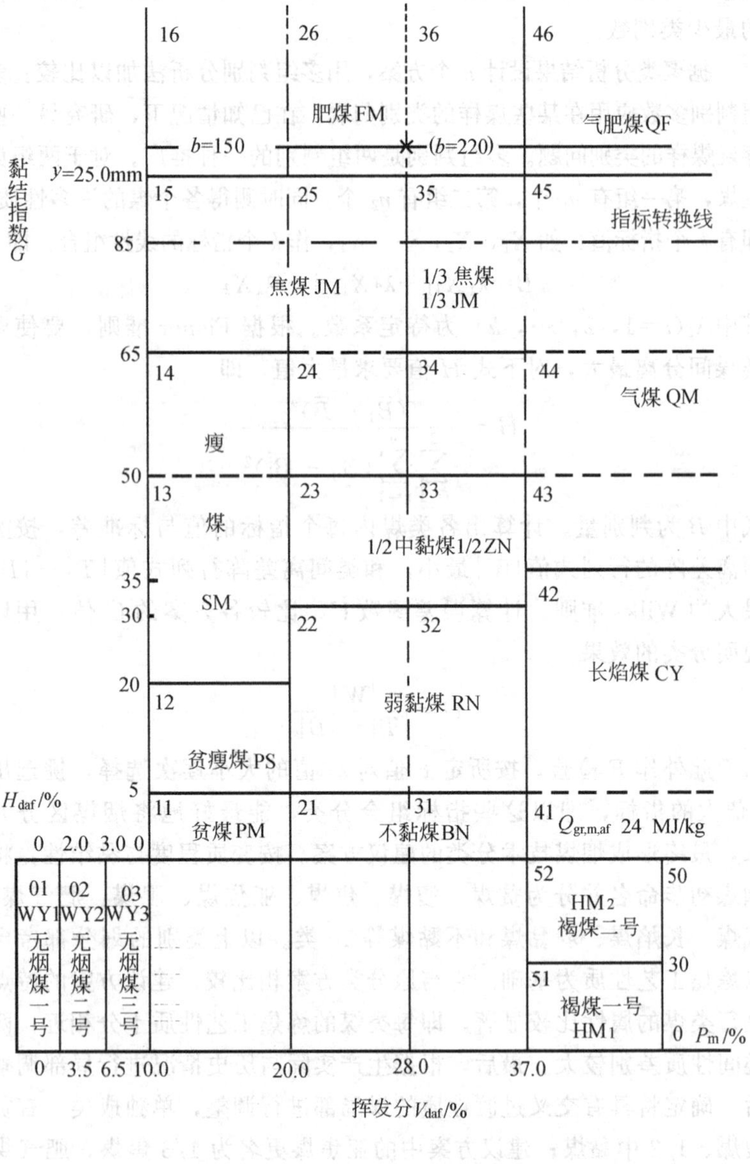

图 5-4 中国煤炭分类（GB 5751—86）

5.3.2 无烟煤分类

无烟煤阶段的分类，其主要问题是选用什么指标来表征无烟煤的变质程度，以及无烟煤与烟煤界值如何确定；另一个问题是无烟煤类内划分小类的界值问题。

可能作为无烟煤分类反映煤阶的指标很多，有 V_{daf}、C_{daf}、H_{daf}、体积挥发分 $V_{T,daf}$、真相对密度 d、镜质组反射率 R_{max}、显微硬度 H_{mv}、发热量 $Q_{gr,daf}$，以及派生指标如 C/H（质量比）、FC/V_{daf}等。选取前测定了 127 个国内无烟煤的上述各种参数，并进行相关分析，发现 H_{daf} 与 V_{daf}，d 和 R_{max} 间的相关系数高达 0.9724、−0.9695 和−0.9466。H_{daf}与 $V_{T,daf}$、R_{max}的相关系数也很高，分别为−0.9421、0.9376。综合比较后，选定 V_{daf}与 H_{daf}作为无烟煤分类指标。采用烟煤分类的相似分类步骤，最终用 $V_{daf}=10\%$作为烟煤与无烟煤类的界值。在无烟煤类内划分 3 个小类，以 $V_{daf}=6.5\%$及3.5%为界值（参见图 5-4）。对于高阶无烟煤，当 V_{daf}与 H_{daf}分类结果有矛盾时，以 $H_{daf}=2.0\%$作为区分中阶无烟煤与高阶无烟煤的判断基准。

我国无烟煤分类煤样的测试结果，详见本书附录 4，供读者研究、引用与参考。

5.3.3 褐煤分类

根据 114 个褐煤及低阶烟煤的测定结果，并对各指标间的相关情况进行分析，如同前述的分类步骤，最终选定透光率（transmittance）作为褐煤类内的分类指标。透光率记作 P_M（%），是在规定条件下用硝酸与磷酸的混合液处理煤样后所得溶液透光的百分率，P_M 与 O_{daf}有很好的相关性，测定方法相对来讲比较简便，重现性好，且不因煤样受轻度氧化使结果发生变化；缺点是如用分光光度计测定透光率，其测值因仪器变更而变异。因此，亦可用目测比色法，目视法的缺点是 $P_M<30\%$和$>90\%$后，无法得到具体测值。

我国褐煤分类煤样的测试结果详见本书附录 5，供读者研究、引用和参考。

褐煤与烟煤的分界，采用无灰恒湿基高位发热量（前记作 $Q_{GW}^{-A \cdot GN}$，现应为 $Q_{gr,m,af}$）=24MJ/kg 为界值，>24MJ/kg 的煤划定为烟煤，<24MJ/kg 的煤为褐煤。划定为褐煤后，测定透光率，P_M=30%～50%为二号褐煤；P_M<30 为一号褐煤（参见图 5-4）。这种分类界值及指标的确定，是不完美的。国际上，在褐煤和烟煤类别之间，均划定一过渡煤类——次烟煤，我国由于没有划分出次烟煤，扩大了褐煤的范围，使我国的一些褐煤缺乏国际上褐煤常有的典型特征，把原应归属次烟煤的煤，误划作褐煤。这一点将在下面章节进行讨论。

综合烟煤、无烟煤和褐煤分类后，制订出中国煤炭分类（GB 5751—86），详见图 5-4。

5.3.4 分类效果与特点

这里仍以烟煤分类为例，来检查多元统计分析等数学处理后的烟煤分类方案的分类效果。分类方案的分类效果与原有的分类相比，有着明显改进。表 5-9 列出了分类划出的各类煤的焦炭强度 M_{40} 与 M_{10} 以及粉焦率 F_{10} 的平均值和标准差，可与 1958 年的原有煤分类类别中各类煤炼出的焦炭强度相比较（表 5-10）。由表 5-9 看到，新分类中的焦煤有着最好的抗碎强度，M_{40} 值大于 75%，而波动范围也较小，标准差仅 4.96%。就 M_{40} 而言，肥煤和 1/3 焦煤的 M_{40} 值较焦煤有着明显的差异。肥煤的特点也是十分明显的，由它炼制的焦炭，其 M_{10} 均值为最佳，粉焦率也最低，且波动范围最小。就耐磨强度 M_{10} 和粉焦率 F_{10} 而言，焦煤与 1/3 焦煤相近，而与肥煤、瘦煤有着显著差异。新分类类别的另一特点是瘦煤的焦炭强度较归分类有明显提高，而气煤的焦炭与原方案中气煤的相比，则强度有所降低。在粉焦率方面，贫煤和不黏煤的粉焦率都高达 90%以上；气肥煤的显著特点是粉焦率低，但抗碎强度差。1/2 中黏煤和弱黏煤的性质相近，但 1/2 中黏煤的炼焦性质均略优于弱黏煤；长焰煤、不黏煤和贫煤在煤分类试验煤样中都有着一个共同点，单独炼焦时，所得焦炭几乎无法进行强度检验，而仅能测得它

表 5-9 中国煤炭分类中各类烟煤所得焦炭的强度波动情况

煤 类	煤样数	焦炭强度		粉焦率 F_{10}/%
		M_{40}/%	M_{10}/%	
肥煤	19	72.78±8.82	8.82±2.99	3.49±0.95
焦煤	42	75.07±4.96	10.97±4.13	5.24±2.53
1/3 焦煤	41	66.57±8.46	11.52±3.38	4.85±2.36
瘦煤	14	66.36±9.16	18.76±8.10	17.82±12.44
气煤	20	50.97±14.86	14.96±5.33	10.84±9.21
气肥煤	4	41.95±20.88	18.38±3.39	5.95±1.52
贫瘦煤	13	52.67±5.20	30.07±1.56	70.15±21.81
1/2 中黏煤	4	48.85±2.19	30.90±1.98	44.85±20.51
弱黏煤	9	50.10±10.32	30.30±4.10	67.84±26.22
长焰煤	2	—	—	70.50±6.93
不黏煤	2	—	—	93.75±4.74
贫煤	1	0	0	100.0

表 5-10 1958 年旧分类中烟煤各类煤所得焦炭强度的波动情况(n=1212)

煤 类	煤样数	M_{40}/%(100 转后)		M_{10}/%(225 转后)	
		平均值及标准差	范围	平均值及标准差	范围
肥煤	291	68.3±8.35	51.8～84.8	17.3±3.81	9.7～24.9
焦煤	435	70.4±9.44	51.4～89.3	16.4±8.80	0～34.0
气煤	332	55.2±16.05	23.1～87.3	22.9±12.57	0～48.0
瘦煤 2 号	80	51.7±14.50	22.7～80.7	29.3±17.60	0～64.5
瘦煤 1 号	74	半数弱结焦	16.0～68.0	半数弱结焦	35～65

们的粉焦率。除特殊情况外，这 3 类煤一般可作为气化原料或动力燃料，而其他烟煤类别都能或多或少地用于配煤炼焦。

与原有 1958 年的分类相比，新分类方案有以下几个特点。

① 在大量半工业性和实验室试验数据的基础上，运用了多种

数学处理手段对褐煤、烟煤和无烟煤进行全面的技术分类。

② 除褐煤与无烟煤外，烟煤部分再分有十二类。比原烟煤分类增加的类别有气肥煤、1/2 中黏煤、1/3 焦煤和贫瘦煤。把原分类中有交互过渡性质的煤单独划出，这有利于资源的合理利用，同类煤内性质相近而稳定，有利于炼焦配煤。

③ 对原分类中一些不合理的分类划线分界处，作必要的科学调整，如对气煤与长焰煤的分界值。使之比原分类更为合理，有利于煤炭的生产和利用。

④ 采用数码组合与沿用牌号相结合的原则，构成技术分类系统。各牌号煤附有代号。这种数码组合，有利于煤炭的勘探储量与生产调运统计，同时有可能按煤应用目的规定出煤的编码，有利于与国际上的煤质进行相互对比与交流。

⑤ 贯彻了拉开档次、按质论价和优质优价的原则，为制定煤类的合理比价和价格调整提供了技术依据。

⑥ 烟煤阶段，采用黏结指数为主、胶质层最大厚度或奥阿膨胀度为辅的分类指标，分段使用，发挥了指标各自的优点。黏结指数法的推广应用，当它与煤挥发分相组合，能快速指导焦化厂合理选择炼焦配煤和确定经济配煤比，同时有利于对少量煤样的煤质评价，促进煤田地勘工作中小孔径钻探的发展。

5.3.5 各类煤的性质

中国煤炭分类最终确定的分类有褐煤二小类、烟煤十二小类、无烟煤三小类。各类煤的性质如下。

褐煤（HM）是煤化程度最低的一类煤。外观呈褐色到黑色，光泽暗淡或呈沥青光泽，含有较高的内在水分和不同数量的腐植酸，在空气中易风化碎裂，发热量低，挥发分 V_{daf} 大于 37%，且恒湿无灰基高位发热量不大于 24MJ/kg。根据其透光率 P_M（GB/T 2566—95）的不同，小于 30%的称为褐煤一号；P_M 为 30%～50%的为褐煤二号。褐煤一般作燃料使用，也可作为加压气化、低温干馏的原料，并用它来萃取褐煤蜡。煤分类中编码为 51，52。

烟煤（YM）是煤化程度高于褐煤而低于无烟煤的一类煤。黑色，不含腐植酸。从有沥青光泽、玻璃光泽到金刚光泽。条带状结构明显，可明显区别煤岩成分。挥发分产率范围宽（V_{daf}大于10%），恒湿无灰基高位发热量大于24MJ/kg。单独炼焦时从不结焦到强结焦均有，燃烧时有烟。烟煤的主要分类指标为V_{daf}和G，对强黏结煤用胶质层最大厚度y值或奥阿膨胀度b值作为辅助分类指标。烟煤分有不黏煤、弱黏煤、长焰煤、1/2中黏煤、气煤、气肥煤、1/3焦煤、肥煤、焦煤、瘦煤、贫瘦煤和贫煤。

长焰煤（CY）是烟煤中煤化程度最低、挥发分最高（V_{daf}大于37%）、黏结性很弱（G值小于35）的一类煤。受热后一般不结焦，燃烧时火焰长为其特征，是较好的动力用燃料和气化原料。煤分类中编码为41，42。

不黏煤（BN）是煤化程度较低、挥发分范围较宽（V_{daf}大于20%到37%）、无黏结性或G值不大于5的煤。在我国，这类煤的显微组分中由于有较多的惰质组，表现出没有黏结性，它用作燃料和气化原料。编码为21，31。

弱黏煤（RN）煤化程度较低，挥发分范围较宽（V_{daf}大于20%到37%），受热后形成的胶质体很少。由于这类煤的显微组分中惰质组含量较多，黏结性微弱，G值大于5到30，介于不黏煤和1/2中黏煤之间。主要作气化原料和燃料。编码为22，32。

1/2中黏煤（1/2ZN）：我国这类煤的资源很少。它是煤化程度较低、挥发分范围较宽（V_{daf}大于20%到37%）、受热后形成的胶质体较少、其黏结性（G=30～50）介于气煤和弱黏煤之间的一种过渡性煤类。其中黏结性较好的可用作配煤炼焦的原料，黏结性差的可作气化原料或燃料。编码为23，33。

气煤（QM）属于煤化程度较低、挥发分较高的烟煤。气煤分有两组：一组是V_{daf}大于37%，G值大于35，Y值不大于25mm，其特点是挥发分特别高，而黏结性强弱不等；第二组的V_{daf}大于28%到37%，G值大于50到65，其特点是黏结性中等而挥发分高。气煤单独炼焦时炼出的焦炭呈细长状，有较多的纵裂纹，易碎，其强度和耐磨性均较差。但炼焦时能产生较多的煤气、焦油与其他化工产品，多数作配合煤用于炼焦，也是生产干馏煤气的好原料。编码为34，43，44，45。

气肥煤（QF）是煤化程度和气煤相近、挥发分高（V_{daf}大于37%）、黏结性强（Y值大于25mm）的烟煤。单独炼焦时能产生大量的胶质体和煤气，因为析出的气体过多，不能生成致密、高强度的焦炭。通常用作炼焦配煤或作为生产干馏煤气的原料。编码为46。

1/3焦煤（1/3JM）属煤化程度中等，性质介于气煤、肥煤与焦煤之间的过渡煤类，是中等或较高挥发分的强黏结性煤。V_{daf}大于28%～37%，G值大于65，Y值不大于25mm。单独炼焦时炼出的焦炭强度较高，是配煤炼焦的好原料。编码为35。

肥煤（FM）是煤化程度中等的烟煤。受热到一定温度能产生较多的胶质体，且有极强的黏结性。V_{daf}大于10%～37%，胶质层最大厚度Y值大于25mm。单独炼焦时，能产生熔融良好的焦炭，焦炭耐磨性特别好。但焦炭有较多的横裂纹，焦根部分有蜂焦，其抗碎强度比焦煤炼得的焦炭稍差，是配煤炼焦中的重要煤类，但不宜单独使用。编码为16，26，36。

焦煤（JM）是烟煤中煤化程度中等或偏高的一类煤，中等挥发分和有较好的黏结性。受热后能产生热稳定性好的胶质体。单独炼焦时，可炼成熔融性好、块度大、裂纹少、抗碎强度高、耐磨性好的焦炭，是一种优质的炼焦用煤。焦煤分有两组：一组V_{daf}大于10%～28%、G值大于65、Y值小于25mm，这组煤的结焦性特别好，可单独炼出合格的冶金焦；另一组V_{daf}大于20%～28%，G为50～65，结焦性比前一组焦煤差。编码为15，24，25。

瘦煤（SM）是烟煤中煤化程度较高、挥发分较低的一类煤。V_{daf}大于10%～20%，黏结指数G值大于20～65。受热后能产生一定数量的胶质体，单独炼焦时，能炼出熔融性较差、耐磨性不好、裂纹少、块度较大的焦炭。我国这类煤的资源不多，所以多数作为炼焦配煤的原料，也可作民用和动力燃料。编码为13，14。

贫瘦煤（PS）是烟煤中煤化程度较高、挥发分较低的一类煤。V_{daf}大于10%～20%，受热后只产生很少量的胶质体，黏结性差，G值大于5～20，其性质介于贫煤与瘦煤之间。这类煤大部分作民用和动力燃料，少量也用于气化。编码为12。

贫煤（PM）是烟煤中煤化程度最高、挥发分最低且接近无烟煤的一类煤。V_{daf}大于10%～20%，G值不大于5。国外煤分类中有的称它为半无烟煤，燃烧时火焰短，但热值较高，没有黏结性，受热后不产生胶质体，不能结焦，多数用作动力或民用燃料。编码为11。

无烟煤（WY）是煤化程度最高的一类煤。挥发分低，V_{daf}不大于10%，含碳量最高，有较强光泽，硬度高且密度大，燃点高，无黏结性，燃烧时无烟，是较好的民用燃料和工业原料。按挥发分产率V_{daf}和氢含量H_{daf}，无烟煤分有三小类：V_{daf}小于3.5%的为无烟煤一号，多数用作碳素材料等高碳材料；V_{daf}大于3.5%～6.5%的为无烟煤二号，是国内生产合成煤气的主要原料；V_{daf}大于6.5%的为无烟煤三号，可作为高炉喷吹燃料。灰分较低的无烟煤是生产煤基吸附材料的好原料。编码为01，02，03。

5.4 中国煤炭编码系统

中国煤炭分类从1986年试行到现在，通过大量的宣传贯彻工作，已在全国煤炭生产和用煤单位推广应用，在煤的供销、定价等方面起到了积极作用。但随着国内市场经济的发展，以及利用煤炭过程中所引发的环境问题日益严重，既出现不少产销间对煤类、煤质的争议，或以次充好单纯追求利润的掺假销售等问题；同时，从保护环境的角度出发，也要求煤的分类提供可能造成对环境影响的信息，促进煤的洁净利用。随着计算机管理和讯息技术的应用和发展，煤炭编码系统的建立更具有很强的吸引力，它是一个不分类别，只依据煤质结果进行编码的系统。

下面举几个例子说明中国煤炭分类执行过程中发生的煤质争议。如对洗精煤所属类别，生产煤矿和炼焦厂之间的争议主要表现在类别交界处的黏结指数值和挥发分两方面。如对青龙山煤，属焦煤牌号，但所供洗精煤的黏结指数值历年波动较大，20世纪90年代初，黏结指数值波动在16～63之间，平均44；次年黏结指数值为27～71，平均55；再次年为16～47，平均24。经抽查检测，第一次所供洗精煤由焦煤40.9%、瘦煤18.2%、贫瘦煤9.1%和1/2中黏煤31.8%所构成；第二次的是由焦煤61.9%、瘦煤28.6%及1/2中黏煤9.5%所构成；第三次为瘦煤35.7%、贫瘦煤28.6%及弱黏煤35.7%。这种由于混洗或混采所造成的煤质不稳定，在黏结指数平均值上不够焦煤等级，但有时所供洗精煤又达到焦煤的范围，从而引起争议。对挥发分亦有类似的争议，如徐州三河尖煤，属1/3焦煤，挥发分值波动在37%上下(36.88%～38.48%)，年平均为37.59%，究竟属于1/3焦煤还是属于气煤，因为两类煤的比价相差较大，也造成争议。

混煤的类似争议也常有发生。图5-5是将典型的肥煤（R^{o}_{max}=1.059%)配上贫煤(R^{o}_{max}=2.05%）充作焦煤；图5-6是华东地区某焦化厂装炉煤的反射率分布图，由图可见，其中混有相当一部分贫煤，使焦炭的耐磨强度明显恶化，M_{10}由7.0%左右变化到8.5%。为此有必要引入煤的岩相指标，如煤的反射率来弥补中国煤炭分类的不足。

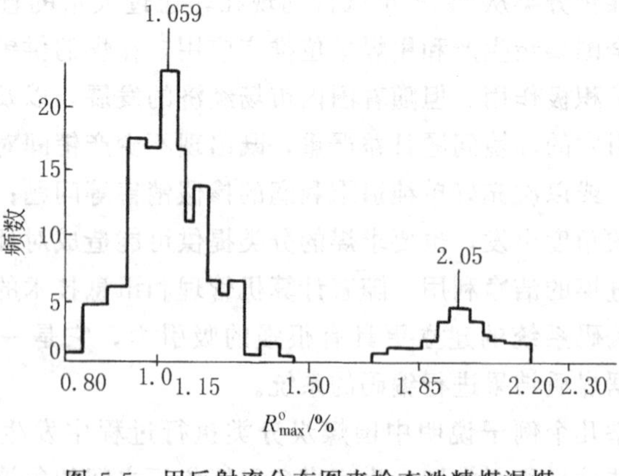

图5-5　用反射率分布图来检查洗精煤混煤

（资料来源：钱湛芬等，1993年）

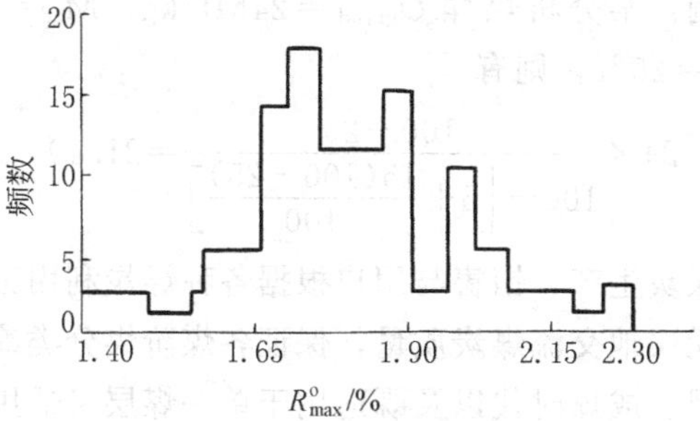

图 5-6　华东地区某焦化厂装炉煤的反射率分布图

（资料来源：钱湛芬等，1993 年）

5.4.1　编码参数和方法

中国煤炭编码系统是一个采用 8 个参数 12 位数码的编码系统。它适用于各煤阶煤；并按煤阶、煤的主要工艺性质及煤对环境的影响因素进行编码。考虑到低煤阶煤和中、高煤阶煤在利用方向和煤演化性质上的差异，它们必须选用不同的煤阶与工艺参数来进行编码。采用镜质组平均随机反射率、发热量、挥发分和全水分（对低煤阶煤）作为煤阶参数；采用黏结指数（对中煤阶煤）和焦油产率（对低煤阶煤），以及发热量和挥发分作为主要工艺参数；采用灰分和硫分作为煤对环境影响的参数。这些参数，具有一定装备的专门煤炭化验室都有能力进行测定，可以保证煤炭生产与销售之间能准确无误地交流质量信息。

对煤进行编码之前，先要判别该煤是低煤阶煤还是中高煤阶煤，才能用不同的参数对其进行编码。以煤的恒湿无灰基高位发热量 $Q_{gr,m,af}=24$MJ/kg 作为低煤阶煤与中煤阶煤的分界，小于 24MJ/kg 为低煤阶煤，大于、等于 24MJ/kg 的煤为中、高煤阶煤。要得知 $Q_{gr,m,af}$值，必需知道煤的发热量 $Q_{gr,ad}$、水分 M_{ad}、灰分 A_{ad}和最高内在水分 MHC。换算公式和计算示例如下：

$$Q_{gr,m,af}=Q_{gr,ad}\times\frac{100-\text{MHC}}{100-\left[M_{ad}+\frac{A_{ad}(100-\text{MHC})}{100}\right]}$$

计算示例：某分析煤样 $Q_{gr,ad}=24MJ/kg$，$M_{ad}=5\%$，$A_{ad}=15\%$，MHC=25%，则有：

$$Q_{gr,m,af}=24\times\frac{100-25}{100-\left[5+\frac{15(100-25)}{100}\right]}=21.49\quad MJ/kg$$

为了使煤炭生产、销售与用户根据各种煤炭利用工艺的技术要求，能明确无误地交流煤炭质量，保证各煤阶煤分类编码系统能适用于不同成因、成煤时代以及既适用于单一煤层又适用于多煤层混煤或洗煤，同时还考虑现实的环境要求，依次用下列参数进行编码。

① 镜质组平均随机反射率：R_{ran}，%，二位数。

② 干燥无灰基高位发热量：$Q_{gr,daf}$，MJ/kg，二位数。对于低煤阶煤采用恒湿无灰基高位发热量：$Q_{gr,maf}$，MJ/kg，二位数。

③ 干燥无灰基挥发分：V_{daf}，%，二位数。

④ 黏结指数：G，二位数（对中、高煤阶煤）。

⑤ 全水分：M_t，%，一位数（对低煤阶煤）。

⑥ 焦油产率：Tar_{daf}，%，一位数（对低煤阶煤）。

⑦ 干燥基灰分：A_d，%，二位数。

⑧ 干燥基全硫：$S_{t,d}$，%，二位数。

对于各煤阶煤的编码规定及顺序如下。

① 第一及第二位数码表示 0.1%范围的镜质组平均随机反射率下限值乘以 10 后取整。

② 第三及第四位数码表示 1MJ/kg 范围干燥无灰基高位发热量，$Q_{gr,daf}$MJ/kg 下限值，取整；对低煤阶煤，采用恒湿无灰基高位发热量 $Q_{gr,m,af}$ MJ/kg，二位数，表示 1MJ/kg 范围内下限值 $Q_{gr,m,af}$，取整。

③ 第五及第六位数码表示干燥无灰基挥发分以 1%范围的下限值，取整。

④ 第七及第八位数码表示黏结指数值；用 G 值除 10 的下限值取整，如从 0 到小于 10，记作 00；10 以上到小于 20 记作 01；20

以上到小于 30，记作 02；90 以上到小于 100，记作 09；余类推；100 以上，记作 10。

⑤ 对于低煤阶煤，第七位表示全水分，从 0 到小于 20%（质量百分数）时，记作 1；20%以上除以 10 的 M_t 的下限值，取整。

⑥ 对于低煤阶煤，第八位表示焦油产率 Tar_{daf},%，一位数。当 Tar_{daf}小于 10%时，记作 1；大于 10%到小于 15%，记作 2；大于 15%到小于 20%，记作 3；即以 5%为间隔，依次类推。

⑦ 第九及第十位数码表示 1%范围取整后干燥基灰分的下限值。

⑧ 第十一位及十二位数码表示 0.1%范围干燥基全硫含量乘以 10 后下限值取整。

编码的顺序，对于低煤阶煤，按镜质组平均随机反射率、发热量、挥发分、全水分、焦油产率、灰分和硫分依次排序，即 R、Q、V、M、Tar、A、S。对中高煤阶煤则按 R、Q、V、G（黏结指数）、A、S 依次排序。

编码方法要考虑实用、简明和可行的原则。这里举镜质组平均随机反射率 R_{ran}（%）为例：处于编码的前二位数，表示 0.1%范围的 R_{ran}下限值乘以 10 后，取整；同理，依次对各参数的测值进行编码。为了使码值与测值的联系更加直观、记忆方便而避免解码，要尽量使编码与其参数测值相互对应，一看码值就能知道该指标的测值区间。只有一个指标——焦油产率 Tar_{daf}（%）的码需要解码。这是因为焦油产率的间隔不宜取得过大，采用 5%为间隔。当小于 10%时，码值取 1；10%～20%时，码值取 2；依次类推。表 5-11 列出了中国煤炭编码总表。

有两点必须指出：①必须注意发热量的计算基准，由于低煤阶煤的分类以及低煤阶煤与中煤阶煤的分界是用恒湿无灰基高位发热量是否小于 24MJ/kg 作为界值（用这个指标比用干燥无灰基高位发热量更能表征低煤阶煤的煤化程度），所以对于低煤阶煤的发热量用恒湿无灰基高位发热量来编码，而中高煤阶煤则用干燥无灰基高位发热量来编码；②表中各参数值必须按规定依次排列，如果其中某参数没有测值，就应在编码的相应位码上注明，一位数码注以“X”，二位数码则注以“XX”。

表 5-11　中国煤炭编码总表

镜质组反射率 R_{ran}		高位发热量 $Q_{gr,daf}$（中，高煤阶煤）		高位发热量 $Q_{gr,m,af}$（低煤阶煤）		挥发分 V_{daf}	
编码	%	编码	MJ/kg	编码	MJ/kg	编码	%
02	0.2～0.29	24	24～＜25	11	11～＜12	01	1～＜2
03	0.3～0.39	25	25～＜26	12	12～＜13	02	2～＜3
04	0.4～0.49	—	—	13	13～＜14	—	—
—	—	35	35～＜36	—	—	09	9～＜10
19	1.9～1.99	—	—	22	22～＜23	10	10～＜11
—	—	39	≥39	23	23～＜24	—	—
50	≥5.0					49	49～＜50
						—	—

黏结指数 G（中、高煤阶煤）		全水分 M_t（低煤阶煤）		焦油产率 Tar_{daf}（低煤阶煤）		灰分 A_d		硫分 $S_{t,d}$	
编码	G值	编码	%	编码	%	编码	%	编码	%
00	0～9	1	＜20	1	＜10	00	0～＜1	00	1～＜0.1
01	1～19	2	20～＜30	2	10～＜15	01	1～＜2	01	0.1～＜0.2
02	20～29	3	30～＜40	3	15～＜20	02	2～＜3	02	0.2～＜0.3
—	—	4	40～＜50	4	20～＜25	—	—	—	—
09	90～99	5	50～＜60	5	≥25	29	29～＜30	31	3.1～＜3.2
10	≥100	6	60～＜70			30	30～＜31	32	33.2～＜3.3
						—	—	—	—

编码示例：

① 广西某低煤阶煤

	编码
$R_{ran}=0.34\%$	03
$Q_{gr,m,af}=13.9MJ/kg$	13
$V_{daf}=54.01\%$	54
$M_t=51.02\%$	5
$Tar_{daf}=10.90\%$	2
$A_d=28.66\%$	28
$S_{t,d}=3.46\%$	34

该煤炭编码为：03 13 54 5 2 28 34

② 河北某中煤阶煤

R_{ran}=1.24%	编码	12
$Q_{gr,daf}$=36.0MJ/kg		36
V_{daf}=24.46%		24
G=88		08
A_d=14.49%		14
$S_{t,d}$=0.59%		05

该煤炭编码为:12 36 24 08 14 05

③ 某高煤阶煤

R_{ran}=7.93%	编码	50
$Q_{gr,daf}$=33.1MJ/kg		33
V_{daf}=3.47%		03
G=—(未测定)		XX
A_d=5.55%		05
$S_{t,d}$=0.25%		02

该煤炭编码为：50 33 03 XX 05 02

5.4.2 编码系统的积极作用及与国外编码系统的比较

在市场经济的情况下，煤炭价格已经放开，按中国煤炭分类划分的煤类与价格之间的联系逐渐淡化，作为煤分类的补充，贯彻执行煤炭编码系统后，可以使煤炭贸易在一种健康、透明的环境中平等地进行，对供需双方都会有利，对国内煤炭质量的提高及扩大销售，将起到积极作用。其优点有如下几方面。

① 能一目了然地了解煤的质量，便于双方按质论价，同时用户能方便快捷地知道该煤的质量或用途。

② 避免类别范围过宽所造成的诸多不合理；避免供销部门掺混煤种，钻煤类分界上价格差异的空子。

③ 编码系统参数中增加了煤岩指标，如镜质组反射率，以便

在有条件的情况下，双方将反射率分布图作为订货要求；但对尚不具备条件时，也可以暂不订进购销协议，较为灵活、实用地避免混煤，保证煤炭的质级相符。

④ 用户按煤质编码进行订货交货，可以按需要的煤质提出自己的要求，做到物尽其用，不至于引起煤质与煤类名不符实，造成使用混乱。

⑤ 系统的参数中包含有煤对环境影响的因素，如灰分及硫含量，便于用煤单位按照当地的环保要求正确选择煤种、燃煤装置及洁净煤技术。

国际上的煤炭编码系统主要有1988年联合国欧洲经济委员会（ECE）提出的“中、高煤阶煤国际编码系统”（参见5.7.3)，和澳大利亚AS 2096—1987年煤分类编码系统。后者的详细内容在本书另有章节进行讨论。这里仅就中国煤炭编码系统与ECE的编码系统的不同部分加以比较。

① 对所有煤阶煤进行编码，而不是仅对中、高煤阶煤。

② 没有设置镜质组反射率分布图作为编码参数。

③ 鉴于要对低煤阶煤编码，设置恒湿无灰基高位发热量、焦油产率和全水分作为编码参数。

④ 在对挥发分编码时，不像ECE编码那样码号间隔采用分段处理，更为简明。

⑤ 由于对整个煤阶煤进行编码，可全面发挥编码对煤炭利用的指导作用。

⑥ 更少需要解码的参数，更简明、实用和可行。

它们的相同之处在于均以商业应用为目的，采用煤阶为基础的编码系统；包括煤品位和对环境影响的参数；都适用于原煤、商品煤，洗选煤与配煤；对煤的利用方向及配煤起到指导作用。

5.5 中国煤层煤分类

随着国内和国际间煤炭需求量的增加，需要一个统一的煤层煤分类，来准确无误地交流煤炭储量和质量的信息，以及统一煤炭资源、储量评价的统计口径。制订中国煤层煤分类国家标准的主要目的是提供一个与国际接轨的统一尺度，来评价和计算煤炭资源量与储量。煤层煤（科学/成因）分类并不是一种纯学科、理论式的分类，而是将煤层煤看作原生地质岩体的一种按自然属性的分类，可直接应用于煤层煤的利用领域和煤的开采、加工与利用。

按照近代对煤知识的了解，有三个相对独立的基本参数，即表示煤化程度的煤阶、煤的显微组分组成和品位（包含矿物杂质的程度）被用来对煤进行分类。表 5-12 列出技术/商业分类、编码系统与煤层煤分类（科学/成因分类）选用分类参数的异同。

表 5-12　现行分类、编码系统与煤层煤分类的分类参数

煤的性质	中国煤炭分类 (GB 5751—86)	中国煤炭编码系统 (GB 16772—1997)	中国煤层煤分类 (GB/T 17607—1998)
化学性质/组成			
水分		×(低阶煤)	
灰分		×	×
挥发分		×	
全硫		×	
发热量	×(低阶煤)	×	×(低阶煤)
氢	×(高阶无烟煤)		
焦油产率		×(低阶煤)	
透光率	×(低阶煤)		
物理/机械性质			
黏结指数	×(中阶煤)	×(中阶煤)	
膨胀度	×(中阶煤)		
胶质层厚度	×(中阶煤)		
煤岩相性质			
镜质组含量/vol%			×
镜质组反射率		×	×(中、高阶煤)

5.5.1　煤阶

煤阶是煤最基本的性质，说明煤化作用深浅程度。在工业应用上挥发分是最常用的煤阶指标。作为煤的科学成因分类，选用煤的镜质组反射率作为表征煤化程度的重要指标，这是由于镜质组反射率不受煤岩显微组分的影响，成为度量煤阶的较好参数。从分子结构上看，它反映了煤的内部由芳香稠环化合物组成的核缩聚程度，尤其在烟煤阶段（$V_{daf}\leqslant 30\%$时），镜质组反射率 R 是最理想的煤阶参数，即使在高挥发分煤阶段，也不比其他指标差。国际上常用平均随机反射率（R_{ran}）来表征煤阶，为便于和国际接轨，本标准也采用R_{ran}来表征煤阶。它与最大反射率间的关系，见3.3.2。

然而，对于低煤阶煤，用R_{ran}表征煤阶就不如高位发热量灵敏。联合国欧洲经济委员会颁布的国际煤层煤分类—1995方案中，规定$R_{ran} \geqslant 0.6\%$的煤，即为中煤阶或高煤阶煤，用R_{ran}作为分类参数，而$R_{ran} < 0.6\%$的煤必须以含水无灰基高位发热量$Q_{gr,m,af}$作为分类参数；当$Q_{gr,m,af} \geqslant 24MJ/kg$才归划为中煤阶煤。必须指出，考虑到褐煤、次烟煤的内在水分与外在水分较高，特别对于褐煤，测定其最高内在水分（MHC）时，容易产生测定误差，为此规定，在区分中煤阶煤与低煤阶煤时，计算恒湿无灰基高位发热量$Q_{gr,m,af}$，应用最高内在水分作恒湿基计算基准。恒湿无灰基高位发热量计算方法见5.4.1。

一旦确定为低煤阶煤后，对其划分小类时，应该用煤中全水分（M_t）作为含水无灰基高位发热量的计算基准。结果按下式计算：

$$Q_{gr,m,af}=Q_{gr,ad}\times\frac{100-M_t}{100-\left[M_{ad}+\frac{A_{ad}(100-M_t)}{100}\right]}$$

这里，煤阶有两种不同的煤阶称谓与层次。一种煤阶称谓有低煤阶煤、中煤阶煤和高煤阶煤；另一种按习惯形象且常用的称谓有褐煤、次烟煤、烟煤和无烟煤。

（1）次烟煤　次烟煤是国际上常设的一类介乎褐煤与烟煤类间的过渡煤类，它属于低煤阶煤。在我国现行“中国煤分类”中，没有设置“次烟煤”类别，造成中国与国际上对煤炭探明可采储量统计上的混乱。国际上常将次烟煤和褐煤作专项，而烟煤和无烟煤（相当于欧洲传统上的硬煤）另作专项进行统计。由于我国现行类别设置与分类指标上偏离当前划分低煤阶煤的国际走向，造成对我国煤炭资源中各类别煤储量误解。例如，过去人们常常认为中国的褐煤难以成型，或者称中国褐煤缺乏国外褐煤的典型特征，究其原因，就是将一大部分理应归属次烟煤的煤，划作褐煤，使这部分煤不能得到正确的评价，影响这些煤的合理利用与加工方式。因为在国内一旦划作褐煤，其开发程序相应变得更为严格，一定程度上降低了这些煤的开发利用或这些生产矿的经济效益。事实上，这些煤在北半球的煤炭储量中，占有相当比例，在国际上占有一定的煤炭贸易量，由于次烟煤发热量较褐煤高，可以作为很好的动力煤，在工业加工利用上与就地消费、水分含量高的褐煤不尽相同，制订本标准过程中，有必要单独将“次烟煤”分类划出。

据此，以 $R_{ran}<0.6\%$，且 $Q_{gr,m,af}=20\sim24MJ/kg$ 的煤划为次烟煤。次烟煤煤矿点，在国内有云南布沼坝、罗茨，山西繁峙，内蒙伊盟罕川台、酸刺沟，甘肃武川，山东黄县，广西百色、那龙、上思、南宁沙井、新洲等。增设次烟煤类后，将更有利于正确评价我国的低煤阶煤，用以选择适宜的加工利用途径，提高这类煤的经济价值，同时也将有利于国际间对煤炭资源进行统计与贸易，统一储量口径，便于对比与交流，并与国际煤分类接轨。

参照国际煤层煤分类，在低煤阶煤内的另一层次是除 $Q_{gr,m,af}=20\sim24MJ/kg$ 的煤划成次烟煤外，并以 $Q_{gr,m,af}=15$ MJ/kg作为低阶褐煤与高阶褐煤的分界（参见“中国煤层煤分类”中图例）。这样，属于低煤阶煤的有次烟煤、高阶褐煤和低阶褐煤三个小类。

对于中煤阶煤（烟煤），按 $R_{ran}=0.6\%$、1.0%、1.4%及 2.0% 划分有低阶烟煤、中阶烟煤、高阶烟煤和超高阶烟煤。界值的确定：R_{ran} 为 1.0% 是与镜质体具有最大荧光强度相关的特征点；$R_{ran}=1.4\%$表征该煤炼焦后所得焦炭的光学结构将由镶嵌结构向纤维状结构过渡的特征点；$R_{ran}=2.0\%$是烟煤（中煤阶煤）到无烟煤（高煤阶煤）的分界点，意味着该分界点后，煤在受热后将不再出现膨胀现象。它与现行中国煤炭分类中 $V_{daf}=10\%$的分界点大致相当。在国际煤层煤分类中，相应的烟煤小类前缀分别加注有 para-，ortho-，meta-和 per-。在译成中文时，分别为低阶（para-）、中阶（ortho-）、高阶（meta-），对于 per-只能译作“超高价”。

(2) 无烟煤分类与跃变　从成因上看，我国的无烟煤（高煤阶煤）都是由于热变质作用而形成的，到目前为止还没有发现典型的“深层变质”的无烟煤。这样，煤化作用的进展，主要取决于受热相对速率和有效受热时间的长短。国内多数无烟煤资源的成因，大都属于受热速率高，而受热时间相对较短，使煤化作用产生“不平衡性”，导致出现无烟煤的物理性质滞后于化学性质的不平衡现象，使高煤阶煤的煤化作用具有显著的阶段性和跃变性。跃变性指煤性质表征的相对突变，而几个跃变点的组合构成演化过程的阶段性。其表现特征，是无烟煤的基本结构单元的化学特征与其空间排列组合特征间也产生不平衡。

在中国高煤阶煤到石墨的演化进程中，无烟煤的物理化学性质经历过六次相对突变，构成了六个跃变点，其显现方式和程度各不相同。见表5-13及图5-7、图5-8。第一跃变点和第六跃变点，可以视为从烟煤到无烟煤，以及从无烟煤到石墨的分界点，经过最大反射率值到随机反射率的换算，相当于$R_{ran}=2.0$和$R_{ran}=8.0$。

在第三和第四跃变点，无烟煤的物理化学性质的突变性得到全面的体现。第三跃变点附近，煤的物理与化学性质变化最为显著，位置大约在$R_{ran}=3.5\%$，相应的$C_{daf}=93\%$、$V_{daf}=6\%$、$H_{daf}=3\%$附近。在物理性质上，镜质组的反射率超过惰质组（粗粒体）的反射率，完成了反射率关系的全面转换；镜煤与亮煤的孔隙率、孔容达到极大值，并导致孔比表面积达到极大值。化学性质上，芳碳率增长突然变缓，环缩合指数持续明显增长；基本结构单元的堆砌度和堆砌层数达到最大值，出现基本结构单元之间的相互拼叠，自由基浓度达到最大值等，这种突变，使这个跃变点成为高煤阶煤演化历程中最重要的分界点之一。

第四跃变点的标志是在这一跃变点之后，镜煤的有机组成参数明显受到“地域”因素的干扰，在这个跃变点之后，反射率和一些次要或辅助参数不再适宜于用作主要分类参数。到第六跃变点$R_{ran}\leqslant 8\%$，晶体特征的突然出现，镜煤的基本结构单元延展度急剧增加，局部定向性突然被整体定向性所取代，从而形成平面碳网的三

表 5-13　中国高煤阶煤到石墨演化过程中跃变点及其相关性质表征

参数		跃变点及显现性质表征					
		第一跃变点	第二跃变点	第三跃变点	第四跃变点	第五跃变点	第六跃变点
反射率	(变)基质镜质体 $R_{max}/\%$	2.1	3.0/3.5	4.0/4.5	6.0/6.5	8.0/8.5	10.5
	显微组分组光性关系（R_{max},R_{min}）倒转	I>E≥V	E≥I>V	E>V≥I BA>I		CUT→V	CUT≈V
空间结构	孔隙性			极大值，倒转		极小值，倒转	
	密　度			明显增大		显著增大	
化学组成	$C_{daf}/\%$	89	91	93	96	离散性极大	>98
	$V_{daf}/\%$		10	6	3	离散性极大	
	$H_{daf}/\%$			3	离散性校大	1.0	<0.5
	$M_{a,d}$	极小值，倒转大				极大值，倒转	
地域及层域差异				消失	重新出现		消失(?)
化学结构	f_a(芳碳率)	明显增大		突然变缓	增长极缓	增长停滞	
	$2(R-1)/C$(环缩合指数)	增大		明显增大	显著增大	增长变缓	
	BSU 堆砌度	缓增		极大值，倒转	极小值，倒转	急增	剧增
	BSU 延展度	阶跃		阶跃	显著阶跃	急增	剧增
	BSU 夹角	涡流，>30C		涡流消失，15C 左右		<10C	平行
	BSU 组合方式	孤立		松散斑团	莓状斑团	条纹状斑团	平行条纹
	SAD 花样	弥散，11 环 不显		出现 11 环	环带清晰	环带窄化	出现 100,101,110, 112,004 等斑环
	自由基浓度	明显增大		极大值，倒转	难以检测		
	EPR 线宽			极大值，倒转			

注：I. 惰质组；E，稳定组；V，镜质组；BA，树皮体；CUT，角质体；BSU，煤的基本结构单元英文缩写；SAD，选区电子衍射；EPR，电子顺磁共振波谱。

（资料来源：秦勇，1994 年）。

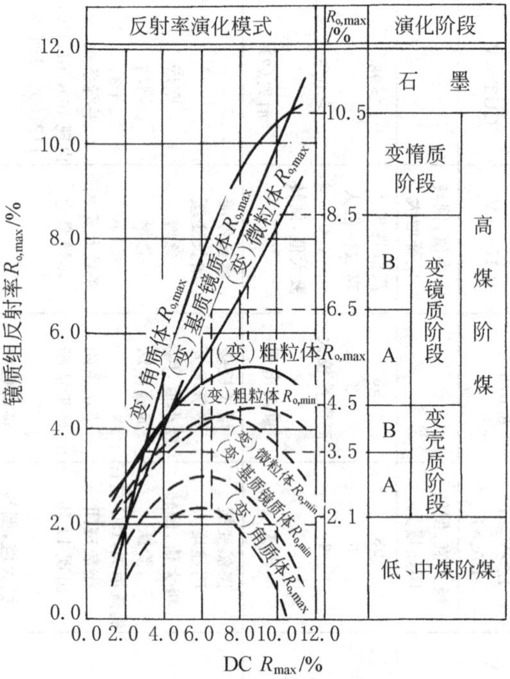

图 5-7　中国高煤阶煤显微岩相特征演化历程的阶段划分 DC 代表（变）基质镜质体

（资料来源：秦勇，1994 年）

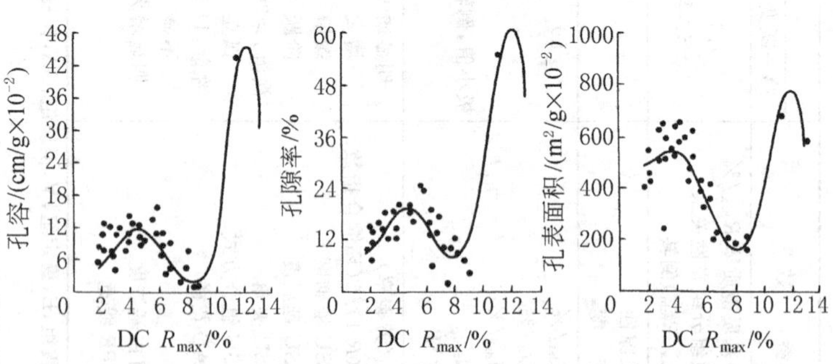

图 5-8　中国高煤阶镜煤与亮煤的孔容、孔隙率及孔表面积随煤阶的演化轨迹 DC 代表（变）基质镜质体

（资料来源：秦勇，1994 年）

维结构，标志着煤化作用的结束和石墨化作用的开始。

为此，对于无烟煤（高煤阶煤），确定有如下的分界点：R_{ran}=2.0是烟煤到无烟煤的分界点，以R_{ran}=3.5%和5.0%为分界点，再将无烟煤划分成低阶（para-）无烟煤、中阶（ortho-）无烟煤和高阶（meta-）无烟煤。R_{ran}=3.5%界值是低阶无烟煤与中阶无烟煤的界值；R_{ran}=5.0%作为中阶无烟煤与高阶无烟煤的界值。至于煤与非煤（即高阶无烟煤与半石墨）的分界值为R_{ran}≤8%（>8%为半石墨）。

5.5.2 组成

据GB/T 15588—1995“烟煤显微组分分类”及GB 8899—88“煤的显微组分和矿物的测定方法”，将煤划分成四个显微组分组：镜质组、半镜质组、惰质组和壳质组，分别以V、SV、I和E为代号。考虑到V与煤工业分析中的挥发分V容易产生混淆，本标准中镜质组以V_t表示。其分类依据是按煤中有机成分在显微镜下的颜色、突起、反射力、结构、形态特征、成因及物理、化学和工艺性质的差异而加以确定。但是在国际标准ISO 7407：3—1994“烟煤与无烟煤的煤岩分析方法”第三部分——显微组分组成的测定方法中，则没有“半镜质组”这个组别，而采用“三分法”，即按V_t、I及E（V，dmmf%）分组。为此，在统计测定煤中V_t含量时，按我国现行标准测定的数据可能较国际标准值低，可能将原属“较高镜质组含量”煤，误认为属于“中等镜质组含量”煤等，而无法与国际煤炭资源与储量相对比。又因不可能等待对上述二个现行标准进行修正后再制订本标准，为了避免对我国煤炭资源中镜质组含量的测值产生负面影响，规定采用ISO 7407：3对镜质组含量进行测定，来解决与国际接轨问题。针对上述情况，建议参照国际标准，从速对我国现行相关标准进行修改，将国内习惯采用的“四分法”改成“三分法”，以便与国际煤炭资源、储量的统计口径相一致。

煤的显微组分组成作为分类参数存在测值重复性与重视性较差的缺陷。煤层煤分类中三个参数的重复性允许差见表5-14，由表列允许差可见，V_t（vol,%）的实验室内重复性测值允许差高达±6%。考虑到显微组分测值误差较大的实际，以及煤中镜质组含量与惰质组和稳定组含量（无矿物质基）之和为100%，即测值互补（$V_t+I+E=100\%$），在选定“组成”参数时，单独以无矿物质基煤中镜质组含量（V_t,%）为分类指标，以贯彻“科学、简明、可行”的原则。

表 5-14　煤层煤分类参数的测值重复性允许差

R_{max}/%	ISO 7403:5(1994) ±0.06%	GB 6948—86 <1.0%,±0.03% 1.0%～1.9%,±0.03%～±0.04% 1.9%～2.5%,±0.06% 2.5%～4.0%,±0.09% >4.0%,±0.14%
V_t/(vol,%)	ISO 7403:3(1994) ±6%	GB 8899—88,其显微组成： <10%,2.0% 10%～30%,3.0% 30%～60%,4.0% 60%～90%,4.5% >90%,4.0%
A_d/%	ISO 1171(1981) <10%,0.2% >10%,±2%的平均值	GB/T 212—1996 <15%,0.2% 15%～30%,0.3% >30%,0.5%

从中国煤质特征的情况看，用单一镜质组作组成参数是具有缺陷的。石炭纪煤通常都是以镜质组为主要组成，V_t 含量决定着煤的诸多性质；但对于侏罗纪等煤来说，非镜质组的含量相对较高，且部分惰质组（按三分法）可能具有“活性”（指煤受热后，可能部分能转成塑性体）。这一现象，对于南半球的冈瓦纳区域的稳定台地煤更为明显。这也说明即便全部显微组分的含量都作分类参数，亦难以解决“组成”内在性质的复杂性。着眼于简单明了地区分“组成”，普遍认为采用V_t 单一参数来划分，至少在目前是可取的，并以 V_t>80%、60%～80%、40%～60%以及<40%分别命

名为高镜质组含量、较高镜质组含量、中等镜质组含量及低镜质组含量四个小类。

5.5.3 品位

通常以煤中矿物杂质含量来表征煤的品位。国内煤质化验例常分析中，很少对矿物质含量进行直接检测，习惯上用灰分产率来替代煤中矿物质含量。本标准从例常习惯，以灰分 A_d（%）来表征煤的“品位”，各种品位煤描述及其分界点为：$A_d \leqslant 10\%$者称之为低灰分煤；$>10\%$到$\leqslant 20\%$的称较低灰分煤；$>20\%$到$\leqslant 30\%$称中灰分煤；$>30\%$到$\leqslant 40\%$称较高灰分煤；$>40\%$至$\leqslant 50\%$的煤称为高灰分煤；$>50\%$者称之碳质岩，它已经不属煤的范畴。

考虑到 $A_d>50\%$的碳质岩尚可应用于流化床燃烧，$>50\%$到$\leqslant 80\%$称之为碳质岩，$>80\%$者谓岩石。这部分分类也不属于“煤层煤分类”范畴。

5.5.4 煤层煤分类的称谓与命名表述

在冠名时以褐煤、次烟煤、烟煤和无烟煤作煤类别的主体词。前缀属性为形容词，顺序以品位、显微组分组成及煤阶依次排列。首先要确定该煤的煤阶，用 R_{ran} 等于、大于或小于 0.6% 以及 $Q_{gr,m,af}$是否大于等于 24MJ/kg 来划定煤的类别。再根据相应灰分和镜质组含量多少，冠以所对应的小类称谓。例如中灰分、高镜质组、高阶褐煤；较高灰分、中等镜质组、中阶烟煤等。命名表述示例：

A_d (%)	V_{tmmf} (vol,%)	R_{ran} (%)	$Q_{gr,m,af}$ (MJ/kg)	命名表述
16.71	82	0.30	16.8	较低灰分、高镜质组、高阶褐煤
8.50	65	0.58	23.8	低灰分、较高镜质组、次烟煤
22.00	50	0.70		中灰分、中等镜质组、中阶烟煤
10.01	60	1.04		较低灰分、较高镜质组、高阶烟煤
3.00	95	2.70		低灰分、高镜质组、低阶无烟煤

图 5-9 示出中国煤层煤分类图，它以“科学、简明、可行”的原则，采用镜质组反射率和发热量作煤阶参数；采用镜质组含量作

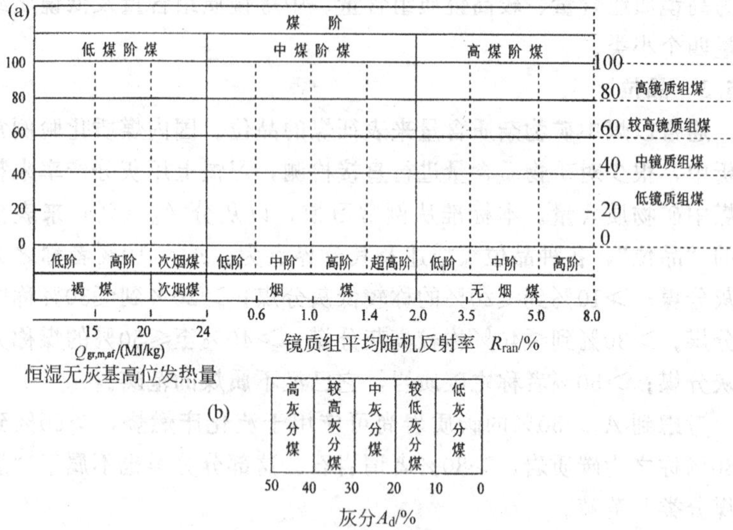

图 5-9 中国煤层煤分类

(a) 按煤阶和煤的显微组分组成的分类；(b) 按煤的灰分分类

为显微组分组成参数；采用灰分作品位参数，对煤进行分类与命名。这将有利于国际间交流煤炭资源、储量信息，便于与国际上对煤炭资源的质量及储量统计系统接轨；在国内，填补分类系统的空白，它与现行“中国煤炭分类”和“中国煤炭编码系统”两个国家标准互为补充，同时执行，使中国煤炭分类、编码系统和煤层煤分类三者形成一个完整体系。

5.6 中国煤分类体系的工程意义

煤用于炼焦是烟煤消费的一个重要市场。炼焦的目的主要是为了得到焦炭，而焦炭质量主要依赖于炼焦用煤的质量，其次是取决于备煤及炼焦工艺，这就要求建立一套适合本国煤炭资源特点的炼焦用煤评价方法。有鉴于此，世界各国传统的煤炭分类，主要针对炼焦用煤，制定出以炼焦用煤为主的技术分类，建立了不同的炼焦用煤评价方法。可见煤分类不仅能在资源评价和合理、洁净利用煤炭方面起到指导作用，在炼焦工程方面也具有重要作用。这里将着重阐明煤分类在焦化领域的工程意义，以及炼焦用煤评价方法。

5.6.1 炼焦用煤评价方法

要了解某种煤适宜不适宜炼焦，只要按烟煤分类的要求，测定其挥发分 V 和黏结指数 G，根据 V 和 G 值及其在分类图上的位置，就能判定煤类和知道它是否适宜于炼焦。然而知道煤类，仅是评价工作的第一步，炼焦用煤评价方法的任务更重要的是要知道这种煤单煤炼焦时焦炭质量如何？用它作配煤能起什么作用？在配合煤中能占多少比例？配上哪些煤能使焦炭质量有更大的提高？这样才能使分类成果完成向焦化工程实践的转化。

首先，在配煤技术原理上，要获得高质量的焦炭，并不取决于煤种的固定配比，即通常所说的“气、肥、焦、瘦四盘菜”，而取决于配合煤质量，主要受控于煤中的挥发分和黏结指数。这里，前者表征煤阶，后者表征煤的黏结与结焦性，且隐含对惰质体的浸润性、黏着力和相容性，一定程度上反映塑性体的质和量。据此，提出在图 4-58 上适宜的炼焦配煤范围（图中的阴影区）。按照配煤原则和指标的可加和性，就能通过各单种煤的 G、V 值，调整各单煤的配入比例，使按不同比例单煤混合的配煤的 G、V 值进入适宜的配煤范围。这一配煤技术的推广，使国内配煤炼焦发生了重大变革。我国在 20 世纪 80 年代前，配煤炼焦工艺受前苏联配煤炼焦指导思想的影响，习惯上都用“四盘菜”的固定配比来选定煤种，使炼焦用煤范围受到很大的限制。例如，按照过去传统的观念，气煤等中高挥发分煤的配入量，只能限定在 30%以内，而在 V-G 图法的指导下，破除固定配比的框框，只要调整好配比，气煤、1/3 焦煤的配入量提高到 40%～50%，也能炼出质量好的焦炭，节约了优质的炼焦煤。

在讨论分类指标选择过程中，经对大量试验结果进行趋势面分析后，按照对焦炭强度的最佳拟合优度，遴选出 V 和 G 作为烟煤分类的主要指标。这说明 V-G 分类图的制定，有着很强的焦化实践背景。现在的问题是和上述情况相反，即要通过 V 和 G 的测试结果来估计焦炭强度，即在挥发分-黏结指数-焦炭强度的三元坐标系统中，知道前两个测值，要推断第三个值——焦炭强度值。利用先前图 4-59 表明的各项焦炭质量指标 M_{40}、M_{10}、Q_{60}和 F_{10} 在 V 和 G 坐标系统中的等值线或强度线，就能完成这项预测工作。只要知道煤的 V、G 值，就能估算出用这种单煤炼焦后，所得到的焦炭强度、块焦率和粉焦率。为了便于数值计算，应用趋势分析方法，按最小二乘法原理，在分类指标 V 和 G 的组合下，计算出用 V 和 G 拟合焦炭质量的回归方程系数和拟合优度（详见表 5-5）。这里举一个由 V 和 G 计算 M_{10} 的二次趋势方程作为例子。

$$M_{10}=47.43-0.542V-0.764G+0.0714(V)^2-0.00244V\times G+0.00465(G)^2$$

方程的拟合优度为 0.82，较一次趋势面方程的优度 0.68 高许多。说明只要知道煤的 V、G 值，通过二次方程计算，就能估算出该煤单独炼焦时焦炭的耐磨强度 M_{10}。同理，其他焦炭质量指标，也可按表 5-5 中二次趋势方程的系数进行计算。

炼焦用煤评价方法 V-G 图法在指导国内焦化厂配煤方面，有许多成功的实例，证明 V-G 图法有着很好的推广价值。鞍山钢铁公司化工总厂第三炼焦厂在 20 世纪 80 年代后期应用 V-G 图来预测焦炭质量，提出了在工业生产中用生产数据建立的二元一次回归方程。有下列方程：

$$M_{40}=126.15-2.104V_{daf}+0.144G$$

$$M_{10}=12.79+0.452V_{daf}-0.243G$$

方程的相关系数很高，分别为 0.93 和 0.89，配合煤 $V_{daf}=30\%\sim31\%$，$G=72\sim74$，焦炭强度 $M_{40}=74\%\sim76\%$、$M_{10}=8.2\%\sim8.6\%$。不但用于指导生产配煤，带来很大的经济效益，而且为应用计算机管理配煤打下良好的基础。

下面列举上海宝钢第一期炼焦工程的八种煤配煤方案的为例，说明 V-G 图法较国外的配煤控制指标更为适用。当时宝钢用的八种煤是后石台、西曲、范各庄、陶庄、官桥、大屯、兴隆庄和青龙山煤（参见图 5-10 中的依次相应序号）。这些煤的特点是

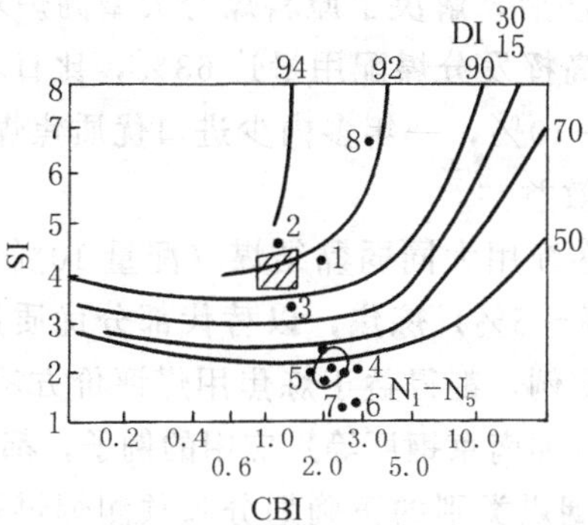

(a)

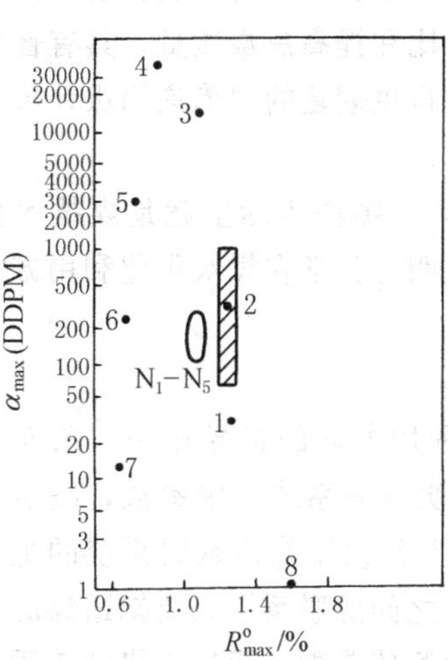

(b)

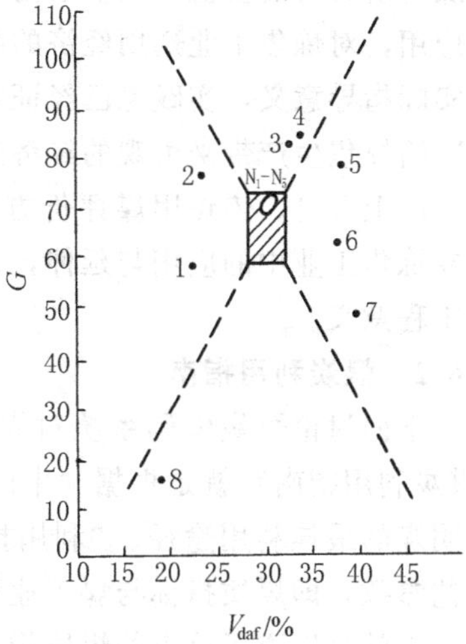

(c)

图 5-10 宝钢配煤方案在 SI-CBI

(a) MOF (b) 和 *V-G* (c) 图上的位置

煤中惰性组分含量很高，波动在 37.4%～49.6%之间，参照日本新日铁的 SI—CBI 配煤法、日本钢管的 MOF 法，都发现配煤方案的结果偏离 SI—CBI 法和 MOF 法要求的配煤范围（见图 5-10 中的阴影线部分）；实际配煤方案 N_1-N_5 的 G、V 值，却处于 *V-G* 图的适宜配煤范围之内。根据国内的资源特点，采用自主创

建的 *V-G* 图配煤法后，解决了原料煤与大型高炉对焦炭质量要求间的突出矛盾，高挥发分煤配用量达 63%，比日本提出的方案少用强黏结煤 5%～10%，一年多内少进口优质焦煤 25 万多吨，取得了较大的经济效益。

北京焦化厂在配用大同弱黏结煤（配量 10%～15%）和京西无烟煤（配量 3%～5%）炼焦，以替代部分优质炼焦煤，提高焦炭质量、块度的实例，都得益于炼焦用煤评价方法的推广与应用。还有许多焦化厂（如南京钢厂等）应用的例子，都说明炼焦用煤评价方法 *V-G* 图对烟煤类别的正确划分和预测烟煤资源用于炼焦或配煤时所具有的价值，提供了简易、实用、可靠的方法。它的推广与应用，对炼焦工业选用经济的配煤比和提高焦炭质量，具有普遍的实际指导意义，实践也已经证明，自主创建的“炼焦用煤评价方法”给煤焦生产带来可观的经济效益。

由上可见，炼焦用煤评价方法 *V-G* 图法实际上就是煤技术分类在炼焦工业中的应用与延伸，也说明分类学在煤炭焦化利用方面的工程意义。

5.6.2 煤炭利用指南

下面讨论煤炭编码系统对煤炭利用方向的指导作用。图 5-11“煤炭利用指南”就是根据“中国煤炭编码系统”中参数，编绘并指明煤的最佳利用途径。“利用指南”解决了煤炭编码系统的主要工艺参数，即煤质指标与煤工业利用之间的联系。只要知道煤的编码，也就是知道了该煤的煤质指标的测值范围，通过该煤的煤质数据处于图内各相应指标中的位置，就能按图中阿拉伯数字表示的该煤适宜的利用工艺，了解该煤最适合的利用途径。图中表明有常用范围和可用范围，供选择利用方向时参考。

这里举一个煤炭编码系统的码值如何在“煤炭利用指南”中应用的例子。以 5.4.1 中所举的河北某中煤阶煤为例，该煤的 $V_{daf}=24.46\%$，$A_d=14.49\%$，$G=88$，$Q_{gr,daf}=36.0MJ/kg$，$S_{t,d}=0.59\%$，对照“煤炭利用指南”，该煤的挥发分值经过基准换算落入图中 1 电站粉煤锅炉用煤，2 冶金焦用煤，3 喷吹用煤和 4 水泥窑炉用煤

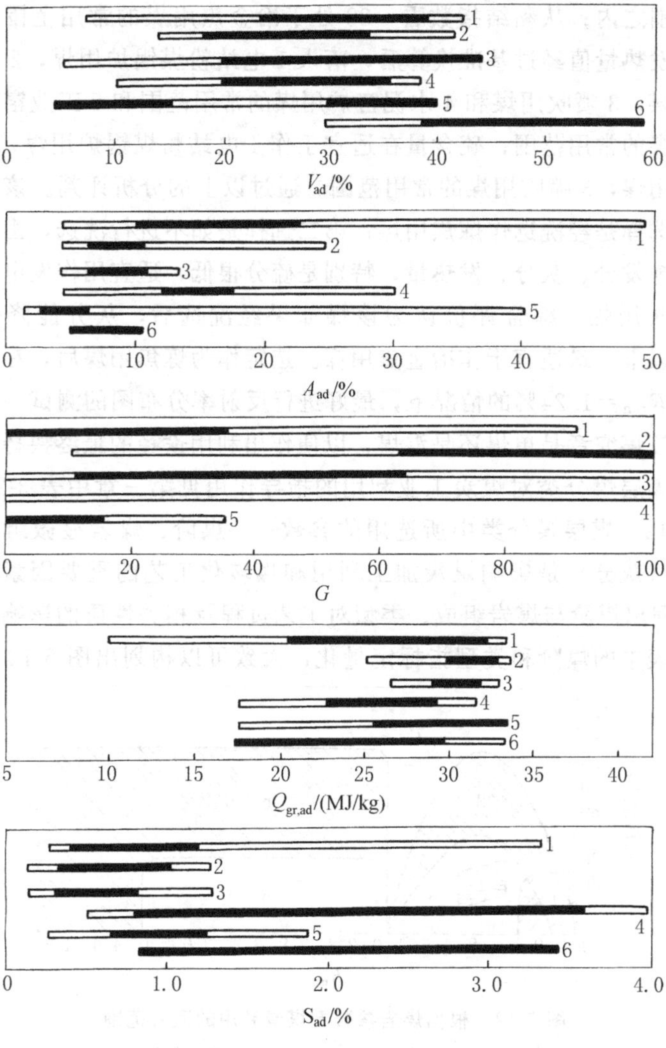

图 5-11 “煤炭利用指南”

■ 常用范围；□ 可用范围

1—电站粉煤锅炉用煤；2—冶金焦用煤；3—喷吹用煤；
4—水泥窑炉用煤；5—工业窑炉及民用煤，
无烟燃料和常用煤；6—液化用煤

的常用范围；从灰分看，在1电站粉煤锅炉用煤和4喷吹用煤的常用范围之内；从黏结指数看，88处于冶金焦用煤的常用范围；该煤的发热量值经过基准换算后，落入1电站粉煤锅炉用煤，2冶金焦用煤，3喷吹用煤和4水泥窑炉用煤的常用范围和5工业窑炉及民用煤的常用范围；硫含量在适宜于作1电站粉煤锅炉用煤，2冶金焦用煤，3喷吹用煤的常用范围。通过以上的分析评判。该煤的第一选择是经洗选作炼焦用煤；第二选择是如不进行洗选，由于该煤的挥发分、灰分、发热量，特别是硫分很低，适宜用作发电用煤或喷吹用煤。综合评价认为该煤如果经洗选后，灰分能降低到10%以下，最适宜于作冶金焦用煤。选定作为炼焦用煤后，在已知该煤 $R_{ran}=1.24\%$ 的情况下，最好进行反射率分布图的测试，进而判别该煤究竟是单煤还是混煤，以便作出利用途径的最终抉择。

煤层煤分类对煤炭工业利用的指导作用见第三章中表3-21和图5-12。煤层煤分类中所选用的参数——煤阶、煤岩显微组成和品位（灰分）是影响煤炭加工利用和煤转化工艺的重要因素。表3-21列出煤阶与煤岩组成、类型对工艺过程及相关性质的影响。如果把表中的煤阶和类型指标定量化，大致可以构划出图5-12的煤

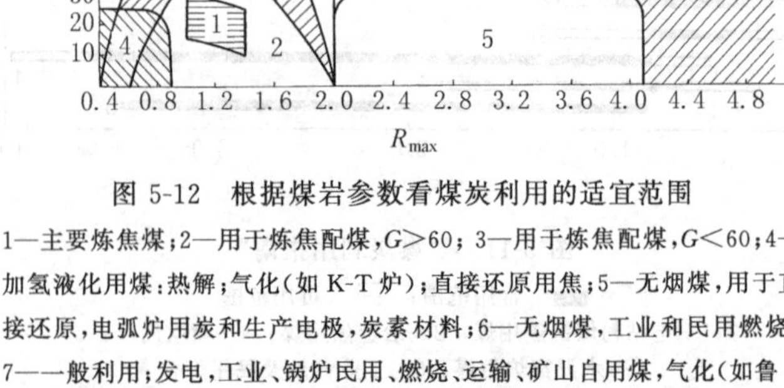

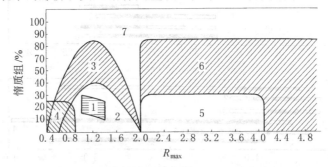

图5-12　根据煤岩参数看煤炭利用的适宜范围

1—主要炼焦煤；2—用于炼焦配煤，$G>60$；3—用于炼焦配煤，$G<60$；4—加氢液化用煤：热解；气化（如K-T炉）；直接还原用焦；5—无烟煤，用于直接还原，电弧炉用炭和生产电极，炭素材料；6—无烟煤，工业和民用燃烧；7——般利用；发电，工业、锅炉民用、燃烧、运输、矿山自用煤，气化（如鲁奇炉），型焦，无烟型块，流化床燃烧

炭工业利用的适宜范围分类图，它非常直观地用煤层煤分类中的煤岩参数来指导煤炭的勘探、开发和利用。图中的横坐标是镜质组的最大反射率，它和随机反射率有一定的换算关系；图中的纵坐标是煤中惰质组含量，它和镜质组含量有互补的关系，即惰质组含量＝100－镜质组含量－稳定组含量。通过煤层煤分类的参数值在图上的位置，就可以大致判断利用该煤的最佳工艺途径，选择用于炼焦配煤，还是作加氢液化用煤；用于燃烧、气化，还是作为炭素材料的原料。由此可见，煤层煤分类同样可以直接应用到煤的利用领域，可用来指导煤的开采、加工与利用。

5.7 国际煤炭分类

随着国际煤炭贸易量增加，迫切需要一个国际煤炭分类系统，来统一煤炭资源的储量和交换煤炭质量信息。1949 年，欧洲经济委员会煤炭委员会在日内瓦成立了煤炭分类工作委员会，开始制定国际煤炭分类。一直到现在，国际标准化组织煤炭委员会 ISO/TC27 还在制定一个“煤分类”的国际标准，可见要制定一个各国都能接受的分类标准，是一件既有必要、又十分困难而艰巨的工作。

5.7.1 国际硬煤分类

硬煤为烟煤、无烟煤的统称。指恒湿、无灰基、高位发热量大于或等于 24MJ/kg，镜质组平均随机反射率大于或等于 0.6 的煤。硬煤国际分类是以干燥无灰基挥发分为第一指标，表示煤的煤化程度，当挥发分大于 33%，则以恒湿无灰基高位发热量为辅助指标；以表示煤黏结性的坩埚膨胀序数或罗加指数为第二指标；以表示煤的结焦性的格金焦型或奥阿膨胀度为第三指标。将煤分为 62 个类别，每个类别以 3 位阿拉伯数字表示，其中烟煤 59 类，无烟煤 3 类。为便于煤炭贸易和统计，又将性质相近的类别煤分为 11 个统计组（见表 5-15）。

这个分类采用了以炼焦煤为主的分类体系。为了便于工业上的应用，对 11 个统计组中的Ⅴ组强黏结煤，根据其结焦性又分有

表 5-15　硬煤国际分类表

（于1956年3月日内瓦国际煤炭分类会议中修订）

组别（根据黏结性确定的）			类型代号										亚组别（根据结焦性确定的）		
组别号数	确定组别的指数（任选一种）		第一个数字表示根据挥发分（煤中挥发分<33%）或发热量（煤中挥发分>33%）确定煤的类别 第二个数字表示根据煤的黏结性确定煤的组别 第三个数定表示根据煤的炼焦性确定煤的亚组别										亚组别号数	确定亚组别的指数（任选一种）	
	坩埚膨胀序数	罗加指数												膨胀性试验	格金试验
3	$4\frac{1}{2}\sim9$	>45					435	535	635 (ⅤC)				5	>140	>G_6
3						334 (ⅤA)	434 (ⅤB)	534	634				4	50～110	G_5～G_6
3						333	433	533	633 (ⅤD)	733			3	0～50	G_1～G_4
3						332a | 332b	432	532	632	732	832		2	≤0	E～G
2	$2\frac{1}{2}\sim4$	20～45				323	423	523	623 (ⅥA)	723	823		3	0～50	G_1～G_4
2						322 (Ⅳ)	422	522	622	722	822		2	≤0	E～G
2						321	421	521	621 (ⅥB)	721	821		1	仅收缩	B～D
1	1～2	5～20			212	312	412	512	612	712	812		2	≤0	E～G
1					211	311 (Ⅲ)	411	511	611 (Ⅶ)	711	811		1	仅收缩	B～D
0	$0\sim\frac{1}{2}$	0～5		Ⅰ 100 (A | B)	Ⅱ 200	300	400	500	600	700	800	900	0	无黏结性	A
类别号数			0	1	2	3	4	5	6	7	8	9	各类煤挥发分大致范围（%） 类别：6：>33～41 7：>32～44 8：35～50 9：42～50		
确定类别的指数	挥发分（干燥无灰基）V_{daf}/%		0～3	3～10（3～6.5 | 6.5～10）	10～14	14～20（14～16 | 16～20）	20～28	28～33	>33	>33	>33	>33			
	发热量（恒湿无灰基）/(kJ/kg)（30℃，湿度96%）		—	—	—	—	—	—	>32400	>30100～32400	>25500～30100	>23900～25500			
			类别 以挥发分指数（煤中挥发分<33%）或发热量指数（煤中挥发分>33%）确定												

注：1. 如果煤中灰分过高，为了使分类更好，在实验前应用比重液方法（或用其他方法）进行脱灰，比重液的选择应能够得到最高的回收率和使煤中灰分含量达到5%～10%。

2. 332a　V_{daf}>14%～16%；332b　V_{daf}>16%～20%。

$V_A \sim V_D$。由于这个分类体系没有解决统一煤质的测试方法，在划分组或亚组时，共存两个参数，以照顾欧洲各产煤国传统的检测方法，因此用两种参数来划分同一个煤样，经常会产生矛盾或误判，限制了它的应用范围。这个分类体系的特点是为商业贸易服务；以煤阶为基础；仅仅适用于硬煤的单煤；要求分类煤样的灰分<10%；且采用编码方式。

国际硬煤分类的制定，满足了当时评价煤主要用于燃烧和焦化的利用目的。按当前的标准看，这个分类存在诸多不足：①未能对所有煤阶煤进行分类；②分类指标没有考虑煤的气化和液化性能；③没有煤对环境影响的参数；④没有煤炭品位的参数；⑤需要对二种指标体系进行折算或互换，容易发生分组、亚组的矛盾。

5.7.2 国际褐煤分类

1957年欧洲经济委员会制定了欧洲经委会的褐煤分类，作为硬煤国际分类的补充。按恒湿无灰基高位发热量小于5700kcal/kg(23.86MJ/kg)的煤进行分类。依据新采集无灰基煤的全水分含量，将煤划分为6类，再按无水无灰基的焦油产率高低划分5组，即6×5=30个组别，采用编码表示煤的类别。

1974年，ISO制定了褐煤分类的国际标准（ISO 2950），仍用全水分和焦油产率两个指标对煤进行编码，各组都以2位阿拉伯数字表示（表5-16）。

表5-16 褐煤国际分类表（ISO 2950 74—02—01）

组别指标，Tar_{daf}/%	组号	代号					
>25	4	14	24	34	44	54	64
>20～25	3	13	23	33	43	53	63
>15～20	2	12	22	32	42	52	62
>10～15	1	11	21	31	41	51	61
≤10	0	10	20	30	40	50	60
类号		1	2	3	4	5	6
类别指标	$M_{t,af}$/%（原煤）	≤20	>20～30	>30～40	>40～50	>50～60	>60～70

这个分类的特点是仅仅用于褐煤原煤，采用编码方式，简易且易于应用。当时主要是为了燃烧和化学加工利用的需要而制定，所以也有与国际硬煤分类相类似的不足。

5.7.3 国际中、高煤阶煤编码系统

为使煤炭分类与煤的特性相结合，欧洲经济委员会煤炭委员会固体燃料利用组于 1988 年提出并批准一个国际中、高煤阶煤编码系统，以代替 1956 年的国际硬煤分类，使煤炭生产者、销售者和用户根据分类编码能明确地了解煤的质量。编码系统选定 8 个参数说明煤的不同性质，即：

(1) 镜质组平均随机反射率 R_r/%	2 位数
(2) 镜质组反射率分布特征 S	1 位数
(3) 显微组分指数	2 位数
(4) 坩埚膨胀序数	1 位数
(5) 挥发分产率 V_{daf}/%	2 位数
(6) 灰分产率 A_d/%	2 位数
(7) 全硫含量 $S_{t,d}$/%	2 位数
(8) 高位发热量 $Q_{gr,daf}$/(MJ/kg)	2 位数

根据以上 8 个参数及给定的数码位数制订出国际中、高煤阶煤编码系统（表 5-17）。

本系统从技术上讲，所用的指标都有国际标准可供使用、检测，用时以镜质组反射率来表征煤阶。另一个特点是选用反射率直方图，即反射率分布特征来区分被测煤样是单煤还是混煤。采用反射率直方图来分类是其他许多分类所没有的，但是采用这个指标，其结果往往容易引起争议，而且只有对炼焦用煤编码，才较有用。

国际中、高煤阶煤编码系统的不足有：①过于复杂；②需要解码；③引入惰质组含量后，对南半球的冈瓦纳系列煤不合理，因为它们含有的虽属惰质组，但却是在受热后可熔融的，且具有活性的显微组分；④镜质组反射率分布特征在多数情况下，很少有用，却增添许多麻烦。

表5-17 国际中、高煤阶煤编码系统

项目	镜质组反射率 反射率 R_r/%		镜质组反射率 分布特征图		显微组分参数(无矿物质基) /%(体积) 4= 惰质组，5= 稳定组				坩埚膨胀序数	
位数	1;2		3		4		5		6	
编码号数	02	0.20~0.29	0	≤0.1 无凹口	0	0~<10	0	—	0	$0\sim\frac{1}{2}$
	03	0.30~0.39	1	>0.1~<0.2 无凹口	1	10~<20	1	0~<5	1	$1\sim1\frac{1}{2}$
	04	0.40~0.49	2	>0.2 无凹口	2	20~<30	2	5~<10	2	$2\sim2\frac{1}{2}$
	·		3	1 个凹口	3	30~<40	3	10~<15	3	$3\sim3\frac{1}{2}$
	·		4	2 个凹口	4	40~<50	4	15~<20	4	$4\sim4\frac{1}{2}$
	·	R_r 每间隔0.1%为一个编码(2位数)	5	2 个以上凹口	5	50~<60	5	20~<25	5	$5\sim5\frac{1}{2}$
	·				6	60~<70	6	25~<30	6	$6\sim6\frac{1}{2}$
	·				7	70~<80	7	30~<35	7	$7\sim7\frac{1}{2}$
	·				8	80~<90	8	35~<40	8	$8\sim8\frac{1}{2}$
	·				9	≥90	9	≥40	9	9
	48	4.80~4.89								
	49	4.90~4.99								
	50	≥5.00								

续表

项目	挥发分 V_{daf}/%		灰分 A_d/%		全硫 $S_{t,d}$/%		高位发热量 $Q_{gr,daf}$/(MJ/kg)	
位数	7;8		9;10		11;12		13;14	
	48	>48	00	0～<1	00	0.0～<0.1	21	<22
编码号数	46	46～<48	01	0～<2	01	0.1～<0.2	22	22～<23
	44	44～<46	02	2～<3	02	0.2～<0.3	23	23～<24
	⋮	↕ V_{daf}每间隔2%为一个编码(2位数)	⋮	↕ A_d每间隔1%为一个编码(2位数)	⋮	↕ S_d每间隔0.1%为一个编码(2位数)	24	24～<25
							25	25～<26
							26	26～<27
							27	27～<28
							28	28～<29
							29	29～<30
							30	30～<31
	10	10～<12					31	31～<32
	09	9～<10					32	32～<33
	⋮	↕ V_{daf}每间隔1%为一个编码(2位数)					33	33～<34
							34	34～<35
							35	35～<36
							36	36～<37
							37	37～<38
	03	3～<4					38	38～<39
	02	2～<3	18	18～<19	28	2.8～<2.9	39	>39
	01	1～<2	19	19～<20	29	2.9～<3.0		
			20	20～<21	30	3.0～<3.1		
			灰分大于21%后编码依此类推如编码24即表示灰分为24%～25%		全硫大于3.1后，编码依次类推，如编码为46 即表示全硫为4.6%～4.7%			

5.8 主要产煤国家的煤炭分类

5.8.1 美国煤炭分类

美国材料试验协会（ASTM）的煤炭分类系统广泛应用于北美加拿大和世界上其他许多国家。这是一个以煤阶为基础、分阶式对单煤以商业为主要目的的分类。体系简明且便于应用和记忆。最初于 1934 年提出，1966 年成为国家标准，经 1972 年、1992 年及 1996 年三次修订。

美国煤炭分类是按煤的煤化程度即以挥发分、固定碳和发热量为主要指标，以黏结性为辅助指标，将美国煤分为 4 大类、13 小类。其中属炼焦用的具有一定黏结性的煤称为烟煤，这部分煤分 5 小类，相当于中国通常称为的炼焦煤，其他 3 大类煤都是非黏结煤。该分类方法既区分了煤的煤化程度，又反映了煤的工艺特性（见表 5-18）。

表 5-18 美国煤炭分类

大类	小类	FC_{dmmf}/%	V_{dmmf}/%	$Q_{gr,m,mmf}$/(Btu/lb)④	黏结特性
Ⅰ 无烟煤	1. 超无烟煤	≥98	>0～≤2		不黏结
	2. 无烟煤	≥92～<98	>2～≤8		不黏结
	3. 半无烟煤①	≥86～<92	>8～≤14		不黏结
Ⅱ 烟煤	1. 低挥发分烟煤	≥78～<86	≥14～<22		通常是黏结的③
	2. 中等挥发分烟煤	≥69～<78	≥22～<31		通常是黏结的③
	3. 高挥发分 A 烟煤	<69	>31	≥14000②	通常是黏结的③
	4. 高挥发分 B 烟煤			≥13000②～<14000	通常是黏结的③
	5. 高挥发分 C 烟煤			≥11500～<13000 ≥10500～<11500	黏结
	……				
Ⅲ 次烟煤	1. A 次烟煤			≥10500～<11500	不黏结
	2. B 次烟煤			≥9500～<10500	不黏结
	3. C 次烟煤			≥8300～<9500	不黏结
Ⅳ 褐煤	1. 褐煤 A			≥6300～<8300	不黏结
	2. 褐煤 B			<6300	不黏结

① 如黏结，则划为低挥发分烟煤。

② 干燥无矿物质基固定碳大于或等于 69%，不采用高位发热量。

③ 高挥发分 C 烟煤中除注明黏结的以外，这组烟煤中有些可能是不黏结的。

④ 1lb=0.4534kg。1Btu=1055.8J。

由表 5-18 可见，用固定碳（dmmf）对高阶煤进行分类；用高位发热量（dmmf）对低阶煤进行分类；用黏结性来区分组别。由于固定碳和挥发分有直接的联系，它们两者互为补充。在基准计算中，用帕尔（Parr）公式，对 daf 和 dmmf 基进行换算（参见4.2.2）。

美国煤分类并不适用于所有煤，如要把富稳定组和富惰质组煤，以及腐泥煤除外。也不适用于经氧化或风化煤的分类。由于先前煤炭主要用在燃烧与炼焦行业，所以对煤的气化、液化行为并不能有效地加以区分。随着人们对煤与环境影响程度的关心，美国煤分类中没有煤利用过程中对环境影响的参数，也不能不说是个缺陷。此外，泥炭与褐煤之间，没有明确的界定，也是其不足之处。

1996 年修订后的美国煤炭分类，增加了以煤挥发分表征煤阶与镜质组平均最大反射率相互关系的附录，表明美国煤分类对引入煤岩参数的重视（图 5-13）。

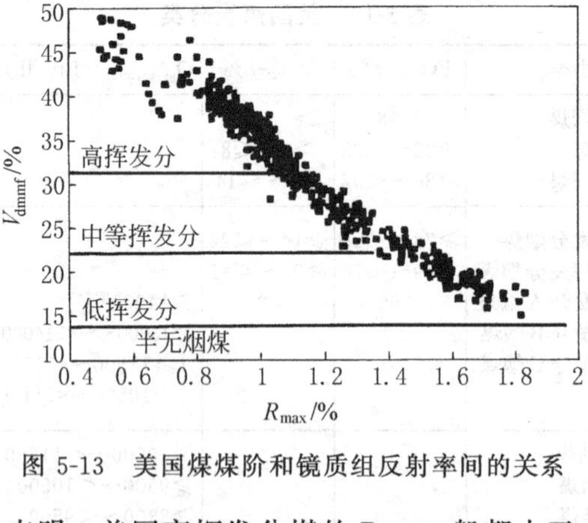

图 5-13　美国煤煤阶和镜质组反射率间的关系

图 5-13 表明，美国高挥发分煤的 R_{max} 一般都小于 1.1%，中等挥发分煤的 R_{max} = 1.10%～1.45%，低挥发分煤的 R_{max} > 1.45% 到 2.0%以内。采集煤样数为 807 个。

5.8.2　澳大利亚煤炭分类与编码系统

AS 2096：1987 澳大利亚煤分类编码系统是 1987 年颁布的。

它适用于所有煤阶的煤。这个分类编码系统是以煤阶为基础，适合于商贸需要，包括品位及环保影响，并对所有煤阶煤进行分类，既可以用于对单种煤，也可以用于洗选煤的编码系统。

首先，要判定分类煤样是属于较高煤阶煤还是较低煤阶煤。如果高位发热量（maf）≥21MJ/kg 或者无水无灰基高位发热量≥27MJ/kg，则属前者；如果恒湿无灰基高位发热量＜21MJ/kg 或者无水无灰基高位发热量＜27MJ/kg 则属较低煤阶煤。分类指标的选用，对于前者称之为 REVCAS；对于后者则称为 REVMAS。这里，R 表示镜质组平均最大反射率；E，发热量（澳大利亚常用的发热量符号）；V，挥发分；C，坩埚膨胀序数；M，煤层煤水分；A 代表灰分和 S 代表硫分（见表 5-19）。

表 5-19　澳大利亚煤炭分类及编码系统（1987）

镜质组反射率 R_{max}（中、高煤阶煤）		镜质组（或前驱体）反射率 R_{max}（低阶煤）		$Q_{gr,daf}$		V_{daf}	
编码	%	编码	%	编码	MJ/kg	编码	%
03	0.3～0.39	0	0.0～0.09	15	15～15.98	08	8～8.9
04	0.4～0.49	1	0.1～0.19	16	16～16.98	09	9～9.9
05	0.5～0.59	2	0.2～0.29	17	17～17.98	10	10～10.9
—	—	3	0.3～0.39	—	—	—	—
19	1.9～1.99	4	0.4～0.49	35	35～35.98	49	49～49.9
20	2.0～2.09	5	0.5～0.59	36	36～36.98	50	50～50.9
—	—			—	—	—	—
坩埚膨胀序数，CSN（中、高煤阶煤）		煤层煤水分（低阶煤）		A_d		S_d	
编码	测值	编码	%	编码	%	编码	%
0	0 或 0.5	20	20～20.9	00	0～0.9	00	0～0.09
1	1 或 1.5	21	21～21.9	01	1～1.9	01	0.1～0.19
2	2 或 2.5	—	—	—	—	—	—
—	—	64	64～64.9	29	29～29.9	31	3.1～3.19
8	8 或 8.5	65	65～65.9	30	30～30.9	32	3.2～3.29
9	9	—	—	—	—	—	—

除表 5-19 的分类编码系统外，和中国煤炭分类完整体系一样，还附有按 V_{daf}、$Q_{gr,maf}$ 及 CSN 为指标的煤炭类别名称（表 5-20）。

澳大利亚编码系统中仅有一个煤岩参数，即镜质组最大反射率，它与国际中、高阶煤编码系统不同的是不采用随机反射率，应该说后者在测定过程中更容易实现自动化。澳大利亚煤炭分类编码系统的不足是并不能对所有类型的煤合适地进行分类，同时需要解码。

表 5-20　澳大利亚煤的类别名称（1987）

煤　类	V_{daf}/%	$Q_{gr,maf}$/(MJ/kg)	CSN
无烟煤	<8		
半无烟煤	8～13.9		
烟煤	≥14	≥26.5 （当≥24	≥1）
次烟煤		19～23.98 或 19～26.48	0 或 0.5
褐煤		<19	

5.8.3　前苏联煤炭分类

前苏联煤炭储量和产量在世界上均占有重要地位，煤炭种类较多。20 世纪 80 年代以前，没有全国统一的煤分类，各主要煤田都有自己独特的分类，造成煤炭开发和利用上出现很多矛盾。1986 年提出了苏联统一的煤炭工业-成因分类方案，到 1989 年成为国家标准，要求各煤田的分类方案尽可能接近统一分类方案。

根据统一工业-成因分类法，将前苏联的煤分为褐煤（Б）、长焰煤（Д）、气煤（Г）、气肥煤（ГЖ）、肥煤（Ж）、焦煤（К）、瘦焦煤（КО）、低变质弱黏结性煤（КСН）、弱黏结性焦煤（КС）、瘦煤（ОС）、弱黏结性煤（СС）、贫煤（Т）和无烟煤（А）等类别，在各类煤中还可分为组和亚组，其中除褐煤和无烟煤外，其他类别皆为烟煤。

前苏联统一的煤炭成因-工业分类法，可以根据煤的成因和工艺参数所表征的煤的工艺特性对煤炭进行比较详细的分类，比过去按煤田进行分类要完善，后因苏联解体，此方案未能在全苏联实行。

前苏联统一的煤炭分类方案把煤分为牌号、组、亚组并给出若干编码代号。首先将煤分为褐煤、烟煤和无烟煤（表 5-21），当煤的发热量（$Q_{gr,maf}$）大于 24MJ/kg 时，即使煤的反射率 R_r 小于 0.6%也属烟煤。该分类方案采用 5 个分类指标，用 7 位数表示煤的类别，分别见表 5-22～表 5-25。

表 5-21　前苏联统一煤炭分类方案(1)

煤	R_r/%	$Q_{gr,maf}$/(MJ/kg)	V_{daf}/%
褐 煤	<0.60	<24	—
烟 煤	0.60～2.39	≥24	≥9
无烟煤	≥2.40	—	<9

表 5-22　前苏联统一煤炭分类方案(2)

等　级	丝质组分总含量ΣOK/%	等　级	丝质组分总含量ΣOK/%
1	≤20	5	51～65
3	21～35	6	>65
4	36～50		

表 5-23　前苏联统一煤炭分类方案(3)

类	镜质组反射率指标 R_r/%	类	镜质组反射率指标 R_r/%	类	镜质组反射率指标 R_r/%
06	0.50～0.64	11	1.00～1.14	16	1.50～1.74
07	0.65～0.74	12	1.15～1.29	19	1.75～1.99
08	0.75～0.84	14	1.30～1.49	22	2.00～2.39
09	0.85～0.99				

表 5-24　前苏联统一煤炭分类方案(4)

类型	挥发分产率 V_{daf}/%	类型	挥发分产率 V_{daf}/%	类型	挥发分产率 V_{daf}/%
42	>40	29	27～30	19	17～22
37	35～40	26	25～27	15	13～17
32	30～35	23	22～25	10	9～13

表 5-25 前苏联统一煤炭分类方案(5)

亚类型	胶质层厚度 Y/mm	罗加指数 RI
29	≥26	—
23	22～25	—
19	18～21	—
15	13～17	—
11	16～12	—
07	6～9	—
01	<6	≥3
00	<6	<3

在 7 位数的编码代号中，前两位数表示该类煤的镜质组平均随机反射率 R_r（%）；第三位数表示该类煤的惰质组分含量 ΣOK（%），$\Sigma OK = F + 2/3(S+M)$，式中 F、S 和 M 分别为惰质组、半镜质组和微粒体；第 4 位和第 5 位数表示干燥无灰基挥发分产率 V_{daf}（%）；第 6 位和第 7 位数是用胶质层厚度 Y（mm）和罗加指数 RI 表示煤的黏结性，当 Y 值小于 6mm 时，以罗加指数来区分。

5.8.4 英国煤炭分类

1946 年英国颁布了第一个煤炭分类方案，经过多次修订，英国国家煤炭局于 1964 年公布了表列形式的国家标准 BS 3323（表 5-26）。标准中注明当煤的灰分大于 10%时，进行分类指标的各项检测前必须先行洗选。

大类分无烟煤、低挥发分动力煤和中等挥发分煤以及高挥发分煤，记作 100、200、300 和 400 等。当煤经受热变质后，需在煤阶数码后，加缀 H，如 102H、201bH 等；遇到经受风化或氧化的煤，煤阶编码后加缀 W，如801W。

为了区分无烟煤小类，有时用氢含量 $H_{dmmf}=3.35\%$来代替挥发分，作为划分无烟煤的指标。当煤的 $V_{dmmf}<19.6\%$时，只须单独用挥发分值对煤进行分类，表内所注格金焦型并非用来进行分类的参数。

表 5-26 英国煤炭分类（1964）

煤阶编码			V_{dmmf}/%	格金焦型	一般性描述
大类	小类	亚类			
100			<9.1	A	无烟煤
	101		<6.1		
	102		6.1～9.0		
200			9.1～19.5	A～G_8	低挥发分动力煤
	201		9.1～13.5	A～C	常用动力煤（干蒸汽煤）
		201a	9.1～11.5	A～B	
		201b	11.6～13.5	B～C	
	202		13.6～15.0	B～G	配焦、动力煤
	203		15.1～17.0	E～G_4	
	204		17.1～19.5	G_1～G_8	
300			19.6～32.0	A～G9 和大于 G9	中等挥发分煤
	301		19.6～32.0	G_4 和大于 G_4	主焦煤
		301a	19.6～27.5		
		301b	27.6～32.0		
	302		19.6～32.0	G～G_3	中等挥发分，中等黏结或弱黏煤
	303		19.6～32.0	A～F	中等挥发分，弱黏到不黏煤
400～900			>32.0	A～G_9 和大于 G_9	高挥发分煤
400			>32.0	G_9 和大于 G_9	高挥发分，极强黏结性煤
	401		32.1～36.0		
	402		>36.0		
500			>32.0	G_5～G_8	高挥发分，强黏结性煤
	501		32.1～36.0		
	502		>36.0		
600			>32.0	G_1～G_4	高挥发分，中等黏结性煤
	601		32.1～36.0		
	602		>36.0		

续表

煤阶编码			V_{dmmf}/%	格金焦型	一般性描述
大类	小类	亚类			
700			>32.0		
	701		32.1～36.0	E～G	高挥发分，弱黏结性煤
	702		>36.0		
800			>32.0		
	801		32.1～36.0	C～D	高挥发分，很弱黏结性煤
	802		>36.0		
900			>32.0		
	901		32.1～36.0	A～B	高挥发分，不黏结性煤
	902		>36.0		

在计算 dmmf 基准时，可用 4.2.2 中 KMC 方程来估算煤中矿物质含量。

英国煤分类中没有褐煤的分类，这是由于英国的褐煤资源很少，尚没有具有开采价值的矿点，因此对烟煤与褐煤的界值也无从划定。除上述不足外，英国煤分类只适用于富镜质组煤，对南半球冈瓦纳煤或煤岩相组成不均一的煤，并不合适；此外，分类中没有关于煤对环境影响的参数；对煤的液化、气化行为未作任何注明；也没有关于煤质品位的信息。

5.8.5 波兰煤炭分类

波兰于 1954 年制定了全国统一的煤炭分类国家标准，并于 1968 年和 1982 年进行了修订。其分类指标以表征煤的煤化程度挥发分和表征煤的黏结性的罗加指数两个参数为主，并以奥阿膨胀度、坩埚膨胀序数（表中以 FSI 表示）和发热量为辅助指标，使其分类方法与国际煤炭分类接近。该分类方法简单明了，有一定实用意义，但在罗加指数测定中所用的专用无烟煤规定不严格也不统一，各国测定不易取得一致结果。此外，这个指标对强黏结性煤和弱黏结性煤的区分能力较差。

波兰煤炭分类国家标准见表 5-27。

表 5-27　波兰煤炭分类（PN82/G—97002）

<table>
<tr><th colspan="2">煤的类型</th><th colspan="5">分类指标</th></tr>
<tr><th>名称</th><th>编号</th><th>V_{daf}/%</th><th>RI</th><th>b/%</th><th>FSI</th><th>$Q_{gr,daf}$/(MJ/kg)</th></tr>
<tr><td rowspan="2">长焰煤</td><td>31.1</td><td rowspan="2">>28</td><td rowspan="2">≤5</td><td rowspan="5">不采用</td><td rowspan="8">不采用</td><td>≤31</td></tr>
<tr><td>31.2</td><td>>31</td></tr>
<tr><td rowspan="2">长焰气煤</td><td>32.1</td><td rowspan="2">>28</td><td>>5～20</td><td rowspan="15"></td></tr>
<tr><td>32.2</td><td>>20～40</td></tr>
<tr><td>气　煤</td><td>33</td><td>>28</td><td>>40～55</td></tr>
<tr><td rowspan="2">气焦煤</td><td>34.1</td><td rowspan="2">>28</td><td rowspan="2">>55</td><td>仅收缩或<0</td></tr>
<tr><td>34.2</td><td>≥0</td></tr>
<tr><td rowspan="3">正焦煤</td><td>35.1</td><td>>26～31</td><td rowspan="3">>45</td><td>>30</td></tr>
<tr><td>35.2A</td><td rowspan="2">>20～26</td><td rowspan="2">>0</td><td>>7.5</td></tr>
<tr><td>35.2B</td><td>≤7.5</td></tr>
<tr><td>副焦煤</td><td>36</td><td>>14～20</td><td>>45</td><td>>0</td><td rowspan="7">不采用</td></tr>
<tr><td rowspan="2">半焦煤</td><td>37.1</td><td>>20～28</td><td rowspan="2">≥5</td><td rowspan="6">不采用</td></tr>
<tr><td>37.2</td><td>>14～20</td></tr>
<tr><td>贫　煤</td><td>38</td><td>>14～28</td><td><5</td></tr>
<tr><td>无烟质煤</td><td>41</td><td>>10～14</td><td rowspan="3">不采用</td></tr>
<tr><td>无烟煤</td><td>42</td><td>≥3～10</td></tr>
<tr><td>超无烟煤</td><td>43</td><td><3</td></tr>
</table>

5.8.6　德国煤炭分类

20 世纪 60 年代末，德国鲁尔煤田公布其煤分类标准，沿用至今。它是个以煤阶为基础，对中、高煤阶单种煤，按阶式的商业用分类。类别采取命名而不用代码（表 5-28）。由表可见，类别间，

表 5-28　德国（鲁尔）煤炭分类（1969）

煤阶	挥发分 V_{daf}/%	坩埚焦性状
气焰煤	33～40	黏着，部分黏结
气煤	28～35	黏结，有裂纹
肥煤	13～30	强黏结，坚实
动力煤(蒸汽煤)	14～20	稍黏结到黏着
贫煤	10～14	粉状
无烟煤	7～10	粉状

挥发分值互有重叠，这时用黏结能力对煤类进行判别。

鲁尔煤的分类主要针对中、高煤阶煤。由于德国的褐煤资源较多，在低阶煤阶段，除气焰煤外，尚将褐煤分为硬褐煤和软褐煤，前者又分为暗褐煤和光亮褐煤。这个分类如同英国煤分类一样，有诸多不足。

1976 年，德国标准研究院（DIN）公布了“按煤类型的国际硬煤分类”，作为德国国家煤分类标准（DIN 23003），其基本内容与 5.7.1 国际硬煤分类相似，所不同的是仅以坩埚膨胀序数和奥阿膨胀度作为组别指标，取消用罗加指数和格金焦型对煤进行分类，这样，就避免发生双重指标划分组别的矛盾。

5.8.7 法国、荷兰和意大利煤炭分类

法国煤炭分类如图 5-14；荷兰煤炭分类见表 5-29，意大利煤炭分类见表 5-30。

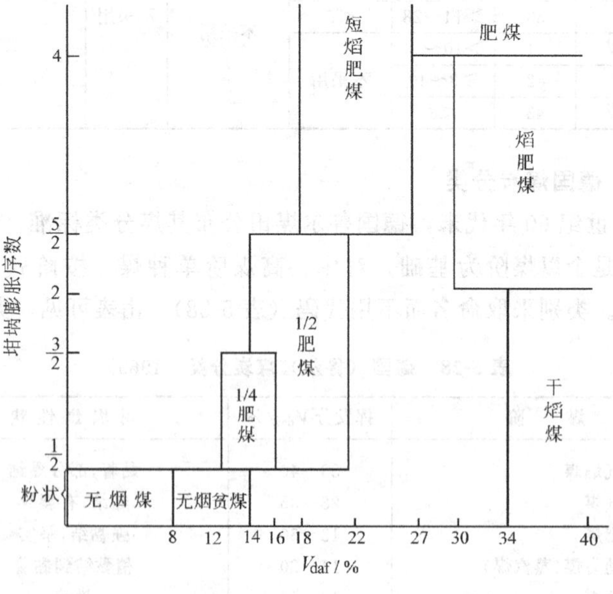

图 5-14　法国煤炭分类

表 5-29 荷兰煤炭分类

煤　种	V_{daf}/%	坩埚焦性状
无烟煤	2～10	粉状
贫煤	10～15	粉状
1/4 肥煤	12～14	弱黏着
半肥煤	14～17	坚实或弱黏结
3/4 肥煤	17～20	坚实
肥煤	20～30	强黏结膨胀
气煤	30～40	黏结
气焰煤	35～45	弱黏结
焰煤	40～50	黏着

表 5-30 意大利煤炭分类

类　别	V_{daf}/%	坩埚膨胀序数	注
无烟煤Ⅰ	4	粉状焦	
无烟煤Ⅱ	4～8	粉状焦	
贫煤	8～12	粉状焦	
1/2 气煤	＞16～20	1～9	
短焰煤	20～25	1～3	
短焰焦煤	20～30	＞3～9	炼焦用
中焰煤	＞25～30	1～3	
	＞30～32	1～4	
中焰焦煤	＞30～35	＞4～9	炼焦用
长焰煤	＞32	＞1～4	
长焰煤	＞35	＞4～9	气化用
长焰煤	≥38	≤1	

5.9 最新国际煤分类标准（ISO 11760：2005）

国际标准化组织在 1991 年前，没有煤炭分类国际标准制订的相关组织，到 1993 年国际标准化组织（ISO）煤炭委员会（TC27）就成立了第 18 工作组，专门从事国际煤分类的制定工作。参加制定工作的国家有澳大利亚、加拿大、中国、捷克、法国、德国、日本、荷兰、波兰、葡萄牙、南非、瑞典、英国和美国，共 14 个国家。目的是提出一个简明的分类系统，便于煤炭的重要性质、参数在国际间可以相互比较，同时正确无误地评估世界各地区的煤炭资源。本书作者自始至终参与此项国际标准的制订工作。

鉴于煤炭是世界上的主要能源，储量大，是个安全可靠，而且价格低廉，并能实现洁净燃烧的化石能源，在世界上有近1/3国家进行煤炭开采，在最近的25年中，全球的硬煤产量增长了46%，到2003年已经超过40亿吨，中国是最大的产煤国，依次有美国892Mt、印度340Mt、澳大利亚274Mt、南非239Mt、俄罗斯188Mt、印度尼西亚120Mt、波兰100Mt、哈萨克斯坦75Mt和乌克兰57Mt；2003年的全球褐煤产量达8.86亿吨，德国产1.8亿吨，名列榜首。当前超过23%的主要能源需求依靠煤炭。煤也是发电用的主要燃料，当前全球电力供应中有39%的电力来源于煤炭，在波兰、南非和中国，主要依赖煤炭来提供电力，约占总电量的3/4是用煤来发电；印度、哈萨克斯坦、捷克、希腊、丹麦、德国和美国，电力总量的一半以上，是用煤发电。

全球66%的钢铁生产以煤为原料，大约每年用5.43亿吨原料煤用来作高炉燃料和电弧炉原料，以满足全球的钢铁生产需求。

无论运输、贮存和使用，煤可称是最安全的化石燃料。

要解决用煤过程中的热效率和环境问题，各国都在制定解决如何提高燃煤热效率，降低温室气体和各种污染物含量的研发计划。随着科学技术的进步，这些难题正在逐步得到解决。正是从上述的背景出发，国际煤分类的各国专家都决心尽快制定出共同遵循的国际煤分类标准，因为它关系到对煤资源的评价和储量计算；进而确定开采及洗选加工工艺方案；制定煤价体系；并用来指导配煤和采用洁净煤技术工程措施。

经过多次磋商与讨论，参会国委员都认同采用镜质组随机反射率作为煤阶指标，并在低煤阶煤阶段以煤层煤水分作为煤阶辅助指标；采用镜质组含量作为煤岩相组成指标；以干基灰分产率作为煤的品位指标。结合命名及术语表述，来对世界煤炭进行分类。

ISO 11760：2005国际煤分类图见图5-15。图5-16可视为对国际煤分类标准的煤岩学解释，从图上可以明显看到随褐煤、烟煤到

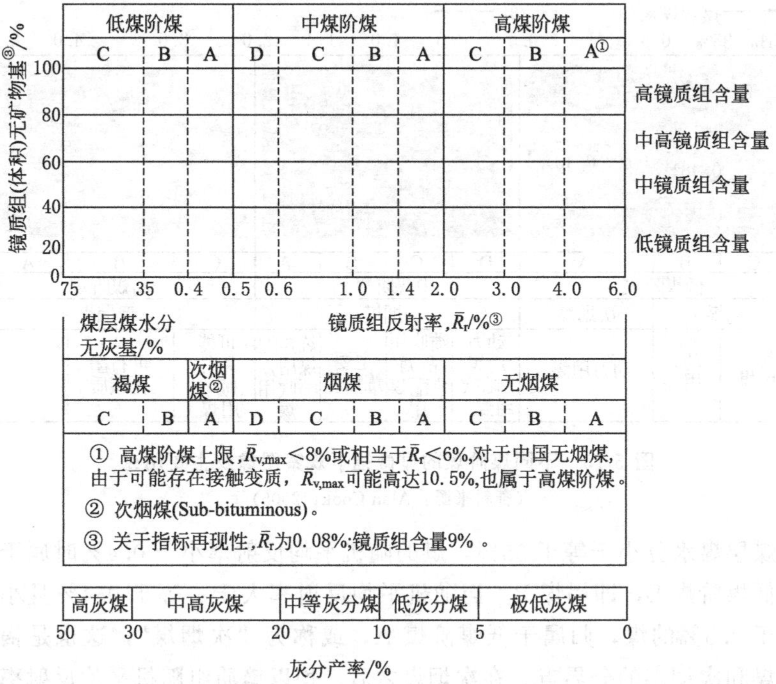

图 5-15 最新国际煤分类图（ISO 11760：2005）

无烟煤的煤阶提高，显微镜下所能观察到的变化。图 5-17 是国际煤岩委员会（ICCP）主席 Alan Cook 对国际煤分类的煤岩学解释。

5.9.1 煤阶

国际煤分类和中国煤层煤分类（GB/T 17607—1998）一样，都是以煤阶、煤炭相组成和品位三个独立变量作为分类指标。所不同的是在低煤阶煤阶段，煤阶指标不是用发热量作分类指标，而引入煤层煤水分作为区分煤和泥炭，以及褐煤内小类的分类指标。煤层煤水分大于 75％时属于泥炭而不归属为煤，不属于国际煤分类的范畴。

当无灰基煤层煤水分小于、等于 75％、并大于 35％的煤，随机平均反射率小于 0.4％时属于低煤阶煤 C，即褐煤 C。当无灰基

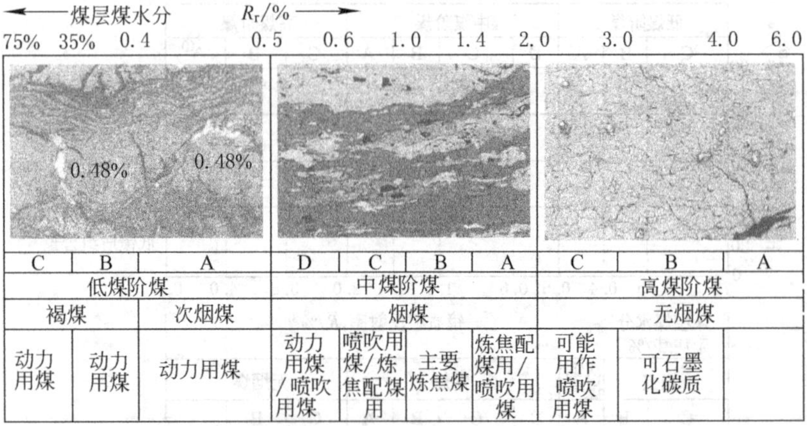
煤层煤水分
R_r/%
75% 35% 0.4 0.5 0.6 1.0 1.4 2.0 3.0 4.0 6.0
0.48%
0.48%
C B A D C B A C B A
低煤阶煤
中煤阶煤
高煤阶煤
褐煤
次烟煤
烟煤
无烟煤
动力用煤
动力用煤
动力用煤
动力用煤/喷吹用煤
喷吹用煤/炼焦配煤用
主要炼焦煤
炼焦配煤用/喷吹用煤
可能用作喷吹用煤
可石墨化碳质

图 5-16 不同煤阶煤的显微镜下观察图像及主要用途

（资料来源：Alan Cook，2005）

煤层煤水分小于等于35%，煤的随机平均反射率小于0.4%时属于低煤阶煤B，即褐煤B。当随机平均反射率大于、等于0.4%且小于0.5%的煤，归属于低煤阶煤A，或称为“次烟煤”，这也是褐煤和次烟煤的分界点。在次烟煤之后，均以镜质组随机平均反射率作为煤阶的分类指标。镜质组随机平均反射率0.5%是低煤阶煤

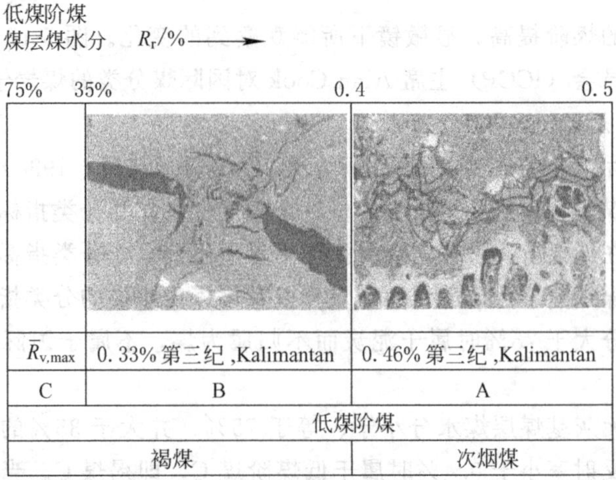
低煤阶煤
煤层煤水分
R_r/%
75% 35% 0.4 0.5
$\bar{R}_{v,max}$
0.33% 第三纪 ,Kalimantan
0.46% 第三纪 ,Kalimantan
C B A
低煤阶煤
褐煤
次烟煤

中煤阶煤

0.5 R_r/% 0.6 1.0 1.4 2.0

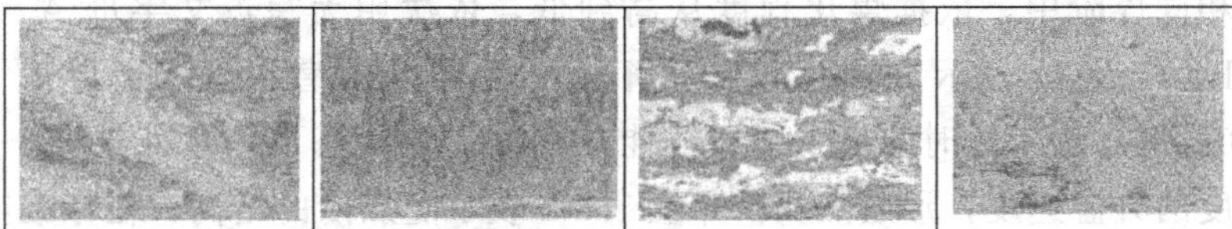

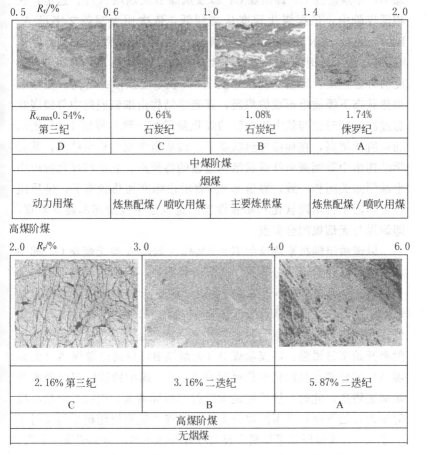

$\bar{R}_{v,max}$0.54%，第三纪	0.64% 石炭纪	1.08% 石炭纪	1.74% 侏罗纪
D	C	B	A
中煤阶煤			
烟煤			
动力用煤	炼焦配煤/喷吹用煤	主要炼焦煤	炼焦配煤/喷吹用煤

高煤阶煤

2.0 R_r/% 3.0 4.0 6.0

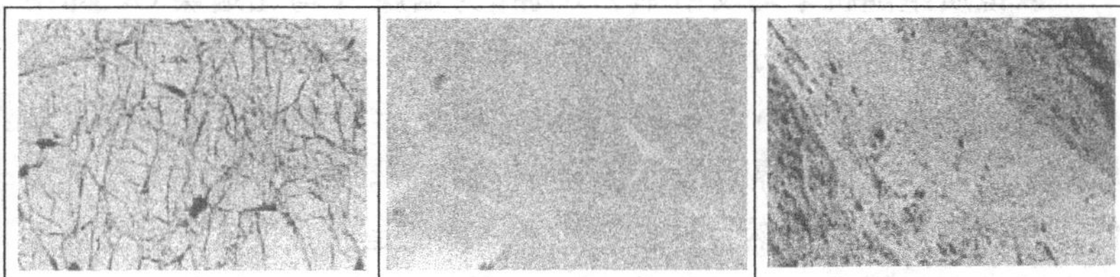

2.16% 第三纪	3.16% 二迭纪	5.87% 二迭纪
C	B	A
高煤阶煤		
无烟煤		

图 5-17 煤岩学图谱对国际煤分类的注释

（资料来源：Alan Cook，2005）

（次烟煤）和中煤阶煤（烟煤）的分界点。按新的国际煤分类规定，次烟煤属于低煤阶煤。

进入中煤阶煤阶段，国际煤分类与中国煤层煤分类的分类界点相一致，都是以镜质组随机平均反射率 0.5%、0.6%、1.0%、

1.4%及2.0%为分界点，依间隔次序定义为：中煤阶煤D、即烟煤D；中煤阶煤C，即烟煤C；以及烟煤B及烟煤A等。这里，在相同煤阶中，依据煤化程度从高到低，依次用大写英文字母A、B、C及D表示。下面，顺便解释一下界点的潜在意义：界值0.6%，表示此时的煤中镜质体能在标准加热状态下，即每分钟3度的升温速度，形成焦炭；界值1.0%表示随煤阶的增高，在标准加热状态下镜质组形成的焦炭，其光学结构由细镶嵌向中等镶嵌状态过渡，同时也与最大生油值的煤化阶段相一致；界值1.4%表示随煤阶的增高，在标准加热状态下，镜质组形成的焦炭结构，其光学结构由中等镶嵌向纤维状结构过渡的特征点，它也和煤化阶段中生油门限关闭相一致；界值2.0%表示在标准加热状态下，镜质组在受热后不再呈现软化和膨胀性质，这也是中煤阶煤和高煤阶煤，即烟煤与无烟煤的分界点。

以镜质组随机平均反射率2.0%作为烟煤A与无烟煤C，即中煤阶煤与高煤阶煤的分界点。高煤阶煤阶段，以随机平均反射率大于、等于2.0%，且小于3.0%的煤，归属于高煤阶煤C，即无烟煤C，这个3.0%的界点表示，随煤阶增高，煤中挥发分产率降低，并使煤更不易点燃为标志，其另一特征是此时煤镜质组的双反射率开始明显增强；高煤阶煤B（无烟煤B）与高煤阶煤A（无烟煤A）的分界点是随机平均反射率4.0%，煤中镜质组双反射率开始加速增高，此时，镜质组最大反射率持续增高，而镜质组最小反射率则开始下降；在国际煤分类中，以煤中镜质组随机平均反射率小于6.0%或镜质组平均最大反射率小于8.0%作为无烟煤的上限，超过这一界值的煤，这意味着将不属于“煤”的范畴。

本书作者作为中方代表，对此表示异议，因为中国现存的情况是有大量高变质的无烟煤，它们的镜质组平均最大反射率都大于8.0%，都在国内工矿企业实际使用。说明按常规的煤变质序列制定的国际煤分类和中国无烟煤的生成情况不同，由于中国的高煤阶煤多数由于热变质作用而形成的，煤化作用的进展，主要取决了受热相对速率和有效受热时间的长短，导致出现物理性质滞后于化学性质的不平衡现象，反映在随机平均反射率数据上不能受6.0%的约束。在多次国际煤炭分类的讨论会上，本书作者列举了中国无烟煤的大量物性及化学性质数据，说明中国煤层煤分类中无烟煤分类的跃变情况（详见本章5.5“中国煤层煤分类”），最终取得共识，同意在国际煤分类的文本的表1中，用加注的方式增加一个中国式特例：在中国，由于煤受接触变质影响，其镜质组平均最大反射率可能高达10.5%，仍属无烟煤。这样避免一大批较高变质的中国无烟煤，在我国实际应用中一直在使用，却被国际煤分类标准划出“煤”范畴的尴尬。

5.9.2 组成

煤岩相组成的分类界点与中国煤层煤分类相一致，即以煤中镜质组含量小于40%；大于、等于40%，而小于60%；大于、等于60%而小于80%；以及大于、等于80%，依次称之为低镜质组含量、中等镜质组含量、中高镜质组含量，以及高镜质组含量四个类别。这样的分类是以“烟煤显微组分分类”三分法为前提，即将煤中显微组分分为镜质组、惰质组和稳定组三个组分。要注意这对大多数以镜质组为主体的煤是适用的，但是对于稳定组含量大于10%的情况，或者对一些低反射率值的煤，其惰质组有性质变异，即如在焦化过程中，惰质组可能具有反应活性，且能部分软化或膨胀的情况，应用本分类时要尤加注意。

5.9.3 灰分产率

最新国际煤分类中将煤的品位按煤中干燥基灰分产率作为分类指标，以灰分产率小于5.0%；大于、等于5.0%且小于10.0%；大于、等于10.0%且小于20.0%；大于、等于20.0%且小于30.0%；以及大于、等于30.0%且小于50.0%的煤分成五档。依次分别称之为：极低灰煤；低灰分煤；中等灰分煤；中高灰分煤以及高灰分煤。当干基灰分产率大于、等于50.0%时，不属于煤的范畴。最新国际煤分类和中国煤层煤分类不同的是在低灰煤和极低灰煤的划界和高灰煤的范围上。对比本章《中国煤层煤分类》一节，不言自明。

国际煤分类标准要求说明煤样的性状是新煤炭分类中的特点，一个要求分类的煤样，要标明是全煤层煤样还是原煤样扼或现场采制的煤样？

是洗选后的煤样还是原煤样？

煤的粒级？

是否是配合煤，只有相似煤阶的煤才允许对配煤进行分类，等等。

5.9.4 称谓与命名表述

煤炭分类就是识别和掌握煤炭的本质属性。称谓与命名表述在煤分类中意义重大。和中国煤层煤分类的称谓与命名表述相似，冠名时以低煤阶煤、中煤阶煤或高煤阶煤为主体词，译成中文时，前缀属性为形容词，顺序以显微组分组、灰分产率及煤阶依次排列，并将煤的其他品质加注在后括弧内。例如：低镜质组含量，低灰中煤阶煤C（洗选煤）等。命名表达示例：

煤阶，$\overline{R}_r$%	岩相组成镜质组含量（体积）/%（无矿物基）	灰分产率/%（干基）	命名表述
1.30	33	8.0	低镜质组含量，低灰中煤阶煤B（煤层煤样）
1.50	62	10.0	中高镜质组含量，中灰中煤阶煤A（38×0mm，洗选煤）
2.70	95	3.0	高镜质组含量，极低灰高煤阶煤C（20×10mm，洗选煤）
0.70	50	15.0	中等镜质组含量，中灰中煤阶煤C（50×0mm，洗选煤）
0.42	65	8.0	中高镜质组含量，低灰低煤阶煤A（原煤）
0.38①	35	2.6	中等镜质组含量，极低灰低煤阶煤C（原煤）
0.38②	42	2.6	中等镜质组含量，极低灰低煤阶煤B（原煤）
0.62	28	9.0	低镜质组含量，低灰中煤阶煤C（洗选煤）

① 煤层煤水分：63%。

② 煤层煤水分：28%。

5.9.5 分析误差

镜质组随机平均反射率、镜质组含量及灰分产率三个参数，其实验室间测值的再现性允许误差列见表 5-31。

表 5-31 分析误差

参　　数	再现性允许误差	引用国际标准
镜质组随机平均反射率，①$\overline{R}_r$	0.08%	ISO 7404-5
镜质组含量①	9%	ISO 7404-3
灰分产率：		ISO 1171
＜10%	0.3%	
≥10%	平均为 3%	

① 在实践中，经最近世界范围内 22 个实验室 210 个测点的实测结果统计分析，$\overline{R}_r$ 及镜质组含量的测值平均标准差分别为 0.031 及 4.2，这次统检是国际煤岩委员会组织的。

以上就是最新国际煤分类 ISO 11760：2005 的核心内容。本书作者参与了这一国际标准制定的全过程，有义不容辞的责任将它介绍到国内，便于国际标准在国内业界的宣贯与推广、使用。如果读者要了解该标准的详细内容，可以阅读（ISO 11760：2005）英文版本，更便于国际间勘探、资源量统计、讯息交换和用煤部门的沟通。

6 煤分类学在燃烧工程中的应用

从能源历史上看，煤主要用于燃烧，煤的燃烧是日常生活中获取能量的一种重要手段。2005 年我国生产煤炭 21.9 亿吨，创历史新高，煤炭消费量达 20.4 亿吨，占到能源消费量总量的 68.9%。燃烧用煤约 17 亿吨，约占煤炭产量的 80%，其中发电用煤约 12 亿吨以上，约占全国用煤的 60%，此外全国 50 万余台的中小锅炉、16 万台燃煤窑炉和民用生活燃料的用煤 6 亿吨，可见煤的燃烧占有煤炭主要利用市场中最大的份额。煤的分类系统及指标选择，都要顾及煤在燃烧工程中的应用。

燃烧对煤的质量要求最为宽松。一般来说，各种煤阶、不同类别、等级的煤都能用于燃烧；加上燃煤设备种类繁多，操作条件也可控制与调节，往往使人们忽视燃煤产品如何做到适销对路的问题，致使煤的质量不能很好地符合燃煤用户的要求，这样造成煤炭利用效率不高，从而浪费了宝贵的煤炭资源，同时由此加重了由燃煤造成的环境污染。为了提高热能利用效率，满足各种燃煤设备及环保的最低要求，就要加强对煤质与燃烧工况之间关系的研究，充分了解煤的性质及其燃烧特点、燃烧理论与燃烧方法，保证完全燃烧，充分利用释放出的热能，尽量降低燃煤产物对环境的污染。煤的燃烧过程，不只是一个单纯的化学反应过程，而是涉及到传热、扩散、气流运动等问题的一个复杂的物理过程，要强化这样一个多相燃烧反应，不但要研究化学反应速率，而且要研究反应剂扩散到煤粒表面以及反应产物通过扩散离开煤表面进入主气流速率大小的影响。这些就构成了煤燃烧工程技术科学的重要内容。在讨论煤性质对燃烧工况的影响之前，先介绍一些有关煤燃烧的基本原理。

6.1 煤燃烧的基本原理

燃烧反应实际上就是燃料中的可燃元素组成与氧（空气）结合，同时发生光和热的氧化过程。要满足燃烧的发生与持续，必须同时具备三个条件：①可燃物料；②助燃剂如空气或氧；③热源或者称之为着火能量，即把燃料加热到着火温度的最低能量。

燃烧分完全燃烧与不完全燃烧。根据燃烧现象来分，又可分正常燃烧与非正常燃烧（如回火、煤尘爆炸、烟气爆炸等）；又分为有焰燃烧与无焰燃烧等。日常生活中常常碰见的是正常的、接近完全的有焰燃烧。要做到煤的完全燃烧，其必要条件是：①必须维持煤料的温度在着火温度以上；②煤料和适量的空气充分接触；③及时而且妥善地排出燃烧产物；④必须提供燃烧必需的足够空间和时间。

6.1.1 煤的燃烧过程

把任意大小的煤粒，不论以何种方式燃烧，都要经历如下一些主要阶段：

① 加热和干燥，依靠热源将煤粒加热到100℃以上，煤中水分逐渐蒸发；

② 析出挥发分和形成残焦（或焦渣）；

③ 挥发物和残焦的着火燃烧；

④ 灰渣的生成。

以上这些阶段可能是串联发生的，但在锅炉燃烧室中，实际上各阶段是相互交叉，或者某些阶段是同步进行的。各阶段历时的长短与相互交叉的情况，取决于煤的性质及燃烧方式与工况。例如，挥发分析出过程可能在水分没有完全蒸发尽就开始；残焦也可能在挥发物没有完全析出前就开始着火燃烧；残焦（焦渣）的燃烧伴随着灰渣的形成等。

煤中主要的可燃元素是碳和氢，还有少量的硫、磷。煤燃烧的基本化学反应有如下几种。

（1）碳的燃烧反应

① 完全燃烧时：$C+O_2 \longrightarrow CO_2+409\ kJ/mol$

② 不完全燃烧时：$C+\frac{1}{2}O_2 \longrightarrow CO+123\ kJ/mol$

(2) CO的燃烧反应

$$CO+\frac{1}{2}O_2 \longrightarrow CO_2+283\ kJ/mol$$

(3) 氢的燃烧反应

$$H_2+\frac{1}{2}O_2 \longrightarrow H_2O+242\ kJ/mol（汽）或+286\ kJ/mol（液）$$

(4) 硫的燃烧反应

$$S+O_2 \longrightarrow SO_2+296\ kJ/mol$$

对煤和焦渣来说，还非常容易发生气化反应，使固态煤、焦转化成气态，从而加速燃烧过程。这些反应有：

与二氧化碳反应　$C+CO_2 \longrightarrow 2CO-162\ kJ/mol$

与水蒸气气化反应　$C+H_2O \longrightarrow CO+H_2-119\ kJ/mol$

与水蒸气气化反应　$C+2H_2O \longrightarrow CO_2+2H_2-75\ kJ/mol$

水煤气变换反应　$CO+H_2O \longrightarrow CO_2+H_2+42\ kJ/mol$

甲烷化反应　$CO+3H_2 \longrightarrow CH_4+H_2O+206\ kJ/mol$

通过上述煤燃烧基本反应式可以求出燃烧时理论耗氧量、理论烟气组成和理论烟气量。例如，按完全燃烧反应，1kg C可产生1.867 Nm^3 CO_2或3.667kg CO_2；不完全燃烧反应时，1kg C可产生1.867Nm^3CO或2.333kg CO；对于CO燃烧反应，1kg CO可产生0.8Nm^3 CO_2或1.57kg CO_2；氢的燃烧，1kg H可产生11.2Nm^3水汽或9kg蒸汽；对于硫的燃烧，1kg S可产生0.7Nm^3 SO_2或2kg SO_2，等等。

从理论上讲，各种碳都具有相同的生成热，但实则不然，无定形碳的燃烧生成热就大于石墨的燃烧生成热。因而在实际燃煤工况中，燃烧碳的生成热与煤的性质结构状态有关。

6.1.2 煤燃烧的动力工况

煤中可燃物的主体是固定碳，焦渣燃烧是释放热量的主要来源，其燃尽时间也最长。因而，焦渣的燃烧是煤燃烧过程中起决定性作用的阶段，它决定着其他诸阶段的强烈程度。

煤燃烧的整个过程，可以概括为如下7个步骤：

① 反应剂（氧或空气）扩散通过气流边界层，即气膜；

② 通过气膜的反应剂在灰层中扩散，属外扩散；

③ 通过灰层的反应剂在碳内部微孔中的扩散，属内扩散；

④ 反应剂在碳表面上的化学吸附与化学反应，属化学反应；

⑤ 解吸后的反应产物扩散通过内部微孔到达碳的外表面，属内扩散；

⑥ 解吸后的反应产物再扩散通过灰层，属外扩散；

⑦ 解吸后的反应产物再扩散通过气流边界层进入主气流进行扩散。

燃烧过程整个时间 $\tau_{总}=\tau_{diff}+\tau_{react}$，$\tau_{react}$ 即化学反应时间，它主要取决于温度；τ_{diff} 即扩散时间，主要取决于气流速度，而与温度高低的关系不大。气流与碳的相对速率越大，或者灰层厚度越小，气膜层厚度越小，扩散时间 τ_{diff} 越少。

煤的多相燃烧反应一般呈现下列三种不同状态。

① 动力燃烧状态，即化学反应速率控制区，这时 $\tau_{总}\approx\tau_{react}$。通常碳表面温度很低时，整个燃烧反应速率就受碳表面上化学反应速度的控制，要强化碳的燃烧，必须提高温度。

② 扩散燃烧状态，即扩散速率控制区，这时，$\tau_{总}\approx\tau_{diff}$。燃烧速率取决于反应剂扩散到碳表面上的速率，而与温度无关。要强化燃烧过程，可以减小煤颗粒粒径，加强气流速度，以减薄气膜厚度，使碳表面反应剂浓度增大，以使燃烧速率提高。

③ 过渡区燃烧状态，是介乎上述二者之间的情况。这时，提高温度和增强气流速度都能强化煤的燃烧过程。例如提高温度使燃烧由动力区转向扩散区；再由增强流速和减小颗粒粒径使燃烧转向动力区。这时煤燃烧速率能大大强化。

举例来说，在固定炉排层燃烧 15～25mm 煤块，当温度1000～1100℃时，已达到扩散燃烧状态，可采取增强气流速度的办法强化燃烧。在煤粉炉燃用粒径小于 100μm 的粉煤时，尽管气-固两相的相对速率低，不利于反应剂及燃烧产物的扩散，但由于煤粒径很小，外侧气膜厚度较小，在一定程度上缩短了扩散时间 τ_{diff}，燃煤过程在 1400～1500℃时，仍处在动力燃烧状态，减小粒径，能使燃煤过程得到强化；当温度大于 1700℃时，才能达到扩散燃烧工况。当煤粒大于 100μm 时，燃烧工况又进入扩散控制状态。可见煤粒粒径对粉煤炉燃烧工况的不同影响。

6.1.3 煤的燃烧机理

煤在实际燃烧过程中，并不全都是按完全或不完全燃烧所进行的简短的反应过程，它是个既有燃烧，又存在碳气化的过程，并伴有 CO 的燃烧以及其他一些反应。碳的燃烧是反应剂先在碳表面上化学吸附生成中间络合物，而后解吸同时生成 CO_2 和 CO 两种燃烧产物，反应可用下式概括：

$$xC+\frac{1}{2}yO_2 \longrightarrow C_xO_y \longrightarrow mCO_2+nCO$$

靠近碳粒表面 CO/CO_2 的比值随温度而变化（图 6-1），低于 1200℃时，比值小于 1，即低温时容易发生氧化反应，使 [CO_2] > [CO]；高于 1200℃时，CO/CO_2 比值大于 1，表明还原反应更加活泼，整个燃烧过程从氧化过程的扩散控制过渡到还原过程的动力控制区；当温度大约在 1200℃时，CO/CO_2 接近于 1。

煤燃烧时，气流中总是存在水汽，这时它与碳发生气化反应。又因为氢的分子速度比 CO 的分子速度大 3.7 倍，而水蒸气的分子速度比 CO_2 的分子速度大 1.5 倍，这样当 CO_2 气化掉 1 个 C 原子时，氢已经气化掉多个碳原子。因此当气流中存在水汽时，大大加速了碳的燃烧过程，同时使 CO 燃烧速度加快。由上可见，煤的燃烧过程不能忽略煤的气化过程，燃烧与气化的结果之所以不同，仅受反应剂量的种类及其多少所控制。

6.1.4 煤的燃烧方式与环境保护

煤的燃烧过程很大程度上取决于输送到煤粒表面的氧浓度及煤粒所处的温度水平。碳表面处氧的浓度首先取决于气体的流动工况，温度高低主要取决于燃烧设备的型式。在近代燃煤技术中，按

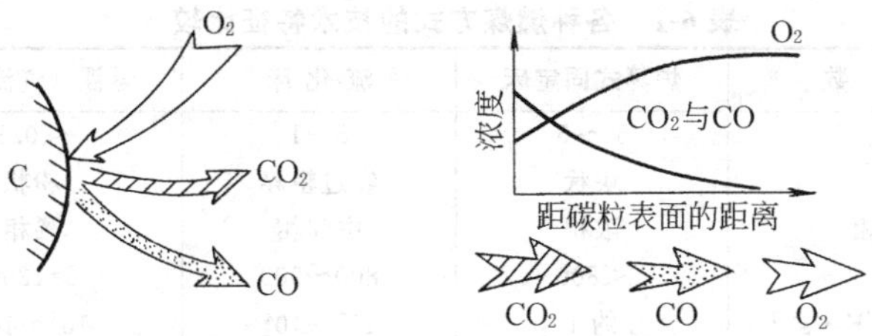

当温度低于700℃时，碳粒的燃烧情况

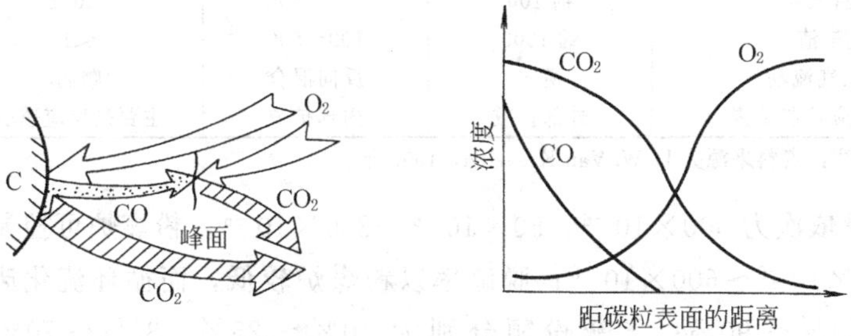

当温度为800～1200℃时，碳粒的燃烧情况

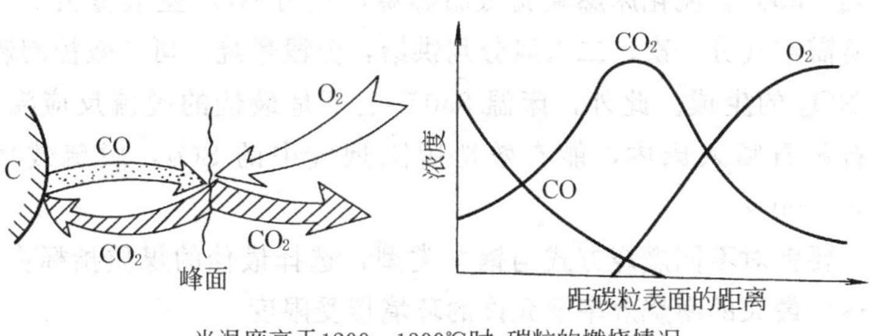

当温度高于1200～1300℃时，碳粒的燃烧情况

图 6-1　碳粒燃烧表面 CO、CO_2 及 O_2 浓度随温度而变化情况

（资料来源：常弘哲等，1993 年）

煤在气流中的运动状况来划分燃烧方法，大体上有 3 种，即固定床（层燃式）、沸腾床和气流床（包括室燃的一种特殊形式：旋转气流床）燃烧。它们的进料和进气方式、料层与炉体的相对运动、燃烧方向、煤料粒度、燃烧反应时间及工作特性各有所不同（表 6-1）。

从环境保护的角度看，不同燃烧方式有着不同程度的污染物排放与控制水平，以链条炉、循环流化床炉与粉煤炉为例，NO_x 的排

表 6-1 各种燃煤方式的技术特征比较

参　数	炉箅式固定床	流 化 床	悬浮（气流）床
煤粒/mm	50～5	5～1	<0.1
外观	块状	经过粗碎	粉状
燃烧介质相	浓相	中间相	稀相
温度/℃	<800	800～900	>1200
加热速度/$K \cdot s^{-1}$	约 1	10^3～10^4	10^3～10^6
反应时间/s			
挥发物	约 100	10～50	<0.1
焦 渣	约 1000	100～500	<1
固、气流动	逆向	反向混合	顺向
反应控制要素	外部扩散	内部扩散	主要是反应速度

注：资料来源为 D. W. Van Krevelen，1993 年。

放量依次为 600×10^{-6}、50×10^{-6}～250×10^{-6}，粉煤炉可控制到 400×10^{-6}～600×10^{-6}；脱硫率以粉煤炉较低，而循环流化床可达 80%～90%；飞灰份额分别为 10%～25%、30%～70% 及 75%～85%。流化床燃烧属低温燃烧，热力 NO_x 生成量很少，燃烧所需空气分一次、二次风分别供给，分段燃烧，可有效控制燃料型 NO_x 的生成。此外，床温 850℃上下是最佳的脱硫反应温度，将石灰石喷入床内，能有效地脱除烟气中的 SO_2，脱硫效率为 80%～90%。

要针对不同燃烧方式与锅炉类型，选择最佳的煤质指标体系，以达到最大的燃烧效率及允许的环境接受限度。

6.1.5 煤质特征对燃烧工况的关系

燃煤性质与燃烧用锅炉的种类及其形式、燃煤设备及负荷状态等紧密相关。从燃料特性来考虑，燃煤的主要性质根据需求大体可分为 3 个层次。第 1 层次是最基本的煤质指标，如挥发分 V、灰分 A、黏结指数 G、发热量 Q、硫分 S；第 2 层次指标是对燃料特性的重要补充，如全水分 M_t、可磨性 HGI、燃点 t_1、粒度组成或筛上物质量、有害元素含量、煤灰熔融特性温度、煤灰黏度与结渣性、镜质组反射率等；第 3 层次指标是对燃用煤质的专门了解，如碳氢含量、密度、硬度、比热、导热系数和膨胀系数、热分析、煤灰表面张力及玷污能力、灰渣强度及烧结温度等。

下面列出煤的各种性质对燃煤电厂中设备的影响（表 6-2)。表中注有符号“○”的栏目，表示该煤性质对电厂装备有影响。

在表 6-2 中所列煤性质可分成两类，一类性质指标如挥发分、发热量、灰分、硫分等是电厂设备设计选型时必须考虑的主要参数，且是煤分类系统中常用的参数；另一类指标如煤粒度、可磨性、氯及氮含量等，是选择燃煤时的更深一层的指标，这些指标没有被纳入煤分类的完整体系，常称作为用煤技术条件（或规格)。两者间的差别在于前者对燃煤的属性作出评价，而后者对煤的质量、规格的要求则要详细得多。用煤技术条件详细规定了煤的性质及专门设备对煤燃烧性能的特殊要求。煤分类及其指标与煤炭生产者紧密相衔接，而用煤技术条件则和市场中用户对煤的质量要求相衔接。如果两者共用相同的参数，就给煤炭贸易带来诸多的方便。

表 6-2　煤性质对燃煤电厂各种设备的影响

电厂装备	发热量	水分	灰分	硫分	挥发分	岩相组成	氯含量	氮含量	可磨性	粒度	煤灰成分	煤灰熔融性
贮煤场	○	○		○	○					○		
输送系统及煤仓		○								○		
磨煤机（碎煤机）	○	○	○		○				○			
燃烧器		○	○		○	○		○				
加热炉		○	○	○	○		○		○		○	○
省煤器				○			○				○	○
预热器		○	○	○			○					
电除尘器			○	○							○	
煤灰处理系统		○	○									

注：资料来源为 Myllynen，1988 年。

为了使国内煤炭进入欧洲及日本市场，表 6-3 列出一些国家公用事业燃煤设备对烟煤的质量要求，表中数值之所以有差异，是由于各国所选用的燃煤设备类型、型号不同所致。有时，燃煤设备还要求一些附加的参数，作为贸易双方的质量指标。

以下各节将对煤分类学在燃烧工程中的应用展开专门讨论。

表 6-3 一些国家的公用事业燃煤设备对烟煤的质量要求

项 目	单位	英国	荷兰	比利时	瑞典	芬兰	日本
最低的发热量	MJ/kg	25.12 (ar)①	27.63 (ad)②		25.12 (ar)	23.86	25.12 (ad)
最高的全水分	%	8	12	13		14	10
最高的灰分	%(ad)	20	12	20(db)	15	15	20
最低挥发分	%(ad)	30	25	25(db)	25	35(ar)	
最高含硫量	%(ad)	2.5	1.0	1.5(db)	0.8	1.0	1.0
燃料比	FC/VM	3.0					2.5
最高氮含量	%(db)③				2.0		1.8
最高氯含量	%(db)	0.35					0.05
最低的可磨性		50	50	60		45	45
煤灰最低的变形温度	℃	1120	1075	1350	1300	1200	1200
煤灰最低的半球温度	℃		1250				1300
煤灰最低的流动温度	℃		1500		1400		
灰中最高 Na_2O 量	%						2.0
粒度	mm		30		50	50	40

① ar—收到基。

② ad—空气干燥基。

③ db—干燥基。

注：资料来源为“Coal”1993 年。

6.2 煤阶的影响

煤阶对煤燃烧特性有很大的影响，主要影响煤的燃烧行为和煤的反应性。研究表明，煤阶参数与煤的着火温度、失重温度、燃烧结束温度有密切的相关关系。统计我国 79 个煤样的热重分析的结果，可以看出，随着煤阶的降低（从无烟煤到褐煤），着火温度下降，而可燃指数增高（见表 6-4）。这里所指煤的可燃指数，综合了煤的着火特性、着火后继续反应特性和燃尽特性，它的数值越大，煤的燃烧特性越好。可燃指数定义如下：

当 t_i<500℃时，

$$C=\left(\frac{d\omega}{d\tau}\right)_{80}\Big/T_i^2$$

当 t_i>500℃时，

$$C=\left(\frac{d\omega}{d\tau}\right)_{80}\Big/T_i^{\left(2+\frac{t_i-500}{100}\right)}$$

式中　C——煤的可燃指数；

$\left(\frac{d\omega}{d\tau}\right)_{80}$——煤样在最高燃烧速度区（规定该区的温度范围为80℃）的平均燃烧失重速度，mg/min；

T_i——着火温度，K；

t_i——着火温度，℃。

表 6-4　我国 79 个煤样的热重分析结果汇总

参　　数	单位	褐煤	烟煤	高灰烟煤	贫煤	无烟煤
挥发分 V_{daf}	%	45～63	21～47	25～36	11～19	3～9
灰分 A_d	%	17～47	12～40	40～63	16～35	17～44
开始放热温度 t_{01}	℃	160～200	210～290	250～300	250～290	320～470
开始失重温度 t_{02}	℃	160～200	310～410	350～390	380～450	320～470
着火温度 t_i	℃	280～370	380～480	430～500	420～510	500～610
燃烧结束温度 t_n	℃	550～700	650～750	700～800	700～800	750～900
可燃指数 C	—	3.9～1.4	2.3～1.3	1.5～0.6	2.1～1.3	1.5～0.4

注：资料来源为李小江等，1999 年。

由表 6-4 结果可见煤阶对燃烧特性的影响。必须指出，煤粒度对燃烧速率的影响很大，以上的比较或相关关系都是在煤粒度相近时比较方为有效。

煤的燃烧性能或反应性主要由两个因素来表征：挥发分产率及焦渣的反应性。

(1) 挥发分产率　挥发分的燃烧及着火是煤燃烧过程中的重要步骤（图 6-2）。煤阶和挥发分的数量都影响煤挥发物的着火情况。表 6-4 的结果清楚地说明这一点。可以推测，挥发物组成与其着火行为之间存在某种相关关系，不过这种相关性并不算很好。煤在受热后的燃烧前期，发生热分解反应，生成一定数量的挥发产物，即焦油、煤气、热解水等，焦油产率虽然与煤阶有关，但并不都是煤阶的单一函数。

(2) 焦渣反应性　残焦或焦渣的反应性随煤阶降低而提高，不

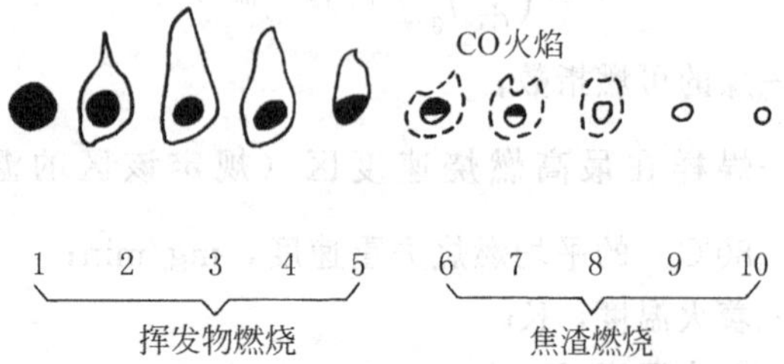

图 6-2 煤粒的燃烧过程

过这种相关性在高挥分烟煤阶段并不好。较低煤阶的煤焦反应性很好，似乎可以作为提高锅炉蒸汽量而采用的较优良煤类，但是实际上人们往往愿意烧烟煤。这是由于低阶煤发热量较低，能源效率也低，同时，为了避免贮运低阶煤时常常遇到的自燃风险，而在一些地区被严格限用。由此可见，在评价煤燃烧性能时，不应该撇开其他参数，而强调某单个指标的影响。

燃烧效率也与煤阶相关。在流化床燃烧时，燃烧效率往往用未燃烧燃料量来计算，随煤阶（一般用镜质组反射率和碳含量来表征）增高而下降。配合煤的燃烧效率与配合煤的组成有关，并与配煤比呈线性关系，因此可视两者具有加和性。在粉煤燃烧时，实测的燃烧效率往往都低于计算效率，因此有人就解释为煤中惰性组分及灰分的量对预测燃烧效率产生很大的影响。实验表明，对烟煤而言，惰性组成对燃烧效率的影响是较大的，但在粉煤燃烧过程中，惰性组分的燃烧行为随煤阶不同就有所变化，这也许能说明煤阶对粉煤燃烧特性的影响比显微组分更为重要。

6.3 化学组成和性质

6.3.1 发热量

发热量是评价煤燃烧特性的主要参数，也是最常用的煤炭质量指标及煤经济性的参数，且往往用作低阶煤的煤阶参数。在中国煤炭分类的完整体系中，发热量被选为重要的分类参数之一。

燃煤时，煤中矿物质量及水分的多少会影响实际热值的高低，高灰、高水煤的发热量相应较低。因此在分类系统中采用发热量作分类参数时常以干燥无灰基为基准，在计算不同基准发热量时，隐含了水分和灰分这两个必不可少的参数，在低阶煤分类时，还常用恒湿无灰基为基准的发热量作为分类指标。

发热量并不能直接与煤的燃烧特性及反应性相关联。举例来说，相同煤阶的两种煤，其中一个是富镜质组煤，另一个是富惰质组的煤，它们的镜质组反射率很相近，其发热量相差无几，但这两种煤的燃烧特性却有很大差异。因为在考虑发热量作为分类参数时，还要引进煤炭显微组分参数，如同我国的煤层煤分类中引入两个煤岩性质参数。

对工业燃煤装置来说，低位发热量要比高位发热量更具实际意义。这是因为前者考虑了由于蒸汽的蒸发潜热所造成的热损失。不过在分类系统中还总是采用高位发热量，这是因为只要知道煤中氢含量和全水分，就能由低位发热量计算出高位发热量。换言之，可以用这两种基准的发热量作为分类参数。总之，发热量对燃烧而言，是个重要的指标，但是一定要把基准弄清楚。

在比较甲、乙两种煤的发热量时，如果它们具有相同的水分含量，甲煤的发热量高于乙煤，那么很明显，在产生同样热量时，甲煤带进燃煤设备中的水分要比乙煤少。这样就提出一个如何科学比较不同水分（M）、灰分（A）和硫分（S）含量的问题。因为用单纯的含量的多少相比较，并不一定科学，而应以产生一定热量所对应的这些 M，A 和 S 的量相比较。这样就引出“当量灰分”或“当量硫分”的概念，即以 1MJ 基准对所含的成分百分数进行折算。例如对水分来说，有“当量水分”M_E：

$$M_E = 1000 \times \frac{M_{ar}}{100} / (Q_{net,ar,p}/100)$$

$$= 10000 \times \frac{M_{ar}}{Q_{net,ar,p}} \quad (g/MJ)$$

式中，M_E 表示每 MJ 所对应的水分克数，g/MJ。

同理，对灰分和硫分有：

$$A_E = 10000 \times \frac{A_{ar}}{Q_{net,ar,p}} \quad (g/MJ)$$

$$S_E = 10000 \times \frac{S_{ar}}{Q_{net,ar,p}} \quad (g/MJ)$$

这里举一个西山煤与淄博煤相比较的例子。实测的煤样分析结果如下：

煤种	M_{ar}/%	A_{ar}/%	S_{ar}/%	发热量 $Q_{net,ar,p}$/(kJ/kg)
西山贫煤	6.00	19.74	1.34	24720
淄博贫煤	4.30	22.68	2.56	13280

折算后，当量成分量的值如下：

煤种	M_E/(g/MJ)	A_E/(g/MJ)	S_E/(g/MJ)
西山贫煤	2.43	7.99	0.54
淄博贫煤	3.24	17.08	1.93

注：资料来源为李小江等，1999 年。

通过折算可以看出，虽然淄博煤水分百分数值较低，但在产生等同热值的情况下，却带入较西山煤更多的水分，当量灰分、当量硫分值也较收到基的 A_{ar}、S_{ar}大许多。

收到基低位发热量 $Q_{net,ar}$在我国还作为“发电煤粉锅炉用煤质量标准”中的辅助指标（见表 6-5）。其所以成为评价煤燃烧特性的辅助指标，在于当煤的发热量下降到一定数值时，将引起煤燃烧

表 6-5 发电煤粉锅炉用煤质量标准(GB 7562—87)

分类指标	煤种名称	等级	代号	主分类指标界限值	辅助分类指标界限值
挥发分[①] V_{daf}	(低挥发分无烟煤)		(V_0)	$V_{daf} \leqslant 6.5\%$	$Q_{net,ar} > 23.0$MJ/kg[①]
	无烟煤	1 级	V_1	$6.5\% < V_{daf} \leqslant 9\%$	$Q_{net,ar} > 21.0$MJ/kg
	贫煤	2 级	V_2	$9\% < V_{daf} \leqslant 19\%$	$Q_{net,ar} > 18.5$MJ/kg
	中挥发分烟煤	3 级	V_3	$19\% < V_{daf} \leqslant 27\%$	$Q_{net,ar} > 16.5$MJ/kg
	中高挥发分烟煤	4 级	V_4	$27\% < V_{daf} \leqslant 40\%$	$Q_{net,ar} > 15.5$MJ/kg
	高挥发分烟褐煤	5 级	V_5	$V_{daf} > 40\%$	$Q_{net,ar} > 11.5$MJ/kg
灰分 A_d	常灰分煤	1 级	A_1	$A_d \leqslant 24\%$	
	中灰分煤	2 级	A_2	$24\% < A_d \leqslant 34\%$	
	高灰分煤	3 级	A_3	$34\% < A_d \leqslant 46\%$	

续表

分类指标	煤种名称	等级	代号	主分类指标界限值	辅助分类指标界限值
灰分 A_d	（超高灰分煤）		（A_4）	$A_d>46\%$	
水分 M_f	常水分煤	1 级	M_1	$M_f\leqslant 8\%$	$V_{daf}\leqslant 40\%$
	高水分煤	2 级	M_2	$8\%<M_f\leqslant 12\%$	
水分 M_t	常水分高挥发分煤	1 级	M_1	$M_t\leqslant 22\%$	$V_{daf}>40\%$
	高水分高挥发分煤	2 级	M_2	$22\%<M_t\leqslant 40\%$	
	（超高水分褐煤）		（M_3）	$M_t>40\%$	
硫分 $S_{t,d}$	低硫煤	1 级	S_1	$S_{t,d}\leqslant 1\%$	
	中高硫煤	2 级	S_2	$1\%<S_{t,d}\leqslant 3\%$	
	（特高硫煤）		（S_3）	$S_{t,d}>3\%$	
灰熔融性 ST	不易结渣煤	1 级	ST_1	ST>1350℃	$Q_{net,ar}>12.5$MJ/kg
				ST 不限	$Q_{net,ar}\leqslant 12.5$MJ/kg
	（易结渣煤）		（ST_2）	ST≤1350℃	$Q_{net,ar}>12.5$MJ/kg

① 燃煤的 $Q_{net,ar}$ 低于相应数值时，则该煤种应归入 V_{daf} 低一级的等级内。

注：括号内的内容都是 GB 7562—87 标准未列入的。

的不稳定、炉膛灭火而需要加油引燃等。由此，根据电厂安全、经济运行的要求，相应于挥发分，存在一个发热量的技术低限，或“门限”。图 6-3 是按电厂实际运行资料统计而绘制的煤发热量低限曲线。图中带状线表示相应挥发分下能维持稳定燃烧的最低“门限”。如图上方为稳定燃烧区，左下方为煤的不稳定燃烧区。在评价煤发热量对燃烧的影响时，当煤的 $Q_{net,ar}$ 低于“门限”值，则这种煤的燃烧特性就应属于分类表 6-5 中较低一档（V_{daf}）的煤种。发电用煤质量标准（VAMSST 分类）表的使用，可根据电厂工程建设中可能的煤种来源，确定设计、校核煤种各质量指标所处的级区，作为设计部门选择电厂设备和系统的依据；对于运行电厂，在全面分析电厂设

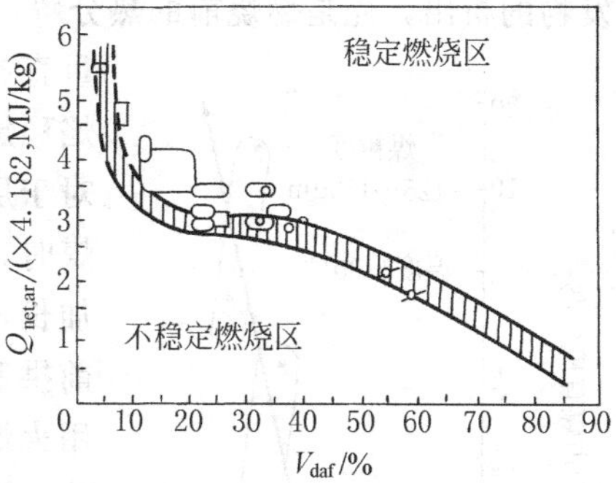

图 6-3 煤的发热量门限曲线

（资料来源：Sun Yilu 等，1985 年）

备、运行和供煤条件后，制订出该电厂相应的用煤标号，作为供煤的依据。

6.3.2 挥发分

挥发分产率在燃烧过程中是一个重要特性，大体上反映了煤的燃烧性能或煤的反应性。挥发分还关系到流化床燃烧锅炉的设计和运行以及所选的煤种。由前面的讨论可见，燃烧的重要步骤包含脱挥发分、挥发分着火及燃烧等。挥发分的析出量随煤阶而异，在给定的条件下，随煤阶增高，挥发分减少，到无烟煤阶段，着火温度升高，着火变得比较困难。在粉煤燃烧过程中，为了使火焰维持稳定，挥发分 V_{daf} 最好不小于 22%。挥发分的多少也影响燃烧火焰的长度。

挥发分不是煤中固有成分，是与过程有关的一个参数，取决于煤阶、升温速率、着火温度、流化速度、煤岩组成、粒度等。煤中挥发物的析出，先是燃烧前的热分解，初次和二次热解产物的质与量直接影响到炉体结构设计、火焰稳定性、飞灰碳含量。举例说，对于层燃锅炉燃用低挥发分无烟煤时，炉膛中前拱、后拱就必须加长，而燃用高挥发分烟煤时，前拱和后拱就需改短，以充分利用火焰的辐射对新加入煤层的加热；同时在前后拱位置需加设很强的二次风，使挥发物及 CO 充分燃烧，避免生成碳炱。由此可见，对于挥发分含量相差悬殊的煤，宜采用不同的层燃炉膛结构。即使将该 2 种煤相配能使配煤挥发分值满足动力煤的要求，但这种配煤却因无法适应同一层燃锅炉炉膛设计的需求而应当设法

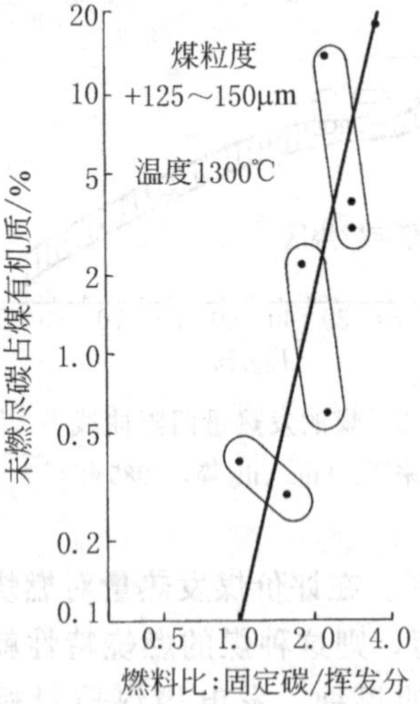

图 6-4 表征煤反应能力的燃料比与未燃尽碳量的关系

（资料来源：Smith，1985 年）

避免。

(1) 挥发分对机械不完全燃烧损失的影响　煤的挥发分越高，固定碳量相对较低，燃烧挥发分较高的煤，形成的焦渣疏松多孔，其化学反应能力也较强。因此随着燃料比的增大，未燃尽碳占煤有机质的百分率（机械不完全燃烧损失的另一种表述）也相应提高。图 6-4 示出两者之间的大体相关关系。

据全国 179 个电站锅炉的运行资料（20 世纪 80 年代），图 6-5 示出挥发分对机械不完全燃烧损失 q_4 及飞灰含碳量 C_{fh} 产生影响的变化曲线。图中左方曲线的锅炉容量为 35～300t/h，右方为 380～921 t/h；左方曲线的 A_E 分别为 2.6%～8.8%及 9.2%～15.6%。右方的为 3.4%～8.8%。

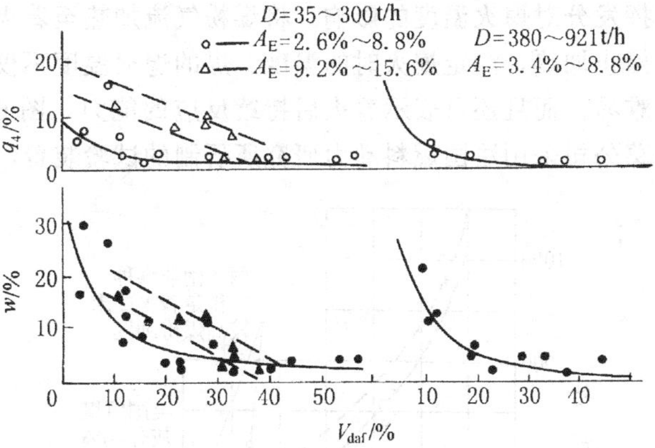

图 6-5　煤的挥发分对电厂锅炉工况经济性的影响

（资料来源：Sun Yilu 等，1985 年）

顺带说明一下，评价锅炉燃烧效率时，常采用输入与输出热量的表达式。以 Q_t 表示总输入热量，包括燃料燃烧时的化学热，燃料的物理热，燃烧用空气及给水的物理热。热量平衡式有

$$Q_t = q_1 + q_2 + q_3 + q_4 + q_5 + q_6$$

式中　q_1——表示烟气物理热损失；

q_2——有效利用热量；

q_3——化学不完全燃烧损失，包括烟气中可燃气体成分的化学热损失；

q_4——机械不完全燃烧损失，包括飞灰、灰渣中的碳损失；

q_5——设备向四周的散热损失；

q_6——灰渣的物理热损失。

图 6-4 及图 6-5 的数据表明，挥发分尽管与机械不完全燃烧损失 q_4 之间有一定的相关性，但是相关系数不会太高。这是由于挥发分与固定碳的测定结果，仅是在实验室操作条件下获得的，用工分测得的 V_{daf} 一般都比在锅炉中实际燃烧时“真实”的挥发物产率要低；固定碳量也没有考虑不同煤阶煤的焦渣有着不同的反应能力。

(2) 挥发分对熄火温度的影响　将煤粉气流加热至着火温度以上，然后停止加热，测定熄火时的温度。煤的熄火温度不仅可反映煤着火的难易，而且还可表示着火后持续反应的能力，图 6-6 示出英国拔伯葛公司采用法国燃料动力研究所研制的试验装置，测得的

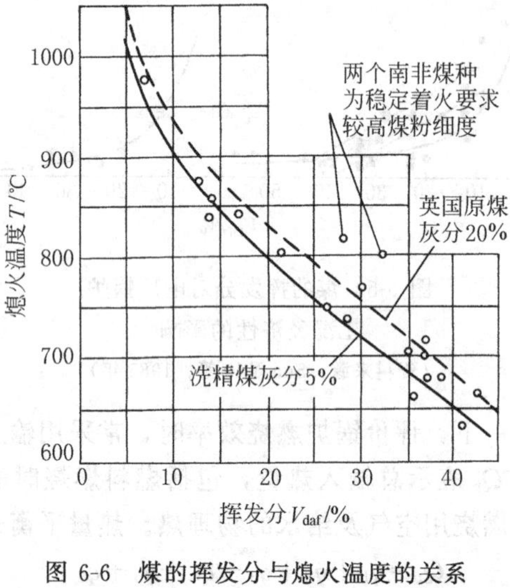

图 6-6　煤的挥发分与熄火温度的关系

(资料来源：转引自李小江等，1999 年)

煤的挥发分与熄火温度的关系。可以看出，熄火温度随煤中挥发分增多而有规律地降低。

(3) 挥发分与反应指数的关系　常规分析中，挥发分只能间接地反映煤的燃烧特性，至今国内外建立了一些非常规燃烧特性指标，如反应指数（R）、熄火温度（T）、着火温度（t_1）和可燃指数（C）等，在某种程度上似更能揭示煤燃烧特性的本质。但它们规范性较强，只能在相同的方法和操作条件下对比使用，迄今尚难有统一标准以利于推广。

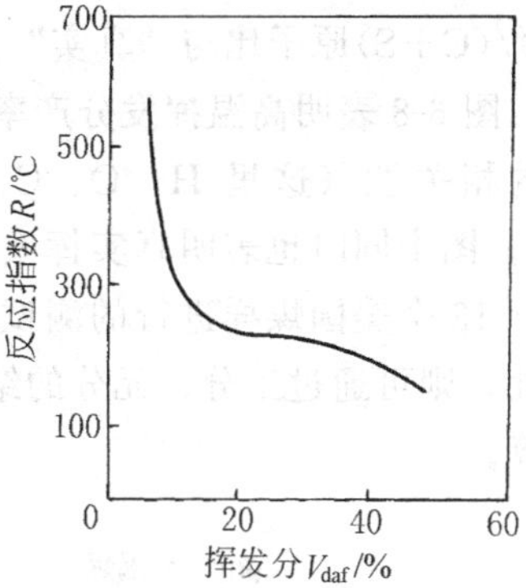

图 6-7　煤的挥发分与反应指数的关系

（资料来源：李小江，1999 年）

反应指数 R 系煤粉样品在氧气流中加热，当其温升速度达到 15℃/min 时所需的加热温度，定义为反应指数。反应指数越高，煤的燃烧特性越差。图 6-7 示出煤的挥发分与反应指数的关系。可以看出，当挥发分降至一定值后，反应指数将急剧增高，煤的燃烧特性变差。

(4) “真实”挥发物产率　煤的挥发物产率取决于热解条件，如最终温度、加热速率、煤粒大小及压力等条件。煤在高温燃烧过程中析出的挥发物量与工业分析中测出的挥发分产率是不相同的。与粉煤燃烧相比，工分测定中的加热速率与终温都相对较低，粉煤燃烧炉中，煤的加热速率一般为 10^3K/s，最终温度约 1500℃或更高些。

在煤完整分类系统中，都采用工业分析测定的挥发分作为分类参数。这样就希望 V_{daf} 能和“真实”高温燃烧下的挥发物产率之间建立某种联系。采用绝热反向流动反应器测定了“真实”挥发物产率。工分的 V_{daf} 与在 1973K 时测得的“真实”挥发物产率的比值，大约为 1∶(1.5～2.3)。国外的研究表明，“真实”挥发物产率与煤元素组成之间，有很好的相关关系。图 6-8 示出煤中元素的(H+2O)/(C+S)原子比与“真实”挥发物产率间的关系。

图 6-8 表明高温挥发分产率与(H＋2O)/(C＋S)原子比间有较好的相关性（这里 H、O、C、S 分别指氢、氧、碳、硫的原子数）。图中同时也表明真实挥发分产率与最终温度有关。图中仅用一套 13 个美国煤样进行的测试结果，如果煤样更多一些或更有代表性，则可通过工分、元分的结果对煤高温挥发物产率进行预测与估算。

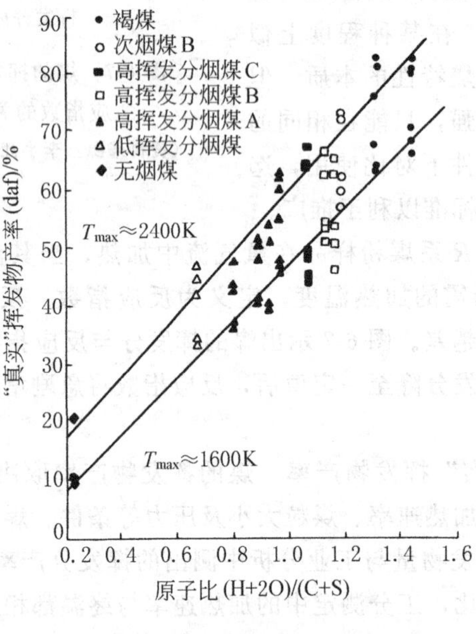

图 6-8 “真实”挥发物产率与原子比间的关系

（资料来源：Neoh 和 Gannon，1984 年）

（5）可燃挥发分　挥发分分为可燃及不可燃挥发分，后者有 CO_2 和 H_2O。有人提出煤的着火特征用“可燃挥发分”比用工分测定的 V_{daf} 相关关系更好，由此建议在煤分类体系中用可燃挥发分代替工分挥发分。测定方法上，可燃挥发分测定用带有火焰离子检测器的快速裂解法。实验证明，具有相同工分挥发分的两种煤，它们挥发物的发热量确实有较大差异，这可能就是由于可燃与不可燃挥发分的比值不同所造成的。

考虑到煤分类体系不单单用于煤的燃烧，还要兼顾其他转化工艺，因而用工分挥发分比用可燃挥发分更具有广泛的实际意义。

（6）动力煤配煤的挥发分　在工业燃烧装置中，更多使用的是混煤或配煤，而不是单煤。这就存在挥发分的加和性问题。如果几种煤的挥发分值相近，所得配煤的工分挥发分近似地满足可加性原理。如果几种煤间 V_{daf} 差值较大，混煤的工分挥发分就不能可靠地表征其燃烧特性。例如，混煤中高反应性的煤相对于反应性差的煤来说，燃烧开始阶段，其反应相对要来得剧烈，到完全燃烧阶段它要消耗大量的氧，快速燃尽使装置中氧的浓度减少，这样使配煤中活性低的煤就更难达到燃尽。又如，当低挥发分煤与高挥发分煤相配用时，必须保证配煤燃烧的稳定性，如图 6-3 所示，要确保配煤燃烧时其挥发分能达到火焰燃烧的“稳定性门限”。这对指导电站锅炉选择动力配煤的稳定燃烧也很重要。

（7）燃煤挥发分的最优分割点　应用最优分割法对燃煤的挥发分进行计算，由上面的讨论，已经知道 V_{daf} 与煤的反应指数、熄火温度、着火温度、可燃指数及 q_4 等指标都有一定的相关关系。对于燃煤来说，其挥发分的最优分割点与中国煤炭分类 GB 5751—86 中 V_{daf} 极为接近。燃煤挥发分的最优分割点如表 6-5“发电煤粉锅炉用煤质量标准”（GB 7562—87）中所示 V_{daf} 为 6.50%、9.0%、19.0%、27.0%，后三个分割点与中国煤分类中 $V_{daf}=10.0\%$、20.0%及 28.0%的分割点，都相差一个百分点。燃煤挥发分的另一个分割点是 40.0%，当煤中 $V_{daf}>40.0\%$ 以后，煤的着火特性、燃尽特性变化平缓，之后无须再增添分割点来对燃煤进行分类。对于动力煤，其 V_{daf} 按 6.5%、9.0%、19.0%、27.0%及 40.0%将燃煤分为 5 级（参见表 6-5）。

作为发电煤粉锅炉用煤的技术要求，所选用的参数多数与“中国煤炭分类完整体系”选用的参数相一致，前者较后者仅多选用“灰熔融温度”一个技术指标。由于大多数参数相互一致，这无论对煤炭生产与燃煤用户都带来诸多方便，便于交换煤炭质量信息，两者将同时成为促进煤炭有效贸易的技术手段。

6.3.3 灰分与矿物质

煤中并不含有灰分，它是煤燃后得到的残渣，其组成主要与煤中矿物质的化学组成、热性质及矿物类型有关，灰的组成与煤中原生矿物质组成也不相同。煤燃烧时，矿物质不仅是一种惰性稀释物，还影响煤的反应性，降低热值，延缓着火性能，也影响挥发物的化学组成及数量，抑制煤在受热后的黏结性和膨胀性，同时影响焦渣的燃尽性能。煤中灰分在煤燃烧工程中将产生诸多负面影响。如增大飞灰及灰渣热损失，灰沉积又会影响传热及增大热流阻力，增加操作劳动强度，增强对设备的磨损，及灰微尘污染物排放而影响环保。此外，钾、钠蒸发与在燃气轮机上的沉积会影响发电工况。总之，矿物质的存在，除可能产生的催化作用外，将降低煤的燃烧效率和锅炉的热效率。

美国能源部曾组织一项“煤质对发电成本影响”的专项研究。在意大利 Fusina 电站 3 号机组燃用 4 种烟煤（见表 6-6），通过建立的评价煤质对发电成本影响的数学模型，对实际各项支出进行计算，发现各项费用支出主要受煤的灰分、发热量、可磨性的影响（表 6-7）。

由表 6-7 可以看出，美国的低灰煤虽然煤价较高，但其连续运转损失、发电容量损失及操作维修费都低，因而其发电成本最低，只有 20.27 美元/MW·h。

其他的三种煤灰分稍高，再加上其他一些煤质因素的影响，发电成本高于美国低灰煤。南非煤煤价最低，但其灰分较高、发热量略低，再加上灰电阻率高等方面的因素，由此造成所需的辅助发电燃料（油）费、连续运转率损失、发电容量损失及运转维修费都高于其他煤，发电成本为 20.74 美元/MW·h。其中美国高灰煤的发电成本最高，为 21.86 美元/MW·h。

表 6-6　考察煤质对发电成本影响的 4 种烟煤分析结果

项　　目	南非煤	波兰煤	美国低灰煤	美国高灰煤
哈氏可磨性系数	51.8	50	48.8	52.5
元素分析(收到基)/%				
C	64.74	67.96	74.33	70.33
H	3.71	3.87	4.43	4.43
S	0.58	0.63	0.81	0.75
N	1.77	3.32	1.58	1.58
O	7.51	4.16	4.23	4.29
灰分 A	13.39	12.26	7.42	11.52
水分 M	8.3	7.8	7.2	7.1
发热量① (高位)/(Btu/lb)	11291	11639	12915	12173
挥发分(收到基)/%	24.49	28.76	32.93	28.71
灰熔融性(FT)/℉	2579	2192	2750	NA
灰电阻率/(Ω·cm)	3.75×10^{13}	5.0×10^{11}	5.0×10^{10}	5.0×10^{10}

① 1Btu=1055.8J；1lb=0.4536kg。

表 6-7　四种燃用煤的年发电费概算(单位为美元，按 1986 年美元价格)

项　　目	南非煤	波兰煤	美国低灰煤	美国高灰煤
1. 燃料费				
煤炭	25556000	27980000	33180000	31200000
辅助燃料(油)	3451000	3060000	1626000	2460000
小计	29007000	31040000	34806000	33660000
2. 有效利用率的损失	3905000	3204000	336000	2648000
3. 发电能力的损失				
电除尘器的限制因素	1765000	1514000	357000	1291000
辅助设备耗电	3766000	3817000	4033000	3855000
小计	5531000	5331000	4390000	5146000
4. 操作、维修费				
维修费	2807000	2538000	1441000	2326000
烟气处理	25000	9000	0	0
除灰	459000	331000	(175000)	229000
小计	3291000	2878000	1266000	2555000
年总发电费	41734000	42454000	40798000	44008000
发电成本/(美元/MW·h)	20.74	21.09	20.27	21.86

注：本表的计算基础：使用辅助能源（油）的发电成本为 35 美元/MW·h，辅助燃料的成本为 3 美元/MMBtu。

承担本项研究的是美国 Burns 和 Roe 公司，研究报告于 1986 年提出，成果表达形式是建立煤质（灰分等）对发电成本影响的数学模型。

由此可见，煤中灰分影响煤质的好坏，并对发电成本有很大影响。根据国内的现实情况，要提倡发电厂燃用经洗选后的动力煤，以降低发电成本和改善燃煤排放物对环境的污染。

灰分通常用来划分煤的品位（或等级），它是煤中不可燃物的度量，在商业贸易中用来标明煤的经济价值。商品煤的灰分是煤类生产、销售、流通领域中的一个计价因素，供需双方的合同通常都规定煤的允许灰分，及超量的扣款方法。尤其当今对燃煤环境污染的控制要求日益严格，依据煤的灰分多少能对环境的影响作出评估。尽管国内外有许多研究者建议表明煤灰性质，煤的性质时，采用无矿物干基（dmmf），但在目前燃烧工艺和其他转化工艺中，还都倾向采用干燥无灰基（daf）。

在中国煤炭分类系统的三个国家标准中都用“灰分”作为分类或编码的参数，以评价煤的质量。“中国煤炭分类”系中虽然没有直接显现“灰分”这个指标，但都隐含了灰分的重要性。因为对“分类”的煤样，都要求其灰分<10%，否则必须进行减灰，必须用减灰浮煤来确定煤的类别。

从经济角度看，低灰煤属优质煤。但是煤在流化床燃烧中，灰分的重要性相对弱化，因为灰分高达60%～70%的矸石，也能在流化床内稳定燃烧。在一些工业自动炉排炉中，灰分中某些灰成分能对炉排起到保护作用。当评估流化沸腾炉操作中出现的问题时，灰成分组成有时比灰分产率更显得重要。灰可能带来的问题是磨蚀、腐蚀、结渣、烧结堵塞等。燃煤的灰分对粉煤锅炉的影响超过对沸腾床燃烧的影响，未燃尽碳含量将随灰分增大而直线上升，高灰煤还可能造成火焰的不稳定，灰的熔融与烧结，会影响热传递和气体的流动，因此希望燃煤的灰分最好<20%。煤的灰分对锅炉运行经济性的影响，如图6-9所示。图中 η 是锅炉热效率；q_4 表征飞灰和灰渣中的碳损失。

煤的灰分除对锅炉运行经济性有一定影响外，主要还对锅炉安全、厂内用电率、炉内受热面、使用寿命、设备利用率、检修钢材消耗量，乃至电厂基建投资都产生负面影响。

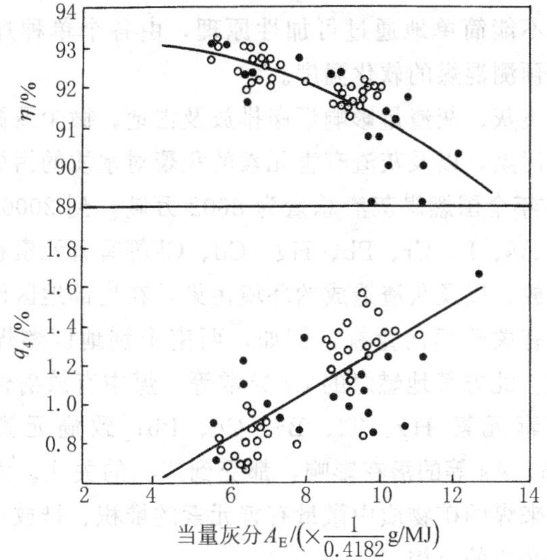

图 6-9 煤的灰分对锅炉运行经济性的影响

(资料来源：Sun Yilu 等，1985 年)

煤灰的熔融烧结特性与煤灰成分有关，但是它们之间并不是一种简单的函数关系。曾经有人提出过许多计算公式，采用了灰组成、灰中酸碱比、钠灰比或铁钙比等，但其适用范围都有一定的限制，特别应该指出上述这些指标测定时用的是实验室制备的灰样，它与各种工业锅炉及加热炉所生成的灰是有区别的。

灰黏度和灰熔融性是表征结渣、烧结倾向的另一种常用方法。在表 6-5 的“发电用煤分类”中，选择煤灰软化温度 ST 作为评价煤结渣特性的主要分类指标。此外，在炉内燃烧过程中，煤灰是否能达到软化或熔融状态，还取决于反映炉内温度水平的煤发热量（$Q_{net,ar}$）的高低（参见图 4-70）。由图 4-70 可以看到，随着热值增大，炉内结渣的 ST 界限值亦相应增高；当热值较低时，则炉内温度水平较低。因此，即使燃煤的软化温度 ST 很低，亦不会引起严重结渣。

煤灰熔融性对粉煤锅炉的运行是很重要的特性，但是要注意，必须直接测定混煤的软化温度 ST。因为诸如 ST、FT 并不存在线性加和性，不能简单地通过可加性原理，由各个单种煤的软化温度，计算或预测混煤的软化温度。

此外，飞灰、灰渣量影响烟囱排放及占地，微尘及微量有害金属对大气的污染，以及灰渣有害元素的积聚对水质的污染，均不容忽视。1993 年全国燃煤灰渣总量为 8602 万吨，到 2000 年达 1.53 亿吨。煤中 As、F、Cr、Pb、Hg、Cd、Cl 等有害元素在燃烧过程中向大气排放，以及灰渣造成的环境污染，在局部地区已经十分严重，已引起有关部门的重视。例如，西南个别地区燃煤所引起的 F、As 中毒；北方某地燃煤的 Cr 异常等。煤中有放射性的元素如 U、Th；有毒元素 Hg、Tl、Be、Cd、Pb；致癌元素 Be、Cd、Cr、Ni、Pb、As 等的潜在影响，都受到广泛的关注。大型动力配煤场必须对来煤的矿物质中微量有害元素的堆积、排放、逸散、交互影响进行必要的监控。

燃煤排放物中的微细颗粒不仅影响气象和气候，使空气质量变差，降低大气能见度，而且对人类特别是人的呼吸系统有严重危害。研究表明细小颗粒物极易进入人体肺部，被吸收进入血液，长期蓄积在体内，且颗粒越小，进入肺部越深，诱发病变越强。因为煤成分的复杂性，使得燃煤细灰含有各种矿物成分，其中不乏多种痕量有毒元素，灰粒越细，富集越多，因此燃烧源小颗粒毒性更强，危害更深。由于现有的除尘设备，如大量煤粉炉普遍采用的电除尘器，虽然总除尘效率可以达到 99%以上，但对细飞灰（PM2.5）的捕集效率也只有 90%左右，而旋风除尘器更是在 5%以下。因而下面将讨论燃煤细灰的形成机理以及细灰的微观特征及有害元素在燃烧系统的迁移过程。

煤粉燃烧时在高温下被快速地加热、裂解和燃烧，煤中矿物质将发生分解、熔融、汽化、凝聚、冷凝、团聚等一系列的物理化学变化，然后在较低温度下再形成不同粒径、不同化学组成、不同物理性质以及不同形貌特征的飞灰，可见燃煤飞灰特别是细灰形成的机理是复杂的。图 6-10 和图 6-11 是 S. Wayne 和 F. C. Lockwood

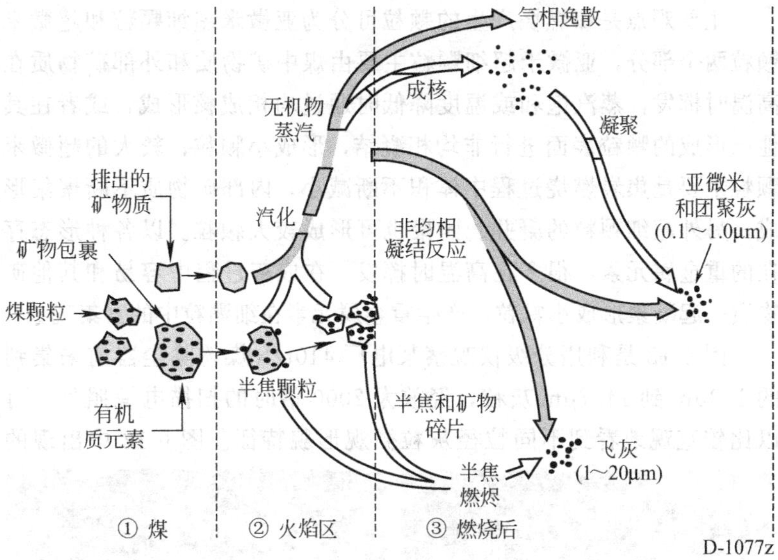

图 6-10　煤燃烧时颗粒物的分剖机理

（资料来源：Wayne S. Seames，2003）

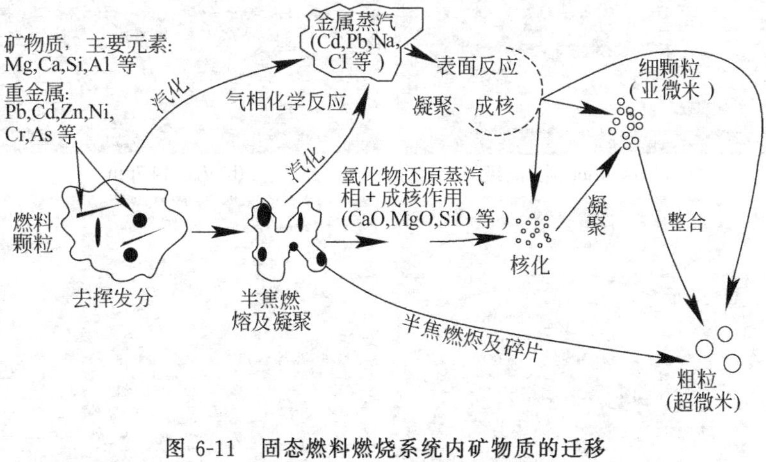

图 6-11　固态燃料燃烧系统内矿物质的迁移

（资料来源：F. C. Lockwood，2000）

等人提出的有代表性的煤燃烧过程中不同粒径灰粒的生成机理和痕量元素转化与配置模型。

主要观点是煤燃烧产生的颗粒可分为亚微米超细颗粒和超微米颗粒两个部分，亚微米超细颗粒主要由煤中矿物质和外部矿物质在高温时挥发，蒸汽饱和或温度降低时通过均相成核形成，或者在其他已形成的颗粒表面进行非均相凝结，形成小颗粒；较大的超微米颗粒主要是焦炭燃烧过程中体积不断减小，内部矿物质不断聚集形成，另外超细颗粒的凝并、团聚也可形成较大颗粒。以各种形态存在的重金属元素，很多在高温时挥发，在成灰过程中容易和其他矿物质一起凝聚形成小颗粒，产生重金属元素在细颗粒中的富集现象。

图 6-12 是利用分级仪观察某电厂 410t/h 煤粉除尘器前采集到的 1.3μm 到 14.7μm 灰粒，经放大 2000 倍时的扫描电镜照片，可以比较直观地看到不同粒径灰粒微观形貌特征。图 6-12 中出现的

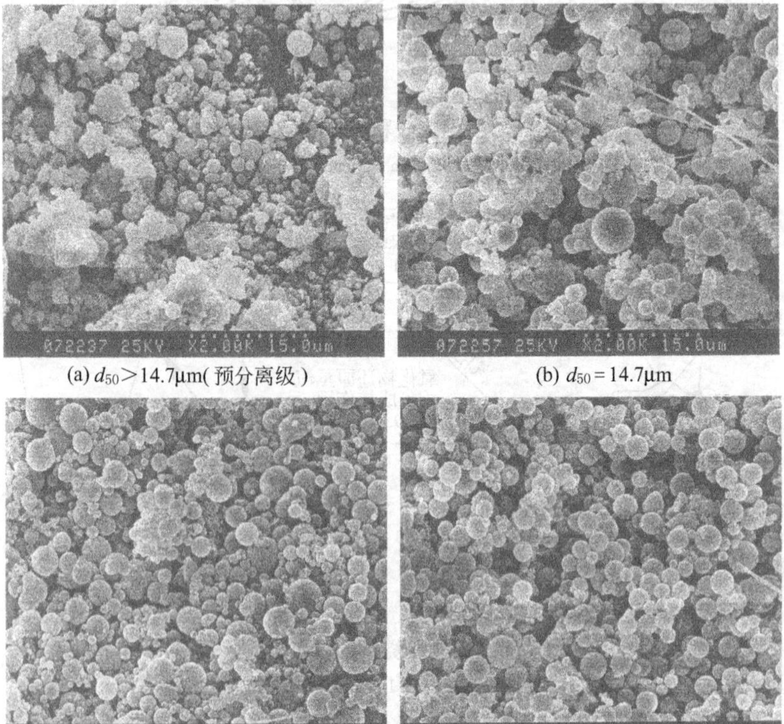

(a) d_{50}>14.7μm(预分离级)　(b) d_{50}=14.7μm

(c) d_{50}=9.2μm　(d) d_{50}=6.3μm

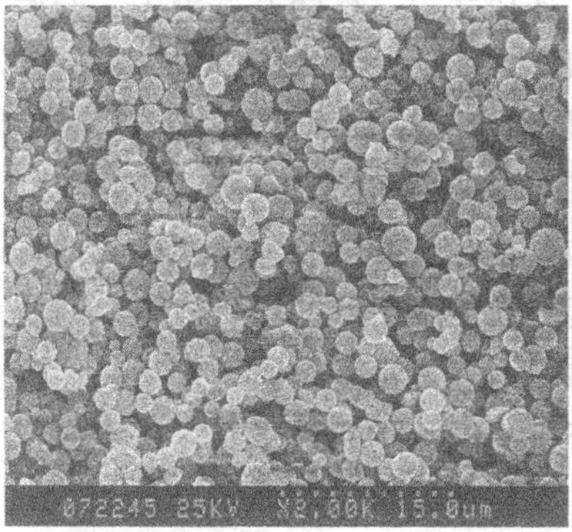

(e) $d_{50}=4.5\mu m$

(f) $d_{50}=3.3\mu m$

(g) $d_{50}=2.3\mu m$

(h) $d_{50}=1.3\mu m$

图 6-12 燃煤细灰粒的扫描电镜照片

(颗粒物尺寸从 1.3μm 到 14.7μm)

(资料来源：刘建忠等，2004 年)

细长丝状物为滤纸纤维（因为飞灰采集于滤纸之上）。图 6-12(a) 是第一级灰粒，属预分离级，所以颗粒尺寸上存在很大区别，变化范围较大，既有明显大于 15μm 的灰粒尺寸，又有粒径较小的小灰粒。因在除尘器前采样，捕集到的飞灰中颗粒的尺寸具有一般的代表性，即代表了电厂燃煤锅炉飞灰的基本形貌。经过初分离级后，从第一级到第七级捕集孔板，随着孔板的孔径减小，捕集到的飞灰粒径也呈现粒径越来越小的趋势。从第三级图（d）（$d_{50}=6.3\mu m$）

开始，外形呈不规则形状的颗粒，如块状等，已经基本消失，开始出现了颗粒的规则球形分布。尤其是从图（e）开始，粒径在4.5μm以下的颗粒，外形基本上是球形，说明了粒径减小，颗粒越接近球形。这种现象也验证了飞灰形成模型，粒径较大的颗粒形状不规则主要是由破碎机理导致的，包括含矿物质的焦炭颗粒的膨胀、破裂，内部气体受热膨胀引起颗粒的裂化、脱落，以及矿物质不完全熔化等因素；微米级的细颗粒，大多是矿物质挥发后在低温区均相或非均相成核凝结形成，在凝结中由于粒径很小，比表面积很大，此时表面张力起主要作用，容易形成规则球形。

图6-13是放大3000倍后初分离级扫描电镜图片，由比例尺可见，4.5μm以下的颗粒，外形基本上是球形，见图6-13(a)；而最大球形颗粒直径约在8～9μm，见图6-13(b)；大块飞灰主要呈不规则形状，直径一般在10μm以上；而亚微米级特别是0.5μm以下超细颗粒，则是呈球形黏附在大颗粒表面，一般很难独立存在。

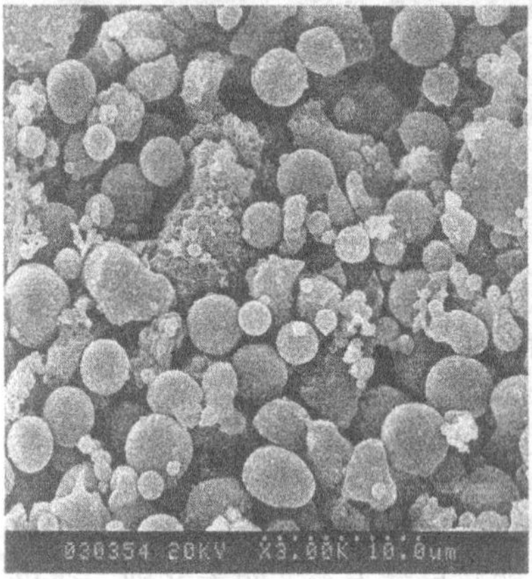

(a)

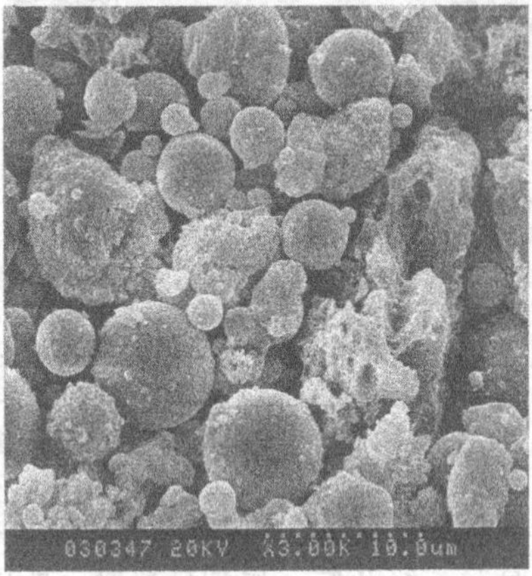

(b)

图6-13　燃煤后细灰粒的扫描电镜照片

（资料来源：刘建忠等，2004年）

痕量金属元素在燃煤中的释放和迁移机理十分复杂，与很多因素有关。一般而言，易挥发金属在煤燃烧过程中转变成气态，容易在其他灰颗粒表面凝结，由于粒径越小，比表面大，对金属元素有更强的物理吸附作用，故易在小颗粒富集。金属的挥发性对其富集度有很大的影响，镉和锌的熔/沸点分别是 321℃/769℃、420℃/907℃，它们在低温时仍具有较强的挥发性，这两种金属元素在细颗粒中富集现象最突出。铅和镉具有中等挥发性，由于锅炉燃烧温度比较高，这两种金属元素在细颗粒中的富集也比较明显，而镍和铜的熔沸点都很高，在高温时挥发性也很低，因此这两者金属的在小颗粒上的富集不是很明显。另外，痕量金属元素在煤中的存在形态也与其在飞灰中富集有关系，如镉主要存在黄铁矿中，以硫化物为主，较易挥发，故在小颗粒容易富集。铬主要存在于黏土中，以硫酸盐为主，熔点沸点都比较高；而铜在煤中也已硫化物形式存在，但是到 200℃就分解，产生的氧化铜或铜单质均较难挥发，这也是两者在细颗粒富集度不高的原因之一。

为了描述痕量重金属元素在飞灰中不同粒径中的分布情况，定义了相对富集系数，其计算方法为各粒径的痕量元素含量除以整个飞灰的痕量元素含量，某个粒径的相对富集系数越高，表明重金属元素在该粒径富集程度越大。表 6-8 列出各级灰粒的 6 种重金属含量分布，图 6-14 是各金属元素相对富集系数与粒径的关系。由图表可以看出，总体上重金属元素的含量和相对富集系数均随飞灰粒径的减少而增大。镉、锌、铅和铬在小颗粒上富集的趋势比较明显，

表 6-8　不同粒径飞灰上的重金属含量　　单位：μg/g

颗粒尺寸/μm	Pb	Cd	Cu	Zn	Ni	Cr
>14.7	25.18	0.38	179.25	132.96	54.83	296.62
14.7	42.48	0.55	184.15	139.03	70.88	270.36
9.2	88.13	1.47	257.71	255.31	114.75	324.63
6.3	94.07	1.94	258.06	262.02	143.73	99.14
4.6	109.50	2.82	276.11	265.34	87.54	326.08
3.3	143.71	6.32	279.39	587.47	94.30	270.40
2.3	183.62	7.13	309.26	823.89	86.17	177.53
1.3	190.91	7.63	318.72	1061.96	60.02	970.08
平均	52.14	1.05	203	192.05	73.70	291.96

注：资料来源为刘建忠，2004 年。

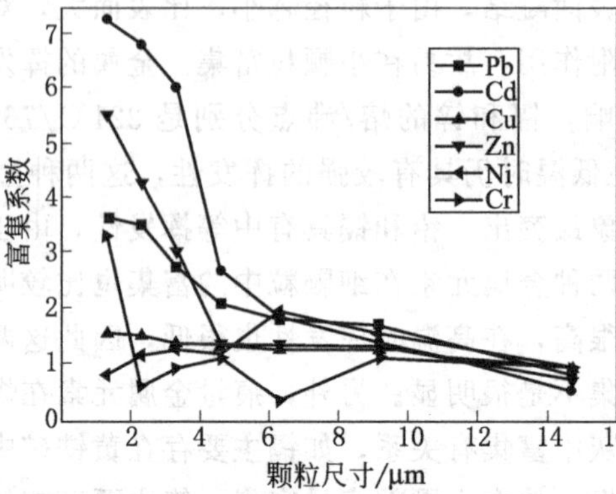

图 6-14 燃煤不同粒径飞灰中重金属的相对富集系数

（资料来源：刘建忠，2004 年）

特别是镉，含量随粒径的减小急剧升高，在粒径 $d_{50}=1.3\mu m$ 的飞灰上镉含量是粒径为 $d_{50}>14.7\mu m$ 的 20.1 倍，可见镉元素在极细颗粒上大量富集。铜和镍在飞灰中的含量虽然也是随粒径减小而增大的，但是变化趋势比较平缓。

由图还可以看出，粒径 4μm 左右是重金属富集的一个转变点，在大于这个转折点的区域，重金属含量随粒径的变化不大；而小于这个转折点的区域，重金属随飞灰粒径的减小急剧增大，故小于 4μm 的细颗粒毒性更强，对人体危害更大，需要引起更多关注。

以上的飞灰颗粒形貌特征和重金属含量在不同粒径飞灰上的含量分布，都如图 6-10 及图 6-11 煤燃烧过程中不同粒径灰粒的生成机理与痕量元素的转化和迁移提供了佐证。可见，在锅炉除尘器前 1.3～14.7μm 的燃烧灰粒中，灰粒直径越细，形状越规则，越接近球形。对 10μm 以上的灰粒一般呈不规则形，这是由于煤中矿物质在半焦燃烬后相互凝聚形成。球状灰粒一般在直径 8～9μm 时开始形成，而小于 4.5μm 的灰粒基本上呈球形。亚微米超细灰主要是黏附在大灰粒表面，即矿物质汽化后在低温区凝结成核所形成的。燃煤灰粒粒径越小，重金属元素含量越多，呈现富集现象。这是因为细颗粒比表面积大，对重金属有更强的物理吸附作用，小于

4μm 的颗粒重金属大量富集。挥发性较高的金属元素如 Cd，Zn，Pb 等，比挥发性的 Cr，Cu，Ni 更易在细颗粒富集。

6.3.4 水分

水不能燃烧，水分的多少影响煤的经济价值，水分也是对煤经济价值的一个计价因素。在煤的供销过程中，对煤的水分有专门的约定。在发电用煤分类中，将“外在水”作为分类指标。

在燃煤过程中，水含量高是个不利因素，它的存在使煤发热量相对下降，同时蒸发水需要热，而这部分热是无效的。水分过多还造成不易点火，使火焰温度下降，降低燃烧速度，延长燃尽时间，拉长火焰而致使火焰不稳定，导致锅炉热效率下降。当煤中原来含水在 10%或>10%时，水分每增加 5%，锅炉效率将下降 0.3%；或者说水分每增加 1%，锅炉热效率下降 0.07%。

煤的水分除对燃烧效率有一定影响外，还对输煤系统、制粉系统的设计、运行有直接的影响。水分过高会使磨煤机操作发生故障；在天寒地冻时，水结冰会造成喷嘴及加料斗堵塞。水分还能加速煤堆的自燃。

一般都希望煤中水分要少。但是不管怎样，煤中总还需要有一定含量的水，在固定床燃烧中，需有一定量的水，以黏结粉煤使固定床有较好的渗透性。在粉煤燃烧时，一般规定水分<15%；在沸腾床燃烧时，对煤中水含量暂无严格的规定。

在煤分类中，很少把水分列为单独的分类参数，只有对低阶煤的分类，要考虑水分。此外，将水与其他指标组合起来，例如发热量以恒湿无灰基为基准时，水分就隐含在发热量这个参数中对煤质发生影响。

当煤的外在水分>12%时，一般电厂几乎无法接受；只有对低煤阶煤，其外在水分对输煤系统的影响稍有减弱。煤的全水分还决定着干燥介质种类的选择和制粉系统的干燥出力。实践表明：当采用热风干燥系统时，煤的全水分上限为 22%。由此，发电用煤分类中将煤的水分划分为二个分级界限，界值为 22%，详见表 6-5。

6.3.5 硫

中国煤分类完整体系中，将硫含量作为动力用煤编码中必不可缺的参数。硫含量被遴选为分类指标还是近十多年的事。煤中硫对锅炉运行有一定影响，现在所以如此重视，主要出于环保的要求。在传统的煤分类中，都不包含硫这个参数。

煤中硫通常都被看成为有害物质。燃烧过程中，它转化成 SO_2，少部分以硫酸盐形式留存在灰渣中。留在灰渣中的硫酸盐硫量有着很大变化，对某些低煤阶煤来说，由于含钙离子量多，硫酸盐量有时可达 50%。对于烟煤，这部分量一般在 5%～10%上下。扣除灰中留存的这部分硫，就可以预测烟气中 SO_2 的逸散量，并由此判断是否符合环保所要求的 SO_2 排放量，来决定是否能用这种含硫量的燃烧用煤。

应采取从煤炭开采到利用全过程的减排 SO_2 措施（图 6-15），方能解决燃煤排放 SO_2 的问题。1998 年全国排放 SO_2 的总量为 20.9Mt，酸雨覆盖面积占国土总面积的 30%左右，燃煤是 SO_2 排放的主要来源，占煤炭消费量约 7%的高硫煤，燃烧排放出的 SO_2 占全国 SO_2 排放总量的 1/4 左右。顺理成章的推论就是，限产高

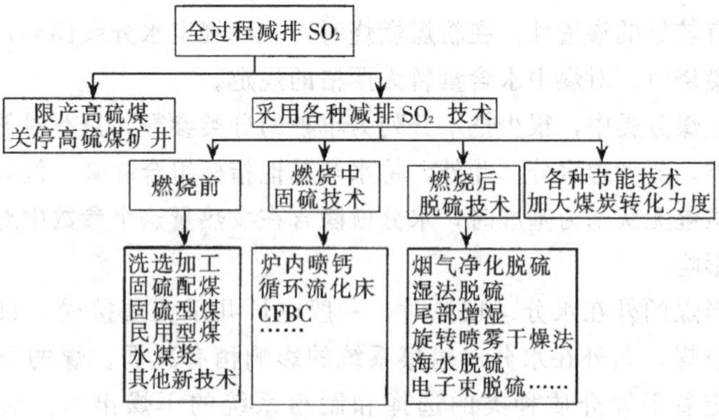

图 6-15 全过程减排 SO_2 的措施

（资料来源："减排 SO_2 合理技术经济途径及其综合效益评估"，1999 年）

硫煤是减排 SO_2 最为经济有效的措施之一。当前世界各国对 SO_2 排放的环保标准规定得越来越严格。图 6-15 中列出了许多减排 SO_2 的技术，但投资及运用费用差别较大。多数情况下，要求商品煤（即动力煤）的硫含量要<1%。

煤中硫含量，特别是可燃硫在炉内燃烧后生成 SO_2 及微量的 SO_3，随后在烟气中形成酸蒸气凝于低温受热面，而产生腐蚀与堵灰。通常可以用烟气酸露点来判别堵灰及腐蚀倾向。图 6-16 示出煤中硫含量与锅炉运行中实测烟气酸露点间的关系。一般，含硫量超过 1.5%（$S_{t,E}$约为 0.7g/MJ），锅炉效率会逐渐降低。从图 6-16 的关系曲线，对发电用煤按硫含量分类时，以酸露点 t_p 对 $S_{t,E}$ 进行最优分割，可将 $S_{t,d}$含量分为 3 个等级，$S_{t,d}\leqslant 1\%$（对应 $S_{t,E}\leqslant 0.48$ g/MJ）；$S_{t,d}$为 1%～3.0%（$S_{t,E}$为 0.48～1.32 g/MJ）；及 $S_{t,d}>3.0\%$（$S_{t,E}>1.32$g/MJ）。

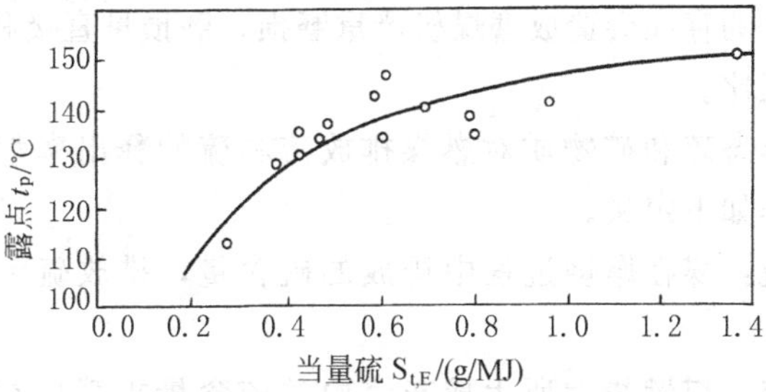

图 6-16　煤的当量硫分与烟气酸露点的关系

（资料来源：Sun Yilu 等，1985 年）

煤中钙的存在，能降低烟气中的酸性。对低硫高钙煤，烟气中 SO_3 浓度往往低于 10^{-6}，呈非酸性；对大多数“中硫煤”，硫的低温腐蚀取决于煤中非硅酸盐的钙和碱金属含量的高低。表 6-9 列出燃用不同硫、钙含量的煤，烟气的酸性变化（烟气中过剩氧量为 4%）。

资料表明，当煤中含硫量较高，并含氯量高时，反倒能减弱高温时硫对设备的腐蚀和烧结现象，这说明烟气中的硫主要在低温时引起腐蚀。说明在有些情况下，又需要煤中含有少量的硫。如果含硫量太低，飞灰的电阻会很高，因而增加了电除尘器脱除某些特殊排放物的难度。通过飞灰中硅、铝、铁的含量以及硫含量，可预测飞灰的电阻值。

表 6-9　燃用不同硫、钙含量煤的烟气酸性

煤　种	煤中硫/%	煤灰中 CaO/%	烟气中 SO_3/$\times10^{-6}$(体积)	露点温度/K	最大酸沉积率/[mg/($m^2\cdot s$)]
高硫低钙煤	>2.5	2～5	10～25	400～410	5～10
中硫低钙煤	1～2.5	2～5	5～10	295～400	2.5～5
中硫中钙煤	1～2.5	5～10	1～5	285～295	1～2.5
低硫高钙煤	<1	>10	<1	<285	<1

注:资料来源为转引自李小江,1999 年。

含硫煤可以在燃烧前，依据含硫的类型来决定是否要进行洗煤。因为煤中有机硫是不能通过物理洗选来脱除的，而结核状黄铁矿硫则可通过破碎，用机械分选的方式来加以脱除。由于黄铁矿的硬度大，它的存在会造成磨煤机严重磨损，磨损量直接和煤中黄铁矿含量成正比。

煤中形态硫和矿物质对燃煤排放硫和硫的释出率都有较大影响。这里作如下定义。

排放硫：煤在燃烧过程中排放的硫含量，排放硫＝全硫－残余硫。

残余硫：煤燃烧后所生成灰渣中的硫含量折算成在煤中（干基）的含量。

固硫率：煤燃烧后残留在灰渣中的硫占全硫（干基）的百分含量，固硫率＝（残余硫/全硫）×100%。

释出率 η：煤燃烧过程中可排放硫占煤中全硫的百分含量，η＝(排放硫/全硫)×100%＝100%－固硫率。

曾对全国 23 个煤样进行过煤-灰渣中硫含量及煤中形态硫的测试，结果列见表 6-10。

由表列数据可见：煤中形态硫的相对含量对释出率的影响不是太明显，但基本上也能看出释出率随硫酸盐硫相对含量（S_s/S_t）

表 6-10　煤样形态硫和矿物质对排放硫和释出率的影响　　单位：%

煤样产地	全硫	硫酸盐硫		硫化铁硫		有机硫		灰分	煤灰成分							排放硫	释出率	煤种
	$S_{t,d}$	$S_{s,d}$	S_s/S_t	$S_{p,d}$	S_p/S_t	$S_{o,d}$	S_o/S_t	A_d	SiO_2	Al_2O_3	CaO	MgO	Fe_2O_3	K_2O	Na_2O		η	
汝箕沟	0.14	0.00	0.00	0.05	35.71	0.09	64.29	13.71	43.60	20.80	10.50	3.69	11.80	2.28	1.61	0.023	16.24	无烟煤
宝日希勒	0.22	0.00	0.00	0.05	22.73	0.17	77.27	12.08	54.90	14.70	11.30	2.21	6.51	0.35	0.85	0.047	21.37	褐煤
峰峰 1	0.22	0.00	0.00	0.22	100.00	0.00	0.00	33.24	56.26	30.17	1.52	0.68	3.44	3.44	1.03	0.197	89.41	无烟煤
峰峰 2	0.24	0.00	0.00	0.03	12.50	0.21	87.50	20.22	46.94	38.80	3.63	0.61	2.45	0.26	1.25	0.004	1.77	无烟煤
北京	0.30	0.00	0.00	0.17	56.67	0.13	43.33	19.96	54.00	18.20	6.98	1.33	6.74	4.08	1.15	0.074	24.76	无烟煤
七台河	0.31	0.00	0.00	0.01	3.23	0.30	96.77	8.33	61.30	24.40	1.76	0.82	4.38	2.24	0.02	0.295	95.18	焦煤
晋城	0.34	0.04	11.76	0.06	17.65	0.24	70.59	32.33	51.10	31.60	2.79	1.20	3.42	2.46	1.66	0.137	40.21	无烟煤
神华	0.34	0.02	5.88	0.25	73.53	0.07	20.59	6.95	25.12	13.02	35.00	1.23	7.67	0.28	2.75	0.138	40.68	不黏煤
淮南	0.38	0.00	0.00	0.13	34.21	0.25	65.79	31.14	56.82	31.26	1.00	0.72	2.94	1.62	0.63	0.312	82.10	气煤
邢台	0.42	0.00	0.00	0.03	7.14	0.39	92.86	14.37	47.46	37.11	2.41	1.04	3.04	0.50	0.99	0.317	75.37	无烟煤
皖北 1	0.42	0.00	0.00	0.12	28.57	0.30	71.43	9.79	43.18	34.64	5.13	0.32	4.86	0.27	0.55	0.243	57.76	无烟煤
韩城	0.44	0.00	0.00	0.06	13.64	0.38	86.36	8.85	42.70	35.10	7.25	0.83	2.26	0.40	0.39	0.335	76.11	瘦煤
皖北 2	0.44	0.00	0.00	0.16	36.36	0.28	63.64	10.42	41.44	32.82	7.59	0.19	4.52	0.71	0.46	0.244	55.55	无烟煤
大雁	0.51	0.00	0.00	0.06	11.76	0.45	88.24	38.71	68.40	16.40	1.79	0.40	1.85	3.89	2.17	0.363	71.11	褐煤
淮南	0.52	0.00	0.00	0.32	61.54	0.20	38.46	27.59	55.54	33.37	1.34	0.82	2.94	1.36	0.49	0.415	79.86	气煤
彬长	0.60	0.01	1.67	0.12	20.00	0.47	78.33	17.36	45.50	21.70	10.30	1.17	4.83	0.59	0.83	0.456	75.94	1/3 焦煤
平朔	0.63	0.00	0.00	0.20	31.75	0.43	68.25	10.77	43.70	37.70	5.13	0.40	4.59	0.08	0.09	0.450	71.47	气煤
黄陵	0.64	0.04	6.25	0.14	21.88	0.46	71.88	12.87	42.60	20.40	17.70	1.17	3.81	0.72	0.58	0.403	63.01	气煤
淮南	0.72	0.05	6.94	0.52	72.22	0.17	23.61	6.54	55.20	17.30	3.57	1.00	14.50	1.14	0.71	0.659	91.48	1/3 焦煤
黄陵	0.85	0.17	20.00	0.21	24.71	0.47	55.29	22.68	48.60	21.80	9.75	1.46	3.60	1.67	0.82	0.510	59.95	气煤
峰峰 3	1.96	0.01	0.51	0.73	37.24	1.22	62.24	10.43	45.41	36.09	1.78	0.36	10.08	0.72	1.05	1.900	96.92	无烟煤
峰峰 4	2.76	0.17	6.16	1.61	58.33	0.98	35.51	12.44	51.57	27.98	0.95	0.61	14.41	0.72	0.62	2.709	98.17	贫煤
峰峰 5	3.04	0.18	5.92	2.17	71.38	0.69	22.70	10.86	40.14	28.02	0.93	0.40	26.45	0.38	0.31	3.007	98.90	贫煤

注：资料来源为罗陨飞等，2005 年。

的增大而逐渐降低，随硫铁矿硫相对含量（S_p/S_t）的增加而增大，随有机硫相对含量（S_o/S_t）的增加则有降低趋势。

煤中矿物质对燃煤时硫释出率有明显的影响，且煤灰成分中CaO，MgO，Fe_2O_3，Na_2O，K_2O 及 SiO_2 和 Al_2O_3 对硫释出率有着不同的影响。通常前者为碱性氧化物，后者为酸性氧化物。煤中碱性氧化物对硫的释出率主要起抑制作用，不同碱性氧化物对硫释出率的影响也不尽相同，煤的自固硫性主要体现为 CaO 的固硫作用。当煤中硫酸盐硫含量为零时，煤中 Fe_2O_3 对硫的释出起抑制作用，而在煤中存在硫酸盐硫的情况下，煤中 Fe_2O_3 对硫的释出有促进作用。

在表 6-10 的 23 个煤样中属无烟煤的有 9 个，烟煤样为 12 个。分别统计它们的硫释出率发现，无烟煤的平均硫释出率为 50.89％低于烟煤的 77.74％，同时，无烟煤释出率受煤中全硫含量、碱性氧化物量和 CaO 含量的多寡，影响更为明显。

此外，煤中排放硫含量及硫的释出率随煤中全硫含量的增加而增加，释出率随煤中硫酸盐硫相对含量的递增而下降；随硫铁矿硫相对含量的增加而增大，随有机硫相对含量的增加则有降低趋势；灰分与煤自固硫率不是简单的递增或递减的关系，当灰分在 20％左右时，煤的自固硫效果较好。

由上可见，燃煤过程的 SO_2 排放，主要取决于煤种、煤中全硫量、硫的赋存形态以及煤中矿物质含量及其组成。其次也取决于燃煤时的环境因素，诸如燃烧温度、气氛及燃煤粒度等。

硫作为煤分类系统的一个参数，不仅仅是考虑燃烧用煤的要求，硫的存在也影响到其他煤的转化工艺，如焦化、气化。但在煤的直接液化工艺中，煤中黄铁矿硫的存在，有利于固态煤向液态油品的催化转化。

6.3.6 氮

过去人们往往重视燃煤中的硫，而忽略了煤中氮的影响。近 20 年来，燃煤电站的 NO_x 排放所造成的酸雨危害，引起了大家的高度重视。对燃煤排放 NO_x 的量也有了严格的限制。

煤中氮含量和燃煤生成的 NO_x 量之间确实存在一定的联系，但并不存在一种简单的相关关系。对于含氮量相近的几种煤，燃烧后 NO_x 的预计生成量，与实际 NO_x 生成量之间，可能有20%的误差。这是因为 NO_x 的生成受到诸多因素的影响，氮与硫不同，并不是所有的 NO_x 都源于煤中氮，其中相当部分的 NO_x 来源于燃煤炉中的空气。从理论上讲，NO_x 有三种生成机理。

① 热生成NO。来自空气中的分子氮，与空气氧生成的氧自由基反应；或者通过空气氮与燃烧时产生的OH自由基反应。

②“激化”生成的NO。燃煤时产生的富碳氢化合物（C—H）与空气中的氮分子先生成氰化物，然后由氰化物转化生成NO。

③ 来自煤中的氮生成NO，经由CN化合物生成。

由上可见，燃煤烟气中的 NO_x，既取决于煤中含氮量，又取决于空气过剩系数、火焰温度及燃烧反应的时间（见表6-11）。

表 6-11　燃煤生成 NO 和 NO_x 的机理与影响因素

氮氧化物		形成地区	反应机理	主要影响因素及大小
NO	热生成	火焰后反应区	1. O_2 过量 $O+N_2 \rightarrow NO+N$ $N+O_2 \rightarrow NO+O$ 2. 燃料过量 $N+OH \rightarrow NO+H$	O_2 离解的氧原子浓度，停留时间，温度高于1300℃
	“激化”生成	火焰	$CN+H_2 \rightarrow HCN+H$ $CN+H_2O \rightarrow HCN+OH$ $CH+N_2 \rightarrow HCN+N$	燃烧反应的氧离子浓度，空气过剩系数
	煤中氮	火焰	经由CN化合物转化生成反应产物NO	空气过剩系数与停留时间
NO_2		火焰	$NO+HO_2 \rightarrow NO_2+OH$	燃烧反应迅速激冷
		烟道，烟囱	$2NO+O_2 \rightarrow 2NO_2$	温度低于650℃，O_2 浓度，停留时间
		自由大气	$NO_2+h\nu \rightarrow NO+O$ $O+O_2+M \rightarrow O_3+M$ $NO+O_3 \rightarrow NO_2+O_2$	O_2 浓度，阳光强度，停留时间，空气污染程度

注：资料来源为J. Zelkowski，1989年。

由表6-11 NO_x 的生成机理可见，燃烧时主要生成的是NO，NO_2 只占总氮氧化物的5%。现在一般将NO和 NO_2 总称为 NO_x，由于火焰中生成的NO稍后在烟道和大气中被转化成 NO_x，NO_x

实际表征的是 NO_2。

煤中氮含量多数在 0.8%～1.8%（daf 基）间波动，低煤阶煤（如褐煤）有时氮含量会超过 2%。经热值折算后的含氮量，即 1MJ 发热量的含氮量几乎保持在 0.4～0.5g 氮之间。

如果用 $NO_x/(NO_x)_{max}$ 表示煤中氮经燃烧后的转化率，即燃后实际生成 NO_x 的量与假设全部氮都转化成 NO_x 生成量的质量比，那么发现，燃煤含氮量越低，则其转化率越高。随着含氮量的增加，转化率的降低弱于煤中含氮量本身的增加，所以尽管含氮量高的煤，其氮的转化率较小，但由于煤中氮含量大，NO_x 排放量还是较多。煤中氮的转化率还与燃烧温度和燃烧方式有关，即使燃煤方式相同，不同的燃烧炉，氮的转化率也不尽相同。因此燃煤时排放的 NO_x 分布范围较宽（表 6-12）。

表 6-12　不同燃煤炉 NO_x 生成量的近似值

炉　　型	NO_x 排放量	
	以 NO_2 计/(mg/m^3)	O_2/%
沸腾炉	200～700	7
链条炉	300～800	7
煤粉炉（干式排渣）		
带直流式燃烧器	500～1100	6
带旋流式燃烧器	800～1700	6
煤粉炉（熔渣炉）		
带旋流器	900～2000	5
带直流式燃烧器	900～1300	5
带旋流式燃烧器	1300～2500	5

注：资料来源为转引自袁钧卢等，1990 年。

煤中氮的转化率与 NO_x 多少也和煤阶有关。除煤阶不同及含氮量有所差异外，也和不同煤阶煤的燃烧特性的不同有关。图 6-17 示出燃烧温度和不同煤种煤对氮转化率的影响曲线。

煤在受热后，挥发分中氮转化成 NO 的比例和固定碳中的氮转化成 NO 的比例是不同的，这是由于挥发分和焦渣有不同燃烧持续时间，燃烧温度和空气过剩系数也都有所不同。这样，可以通过对

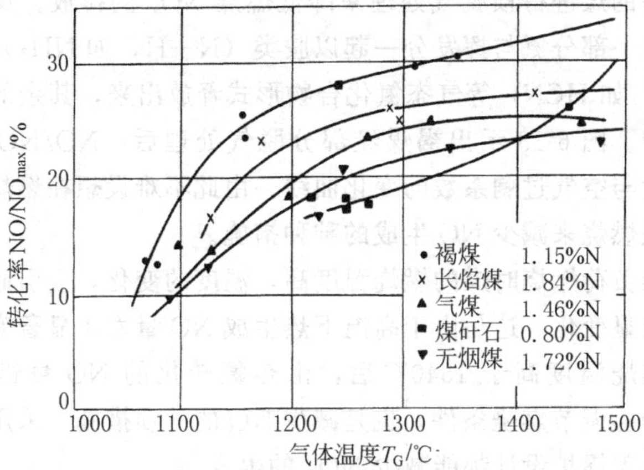

图 6-17 燃烧温度和不同煤种煤对氮转化率的影响

(资料来源：W. Schulz，1985 年)

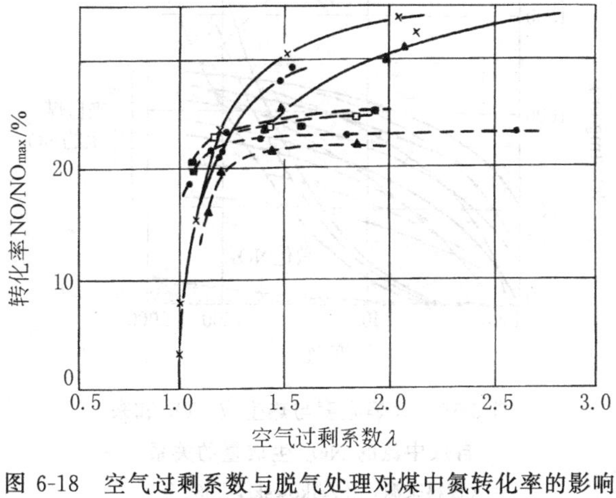

图 6-18 空气过剩系数与脱气处理对煤中氮转化率的影响

(资料来源：W. Schulz，1985 年)

——褐煤	……褐煤部分脱气
$N=1.15\%$	$N=1.24\%$
▲ $T_G=1150$℃	▲ $T_G=1150$℃
● $T_G=1250$℃	● $T_G=1250$℃
× $T_G=1350$℃	□ $T_G=1350$℃
	■ $T_G=1450$℃

含氮量高的煤进行预脱气处理来降低燃煤 NO_x 的排放。煤在脱气时，会有一部分氮与挥发分一起以胺类（N—H，如 NH_3）或氰类（C ═ N，如 HCN）等气态氮化合物形式释放出来，其余的氮仍留在焦渣中。图 6-18 示出褐煤经部分脱气处理后，NO/NO_{max} 转化率随温度与空气过剩系数的变化曲线。由此不难设想在燃烧工艺上采用分段燃烧来减少 NO 生成的种种措施。

高热负荷燃烧时煤的燃烧温度高，温度的变化，会引起 NO 生成量的明显变化。这是由于高温下热生成 NO 量发生显著变化的缘故。当燃烧温度高于 1540℃后，由热氮转化的 NO 量迅速增大（图 6-19）。调节燃烧条件，也是减少 NO 的一项措施。采用沸腾炉燃烧，改善锅炉设计都能减少 NO_x 的生成。

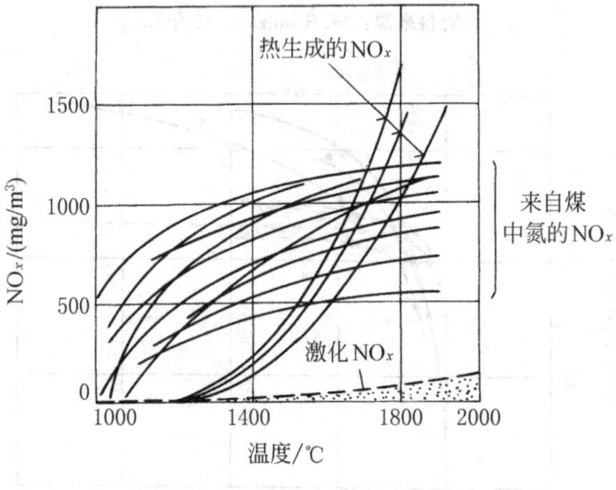

图 6-19　火焰温度与热生成 NO_x 和来自煤中氮的 NO_x 生成量的关系

（资料来源：J. Zelkowski，1989 年）

燃煤过程中 NO_x 的生成主要与燃烧条件有关，煤中氮含量与 NO_x 生成的关系较为复杂，又因煤中氮含量的变化幅度很小，因此无须考虑将煤中含氮量作为分类参数。

通过以上的讨论可知，要减排 NO_x 对大气的污染，无须以煤种选择作为重点，而是要降低燃煤区的温度与氧的分压。可以通过调整空气过剩系数、采用特殊的燃烧器如低 NO_x 空气燃烧器、煤的预脱气、烟气循环、分段燃烧、低二次风温等措施来实现。

6.3.7 氯与氟

氯和氟是煤中的有害元素。煤在燃烧时，氯的危害主要表现在对锅炉设备及管道的腐蚀和玷污堵塞；燃烧过程中，氟化物发生分解，大部分以 HF、SiF_4 等气态污染物形式排入大气，不仅严重腐蚀炉体及烟气净化设备，也造成大气氟污染和对生态环境的破坏，排放的含氟污染物对动物、植物健康造成严重危害，给农牧业造成经济损失。虽然燃煤中氯含量大于 0.5%时锅炉仍能正常运行，但实际上氯含量大于 0.25%，就出现对设备腐蚀、玷污的严重危险。

许多国家都赋存有高氯、高氟煤。在英国有些矿区的氯含量高达 1%。我国不少矿区煤中的氟、氯含量非常之高，如江西洛市、广西合山，其氟含量都在 700×10^{-6} 以上；辽宁红阳、河北邯郸、峰峰，其氯含量也都大大高于全国煤矿的平均值。表 6-13 列出我国煤中氟、氯含量的统计分析结果。从图 6-20 及图 6-21 可见，氟与氯的含量与成煤时代及碱金属的存在条件有关，但与煤阶之间并没有很好的相关性。图 6-20 显示，石炭二迭纪煤（C、P）中氯含量最大，晚三迭世和第三纪煤（T3，E）中氯含量最小。氯含量大小变化幅度以石炭二迭纪煤中最大，在第三纪煤中含量变化最小。

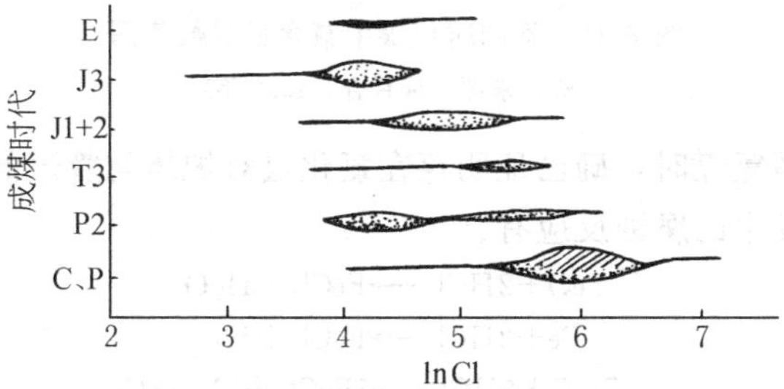

图 6-20 不同时代煤中氯含量对数值图

（资料来源：鲁百合，1996 年）

由图 6-21 可以看出，以晚三迭世的煤中氟含量最大，其次是在第三纪的煤中，在石炭二迭纪的煤中氟含量最小。就氟含量的变化幅度而言，以晚三迭世（P2）的煤中变化最大，其含量的对数值波动在 4.0～6.7 之间。

表 6-13　我国煤中氟、氯含量统计分析结果

项　目	统计量	各矿区	炼焦煤	无烟煤	其他煤种
氟(F)	平均含量/10^{-6}	217	177	193	284
	均方根差 S	282	155	74	411
	变化系数/%	130	88	38	145
氯(Cl)	平均含量/10^{-6}	210	300	145	125
	均方根差 S	187	248	88	81
	变化系数/%	89	83	61	65
F/Cl		1.03	0.59	1.33	2.27

注：其他煤种指除炼焦煤（气、肥、焦、瘦）和无烟煤以外的煤种。
资料来源为鲁百合，1996 年。

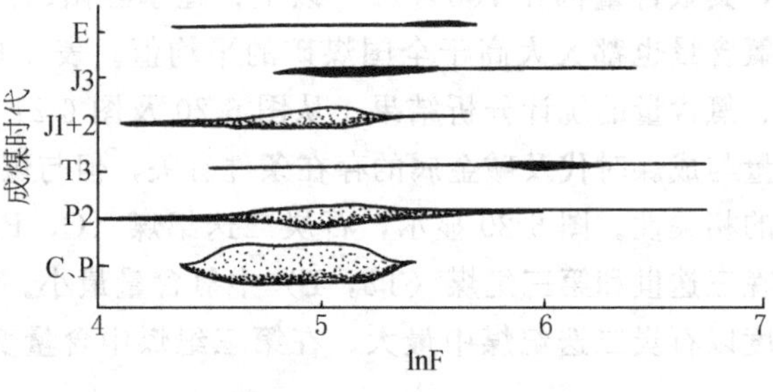

图 6-21　不同时代煤中氟含量对数值图
（资料来源：鲁百合，1996 年）

燃用高氯煤时，确已证明存在氯化氢对炉体与管道的腐蚀。对炉管可能发生的腐蚀反应有：

$$FeO + 2HCl \longrightarrow FeCl_2 + H_2O$$

$$Fe + 2HCl \longrightarrow FeCl_2 + H_2$$

$$Fe_3C + 6HCl \longrightarrow 3FeCl_2 + 3H_2 + C$$

这些反应在 400～600℃范围内最为活跃，除铁元素以外，镍元素也与 HCl 发生同样的反应。HCl 腐蚀一般在分压达到 10Pa 时就较显著。由于 $FeCl_2$ 的气化温度很低，反应中一旦生成随即挥发殆尽。当燃用低氯煤时，烟气中 HCl 的实际分压仅为 0.01Pa，又往往被碳酸盐分解而形成的活性 CaO 所吸附，大大削弱了腐蚀作用。在预测煤中氯对设备腐蚀作用时，有人建议用 S/Cl 或氯/灰之比来进行判别，当 S/Cl 比值增大时，所造成的腐蚀性相对减小；灰分对氯含量的相对增加，降低了煤玷污的潜在危险。因此，有学者提出用上述两个比值来作为分类指标划分煤的等级。由于例行的元素分析中，不测定氯含量，而硫与灰分已用作分类完整体系中的分类参数，实用上也比氯的信息有用得多，这些建议没有被采纳。

当煤中氟含量大于 $85\times10^{-6}\sim130\times10^{-6}$ 时就会对燃烧及烟气净化设备造成危害；当氟量在 $120\times10^{-6}\sim140\times10^{-6}$ 时，对环境的危害大大增加。我国商品煤中含氟量高的另一个原因在于煤炭入选率偏低，燃用高灰煤，导致烟气中氟含量的提高。资料表明，煤中氟含量与灰分之间有着显著的正相关关系，相关系数为 0.849，这一点大致表明氟化物主要以无机物形式存在。因此可采取提高入选率来降低灰分，这是减少煤中氟含量和降低燃煤氟排放量的有效措施。为了避免增加煤分类的复杂性和分析费用，没有必要将氟含量作为发电用煤或分类体系的分类参数。鉴于燃煤引起的氟排放是大气氟污染的主要贡献者，特别在高氟含量煤矿地区，研究氟的赋存、燃烧转化和污染防治，仍具有重要的现实意义。

6.4 物理机械性能

6.4.1 黏结性和膨胀性

煤的燃烧特性及反应能力部分受到煤黏结性的制约。煤在受热后的热解过程中，具有塑性和膨胀性，有时会结块，使煤料的有效尺寸变大，减缓空气的进入，使热解及随后的半焦燃烧更受扩散所控制。可见由黏结性煤与不黏结煤所得焦渣的燃烧性能会有所不同。这在块煤固定床燃烧及粉煤燃烧中都要加以注意。煤的黏结与膨胀还和加热速度、最终温度、燃烧室气体组成有关，因此在不同的燃烧实践中，煤黏结膨胀对燃烧工艺所造成的负面影响也不尽一致。在大多数动力煤的燃烧过程中，黏结指数越高的煤，燃烧效率越低。可以用包括黏结指数在内的几个参数绘制曲线图表，来预估锅炉的设计容量。

与固定床燃烧相比，粉煤燃烧更要注意煤的黏结膨胀现象。了解煤的黏结性能有助于在给煤系统等设备中防止出现黏结现象。

通常煤的黏结性、塑性与膨胀性测定，都是在常压下进行的。在常压下测定的特性与在加压下所表现出的性质不尽相同。这样也限制了这些参数在发电用煤分类系统中的应用。

对于多数中国煤来说，煤中镜质组占多数，这时，它们的黏结性、塑性主要与煤阶相关，具有黏结性的煤种主要是烟煤。但是显微组分对黏结性的大小同样也起着重要作用，不同的煤岩显微组分，其燃烧特性也不相同。

尽管黏结、膨胀性在煤燃烧过程中有一定的影响，但显然不如在炼焦工艺中那么举足轻重。作为电厂燃煤的分类，通常都没有必要把黏结性作为分类参数。

6.4.2 可磨性

煤粒大小及其分布，对煤的燃烧特性和燃烧效率影响很大。只是由于煤粒大小可以通过机械方式加以改变，所以它也无需遴选作为电厂用煤的分类指标。

煤粒破碎尺寸与煤可磨性（哈氏可磨性）相关。在煤粉燃烧装置中，要求煤粒粉碎到 100μm 以下，这就要考虑煤的可磨性。与煤粉锅炉配套的磨煤机按粉碎方式的不同通常可分为低速、中速和高速三大类。统计分析表明，在我国近年新扩建的电厂用煤中，约有 57%的煤适用中速磨，约 22%适于高速磨，7%左右宜采用低速磨，其余 14%的煤则介于中、低速磨之间。对于如东北、云南等地含水多的褐煤，则适宜采用高速磨。我国电厂燃煤主要用烟煤（占 85%以上），燃用无烟煤和褐煤的电厂较少。表 6-14 列出部分电厂用煤的哈氏可磨性（HGI），以资比较。

表 6-14 部分电厂燃煤的可磨性

矿区	HGI	矿区	HGI	矿区	HGI
阳泉	50	乌达	72～85	府谷	53～58
晋城	34～59	下花园	53～54	准格尔	62～69
龙岩	43～74	轩岗	63～123	龙口	44～46
邵武	41～100	大同	43～57	澄合	88～89
潞安	85～92	宁武	62～74	窑街	56～60
西山	75～88	石炭井	64～76	乌鲁木齐	45～49
海渤湾	86～100	神木	57～59		

注：资料来源为方文沐，1999 年。

可磨性和煤粒度组成是在一定条件下具有加和性的指标，必须通过试验或统计回归，预测配煤的指标值。用简单的线性加权质量平均的办法，实测值与预测值间就会产生偏差。例如，当某低挥发分软煤（HGI＝106）与另一高挥发分硬煤（HGI＝56）相配时，配煤的 HGI 值就不符合按单煤的质量加权线性可加性。当前者与后者的质量比为 2∶1，简单加权计算的 HGI＝89，而实测值为 93，HGI 值偏向于软煤；当前者与后者的质量比为 1∶2 时，计算值为 73，而实测值为 74。煤粒度组成的可加性也是如此。如表 6-15 中 A 煤和 C 煤为例，＞0.074μm 粒级中，A 煤为 57.56％，C 煤为 34.53％；按 50∶50 加权计算值为 46.04％，而实测值却为 40.44％，实测值与预测值间也有一定的偏差。可见配煤质量随粒度组成的变化更为明显，由表 6-15 可见，随着煤粒度组成、粒级的不同，配煤的挥发分与硫分也发生变化。对于电厂锅炉用煤的偏细粒度煤而言，配煤的性质更趋向于配煤中的软煤性质。如表 6-15 中 A 煤与 C 煤质量各半，加权计算硫含量为 1.78％，而实际为 1.97％。不同配煤粒级的煤灰熔融温度及灰成分的变化就更加明显。随煤粒级变化，煤灰成分也随之变化。以煤灰成分中的 Fe_2O_3 量为例，不同粒级煤中，0.074～0.037μm 粒级煤其煤灰中 Fe_2O_3 含量为最高，达 21.42％，较同一配煤中－0.037μm 及＋0.074μm 级煤灰中的 12.13％及 16.41％高出许多，致使其灰熔融性温度也要比其他两种粒级的煤灰为低。因此煤中矿物类型和粒度组成将是燃烧用煤配煤技术中非常值得注意的参数，它还将影响煤灰的玷污性和结渣性，以及飞灰的性质。

表 6-15　动力配煤的挥发分V、硫含量随配煤粒度组成的变化

粒级/μm	A煤(HGI 39)		B煤(HGI 95)		配煤:61%A煤,39%B煤	
	质量/%	V/%	质量/%	V/%	质量/%	V/%
>0.074	57.56	38.04	25.04	17.81	40.21	33.73
0.074～0.037	20.32	35.91	27.67	18.32	25.51	28.97
<0.037	22.12	32.84	47.29	18.99	34.29	23.92
总　计	100.00	36.46	100.00	18.51	100.00	29.16
粒级/μm	A煤(HGI 39)		C煤(HGI 74)		配煤:50%A煤,50%C煤	
	质量/%	w(S)/%	质量/%	w(S)/%	质量/%	w(S)/%
>0.074	57.56	0.73	34.53	4.45	40.44	2.10
0.074～0.037	20.32	0.74	26.08	3.57	24.92	2.30
<0.037	22.12	0.75	39.39	2.40	34.64	1.58
总　计	100.00	0.74	100.00	3.41	100.00	1.97

注：资料来源为 Arnold 和 Smith,1994 年。

尽管在煤燃烧工艺中，可磨性和粒度组成分布是十分重要的指标，但在各国的煤分类中都不用这两个参数来划分煤的等级。

6.5　煤岩相组成及其性质

在评价煤的燃烧特性时，了解煤的煤岩组成无疑是十分必要的，煤岩组成在燃烧工艺中的作用，与其说重点在于预测，不如说是对某些现象进行解释。例如工业分析结果相近的煤，如表 6-6 中的波兰煤和南非煤，它们的燃烧性能都不相同，在同一锅炉和相同条件下燃烧，由于惰性部分含量的不同，致使燃烧性能出现差异。

一般认为镜质组和稳定组是反应性高的活性组分，而矿物质和部分惰性组分是难燃组分。当煤阶相同时，由于稳定组氢含量高、挥发物产率和热值都高，更易于着火和燃尽，稳定组较镜质组的着火点更低；惰质组由于有相对高的碳含量，比前二类显微组分更难燃尽。以阳泉煤为例，结果见表 6-16。

表 6-16 阳泉煤显微组分性质及燃烧性能

煤样	A_d/%	煤岩显微组分/%			最大燃烧速率	燃烧持续时间	燃烧程度
		镜质组	惰质组	矿物、矿化组	/(%/min)	/min	(1523K)
阳泉Ⅰ	5.44	91.95	5.26	2.79	58.68	3.02	0.828
阳泉Ⅱ	31.27	43.56	12.89	43.55	54.19	4.20	0.744

由表列结果可见，燃烧效率随煤中惰质组含量及灰分的增多而有所下降。有关资料表明，在放大规模的粉煤燃烧和固定床燃烧条件下，未燃尽碳含量与煤中惰质组含量之间有直接的相关关系；在循环流化床炉的再循环期间，由于焦渣的磨耗特性不同，有可能使惰质组生成的残焦比镜质组残焦燃尽得还快。由此可见，燃烧特性不但和煤岩组成有关，也与燃烧工艺条件有关。一般来说，在粉煤燃烧系统中，含惰质组量多的煤，燃烧效率、点火和火焰稳定性都受到一些影响。

在燃煤过程中，显微组分不同也构成不同的残焦形态。通过对残焦的显微镜观察，发现富镜质组的煤其残焦呈“空心”炭粒结构；富惰质组的煤有不少焦渣呈“未熔”炭粒结构；另一种是其过渡形态，属“网状”炭粒结构，它的炭微结构特性介于“空心”和“未熔”结构之间。空心炭大致由一个特大气孔和圆形的炭壁组成，具有强的塑性流动标志；网状炭具不规则外形，气孔发育，多数为不闭合的圆形；也有部分网状炭中的气孔排列十分规则，表明在形成时仅有有限的流动性；未熔炭与网状炭一样，外形不规则，但气孔较网状炭少，形状特殊，常呈窄长形，表明形成时几乎没有经历塑性流动阶段。

飞灰中碳含量随燃用煤中惰质组量的增多而增多，其量也反映煤粉的燃尽程度。必须指出，影响残炭燃尽程度的因素很多，如炉膛温度、容积热负荷等，但由于炭粒着火后，燃烧主要转向扩散控制，其燃尽程度主要取决于氧在炭粒中的扩散速度，而煤中惰质组形成的未熔炭气孔不发育，具有封闭形气孔，缺乏氧介质的流通通道，如果不增加燃烧时间，就很难燃尽，致使飞灰中碳含量增加。

近来有研究者采用高压热天平对神木煤镜质组与惰质组残焦的燃烧反应性进行过考察。在实验条件下，燃烧初期热解温度与压力越低、升温速度越大，镜质组与惰质组残焦的燃烧反应性越高，热解条件下，前者的反应性高于后者。研究表明，燃烧反应性的差异，不但源于残焦中C、H、O的组成，而且与其物理结构，如比表面积和孔结构有着密切关系。

本书作者设想通过煤的活性显微组分含量，结合元素分析结果建立一个指导煤燃烧的分类体系。整理资料过程中发现两个主要困难，一是到目前为止，在所谓"活性组分"中什么是"真正"的活性组分，尚未取得共识，经常有证据表明，某些惰质组同样具有活性，因此，有没有在燃烧工艺中增添一个"过渡组分"的必要？其二是显微组分的燃烧特性还随煤阶不同而变化，煤阶对残焦结构与燃烧工艺的影响，要比显微组分还来得灵敏。

我国西北地区蕴藏有大量中生代的高挥发烟煤，如神木等矿区烟煤，它们属高惰质组含量的煤，但其煤阶较低，燃用这些煤会形成大量的"未熔炭"，致使飞灰中含碳量高；同时由于未熔炭惰性物在炉膛区的富集，因燃烧不完全而造成半还原气氛，使煤灰熔融性温度降低，而导致意外结渣和积灰。为了把惰质组充分燃尽，可以通过加大一次风比例，促使惰质组在进入炉膛后尽快着火。但是必须看到加大一次风率同样会使活性组分过早着火，可能冒发生烧坏燃烧器喷嘴的风险。因此，燃用高惰质组煤的问题，需要加强多方面研究，寻找有效的解决办法。

应该指出，当前在煤燃烧设计中进行多种比较时，一般都不考虑煤岩组分对燃烧的影响。认为燃烧过程受到许多变量的制约，煤岩组成对燃烧的影响且随燃烧条件而变化。这些条件包括：粉煤燃烧炉中的炉温、煤粒大小，磨煤后显微组分比例的紊乱、错位等等。单独用显微组成来预测煤的燃烧特性并进行设计确实存在一些困难，但忽视煤岩组成对燃烧行为的影响也是不可取的。

燃烧用煤经常用的是动力配煤。配煤的燃烧反应性原则上随各单煤组成配煤中活性显微组分含量的增多而有所增高，这时飞灰中可燃物含量也随之逐渐下降。不过配煤燃烧后，飞灰中可燃物含量并不能通过组成配煤的单煤组分飞灰可燃物含量进行预测，每次的实测值都低于按可加性原理的计算值。

燃煤经过急剧氧化会影响该煤的燃尽特性，其行为与燃烧煤中惰质组相似，易形成未熔炭而增加飞灰中的碳含量。因此动力煤同样也要采取措施来避免煤受到氧化。

6.6 评定燃烧特性的有潜力的分析技术

普遍认为现有评价煤燃烧特性的测试方法是不充分和不精确的，根据这些测试结果去解释大量燃煤的特性，往往得到不太可靠的结果。一个好的鉴定方法应符合以下的要求：客观、可靠、重现性好、精度高、价廉且自动化程度高。常规的方法较少能完全满足这些要求，多数试验方法与真实燃烧条件相互脱节，所得数据经常不能恰当地反映工业规模燃煤装置中的情况。另外，测试方法要求具有国际性，也就是说，测试结果对世界各地的煤能够直接进行比较，而许多国家的测定标准与测法不尽相同，给出的结果也就不尽相同，因此要制订可共同遵循的国际标准。当前有许多人认为，惟一评价煤对锅炉适应性的方法是进行工业规模的燃烧试验，这不能不说是现有测定评价方法的一种无奈。因此，迫切需要以近代分析测试技术为基础，对现有方法进行改进与完善。国内外开发了许多实验室规模的方法，用来进一步了解煤质对燃烧的影响，现分述如下。

6.6.1 差示热重分析

差示热重分析（DTG）可给出煤完全燃烧过程的完整概念，其曲线可对煤在固定床、流化床和粉煤燃烧装置中的燃烧特性给出相对评价，并根据失重最大时的温度（峰温）对煤的燃烧活性划分等级。这个“峰温”越高，表明煤的燃烧活性越低。图 6-22 示出一些煤的燃烧分布曲线。此外，将加热过程中煤样由吸热转为放热的瞬间特征温度定义为着火温度。它是煤在加热过程中反应开始加速的温度，表示着火的能力，着火温度越高，煤的燃烧特性越差。

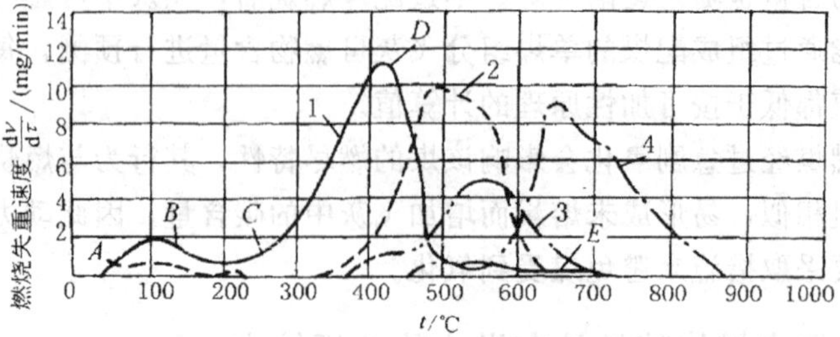

图 6-22　一些煤种的燃烧分布曲线

煤类：1—褐煤；2—烟煤；3—高灰烟煤；4—无烟煤

特征点意义：A—水分开始析出；B—水分最大失重率处；C—挥发分开始析出；D—挥发分最大失重率处；E—燃尽

测定条件：升温速度—20℃/s；煤粉粒度—40 目（即 0.425mm 以下）；煤样质量—100mg；通入空气量—280L/h

（资料来源：李小江等，1999 年）

可由此进而推导煤的可燃指数，详见 6.2 节。

也有人采用失重 50%时的温度代替“峰温”来表征煤的燃烧活性，这个温度与煤的氧含量、碳含量之间有线性关系，不过也有不少实验点呈分散分布。在热重分析的测试中，要注意高阶煤在测定中是否完全燃烧，为此出现一个新的参数来评价煤的燃烧活性，即以 TG/DTG 联用测出“重量平均表观活化能”E_m。这个指标有效地覆盖了全部燃烧过程。图 6-23 是 E_m 随峰温的变化曲线。用 E_m 评价煤燃烧性能和碳燃尽性能比用燃烧温度-重量变化曲线更可靠些。由图可见，在曲线上方有一小部分煤不符合变化规律，这些煤是南半球的冈瓦纳煤，它具有较高的活化能，表明在燃煤锅炉中可能有较大的碳损失。南半球的冈瓦纳地域的煤，由于煤岩性质的特殊性，其惰质组显示出有很好的活性，致使“峰温”较低，这些煤比北半球烟煤的活性相对要高。差示热重分析可以得到一些煤燃烧的特性值，如着火温度、燃尽温度、燃尽时间、最大失重温度、最大失重率、燃烧前期和后期的燃烧量等，通过这些特性数据组合形成的判别指标，可以很好地对燃烧特性进行评价。通过不同加热速度下煤的失重和差热曲线，可以求得煤燃烧的动力学参数，如表观活化能和指前因子。这些参数可以表征煤的燃烧特性。此外，近年来热天平与气相色谱和傅立叶红外光谱等设备的联用，使得对煤燃烧过程及污染物的排放特性的研究成为可能。

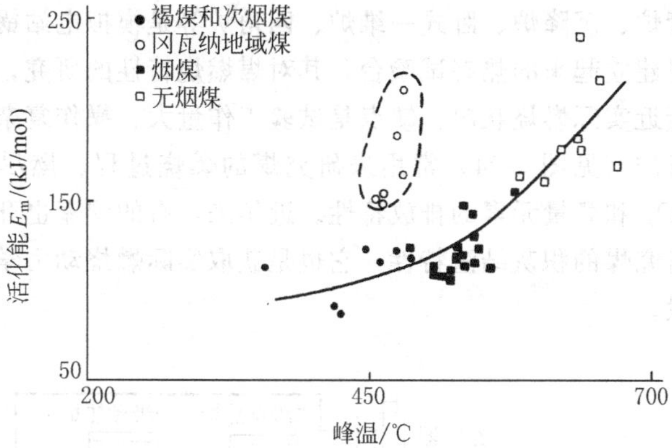

图 6-23　煤的表观活化能随峰温的变化曲线

（资料来源：Sanyal 和 Cumming，1985 年）

6.6.2　热解质谱

燃烧主要反映煤的热转化变化，而热解质谱表征煤快速受热后化学结构的变化，所以热解质谱有着例行分析试验所不具备的优点。煤的热解质谱的实验方法是将煤粉悬浮在液体中，沾涂于金属丝上，在热解质谱仪内快速加热，通过多次扫描而得到的热解产物的组成图谱，它在受热上与粉煤燃烧有较好的相似性。实验结果重现性好，且有着很好的可信度。其缺点也和热重分析法一样，对高煤阶煤存在一个不能将煤样完全燃尽的问题，通过提高热解温度(1043K)，对高阶煤的谱图真实性也会有所改善。由于质谱分析在判定原子、离子数上的优越性，一些特征峰及其强度可对煤的芳碳率、发热量、元素分析、有机硫含量以及 SO_2 排放量作出预测；在判别煤是否经受氧化时，也可以通过某些特征峰强进行分辨；煤的燃烧反应性也可由谱图借助因子分析进行推断。因此，这种方法是一种有潜力的分析技术。只是仪器价格昂贵，较难推广应用，这是质谱表征参数成为分类指标的最大障碍。

6.6.3 滴管炉试验及其他

热天平研究的弱点在于其加热速度远远低于实际煤粉在锅炉中的燃烧速度。通常，煤在锅炉中的燃烧时间为1～2s，加热速度极快。滴管炉、沉降炉、卧式一维炉、四角炉等是模拟电站锅炉实际燃烧状况建立起来的热态试验台，其对煤燃烧特性的研究，优点在于更加接近实际燃烧状况，缺点是试验工作量大、操作复杂。

滴管炉（见图6-24）常用来研究煤的燃烧过程、燃尽特性与SO_2、NO_x和微量元素的排放特性。近年来，有的国家也开始用滴管炉来研究煤的积灰结渣特性，它也是获取实际燃烧动力学参数的有力手段。

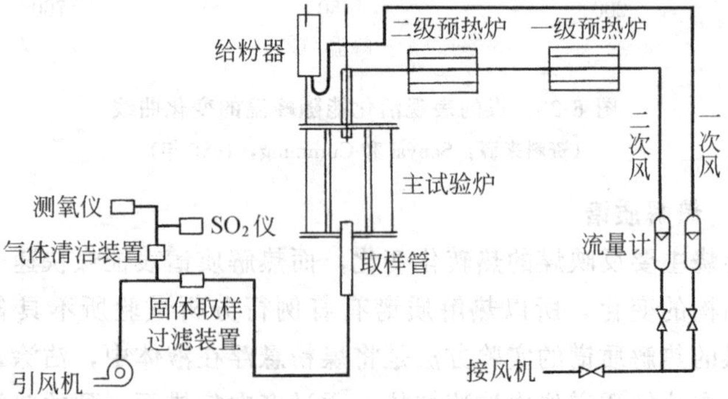

图6-24 滴管炉试验装置
（资料来源：熊友辉等，2000年）

沉降炉被用来研究煤的燃烧特性和污染物排放，其优点是易于控制和取样。为了评价煤的结渣性，在沉降炉的基础上，开发了卧式一维炉、四角切圆燃烧试验炉等。由于这些试验设备操作复杂，试验费用昂贵，影响了其推广应用。

近年来，国内外还开始对激光加热煤燃烧进行研究。激光加热如同热解质谱一样，能将煤颗粒迅速地加热到所需温度，煤燃烧颗粒的温度分布可以通过激光全息法测量。但是，对煤燃烧过程的定量解释还有待于相关技术的发展。

随着对煤性质的精确定量及对燃烧特性更深入的了解，有可能摆脱现有的传统方法，建立起一个通过煤组成分析的完整数学模型。这个模型可能提供一种能被普遍接受的、由煤组成对燃烧特性进行预测的相关关系。一旦这种模型建立起来之后，对世界各种煤都适用的燃烧实用分类将指日可待。

7 气化工艺与煤质

7.1 概 述

煤炭气化是煤化工利用、加氢气化、IGCC、煤炭液化等的龙头和基础，是煤转化的主导途径之一。

煤的气化工艺是在一定温度、压力下，用气化剂对煤进行热化学加工，将煤中有机质转变为煤气的过程。其涵义就是以煤、半焦或焦炭为原料，以空气、富氧（纯氧）、水蒸气、二氧化碳或氢气为气化介质，使煤经过部分氧化和还原反应，将其中所含碳、氢等物质转化成为一氧化碳、氢、甲烷等可燃组分为主的气体产物的多相反应过程。对此气体产品的进一步加工，可制得其他气体、液体燃料或化工产品。煤经过气化，使煤的潜热尽可能多地变为煤气的潜热。用煤气代替煤作为工业和民用燃料，除了可以提高煤的综合利用和热效率外，一个重要原因还在于可大大减轻煤燃烧时对环境的污染。因此煤的气化是当前洁净煤技术中首选项目之一。

前面在讨论煤的燃烧过程中，已经有许多部分涉及到煤的气化。在6.1.1“煤的燃烧过程与反应”中，介绍了伴随煤氧化燃烧发生的气化反应，如还原反应、变换反应和甲烷化反应。煤的燃烧过程包含有气化反应；煤的气化过程也伴随有煤的氧化燃烧反应。两者的不同在于流动介质的种类与数量、过程条件，以及最终目标产物的选择。近200年间，随着先后以空气、空气加水蒸气、氧气加水蒸气或氢气为气化剂和对气化用煤及煤气用途的选择等因素的影响，使煤气化技术经历了一个由低级向高级技术发展的演变过程。

煤质与气化特性之间的相关关系是十分复杂的，因为除煤本身性质外，还和气化介质、气化炉型与过程条件，以及最终产品的要求密切相关。

最简单而古老的气化方法是以空气为气化介质的固定床煤气化炉，它产生空气煤气，主要含 CO 和 CO_2，以及由煤中挥发物质生成的氢、甲烷，还有50%以上的氮气。这类煤气为各种加热炉、内燃机发电提供低级燃料。由于空气煤气热值低，这一方法的发展受到了限制。这类发生炉在实际操作中还发生因燃料层高温致使灰渣结块而无法运转的情况，因而必须在空气鼓风中加入一些水蒸气，使之发生水蒸气-碳之间的吸热反应。这一方面导致了反应床层温度降低，消除了结渣现象；另一方面使所产煤气中氢气含量增加。因此，采用空气加水蒸气作为气化介质，把空气煤气的制造方法转变为混合发生炉煤气的制造方法，这一气化技术在相当长一段时间内得到了很大发展。

基于水蒸气-碳之间反应过程的实际应用，导致水煤气生产技术的发展。迄今，它仍作为为生产合成氨、甲醇提供原料气的主要技术之一。但水煤气生产方法需用焦炭、无烟块煤或不黏煤为气化原料，过程操作是间歇式的，生产能力有限。

随着从空气中分离氧技术的成功，又相继出现了以氧加水蒸气为气化介质的气化方法，如温克勒气化、柯柏斯-托切克气化、德士古气化和鲁奇气化法等。这类气化技术可以实现连续生产，产气能力大，使那种间歇式的水煤气生产方法有了质的提高。接着，又发展了高压气化法，在较高的压力下操作可以强化生产过程，有利于甲烷的生成和实现用水洗涤方法除去 CO_2。为谋求更多地增加煤气中甲烷含量，在生产代用天然气时又出现了煤炭加氢（加压）气化技术。加压气化技术的出现是煤气化技术的重大进步。

煤炭气化技术虽有很多种不同的分类方法，但一般常用按生产装置化学工程特征分类方法进行分类，或称为按照反应器（气化炉）形式分类。气化工艺在很大程度上影响煤化工产品的成本和效率，采用高效、低耗、无污染的煤气化工艺（技术）是发展煤化工的重要前提，其中气化炉便是工艺的核心，可以说气化工艺的发展是随着气化炉的发展而发展的，为了提高煤气化的气化率和气化炉气中氧、氢、一氧化碳、二氧化碳相互间的反应，其中碳与氧的反应又称燃烧反应，提供气化过程的热量。

气化技术的发展方向是：①富氧气化，提高气化强度、煤气质量和气化效率，为此，要降低氧耗以降低成本；②提高操作压力，节省动力消耗；③扩大原料煤适用范围，特别是解决高灰、高硫等劣质煤的气化，以降低成本；④增加气化炉直径和容积，提高单炉产气量，生产大型化，有效回收热能；⑤对以水煤浆为原料的气化工艺，要改进水煤浆成浆技术，提高水煤浆中煤的浓度；⑥过程洁净化，防治或尽量减少焦油、酚水等污染物的生成。

7.2 气化工艺分类

气化工艺分类以燃料种类和形态，以及过程参数为依据。

① 以原料的形态为主进行分类，有固体燃料气化、液体燃料气化、气体燃料气化及固/液混合燃料气化等。

② 以入炉煤的粒级为主进行分类，有块煤气化（6～50mm）、小颗粒煤气化（0.5～6mm）、煤粉气化（小于 0.1mm）等。此外，入炉燃料以煤/油浆或煤/水浆形式的，均归入小粒煤和煤粉气化法中。

③ 以气化过程的操作压力为主进行分类，有常压或低压气化（0～0.35MPa）、中压气化（0.7～3.5MPa）和高压气化（7MPa）。

④ 以气化介质为主进行分类，有空气鼓风气化、空气-水蒸气气化、氧-水蒸气气化和加氢气化（以氢气为气化剂，由煤制取高热值煤气的过程）等。

⑤ 以排渣方式为主进行分类，有干式或湿式排渣气化、固态或液态排渣气化、连续或间歇排渣气化等。

⑥ 以气化过程供热方式进行分类，有外热式气化（气化所需热量通过外部加热装置由气化炉壁传入炉内）、内热式气化（气化反应所需热量通过气化炉内部释放出来）和热载体（气、固或液渣载体）气化。

⑦ 以入炉煤在炉内的过程动态进行分类，有移动床气化、流化床气化、气流（夹带）床气化和熔融床（熔渣或熔盐、熔铁水）

气化等（参见图 7-1）。

⑧ 以固体煤和气化介质的相对运动方向进行分类，有同向气化或称并流气化、逆流气化等。

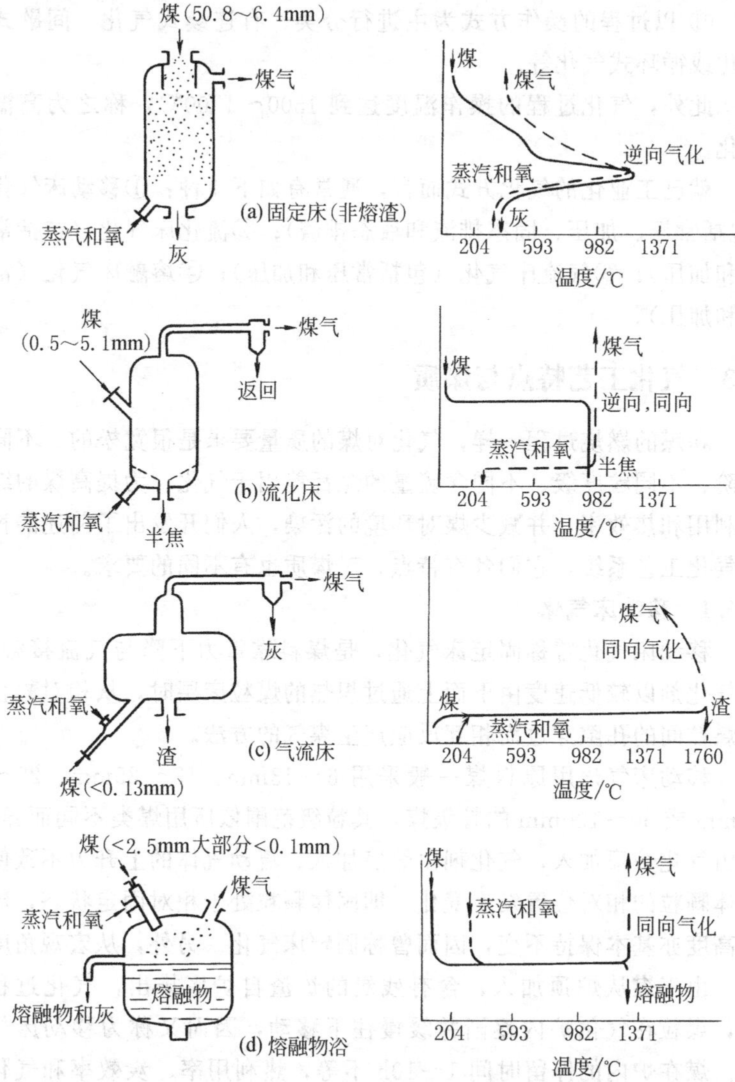

图 7-1　主要气化系统的分类和特征

⑨ 以反应的类型为主进行分类，有热力学过程、催化过程等。

⑩ 以过程的阶段性为主进行分类，有单段气化、两段（单筒、双筒）或多段气化等。

⑪ 以过程的操作方式为主进行分类，有连续式气化、间歇式气化或循环式气化等。

此外，气化过程的操作温度达到 1500～1700℃，称之为高温气化。

就已工业化的气化方式而言，通常有如下 4 种：①移动床气化（包括常压、加压、固态排渣和液态排渣）；②流化床气化（包括常压和加压）；③气流床气化（包括常压和加压）；④熔融床气化（常压和加压）。

7.3 气化工艺特点与煤质

和煤的燃烧过程一样，气化对煤的质量要求是很宽松的。不同煤阶、不同粒度级、不同含硫量的煤都能用于气化。为提高煤的综合利用和热效率，并减少煤对环境的污染，人们开发出了前述的种种气化工艺系统，它们各有特点，对煤质也有不同的要求。

7.3.1 移动床气化

移动床气化曾称固定床气化，是煤料靠重力下降与气流接触，或气化剂以较低速度由下而上通过炽热的煤粒床层时，从相对静止的煤粒间的孔隙穿过而相互反应产生煤气的方法。

移动床气化用原料煤一般采用 6～13mm、13～25mm、25～50mm 或 50～100mm 的粒级煤，其粒级范围依所用煤类不同而异。煤由气化炉顶加入，气化剂由炉底加入。流动气体的上升力不致使固体颗粒的相对位置发生变化，即固体颗粒处于相对固定状态，床层高度亦基本保持不变，因而曾称固定床气化。另外，从宏观角度看，由于煤从炉顶加入，含有残炭的炉渣自炉底排出，气化过程中，煤粒在气化炉内逐渐并缓慢往下移动，因而又称为移动床气化。煤在炉内的停留时间 1～10h 不等，热利用率、炭效率和气化效率都较高，但单炉产气能力低。黏结性煤一般不适于此类炉型，要用不黏结或弱黏结块煤，挥发分要高，灰分要低，灰熔融温度 ST 要大于 1200℃。气化用煤的挥发分高时，煤气产物中夹带有较多的焦油、酚水等物质，给煤气处理带来麻烦。移动床气化炉有常压和加压二类。常压移动床气化炉有混合煤气发生炉、水煤气发生炉和两段式气化炉。

移动床气化的特性是简单、可靠。同时由于气化剂于煤逆流接触，气化过程进行得比较完全，且使热量得到合理利用，因而具有较高的热效率。

移动床气化炉常见有间歇式气化（UGI）和连续式气化（鲁奇 Lurgi）2 种。前者用于生产合成气时要采用无烟煤或焦炭为原料，以降低合成气中 CH_4 含量，国内有数千台这类气化炉，弊端颇多；后者国内有 20 多台，多用于生产城市煤气，该技术所含煤气初步净化系统极为复杂，目前来看，它不是公认的首选技术。

（1）移动床间歇式气化炉（UGI）

以块状无烟煤或焦炭为原料，以廉价的空气和水蒸气为气化剂，不用氧气，在常压下生产合成原料气或燃料气。该技术是 20 世纪 30 年代开发成功的，投资少，容易操作，但气化率低、原料单一、能耗高，间歇制气过程中，大量吹风气排空，每吨合成氨吹风气放空多达 5000m^3，放空气体中含 CO、CO_2、H_2、H_2S、SO_2、NO_x 及粉灰；煤气冷却洗涤塔排出的污水含有焦油、酚类及氰化物，造成环境污染。我国中小化肥厂有 900 余家，多数厂仍采用该技术生产合成原料气，占化肥行业大半个天下。随着能源政策和环境的要求越来越高，不久的将来，会逐步为新的煤气化技术所取代。

（2）鲁奇气化炉

20 世纪 30 年代德国鲁奇（Lurgi）公司开发成功移动床连续块煤气化技术，由于其原料适应性较好，单炉生产能力较大，在国内外得到广泛应用。气化炉压力 2.5～4.0MPa，气化反应温度 800～900℃，固态排渣，气化炉已定型（MK-1 型到 MK-5 型），其中 MK-5 型炉，内径 4.8m，投煤量 75～84t/h，粗煤气产量 $(10～14)\times10^4m^3/h$。煤气中除含 CO 和 H_2 外，含 CH_4 高达

10%～12%，可作为城市煤气、人工天然气、合成气使用。缺点是气化炉结构复杂、炉内设有破黏和煤分布器、炉箅等转动设备，制造和维修费用大；入炉煤必须是块煤，原料煤源受一定限制；出炉煤气中含焦油、酚等，污水处理和煤气净化工艺复杂、流程长、设备多、灰渣含碳5%左右。针对上述问题，1984年鲁奇公司和英国煤气公司联合开发了液态排渣气化炉（BGL），特点是气化温度高，灰渣成熔融态排出，炭转化率高，合成气质量较好，蒸汽耗量低，煤气化产生废水量小并且处理难度小，单炉生产能力同比提高3～

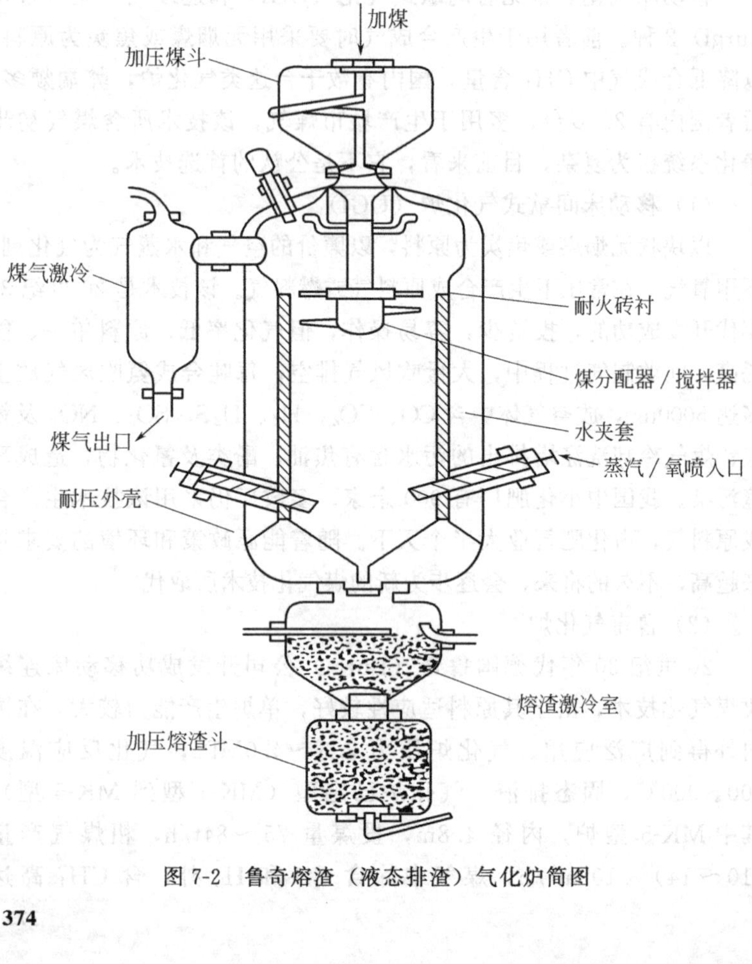

图7-2　鲁奇熔渣（液态排渣）气化炉简图

5倍，能达到3600t/d以上，尤其适合于灰熔融温度低的煤，是一种有发展前途的气化炉。图7-2示出英国煤气公司/鲁奇熔渣（液态排渣）气化炉简图。目前已由云南某厂引进，在该厂ϕ2.8m炉改造的锥形炉上试运行；成功后，将在ϕ3.8m的MK-Ⅳ型液态排渣炉上试运行，日处理煤量将达到1000～1200t/d。

表7-1列出这两种鲁奇炉各自的优缺点及应用实例。

表7-1　固态和液态排渣鲁奇炉的优缺点比较

技术名称	优　点	缺　点	应用实例
固态排渣鲁奇炉	原料煤适应性较好；单炉生产能力较大；气化压力较高；合成气氢炭比适中；气化低煤阶煤时，可得到焦油、中油、轻油、粗酚、氨等副产品	煤气化产生废水量大并且处理难度大；合成气质量较差（含10%左右甲烷）	生产合成氨原料气（如云南解放军化肥厂及山西天脊化肥厂）；生产城市煤气并联产甲醇；生产合成燃料和化学品（南非Sasol公司）
液态排渣鲁奇炉	气化温度高；灰渣呈熔融态排出；炭转化率高；合成气质量较好；煤气化产生废水量小并且处理难度小；单炉生产能力同比提高3～5倍		英国煤气公司的西田厂有两台液态排渣鲁奇炉（ϕ1.84m及ϕ2.3m）；德国有一台ϕ2.8m液态排渣鲁奇炉在运行。国内云南某厂已引进该技术

由上可见，鲁奇气化炉的特点：①用氧与蒸汽为气化介质，操作压力2.0～4.0MPa，气化用煤粒度较小，为6～20mm，小于6mm煤粉需要特殊处理；②气化反应速度比常压固定床快，容积气化效率高；③只需压缩相当于煤气总体积20%～30%的氧气，当所产煤气供作化工合成用时，这样可以大大节省煤气压缩费，而且这类煤气可以远程输送而无需加压；④原料适应性广，褐煤、次烟煤、型煤和活性低的中高水分、高灰分的煤以及有一定黏结性的煤均可气化；⑤气化过程的氧气消耗低；⑥因在压力下操作，气流

速度低，煤气中粉尘带出物大大减少；⑦生成煤气中，甲烷含量较高，适于作城市煤气。

北京煤化所曾开发研究了 ϕ650mm 的加压移动床中试气化装置，先后进行了沈北、蔚县、黄县、依兰、窑街等 5 个煤种的半工业性试验，考察了设备运行可靠性、稳定性、数据重现性及加压气化装置实际运行技术，所得试验结果也为加压煤气工程的可行性研究及设计提供了技术依据。

中试装置的气化炉内径为 650mm，燃料层高度为 2m，运行压力为 2～2.5MPa，气化强度（煤气）为 850～1500$m^3/(h \cdot m^2)$，耗煤量为 200～500kg/h。ϕ650mm 炉试验操作稳定，结果重现性好，取得的数据完整可靠。依兰煤先后在该气化炉上和原东德的 ϕ3.6m 气化炉上进行了半工业和工业性试验，试验的主要结果对照见表 7-2 中括弧内数值表示折算到无水无灰基煤时的指标值。

对照表 7-2 中的试验结果，可见其一致性很好。因此，包括其他煤种的试验在内的中试都获得了良好的结果。依兰煤、窑街煤的试烧结果分别用于哈尔滨煤气厂和兰州煤气厂的煤气工程可行性研究和设计中。

表 7-2　依兰煤在工业气化炉和中试气化炉装置上试验结果对照

项　目		原东德 ϕ3.6m	北京煤化所 ϕ650mm
较佳汽氧比/($kg \cdot m^{-3}$)		5.0	5.0
粗煤气产率/($m^3 \cdot kg^{-1}$)		1.136(1.940)	1.480(1.940)
焦油产率/[kg·(100kg 煤)$^{-1}$]		6.710(10.110)	7.717(9.420)
氧耗/[m^3·(kg 煤)$^{-1}$]		0.224(0.332)	0.220(0.290)
汽耗/[kg·(kg 煤)$^{-1}$]		1.105(1.640)	1.110(1.460)
粗煤气成分/%	H_2	41～42	39～41
	CO	18～20	20～21
	CH_4	8.5～9.0	9.5～10.5
	C_mH_n	1.2～1.5	1.12
	CO_2	26～29	27.6～28.6
	O_2	0.1～0.2	0.37

注：资料来源为彭万旺等，2000 年。

此外，还开发了 ϕ100mm 固定床气化小型试验装置，并进行了相应的加压低温干馏、加压活性和加压结渣性、煤加氢气化和加压气化的试验。小型气化炉运行压力一般为 3.0MPa，气化炉高度为 3.5m。曾对窑街、黄县等 20 余种煤进行气化试验，表 7-3 示出窑街煤、黄县煤在 ϕ100mm 和在 ϕ650mm 气化炉上的试验结果，以资对比。对比小试和中试结果可见，小试操作所用汽氧比要比中试的要小，这是由于小规模气化炉较大的散热效果所致。在煤气组成中，小试所得的甲烷含量较中试的数据低，这与小试气化炉中料层厚度较薄有关，煤干馏层升温速度较快和加氢过程不充分，使甲烷含量降低。也由于小炉体散热较大，在蒸汽消耗的同时，单位煤气氧耗小试结果比中试的要高。

表 7-3 窑街煤和黄县煤在中试和小试装置上试验结果对照

项　　目		窑街煤	窑街煤	黄县煤	黄县煤
气化炉直径/m		100	650	100	650
操作压力/MPa		2.0	2.0	2.0	2.0
较佳汽氧比/(kg·m^{-3})		4.5	6	5.4	7.5
粗煤气成分/%	H_2	38.12	39.34	36.7	38.42
	CO	20.36	16.87	15.37	14.33
	CH_4	7.87	10.06	8.3	11.86
	CO_2	32.36	32.67	37.9	33.4
	O_2	0.08	0.3	0.53	0.3
	N_2	0.46	0.2	0.45	0.55
煤气产率①/(m^3·kg^{-1})		2.01	2.02	1.95	1.98
焦油产率①/(g·kg^{-1})		5.21	5.80	4.60	5.59
汽耗/[kg·(m^3 煤气)$^{-1}$]		1.54	1.53	1.70	1.82
氧耗/[m^3·(m^3 煤气)$^{-1}$]		0.28	0.23	0.29	0.24

① 为无水无灰基数据。

注：资料来源为彭万旺等，2000 年。

褐煤用于固定床加压气化是提升其使用价值的有效措施。通过对我国 7 种褐煤［小龙潭、黄县、沈北、东北某地（简记东北）、扎赉诺尔、舒兰和先锋］的煤质特性分析，并从不同直径的固定床加压气化炉中，获得了褐煤的各项气化技术经济指标。

小龙潭褐煤的工业分析和元素分析数据取自云南开远解放军化

肥厂；黄县、沈北、东北、扎赉诺尔和先锋褐煤的典型煤样基本分析化验结果来自国家煤炭质量监督检测中心。主要分析数据列于表7-4中。表中6种褐煤的共同特点是：挥发分干燥无灰基V_{daf}均大于40%（小龙潭V_{daf}大于60%，黄县V_{daf}大于46%，沈北V_{daf}大于49%，东北V_{daf}大于43%，扎赉诺尔V_{daf}大于45%，先锋V_{daf}大于47%）。从工业分析结果看，小龙潭褐煤全水分含量最高，依次

表 7-4 6 种褐煤煤质特性

指标		煤种					
		小龙潭	黄县	扎赉诺尔	先锋	沈北	东北某地
工业分析/%	M_t	35.30	29.75			18.74	32.00
	M_{ad}	18.09	20.62	16.05	18.17	17.73	7.54
	A_{ad}	17.08	8.07	11.07	1.72	28.51	11.28
	V_{ad}	39.02	32.87	33.41	38.27	26.41	35.03
	FC_{ad}	29.70	34.02	39.47	41.84	27.35	46.15
$Q_{gr,ad}$/MJ·kg^{-1}		15.33	18.90	20.20	22.03	15.15	23.89
元素分析/%	C_{ad}	45.50	53.48	51.97	56.17	38.37	63.11
	H_{ad}	2.78	3.73	3.38	3.83	2.89	3.94
	N_{ad}	1.11	1.37	1.12	1.72	0.96	0.86
	$S_{t,ad}$	1.79	0.69	0.25	0.33	0.64	0.23
	O_{ad}	15.94	12.06	15.71	18.12	10.90	13.04
灰熔融性/℃	DT	1180	1070	1100	1200	1030	1040
	ST	1255	1130	1130	1330	1460	1120
	HT						1140
	FT	>1300	1230	1190	1400	1480	1150
反应性/%	1000℃		97.80			93.50	100.00
	1050℃		98.40				100.00
灰成分/%	SiO_2	20.44	40.57			50.42	54.94
	Al_2O_3	14.01	18.71			27.69	14.73
	Fe_2O_3	8.95	5.31			8.00	6.51
	CaO	39.20	12.01			3.58	11.27
	MgO	3.50	3.28			1.68	2.21
	SO_3	12.68	11.60			2.78	3.69
	TiO_2	0.55	0.05			1.96	1.17
	Na_2O	0.02	3.05				0.87
	K_2O	0.05	1.07				0.35

注：资料来源为戢绪国等，2003年。

递减的顺序是，小龙潭褐煤、东北褐煤、黄县褐煤和沈北褐煤。内在水分含量最高的为黄县褐煤，最低的为东北褐煤，而且差别很大。灰分含量沈北褐煤大于20%，属于固定床气化三级用煤。小龙潭褐煤为中等含灰煤，属于固定床气化二级用煤。黄县、东北、扎赉诺尔和先锋褐煤含灰低，属于固定床气化一级用煤，其中先锋褐煤为特低含灰煤。挥发分含量小龙潭褐煤最高，沈北褐煤最低，最高挥发分与最低挥发分相差12%～13%。

从元素分析结果看，固定碳含量最高的是东北褐煤，最低为沈北褐煤。硫含量小龙潭褐煤较高，为三级固定床气化用煤；黄县和沈北褐煤硫含量为二级固定床气化用煤；扎赉诺尔、东北和先锋褐煤硫含量低，为一级固定床气化用煤。这3种煤为低硫煤，预示着该3种煤气化后，煤气脱硫设备相对简单，建厂投资会相应降低。

煤的高位热值东北褐煤最高为23.89MJ/kg，沈北褐煤最低为15.15MJ/kg，这与它们的固定碳含量高低相一致，固定碳含量高，相对煤炭热值也高。灰熔融性温度软化温度沈北褐煤最高，其次为先锋和小龙潭褐煤（但小龙潭褐煤也属于较低灰熔融性温度煤），黄县、东北和扎赉诺尔褐煤为低灰熔融性褐煤，这可从灰成分分析结果看出。小龙潭褐煤 CaO 含量较高（因入炉煤中含矸石2%～7%，煤矸石是氧化钙的富集物），黄县和东北褐煤 CaO 含量也高一些。CaO 属于碱性氧化物，碱性氧化物高，则灰熔融性温度就低。因此，这3种褐煤灰熔融性温度较低。沈北褐煤由于酸性氧化物（SiO_2 和 Al_2O_3）含量较高，因此，灰熔融性温度较高。几种褐煤的反应活性都很高，其中沈北褐煤的反应活性稍低，预示着，对于煤种的加压气化，该煤在工业或半工业气化炉中，可维持相对较低的汽氧比操作，以保持较高的气化炉温，取得较好的气化效果。

总之，从煤炭气化角度分析，由于沈北褐煤和小龙潭褐煤灰分含量较高属于劣质褐煤，而黄县、东北、扎赉诺尔和先锋褐煤灰分含量相对较低，固定碳含量相对较高，气化效果要优于前两种褐煤。

褐煤加压气化数据取自3种不同的气化装置：小龙潭褐煤试验数据取自云南开远解放军化肥厂 ϕ2740mm 工业气化炉，黄县和沈北褐煤试验数据取自北京煤化学研究所 ϕ650mm 和 ϕ100mm 加压气化炉，而东北、扎赉诺尔、舒兰和先锋褐煤试验数据取自北京煤化学研究所由美国引进的 ϕ100mm 加压固定床气化小试试验装置。3套固定床加压气化装置各具特点。工业上应用的加压气化炉气化各处理单元复杂，无论是备煤、气化剂预备，还是后续处理系统，一应俱全，主要目的是满足工业及环保的需要。半工业中间试验装置 ϕ650mm 加压气化炉，工艺流程较为复杂，主要是为建设煤气厂进行前期煤种试烧，煤气及其副产品分析比较全面，可为可行性研究提供比较完整的数据。而实验室 ϕ100mm 加压固定床气化小试试验装置，相对流程较为简单，但试验只需少量煤炭，相对费用较低，而试验结果接近工业或半工业试验装置水平，可为建设煤气厂可行性研究提供重要的参考依据。

表7-5分别列出了7种褐煤加压气化的各项气化技术经济指标。

比较7种褐煤在不同的加压气化装置中的试验结果，可以看出，7种褐煤各有特点。东北褐煤由于灰熔融性温度最低，在 ϕ100mm 固定床加压气化小试装置中所用汽氧比最高，达 8.2 kg/Nm^3，达到工业或半工业中间试验装置水平；黄县褐煤的灰熔融性温度比东北褐煤稍低，在 ϕ650mm 半工业中间试验装置中所用汽氧比为 7.8kg/Nm^3；随后是小龙潭褐煤在工业装置中的汽氧比为 7.0kg/Nm^3；沈北褐煤由于反应活性稍低，而灰熔融性温度在7种褐煤中最高（ST 达 1460℃），为了取得最好的气化效果，因而在半工业中间试验装置中所用汽氧比为 6.5kg/Nm^3。从表中可以看出，扎赉诺尔、黄县、沈北和先锋褐煤在 ϕ100mm 固定床加压气化小试装置中的汽氧比要比工业（ϕ2740mm）或半工业（ϕ650mm）气化炉中的低 2～3kg/Nm^3。

煤气产率与原煤固定碳含量高低相一致，但也与所用气化装置

表 7-5　7 种褐煤加压气化试验结果

指标		煤样								
		小龙潭	黄县		沈北		东北某地	扎赉诺尔	舒兰	先锋
气化炉直径/mm		2740	650	100	650	100	100	100	100	100
操作压力/MPa		2.5～3.0	2.0	2.1	2.0	2.1	2.5	2.1	2.0	2.1
入炉煤粒度/mm		5～100	10～40	6～13	10～40	6～13	6～13	6～13	6～13	6～13
原煤发热量/$MJ\cdot kg^{-1}$		15.33	18.90	18.90	15.15	15.15	23.89	20.20		22.03
汽氧比/$kg\cdot Nm^{-3}$		7.0	7.8	5.4	6.5	3.9	8.2	5.0	6.4	4.1
灰熔 ST/℃		1255	1130	1130	1460	1460	1120	1130	1500	
融性 FT/℃		>1300	1230	1230	1480	1480	1150			
气化强度/$kg\cdot(m^2\cdot h)^{-1}$		1349	943	490	1048	986	1080	595	240	619
粗煤气组成	CO_2/%	33.44	34.00	37.90	31.29	29.32	35.15	31.96	31.20	33.02
	H_2S/%	0.80	0.31		0.38	0.13	0.10			
	C_nH_m/%	0.84	0.89		0.65	0.62	0.72			
	CO/%	14.00	13.98	15.37	15.64	20.84	11.44	17.87	16.60	23.88
	H_2/%	40.69	38.11	36.70	40.99	40.36	42.55	39.50	41.50	32.05
	CH_4/%	9.92	11.71	8.30	10.75	8.05	8.42	8.84	8.30	9.41
	N_2/%	0.31	0.59	0.45	0.37	0.47	1.33		1.70	
	O_2/%	0.20	0.30	0.53	0.40	0.17	0.32	0.13	0.40	0.14
煤气低热值/(MJ/Nm^3)		10.20	10.77	9.11	10.81	9.63	9.79	9.90	9.83	9.96
冷煤气效率/%		79.20	79.29	67.96	78.20	73.96	77.12	80.04	69.92	69.94
氧耗/(Nm^3/Nm^3 煤气)		0.117	0.159	0.245	0.134	0.203	0.110	0.213	0.148	0.331
汽耗/(kg/Nm^3 煤气)		0.82	1.21	1.32	0.87	0.79	0.94	1.06	0.96	1.36
产气率/(Nm^3/kg 煤)		1.07	1.26	1.56	0.97	1.24	1.28	1.40	0.94	1.36

注：资料来源为戢绪国等，2003 年。

和操作条件密切相关。相同的煤样，煤气产率在 ϕ100mm 固定床加压气化小试装置中要比工业或半工业装置中高出 25%左右，东北褐煤固定碳含量（FC_{ad}：46.15%），在小试装置中所得煤气产率 1.28Nm^3 煤气/kg 煤；先锋褐煤固定碳含量（FC_{ad}：41.84%），在小试装置中所得煤气产率 1.36Nm^3 煤气/kg 煤；扎赉诺尔褐煤固定碳含量（FC_{ad}：39.47%），在小试装置中所得煤气产率 1.40Nm^3 煤气/kg 煤；黄县褐煤固定碳含量（FC_{ad}：34.02%），在小试装置中所得煤气产率 1.56Nm^3 煤气/kg 煤，在半工业装置中所得煤气产率 1.26Nm^3 煤气/kg 煤；沈北褐煤固定碳含量最低（FC_{ad}：27.35%），在半工业装置中所得煤气产率 0.97Nm^3 煤气/kg 煤，在小试装置中所得煤气产率 1.24Nm^3 煤气/kg 煤；小龙潭褐煤固定碳含量（FC_{ad}：29.70%），在工业装置中所得煤气产率 1.07Nm^3 煤气/kg 煤；舒兰褐煤在小试装置中所得煤气产率 0.94Nm^3 煤气/kg 煤。

粗煤气组成主要与原煤性质有关，但也与气化炉型和操作条件密不可分。从表 7-5 中所列数据可以看出，由于煤样煤质的差别和所用气化装置以及操作条件不同，所得粗煤气各主要组成在工业或半工业装置中差别较小：CO_2 含量31%～34%、CO 含量 14%～16%、H_2 含量 38%～41%、CH_4 含量 9.9%～12%；粗煤气低位热值在 10.2～10.8MJ/Nm^3 之间。在小试装置中差别较大，煤气的主要组成 CO_2 含量 29%～38%、CO 含量 15%～21%、H_2 含量 32%～41%、CH_4 含量 8%～9.4%；粗煤气低位热值在 9.1～9.9MJ/Nm^3 之间。粗煤气中 H_2S 含量主要与原煤中硫含量有关，原煤含硫最高的小龙潭褐煤所产粗煤气 H_2S 含量最高（0.84%）；而原煤硫含量最低的东北褐煤粗煤气中 H_2S 含量不到 0.10%。在工业或半工业装置中，褐煤冷煤气气化效率相近 78%～79%，而在小试试验装置中差别较大 68%～80%。就气化强度而言，半工业中间试验装置与工业装置差别较大［943～1349kg/(m^2·h)］；在小试装置中差别更大［240～1080kg/(m^2·h)］。氧耗工业或半工业装置中为 0.117～0.159Nm^3/Nm^3 煤气；小试装置中为0.11～

0.331Nm^3/Nm^3 煤气，差别较大。汽耗在工业或半工业装置中为 0.82～1.21kg/Nm^3 煤气；在小试装置中为 0.79～1.36kg/Nm^3 煤气。

小试和工业或半工业装置其所以在汽氧比、煤气组成等方面存在差别，主要是因为小试装置炉膛直径较小，散热损失较大，为了维持合理的操作炉温，所以汽氧比较低。也由于该原因，小试所产粗煤气热值要低一些，冷煤气气化效率相对低一些。

由 7 种褐煤煤质性质得出以下加压气化的一般规律有：

褐煤加压气化的汽氧比与原煤的灰熔融性温度有关，也与气化装置和操作条件有关。工业或半工业装置中一般在 6.5～8.2 kg/Nm^3之间；小试装置中在4.0～8.2kg/Nm^3 之间。

煤气产率主要受原煤固定碳含量的影响，大致在 0.95～1.56Nm^3 煤气/kg 原料煤之间。

粗煤气组成：工业或半工业装置中，CO_2：31%～34%；CO：14%～16%；H_2：38%～41%；CH_4：9%～12%；小试装置，CO_2：29%～38%；CO：11%～21%；H_2：37%～43%；CH_4：8%～9.5%；粗煤气热值：9.1～11.0MJ/Nm^3。

冷煤气效率：68%～80%。

氧耗：0.11～0.33Nm^3/Nm^3 煤气；汽耗：0.8～1.36kg/Nm^3 煤气。

气化强度：工业或半工业装置：940～1350$kg/(m^2 \cdot h)$；小试装置：240～1100$kg/(m^2 \cdot h)$。

移动床气化工艺是个长期经过生产验证的成熟气化工艺，和当前不少热衷于气流床气化工艺相比，确实存在不少缺憾。但是必须指出：在选择气化工艺时，一定要考虑煤质特征。要知道在现实生产中，没有一种气化工艺是万能的，只有依据煤质特性去寻找合适的气化工艺。举例来说，当地煤矿生产出许多块煤，块煤率高，热稳定性好的煤就要考虑有没有必要把这些块煤都去磨成细粉或制成水煤浆而选用气流床气化。因为煤粉碎、干燥及高氧耗都需要大量的设备投资以及动力和热能消耗，加上气流床气化工艺的一些特殊要求，就需要我们多方权衡利弊，选好适合于本原料煤煤质特征的气化工艺，不要对移动床气化工艺轻言放弃或拒绝。

7.3.2 流化床气化

流化床气化又称沸腾床气化。由向上移动的气流使煤料在空间呈沸腾状态的气化过程。气化剂以一定速度由下而上通过煤粒（0～8mm）床层，使煤粒浮动并互相分离，当气流速度继续增大到一定程度时，出现了煤粒与流体间的摩擦力和它本身的质量相平衡，这时煤粒悬浮在向上流动的气流中作相对运动，犹如沸腾的水泡一样，称为沸腾床。流化床气化又被分为鼓泡床（即沸腾床）和循环床二种。后者的床内气流速度为前者的2～5倍。

以蒸汽和氧气为气化介质时，流化床气化可生产供化工合成的原料气；以空气和水蒸气为气化介质时，则生产低热值的燃料气。

流化床气化能得以迅速发展的主要原因在于：①生产强度较固定床大；②直接使用小颗粒碎煤为原料，适应采煤技术发展，避开了块煤供求矛盾；③对煤种煤质的适应性强，可利用如褐煤等高灰劣质煤作原料。因为它以小颗粒煤为气化原料，这些细颗粒在自下而上的气化剂的作用下，保持着连续不断和无秩序的沸腾和悬浮状态运动，迅速地进行着混合和热交换，其结果导致整个床层温度和组成的均一。

我国在20世纪50年代，就从前苏联援建的吉林化肥和艺州化肥厂项目中将ГИАП-4型炉引进了8台套，即原德国温克勒流化床气化工艺的改进型，生产运行了十余年，后因原料路线的变化改用重油气化；在朝鲜则改进成无炉箅的常压“恩德气化炉”，同样成功地运行数十年，近来在我国淮北、黑化、长山等化肥厂也建成投产，除灰渣含碳量在控制上不太稳定外，运行情况良好。已设计出单炉产粗煤气最大为40000Nm^3/h的恩德炉，正在进行工业示范与推广。

典型的流化床气化炉是温克勒（Winkler）流化床气化炉，它是采用常压或加压沸腾床的气化装置，煤粒在炉内的停留时间以分计。流化床气化有循环流化床（CFB）、加氢气化法（Hyxgas）、合成甲烷法（Syn-thane）、灰熔聚法（如U-gas）、CO_2-受体法和CO-煤气化法等。

(1) 循环流化床气化炉（CFB）

鲁奇公司开发的循环流化床气化炉（CFB）可气化各种煤，也可以用碎木、树皮、城市可燃垃圾作为气化原料，水蒸气和氧气作气化剂，气化比较完全，气化强度大，是移动床的2倍，碳转化率高（97%），炉底排灰中含碳2%～3%，气化原料循环过程中返回气化炉内的循环物料是新加入原料的40倍，炉内气流速度在5～7m/s之间，有很高的传热传质速度。气化压力0.15MPa。气化温度视原料情况进行控制，一般控制循环旋风除尘器的温度在800～1050℃之间。鲁奇公司的CFB气化技术，在全世界已有60多个工厂采用，正在设计和建设的还有30多个工厂，在世界市场处于领先地位。

CFB气化炉基本是常压操作，若以煤为原料生产合成气，每公斤煤消耗气化剂水蒸气1.2kg，氧气0.4kg，可生产煤气1.9～2.0m^3。煤气成分$CO+H_2>75\%$，CH_4含量2.5%左右，$CO_2$15%，低于德士古炉和鲁奇MK型炉煤气中CO_2含量，有利于合成氨的生产。

(2) 灰熔聚流化床粉煤气化技术

灰熔聚煤气化技术以小于6mm粒径的干粉煤为原料，用空气或富氧、水蒸气作气化剂，粉煤和气化剂从气化炉底部连续加入，在炉内1050～1100℃的高温下进行快速气化反应，被粗煤气夹带的未完全反应的残碳和飞灰，经两级旋风分离器回收，再返回炉内进行气化，从而提高了碳转化率，使灰中含碳量降低到10%以下，排灰系统简单。粗煤气中几乎不含焦油、酚等有害物质，煤气容易净化，这种先进的煤气化技术中国已自行开发成功。该技术可用于生产燃料气、合成气和联合循环发电，特别用于中小氮肥厂替代间歇式移动床气化炉，以烟煤替代无烟煤生产合成氨原料气，可以使合成氨成本降低15%～20%，具有广阔的发展前景。

上海焦化厂从美国煤气工艺研究所（IGT）引进U-GAS工艺（120t煤/d）于1994年11月开车，长期运转不正常，已于2002年初停运。中科院山西煤化所开发的ICC灰熔聚气化炉，于2001年在陕西城固化肥厂进行了100t/d制合成气工业示范装置试验，运行得很成功，累计运行8000h以上，所产煤气满足合成氨生产需要。灰渣含碳量可控制在6%～8%以下。气化温度比常规流化床炉高些，用煤范围广。CFB、PFB可以生产燃料气，但国际上尚无生产合成气先例；Winkler已有用于合成气生产案例，但对粒度、煤种要求较为严格，甲烷含量较高（0.7%～2.5%），而且设备生产强度较低，已不代表发展方向。

流化床气化特点是：①能气化的煤种较多，褐煤及低煤阶烟煤更为合适，也能气化含灰30%～50%的高灰煤，含水煤无需干燥，但对强黏结煤需要预处理破黏；②无副产焦油、重质烃类等物质；③单炉生产能力大，空气鼓风时，单台炉每天可气化700t煤，当操作压力提高到0.3MPa，气化煤量可达1100t/d，如使用氧气作气化剂，在上述相应条件下，气化能力分别为1000t/d和1500t/d；④负荷调节性好，一台设计产气$5\times10^4m^3/d$的气化炉，也可在$1.4\times10^4m^3/d$范围内运行，并不影响气化效率，且因床内积存有大量的煤，负荷的突然提高或降低，几乎都可瞬间实现；⑤启动和停车容易，安全性好；⑥对U-gas法最终温度应严格控制，以保证煤灰熔聚成团。

流化床气化的缺点是，煤气带出物较多，小于1mm的煤粉几乎都逸出炉外，对于无烟煤及灰熔融温度高的煤不太合适。目前已开发一种在高温、加压下操作的高温温克勒炉，简称HTW。

(3) 高温温克勒炉

在常压温克勒炉的基础上，德国曾开发高温温克勒炉（HTW）气化工艺，通过提高气化温度与压力，使气化炉大型化，压力可达900kPa，试验中还曾到2.5MPa，借以提高生产能力并得到高压合成气，以节省后续工段合成气的压缩能耗。最大的示范装置处理褐煤量达2840t/d，以空气为气化剂，即1996年投入运行的IGCC项目，合计发电367MW，总发电效率为45%（图7-3）。

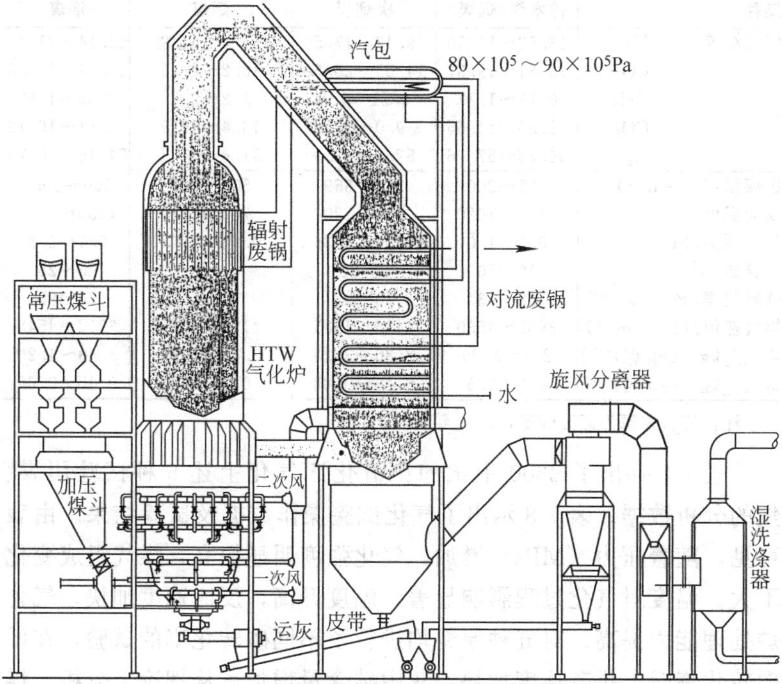

图7-3　高温温克勒气化炉（HTW）简图

作为举例，表7-6列出 ϕ300mm 中试加压流化床气化技术和相关气化技术的试验结果。试验炉密相段内径为300mm，设计压力为2.5MPa，试验操作压力为1.0MPa，产气量为500～800m³/h。进行了冶金焦、化工焦、神木煤、大同煤等5种原料的气化试验。工艺试验分别进行了部分气化和完全气化2种操作模式，在进行完全气化操作时，获得了灰熔聚排灰，气化炉灰渣含碳小于10%，空气气化煤气热值可达4.5MJ/m³。由表7-6可见该气化炉试验所得气化特性数据与同类型的中试气化炉的试验结果基本相同。

表 7-6 流化床粉煤气化结果对照

项　　目		北京煤化所	美国 IGT U-gas 法	美国 KRW 灰团聚加压流化床	山西煤化所 灰团聚法
气化炉内径/m		0.3	0.9	1.2(外径)	1
煤种		神木煤(烟煤)	次烟煤	烟煤	烟煤
煤气组成/%	H_2	13.53～16.56	9.47～17.50	11.4～11.9	12.14～21.42
	CO	13.81～19.37	14.55～20.50	16.2～21.5	10.21～15.38
	CH_4	0.72～1.37	0.21～1.0	1.2～2.2	0.86～1.68
	CO_2	8.38～11.65	9.0～10.9	13.4～16.9	11.81～16.72
	N_2	54.33～57.96	52.9～63.9	51.6～53.3	54.16～60.79
进煤量/($kg \cdot h^{-1}$)		105～200	281～359	500～780	500～1050
反应温度/℃		945～1020	950～1200	760～1040	1060～1100
气化压力/MPa		0.5～1.0	0.16～0.39	0.98～1.67	0.1～0.3
灰含碳/%		10～50	5～30	—	5～25
碳转化率/%		52～93	70～98	—	70～90
煤气热值/($MJ \cdot m^{-3}$)		3965～4530	4436～4585	4195～4375	3912～4548
空气/[kg·(kg 煤)$^{-1}$]		2.1～3.85	2.80～3.25	2.49～4.33	3.48～4.26
蒸汽/[kg·(kg 煤)$^{-1}$]		0.3～0.5	0.46～0.83	0.2～0.5	0.45～0.65

注：资料来源为彭万旺等，2000 年。

表 7-7 列出了 ϕ300 中试加压流化床气化上述 5 种试验用煤、焦的分析数据。表 7-8 示出了气化试验操作数据及试验结果。由表可见，随着压力（MPa）增加，气化强度明显提高，煤气组成变化不大。温度对气化过程影响显著，温度升高，反应速度加快，气化炉处理能力提高。对五种原料均进行了不同碳转化率的试验，在低碳转化率时，排灰速度加快，灰中碳含量增加。从理论上分析，煤气中挥发分占比例大，但 CH_4 含量并不高，分析原因是原料煤从气化炉底部加入，气化炉温度高且均匀，煤快速干馏使 CH_4 含量变低。神木煤、大同 2 号煤在 1000℃以下气化时，煤气热值达 4MJ/m^3，神木煤在 1000℃气化时煤气热值达 4.5MJ/m^3，如增加蒸汽过热，空气预热等措施，煤气热值还可提高。活性低的原料，其气化煤气热值也偏低。

由于炉内温度均匀，气化原料又加到高温料层中，使原料的干燥和干馏过程在高温下同时完成，因此煤气中 CH_4 含量较低，冷凝水中无油类产生，有机酚类的浓度同固定床气化相比要低得多，总酚含量为 810mg/m^3，这充分体现出流化床气化的优点。

表 7-7 5种气化原料分析数据

项 目		焦炭	半焦	神木	大同1号	大同2号
工业分析/%	M_t	4.30	2.40	7.80	7.00	4.40
	M_{ad}	2.76	1.72	6.99	5.69	4.02
	A_{ad}	16.26	13.58	7.16	20.10	15.26
	V_{ad}	4.50	4.62	30.13	23.55	11.99
	$S_{t,ad}$	0.49	0.68	0.30	0.51	0.50
	$Q_{gr.ad}$/(MJ/kg)	26.99	28.26	28.01	24.36	26.62
灰熔融温度/℃	DT	1440	1430	1210	1320	1390
	ST	1460	1470	1270	1380	1420
	FT	1480	1490	1290	1400	1450
元素分析/%	C_{ad}	76.94	80.42	70.30	61.16	72.54
	H_{ad}	0.58	0.73	3.78	3.09	1.73
	O_{ad}	0.81	1.57	9.64	7.48	5.00
	N_{ad}	0.62	0.62	1.02	0.66	0.57
	S_{ad}	0.49	0.68	0.30	0.51	0.50

注：资料来源为逄进等，1998年。

表 7-8 气化试验条件及结果

气化原料		焦炭	半焦	大同1号	大同2号	神木煤		
操作压力/MPa		0.6	0.75	0.7	0.6	1.0	0.8	0.7
床层温度/℃		960	990	940	965	990	970	900
加煤量/(kg/h)		93.5	85	140	130	200	170	115
空气量/(m^3/h)		286	282	328	362	319	403	354
蒸汽量/(kg/h)		65	65	80	80	55	67	65
煤气量/(m^3/h)		350	536	446	513	459	586	483
碳转化/%		66.68	75.90	75.03	77.89	52.68	75.90	86.91
煤气组成/%	H_2	8.91	8.75	14.30	16.35	13.53	16.41	13.08
	CO	13.28	14.58	12.31	13.05	19.07	16.58	11.40
	CH_4	0.04	0.00	0.85	0.92	0.86	0.90	1.46
	CO_2	12.19	12.59	13.70	12.70	10.15	11.40	14.26
	O_2	1.02	0.80	0.69	1.02	1.46	0.32	1.20
	N_2	64.39	62.50	58.16	55.83	54.87	54.33	57.96
	C_nH_m	0.00	0.00	0.01	0.01	0.03	0.03	0.04
H_2S/(mg/m^3)		0.91	0.113	1.12	0.89	0.91	0.61	0.5
煤气低热值/(MJ/m^3)		2.654	2.786	3.407	3.746	4.189	4.200	3.391

注：资料来源为逄进等，1998年。

北京煤化所还曾在ϕ100加压流化床气化装置上进行了10多个煤种的试验，研究了5个不同变质程度煤，如扎赉诺尔褐煤、蔚县长焰煤、神木弱黏煤、东山瘦煤和晋城无烟煤的加压气化结果。试验气化介质有空气及纯氧气化两种。表7-9列出试验用煤的煤质分析结果。

表 7-9 试验煤样煤质分析

煤样	工业分析/%				元素分析/%					$Q_{net,ar}$/(MJ/kg)	坩埚黏结性	灰熔融温度/℃		
	M_{ad}	A_{ad}	V_{ad}	$S_{t,ad}$	C_{ad}	H_{ad}	O_{ad}	N_{ad}	S_{ad}			DT	ST	FT
扎赉诺尔	16.50	11.07	33.41	0.25	51.97	3.38	15.71	1.12	0.25	20.20	1	1 110	1 130	1 190
蔚县	10.25	8.15	27.61	1.50	63.78	3.25	12.46	0.61	1.50	24.77	1	1 110	1 140	1 150
神木	4.53	8.17	30.10	0.19	71.49	4.41	10.06	1.13	0.19	28.31	3	1 260	1 320	1 360
东山	1.32	6.44	13.10	1.70	83.42	3.60	3.44	1.13	1.70	33.36	5	1 460	1 500	
晋城	4.53	14.97	6.00	0.28	74.80	2.11	2.39	0.92	0.28	26.20	1			

注：资料来源为逄进等，1998年。

为适应不同煤种特性，试验所用汽/氧比有所不同，气化温度也有差异。表7-10给出了五种不同变质程度煤种以空气作气化剂的研究结果。从试验结果可以看出，随着煤变质程度的提高，煤气中CH_4含量呈下降趋热。对于低煤阶煤H_2含量偏高，CO含量也较高。当气化温度升高时，CO含量升高。煤气中有效组分随煤变质程度提高呈下降趋势，即高煤阶煤种制得的煤气热值较低，产率较高。

表7-11为五种煤样纯氧-蒸汽气化的研究结果。由数据可见，煤气中CO和H_2含量，在相同气化温度时，也是随着煤的变质程度的增加而降低，由于高阶煤种灰熔融温度较高，即可以在较高温度下进行气化，同样可得到较高的CO和H_2含量。同以空气为气化剂一样，煤气中CH_4随着变质程度的增加呈下降趋势，其变化幅度由6.57%降至1.71%。低煤阶煤气化时之所以得到高的CH_4含量，主要来自煤的热解和脂肪烃侧链的加氢反应。同以空气作气

化剂相比，加压后煤气中 CH_4 含量均有所增加，即压力增加有利于碳的加氢反应。

表 7-10　5 种煤样的空气气化结果

项　　目		扎赉诺尔	蔚县	神木	东山	晋城
试验压力/MPa		1.5	1.5	1.5	1.5	1.5
汽氧比/(kg/m³)		0.85	1.14	0.86	1.19	0.86
反应温度/℃		920	920	980	980	1030
煤气产率/(m³/kg)		2.1	2.9	3.91	4.78	3.6
蒸汽分解率/%		50.77	68.66	44.69	51.6	50.43
气化效率/%		50.0	61.62	62.63	63.23	48.82
煤气组成/%	H_2	14.07	15.20	12.78	14.87	12.57
	CO	16.69	14.30	16.06	13.49	15.90
	CH_4	2.29	2.70	2.24	1.96	0.55
	CO_2	11.94	14.61	11.39	13.60	11.91
	N_2	54.83	52.26	57.32	55.69	58.87
煤气热值/(MJ/m³)		4.824	5.267	4.259	4.427	3.837

注：资料来源为逄进等，1998 年。

表 7-11　5 种煤的纯氧气化结果

项　　目		扎赉诺尔	蔚县	神木	东山	晋城
汽氧比/(kg/m³)		1.92	1.19	1.39	1.64	1.54
反应温度/℃		880	960	1000	1040	1050
煤气产率/(m³/kg)		1.22	1.58	1.70	1.90	1.78
蒸汽分解率/%		74.17	73.59	35.51	32.46	51.66
气化效率/%		67.38	66.38	65.66	50.84	58.50
煤气组成/%	H_2	39.56	35.92	33.05	26.12	37.11
	CO	27.22	29.11	39.68	35.83	30.61
	CH_4	6.57	5.66	4.33	2.70	1.71
	CO_2	25.71	27.81	22.25	34.15	29.83
煤气热值/(MJ/m³)		11.133	11.016	10.954	8.924	9.284
氧耗/(m³/m³)		0.18	0.23	0.30	0.47	0.30
汽耗/(kg/m³)		0.86	0.28	0.42	0.78	0.46

注：资料来源为逄进等，1998 年。

为适应不同的需要，研究了富氧气化，试验氧气浓度分别为60%、50%、40%，表7-12给出富氧气化的试验结果。从试验结果可见，煤气中有效成分随着氧气浓度的增加而增加，煤气热值也随之增加，蒸汽耗量也增加，蒸汽分解率呈上升趋势，而氮气浓度下降。在合成氨生产半水煤气时，要求 $(CO+H_2)/N_2=3$，从试验结果看到，两种煤在氧浓度为60%时这一比值分别为3.03和3.38，即氧浓度为60%时可连续制取合成氨所需的半水煤气，由于试验炉径较小，同实际生产相比这一结果可能偏高。

表7-12　扎赉诺尔和蔚县煤富氧气化结果

项　目		扎赉诺尔			蔚　县		
富氧浓度/%		60	50	40	60	50	40
汽氧比/(kg/m³)		0.82	0.80	0.76	0.94	0.87	0.86
试验压力/MPa		0.75	0.75	0.75	0.75	0.75	0.75
反应温度/℃		905	870	880	900	910	880
煤气产率/(m³/kg)		1.12	1.23	1.42	1.74	1.88	2.20
蒸汽分解率/%		58.01	46.74	41.88	70.31	65.02	33.68
气化效率/%		48.04	44.91	40.16	63.18	55.96	42.29
煤气组成/%	H_2	26.48	23.31	18.82	28.79	22.97	15.57
	CO	28.08	25.18	18.65	24.67	20.72	15.57
	CH_4	4.20	3.78	2.97	4.32	3.40	2.91
	CO_2	23.01	21.78	22.18	25.14	25.94	26.57
	N_2	17.98	25.56	37.03	15.78	25.77	26.57
煤气热值/(MJ/m³)		8.632	7.694	5.958	8.999	7.384	5.062
氧耗/(m³/m³)		0.21	0.17	0.13	0.19	0.17	0.15
汽耗/(kg/m³)		0.20	0.20	0.18	0.72	0.22	0.24

注：资料来源为逄进等，1998年。

通过上述表列结果可见，对于不同变质程度煤，无论以空气作气化剂，还是以氧气作气化剂，提高压力，煤气中甲烷量增加，煤气热值增高，气化效率和蒸汽分解率均得到改善；在纯氧气化时，提高压力氧耗下降；富氧气化时随着氧浓度的增加，气化特性参数得到改善；氧浓度为60%时，可以连续制取半水煤气。不同变质程度煤气化时，低煤阶煤所得煤气热值较高，提高反应温度，高阶煤种的气化效果也可得到改善。

7.3.3 气流床气化

气流床气化过程是气体介质夹带煤粉并使其处于悬浮状态的气化过程。因气化剂的流速远远大于煤粒的终端速度，以致煤粒与气流分子是呈平行运动状态，不像在流化床中那样维持层状而随气流一起向前或向上流动，由于这个缘故，一度曾称为气流夹带床气化。煤粒在炉内的停留时间以秒计。这类气化法的代表炉型有柯柏斯-托切克（简称 K-T）炉、GE-德士古（Texaco）炉、Shell 和 Prenflo（Pressurized entrained flow gasification）炉、E-Gas（最早称 Dow 化学气化技术，后又称 Destec 和 Globel-E）炉、GSP 气化工艺等。

从原料形态分有水煤浆湿法进料和干煤粉进料 2 类；从专利上分，Texaco、Shell 最具代表性。前者是先将煤粉制成煤浆，用泵送入气化炉，气化温度 1350～1500℃；后者是气化剂将煤粉夹带入气化炉，在 1500～1900℃高温下气化，残渣以熔渣形式排出。在气化炉内，煤炭细粉粒经特殊喷嘴进入反应室，会在瞬间着火，直接发生火焰反应，同时处于不充分的氧化条件下，因此，其热解、燃烧以吸热的气化反应，几乎是同时发生的。随气流的运动，未反应的气化剂、热解挥发物及燃烧产物裹夹着煤焦粒子高速运动，运动过程中进行着煤焦颗粒的气化反应。这种运动状态，相当于流化技术领域里对固体颗粒的“气流输送”，习惯上称为气流床气化。干粉进料的主要有 K-T（Koppres-Totzek）炉、Shell-Koppres 炉、Prenflo 炉、Shell 炉、GSP 炉、ABB-CE 炉，湿法煤浆进料的主要有德士古（Texaco）气化炉、多喷嘴对置气化炉和 E-Gas 炉。

气流床对煤种（烟煤、褐煤）、粒度、含硫、含灰都具有较大的兼容性，国际上已有多家单系列、大容量、加压气化厂在运作，其清洁、高效代表着当今技术发展潮流。已经商业化的有美国的 GE-德士古和 E-Gas；荷兰的谢尔（Shell）和西班牙 Puertollano

电站用的德国普兰福（Prenflo）气化技术，前两者是水煤浆进料气化技术，后两个是干煤粉进料气化技术，它们的单台气化炉规模分别为2000t/d，2500t/d及2000t/d和2600t/d。

气流床气化的特点是：①气化炉中温度高，气化反应速度快；②原料适应性较广，可用黏结、膨胀、易碎、高硫煤，也可用粉煤为原料；但不适宜用化合水含量高的煤，灰熔融温度高的煤也不适宜；③无副产焦油、酚水的处理问题，洁净而极少污染物产生；产品气中含 CH_4 小于0.3%，适于作氨、甲醇、羰基合成和汽油合成的原料气，合成气质量好；④排气温度1400℃以上，经废热回收产生的高压蒸汽可驱动透平发电，以提高能源效率；⑤合成气压力高，可以减少后续工段的压缩功。

必须指出①由于要求煤的粒度细（<0.1mm），制浆、磨煤、干燥都要消耗大量能量，对于块煤率高且热稳定好的煤来讲，就要仔细斟酌是否要购置磨煤、干燥、制浆等工艺装备。②氧耗高，尤其以纯氧为气化剂，这样虽则降低惰性气升温降温带来的热量损失，有效减少气化剂的压缩能耗，提高气化效率，使高温熔渣气化变得可行、经济，但氧耗的增加，必然带来设备投资和能耗的增多，一般来说，对煤与氧进行气化反应的氧耗是：气流床>流化床>移动床，尤其是GE-德士古水煤浆气化，氧耗更高。由于制氧冷却水量消耗骤增，这对干旱、缺水的半沙漠地区来说，尤需慎重考量。③操作安全性。由于气流床气化是个瞬间反应，反应时间短，炉内极少有含碳物料而只有合成气；如果短时间断煤（干煤粉进料系统因煤中水分失当，有时会发生煤流堵塞）就会因为炉内过量氧气而引发爆炸的可能；这就要求仪表自控技术必须保证断煤后瞬时切断氧气，达到安全连锁，无疑会增加仪表自控设备的经费投入或安全隐患。④设备费与专利费高，有些设备与专利技术需要国外进口及引进，专利技术费及设备购置费都很高，增加了投资费用。

为此，这里列表比较三类气化技术的主要特性（表7-13）及气化操作技术参数（表7-14），以资参考。由表列数据可见，固定床加压气化（Lurgi）热效率（或冷煤气效率）最高，氧耗量最低，但由于必须使用弱黏或不黏块煤，煤气中含焦油、酚等物质，净化处理流程长、投资高，新建气化项目较少采用。

表 7-13 三类气化炉的主要特性

气化炉类型	固定床		流化床		气流床
排灰形式	干灰	熔渣	干灰	灰团聚	熔渣
原料煤特性	块煤	块煤	粉煤	粉煤	粉煤/水煤浆
粒度/mm	5～50	5～50	0～8	0～8	0～1
灰含量	<20%	<15%	不限	不限	<13%
灰熔融温度	>1400℃	<1300℃	不限	不限	约 1300℃
操作压力/MPa	2.24	2.24	1.0	0.03～2.5	2.5～6.5
操作温度/℃	400～1200	400～1200	900～1000	950～1100	1350～1700
煤气温度	低	低	中	中	高
氧气消耗	低	低	中	中	高
蒸汽消耗	高	低	中	中	低
代表技术	Lurgi	LurgiBGL	HTW	KRW/ICC	Shell/Texaco

流化床气化以碎煤为原料（小于 6mm），煤气中几乎不含焦油、酚和烃类，传统流化床为防止床内物料因灰含量高而烧结，必须控制在较低的操作温度（低于 950℃），因而只适用于高活性的褐煤或次烟煤。灰熔聚流化床气化技术，借选择性排灰提高了床内碳浓度，降低了结渣风险，提高了操作温度（达 1100℃），适用煤种已拓宽到烟煤甚至无烟煤。流化床操作温度适中，投资低，原料适应性宽；其不足之处在于操作压力低、单台处理能力与气流床相比较小，同时由于细粉的带出，碳转化率还有待提高。

气流床气化以粒径<0.1mm 的细粉煤为原料，煤粉可以干态（Shell）或浆态（水煤浆，Texaco）进料，操作温度高，煤气中不含焦油、酚和烃类，气化强度最高。但同时投资高，氧耗量高，必须采用较低灰熔融温度和低灰含量的煤作原料，否则需加助熔剂而进一步增加氧耗。

要注意研究煤中矿物质在高温弱还原性气氛中的相变情况。图 7-4 示出 $CaO-SiO_2-Al_2O_3$ 三元相图。由图可见，在鳞石英、钙长石、莫来石和假硅灰石的结晶区中间包围着一个低共熔区，这几种物质在一起时会发生共熔现象，其低共熔温度在 1400℃左右，即

表 7-14　三类气化工艺的操作技术参数比较

气化炉类型		移动床		流化床		气流床	
气化技术		常压氧吹	加压鲁奇	HTW	灰熔聚	K-T	德士古
进炉煤料		块煤		干燥碎煤	干碎煤	干粉煤	水煤浆
煤粒度		5～50mm	5～50mm	0～6mm	0～6mm	70%～90%<0.1mm	
气化温度		800～1000℃	800～1000℃	800～1000℃	约 1080℃	约 1800℃	约 1400℃
气化压力		约 20kPa(G)	2.24MPa(G)	1.0～2.5MPa	约 30kPa(G)	34～48kPa(G)	3.4MPa
排灰		固态	固态	固态	熔聚灰	灰渣	灰渣
气化介质		95.2%O_2+蒸汽	O_2+蒸汽	O_2+蒸汽	92%O_2+蒸汽	O_2+蒸汽	O_2+蒸汽
氧/煤/(Nm^3/kg)		0.64	0.41(daf)	0.37	0.454	0.7	1.17
蒸汽/煤/(kg/kg)		1.37	1.65	0.37	0.94	0.27	0.92
粗煤气组成体积/%	CO	46.6	24.8	41.2	32.16	55.4	46.5
	H_2	34.0	38.3	35.9	40.46	34.62	33.1
	CO_2	16.9	25.8	17.4	21.48	7.04	19.0
	CH_4	0.2	9.3	3.8	1.87	0.0	0.0
	N_2	2.2	0.7	1.5	3.9	1.01	1.2
	H_2S		0.5		0.13	1.83	0.1
煤气热值/(MJ/Nm^3)		10.04	11.44	10.71	9.98	10.81	9.58
煤气产率/(Nm^3/kg)		2.63	2.39(daf)	1.53	2.2	1.69	2.61
碳转化率/%		>95	>95	约 95	约 90	99	>95
冷煤气效率/%		约 85	约 85	76	约 72.7	75.8	约 76
灰中碳含量/%				11	7.7		约 9

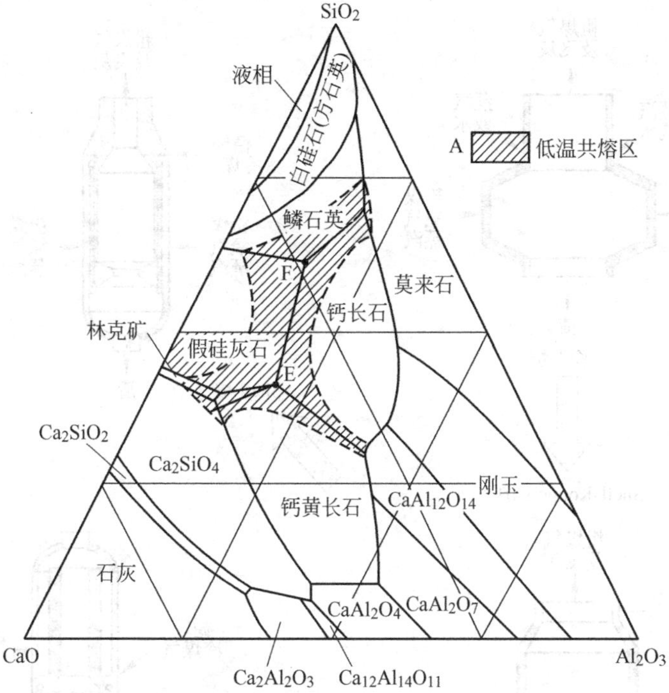

图 7-4 CaO-SiO_2-Al_2O_3 三元相图

图中的 A 区。通过相图，不难通过煤灰矿物组成中对 SiO_2，CaO 或 Al_2O_3 的增减来调整煤灰组成，使其进入低温共熔区，以适应气流床气化液态排渣的需求。

(1) 干煤粉加压气流床气化

最早实现工业化的干粉加料气化炉是 K-T 炉，它是台常压气化炉，其他都是在其基础上发展起来的（图 7-5）。K-T 炉是德国 Koppers 公司的 Totzek 发明，取名 Koppers-Totzek 炉（简称 K-T 炉）。第 1 台工业化装置于 1952 年建于芬兰，以后有 17 个国家 20 家工厂先后建成 77 台炉子，主要用于生产合成氨和燃料气，在当时采用 K-T 炉气化工艺制氨一度在国外占制合成氨总产量的 90%。其主要技术参数：气化炉温度 1400～1600℃，煤气有效成分（$CO+H_2$）达 85%～88%，甲烷含量低于 0.1%，煤气不含有可

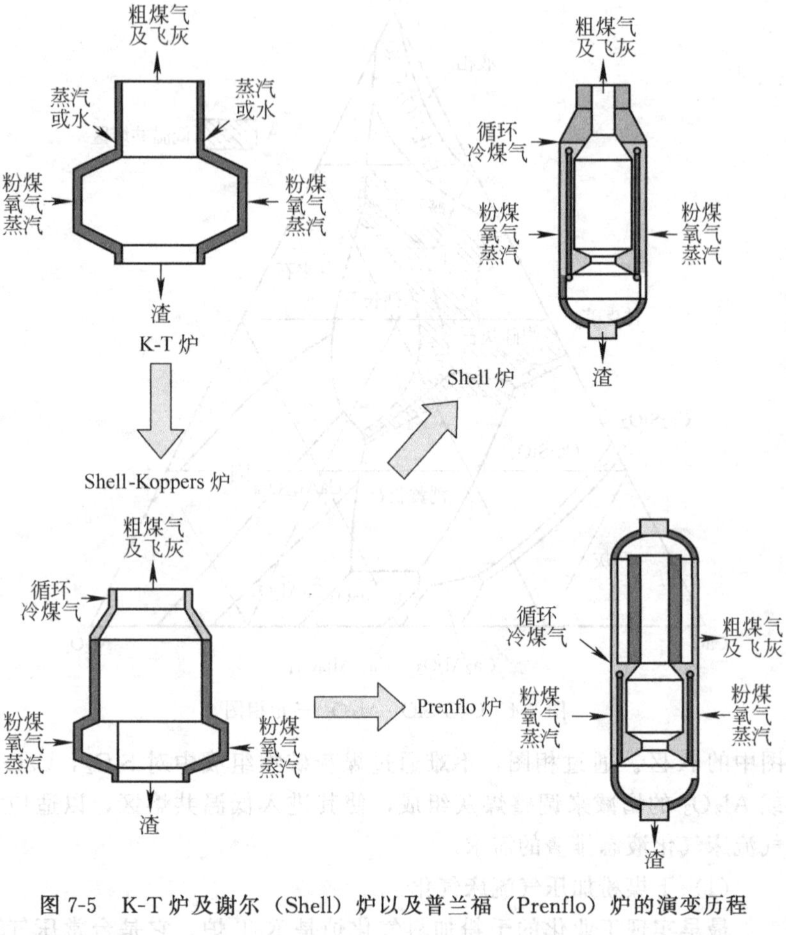

图 7-5　K-T 炉及谢尔（Shell）炉以及普兰福（Prenflo）炉的演变历程

冷凝的高级烃类焦油和酚类等，净化煤气较为简易，三废治理方便。

在 K-T 炉的基础上，荷兰 Shell 国际石油公司和原联邦德国 Krupp-Uhde 公司的前身 Kropp-Koppers 公司合作，联合开发了 Shell-Koppers 气化工艺。并于 1976 年在荷兰阿姆斯特丹建成了小试装置，1978 年在原联邦德国的 Hamburg-Harburg 建立了工业示范装置，1983 年结束试验运转。在此基础上，两合作者分道扬镳开发了各自的干法气化新工艺。Shell 公司开发了 Shell 煤气化工艺(SCGP)；Krupp-Koppers 公司开发了加压气流床气化工艺（简称 Prenflo)。Shell-Koppers 气化工艺实际上是 K-T 炉的加压气化形式，操作压力为 3MPa。其主要工艺特点是采用密封料斗法加煤装置和粉煤浓相输送，气化炉采用水冷壁结构。

Shell 气化炉与 Prenflo 气化炉的主要区别是：Shell 炉采用膜式水冷壁，废热锅炉与气化炉采用分体式结构，激冷后的煤气经导管引入气化炉旁边的废热锅炉；Prenflo 炉采用盘管式水冷壁，废热锅炉与气化炉一体，设置在气化炉上部，激冷后的煤气直接进入气化炉上部的废热锅炉（图 7-5)。

1986 年在美国休斯敦进行示范试验，气化规模为 250～400t/d 煤，气化压力 2～4MPa。1993 年在荷兰的 Demkolec 建成 2000t/d 的 IGCC 发电工业示范装置，1994 年 1 月进入并经 3 年的验证期，目前已处于商业运行阶段，单炉日处理煤 2000t。2000 年以后 Shell 煤气化技术进入中国市场，目前在中国已经转让了 12 个厂家，13 台气化炉；神华煤直接液化项目于 2003 年引进了二台气化能力为 2000t/d 的 Shell 煤气化炉，用来生产氢气。国内第一套采用 Shell 粉煤气化技术生产合成煤的生产装置已于 2006 年中在湖北应城投料一次开车成功，是 Shell 生产工艺用于生产合成氨原料气的第一例，气化炉日投煤量为 900t。

Shell 气化炉壳体直径约 4.5m，4 个喷嘴位于炉子下部同一水平面上，沿圆周均匀布置，借助撞击流以强化热质传递过程，使炉内横截面气速相对趋于均匀。炉衬为水膜冷壁（Membrame Wall)，总重 500t。炉壳于水冷管排之间有约 0.5m 间隙，做安装、检修用。

煤气携带煤灰总量的 20%～30%沿气化炉轴线向上运动，在接近炉顶处通入循环煤气激冷，激冷煤气量约占生成煤气量的 60%～70%，降温至 900℃，熔渣凝固，出气化炉，沿斜管道向上进入管式余热锅炉。煤灰总量的 70%～80%以熔态流入气化炉底部，激冷凝固，自炉底排出。

粉煤由 N_2 携带，密相输送进入喷嘴。工业氧（纯度为 95%）与蒸汽也由喷嘴进入，其压力为 3.3～3.5MPa。气化温度为 1500～1700℃，气化压力为 3.0MPa。冷煤气效率为 79%～81%；原料煤热值的 13%通过锅炉转化为蒸汽；6%由设备和出冷却器的煤气显热损失于大气和冷却水。

Shell 煤气化技术有如下优点：采用干煤粉进料，氧耗比水煤浆低 15%；碳转化率高，可达 99%，煤耗比水煤浆低 8%；调解负荷方便，关闭一对喷嘴，负荷则降低 50%；炉衬为水冷壁，据称其寿命为 20 年，喷嘴寿命为 1 年。主要缺点：设备投资大于水煤浆气化技术；气化炉及废锅炉结构过于复杂，加工难度加大。

Prenflo 气化炉由 Krupp-Koppers 公司开发，于 1985 年开始在 Fuerstenhausen 建设一套气化规模为 48t/d、操作压力为 3.0MPa 的示范装置；1992 年开始在西班牙的 Puertollano 建设 IGCC 示范电厂。其单台气化炉的气化能力为 2600t/d，气化压力为 2.0MPa，是目前世界上运行的单台能力最大的加压气流床气化炉。

GSP 煤气化是原民主德国 VEB Gaskombiant 的黑水泵公司于 1976 年开始研究开发的另一类干煤粉加压气化工艺。1980 年开始进行中试，1985 年实现工业化应用。目前，工业化气化炉单台生产能力为 720t/d 煤，气化压力为 4.0MPa。东西德合并后，GSP 煤气化技术几经转手，目前其知识产权归德国未来能源公司（Future Energy GmbH）所有。

GSP 气化炉结构示意图见图 7-6。GSP 气化炉是典型的上置下喷加料气化炉。GSP 气化炉与 Shell 气化炉、Prenflo 气化炉结构相同之处都是采用冷壁式气化炉结构。由于 GSP 气化炉采用的是盘管式水冷壁，结构比 Shell 气化炉 Prenflo 气化炉要简单。对气化粉煤的粒度要求不像下置加料要求的严格，工业化装置气化原料煤的粒度在 24.5%>0.2mm 的条件下一次性碳转化率可达 98%以上。采用下喷加料，煤气除灰方式简单，但不利于飞灰的再循环。煤粉在炉内停留时间约 2～4s。

GSP 气化炉目前应用很少，仅有 5 个厂应用，我国还没有一

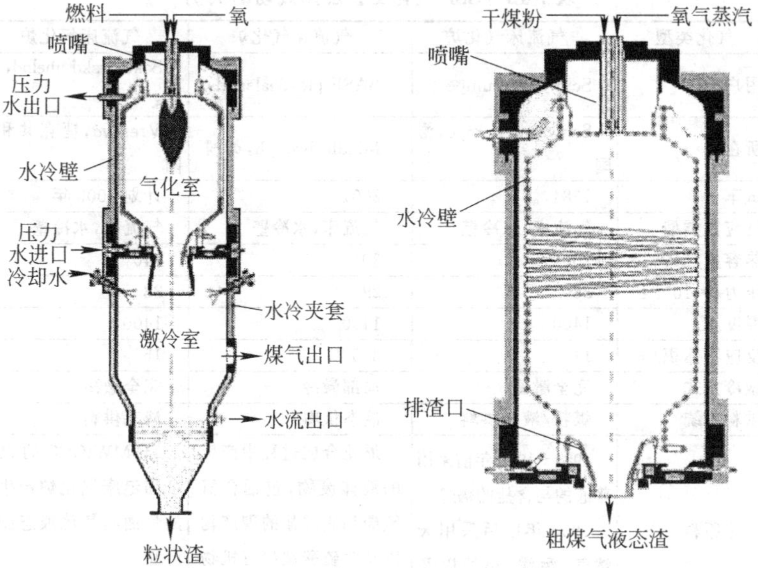

图 7-6　GSP 气化炉结构示意图

（资料来源：北京索斯泰克煤气化技术公司，2005 年）

台正式使用，截止 2005 年 8 月，有宁煤集团与淮化集团已签订两个技术转让合同。据资料介绍其应用成功范例见表 7-15。

GSP 气化炉有一个别具特色的炉体，气化炉的结构包括用耐热碳钢制成的水冷壁和激冷室。水冷壁由以碳化硅为屏蔽的冷却盘管所组成。由于所形成的渣层保护，水冷壁的表面温度会小于 500℃。水冷壁仅在气化室的底部加以固定，由气化室和喷嘴安装顶部的导轨来支撑，因此顶部产生热膨胀不会产生热应力。冷却盘管的数量取决于气化炉的大小和负荷。出于安全考虑，水冷壁盘管的压力要比炉内操作压力高，以防盘管泄漏或损坏。气化炉外壳设有水夹套，用冷却水进行循环，故外壳温度低于 60℃。此外，气化炉可依氧气、煤粉流量调节加以控制，亦可参照在线分析的气体成分和气化室与激冷室压差加以调节。气化炉设计压力为 2.5～4.0MPa。

表 7-15 GSP 气化工艺应用成功的实例

气化类型	气流床气化炉	气流床气化炉	气流床气化炉
用户	Schwarze Pumpe	BASF plc, Sealsands	Sokolovskd uhelnd, a. s.
所在地	Schwarze Pumpe, 德国	Middlesbrough, 英国	Vresová, 捷克共和国
试车	1984	2001	计划 2005 年
反应器类型	气流床, 水冷壁	气流床, 水冷壁	气流床, 水冷壁
热容量/MW	200	30	140
压力/$\times 10^5$Pa	28	29	28
温度/℃	1400	1400	1400
反应器体积/m^3	11	3.5	15
激冷方式	完全激冷	局部激冷	完全激冷
供料系统	煤粉/液态供料	液态供料	液态供料
气化原料	1984～1990 年前采用普通的与含盐的褐煤 1990 年以后采用天然气、污泥、焦油以及生物质等	尼龙合成过程中产生的液体废物, 包括含氢氰酸和硝酸盐的副产物以及含硫酸铵的有机物	440MWIGCC 的 26 个固定床气化炉产生的焦油与其他液态副产品
产品	用于 IGCC 和甲醇的原气	燃料气	用于 IGCC 的燃气

注：资料来源为北京索斯泰克煤气化技术公司，2005 年。

GSP 气化炉气化干煤粉可以产生的粗合成气中有效成分（$CO+H_2$）大于 90%，这比湿法水煤浆进料时的粗合成气大于 80%要高。从煤及氧、蒸汽消耗量来讲，气化用煤的灰分 $A_d=6.84\%$，低位发热值为 27.38MJ/kg 时，产生 1000Nm^3（$CO+H_2$）耗煤量为 564kg，纯氧（99.6%纯度）为 315Nm^3，4.5MPa 蒸汽量为 56kg。

(2) 水煤浆加压气流床气化

水煤浆气化是最早实现工业化应用的加压气流床气化技术，由美国 Texaco Development Corporation 首先提出，于 1948 年建试验装置，到 1978 年在德国鲁尔化学/鲁尔煤（RCH/RAG）公司，建立规模为 150t/d 的示范厂，第一套工业化装置在美国 Eastman 化工公司于 1983 年投入运行，自 1983 年至今国外先后在美国、日本、德国建设了多套大型气化装置，单炉最大生产能力 2000t/d，最高气化压力为 8.5MPa。

Texaco 气化炉由喷嘴、气化室、激冷室（或废热锅炉）组成。其中喷嘴为三通道，氧走一、三通道，水煤浆走二通道，介于两股氧射流之间。水煤浆气化喷嘴经常面临喷口磨损问题，主要是由于水煤浆在较高线速下（约 30m/s）对金属材质的冲刷腐蚀。喷嘴、气化炉、激冷环等为 Texaco 水煤浆气化的技术关键。

美国 Texaco 公司于 2002 年初成为 Chevron 公司一部分，2004 年 5 月又被 GE 公司收购。它开发的水煤浆气化工艺是将煤加水磨成浓度为 60%～65%的水煤浆，用纯氧作气化剂，在高温高压下进行气化反应，气化压力在 3.0～8.5MPa 之间，气化温度 1400℃，液态排渣，煤气成分 $CO+H_2$ 为 80%左右，不含焦油、酚等有机物质，对环境无污染，碳转化率 96%～99%，气化强度大，炉子结构简单，能耗低，运转率高，而且煤适应范围较宽。目前 Texaco 最大商业装置是 Tampa 电站，属于 DOE 的 CCT-3，1989 年立项，1996 年 7 月投运，12 月宣布进入验证运行。该装置为单炉，日处理煤 2000～2400t，气化压力为 2.8MPa，氧纯度为 95%，煤浆浓度 68%，冷煤气效率约 76%，净功率 250MW。表 7-16 列出国外 Texaco 气化技术的建厂情况。

表 7-16 国外 Texaco 煤气化厂的初期建厂情况

序号	厂址	规模 /$(t \cdot d^{-1})$	压力 /MPa	煤气用途	开车 /投产年份	备注
1	德国 RCH/RAG	150	4.0	合成氨	1978	示范
2	美国 TVA/亚那巴马	170	3.8	合成氨	1982	示范
3	美国 Eastman	820	6.5	醋酐等	1983	1 开 1 备
4	美国 Cool Water	910	4.0	IGCC	1984	1989 年停运
5	日本 Ube	1500	4.0	合成氨	1984	3 开 1 备
6	德国 SAR	720	4.0	H_2 及化学品	1986	后改为用油
7	美国 Tampa	2000	2.8	IGCC	1996	1 台

注：资料来源为任相坤，2005 年。

我国第一套Texaco煤气化工业化装置于1993年在山东鲁南化肥厂建成投产。此后又有渭河化肥厂、上海焦化厂、淮北、浩良河和金陵石化等7个厂家建立了水煤浆气化装置。在水煤浆气化装置设计、建设、运行方面积累了丰富的经验。目前，国内水煤浆气化装置的气化能力，已经占到世界水煤浆气化的一半以上，水煤浆气化设备和材料基本可以国内自给，如耐火砖、喷嘴、炉体等都可由国内厂家自己生产，大大降低了装置的建设投资。

Texaco煤气化工艺的成功之处也在于采用了水煤浆进料。水煤浆进料使煤变成了可泵送的流体，加压和输送设备较简单、便于计量、安全连锁保护也容易实现。由于泵送压力很高，所以气化炉可以在较高的压力下操作，可有效降低煤气的压缩功。

如果工程设计和操作经验不完善，就不能达到长周期、高负荷、稳定运行的最佳状态。德士古（Texaco）煤气化的缺陷主要是由水煤浆引起的。水煤浆黏度大，雾化速度要求较高，气化喷嘴的使用寿命较低，一般不到60天。采用水煤浆进料，气化炉不得不采用昂贵的耐火砖作衬里，耐火砖衬里一般每两年要更换一次；由于经常要更换喷嘴和耐火砖，一般要设置备用气化炉。由于水煤浆中大量水分进入气化炉，气化时要消耗大量的能量，使气化效率降低、氧气消耗增加。

此外，还有煤种的适用性问题，如褐煤的制浆浓度约59%～61%；烟煤的制浆浓度为65%；因汽化煤浆中的水要耗去进煤量的8%，比干煤粉为原料氧耗高12%～20%，所以效率比较低。

E-gas气化工艺原为Destec气化法，是由美国Dow化学公司开发的一种两段式水煤浆气化工艺。1987年，在路易斯安那州Dow化学公司的煤气化工艺公司建成LGT1商业化运行装置，设计干煤处理能力为2200t/d，煤气用于联合循环发电（160MW）。1995年，又在美国的Wabash River建成另一套商业化IGCC示范装置，处理煤量达2544t/d，气化压力2.8MPa，发电装机容量262MW。炉型类似于K-T，分第一段（水平段）与第二段（垂直段），在第一段中，2个喷嘴成180度对置，借助撞击流以强化混合，克服了 Texaco 炉型的速度成钟型（正态）分布的缺陷，最高反应温度约 1400℃。为提高冷煤气效率，在第二阶段中，采用总煤浆量的 10%～20%进行激冷（这一点与 Shell、Prenflo 的循环煤气激冷不同），此处的反应温度约 1040℃，出口煤气进火管锅炉回收热量。熔渣自气化炉第一段中部流下，经水激冷固化，形成渣水浆排出。E-Gas 气化炉采用压力螺旋式连续排渣系统。

Global E-Gas 气化技术缺点为：二次水煤浆停留时间短，碳转化率较低；设有一个庞大的分离器，以分离一次煤气中携带灰渣与二次煤浆的灰渣与残炭。这种炉型适合于生产燃料气而不适合于生产合成气。

值得一提的是上海华东理工大学自主创新开发的“多喷嘴对置水煤浆气化”工艺，这是一个从技术引进、消化吸收到再创新的很好范例，也是产、学、研相结合，快速自主开发工业化技术的样板。“九五”期间华东理工大学、兖矿鲁南化肥厂、中国天辰化学工程公司承担了国家重点科技攻关项目“新型（多喷嘴对置）水煤浆气化炉开发”（22t 煤/天装置），中试装置的结果表明：有效气成分约 83%，比相同条件下的 Texaco 生产装置高 1.5～2 个百分点；碳转化率>98%，比 Texaco 高 2～3 个百分点；比煤耗、比氧耗均比 Texaco 降低 7%。“十五”期间多喷嘴对置式水煤浆气化技术已进入商业示范阶段。“新型水煤浆气化技术”获“十五”国家高新技术研究发展计划（863 计划）立项，由兖矿集团有限公司、华东理工大学承担，在兖矿鲁南化肥厂建设多喷嘴对置式水煤浆气化炉及配套工程，利用两台处理 1150t 煤/d 多喷嘴对置式水煤浆气化炉（4.0MPa）配套生产 24 万吨甲醇、联产 71.8MW 发电，总投资为约 16 亿元。图 7-7 示出该商业装置的生产流程，该装置于 2005 年 7 月 21 日一次投料成功，并完成 80 小时连续、稳定运行。装置初步运行结果表明：有效气 $CO+H_2$ 超过 82%，碳转化率高于 98%。它标志着我国拥有了具备自主知识产权的、与国家能源结构相适应的煤气化技术具有重大的突破，其水平填补了国内空白，并达到国际先进水平。

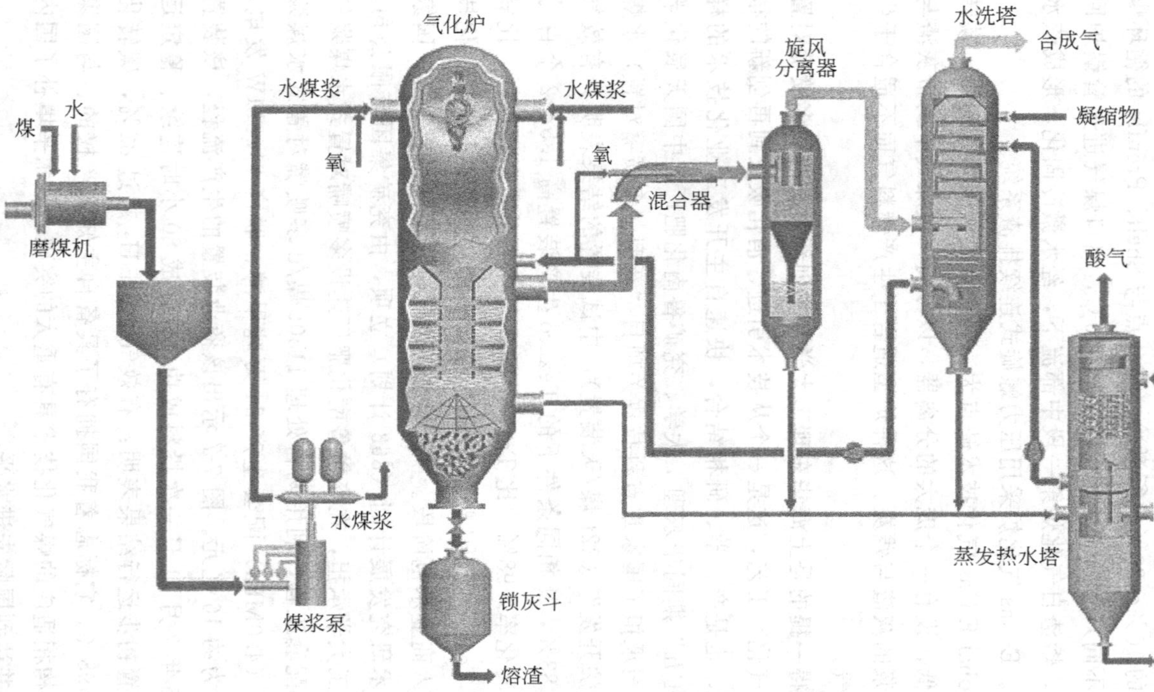

图 7-7 华东理工大学国泰商业气化装置流程图

（资料来源：于遵宏、王辅臣等，2005 年）

如上介绍了3种干煤粉进料及3种水煤浆进料加压气流床气化工艺，下面各选其中2种进行综合比较，有干煤粉气化的谢尔(Shell)气化及未来能源(GSP)气化工艺，及水煤浆气化的德士古(GE-Texaco)与华东理工大学的四喷嘴对置气化工艺，见表7-17。

7.3.4 熔融床气化

熔融床气化工艺是一种与前述有不同受热方式的煤加压气流床气化技术，入炉煤与高温的熔浴相接触而气化，按熔浴情况分有熔渣床、熔盐床和熔铁床三种。它是将煤料与空气或氧气随同蒸汽与床层底部呈熔融态的铁、灰或盐相接触的气化过程。煤在高温熔融液体热载体中进行气化，在液体热载体介质的催化作用下加快气化速度，提高效率。液体热载体还能对粗煤气有精制作用。即使气化高挥发分煤，也可生产出不含焦油的产品煤气。采用的液体热载体有熔融煤灰渣、熔融 Na_2CO_3 和熔融铁水。由于熔融的高温铁水对煤粉具有良好的熔解能力，煤中硫和铁水具有强烈的亲和性，在气化用煤方面，也可选用高硫煤，对煤种有较宽的适用范围。

纵观煤气化炉的发展过程，为适应现代工业大型化、规模化、集约化，现代煤气化技术均以纯氧为气化剂，向加压、高温、粉煤、液态排渣方向发展。一种良好的煤气化工艺，必须在投资、煤种适应性、气体质量、三废排放等经济和环境上占有优势，它才能具有强大的市场竞争力。现代煤气化市场，无论煤气的用途如何，它们对煤气化技术的发展要求有许多共同点，其要求和发展趋势大致如下：

① 冷煤气效率高，煤中能量要尽可能多地转化为有效气体的能量；

② 煤种适应性广；

③ 转化率高，可燃有机成分尽可能多地转化为气体；

④ 煤气品质好，包含有大量氢和一氧化碳等有效成分；

⑤ 环境性能好，尽量少产生影响环境的有害物质；

⑥ 生产能力大，气化炉的单炉生产能力要大，以适应现代企业

表 7-17 4 种气流床煤气化工艺综合比较

项　目	干煤粉加压气流床		水煤浆加压气流床	
	Shell	GSP	GE-Texaco	华东理工大学
煤质适应性	从褐煤到无烟煤乃至石油焦均可用，对煤种适应性较宽。但灰分不得小于 8%，灰熔融性温度不宜太高；煤中水分高时，必须干燥	煤质适应性基本与 Shell 相同	内在水分高的煤因受到成浆浓度制约，对低煤阶煤不太适应；由于气化炉壁材质，气化温度不宜太高，因而灰熔融性温度应小于 1320℃	烟煤、无烟煤及石油焦均可用；煤质适应性基本与 Texaco 相同
碳转化率	大于 99.5%	大于 99.5%	大于 98%	大于 98%
有效气（CO+H_2）	约 93%（干基）	92%～93%（干基）	约 78%（干基）	大于 78%（干基）
冷煤气效率	约 83%	与 Shell 相近	73%～76%	与 Texaco 相近
1000Nm^3 有效气耗氧量/Nm^3	320～360	约 350	380～430	约 410
单炉最大投煤量/(t/d)	2000	720	2200	1150
能量利用	能生产 5MPa 中压蒸汽和低压蒸汽	能生产低压蒸汽	采用激冷除渣降温，可利用蒸汽饱和粗合成气；高位能利用欠佳，但后续工序可不需另补中压蒸汽	与 Texaco 相近
建设投资	高	较高	低	较低，但由于四喷嘴进料，投资高于 Texaco
运行费用	高	次高	低	较 Texaco 高些
专利费	高	次高	低	最低
建设周期	工程量大，周期最长；约 2 年以上	工程量小于 Shell 工艺，周期约 2 年	工程量相对较小，周期约 1.5～2 年	关键设备全部国产化，周期与 Texaco 相近

大规模生产的需求；

⑦ 操作性能好，操作弹性大，连续运行周期长；

⑧ 便于实现自动控制，能与现代的计算机控制技术相结合，实现智能控制和自动控制，尽可能降低工人的劳动强度；

⑨ 投资省，且便于加工制作和维修；

⑩ 与其他先进的煤气利用技术有良好的兼容性，如与发电或与先进的化工合成工艺技术的联产等。

7.4 影响煤成浆性的煤质因素

德士古气化和 Destec 气化等工艺都采用水煤浆为炉料进行气化，这就涉及到煤的制浆工艺和煤质对成浆性能的影响。水煤浆除作为一种气化原料外，也是一种代油燃料，在石油价格不断上涨的今天，已经受到世界各国工业界的高度重视，它属于低污染的洁净燃料，具有代油、节能、环保和综合利用煤泥等多种效益。因此，无论是水煤浆的气化还是燃烧，都要了解影响煤成浆性能的煤质因素。

7.4.1 煤的成浆性及其分类

水煤浆必须具有一定的流动性和稳定性。通常煤的成浆性指煤炭加工成质量合格的浆体的难易程度，煤的成浆性好，说明这种煤容易制成合格的水煤浆。水煤浆的质量标准除要求流动性与稳定性外，还需要能被有效雾化，这就要求水煤浆在剪切率为 100L/s 时的表观黏度应在 1000mPa・s 以下。表观黏度与水煤浆的浓度有着密切的关系，符合表观黏度指标时的水煤浆浓度越高，表明这种煤的成浆性越好。

在大量煤质数据（69 个煤样）和成浆试验的基础上，采用逐步回归法，对影响煤成浆性的各种因素，进行筛选，提出了评定“煤成浆难度”这个指标（D）。在烟煤范围内，“成浆性难度”首先与煤中水分 M_{ad} 和可磨性指标 HGI 有关，有如下式：

$$D=7.5+0.5M_{ad}-0.05\mathrm{HGI}$$

它和煤的可制浆浓度 C_c 的关系式为

$$C_c = 77 - 1.2D$$

以上关系式是国内指导选择制浆用煤的依据，也可以通过 D 来预测煤浆的浓度。

根据国内制备水煤浆的实践经验，把制浆难度分成四类（表 7-18）。在水煤浆燃烧用煤选择中，表 7-18 的分类有助于用户对水煤浆用煤进行初步评选。

表 7-18　煤成浆性难度分类

成浆性难度	指标 D	可制浆浓度/%	成浆性难度	指标 D	可制浆浓度/%
易	<4	>72	难	>7～10	68～65
中等	4～7	72～68	很难	>10	<65

成浆过程中进行超声波处理会有利于提高煤的制浆浓度和性能。

水煤浆是一种复杂的固-液分散体系，影响因素十分复杂，其中煤质特性是影响其成浆性和浆体流变性的首要因素，如煤阶、煤表面的亲水性、孔隙率、煤岩相组成、可磨性、内在水分、含氧官能团等因素，由于各个因素不是独立变量，它们之间相互影响，至今尚未通过理论分析给出其本构关系。

7.4.2　煤阶

水煤浆气化用煤要比燃烧用煤的煤质要求来得宽松。一般希望燃用水煤浆选用高挥分烟煤，因为由它制成的浆体易于着火且能稳定燃烧。通常选用低煤阶和中煤阶烟煤，如气煤、弱黏结煤、不黏结煤和长焰煤，由于价格因素，一般避免使用炼焦煤，其挥发分在30%上下可作为制浆原料煤。从燃烧角度看，褐煤有较高的挥发分，也属于制浆用煤，但由于它的内水含量高，影响煤浆浓度，加上褐煤发热量低而不宜用来制浆。更由于褐煤的 O/C 原子比高，煤浆的表观黏度增大，使流动性变差，而难于制浆。如果对褐煤进行提质改性，降低内在水分，褐煤浆浓度也可达到 60%～65%，使低灰褐煤也能适宜于制成水煤浆的前提是要对褐煤进行预处理。

在粒度分布和体积分数相同的情况下，煤阶不同，煤的制浆难度有较大差异。使用变质程度不同的煤制浆，低阶煤的表观黏度值高于高阶煤，即在相同的水煤浆的黏度下，低阶煤的水煤浆浓度要小于高阶煤。低阶强极性的煤由于煤中富含氧官能团，内在水分、O/C 和孔隙度较高及可磨性（HGI）较差，以及煤中所含可溶性高价金属离子增多，都会导致煤的成浆难度增加，所以难以制备高浓度低黏度的水煤浆，另一方面，由于其极性强，所以稳定性很好。高煤阶煤的疏水性强，能制出高浓度低黏度的水煤浆，这种现象在使用较粗颗粒煤制浆中表现得很明显，但是稳定性很差。表 7-19 列出国内 37 个煤样的理化特性及其成浆特性，供参考选用。

表 7-19　37 个煤样的理化特性及其成浆浓度

煤样	M_{ad}/%	A_d/%	V_{daf}/%	可磨性 HGI	C①/%	H/%	N/%	O/%	煤浆浓度/%
平庄	16.92	17.96	42.62	30.00	71.09	4.46	0.90	20.30	52.30
五龙	4.62	10.53	37.05	54.00	81.8	5.23	1.32	10.17	63.5
靖远	3.61	6.17	33.96	50.00	82.96	4.64	0.75	11.52	65.70
东胜	11.22	5.08	36.31	54.00	80.18	4.59	0.85	13.93	59.20
大同	2.85	13.17	29.34	51.00	82.10	4.74	0.92	11.96	65.40
下园	2.36	34.75	41.47	71.00	78.39	5.64	1.25	13.49	64.70
潘一	1.52	13.37	40.21	52.00	83.73	5.76	1.54	8.68	68.30
兖州	1.63	3.95	43.73	58.00	81.80	5.50	1.32	7.95	65.50
张庄	1.44	15.77	43.77	62.00	80.94	5.71	1.60	7.10	66.70
唐山	1.10	6.57	34.60	66.00	85.78	5.20	1.47	6.99	71.10
八一	1.62	6.67	36.17	62.00	85.35	4.98	1.48	7.62	69.80
峰峰	0.67	13.55	31.33	94.00	86.26	5.33	1.62	5.85	71.80
淮北	1.00	17.08	22.56	91.00	89.14	4.95	1.57	3.88	73.60
潞安	0.60	25.84	19.51	91.00	90.98	4.72	1.41	2.40	73.00
鹤壁	0.60	13.70	17.21	99.00	89.80	4.48	1.57	3.84	74.90
薛村	1.69	14.52	13.26	85.00	90.64	4.00	1.57	3.37	72.20
阳泉	1.75	9.38	9.10	71.00	92.61	3.87	1.26	1.83	70.80
1	1.55	8.81	15.03	116.0	82.59	5.29	0.99	2.97	74.20
2	1.80	7.12	27.44	120.00	80.18	4.65	1.60	4.33	73.42
3	2.16	8.62	29.04	49.00	79.29	4.36	1.03	6.18	69.50
4	1.95	8.16	29.48	69.00	79.20	4.67	0.87	6.57	71.20
5	2.34	10.34	29.27	65.00	76.36	4.58	0.84	7.33	70.50
6	3.06	6.23	33.50	64.00	78.55	4.71	0.86	9.19	70.68

续表

煤样	M_{ad}/%	A_d/%	V_{daf}/%	可磨性 HGI	C①/%	H/%	N/%	O/%	煤浆浓度/%
7	2.35	8.18	34.71	66.00	77.38	4.72	1.16	8.13	70.80
8	4.08	5.17	41.75	57.00	76.86	5.38	1.15	11.30	67.40
9	10.63	5.10	33.10	50.00	76.78	4.22	0.92	12.59	63.40
10	7.54	7.03	42.98	46.00	74.05	5.26	0.89	12.29	66.70
11	11.74	4.23	32.74	48.00	75.96	4.41	0.99	14.13	65.10
12	1.78	4.60	22.82	69.00	85.24	4.69	1.71	3.07	71.11
13	1.51	9.30	17.78	87.00	81.53	4.08	1.39	3.26	72.32
14	1.66	7.69	30.26	75.00	81.87	4.67	1.39	3.85	71.50
15	10.08	21.27	25.5	57.70	61.44	3.26	0.74	8.79	66.92
16	2.28	9.01	31.99	52.70	77.69	4.58	1.48	5.05	72.82
17	6.75	7.28	27.6	52.70	78.13	4.53	0.86	6.41	65.27
18	7.70	7.73	34.73	47.00	71.67	4.73	1.08	11.18	64.64
19	15.29	7.08	32.44	57.90	70.74	4.03	0.85	12.03	62.08
20	17.73	2.34	35.59	51.50	76.37	4.43	0.99	11.23	62.33

① 表中前 17 个煤样的元素分析值基准为干燥无灰基；后 20 个煤样系无灰基结果。由于原文未标注基准，特此说明。

注：资料来源为周俊虎等，2005 年。

煤阶与煤的其他性质，如灰分、内在水分、可磨性、粒度分布、氧含量和活性氧基团以及煤发热量等，对实用成浆性的影响是多方面的，这些因素并不是独立变量，而互有密切关系，用单一因素要对煤成浆性作出评价，往往失之偏颇，必须对煤浆用于燃烧或气化进行综合评价与优选。

7.4.3 矿物质（灰分）

煤中的矿物质主要包括：黏土类矿物质、石英、碳酸盐矿物质、硫化物、铝土矿和石膏等硫酸盐矿物。矿物成分的种类及赋存状态随着煤的变质程度及地质化学条件的变化而不同，其物理性能和化学性能各异，对煤成浆的影响较为复杂，因此在研究矿物质及其各组分对水煤浆成浆性和流变性的结果上存在着很大差异。

矿物质对水煤浆性质的影响主要是由于其亲水性和可溶离子的

浓度，其影响是双重的，一方面矿物质含量高，利于制浆，在一定的浓度下可以减少黏度；另一方面溶出的离子会使煤表面的电性降低，浆体的流变性变差。灰分对成浆性的影响随着煤种和添加剂而异，当O/C低，添加剂复杂（多种复配）时，煤成浆性随灰分的升高而变好，否则相反。因为灰分高，会出现一种情况就是煤表面的不均匀性大，成浆难以调节，随着不均匀性的增强，水煤浆的黏度值和沉淀性随之增加；另一种情况是灰高密度大，相同质量浓度时，体积浓度变小。当加入添加剂简单时，前一种情况成为突出矛盾，因而灰分升高，成浆性差；当添加剂复配时，后一种情况成为主要矛盾，因而灰分高成浆性变好。同一种煤不同灰分的样品，灰分高的煤制成的浆流变性、稳定性很好。当堆积效率一定时，灰分越高，煤浆的定黏浓度越高，浆的性能越好。

矿物质含量低的水煤浆可以通过添加表面活性剂来降低其黏度，改变浆体的流变性，使其从非牛顿流体向牛顿流体转变，但是含有细颗粒、高灰分含量的水煤浆即使使用添加剂其流变性还是属于非牛顿流体特性。美国匹兹堡能源研究中心研究发现煤经过洗选后，在不加添加剂的情况下，煤浆的pH值和黏度随着灰分的减少而增加；当加入表面活性剂Lomar D后，不同灰分的煤浆之间的黏度差别很小。煤深度脱灰对煤的成浆性及浆体流变性影响很大，在与原煤相同的添加剂用量的条件下，深度脱灰煤的成浆性有一定程度的降低，但在提高添加剂用量的条件下，其成浆性优于原煤。

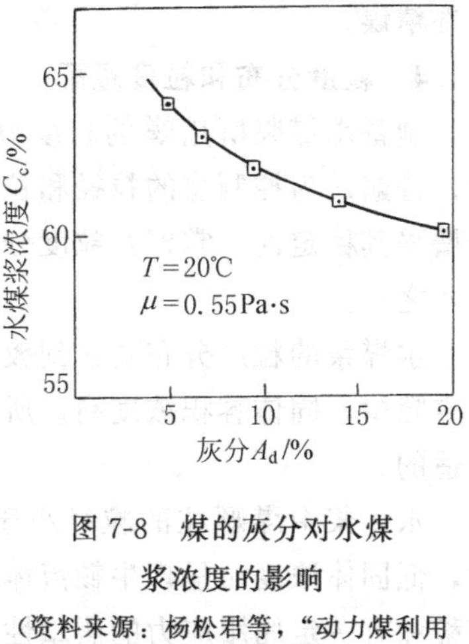

图 7-8 煤的灰分对水煤浆浓度的影响

（资料来源：杨松君等，“动力煤利用技术”，1999 年）

图 7-8 示出灰分对水煤浆浓度 C_c 的影响，说明煤中矿物质含量越少，越有利于制浆浓度的提高。此外，矿物质含量增多，

也影响煤的可磨性与粒度级配，降低煤中有效可燃组分，同时也增加磨煤的动力消耗及运行成本。

当前，水煤浆的主要市场，不是作为气化原料，而在作为代油燃料的燃烧领域。水煤浆燃烧既保留了煤的燃烧特性，又具备了类似重油的液态燃烧应用特点。通常，1.8～2.1t水煤浆能替代1t燃油，作为代油燃料，水煤浆显示出巨大的发展潜力。但是，由于制备水煤浆时，总含有30%以上的水，燃用水煤浆时，这部分水的蒸发潜热将不能有效利用，影响能源效率，从长远看，这可能会制约水煤浆利用的持续发展。

德士古气化炉等气化工艺用水煤浆进料，煤浆灰分的高低，影响雾化喷嘴以及其他易磨件的使用寿命；燃用水煤浆同样存在对喷嘴等易磨损件的磨损问题。因此制浆用煤的灰分以较低为宜。此外，德士古炉是液态排渣的气化炉，因而要求煤灰熔融性温度要低；同理，对燃用水煤浆来说其煤灰熔融性温度ST应低于1050℃。而干法排灰的燃烧水煤浆装置，则要求煤灰的ST温度应在1300℃以上，以免在炉壁、管壁上挂渣。由上可见，尽管制浆用煤的灰分在原则上没有什么严格限定，但是还是希望选用低灰煤或洗精煤。

7.4.4 粒度分布和粒度级配

制备水煤浆所用煤的粒度分布是影响水煤浆流变性的主要因素，普遍认为控制煤的粒径和粒度分布不仅是会降低水煤浆黏度还会增强其稳定性，掌握好粒度分布和粒度级配是制备水煤浆的关键技术之一。

水煤浆的粒度分布要达到较高的堆积效率，即要求煤颗粒堆积时空隙少，固体容积浓度高。所以制备时使用单一粒径的颗粒是不合适的。

水煤浆中煤颗粒的粒径小于45μm时浆体的流动特性变动很大，低固体浓度时呈现牛顿流体特性，较高浓度时则是表现为剪切变稀和有一定屈服应力的假塑性，非牛顿流体特性随浓度或是体积分数的增加和平均粒度的降低而加强。浆体中颗粒的最大粒径为

75μm 时表现出 Bingham 和 Casson 型塑性流体特性；当颗粒的最大粒径增加时，流体主要体现 Casson 型塑性流体特性。由颗粒较粗且粒度分布较窄的煤制备的水煤浆表现出明显的牛顿流体特性，当剪切率在几十秒分之一左右，牛顿流体特性表现得很明显，而且当最大堆积率超过 90%时这种流动特性不改变。由宽粒度分布、细颗粒直径煤制备的水煤浆呈现非牛顿流体的流变性，在低、中剪切力下表现出剪切变稀和幂定律的特性，在高速的剪切下则一定程度上表现为牛顿流体特性。表 7-20 列出制备水煤浆常用煤种的成浆特性及其流型。

通常细颗粒煤制成的水煤浆黏度要比大颗粒水煤浆的大，随着颗粒粒度的降低，由于煤粒曲率半径减小和总表面积增加的缘故，颗粒和水之间的表面力加强。由于粒度细，不易沉淀，生成的煤浆沉淀均匀，很疏松，但煤的颗粒较大时，由于其自身重量大，容易沉淀结块，添加剂不易起作用。在一定的粒度范围内，细级煤粒的增加能改善煤浆的流变性。触变性是由褐煤颗粒在悬浮液中的沉淀性所影响。在制备水煤浆时使用多粒径颗粒时触变性趋于消失，当利用最优粒度分布来制备水煤浆时，触变性会完全消失。随灰含量、平衡水分和固体浓度的增加，水煤浆黏度增加，当煤颗粒的平均粒径为 47μm 时，水煤浆的表观黏度最小，平均粒度再继续增加时，表观黏度会逐渐增大，在剪切速率为 100s^{-1}时表现黏度随平均粒度的变化如图 7-9 所示。沉淀随着颗粒粒径的增加而增加，但是，当颗粒粒度分布高于一定值（约 35μm）时，沉积率会下降这是由于颗粒之间形成的网状结构阻止了颗粒的沉淀。细颗粒煤的体积分数降低，煤浆黏度就会增大。

用双峰或多峰级配制备水煤浆可以大幅度降低浆体黏度，流变性也会有明显改善。在给定水煤浆浓度的情况下，按最优粗粒与细粒之比 40 ∶ 60 向精细水煤浆中加入窄粒径粗煤级分（208～279μm）时，制备成的水煤浆黏度要比含有一种细粒径的水煤浆的黏度低 5 倍左右。当继续向上述含有两种形式煤颗粒的浆体中加入二级粗煤颗粒（279～325μm）时，黏度会继续降低 50%。在所有

表 7-20 制备水煤浆常用煤种的成浆特性及其流型

成浆特性		局矿名称								
		大同	潞安	宁武	海州	老虎台	胜利	吉林双城	辽源西安	辽源梅河
成浆指数	*D*	5～6	2.7	5.83	7.7～9.2	6.5～6.54	6.69	4.7	4～4.7	4～5
	难度分类	中～中上	易	中	难	中上	中上	中	中	中
成浆性	浓度/%	66～71	70.78	71.68	67～68	67～68	68.2	67.02	64～66	63～66
	黏度/mPa·s	N1040～1126	H1352	N968	N1300～1460	H900	N1060	H995	H820～1050	H880～1052

成浆特性		局矿名称									
		平庄	包头	枣庄八一	兖州	青海大煤沟	陕西彬县	鹤壁	江西乐平	湖南恩口	神府
成浆指数	*D*	9.57	4.67	4.33	5.86	6.2～7.9	8.18	2.48	5.08	2.40	10.3～11
	难度分类	难	中	中	中	中～难	难	易	中	易	极难
成浆性	浓度/%	50.95	74	68.28	69.15	64～65	66.02	70.0	69.15	73	63～64
	黏度/mPa·s	N1000	N1000	N664	N788	H750～1440	NXS968	N611	788	H1000～1450	N1480～1580

注：表中黏度栏内，N、H、NX 和 S 表示水煤浆的流型：分别表示牛顿流体、宾汉流体、假塑性和屈服假塑体以及胀性体。流型依据表观黏度与剪切速率为坐标的流变图确定。

资料来源：杨松君等，“动力煤利用技术”，1999 年。

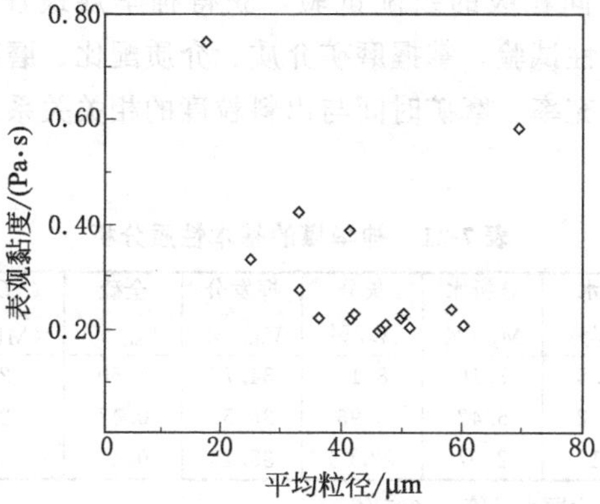

图 7-9 粒度分布和表观黏度之间的关系
（资料来源：浙江大学能源清洁利用国家重点实验室，2005）

的混合成分中各个成分的平均粒度差别越大，制成的水煤浆的黏度就越低。用最优粗粒与细粒比率制备的水煤浆的固体含量高、黏度低且稳定性好。固定固体浓度下水煤浆黏度的降低表明在一定的黏度下可以有效的增加其固体浓度。配比高于最优值时不仅不能改善浆体的流变性，反而会造成水煤浆的不稳定性。所以如何确定配比以达到合理的粒度分布和堆积效率相当关键，对不同的煤种和不同的添加剂，煤颗粒的配比和最优粒度分布是不一样的。如果要继续降低水煤浆的黏度可向其中加入大于两种的不同粒度级分，同时控制好每种不同级分的量。

下面举一个神华煤制备高浓度水煤浆的实例。神华煤变质程度较低，属难制浆煤种，成浆性难度 $D=10\sim11$。针对神华煤内水含量、O 含量、O/C 比较高、比表面积大、可磨性差和灰熔融温度较低的特点，要制备出高浓度、较高灰熔点的水煤浆，研究中采取了优化级配、配煤技术等措施。神华煤制备水煤浆实验以神华 1^{-2} 煤和神华 2^{-2} 煤为主要制浆用煤，保德煤为配煤，煤质分析结果（表 7-21）如下。

为了制备出高浓度的神华煤水煤浆，优化级配的主要措施如下。①进行不同粒级的级配试验，获得神华煤最佳的粒度级配。②进行研磨特性试验，掌握磨矿介质、介质配比、磨矿浓度、入料粒度、介质填充率、磨矿时间与出料粒度的相关关系，实现其最佳粒度级配。

表 7-21 神华煤的基本性质分析

煤样名称	全水 M_t/%	分析水 M_{ad}/%	灰分 A_d/%	挥发分 V_{daf}/%	全硫 S_{td}/%	$Q_{net.ar}$ /(MJ·kg^{-1})	哈氏可磨性
神华 1^{-2}煤	14.6	7.16	8.14	34.77	0.50	24.45	58
神华 2^{-2}煤	15.2	5.42	5.96	36.59	0.47	25.77	59
保德煤	6.13	2.07	22.08	38.46	0.43	22.95	60

注：资料来源为顾小愚等，2005 年。

通过大量的级配和研磨特性试验，获得了神华煤最佳的粒度级配和磨矿条件。用神华单种煤可以制备出浓度为 63%，表观黏度小于 1000mPa·s，稳定性大于 15d，能够满足储运和燃烧要求的高质量水煤浆见表 7-22。为了克服神华煤煤灰熔融性温度较低的弱点，采用配煤技术来满足燃用煤提高煤灰熔融性温度的需求，如配入保德煤，保德煤灰熔点（ST）1420℃，其成浆性比神华煤好。神华煤配入保德煤后，在提高灰熔融性温度同时，也提高其成浆性。在最佳磨矿条件和粒度级配条件下，用神华配煤可以制备出浓度为 65%，表观黏度（25℃，100s^{-1}）小于 1000mPa·s，稳定性大于 15d，能够满足储运和燃烧要求的高质量水煤浆（表 7-22）。

表 7-22 神华煤（含配煤）制备高质量水煤浆试验汇总

煤 样 名 称	实际浓度 /%	添加剂 /%	表观黏度 /mPa·s	平均粒径 /μm	稳定性
神华 1^{-2}煤	63.1	0.7	989	50.4	静置 15d 观察，稍有软沉淀出现
神华 2^{-2}煤	63	0.7	994	49.7	
神华 1^{-2}煤：保德=75%：25%	65.1	0.7	993	48.2	
神华 2^{-2}煤：保德=75%：25%	65.2	0.7	991	49.0	

注：资料来源为顾小愚等，2005 年。

可见“级配”是煤制浆时的关键技术之一。要通过煤粉粒度级配对成浆性能的影响实验，了解什么样的粒度分布能使颗粒间空隙少而达到较高的堆积效率，以及如何根据给定的煤炭性质与粒度组成，制定合理的制浆工艺。

7.4.5 添加剂与煤质及其他

为了得到固体含量高、黏度值低且稳定期较长的理想水煤浆产品，在制备水煤浆时要选择合适的化学添加剂来改变其成浆性和流变性。高浓度水煤浆的流变性主要是受添加剂的影响。添加剂按功能主要分为分散剂和稳定剂等类型。由于价格的原因分散剂是以阴离子型和非离子型为主。阴离子型水煤浆分散剂主要包括：聚烯烃系列、丙烯酸系列、萘磺酸系列、木质磺酸盐和羧酸盐及磷酸盐系列。木质素磺酸盐、多聚磷酸盐、聚合萘磺酸盐等这些黏土含量高的分散剂是目前广泛应用的一类阴离子型分散剂，它们适应性强、降黏效果显著，对成浆性有很好的作用。

由阴离子聚合物按一定比例组成的共聚物对改变成浆性和流变性效果显著。煤颗粒吸附的共聚物可以增加静电斥力，这样会降低水煤浆的黏度，但是高浓度水煤浆的黏度的降低主要是由于煤颗粒表面吸附的聚合物所形成的空间阻力。聚乙烯磺酸盐 MW＝15000 和聚丙烯酸盐 MW＝10000 按重量比率 50：50 组成的共聚物也会使浓度为 70％的水煤浆的黏度降低至 1250mPa·s。利用多聚磷酸钠盐（NaTPP）和表面活性剂木质素磺酸盐（将分散和稳定的作用相结）二者按最佳浓度比为 1：9 混合成的添加剂，可以制成固体重量占 75％左右的高浓度水煤浆，其稳定性大于 2 个月，黏度为 1900mPa·s。

多环芳香表面活性剂的分子结构具有萘环，从而它和具有类似结构的煤表面有亲和力，因此它能直接吸附在煤表面上，当用作分散剂时，只存在静电斥力的影响。另一方面，聚合物阴离子分散剂被吸附会产生一个环路或尾状物。使用聚合物分散剂除了会在颗粒之间产生静电斥力外还会存在空间位阻的影响。而且聚合物分散剂是一种比较经济的方法，在制备水煤浆时只要使用较少的浓度就能达到制备的要求。同时分散剂的分子量是决定所制备水煤浆的黏度和稳定性的主要因素之一。

非离子分散剂在煤表面的最大吸收比与煤中羧基含量成正比，与脂肪烃含量成反比，但是阴离子分散剂吸收比的最大值却随芳烃的含量的增加而减少，而煤样的表面积和孔径特性都对此影响不大。将温度从 278K 上升至 303K 时能有效改善非离子型分散剂的吸附作用，但是对阴离子分散剂的作用却不明显。酸性和中性溶液有利于分散剂的吸收，在碱性溶液中随着 pH 值的增加吸收比逐渐下降。分散剂浓度越高，pH 值对分散剂吸收特性的影响就表现得越明显。

除去煤中部分矿物质后，虽然煤的表面积要比原煤增加很多，但是阴离子分散剂在煤表面的吸附性急剧降低，矿物质对分散剂有重要的影响。不同粒度的煤样表面积和矿物质的含量不同，因而分散剂的吸附特性也不同，很难就单个参数在吸附特性的改变中所占的份数下很精确的结论，但是表面积参数起着主要作用。

煤阶的降低会使聚苯乙烯磺酸钠 PPS 的吸附浓度降低，煤阶低时其羧基的含量相对较高，氢键会将羧基官能团中的羟基和多链中的氧结合到一起，形成稳定的聚合物，所以分散剂的吸附作用会降低。而高阶煤的煤表面疏水性较强，能通过表面和化学添加剂的烃链之间的疏水键来增强吸附作用。

当分散剂和稳定剂的浓度增加超过一定值时，水煤浆中的煤颗粒会迅速沉淀。同时，分散剂的浓度增加时水煤浆的黏度会下降。水煤浆中含有聚合物型分散剂时，它的黏度不随稳定剂的增加而改变，但是，水煤浆的黏度在有表面活性结构存在的情况下会迅速增加。

下面顺便再来探讨一下其他的一些影响因素对水煤浆质量的影响，诸如温度、搅拌、pH 值、电势、磨矿条件、空气氧化及超声辐照等。

表观黏度随水煤浆温度的变化而变化可用 Arrhenius 型方程进行描述，但是表观活化能却和剪切率及固体浓度无关。一般来讲，随着温度的上升，可制浆的浓度增大，定黏浓度增大，但是温度太高的话，由于浆体中的部分水分蒸发，会使水煤浆的浓度增加，从而黏度增加。

搅拌能降低水煤浆的黏度，改善静置时的稳定性。表面黏度的降低主要是由于高剪切力的搅拌作用使分散剂的均匀分散作用。静置时的稳定性得到改善主要是由于在搅拌时释放出的黏土矿物质增加了结构上的黏度造成的。相同的水煤浆浓度，转速增加，黏度值减小。煤浆的浓度愈大，转速对黏度值影响也越大。在煤浆经过了一段时间的搅拌后，搅拌速率将不会改变分散剂的吸附量，搅拌结束后，吸附性逐渐减弱。

pH 值对水煤浆的黏度影响很大。在酸性溶液中表观黏度很高，水煤浆的黏度在 pH 值为 6 时达到最高，在 pH＝8 附近最低。在低的 pH 值时水煤浆表现出非牛顿流体的特性。

电势的绝对值大于 60MV 时能取得很好的分散效果。

磨矿时，增加磨机内的固体浓度可以改变粒度分布，较高的固体含量产生的粉末也比较多，粒度分布较平均。湿磨矿工艺比干法磨矿有很明显的优点，前者的磨矿时间和制成的煤浆浓度比后者要分别降低 20%～25%和 25%～30%，而储存时间后者为 7 天，前者为 20 天。

空气的氧化作用会降低阴离子分散剂在煤表面的吸附性，同时也会使煤内的平衡水分增加，使制浆的黏度升高。

超声辐照对煤浆有很强的分散作用，煤粉的级配向细化方向发展，浆体的稳定性和流变型也得到显著改善。在添加剂为 1% 时，超声辐照会使煤浆的表观黏度稍微的增加，当添加剂的加入量达到饱和吸附值时，水煤浆的黏度会降低。

7.5 煤炭地下气化

顾名思义，煤炭地下气化就是通入气化剂将地下贮存的煤炭进行气化，即直接将固态煤转化成煤气的过程。它与粉煤、块煤气化不同，而是由气化剂对煤层煤进行气化，因此成为一种独特的煤炭化学开采工艺。与传统采煤方法相比，在提高煤炭资源利用率方面具有相当优势，尤其对难以开采的煤和各类废弃矿井中的残留煤或煤柱等，通过地下气化以提高资源回收率，如果控制好煤气生产成本，经济效益也很明显。

7.5.1 国内外地下气化发展状况

国外对煤层地下气化的研究较早，1868 年德国科学家威廉西蒙斯首先提出了煤炭地下气化的概念。1888 年俄国化学家门捷列夫提出了地下气化的基本工艺，1907 年通过钻孔向点燃的煤层注入空气和蒸汽的地下气化技术在英国取得专利权。1933 年，前苏联开始进行地下气化现场试验，并在 1940～1961 年先后在莫斯科近郊煤田和顿涅茨克煤田等地建成 5 个试验性气化站，已气化了 1500 多万吨煤炭，获得 50 多亿立方米的商品煤气，所产煤气主要供给电站和其他工业用户。

1973 年世界上出现第一次石油危机后，美、英、日、波、捷等国出于对能源、安全、经济、环境和矿工安全等问题的考虑，地下气化试验再度兴起。

美国地下气化研究试验投入了大量资金，到 20 世纪 80 年代中期，累计气化煤炭 4 万吨，纯氧气化煤气热值最高达 $14MJ/m^3$。1987 年在洛基山-1 号进行注入点控制后退（CRIP）气化新工艺试验，它是地下气化技术的一种新模式。与此同时也进行了扩展贯通井孔（ELW）模式试验。气化的气化剂采用了富氧/水蒸气或氧气/水蒸气，获得了不同组成的煤气。美国进行的地下气化试验证实了地下气化技术的可行性，但产气成本远高于天然气。

西欧国家在深度 1000m 以下的地层中和北海海底的煤炭储量都很大，但是这些煤田按常规开采方法开采时成本很高。石油危机后，这些国家试图采用地下气化技术从深部煤层取得能源。1978～1987 年，在比利时的图林（Thulin）采用高压气化进行现场试验，试验生产的煤气用于发电。1991 年 10 月到 1998 年 12 月，6 个欧盟成员国组织成立了欧洲地下煤炭气化工作组，在西班牙特鲁埃尔（Teruel）对地表下深 500～700m，厚度为 2m 的煤层采用定向钻孔和 CRIP 工艺进行现场气化试验，煤气热值达 $10.9MJ/m^3$，试验费用 1200 万英镑。这次试验解决了一系列技术问题，工作组准备在此基础还将进一步进行商业规模的试验。英国目前仍在进行地下气化研究及开发工作，其技术目标包括：提高钻孔的精确度；评价地下气化煤气在燃气轮机中的燃烧性能；评估适合地下气化的煤炭储量；选择一个适合于半商业化地下气化的地点；确定地下气化可与北海天然气竞争的临界点；进行在北海南部海岸地下气化的可行性研究。

澳大利亚 CSIRO 正进行地下气化可行性研究，并建立了地下气化的数学模型进行理论研究。1999 年 7 月，几家公司联合在昆士兰的 Chinchila 建成地下气化炉，同年 10 月点火运行，在压力为 10^6 Pa 的情况下生产热值约为 5.0MJ/m^3 的空气煤气，最大产气量约 8km^3/h，拟用于发电，试验运行了 28 个月。

日本、新西兰、印度、泰国、朝鲜和乌克兰等国也对地下气化进行了研究或开发工作。表 7-23 为国外一些重要的煤炭地下气化试验情况，表 7-24 为典型煤气组成。

表 7-23 国外重要的地下气化试验

气化站地点		煤 种	煤层厚度/m	运行时间	气化煤量/万吨	产气量/Mm^3
前苏联	莫斯科近郊	褐 煤	30～80	1947 年到 1962 年		4700
	安格连斯克	褐 煤	120～200	1962 年到 1977 年	500	
	顿涅茨	半无烟煤	<500			
	南阿宾斯克	烟 煤	50～300	1955 年到 1977 年	160	6700
美国	汉纳	次烟煤	85	1973 年到 1979 年(388d)	1.73	63.3
		次烟煤	110	1987 年到 1988 年(80d)	1.0	13.1
	霍克科克	次烟煤	50～120	1976 年到 1979 年(123d)	0.51	12.1
	普利西汤	烟 煤	270	1979 年(12d)	0.234	1.4
	罗林斯	次烟煤	30	1979 年到 1981 年(101d)	0.99	17.4
	森特雷利亚	次烟煤	75	1983 年(30d)	1.33	1.8
欧洲	图林	烟 煤	860	1986 年到 1987 年(200d)	154t 转化 340t 受影响	0.55
	特鲁埃尔	次烟煤	500～700	1997 年到 1998 年(301h)	0.0293	

注：资料来源为步学朋等，2004 年。

表 7-24　国外地下气化典型煤气组成成分及浓度

国家	试验地点	年度	煤气组成成分及浓度/%						热值/(MJ/m³)
			CO_2	CO	H_2	CH_4	N_2	O_2	
前苏联	顿巴斯	1952	12.1	15.9	14.8	1.8	54.1	0.2	4.19
	莫斯科近郊	1956	19.5	7.1	14.1	1.5	55.9	0.3	3.50
	南阿宾斯克	1964	5.6	28.7	18.4	2.1	44.9	0.0	6.49
	安格连斯克		17～20	4.5～7.5	17.6～20	2.1	42.7～58	0.35	2.93
意大利	瓦里达尔诺	1979	19.7	4.5	15.6	2.2	57.8	0.2	3.43
	哲达拉	1955	19.5	4.0	15.0	4.5	57	0.0	4.08
美国	高尔加斯	1952	11.7	7.1	7.6	2.1	70.9	0.6	2.68
	汉纳	1979	15.0	8.0	12.4	2.9	49.0	0.0	4.31
	洛基山 1 号	1987	42.5	9.23	1.6	10.1			ELW 法
	纯氧气化站	1987	37.5	11.9	38.4	9.4			CRIP 法
英国	纽门斯平尼	1950	15.5	4.9	7.9	1.0	70.7	0.0	2.05
比利时	比利时布阿略达母	1979	19.3	53.3	17.6	0.7	0.0	0.09	9.17
	图林	1986	29.9[a]	3.4	7.5	16.9		6.25	
		1987	49.5[b]	1.94	2.4	17.0		0	
西班牙	特鲁埃尔	1998	41.0	12.8	24.8	13.2			10.9

注：表中 a 表示 O_2 为 1.35kmol/h；N_2 为 2.76kmol/h；b 表示 O_2 为 22.8kmol/h；H_2C 为 1.17kmol/h；N_2 为 0.37kmol/h。

资料来源为步学朋等，2004 年。

国内地下气化的开发研究工作始于 1958 年。首先在鹤岗煤矿进行地下气化试验，采用电力贯通方法建立一个 10m 长的通道后，再通过火力渗透，建立了一个共计 20m 长的通道，此通道连续气化 20 余天，生产出可燃煤气。1959 年淮南煤专在安徽广德独山东川岭建立煤炭地下气化站，可燃煤气供小型煤气机和蒸汽机发电，运行一个月，共获得煤气 38 万立方米（煤气热值为 3.35～4.61MJ/m³），是当时比较成功且影响较大的试验。

国内地下气化试验受到重视是始于 1985 年。当时，中国矿业大学在徐州马庄矿进行的气化现场试验取得成功，之后，进入了一个发展期。到 20 世纪中后期，徐州新河煤矿的半工业性试验、唐山刘庄煤矿的工业性试验、依兰及鹤壁等煤矿的“小型矿井式煤炭气化技术”工业性试验等研究相继成功，地下气化开始进入工业性试验阶段。2000年，山东新汶“孙村煤矿地下气化技术研究与应用”项目在工艺技术上取得了多项进展，其主要特点是利用报废煤层建立气化炉，煤气经净化后通过原输送管网供应给用户，从而建立了工业生产规模的地下气化生产煤气、煤气净化和贮存输送系统，为1万多户居民和若干台锅炉连续提供燃气，实现了地下气化从试验到应用的新突破。随后，新汶矿业集团公司协庄煤矿、孙村煤矿、鄂庄煤矿、张庄矿先后推广运行，生产的煤气用于民用和内燃机发电，新汶矿业集团公司成为我国生产规模最大的地下气化企业。表7-25为我国进行地下气化的情况，表7-26为部分典型地下气化煤气组成。

表7-25 国内地下气化开发及应用情况

地　点	气化炉数量/台	煤　种	产气量/($10^4 m^3/d$)	年度	煤气用途
义马矿	1	长焰煤		1998	试验,已停
新汶孙村矿	3	气　煤	6	2000	半水煤气,供民用
新汶协庄矿	2	气　煤	2	2001	半水煤气,供民用
肥城曹庄矿	2(1)①	肥气煤	3.5	2001	空气煤气,供民用
攀枝花矿	1	贫瘦煤	8	2001	因故停
鹤壁三矿	1	贫瘦煤	15	2001	空气煤气,已停
阜新矿务局	1	气　煤		2001	空气/富氧,已停
新密矿务局	1	长焰煤		2000	纯氧试验,已停
新汶鄂庄矿	4(2)①	气　煤	10	2002	水煤气,供民用
新汶张庄矿	1	气肥煤	2	2003	水煤气,供民用

① 括号内为已点火台数。

注：资料来源为步学朋等，2004年。

由表7-26列出的煤气组成及热值数据可见，凡煤种属气肥煤、气煤等烟煤，煤气组成中CH_4含量较高，致使煤气热值高于地面水煤气气化炉的煤气热值，究其原因就在于地下气化的气化通道长，干馏段要比地面气化炉长许多倍，地下气化煤气中混有大量的干馏煤气，导致CH_4含量较高，用它作居民用燃气要比地面水煤气的煤气质量要好。

表 7-26　中国地下气化典型煤气组成

地点	煤气种类	煤气组成①,组成成分浓度/%					热值 /(MJ/m³)	产量 /(m³·h)
		H_2	CO	CH_4	CO_2	N_2		
胡家湾	空气煤气	15.9	7.3	1.2	15.8	58.1	3.81	
蛟河矿	空气煤气	10.7	15.0	0.7	8.3	62.6	3.50	
兴山矿	空气煤气	16.0	21.3	2.8	10.3	49.2	5.54	
马庄矿	空气煤气	11.1	8.3	2.3	11.8	66.8	3.53	
新河矿	水煤气	63.6	11.9	10.2	12.6	1.7	13.69	1800
刘庄矿	空气煤气	10～20	2～25	2～4	7～20	50～65	4.2～5.0	
	水煤气	53.0	24.8	7.2	10.5	4.53	12.74	2346
依兰矿	空气煤气	2.2	12.4	8.3	7.7	67.3	5	
义马矿	空气煤气	7.5	20.4	3.8	10.0	57.0	5.24	
鹤壁矿	空气煤气	13.7	20.1	2.5	5.9	57.4	4.82	5204.4
孙村矿	水煤气	51.3	9.0	9.4	23.7	6.5	11.43	1400
新密矿	富氧煤气	8.6	43.0	6.0	20.0	20.0	7.92	
曹庄矿	空气煤气	12.0	2.6	12.1	26.2	45.3	6.24	3500
攀枝花矿	空气煤气	10.0	14.0	3.2	8.0	63.0	4.2	3000
昔阳矿	空气煤气	12.0	27.5	1.7	2.8	55.8	5.68	3300

① 其余为 O_2。

注：资料来源为步学朋等，2004 年。

7.5.2　问题与对策

首先遇到的问题是经济问题，即煤气的成本问题。地下气化煤气的价格或性价比必须优于天然气或人工煤气的价格或性价比。考虑到在我国的报废矿井和在采矿井中，还存在相当多的“三下采煤”煤柱、工业广场煤柱、矿井边界及采区边界煤柱、地质构造煤柱和其他煤柱；有些矿井因受地质条件、技术条件、安全条件和开采条件的限制而丢弃了一些“不可采煤层”和“不稳定煤层”（例如煤层厚度小于 0.5m 的煤层）；未采矿井或待采矿井也将会遇到有丢失煤炭源的现象。采用煤炭地下气化技术将丢弃的煤炭进行气化而加以利用，这就降低了煤气成本，使地下气化具有一定的经济意义和社会效益。

其次是地下气化生产运行过程不稳定，表现在煤气产量、煤气组分及热值难以实现长期稳定，这必然给煤气的有效利用带来不利影响，难以保证发电或化工合成等方面对煤气的供给要求。鉴于影响地下气化的因素很多，要比地面气化复杂得多，而目前对地下气化过程还缺乏有效的检测和控制手段，因此，要强化控制、检测的开发、研究工作，包括气化反应工作面温度、反应速度、反应位置及方向、燃空区塌陷控制等，以提高煤气质量稳定性，确保用户的煤气质量和气量、热值的稳定。通过开发和利用新技术，使煤气产量、组成和热值波动范围减少，以适应大规模商业化需要。要针对不同用户，采用相应的气化剂及操作工艺。如工业燃料气采用空气连续鼓风生产；需要中热值煤气可采用间歇水煤气生产工艺或纯氧制气；富氧鼓风工艺用于合成氨生产；纯氧鼓风生产工艺用于化工合成、提氢等。

第三是地下气化对环境及安全的影响以及评价问题。前者包括煤气泄漏情况、地下气化对地下水和地面环境的污染和地表塌陷等问题。后者包括煤气泄漏后的防爆，防火问题，燃空区冒顶、塌陷对地下水的排水、疏导等问题。这些都需要进行评估和防范。

尽管煤炭地下气化技术在前苏联已实现工业化；欧美均称技术成熟，欲在近年内实现商业化；我国自主开发了“长通道、大断面、两阶段”新工艺，完成了半工业性试验和部分工业性试生产，但要做的工作还有许多，上面这些制约地下气化向商业化发展的因素，必须逐一得到解决。要在国内建成商业化规模的地下气化站，尚有待时日。综上所述，目前地下气化的发展定位似应是有条件的适度发展。

8 煤分类学在焦化工程中的应用

炼焦用煤是煤转化工艺中，对煤质要求较为严格的煤类群体，因此传统的煤分类主要针对烟煤中的炼焦煤进行分类；当然，也兼顾煤的燃烧、气化及其他利用领域的煤质要求。要把煤炼成焦炭，主要原料煤要求用炼焦煤，炼焦煤是当前国际煤炭贸易中一个非常重要的种类。

炼焦煤焦化是指煤在隔绝空气情况下，加热到较高温度时，经历软化、脱挥发分、膨胀、固化然后形成多孔富碳固体——焦炭的过程，要求过程中经历的软化、膨胀、黏结和固化都进行得恰到好处。煤能炼焦的先决条件就是煤能在受热后具有黏结或熔融的性能，然而并不是所有黏结性的煤都属炼焦煤能炼成焦炭。煤黏结性的测定方法，在本书第4章中已有详尽的讨论。“结焦性”也是人们谈论煤炼焦性能时常用的一个术语，用来表征煤对焦炉炼制过程的适应性。不过这种解释往往将“黏结性”与“结焦性”相互混淆。在国际硬煤分类（5.7.1）中，黏结性与结焦性的定义是按煤受到快速加热还是慢速加热来区分的。“黏结性”的测定都表征为快速加热时煤的结块、膨胀性能，测定方法有坩埚膨胀序数CSN和罗加指数RI；而“结焦性”测定时，方法有奥阿膨胀度和格金焦型，都是以缓慢加热时煤的结块和膨胀性能来表征的。

用煤炼制所得到的焦炭，90%以上用于高炉炼铁，因此这里讲的焦化工程，主要也和高炉用焦有关。对于铸造用焦或铁合金焦等，它们对煤质的要求有的比高炉用焦要严，有的就相对较宽，本书不对其进行专门讨论。焦炭在高炉中主要有三大作用：作为燃料提供热源；作为还原剂，把氧化铁还原成熔融的生铁；以及作为高炉负荷的载体。这第三个作用就要求焦炭必须有很好的抗碎强度和耐磨强度，即随高炉炉料运移过程中，焦炭能保持物理上完整性的能力。除焦炭的化学性质外，强度就成为衡量焦炭质量的重要指标，在灰、硫含量等合格的情况下，焦炭的强度高，就属优质焦。

国际上有许多测定焦炭强度的方法，包括各种转鼓试验，落下试验，日本的JIS转鼓试验，欧美的米库姆（Micum）转鼓试验，美国的冲击性试验测定焦炭的稳定性指数等。以上这些试验都是在室温下进行的，没有考虑焦炭在高炉中的热操作条件。实践表明，焦炭在高温下的强度并不能用常温下的强度来表征或预测，只能说常温下的强度在一定程度上与高炉中焦炭特征有某种相关。

焦炭的另一个重要性质是它在高炉中与 CO_2 的反应性，特别对于铸造用焦来说，要求焦炭的反应活性要更低些。在日本，由日本钢铁公司提出两个指标：①反应后焦炭强度 CSR，或称反应强度指数 RSI；②焦炭反应性指数 CRI 或 RI（reactivity index），是指特定条件下测定焦炭与 CO_2 反应后失去的质量百分率。用反应性试验中得到的样品在专门的转鼓中进行试验，就可以测得反应后焦炭强度。人们力图使试验尽量模拟高炉中焦炭的受力与受热情况来评价焦炭的性能，可惜这些评定方法对焦炭在高炉中特性的判定能力，毕竟是有限的，需要将常温下的焦炭强度与受热后的强度及反应性综合起来考虑，避免对焦炭特性给出错误的评价。为了快捷、正确地评定煤在焦化工程中的应用范围，希望通过煤分类系统能够预测焦炭的强度和反应性，即煤分类的主要性质及指标能与焦炭特性有很好的相关性。在国内，“炼焦用煤评价方法”（5.6.1）就成为“中国煤炭烟煤分类”的制订基础。炼焦用煤评价方法所遴选的 V、G 指标也就是中国煤炭分类中烟煤分类的主要指标。通过这两个煤质指标的测值，就能够预测出焦炭的强度及反应性，这样使煤分类系统能在指导焦化工程上得到广泛的应用。

应该指出，焦炭的特性除主要取决于煤的性质外，还受到焦化条件的制约，如煤料预处理条件、煤料粒度、加热速度和其他一些因素如司炉、调火人员的控制水平等。此外，焦炉炉型、是否经过捣固等，都可能对煤质提出不同的要求，这些不在本书讨论范围之内。

传统煤分类都是对单种煤进行分类，然而当代的炼焦厂几乎都用配煤来制取焦炭。因为通过配煤，可以把一些非炼焦煤通过配煤也作为装炉煤来炼焦，以降低焦炭成本。这样，就要求煤分类的指标不但能适用于单种煤，同样也要适用于配合煤。因此，就要求指导焦化的煤分类指标在通常情况下具有可加和性，即根据配煤中各单种煤的煤质指标，通过可加性原则，确定每种煤在炼焦配煤中的比例，使配煤制得的焦炭质量能达到最佳，且成本最低。

8.1 煤阶的影响

煤阶是影响煤炼焦性能的最重要的因素之一，煤阶的高低不但对焦炭的强度产生重大影响，同时也对焦炭的反应性能及反应后强度发生影响。因此，在世界各国预测焦炭物理机械性能的数学方程中，都包含有煤料的煤阶参数。图 8-1 示出了以镜质组反

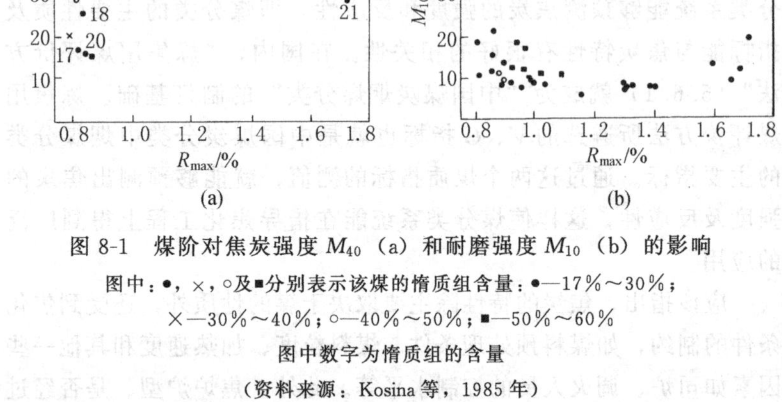

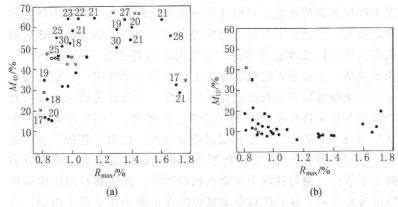

图 8-1 煤阶对焦炭强度 M_{40}（a）和耐磨强度 M_{10}（b）的影响

图中：●，×，○及■分别表示该煤的惰质组含量：●—17%～30%；×—30%～40%；○—40%～50%；■—50%～60%

图中数字为惰质组的含量

（资料来源：Kosina 等，1985 年）

射率表征的煤阶对焦炭强度 M_{40} 和 M_{10} 的影响。煤样及焦炭强度的数据来源于捷克燃料研究所。由图 8-1 可见，煤阶 $R_{max}=1.2\%\sim1.3\%$ 的煤样，通过常规炼焦后所得焦炭的焦炭强度 M_{40} 及 M_{10} 为最佳，即 M_{40} 值处在最大或 M_{10} 值处在最小的区间。同时由图不难看出，单由煤阶来判定强度，误差很多，说明焦炭强度的高低，还受炼焦用煤中惰质组含量的多少所左右。

对于中国的煤样，统计了近 200 个样品及所得焦炭强度与煤阶的影响结果（图 8-2）。图中 C. S. 是焦炭的综合强度，其值为（$M_{40}-1.6M_{10}$），也就是将 M_{40} 与 M_{10} 合并成一个综合指标，这个综合指标表明，对于焦炭来说，耐磨强度 M_{10} 对高炉生产的影响或权重要大得多（×1.6 倍）。图内的横坐标是黏结指数与煤惰质组量之比值，称之为“容惰比”（G/I）。比值越大，一方面表征该煤的黏结能力好，另一方面也说明惰质组含量较少。对于炼焦配煤来讲，最好强度的配煤都有一个最佳的“容惰比”。有关炼焦配煤的最佳惰质组含量，将在以后再详加讨论。就煤阶对焦炭综合强度（C. S.）的影响而言，图 8-2 同样也显示出，$R_{max}=1.2\%\sim1.3\%$ 的煤炼焦，所制得的焦炭强度为最好，说明在世界范围内，中等挥发分烟煤是最佳的炼焦用煤，用其单煤就可炼制出高强度的优质焦。

煤阶也影响焦炭的显微结构与显微组织，这些又对焦炭的反应性和反应后强度产生影响。尽管成焦条件如加热速度也会对焦炭显微结构产生一定影响，但煤阶对焦炭显微结构却有着决定性的作用。低煤阶烟煤炼成的焦炭，以各向同性结构为主；煤阶稍高一些的煤炼焦，其焦炭结构以细粒镶嵌为主；中等煤阶烟煤单独成焦后，以粗粒镶嵌和纤维状焦炭结构为主；较高煤阶烟煤成焦后，以纤维状、叶片状的结构为主。图 8-3 示出镜质组最大反射率与焦炭显微结构的关系。

由图可知，煤阶 $R_{max}=0.75\%\sim0.8\%$ 或低于 0.7% 的煤，其炼成的焦炭，主要以各向同性结构为主。随着煤阶的增高，焦炭显微结构中各向异性结构随之增多，这时焦炭的反应性也有所降低。

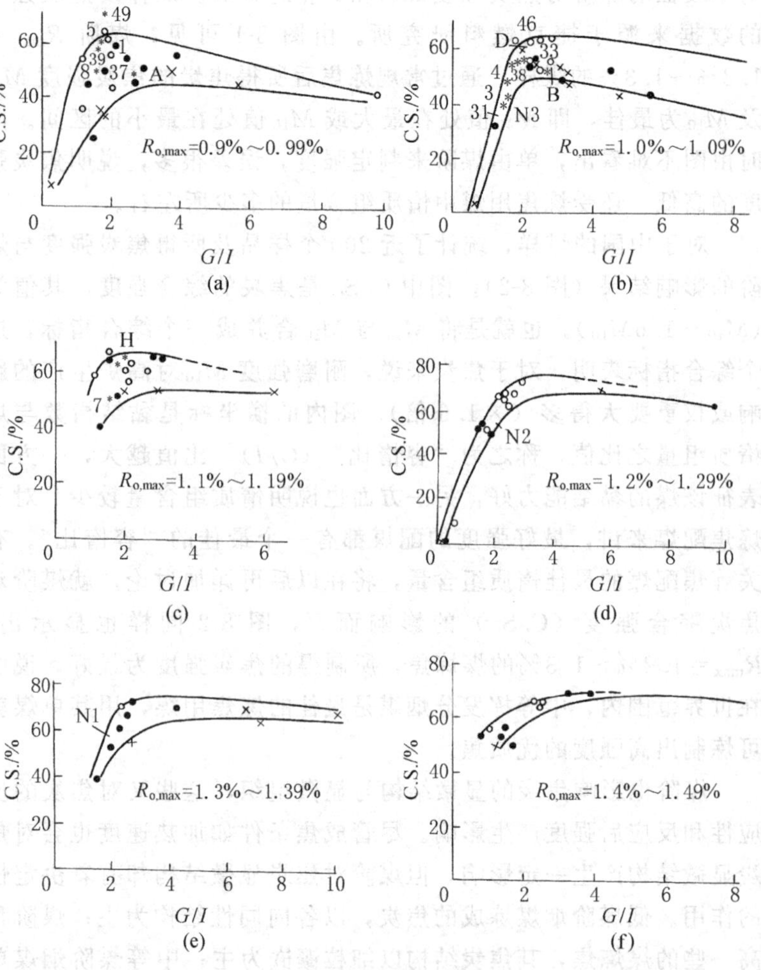

图 8-2 煤阶与容惰比（G/I）对焦炭综合强度（C. S.）的影响关系

图中 $R_{o,max}$ 范围表示其镜质组的最大反射率区间

通常 R_{max} =1.2%～1.3%煤所炼得焦炭的反应性和反应后强度都比较好。

影响焦炭反应性的因素大致有：①煤质因素，如煤阶、黏结性和碱金属化合物含量；②炼焦工艺因素，如焦饼中心温度、不

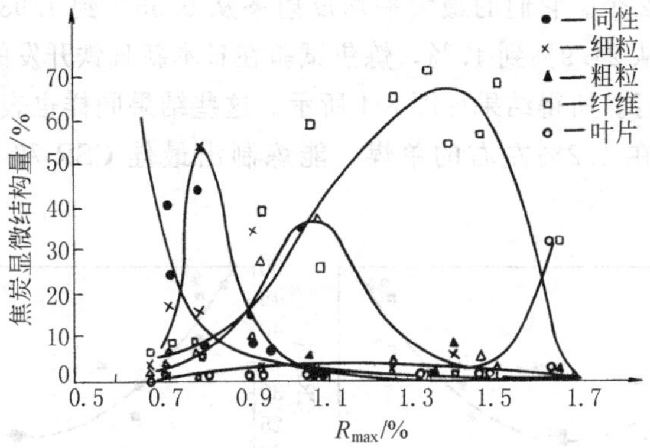

图 8-3　镜质组最大反射率与焦炭显微结构的关系

（资料来源：史国昌等，1985 年）

同备煤炼焦工艺等。国内在“焦炭反应性及反应后强度试验方法”国家标准（GB/T 4000—1996）制订以前，就有人从事这方面的研究。虽然测定方法与国标 GB/T 4000—1996 略有差异，但结果却同样能说明煤阶、黏结性对 CRI 和 CSR 的影响。为了与 GB/T 4000—1996 对比，现列出先前测定焦炭反应性及反应后强度的方法。

在测定焦炭反应性时采用了两种方法。一种是块焦法，即试样粒度 20mm，试样量 200g，反应温度 1100℃，反应时间 2h，CO_2 通气量 5L/min。反应性以反应后质量损失占试样总量的百分数表示，相当于 CRI（%）；反应后强度以经 I 型转鼓转磨后，大于 10mm 的焦样质量占反应后焦样量的百分数表示（相当于 CSR）。另一种方法是反应性法，该方法快速简便，其测定条件为试样粒度 4～6mm，试样量 15g，反应温度 1100℃，反应时间 1h，CO_2 通气量 700ml/min，反应性表示方法同块焦法，记作（CRI）′；反应后耐磨强度以经振筛机振后大于 3mm 焦样质量占试样质量的百分数表示，这两种方法有很好的线性相关关系。

以上海宝山钢铁公司常用的 19 种炼焦用煤为例，这 19 个单种煤中，主焦煤 4 个，肥煤 4 个，焦煤 2 个，气煤 6 个，瘦煤 1 个和其他煤种 2 个。它们的最大平均反射率从 0.55%到 1.98%，总惰质组含量从 24.9%到 47%，炼焦试验在日本新日铁开发的 76kg 小焦炉上进行。所得结果如图 8-4 所示。这些结果同样也表明最大平均反射率在 1.2%左右的单煤，能炼制出最佳 CSR 和 CRI 值的焦炭。

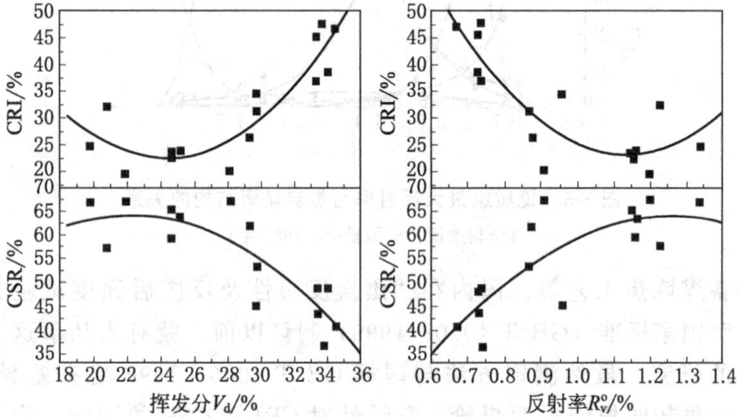

图 8-4　煤中挥发分与煤反射率对炼制所得焦炭的 CRI 与 CSR 的影响

（资料来源：Zhang Qun，2004 年）

如果用挥发分产率 V_{daf}表征煤阶，用黏结指数 G 表征煤的黏结能力，图 8-5 示出焦炭反应性 CRI（左）与反应后强度 CSR（右）在 V-G 图上的等值线趋势面图。由图表明，V_{daf}＜20%或＞32%的煤样，其焦炭反应性主要受煤阶控制；V_{daf}＝20%～32%范围内的煤，其 CRI 则主要受黏结指数的影响。反应后强度 CSR 表现出相类似的情况。这样就可以通过炼焦用煤评定方法中煤的 V-G 值来对其焦炭反应性及反应后强度进行预测与推断。这为煤种选择、确定炼焦煤配比，提供了简易快捷的方法。需要说明的是，图 8-5 的 CRI 及 CSR 数据是按反应性法测得，所测焦炭来自 200kg 试验焦炉，与实际大焦炉炼制得的焦炭相比，图 8-5 中的数值，其 CRI 值要比大焦炉焦炭的对应值偏高，而其 CSR 值则偏低。

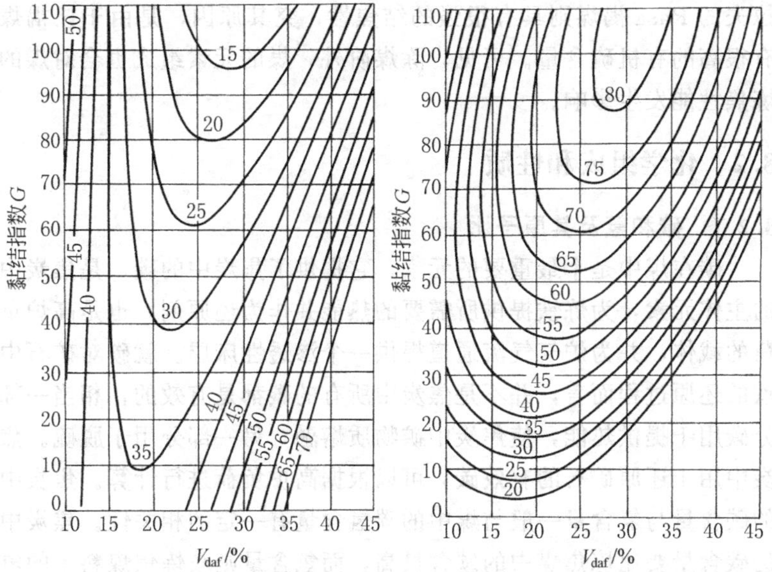

图 8-5　焦炭反应性（左图）与反应后强度（右图）在 V-G 图上的等值线变化趋势

（资料来源：史国昌等，1985 年）

由上可见，煤的 V-G 图不但可用来预测煤或配煤炼得焦炭的强度，同时也能预测焦炭的反应性与反应后强度，扩大了炼焦用煤评价方法，即 V-G 图的应用范围，进一步说明烟煤分类在指导炼焦工艺中的工程意义。

用煤的 V，G 来预测焦炭强度与热强度的预测方程如下：

$$M_{40}=66.834-0.564V(\mathrm{daf})+0.455G \quad (r=0.956)$$

$$M_{10}=15.357+0.317V(\mathrm{daf})-0.234G \quad (r=0.919)$$

$$\mathrm{CRI}=30.69+0.174V(\mathrm{daf})-0.232G+8.242R_{\max} \quad (r=0.895)$$

$$\mathrm{CSR}=88.247-1.01\mathrm{CRI} \quad (r=-0.91)$$

CRI 式中 $R_{\max}$ 为炼焦煤的镜质组最大反射率。（资料来源：谢海深等，2006 年）

从以上的讨论可以看到，单单用煤阶并不能对煤的炼焦特性作出正确的评价，往往要辅之以惰质组含量或黏结指数等指标。举个非常特殊的例子，按理说褐煤是不具有黏结成焦性能的，但是南斯拉夫的 Rasa 褐煤则具有很强的结焦性，究其原因，是由于该褐煤有很高的有机硫含量。可见，除煤阶外，煤的元素组成也会对煤的炼焦性能发生影响。

8.2 化学组成和性质

8.2.1 碳和氢及其原子比

碳在煤中是个最重要的元素，它提供了焦炭中的碳，是焦炭中的主体元素，为炼铁提供所需要的热能并作为还原剂，也是高炉负荷的载体，并为炉气气流通道提供一个渗透性床层。就碳对矿石中铁的还原过程而言，并不是焦炭中所有的碳都是有效的，相当一部分碳用于提供热能，使焦炭中矿物质熔融，另一部分用于脱硫。焦炭中用于还原矿石的有效碳，可以根据高炉负荷进行计算。焦炭中的碳含量与氢含量一般与煤中的碳氢含量有一定的相关性。焦炭中的碳含量要比炼焦煤中的碳含量高，而氢含量则较炼焦煤料中的氢含量低。

因为碳、氢也是与煤阶有密切关连的两个指标，所以在 Seyler 的煤分类图中，就用这两个指标来对煤进行分类。不难推测，可以通过煤中的碳、氢含量，或 H/C、O/C 原子比来预测焦炭的强度与反应性。在日本，就有通过原子比对焦炭强度 DI_{15}^{150}（日本转鼓法测定）的计算公式[1]。公式如下：

$$DI_{15}^{150}=-1122.3(H/C)^2+1502.7(H/C)-3907.6(O/C)^2+195.0(O/C)-421.7$$

其焦炭强度的等值线图如图 8-6 所示。图中虚线给出通常的配煤范围。上述方程的相关系数 $r=0.9677$，试验煤样数为 29 个。

为了更精确地指导炼焦配煤，利用图 8-6 再加上煤的挥发分 V_{daf} 和吉氏流动度的对数值 MF，给出了配煤的最适宜范围，如图 8-7 中的阴影线部分，即为炼制优质焦炭的最适宜的煤性质范围。

---

[1] 这里，DI_{15}^{150} 为日本焦炭强度试验标准，即用＞15mm 的焦炭在特定的转鼓中转 150 转后所剩焦炭＞15mm 的质量%。

举例说，当配煤中惰质组含量约为30%，其相应的强度 DI_{15}^{150} 约83%上下。

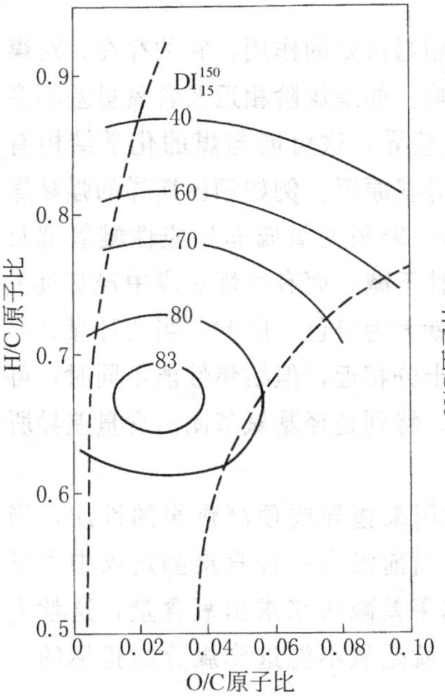

图 8-6 煤的 H/C 和 O/C 原子比预测焦炭强度 DI_{15}^{150} 的等值线图
（资料来源：Koba，1980年）

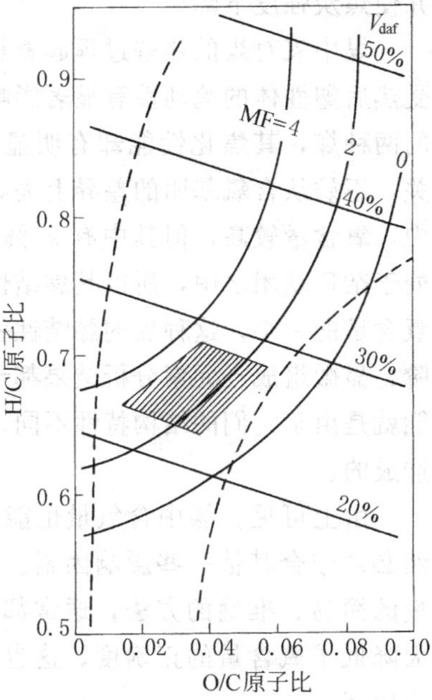

图 8-7 通过煤性质来预测炼制焦炭的最适宜范围
（资料来源：Koba，1980年）

煤中氢含量与焦炭反应性有较好的相关性，氢含量越高，则其焦炭的反应性越高。尽管在现行的传统煤分类中，都不将碳、氢遴选为烟煤分类指标，但仍能利用碳、氢含量来预测焦炭的物理机械性能。

8.2.2 氧

在图 8-6 和图 8-7 中，由氧碳原子比就可以看到煤中氧与生成焦炭质量间的相关关系。不难看出，氧含量高的煤，通常炼制得强度较差的焦炭；同时氧含量的多少也影响炼焦过程中焦炭的收率。焦炭中的含氧量要比炼焦炉料中的氧含量低许多。焦炭中的氧大部分与矿物质相结合，对其中无机氧化物，特别是 SiO_2 含量要特别注意，因为 SiO_2 能和焦炭中的碳反应，导致高炉中焦炭量的损失并使焦炭强度下降。

煤中氧对煤的热解过程起着相当重要的作用，它的存在，对煤受热后塑性体的流动性有显著影响。如果煤阶相近及含氧量差不多的两种煤，其焦化性能却有明显差异，这可能与煤的化学结构有关，不妨从含氧基团的差异上去寻找原因。例如顿巴斯煤的强黏煤中，氧含量较高，但其中有 90%～95%的氧属非反应性醚氧键及处于杂环基团之中，所以其黏结性不减；而有些炼焦煤中羟基氧占氧含量的一半，这种煤的黏结性就大为逊色。因此，当两种煤其煤阶、显微组成、元素分析结果都十分相近，但结焦性能不同时，可能就是由于它们的结构特性不同，特别是羟基氧基团的含量差异所造成的。

由上可见，煤中含氧量也能用来指导或预测焦炭的性质，当然必须结合其他一些影响因素。当前没有一种直接测定煤中含氧量的简易、准确的方法，通常都用差减法来求出氧含量，这就大大降低了氧含量的正确度。这也就是氧不能选作煤分类指标的一个原因。

在捷克，有人建议用 H/O 原子比作为烟煤的分类参数。其理由是镜质组反射率作为分类参数，只能反映镜质组的芳香部分；而 H/O 原子比则反映镜质组的非芳香部分，其比值与煤的塑性体流动性有关。由此得出在 $R_{max}=0.8\%\sim1.2\%$范围的煤 H/O 原子比与该煤所炼得的焦炭强度的关系曲线（图 8-8）。图中标明的数字是该煤的惰质组含量，由图可见，当惰质组含量在 17%～30%范围内时，焦炭强度 M_{40} 随 H/O 原子比增大而增高；H/O 原子比值大约高到 14 左右时，曲线出现转折，H/O 原子比值即便再增大，焦炭抗碎强度 M_{40} 仍维持稳定。而惰质组含量大于 30%时，H/O 原子比与 M_{40} 间的关系就显得相当分散。

煤的 O/C 原子比和煤受热后塑性体的流动度与奥阿膨胀度有一定的相关关系，图 8-6 已经示出 H/C 与 O/C 原子比对焦炭强

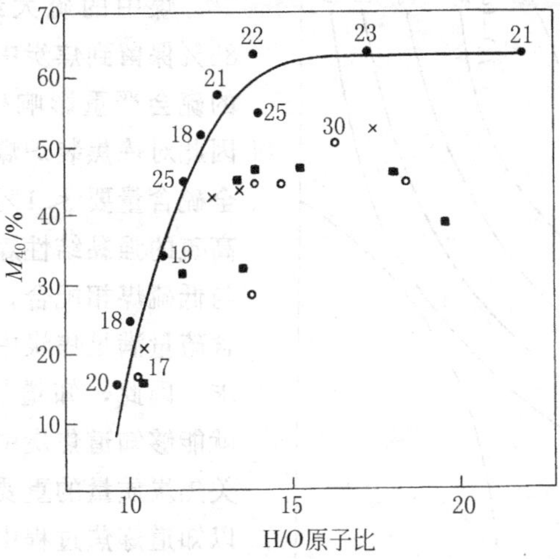

图 8-8 不同惰质组含量煤的 H/O 原子比与焦炭强度 M_{40} 的关系曲线

R=0.8%～1.2%；●—惰质组 17%～30%；×—惰质组 30%～40%；

○—惰质组 40%～50%；■—惰质组 50%～60%

（资料来源：Kosina 等，1985 年）

度的影响。如果用总膨胀度 TD 表示奥阿膨胀度测定中（$a+b$）的总和，那么就可以得到在 H/C 与 O/C 原子比坐标系统中的 TD 等值线图（图 8-9）。从图 8-9 可见到 O/C 对总膨胀度的影响，要比 H/C 原子比更为敏感，同时也表明 O/C 比 H/C 对焦炭性质更具有影响力。图中实线是 TD 的等值线，虚线勾画出通常适宜于炼焦配煤三参数的范围。试验煤样数为 36 个，拟合优度为 0.83。

从上面的讨论，可以看到氧含量及 O/C 原子比都有助于评价煤的黏结、膨胀及结焦性能。这也是过去的煤科学分类中，常常包含这类原子比作为分类指标的一个原因。但是对工业技术分类来说，用元素分析结果作为分类指标，就大大增添了指标的数目，所以在现行的各国煤分类中，都不再用 H/C 或 O/C 原子比这类指标。

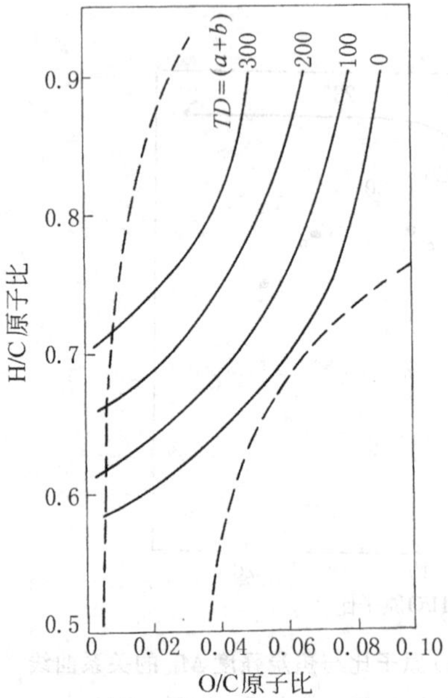

图 8-9 奥阿膨胀度 $TD=(a+b)$ 随煤中 H/C 与 O/C 原子比的变化曲线

（资料来源：Koba，1980 年）

8.2.3 硫

煤中的硫大约有 80%～85%保留到焦炭中，而焦炭中的硫会严重影响生铁的质量，因此对炼焦装炉煤来说，希望全硫含量要 <1%。对于一些高硫的强黏结性煤，可以通过与低硫煤相配合，使装炉煤的含硫量满足焦炭中硫含量的要求。因此，知道煤中硫含量，就能够知道焦炭中含硫量等有关焦炭质量的重要信息，亦可以知道炼焦过程中硫对环境带来的不良影响。因此，硫含量这个参数被列入中国煤炭编码系统中，煤中硫含量就成为非常有用的参数。

国内有不少还原程度较高的煤，由于其成煤条件，如海陆交替相或海相成因的煤，它们的含硫量往往较高，但是这些煤都有较好的结焦性，要调整配煤比，尽量多用这些强黏煤，来弥补我国强黏煤资源的不足。

在讨论煤阶对结焦性影响时，曾举过一个南斯拉夫 Rasa 褐煤具有结焦性的例子，该煤的有机硫含量高达 12%，从该煤的含硫能官团来分析，有 1/3 的硫属于硫醚型硫，据分析这就是造成褐煤具有结焦性的缘由。不但在欧洲，在亚洲的巴基斯坦和北美的美国内陆地区都有低煤阶煤具有结焦性的实例。

8.2.4 氯和磷

氯和磷虽然没有列为炼焦用煤的分类指标，但通常要将它们作为炼焦用煤技术条件中所要求的参数。氯由于它对焦炉耐火材料的腐蚀作用，所以煤中氯在炼焦过程中是一个不利因素。通常国内煤中氯含量都相当低，只有少数动力煤由于氯含量高，可能要求对其进行预处理。用含氯量高的煤所制得的焦炭，其反应性一般较高，因此可以将煤中氯含量作为预测焦炭活性即反应性的一个重要参数。

煤中磷含量一般要求控制在0.05%～0.06%范围，有时对焦炭中的含磷要求稍严，例如要求煤中磷要<0.03%。这是因为磷的存在会影响铁的质量。磷与硫不一样，一般高炉炉料中的全部磷都被还原转入金属铁中。焦炭中的磷可以根据煤中磷含量及煤挥发分产率进行预测，再加上其他炉料中的磷含量，就可以估算出磷的安全界限，并对煤中磷含量提出要求。

8.2.5 挥发分

煤的挥发分产率是各国煤炭分类中最常用的指标，它和镜质组反射率一样，能很好地表征煤阶，特别对中煤阶煤，在等惰质组含量的情况下，V_{daf}与R_{max}的关系近乎直线的相关关系。尽管近来有些国家主张采用镜质组反射率来表征煤阶，并用R_{max}对煤进行分类，但是因为挥发分这个指标有其实用方便的特点，成为我国煤分类中表征煤阶的首选指标。

挥发分除表征煤阶外，还提供煤炭利用方面的许多实用性技术信息。在焦化工艺中，可以根据它来估算成焦率及焦炉煤气和焦油的产率；如果从挥发分中扣除氧含量，对焦化产品产率的预测将会更加正确；利用挥发分和煤的H/C原子比来预测炼焦过程中所需要的热量，也受到炼焦工业部门的重视。测定挥发分的方法简易、快捷，更受到诸多煤矿化验室的欢迎。挥发分含量对煤是否遭受氧化作用也非常敏感，加上它在煤转化工艺过程中有普遍的实用意义，因此被遴选为“中国煤炭分类”和“中国煤炭编码系统”中的分类、编码参数。

如同表征煤阶的其他指标一样，单单用挥发分来评价煤的黏结、炼焦性能，也不尽如人意。一般炼焦用煤的挥发分V_{daf}在14%～38%之间，通过配煤，装炉煤中还允许有少量煤的挥发分超越上述范围。就炼制优质焦来说，应尽可能使装炉煤的挥发分低些（V_{daf}=28%左右），这样成焦率也有所增高。但是低挥发分烟煤往往具有强膨胀性，多用这些低挥发分煤，可能使推焦发生困难，甚至有损焦炉炉体，所以炼焦工艺多数要用配煤。对于焦炭来讲，一般挥发分要低于1%。

挥发分和黏结指数相组合，可以用来预测所得焦炭的强度与反应性，以及反应后强度。前者参见第4章中图4-59，后者参见本章图8-5。这里不再赘述。

在评价煤岩相不均一的炼焦配煤的结焦性能时，用挥发分与黏结指数相组合的 *V-G* 图来预测焦炭质量就有其局限性。因此在我国的编码分类系统中，将挥发分、镜质组反射率两者都列为分类参数，来弥补挥发分指标的不足。这两种煤阶参数都是国际上煤炭分类中普遍采用的分类参数，因而也便于和国际煤分类接轨。

8.2.6 水分

装炉煤水分的多少，以间接或直接的方式影响着炼焦过程。例如水分含量会影响装炉煤的堆密度，这就可能影响生成焦炭的强度和其他性质。煤中水含量少时，以质量为基准计算的煤中碳等有效成分就多，使焦炉生产能力增高；同时由于减少了焦化过程中脱水所需要的热量，也降低了能耗。水分过高，会造成不易过筛及混配料，而且有时会造成堵料，增加输煤操作成本。但是过分干燥的炉料又带来煤尘逸散的问题，严重影响环境。此外，煤料入炉后，无水煤在焦炉内会引起更大的膨胀压力，影响焦的收缩过程。因此装炉煤要求适量的水分，以满足工艺操作和焦炭质量的要求。在煤炭分类中，特别对较低煤阶煤，水分也是一个隐含的分类参数。

8.2.7 无机组分

煤中矿物质含量直接影响到焦炭的质量。灰分在焦炭中是个有害组分，它的存在使焦炭的含碳量相对减少，致使高炉中铁水温度下降，渣量增多，为了使渣量易于排出，要添加更多的助熔剂，这将使焦比增高，降低高炉的生产率。焦炭内灰或矿物质中某些成分，如碱金属，对焦炭与 CO_2 反应具有催化作用，会加快分解损失的反应过程。因此，希望焦炭中灰分要低，但对焦化工艺，过低的灰分（如<5%）倒也并没有更多的经济价值。

在焦化过程中，煤的有机质部分解出大量挥发物，这样焦炭中的灰分无疑就高于原煤的灰分，且焦炭的灰分与原煤灰分成正比，并可由煤中灰及挥发分产率计算出来。低灰煤，通常指灰分<10%的煤，就属于优质煤。为了炼制铸造用焦，煤中灰分产率要求在6%上下或稍高些。事实上，某些高镜质组含量的煤用于炼焦时，为了获得最佳的活性组成/惰性组成的比例，还需要煤中矿物质和惰质组的量充当惰性组成。从这个意义上讲，包容一定量的灰分，对高镜质组含量煤的焦化是可以接受的。关于惰性组成的最佳比例和焦炭性质的关系，将在以后专门讨论。

中国煤层煤分类和编码系统中，都已经将煤中灰分列为分类的指标，在各国的分类和国际煤分类草案中，也都包含煤的“品位”，即灰分参数。因为灰分的多少，初步表明了煤的经济价值，对于炼焦用煤来讲，就意味着焦炭的质量或其在配煤中所占的地位。煤中矿物质的存在，影响到煤的黏结性、膨胀性和其他煤质指标，也影响生成焦炭的强度和反应性。但是要注意，并不是所有矿物质均是有害的，某些矿物质的存在，也许是有益的。例如焦炭中钙盐的存在，就能在高炉中起到助熔剂作用。

煤中灰分的酸碱成分比，与煤灰熔融性温度有直接的关系，也对焦炭的反应性和强度有所影响。煤灰熔融性温度就决定了焦炭灰分的熔融性温度。焦炭强度随矿物质中所含 Fe_2O_3 和各种钾、钠的氧化物的增加而成比例地下降，这些矿物质也影响到焦炭的反应性。煤中碱金属化合物含量的增加，促使焦炭反应性增大，其影响能力依次为 Na、K、Fe、Ca 盐。如果以配煤中某碱金属化合物含量增加1%计，焦炭反应性的增加值将依次从8%到2%上下递减。正因为这样，在预测焦炭反应性和反应后强度的数学模型或计算公式中，都含有矿物组成的某些参数。

除碱金属对焦炭反应性的正向催化作用的影响外，在煤矿物质中也存在一些负催化剂，如钛、硅和铝。由此提出矿物催化指数

MCI（Mineral catalysis index）如下：

$$MCI=A_d\times\frac{Fe_2O_3+1.9K_2O+2.2Na_2O+1.6CaO+0.93MgO}{(100-V_d)(SiO_2+0.41Al_2O_3+2.5TiO_2)}$$

据宝钢 19 个炼焦用煤的试验结果，矿物催化指数 MCI 对单煤炼制出来的焦炭热性质的影响如图 8-10 所示。

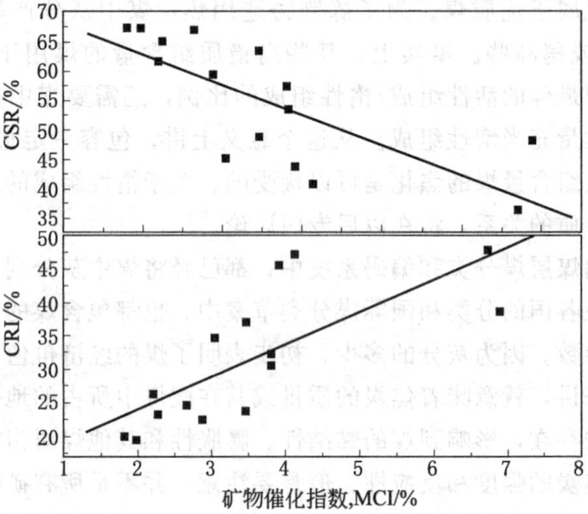

图 8-10　矿物催化指数与焦炭热性质的关系

（资料来源：Zhang Qun，2004 年）

灰分问题是制约我国焦炭质量的一大不利因素。一般焦炭灰分升高 1%，高炉熔剂约增加 4%，炉渣量约增加 3%，每吨铁消耗焦炭量增加 1.7%～2.0%，生铁产量约下降 2.2%～3.3%，若将焦炭灰分降低 0.5%，按宝钢年生产生铁 1000 万吨的三座高炉计，可节约熔剂 4 万吨，焦炭 3.48 万吨，增加生铁产量 17 万吨。如果通过优化配煤，加入一定比例低灰分石油延迟焦，经工业生产试验，焦炭灰分降到 10.18%，其他指标：D_{15}^{150} 89.60%，CSR 71.90%，CRI 23.80%，S_d 0.59%。

当然，对煤炭分类来说，要把矿物组成也纳入分类参数，就会把分类系统搞得非常复杂，因此，可以把矿物质组成纳入炼焦用煤技术条件中，而对煤分类则用灰分产率来对煤作初步评价就已经足够了。

8.3 物理性质与工艺性质

煤的化学组成和性质可以和焦炭的化学组成相当直接地发生关联，而煤的物理、工艺性质与焦炭物理机械性质间的相关性就要比化学组成复杂得多。有些元素组成及煤阶、煤岩组成相近的煤，在同一焦化过程中，都表现出各不相同的行为特征，这是由于它们有着不同的黏结性和结焦性。应该说，所有炼焦煤都具有黏结性，但是有黏结性的煤，并不都适宜于炼焦。因此，几乎所有的分类方案中，都会有黏结性或结焦性这一参数，以对煤进行初步评价。

对炼焦用煤的分类系统，总希望分类系统能评价煤在焦化过程中的特性变化，并有助于预测生成焦炭的性质。在本书第 4 章 4.4 中已经详细讨论了黏结性、结焦性的测定方法，及它们之间的相互关系，所有这些指标在某种程度上都能与煤阶组合，来对成焦性质进行预测。至于哪个指标与煤阶组合对焦炭强度及反应性最具表现能力，各国的煤分类及焦化工作者的意见不尽一致。我国煤种众多，人们曾经对不同成煤时代、不同地域、不同性质的煤进行过大量试验研究，以单煤在 200kg 焦炉中炼制出的焦炭性质为依据，对各种黏结性、结焦性指标进行评选，以找出与煤阶组合后最能表现焦炭强度的“最佳”指标。这里所说的“最佳”，是指相同炼焦条件下，这一指标组合对预测焦炭强度有着更好的正确性与精确度。参加遴选的煤阶参数有挥发分 V_{daf} 和镜质组反射率 R_{max}；表征煤黏结性或结焦性的指标有胶质层最大厚度 y、吉氏最大流动度的对数值 $\lg\alpha_{max}$、黏结指数 G、坩埚膨胀序数 CSN、奥阿膨胀度 b 及格金焦型 GK（指数字化后的值）。200kg 焦炉试验煤样计 134 个。在第 5 章中，表 5-4 列出不同指标组合拟合焦炭强度 M_{40}、M_{10} 的优度比较结果。

从通过趋势面分析所得到的表 5-4 结果可见：①不同指标组合在表现焦炭强度方面的拟合优度都不算高，说明通过表列任何一对组合来预测焦炭强度 M_{40} 或 M_{10} 的精度都不会太高；②从预测精度来要求，三次趋势面分析的结果，要比用二次或一次趋势面的优度要高些；③遵循上面的优选原则，以 *V-G*（即挥发分和黏结指数）组合来预测强度为最佳。即便用煤岩参数、镜质组反射率与惰质组总量相组合的参数，其优度也要比 *V-G* 差许多（二次趋势面时对 M_{40} 为 0.57，对 M_{10} 为 0.62）。考虑到黏结指数对强黏结煤的区分能力不如奥阿膨胀度和胶质层最大厚度，在中国烟煤分类中，除选用 *G* 作为主要分类指标外，还以 *b* 和 *y* 作为分类的辅助指标，来弥补 *V-G* 分类指标的不足。具体方案详见第 5 章。

在讨论煤的黏结性、流变性等工艺指标对焦炭性质的影响之前，先来看看有关的煤质指标的可加和性。

对于焦化厂用煤来说，为了更好地指导炼焦配煤和寻求经济的配煤比，配煤选定指标的可加和性是非常重要的。通常，煤中的灰分产率、硫分和挥发分有着较好的可加和性，对于黏结性指

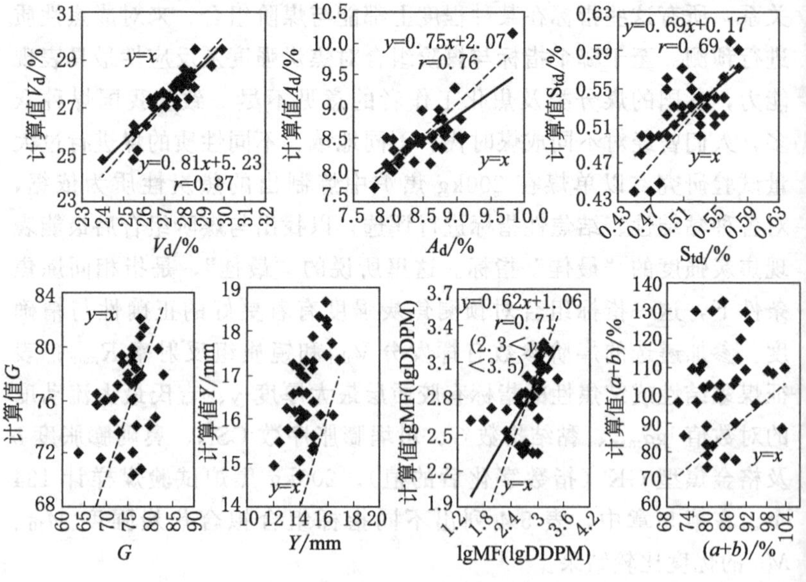

图 8-11　煤性质的可加和性

（资料来源：Zhang Qun，2004 年）

标和流变性指标，是不是有可加性，就成为很关键的问题。只有当选定的指标具有可加和性，就能为建立焦炭强度及热性质的预测模型提供计算上方便，可见指标有没有可加性是计算炼焦配煤非常重要的因素，也是焦炭质量预测的前提。图 8-11 示出宝钢配煤某些指标的实际测值与按可加性的计算值的散点图，这些指标的实测值与计算值的均方差，列见表 8-1。

表 8-1　煤性质的实测值与计算值的方差

	V_d /%	A_d /%	S_{td} /%	G	Y /mm	lg MF (lg DDPM)	$(a+b)$ /%
均方差	0.44	0.22	0.02	4	2	0.15	19
最大方差	0.92	0.64	0.07	8	3	0.53	52

据宝钢 83 个配煤的实际结果，除证实灰、硫和挥发分有可加性外，在黏结性指标中，衹有黏结指数 G 具有可加性；吉氏最大流动度 MF 的对数值，当其值在 2.3～3.5 内波动时，也具有可加和性。而胶质层最大厚度 Y 与奥阿膨胀度 $(a+b)$ 的可加性情况就差很多。

8.3.1　吉泽勒最大流动度

吉泽勒流动度是反映煤受热后产生塑性体性质，作为流动性的一个指标，其值大小取决于煤受热时的加热速度及塑性体的黏度。日本炼焦工业就曾用它来划分煤类。流动度的计量单位是每分钟所经刻度盘的度数，记为 DDPM。图 8-12 示出对烟煤的分类图。图中阴影线部分表示配煤炼焦适宜的 V_{daf}-α_{max} 范围，并根据 V_{daf} 和 α_{max} 测值将烟煤分成九类，以点划线区分。图中左上方Ⅳ类指 $\lg\alpha_{max}>5$ 的那些煤，没有在图 8-12 中专门示出。日本钢管用 α_{max}-R_{max} 建立了以这两个指标来对焦炭强度 DI_{15}^{30} 进行预测的方程，将 α_{max}-R_{max} 图称之为 MOF 图，用来确定配煤比和对配煤结焦性进行评估，提出了要得到高强度焦炭时在 MOF 图上的最适宜范围。该图在本书第 5 章 5.6.1 炼焦用煤评价方法中已转引（见图 5-10）。为了适应炼焦配煤的需要，都对吉氏最大流动度作了具有可加和性的

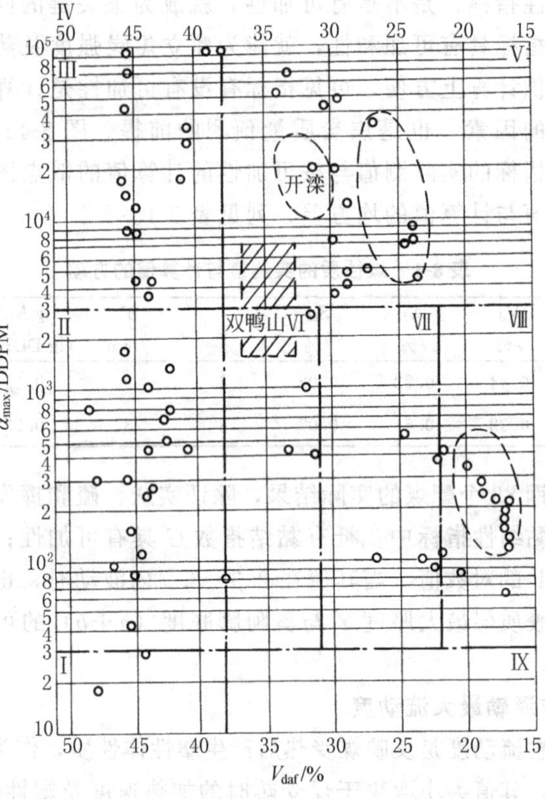

图 8-12 用 V_{daf}-α_{max} 对烟煤的分类（以点划线分界）

假设。实践证明，这一点未必是很正确的。

在比利时的一些焦化厂，也用吉氏流动度和煤中惰质组含量，以及由最大反射率计算出的活性组分量来对焦炭强度进行预测，并用于指导炼焦配煤。捷克曾报道过图 8-13 的数据，说明 $\lg\alpha_{max}$ 与煤中惰质组含量对焦炭强度 M_{10} 的影响。由图可见对于中等惰质组含量的煤来说，$\lg\alpha_{max}$ 在 3.0 左右，能炼制得焦炭耐磨强度 M_{10} 最低的优质焦。

焦炭反应性和吉氏流动度的关系，也有类似于图 8-13 的变化曲线（图 8-14）。当 $\lg\alpha_{max}$ 在 3 上下时，焦炭的反应性最低。

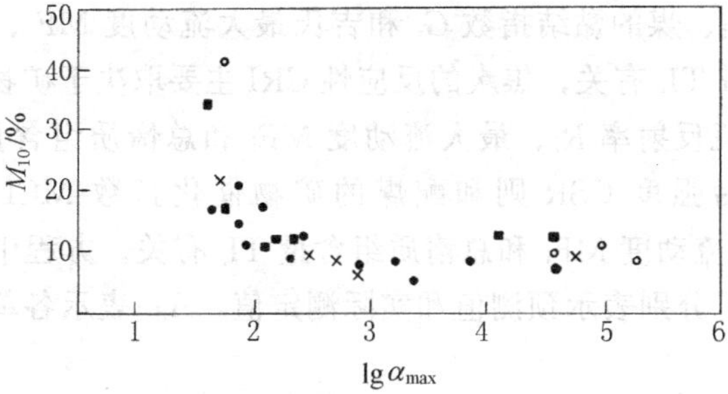

图 8-13　惰质组含量不同的煤，其 $\lg\alpha_{max}$ 与焦炭强度 M_{10} 的关系（煤样 R=0.8%～1.2%）

图中：●—惰质组含量为 17%～30%；×—30%～40%；o—40%～50%；■—50%～60%

（资料来源：Kosina 等，1985 年）

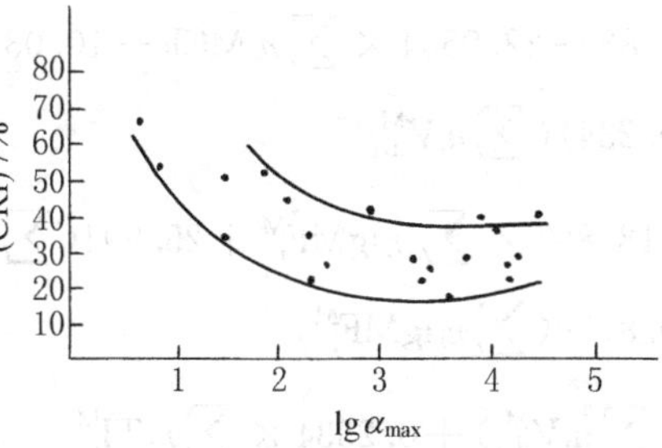

图 8-14　焦炭反应性指标（CRI）′与煤的吉氏最大流动度的关系

（资料来源：史国昌等，1985 年）

在以高挥发分煤及高惰质组含量煤作为炼焦配煤的情况下，用吉氏流动度来预测焦炭强度或煤的结焦性，往往需要对预测结果进行修正。

曾针对 19 个宝钢炼焦用煤和 64 种配煤方案的试验结果，计算并推导出由煤的变质程度、惰质组含量、黏结性和流变性测算焦炭强度 DI_{15}^{150}%、CSR%以及 CRI%的预测方程。通过相关的方程式可见，焦炭强度DI%值的高低主要和煤中由配合煤中各单煤 i 的挥发分 $V_{d,i}$、煤的黏结指数 G_i 和吉氏最大流动度 MF_i、和煤的总惰质组含量 TI_i 有关；焦炭的反应性CRI主要取决于矿物催化指数 MCI_i、随机反射率 R_i、最大流动度 MF_i 和总惰质组含量 TI_i；焦炭的反应后强度CSR则和配煤的矿物催化指数 MCI_i、挥发分 $V_{d,i}$、最大流动度 MF_i 和总惰质组含量 TI_i 有关。方程中指标的上标J和M，分别表示预测值和实际测定值，$A_{d,i}$表示各单煤干燥基灰分%。

$$
\begin{aligned}
DI^J = & 185.67 - 0.03549 \times \sum (n_i A_{d,i}^M + n_i TI_i) \\
& - 7.7098 \times \sum n_i V_{d,i}^M + 0.1652(\sum n_i V_{d,i}^M)^2 \\
& - 8.069 \times \sum n_i \lg MF_i^M + 3.0735(\sum n_i \lg MF_i^M)^2 \\
& - 0.3844(\sum n_i \lg MF_i^M)(\sum n_i V_{d,i}^M) \\
& + 0.1743 \times \sum n_i G_i^M
\end{aligned}
$$

$$
\begin{aligned}
CSR^J = & 395.83 - 22.9554 \times \sum n_i MCI_i - 10.037 \times \sum n_i V_{d,i}^M \\
& + 0.2341(\sum n_i V_{d,i}^M)^2 \\
& - 118.887 \times \sum n_i \lg MF_i^M + 25.994(\sum n_i \lg MF_i^M)^2 \\
& - 0.8779(\sum n_i \lg MF_i^M) \\
& \times (\sum n_i V_{d,i}^M) + 0.2334 \times \sum n_i TI_i^M
\end{aligned}
$$

$$
\begin{aligned}
CRI^J = & 193.07 + 13.8447 \times \sum n_i MCI_i - 467.835 \times \sum n_i R_i^M \\
& + 213.4721(\sum n_i R_i^M)^2 + 44.4649 \times \sum n_i \lg MF_i^M \\
& - 10.7955(\sum n_i \lg MF_i^M)^2 + 14.5607(\sum n_i \lg MF_i^M)_x \\
& \times (\sum n_i R_i^M) - 0.6986 \times \sum n_i TI_i^M
\end{aligned}
$$

总惰质组含量 TI_i 既包括有机质的惰性组分，同时也包括煤中的无机矿物质，由下式计算：式中 I_i 表示由配合煤中各单煤 i 的有机惰质组含量%，由煤岩分析结果计算出。$S_{t,d,i}$是配合煤中各单煤 i 的干燥基全硫%。有如下式：

$$TI_i = I_i + \frac{1.08 \times A_{d,i} + 0.55 \times S_{t,d,i}}{2.07 - [0.01 \times (1.08 \times A_{d,i} + 0.55 \times S_{t,d,i})]}$$

为了对高炉用焦炭的质量有一个具体的数值概念，表 8-2 列出中国宝钢及一些主要焦炭生产国家的焦炭质量指标的要求。对比表 8-2 中的质量数据可见，中国焦炭除灰分指标略高外，其他强度指标已经和国际的焦炭质量指标相当。作为对比，表 8-3 附上中国冶金焦的质量技术标准，可供参考。

表 8-2　世界主要焦炭生产商的焦炭质量指标

	DI_{15}^{150}	M_{40}	M_{10}	CSR	CRI	A_d	$S_{t,d}$
宝钢(2002)	88.84	89.58	5.46	70.84	23.69	11.06	0.48
韩国(阳光)	87.53			68.32		11.02	0.53
日(新日铁)	85.00			62.80	27.10	11.63	0.53
英(雷德卡)		87.20	6.20	67.00	24.00	10.00	0.60
美(阳光焦)				63.50	25.50	7.20	0.74
意(塔兰托)		86.20	6.20	66.55	28.15	9.37	0.60
荷(霍戈文)		87.80	5.80	61.80		9.70	0.64
德(施韦不根)		83.30	7.20	67.20	22.60	9.20	0.59
中国台湾(中钢)	86.52	85.20	6.40	68.85	20.26	10.79	0.49

表 8-3　中国冶金焦的技术指标（GB/T 1996—94）

指　标	级　别	粒度/mm		
		＞40	＞25	25～10
灰分,A_d/%	Ⅰ	不大于 12.00		
	Ⅱ	12.0～13.50		
	Ⅲ	13.51～15.00		
硫分,$S_{t,d}$/%	Ⅰ	不大于 0.60		
	Ⅱ	0.61～0.80		
	Ⅲ	0.81～1.00		

续表

指标		级别	粒度/mm >40	粒度/mm >25	粒度/mm 25～10
机械强度	抗碎强度 M_{25}/%② (旧国标 M_{40}/%)	Ⅰ	大于 92.0(>80)		按供需双方协议
		Ⅱ	92.0～88.1(76～80)		
		Ⅲ	88.0～83.0(72～76)		
	耐磨强度 M_{10}/%	Ⅰ	不大于 7.0		
		Ⅱ	8.5		
		Ⅲ	10.5		
挥发分 V_{daf}%不大于			1.9		
水分含量① M_t%			4.0±1.0	5.0±2.0	不大于 12.0
焦末含量/%不大于			4.0	5.0	12.0

① 水分只作为生产操作中控制指标，不作质量考核依据。

② 抗碎强度括号内指标值为旧国标要求。

8.3.2 胶质层最大厚度

在中国煤炭分类（GB 5751—86）颁布之前，沿用 V_{daf}-Y 作为主要指标对烟煤进行煤分类。胶质层最大厚度 Y(mm) 也是前苏联煤分类中的主要指标。它与挥发分组合后，在一定程度上也能预测焦炭的强度 M_{40} 和 M_{10}。本书第 5 章表 5-10 列举的原分类中各类煤所得焦炭强度的波动情况，也反映出胶质层最大厚度 Y 这个指标对焦炭强度的表现能力。应该说选用 V_{daf}-Y 作为指标的分类系统，同一煤类内煤所炼制得的焦炭强度波动范围太大。表 5-10 的数据来自 1212 个煤样炼制所得焦炭的测定结果。如果对“气、肥、焦、瘦”四类煤进行细分，就有图 8-15 的结果。由图可见，除肥煤类煤其所得焦炭强度的波动区间较小外，其他三大类煤所得焦炭的强度值，波动实在太大，不能满足同类煤中性质相近、而不同类间性质差别最大的分类原则。这也间接说明 Y 值对焦炭强度的指导作用是有限的。只有对肥煤类这种强黏煤，其煤类特点较为显著。这也就是选择 Y 值作为烟煤强黏煤分类中辅助指标的一个理由，它对强黏结煤结焦性的判别能力，要比黏结指数法高出许多。

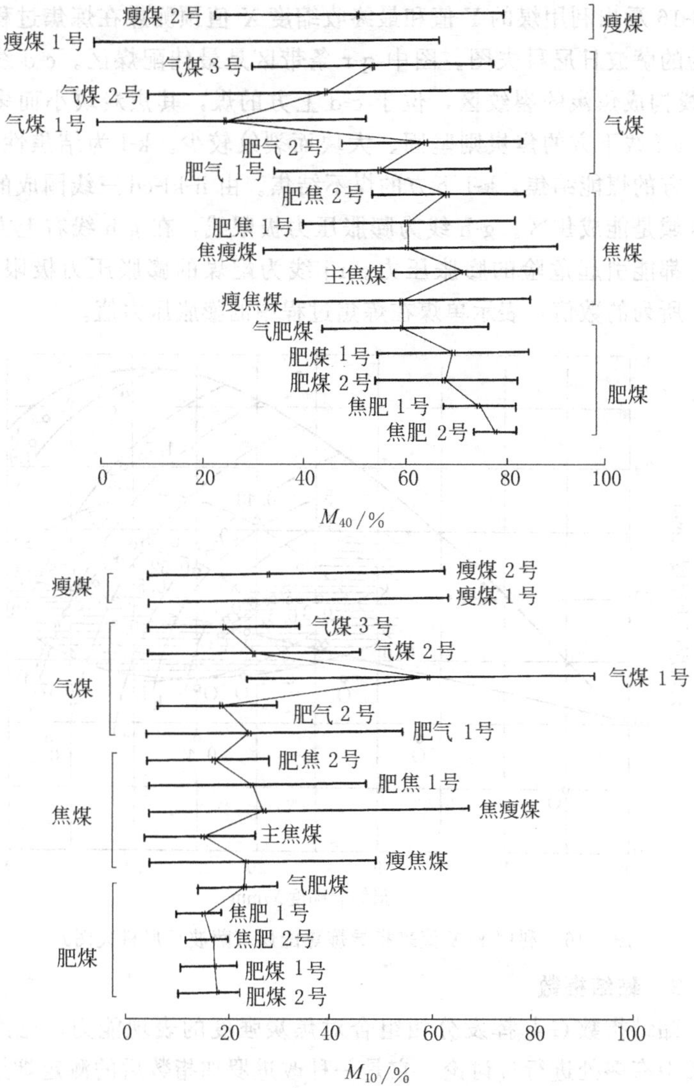

图 8-15 用 V_{daf}-Y 分类后，煤类所得焦炭强度的波动情况

上图为 M_{40}；下图为 M_{10}

前苏联普遍采用胶质层最大厚度 Y 值来指导选择炼焦配煤。图 8-16 示出利用煤的 Y 值和最终收缩度 X 值预测煤在炼焦过程中行为的萨波日尼科夫图。图中 q-r 条带区是最佳配煤区。c-d 线和 e-f 线构成焦炭的裂纹区，位于 c-d 上方的煤，其焦炭块小而多裂纹；e-f 线下方的焦炭则坚固、大块而裂纹较少。k-l 为结焦性线，线上方的煤能结焦，k-l 下方的煤不结焦。由 ij-kl-cd 三线围成的三角区域是能成焦区。g-h 线为膨胀压力极限线，在 g-h 线右上方的煤，都能引起危险的膨胀压力。i-j 线为配煤的膨胀压力极限线。图中所列的数值，表示单煤在炼焦过程中的膨胀压力值。

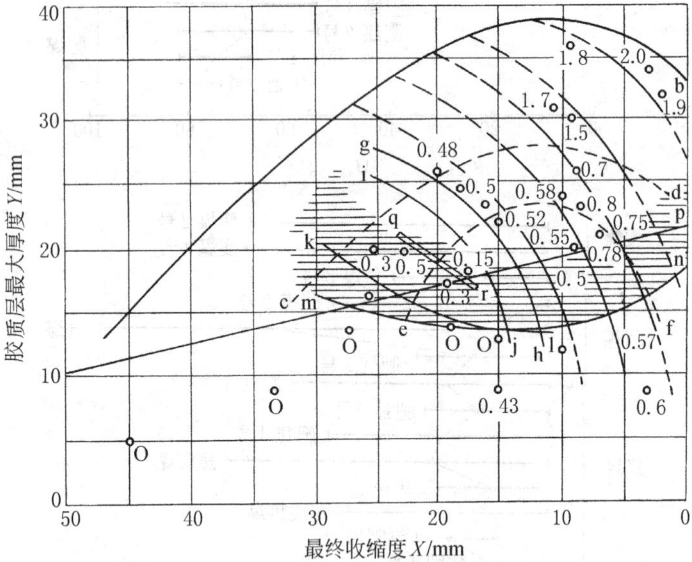

图 8-16 利用 Y-X 值来指导炼焦配煤（萨波日尼科夫图）

8.3.3 黏结指数

黏结指数 G 与挥发分相组合对焦炭强度的表现能力，已经在本书中有多处进行过讨论。它是一种改进罗加指数后的测定烟煤黏结性的方法。由于是以“小块焦”在转鼓里经转磨后的质量比来对黏结力进行量度，试验条件与焦炭转鼓强度试验有诸多相似之处，所以有着较好的预测焦炭强度的能力。经过改进后的 G 法，较罗加指数法有扩大强黏煤测值范围和增强对弱黏煤分辨能力诸优点，已经在国内广泛采用，并用于指导配煤。详见本书 5.6.1 炼焦用煤评价方法。

黏结指数作为现行中国煤分类中的主要指标，它与焦炭反应性也有着较密切的关系。据有限煤样的统计，焦炭反应性 CRI 与 G 间有：

$$\mathrm{CRI}=103-0.934G$$

两者之间呈负相关，相关系数为－0.885，试验煤样数为 18。

图 8-17 示出宝钢 19 个炼焦用煤单煤的黏结指数 G、胶质层最大厚度 Y、奥阿膨胀度（$a+b$）和吉氏最大流动度 MF 与焦炭热性质，反应后强度 CSR 和反应性指数 CRI 的关系。

表征煤黏结能力的黏结指数，和表征煤受热后塑性的吉氏最大流动度 $\alpha_{\max}$，以及表征煤结焦性的格金焦型 GK（数字化后）有着很好的相关关系，如图 8-18。

在波兰的煤分类中，仍用罗加指数作为烟煤分类指标来划分煤的类别。前苏联的煤分类中，罗加指数是作为划分弱黏结性煤的分类辅助指标。测定方法详见第 4 章 4.4.9；其分类方案详见第 5 章 5.8.3 和 5.8.5。

8.3.4 坩埚膨胀序数

坩埚膨胀序数（CSN）的测定方法十分简易，受到各国煤分类工作者的欢迎，而被列为许多国家的煤分类指标，但是很少见到用 CSN 来预测焦炭强度的报道。曾经有用 V_{daf} 和 CSN 来预测加拿大西部煤所炼得焦炭强度的报道，但用它来预测其他煤，却不能得到很好的验证。CSN 值与 V_{daf} 相组合，在预测 M_{40} 值方面，有着较强的表现能力；而在表征 M_{10} 方面，V-CSN 要比其他黏结性、结焦性指标组合差很多（二次及三次趋势面拟合优度均＜0.6）。

因为 CSN 和 G 都属于快速受热后所测定的黏结力指标，其测值间有较好的相关性，线性相关系数为 0.78。图 8-19 示出 CSN 与 G 值的散点图。由图可见，CSN≤1 的煤，其 G 值都小于

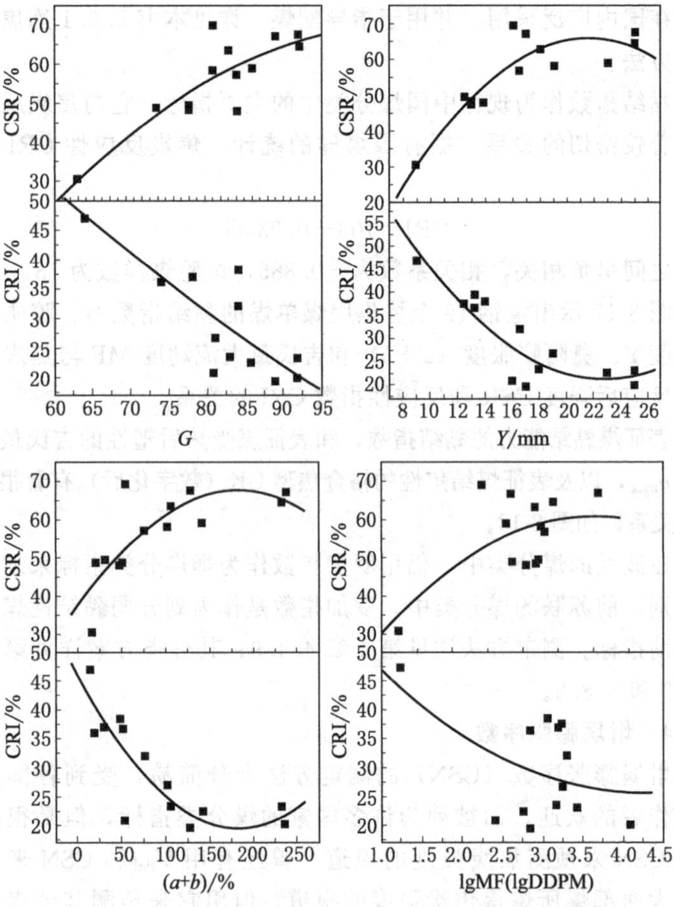

图 8-17　煤的热塑性质与焦炭 CRI 和 CSR 的关系图

（资料来源：Zhang Qun，2004 年）

18；CSN 值在 1～5 范围内的煤，*G* 值从 18 到 80；至于 CSN>5 的煤，*G* 值的波动范围由 60 至 100 不等。因此很难通过 *G* 值来对 CSN 值进行预测。这也间接说明 CSN 与罗加指数之间的互换性很差，这是致使 ECE 国际硬煤分类不能广泛被应用的一个原因（参见 5.7.1）。

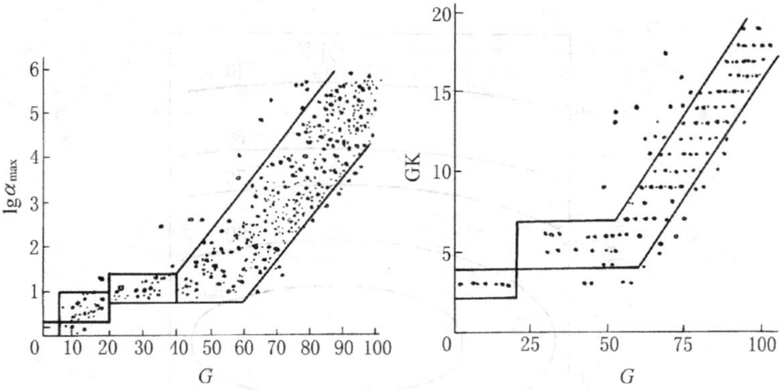

图 8-18　黏结指数与吉氏最大流动度 $\lg\alpha_{max}$（左）与格金焦型 GK（数字化后）（右）的关系

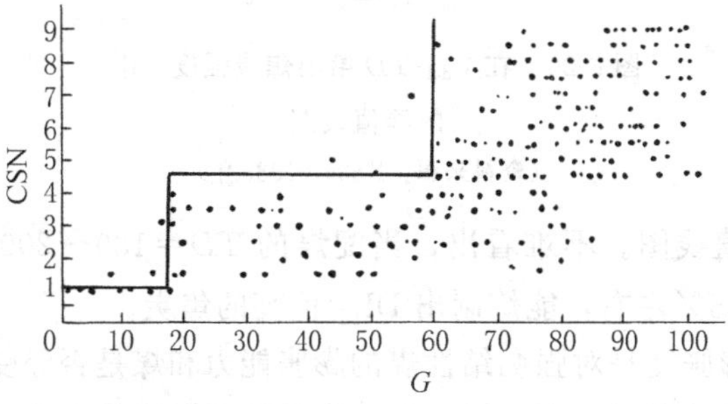

图 8-19　煤的 CSN 与 G 的散点图

8.3.5　奥阿膨胀度

煤的膨胀性与成焦性质有较好的相关关系。在欧洲一些国家有许多通过奥阿膨胀度和挥发分来计算焦炭强度的回归方程。如焦炭强度：

$$\mathrm{DI}_{15}^{150}=-0.1373(V_{\mathrm{daf}})^2+6.255V_{\mathrm{daf}}-0.00025(TD)^2+0.0926TD+7.83 \qquad (r=0.94, n=23)$$

式中，TD 为总膨胀度，指奥阿膨胀度 b 加上收缩值 a 之和，即 $TD=a+b$，由此可见煤的膨胀度与焦炭强度间存在的相关性。为了给人一个清晰的概念，图 8-20 示出由 V_{daf}-TD 给出焦炭强度

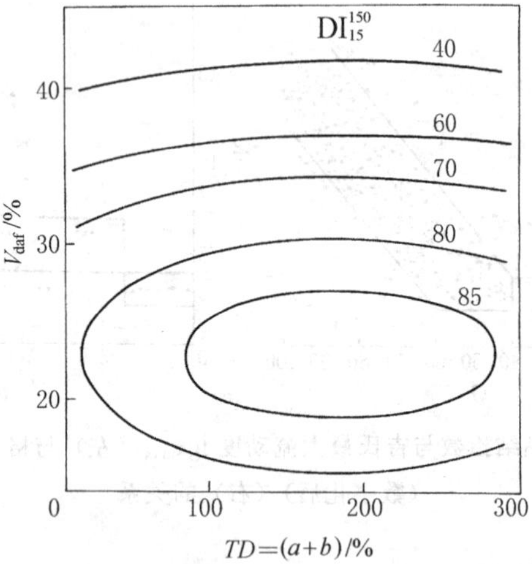

图 8-20　在 V_{daf}-TD 给出焦炭强度 DI_{15}^{150} 的等值线图

（资料来源：Koba，1980 年）

DI_{15}^{150} 的等值线图。不难看出，当配煤的 $TD=180\sim200$ 间，配煤挥发分在 25%左右，能炼制出 DI_{15}^{150} 值高的焦炭。

奥阿膨胀度是对强黏结性煤的膨胀能力和煤是否经受氧化的一个非常敏感的指标。有人提出用 b 值来对烟煤进行分类。在中国煤炭分类方案中，也因 b 值对强黏结煤的较高区分能力，将其遴选为烟煤分类中的辅助指标，来弥补黏结指数法对强黏结煤区分能力方面的不足。图 4-63 已经示出黏结指数与奥阿膨胀度的关系曲线，当 $G>80$ 时，b 值有着很大的伸展能力，即区分能力较黏结指数有很大的提高。

实验结果表明，焦炭的反应性也与奥阿膨胀度有一定的相关性（图 8-21）。当 $TD<80\%$时，焦炭反应性随 TD 值的增加而减小；$TD>80\%$后，两者间的关系趋缓，焦炭的反应性较低，一般都在 30%以下。

还有一种通过奥阿膨胀度来预测焦炭强度的方法，称为 G 因

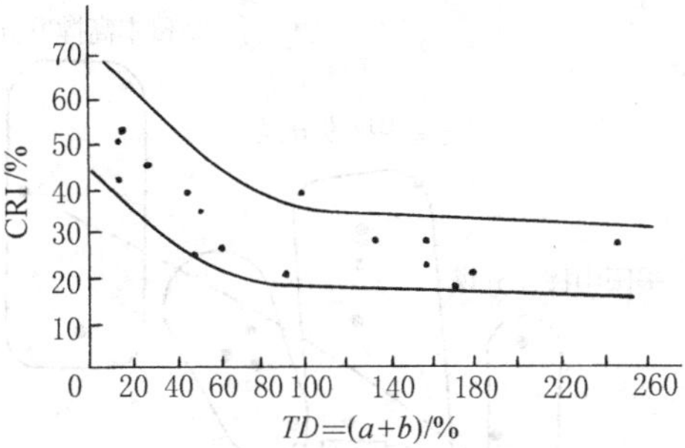

图 8-21　焦炭反应性 CRI 随 *TD* 的变化

（资料来源：史国昌等，1985 年）

子法，由前西德西姆尼斯（Simonis）提出。这种预测方法的特点是除考虑煤质因素如挥发分、奥阿膨胀度的特征点外，还考虑实际炼焦条件和装炉煤的煤粒度，经过诸多修正后计算出焦炭强度 M_{40} 值。据称 *G* 因子的另一个特点是它具有可加性，因此可以通过单煤的 *G* 因子，计算出配合煤的 *G* 因子值。在测定煤膨胀度时，用的是与奥阿膨胀计相类似的鲁尔膨胀度试验法。据介绍，这种 *G* 因子法在预测欧洲石炭纪煤的焦炭强度时，得到充分的验证（配煤中惰质组含量＜20％）。但对于南半球冈瓦纳煤田的煤或北美白垩纪煤，*G* 因子法所预测的结果则有很大的出入。由于国内没有制订鲁尔膨胀度法的国家标准，本书就不作更多的介绍。

日本是炼焦煤的最大进口国之一，焦化工业用煤非常广泛，为了评价世界各地的炼焦煤，将测得各地煤的 V_{daf} 和 *TD* 值与焦炭强度相关联，并将能获得最佳焦炭强度的配煤值，注在 V_{daf}-*TD* 图中，以阴影线表示（图 8-22）。它与图 8-20 所表示的等值线图不同。图 8-22 上给出的是最适宜的配煤范围，图 8-20 是由单煤炼焦结果对焦炭强度趋势值的估计。

应用 V_{daf}-*TD* 来评价炼焦用煤时，要注意高惰质组煤的配入量，它的存在可能需要对预测的强度值进行修正。

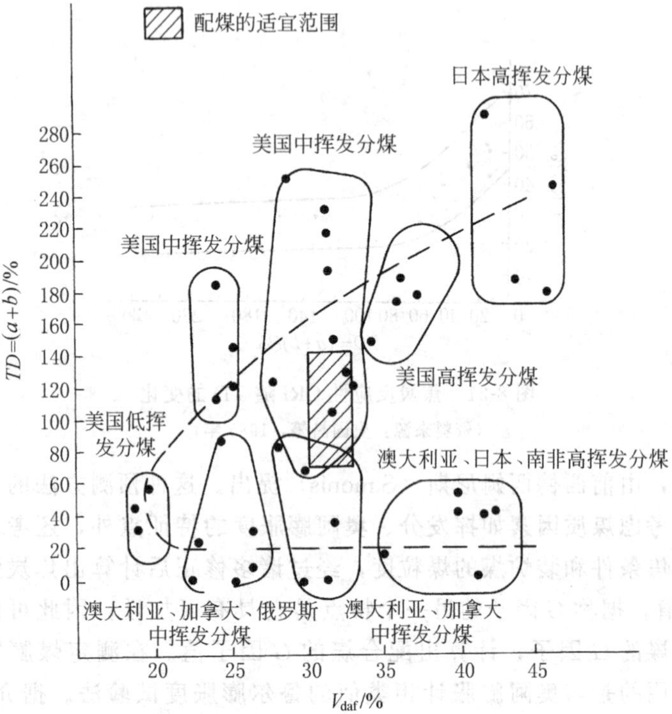

图 8-22 炼焦用煤评价方法：煤的 V_{daf}-TD 图

（资料来源：Zimmerman，1979 年）

8.4 煤岩相组成和性质

煤岩学方法用来指导炼焦配煤，始于 20 世纪 50 年代，并逐渐为焦化工作者广泛应用。国内许多大型焦化厂都将煤岩相分析列为例常分析来评价煤的结焦性，解释配煤炼焦中的异常情况，或指导配煤。应该说用煤岩组成和煤岩方法来预测焦炭强度或指导配煤，在一定程度上是成功的。特别是对各种煤岩显微组分衍生的各种焦炭显微结构的发现及并对焦炭显微结构进行分类，使焦炭质量不但有宏观性的强度指标，同时也可用微观的显微结构指标来评价焦炭质量，这在评定焦质技术上实现了跃变。煤岩学方法也为焦化过程研究提供了直观的、无可争议的实验观察，提出的“中间相”理论，补充并更新了成焦理论。

用煤岩学观点来指导炼焦配煤的主要优势和特点在于：①采用煤岩相分析中影响成焦性质的各个独立变量——镜质组反射率或显微组成；②煤在受热过程中，有些显微组分能经历软化、熔融、膨胀进而固化的阶段，而有些显微组分却在受热后不发生软化熔融；前者称之为对成焦的“活性组分”，而后者则称之为“惰性组分”；③煤阶不同，其活性组分所得焦炭的性质也各不相同；只有镜质组反射率在 $R_{max}=1.1\%\sim1.2\%$时，焦炭的强度指数（SI）最佳；④要炼出高强度的焦炭，对任何确定的一种煤阶，都有一个特定的最佳活性组分与惰性组分比例，在美国称之为“组成平衡指数（CBI）”；⑤焦炭的强度与反应性取决于焦炭的显微结构，本质上与炼焦用煤的煤阶有关。

8.4.1 活性组分与惰性组分

最早成功地把煤岩相分析结果应用于配煤炼焦的是前苏联的阿莫索夫（1957 年），到 1961 年美国的沙比洛（Schapiro）等人稍加修改，使煤岩配煤在美国炼焦工业中得到推广应用，并迅速传遍加拿大、欧洲和日本。具体方法已经在国内有关书籍中有所介绍，本书不再详述。其要点如下。

把炼焦装炉煤中各单种煤的煤岩相组成及反射率图谱作为配煤及预测焦炭质量的基础资料。以反射率（表征煤阶）0.1%为间隔，作出从 0.3%～2.1%等 18 个区间的反射率图谱，通过设定的公式，计算出强度指数 SI，说明焦炭强度与煤阶的密切关系。

再将煤显微组分分为活性组分和惰性组分。把镜质组和稳定组及当时划出的半丝质组的 1/3 部分，认定属于活性组分；惰性组分包括有惰质组、2/3 半镜质组和矿物质。如果煤岩鉴定时还划出有半丝质组，也归之于惰性组分之内。根据配煤时反射率和显微组分的可加和性，不难算出配煤中的总活性组分和总惰性组分，计算出活性组分/惰性组分的比例，记作“组成平衡指数”（CBI）。

通过中试焦炉所得到的炼焦结果，在 SI-CBI 图上绘制出焦炭强度的等值线图［参见本书第5章图5-10(a)］。这样，只要知道单煤或配煤的SI-CBI值，就能通过上述等值线图预测出焦炭的强度；或者反之，根据生产上所要求的焦炭强度值，由图得出相对应的SI-CBI值，由公式反推求出各种单煤的配比，完成指导配煤或选择炼焦用煤。

各国根据上述的基本概念，对如何确定活性组分等作了不少修正和补充，使焦炭强度的预测精度有了进一步的提高。国内外学者提出用煤的荧光性来评定煤的活性（熔融）与惰性（非熔融）组分，荧光特性参数也被认为是表征煤还原程度的指标。通常认为，在荧光显微镜下，平均荧光强度大于3％的显微组分，在焦化条件下是可熔融的；在3.0％～1.63％是部分熔融的；＜1.63％的显微组分则为不可熔的。必须指出，熔融和部分熔融的界值，以及部分熔融与不可熔的界值是因成煤条件而不同的，如果将石炭纪煤和二迭纪煤统混起来考虑，上述边界值分别为3.0％及1.5％。由此可见，用熔融状态等热变特性来定义显微组分是否有“活性”，不但受煤阶、显微组分本身性质的影响，同时也受到成煤时代的制约。

8.4.2 显微组分受热后的变化特征

既然显微组分是否具有活性在焦化过程中是非常重要的，并被用来预测焦炭质量，那么就需要了解各显微组分在受热后在显微镜下的热变动态，即究竟在初变、软化、熔融和固化四个连续递变阶段是怎样变化的。这里设定以水分渗出蒸发、镜质体反射色变浅且表面有气孔形成，称之为初变阶段，对应的温度，定义为初变温度；随着温度升高，逸出气体增多，镜质体表面出现裂纹或沟槽，煤整体开始软化变形的温度，称之为软化温度；有液态产物生成、析出并流动，煤呈现熔融、膨胀的温度为熔融温度；将液态物开始停止流动且煤样停止移动变形的温度，称为固化温度。

镜质组是煤中的主要显微组分，其热变特征既受到煤阶的影响，同时也受到成煤时代的影响（见图8-23）。由图可见，对于中生代和古生代煤，当R_{max}＝1.0％～1.1％时，镜质组的熔融温度区间最宽，熔融性最好；R_{max}＞1.1％或R_{max}＜1.0％，熔融温度区间逐渐变小。另外，当煤阶相同时，古生代煤中镜质组的熔融温度区间，要比中生代煤的宽约5℃上下。除熔融区间有所差异外，古生代煤镜质组产生的液态产物的量及流动性都较中生代煤的为佳，它最终能生成比中生代煤更好的焦炭显微结构。

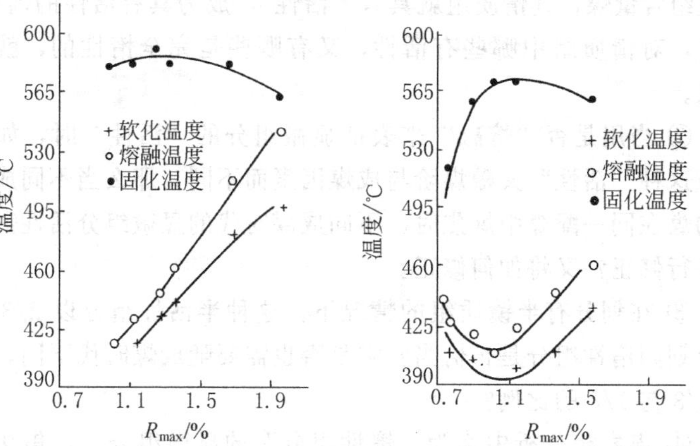

图 8-23 不同成煤时代各煤阶煤镜质组的热变温度

左图：古生代煤；右图：中生代煤

（资料来源：叶道敏等，1998 年）

稳定组的热变特征要比同一煤中镜质组更易软化、变形、膨胀，其熔融温度也低好多（一般约 260～390℃）。受热后残体很少，多数以挥发物或液态物形态析出。随煤阶提高，它与镜质组热变特性的差别减小。

惰质组受热后一般在显微镜下表现出反射色增强，形态上没有什么变化。

半镜质组是镜质组和惰质组间的过渡组分，受热后呈微膨胀，只有中煤阶煤的半镜质组在受热后能见到微量液态物生成，但不足以发生流动，熔融温度区间要比同一煤中镜质组窄，总体上属于微熔而偏惰性的。

尽管在试验煤样的范围内，得到了令人信服的结果，但仍然可以引伸出如下的一些问题。

① 显微组分的划分是按光学性及组分形态来划分的，这种划分的结果，不一定能和显微组分的化学组成或特性有密切联系。不同地域、不同地质年代或原始成煤植物与成煤环境的差异，有时会掩盖其结焦性的彼此不同。一个明显的例子是，南半球的冈瓦纳的高惰质组含量煤，其惰质组就具有“活性”，成为具有活性的惰质组。这样，对惰质组中哪些有活性，又有哪些是完全惰性的，就存在争议。

② 当用是否“熔融”来表征显微组分的“活性”时，如前所述，这种“活性”又随煤阶与成煤因素而不同，那么当不同成煤时代的煤在同一配煤中炼焦时，不同成煤时代的显微组分活性需不需要进行修正？又将如何修正？

③ 在划分有半镜质组的情况下，这种半活性组分以 2/3 半镜质组划归惰性组分是否恰当？它是否也需要随成煤时代不同，而改变 2/3 与 1/3 的比例？

④ 煤岩相分析中称为“惰性组分”的显微组分，在焦化过程中是以是否受热后熔融作为判别标准。把这一概念引申到其他煤转化过程，“惰性组分”就并不意味着在化学上也是惰性的。把焦化过程中定义的惰性组分，推广到燃烧、液化反应过程，认为它们也是完全惰性的，就可能失之片面。因此在其他煤转化工艺中，引证煤显微组分的“活性”与“惰性”，要注意界定其适宜的应用范围。

8.4.3 活性组分与惰性组分的最佳比例

要炼出高强度焦炭，对装炉煤中具有活性的显微组分与惰性组分希望有一个最佳的比例，这就是前面讲到的“组成平衡指数”CBI。图 8-24 表明这个最佳比例是随煤阶而变化的。举例来说，对 $R_{max}=1.0\%$的煤或配煤，由图 8-24 知道其最佳比值大约是 2.6，这表明要炼得高强度的焦炭，配煤中的活性组分与惰性组分的比为 2.6，即约 72%∶28%。

从煤的还原程度对焦炭强度的影响出发，提出炼焦用煤的黏结指数 G 与煤中惰性组分含量 I 的比值，即容惰比 $IHR=G/I$。统计计算了不同成煤时代和不同煤阶烟煤的容惰比，以及所得焦炭的强

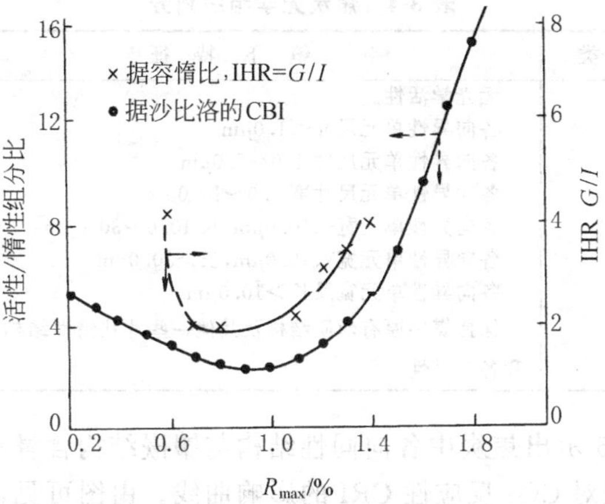

图 8-24 最佳活性/惰性组分比随煤阶的变化

度，构成了反射率-容惰比-焦炭强度系统，发现焦炭强度随煤阶的变化，同样出现一个最佳容惰比（参见图 8-24），其变化曲线几乎和最佳 CBI 随煤阶的变化有着相似的变化规律。据此，如果配煤中镜质组最大反射率 R_{max} 控制在 1.1%～1.2%范围内，而将容惰比 IHR 控制在 2 附近，就能炼出较高强度的焦炭。这在武钢焦化厂、扬州煤气厂和首钢焦化厂的炼焦实践中都得到充分验证。

应用图 8-24 还可以用来调整炼焦煤的配比。举例来说，当炼焦配煤的R_{max}＝1.3%时，按图其最佳活性/惰性组分比约为 4，就是说配煤中的活性组分需要 80%，惰性组分为 20%，才能炼出高强度的焦炭。同理，应用容惰比法，R_{max}＝1.3%时相对应的 IHR 值为 3.7，如果配煤的黏结指数为 78，那么配煤中最佳的惰性组分含量应为 21%，即 78/3.7＝21，才能炼得强度高的焦炭。这和用 CBI 法估算出的惰性组分为 20%十分相近。同时也表明当配煤 R_{max}＞1%后，随煤阶增高，要求配煤中的活性组分量或黏结能力要更高些，才适合于炼出质量高的焦炭。

8.4.4 焦炭的显微结构

焦炭的显微结构通常是在偏光显微镜下进行测量，其光学组织划分有如表 8-4。

表 8-4　焦炭光学组织划分

光学组织分类	镜　下　特　征
各向同性	无光学活性
细粒镶嵌状	各向异性单元尺寸＜1.0μm
中粒镶嵌状	各向异性单元尺寸 1.0～5.0μm
粗粒镶嵌状	各向异性单元尺寸宽 5.0～10.0μm
不完全纤维状	各向异性单元宽＜10.0μm，长 10.0～30.0μm
完全纤维状	各向异性单元宽＜10.0μm，长＞30.0μm
片状	各向异性单元宽及长＞10.0μm
丝质破片状	保持煤中原有丝质结构及其他一些片状惰性结构，呈各向同性和各向异性

图 8-25 示出焦炭中各向同性结构与镶嵌结构含量对焦炭抗碎强度 M_{40} 及对 CO_2 反应性 CRI 的影响曲线。由图可见，镶嵌结构多的焦炭，其 M_{40} 值较高，而 CRI 则较小，这类焦炭能较好地满足现代高炉对焦炭的质量要求。同一种焦炭中各显微结构对 CO_2 反应性的影响顺序为：丝质破片状结构＞各向同性结构＞细粒镶嵌结构＞粗粒镶嵌结构＞纤维状结构＞片状结构。据 51 组焦炭反应

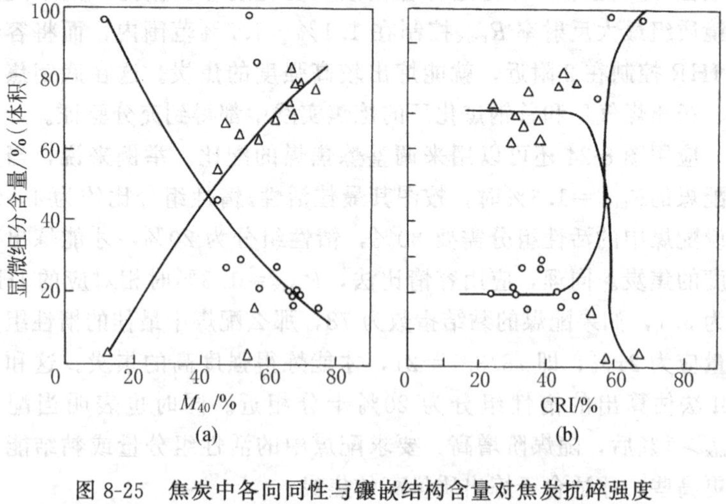

图 8-25　焦炭中各向同性与镶嵌结构含量对焦炭抗碎强度 M_{40}（a）和对 CO_2 反应性 CRI（b）的影响

图中：O—为各向同性＋丝质破片状结构；△—为细、中和粗粒镶嵌结构

（资料来源：袁庆春，1995 年）

性和焦炭显微结构的多元回归，有如下方程：

$$(CRI)=71.13-0.20I-0.58M_f-0.68M_c-0.69F_c-1.40L_f$$

式中 I——各向同性结构含量，%；

M_f、M_c——分别代表细粒与粗粒镶嵌结构含量，%；

F_c——纤维状结构含量，%；

L_f——片状结构含量，%。

由于方程中各项系数前均为负值，说明显微结构项目前数值越小，则反应性越大。随着焦炭中各向异性结构的增多，焦炭对 CO_2 反应性有明显降低的倾向。

此外，国内外学者还对焦炭中各组分的界面特性也进行过研究，将各结构组分之间的界面分成四种类型：过渡型、熔融型、裂隙型和不融型。再定义一个界面特征指数，并与焦炭强度相关联。由于某一界面的划定主要依赖于主观判断及显微镜的放大倍率，因此从实验结果尚未找到界面特性指数与焦炭强度间影响程度的有力证据。

8.5 评定煤结焦性能的有潜力的分析技术

从上面所述可以看到，影响煤结焦性能的主要因素是煤阶和煤黏结性或流变性。核磁共振和傅立叶红外光谱技术都能对此从化学上作出评价。

8.5.1 核磁共振 NMR

核磁共振可以提供有关煤化学结构的多种信息，是一种非破坏性测试方法。NMR 的测定原理是基于煤中某些原子核（主要指质子^{1}H 和碳 13 同位素）的磁性质，通过 NMR 测定能求出煤中芳香碳原子（C_{ar}）数占总碳原子数（C）的比率，芳碳率 $f_a=C_{ar}/C$。结果表明：随煤阶的增高，f_a 基本上呈直线增加。图8-26示出我国几个从褐煤、烟煤到无烟煤的 NMR 谱图，图中云南先锋褐煤 $f_a=0.68$，滕县烟煤 $f_a=0.69$，北宿烟煤 $f_a=0.71$，汝箕沟无烟煤 $f_a=0.94$。煤中碳含量从 80%增加到 90%时，f_a 从 0.71 逐渐增加到 0.85；碳含量在 90%以上，f_a 急剧上增；当碳含量达 95%时，f_a 已接近 1 或等于 1。碳含量在 80%以下时，对于褐煤或长焰煤，f_a 在 0.5～0.7 范围内。由此可见，NMR 技术有可能成为一种评定炼焦煤的煤阶参数。

煤的结构参数除与芳碳率有关外，亦受煤中有多少芳香核的影响。例如，利用魔角自旋、交叉极化和偶极去相技术^{13}C核磁共振（NMR）法，测定汝箕沟煤中质子化和非质子化芳碳的比率（图 8-27），由图可见，在 128ppm 处呈现出一个很强的芳碳峰，在小于 85ppm 范围内的脂肪族碳的峰强就很不显著。由波谱（去相时间，0）求得煤中芳碳原子相对量 $C_{ar}=20.47$，脂肪碳原子相对量

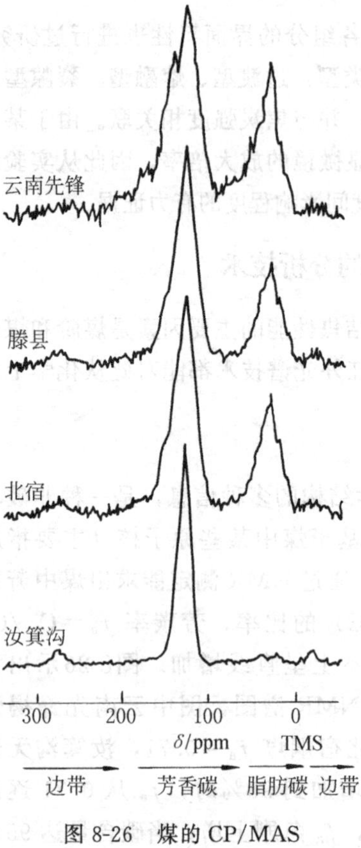

图 8-26　煤的 CP/MAS ^{13}C 核磁共振谱图

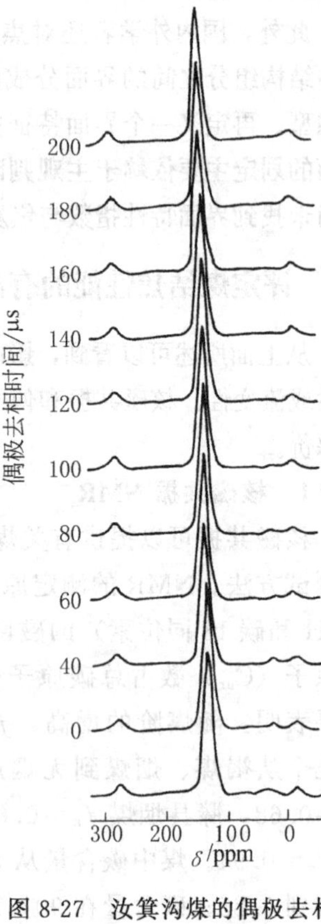

图 8-27　汝箕沟煤的偶极去相 MAS/CP^{13}C-NMR 谱图

$C_{ali}=1.199$，于是求出芳碳率 $f_a=0.94$。通过图 8-27 谱图及有关计算，求出质子化芳碳占总碳数 $f_{a-H}=0.448$；非质子化芳碳的份数 $f_{a-x}=0.492$；甲基碳的份数 $f_{CH_3}=0.037$；及 CH_2 基团碳占总碳的份数 $f_{CH_2}=0.0038$。有了如上结构信息，可以进一步算出汝箕沟煤结构中的芳香环缩合程度及总芳香碳数。求出结构单元总碳数为 49，质子化芳碳数为 22，非质子化芳碳数为 24，甲基型碳数为 2 个。据元素分析值，汝箕沟煤的结构单元通式为 $C_{49}H_{21}N_{0.33}S_{0.02}O_{0.72}$，每一结构单元层面重为 626；芳环数为 13 个，不存在氢化芳烃结构。结合该煤的 X 射线衍射结果，估计该煤由 5 个面层，每层面有 13 个芳环相互接连叠合而成。

从上面所举的例子可见，NMR 技术可以提供炼焦煤的芳碳率及与芳碳率有关的结构参数，应该说煤的芳碳率是对煤阶的一种化学量度，无疑也是分类中的一个重要参数，并由此可以估算出煤的层面结构。

NMR 技术不但用于研究煤的芳碳类型与结构，也用于研究煤受热后的塑性状态，以连续的方式对煤在受热过程中碳基团的变化进行测试；观察到温度对分子的可动性反应特别敏感。图 8-28 示出一个高挥发分烟煤在 4K/min 加热速度进行热分解过程中，表观的残留氢含量和可动氢组分的变化曲线。结果表明，分子最大可动性温度（T_{mm}）和吉氏最大流动度温度很相近，并确定了分子可动性与塑性体流动度间的关联。这就是说，可以通过 NMR 氢谱热分析法，从化学上阐明吉氏最大流动度的本质，因此 T_{mm} 也可能代替吉氏最大流动度 α_{max} 作为烟煤分类指标。

也可应用此项技术来研究煤中显微组分的分子可动性。结果表明，稳定组受热后完全具有流动性；镜质组流动性各异，但其差别并不完全与煤阶紧密相关；而惰质组在 $R_{max}=1.0\%\sim1.4\%$ 煤中出现明显的流动性，其流动程度与煤阶有关。这也许为惰质组不能认为完全归属完全惰性提供了依据。

在高温下进行 NMR 测定时，存在一个随温度升高信噪比迅速下降的问题。要把 NMR 技术真正应用到焦化工艺并指导分类，还

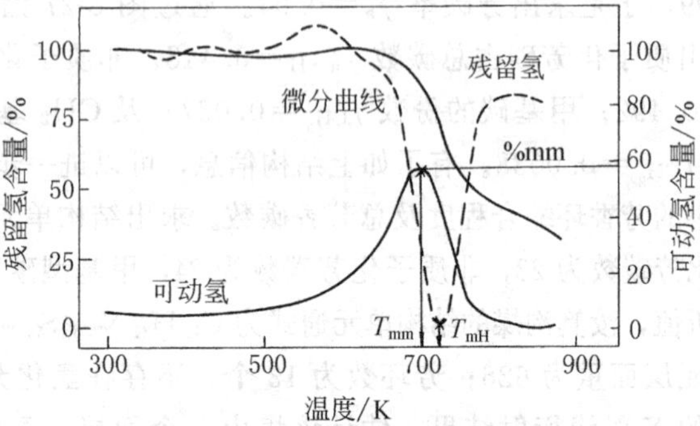

图 8-28　高挥发分烟煤热解时残留氢和可动氢随温度的变化曲线

图中：T_{mm}—发生分子可动最大程度的温度；T_{mH}—挥发物析出时，氢析出速率最大时的温度；%mm—分子可动性的最大值

（资料来源：Sakurovs 等，1978 年）

需从实验技术上加以改进，如用信号均值技术来改善信噪比等。

8.5.2　傅立叶红外光谱 FTIR

傅立叶红外光谱已经广泛地用于鉴别煤和配煤的某些性质，通过一些特征峰的强度来表征煤的性质。漫反射红外光谱可以用来鉴别炼焦用煤遭受氧化的程度，也能预测配煤的性质。根据 FTIR 谱图的特征峰组合，通过因子分析，可以获得主因子参数或第二主因子等因子载荷，当这些参数和焦炭强度及反应性相关联后，就可以应用 FTIR 谱图来预测生成焦炭的强度或反应性。无疑这些特征峰组合参数也可用作分类指标。

从发展的角度看，这些近代分析技术都能与煤的结焦行为相关联，并对煤在焦化过程中出现的表象从化学上进行解释，也可能用来预测生成焦炭的强度或反应性。虽然这些技术装备价格昂贵，但由于这些技术可以从一次试验里派生出许多参数，又因为测定时间短，短时间内能处理大量煤样，从而使测试的相对成本有所降低。

尽管当前对煤的结焦性能和结构积累了丰富的资料，也有了许多成功的预测焦炭性质的方法和经验，但是人们仍有这样的共识，就是炼焦中间试验，或者称之为半工业性焦炉试验，仍然是必要的、不可或缺的。中国烟煤分类为煤的炼焦行为和指导配煤提供了一个明确、简易而实用的分类方法，但是这个分类仅是对煤的焦化特性提供了一般性指导，对于烟煤这样一种复杂结构的不均一物料，当确定和选择炼焦配煤时，还需要通过中间试验来进行最终判断与验证。

8.6 烟煤黏结现象的化学解释

烟煤的氯仿抽出物曾报道是一种较低分子量500±50、具有5个环左右的可熔化合物，是烟煤黏结过程中至关重要的物质，有人称它为“黏结源”。一旦失去黏结源，残煤的黏结能力就受到破坏，甚至丧失殆尽。本书作者在实验中还发现，烟煤通过预热，能提高该煤样的氯仿抽出率。

实验用煤是兖州兴隆庄大槽煤，低灰、低硫，干基灰分为8.10%，干基硫分0.39%，是宝山钢铁公司的炼焦用煤。煤中惰质组含量较高，约占40%，致使黏结指数低，约49上下，限制了它在常规配煤中的大量使用，通常兖州煤配入量约10%左右。

采用煤在350℃预热后，兖州煤在炼焦过程中的用量可以较大幅度地增加，配入量最大可以用到35%；如果配煤比相同，则焦炭强度有所提高，其焦炭强度DI^{150}由预热前的75.7%提高到预热后的82.8%。实验室的煤预热试验是在抽真空状态下进行，于管式加热炉内在设定温度下预热20分钟，之后冰水急冷。兖州煤的氯仿抽出率由预热前的2.76%增大到预热后的5.92%。

人们不禁要问这种黏结源究竟具有怎么样的结构？为什么预热后的氯仿抽出率会增高？这样提高黏结性致使增强焦炭强度的缘由又是什么？要寻找烟煤黏结现象的化学解释。

对氯仿抽出物进行各种常规测定，诸如工业分析，元素分析，分子量测定，还利用傅立叶红外光谱、核磁共振中的碳谱和氢谱，得到了它的许多分子结构信息。按修正后的布朗-林达（Brown-Lander）公式计算出抽出物的结构参数，结合红外光谱对官能团的认定，就能设计出抽出物的分子构象。详细讨论这里不再赘述。有兴趣者不妨参见“兖州煤预热前后氯仿抽出物性质及其结构”一文，刊载在《燃料化学学报》1985年第二期。

这种氯仿抽出物的结构特点是具有氢化芳烃，同时有着较长的脂肪侧链。抽出物较之原样或残煤更为富氢。“黏结源”的作用就在于煤受热后，煤分子结构单元间范德华力、氢键或共价键和分子内部弱键发生断裂，使煤体内部单元结构分子可动，产生自由基。因为有氯仿抽出物这样的富氢化合物的存在，作为氢的载体，特别是有氢化芳烃结构时，受热后，其中氢发生转移，活性氢很快和自由基结合，前述的自由基为内部氢所稳定，形成较低分子量的碎片，分子量趋小，体系的黏度降低，使分子可动促进塑性的形成和发展。

更有意义的是兖州煤经预热后，其氯仿抽出物便有更多的富氢结构，抽出物的增多，表示“黏结源”有所增加；由于煤预热是在没有外来氢的情况下进行的，预热后煤的富氢性质只能看成预热过程发生有氢的转移反应，这些氢祗可能来自煤体本身，这可称之为“氢的自身转移”。这样，烟煤受热后塑性体的形成与发展，本质上就可以看作是一个短暂的供氢液化过程。它和加氢液化所不同的是供氢载体就是煤质本身。

由上可见，氢的自身转移和供氢能力，决定着烟煤的黏结过程。变质程度较低的烟煤，如弱黏结的气煤或长焰煤，由于它们的氯仿抽出量较低，加上由于煤分子单元中脂肪性侧链等富氢部分在较低温度下，作为挥发分逸出。从化学的观点来看，这些煤含氧键多，在较低温度就分解断裂，产生过多的自由基，当煤体内部供氢能力不足，致使过早相互交联，进而阻碍了氢的转移，塑性体少，显现不出其黏结性。一旦自由基消失，交联缩聚成较大分子，固化成为半焦。对于较高变质程度的烟煤，其氯仿抽出量也很低，供氢能力有限，加上煤分子中芳环缩合程度较高，含氧键及脂肪性侧链较少，产生的自由基虽少，但氢自身转移反应受到阻碍，同样也只有较少的塑性体生成。

在焦化工业实践中，添加富沥青质的改质煤，可以大大弥补配煤中黏结能力的不足，这是由于富氢沥青的加入，强化了氢自身转移反应，同时延缓或扼制了由于热解产生的自由基再聚合，使有更多的氢对热解后低分子碎片加以稳定。可见，烟煤黏结过程必须具备如下煤质条件。

① 富氢抽出物中的氢化芳烃结构是烟煤受热后黏结性的物质基础。

② 烟煤热解产生自由基的同时，配合有富氢物质中氢的转移，它是黏结过程的前提。

③ 产生自由基的量和煤中富氢结构中活性氢的量，以及生成时间上相匹配，是形成塑性体的充分条件。

④ 通畅氢自身转移的渠道，尽量避免煤分子过早分解并造成分子间的交联，将有利于黏结过程的进行。

⑤ 添加改质煤或沥青等富氢结构物质，能弥补分子内部供氢能力的不足，促进氢的转移。

8.7 炼焦技术的未来和当前面临的问题

21 世纪的前 50 年，焦化工业还主要为钢铁工业服务，生产焦炭、焦炉煤气和化工产品。那么到 2050 年后，焦化工业又将如何发展呢？不难设想，到 21 世纪的后半叶，石油和天然气将逐渐淡出，最廉价煤却还大量存在，煤的焦化将作为制氢工艺的原料而得到发展。

即使在当前，人们已经感到扑面而来的氢经济。以氢作为动力和能源的燃料电池，具有能量效率高、无污染、低噪声的特点。它燃烧时排放出的是水，出奇的洁净，符合环保要求。氢的来源除靠水的电解，而电的来源靠太阳能之外，通过煤的焦化和气化是煤向氢转化技术中转化率最高的工艺，这不但由于炼焦煤气中氢有着很高的百分比（55%～60%），同时由于通过焦炭又可以转化成氢和一氧化碳，焦炭和石灰反应可转化生成不饱和烃类。炼焦的化工产品中，主要可以得到煤焦油和苯以及多环芳烃，其中有些是石油产品不可能替代的；净化后的焦炉气可以再裂解或把荒煤气裂解成还原气。可以想像到21世纪的下半叶，焦化工业的服务对象将是以提供氢燃料和提供芳香烃类及其下游产品的工业，它的目标是少出焦而多产氢。

尽管高炉炼铁工艺已经受到高温还原炼铁技术的挑战，但由于大型化和高炉内喷煤粉降低焦比等技术进步，预计在21世纪前50年内，世界钢铁生产仍以高炉炼铁为主。高炉炼铁用的焦炭仍是冶金行业的重要原料或燃料。煤焦化工业仍有生存和发展空间。

我国是世界上第一大焦炭的生产国和出口国。近年来，随着钢铁产量和出口焦炭的扩张，2005年，机焦总生产能力约3亿吨，焦炭产量高达2.43亿吨，年内新增产能4000万吨，目前仍有6000万吨在建，生产能力将增加1亿吨左右，而目前国内和出口需求总量仅为2.32亿吨，焦炭市场将竞争激烈而陷入疲态，需认真调整。当前除面临焦炭产能过剩和出口焦炭价格疲软外，生产技术上面临优质炼焦煤资源短缺；部分焦炉老龄化；焦化化工产品回收水平低和环境污染问题。要在淘汰超龄老焦炉和新建焦炉中采用大型化等新技术，生产能力要从数十万吨/年跃上数百万吨/年级的台阶，这样既提高劳动生产率，也有利于现代化的环保措施；提高炼焦煤税赋，避免炼焦煤资源的浪费；强化炼焦煤的洗选技术开发，特别是降低强黏结煤的灰分，提高焦炭的质量而降低焦比；强化出口焦炭成本约束，补齐补偿成本、安全成本和社会责任等成本；合理利用好焦化化工产品资源，集中加工，发挥规模效应，要引进先进技术，实现产品深度加工及品种多样化，降低消耗，推动焦油加工业向集中化、节能化、高效化、清洁化方向发展。

世界各国的焦化工业也面临同样的技术问题，因而对炼焦新工艺的开发都非常重视，如德国的大容积焦炉、日本的21世纪高产无污染大型焦炉、美国的无回收焦炉和俄罗斯及乌克兰的连续炼焦技术。

欧盟专家早在20世纪80年代后期就提出了单炉室式巨型反应器的设计思想，同时提出煤预热与干熄焦直接联合的方案。90年代，欧洲8个国家13家公司共同组建“欧洲炼焦技术中心”，在德国进行了单室炼焦系统（SCS-Single Chamber System）或者也叫巨型炼焦反应器（CR-Jumbo Coking Reactor）的示范性试验。SCS实际上是一个完全独立的单炉室布置的巨型炭化室，其主要的技术特征既保留了传统焦炉的技术优点，又克服了诸多传统焦炉的技术缺点。表8-5列出德国两座现代化大型焦炉：鲁尔煤业公司的凯撒斯图尔（Kaiserstuhl）焦化厂的2×60孔焦炉与蒂森-克虏伯钢铁公司Schwelgern焦化厂焦炉的技术参数。

表8-5 德国的现代化大型焦炉

	Kaiserstuhl	Schwelgern
生产能力/(万吨/年)	200	260
炉孔数/孔	2×60	2×70
炭化室尺寸/m	18×0.61×7.18	20.8×0.6×8.4
炭化室有效容积/m^3	78.8	93
结焦时间/h	25.0	24.9
每孔装煤量(湿)/t	70	79
每孔推焦量/t	48	54
投产时间	1992年	2002年

日本SCOPE 21炼焦技术（Super Coke Oven for Productivity and Environment Enhancement forward the 21st Century）的焦炉尺寸为：高7.5m，长8m，宽450mm。生产能力是现有焦炉的3倍。SCOPE 21已完成中试，4000t/d的工业示范装置已经建成。该技术的特点是将配入50%的非黏结性煤，炉前快速预热到350～400℃，使煤接近热分解温度，以改善煤的黏结性，预热煤中的细粉热压成型，而后与粗粒煤混合用管道化装炉，装炉煤的堆密度提高（约850kg/m^3），焦炉用高导热性的70～75mm的薄墙砖，在焦炉中加热至700～800℃的焦饼，放入干熄焦预存段进行再加热使焦饼最终温度达1000℃左右。

到目前为止，在美国和澳大利亚的几家公司建成商业规模投产的无回收焦炉有：①美国阳光煤业公司在弗吉尼亚建成的年产焦炭55万吨的焦炉；②澳大利亚的堪培拉煤焦公司在东澳大利亚两个厂建成年产焦炭 24 万吨的焦炉；③美国内陆钢铁公司的印第安那哈博钢厂建的无回收焦炉和废热联合发电装置。该厂建了 4×67 孔炉，结焦时间 48h，年产焦 120 万吨。配备有 4 套装煤/推焦机，16 台废热锅炉，一台汽轮发电机组 94MW。这种焦炉中、下部的焦炭质量高而上部焦炭较差。推荐采用挥发分<25%的煤料。适宜经济规模为 70 万～130 万吨/年。

俄罗斯和乌克兰已建成 3 孔连续炼焦工艺的试验装置，技术尚待工艺实践考验。如何延长直立炉的使用寿命和强化直立炉的操作管理均有待生产实践的验证。

9 液化工艺与煤质

由煤转化成液体燃料，主要有两种方法：直接液化法和间接液化法。后者基于煤的气化，得到合成气后再采用 F-T 合成工艺。煤的直接液化是将煤在溶剂中使煤分子裂解，加氢或不加氢，在加压情况下添加催化剂或不加催化剂，使部分煤分解后溶解于溶剂，接着将煤液态产品与不溶的固态物料分离。不溶的部分通常是矿物质和煤中部分惰质组分。再将部分煤液添加到溶剂中进行再循环。液化过程的产物有轻质气态产品、可蒸馏和不可蒸馏的煤液（室温下呈固态）。这部分不可蒸馏产物通常用溶剂萃取再分成三个组分：油、沥青烯和前沥青烯。将已烷可溶物、戊烷或其他低碳烷烃可溶物，定义为油；苯可溶、已烷不溶部分称为沥青烯；苯不溶和吡啶可溶或 THF（四氢呋喃）可溶物称为前沥青烯。上述三种馏分含有成百上千种化合物，如采用定向转化，就能分离出更多的纯化合物，特别是芳烃化学制品，就成为具有竞争力的化工原料，它和液态燃料一样，同样具有广阔的市场。

此外，“煤炼油”和“煤提油”也是由煤转化成石油替代燃料的方法。前者是利用煤的低温干馏技术，从低煤阶煤等非炼焦煤中获取液态可燃油——煤焦油进而加工成石油替代燃料；后者则是通过热溶抽提或热溶催化工艺从低煤阶煤中萃取出液态燃料或化学品。

9.1 概 述

9.1.1 煤的直接液化

煤的直接液化自 1911 年贝吉乌斯（Bergius）实验证实在加氢和存在溶剂条件下可以将煤转化成重质油以来，经历了 90 年的历史。1926 年建成第一座 IG 工艺煤液化试验厂，并于 1927 年在德国建成商业规模的液化厂。1936～1945 年期间，有 12 座煤液化厂，年产量达500万吨。20世纪70年代石油危机后，在美、德、英、前苏联、波兰及日本相继进行了大规模的开发研究，提出10多种煤液化新工艺，归纳起来可分为四类：①溶剂精炼（SRC）工艺；②催化加氢工艺（H-coal)；③供氢溶剂液化工艺（EDS)；④催化两段加氢工艺（NCB)。图9-1示出IG工艺的流程图，以后的新工艺都是在此基础上的改进，改进的重点在如何降低反应条件的苛刻度，如将加氢压力由70MPa降到30MPa以下，以及降低氢耗和充分利用热能等，以提高工艺合理性与集成度。

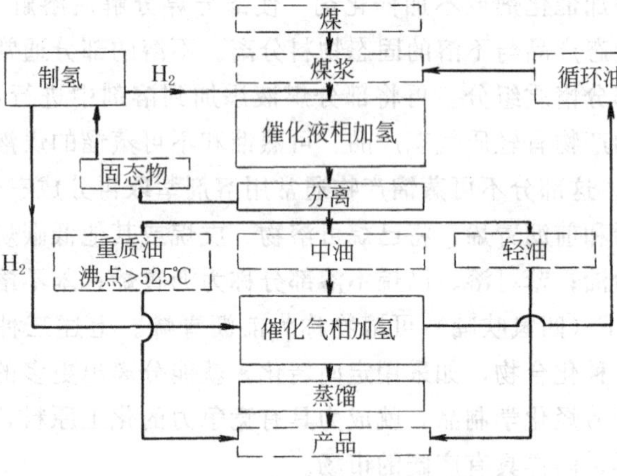

图9-1　煤液化IG工艺流程示意图

（资料来源：D. W. van Krevelen，“Coal” 1993年）

20世纪80年代后，针对不同的原料煤性质、催化剂类型和产品构成，逐渐形成了三种典型的液化工艺。①由德国原IG工艺改进开发的IGOR工艺；②由美国原H-Coal和CTSL工艺改进后的HTI工艺；③经日本对EDS工艺改进后开发的NEDOL工艺。分别见图9-2，图9-3及图9-4。

比较图9-1与图9-2可见，新IGOR工艺与IG工艺不同的是将一段加氢液化与二段溶剂加氢紧密结合在一起，在高温分离器和低温分离器间，增加一个固定床加氢反应器，其中装填有高活性载体催化剂。经过如上的改进，既省去由于物料进出而造成的热能损

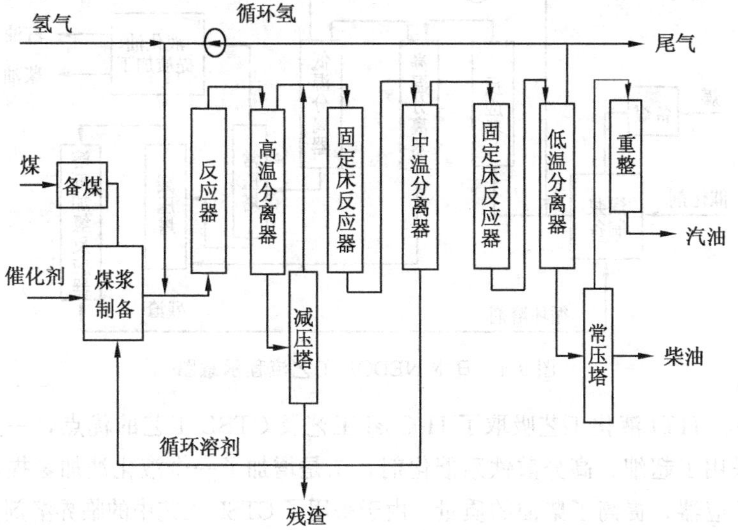

图 9-2 德国 IGOR 工艺流程示意图

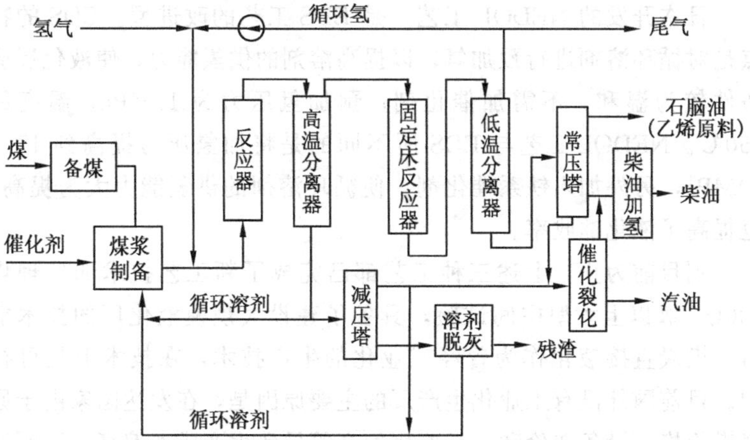

图 9-3 美国 HTI 工艺流程示意图

失，又节省了大量工艺装备投资；工艺反应压力由 70MPa 降低为 30MPa；液化油收率从 50%提高到 60%。

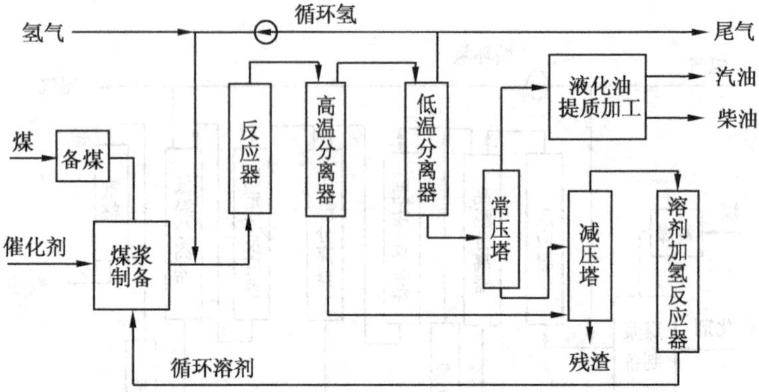

图 9-4　日本 NEDOL 工艺流程示意图

HTI 液化工艺吸取了 H-Coal 工艺及 CTSL 工艺的优点，一是采用了超细、高分散铁系催化剂，二是增加了一个液化油加氢提质反应器，提高了柴油的质量。由于采用了 CTSL 工艺中的临界溶剂脱灰装置，使能回收更多的重质油；液化油产率有所提高；改善了煤直接液化技术的经济性。

日本开发的 NEDOL 工艺，是 EDS 工艺的改进型。EDS 的特点是对循环溶剂进行预加氢，以提高溶剂的供氢能力，使液化反应条件较为温和，不需加催化剂；预加氢压力为 15MPa，温度约 450℃。NEDOL 工艺与 EDS 所不同的是将加氢压力提高到 17～19MPa，另外加入铁系催化剂，使循环溶剂的供氢能力大为提高，也提高了液化油收率。

到目前为止，上述三种工艺都已完成了新工艺技术的处理煤 100t/d 级以上大型中间试验，具备了建设大规模液化厂的技术能力。煤炭直接液化作为曾经工业化的生产技术，在技术上是可行的。目前国外没有工业化生产厂的主要原因是，在发达国家由于原料煤价格、设备造价和人工费用偏高等导致生产成本偏高，当原油价格低于每桶 30 美元时，难以与石油竞争。

上述三种不同的典型工艺，曾用我国云南先锋褐煤、神华上湾的烟煤和黑龙江的依兰褐煤分别作了小试、中试验证，得到较好的结果。这三种工艺体现了 20 世纪 90 年代煤直接液化工艺的新进展。首先是将煤直接液化工艺和液化油提质加工工艺相联合，将直接液化工艺分离出的高温气态烃、中质液化油，直接引入二次加氢反应器，大大提高热效率，同时还改善二次加氢条件，降低氢耗量，并有效简化工艺流程；第二是应用纳米级分散催化剂，使其用量由 3%（干煤质量）左右降低到 1‰上下，既降低了生产成本，提高固-液分离效率，又促使油收率的进一步提高。

我国从 20 世纪 70 年代末开始就进行现代煤直接液化技术基础研究，在国家 863 高科技发展计划的支持下，通过日本 NEDOL 和美国 HTI 工艺的技术集成和技术创新，开发了神华煤直接液化工艺和新型高效煤液化催化剂，煤的转化率和液化油收率都已达到国际先进水平，并申请了发明专利。神华煤直接液化工艺流程简图如图 9-5 所示。工艺开发主要经历了小型试验装置（BSU）开发试验和工艺开发装置（PDU）开发试验两个开发过程。前后从 2002 年 7 月开始到 2003 年底结束。建立了 0.12t/d 神华煤直接液化工艺连续试验装置，在 BSU 装置上进行了 10 次共计 207 天，近 5000h 的液化试验，重点试验验证了工艺的可行性、可靠性和液化试验的重现性能。后者，PDU 装置的建设及运转是神华煤液化工艺产业化过程中的一个重要里程碑。建设规模为煤处理能力 6t/d，2004 年 9 月装置建成，2004 年 12 月实现一次投煤成功，获得了初步的

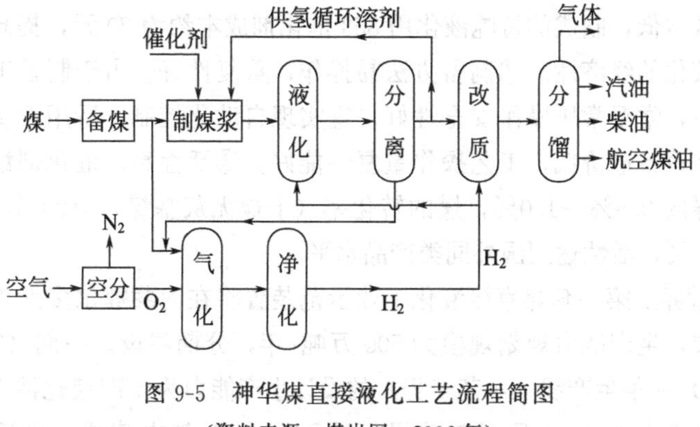

图 9-5　神华煤直接液化工艺流程简图

（资料来源：煤炭网，2006 年）

工艺试验数据。2005年10月，在对PDU装置优化改造的基础上，进行了第二次投煤试验，试验连续投煤18天，检验了煤液化工艺及装备的可靠性，进一步验证了神华煤直接液化工艺的先进性，试验取得了圆满成功。试验结果表明：PDU装置的蒸馏油收率达到56%～58%，转化率90%～92%，气产率约12%～14%，水产率11%～13%，氢耗量5%～7%。试验结果与BSU试验数据基本相符。PDU装置试验的成功标志着我国在煤直接液化技术的创新能力上达到了一个新的高度。

神华煤直接液化工艺的创新特点：①煤浆制备全部采用供氢性循环溶剂。由于循环溶剂预加氢，使得液化反应条件温和，系统操作稳定性提高。②采用两个强制循环悬浮床反应器。这样使得反应器温度分布均匀，产品性质稳定。③采用减压蒸馏的方法进行液化油和固体物的分离。残渣中含油量少，产品产率提高。④循环溶剂和产品采用强制循环悬浮床加氢反应器。催化剂可以定期更新，加氢后的供氢性溶剂供氢性能好，产品性质稳定。

自主知识产权的直接液化高效催化剂的开发，是在国家“863”计划支持下，由煤炭科学研究总院与神华集团开发完成的，技术关键是催化剂的制备工艺和合成反应器的开发。通过不同阶段的开发试验，都取得良好的试验效果。这种新型催化剂主要具有以下特点。①价格低廉。由于生产催化剂的原料易得，且价格低廉；制备催化剂的工艺操作成本低，制成的每吨液化用863催化剂成本约为20元，提高了煤直接液化的经济性。②制备方法易操作，重复性好。由于制备工艺流程简单，常温常压操作安全性好，宜实现自动化控制，所用设备基本为常规设备造价低，工艺操作重复性能好。③活性高。催化剂添加量为干煤的0.5%～1.0%，煤的转化率（干燥无灰基煤）>90%，油收率>60%，活性达到国外同类产品水平。

世界上第一套煤直接液化工业示范装置将在内蒙鄂尔多斯市马家塔建成，生产能力规划规模为500万吨/年，分期建设。一期（300万吨/年）一条生产线（示范工程）的设计生产能力为年产液化油100万吨，已于2004年8月开工建设，计划在2007年末建成，之后投入运行。

煤直接液化示范工程核心技术采用的是具有自主知识产权的神华煤液化工艺和新型863煤液化催化剂，并集合了当今世界上先进的煤直接液化技术和当今石油化工领域先进、成熟的单元装置及设备。它的实施将解决直接液化技术大规模产业化应用工程开发中的关键技术问题，包括从项目基础工作到装置的设计、制造和安全、经济、稳定运行。

煤炭直接液化工艺的技术经济特征，与煤炭资源的性质和质量密切相关，需要从丰富的煤炭资源中选出适宜的煤种来发展煤液化工业，要求液化用煤的主要性质，有如表9-1所示。我国自20世纪80年代开始，先后对东北、华北、西北和西南地区的褐煤及低煤阶烟煤进行煤种选择试验，在整理分析煤高压釜加氢液化试验数据的基础上，初选出28个煤样，再经过0.1t/d的连续试验运转，优选出云南先锋、陕西神木及黑龙江依兰等15个最适宜的液化煤种，这15种煤的性质见表9-2。表列煤样以无水无灰基煤为基准，其转化率一般都在90%以上，油产率在60%左右，氢耗量低于5%。

表9-1　煤直接液化所要求煤的主要性质

指标类别	指　　标	要求波动范围
煤阶指标	C_{daf}/%	约80及以下
	H_{daf}/%	约5.2及以上
	H/C原子比	约0.77及以上
	O/C原子比	约0.1或以上
	R_{max}/%	约0.85或以下
	V_{daf}/%	约37.5或以上
煤岩指标	镜质组/惰质组/稳定组	约75/10/15
受热后性质	CSN	约3
	吉氏最大流动度/α_{max}	5000
反应活性指标	活性组分含量/%	>90
环境指标	灰分/%	<7.5
	硫/%	一般<1

注：资料来源为D. W. van Krevelen，“Coal”，1993年。

表 9-2 15种优选直接液化用煤的煤质分析数据

试样名称		兖州北宿精煤	山东滕县精煤	山东龙口	神木柠条塔	梅河口	辽宁沈北	阜新海州	抚顺
生成年代		石炭纪	石炭纪	古第三纪	侏罗纪	古第三纪	古第三纪	侏罗纪	古第三纪
可采储量/亿吨		2.5	0.4	6.1	21.1	0.6	1.2	0.6	3.5
工业分析	M_{ad}/%	2.39	4.13	9.55	10.57	2.59	5.85	3.93	2.28
	A_d/%	5.07	8.70	11.86	4.09	9.00	12.68	7.96	7.33
	V_{daf}/%	44.52	39.84	45.11	37.69	49.18	51.38	38.64	42.06
元素分析	C_{daf}/%	81.84	82.82	77.39	81.55	74.81	70.89	80.09	81.16
	H_{daf}/%	5.55	5.52	5.53	5.07	5.22	5.46	5.09	5.64
	N_{daf}/%	1.41	1.74	2.14	1.24	1.80	1.68	1.29	1.27
	S_{daf}/%	2.56	1.15	0.77	0.27	0.45	1.04	0.67	0.49
	O_{daf}/%	8.63	8.77	14.17	11.87	17.72	20.93	12.86	11.44
灰成分分析	SiO_2/%	26.50	52.39	58.35	55.32	47.20	39.66	60.24	53.44
	Al_2O_3/%	16.20	32.74	29.54	15.68	25.26	25.60	18.46	27.76
	Fe_2O_3/%	30.08	7.13	3.84	7.49	9.27	10.88	10.23	7.70
	CaO/%	11.65	2.47	3.31	10.37	6.40	10.12	1.15	2.28
	MgO/%	1.10	1.57	3.11	1.60	2.60	2.56	1.84	0.97
	SO_2/%	11.30	0.88	1.07	6.80	1.93	7.92	0.44	1.20
	TiO_2/%	1.33	0.71	0.81	0.68	1.10	1.53	1.16	2.17
	K_2O/%	0.30	0.85	1.26	0.50	1.47	0.66	3.11	0.70
	Na_2O/%	0.18	0.21	2.81	0.38	2.19	0.84	0.50	0.73
煤岩分析	镜质组/%	79.91	84.87	90.97	74.23	98.38	92.91	95.80	93.30
	壳质组/%	4.10	5.49	2.72	1.43	1.62	5.32	1.30	3.60
	惰质组/%	15.99	9.64	6.31	24.34	0.0	1.77	2.90	3.60
	R_{max}/%	0.612	0.761	0.486	0.534	0.426	0.296	0.627	0.621

试样名称		海拉尔	赤峰元宝山	内蒙胜利	依兰煤	双鸭山	甘肃天祝	云南先锋
生成年代		侏罗纪	侏罗纪	侏罗纪	古第三纪	侏罗纪	侏罗纪	新第三纪
可采储量/亿吨		8.0	6.1	14.4	2.3	11.0	1.9	2.7
工业分析	M_{ad}/%	25.06	4.10	14.10	1.63	3.07	6.40	2.44
	A_d/%	10.33	8.58	10.48	9.86	11.13	6.66	3.83
	V_{daf}/%	43.60	45.86	45.71	49.00	45.46	42.83	50.64
元素分析	C_{daf}/%	73.47	74.78	71.65	78.23	81.21	79.95	70.45
	H_{daf}/%	5.01	4.75	4.83	6.04	5.70	5.41	4.77
	N_{daf}/%	1.10	0.90	0.83	1.44	0.98	1.97	1.76
	S_{daf}/%	1.32	1.03	1.40	0.22	0.23	0.57	0.32
	O_{daf}/%	19.10	18.54	21.29	14.06	11.88	12.30	22.70

续表

试样名称		海拉尔	赤峰元宝山	内蒙胜利	依兰煤	双鸭山	甘肃天祝	云南先锋
生成年代		侏罗纪	侏罗纪	侏罗纪	古第三纪	侏罗纪	侏罗纪	新第三纪
可采储量/亿吨		8.0	6.1	14.4	2.3	11.0	1.9	2.7
灰成分分析	SiO_2/%		30.40	32.04	62.62	49.38	38.22	28.51
	Al_2O_3/%		12.72	15.15	20.58	19.97	19.52	28.51
	Fe_2O_3/%		28.69	9.05	8.52	5.48	11.48	11.32
	CaO/%		11.50	15.33	0.0	11.21	12.12	16.52
	MgO/%		2.97	6.50	2.47	3.50	4.29	2.52
	SO_2/%		8.17	16.25	0.34	3.15	8.55	7.77
	TiO_2/%		0.73	0.69	1.52	1.24	0.96	1.34
	K_2O/%		1.20	1.34	0.36	1.14	0.74	1.36
	Na_2O/%		2.03	2.43	0.17	1.11	0.96	0.22
煤岩分析	镜质组/%	94.65	91.94	97.70	96.74	88.85	91.94	86.37
	壳质组/%	0.68	2.41	0.90	1.79	6.83	1.83	12.93
	惰质组/%	4.66	5.65	1.40	1.47	4.32	6.23	0.70
	R_{max}/%	0.380	0.442	0.244	0.495	0.791		0.239

注：灰分数据为试验煤样的分析数据，有的煤样是经过洗选后的精煤。

资料来源为舒歌平等，2003年。

从煤的元素组成看，煤和石油的差异主要是氢碳原子比不同。煤的氢碳原子比为0.2～1，而石油的氢碳原子比为1.6～2，煤中氢元素比石油少得多。煤的直接液化，就是要对煤进行加氢。煤在一定温度、压力下的加氢液化过程基本分为三大步骤。

(1) 当温度升至300℃以上时，煤受热分解，即煤的大分子结构中较弱的桥键开始断裂，打碎了煤的分子结构，从而产生大量的以结构单元为基体的自由基碎片，自由基的相对分子质量在数百范围。

(2) 在具有供氢能力的溶剂环境和较高氢气压力的条件下、自由基被加氢得到稳定，成为沥青烯及液化油分子。能与自由基结合的氢并非是分子氢（H_2），而应是氢自由基，即氢原子，或者是活化氢分子，氢原子或活化氢分子的来源有：①煤分子中碳氢键断裂产生的氢自由基；②供氢溶剂碳氢键断裂产生的氢自由基；③氢气中的氢分子被催化剂活化；④化学反应放出的氢。当外界提供的活性氢不足时，自由基碎片可发生缩聚反应和高温下的脱氢反应，最后生成固体半焦或焦炭。

（3）沥青烯及液化油分子被继续加氢裂化生成更小的分子。据此，典型的工艺过程须要包括煤的破碎与干燥、煤浆制备、加氢液化、固液分离、气体净化、液体产品分馏和精制，以及液化残渣气化制取氢气等部分。氢气制备是加氢液化的重要环节，大规模制氢通常采用煤气化及天然气转化。液化过程中，将煤、催化剂和循环油制成的煤浆，与制得的氢气混合送入反应器。在液化反应器内，煤首先发生热解反应，生成自由基“碎片”，不稳定的自由基“碎片”再与氢在催化剂存在条件下结合，形成分子量比煤低得多的初级加氢产物。出反应器的产物构成十分复杂，包括气、液、固三相。气相的主要成分是氢气，分离后循环返回反应器重新参加反应；固相为未反应的煤、矿物质及催化剂；液相则为轻油（粗汽油）、中油等馏分油及重油。液相馏分油经提质加工（如加氢精制、加氢裂化和重整）得到合格的汽油、柴油和航空煤油等产品。重质的液固淤浆经进一步分离得到重油和残渣，重油作为循环溶剂配煤浆用。

煤直接液化粗油中石脑油馏分约占15%～30%，且芳烃含量较高，加氢后的石脑油馏分经过较缓和的重整即可得到高辛烷值汽油和丰富的芳烃原料，汽油产品的辛烷值、芳烃含量等主要指标均符合相关标准（GB 17930-1999），且硫含量大大低于标准值（≤0.08%），是合格的优质洁净燃料。中油约占全部直接液化油的50%～60%，芳烃含量高达70%以上，经深度加氢后可获得合格柴油。重油馏分一般占液化粗油的10%～20%，有的工艺该馏分很少，由于杂原子、沥青烯含量较高，加工较困难，可以作为燃料油使用。煤液化中油和重油混合经加氢裂化可以制取汽油，并在加氢裂化前进行深度加氢以除去其中的杂原子及金属盐。

9.1.2 煤的间接液化

煤的间接液化技术是先将煤全部气化成合成气，然后以煤基合成气（一氧化碳和氢气）为原料，在一定温度和压力下，将其催化合成为烃类燃料油及化工原料和产品的工艺，包括煤炭气化制取合成气、气体净化与交换、催化合成烃类产品以及产品分离和改质加工等过程。

早在 20 世纪 20 年代，德国就开始了煤的间接液化技术研究，并于 1936 年首先建成工业规模的合成油厂。到 1955 年，世界上已有 18 个合成油工厂，总生产能力达到 100 万吨/年。目前，在南非仍有商业化运行的煤间接液化厂。如 SASOL 公司采用 F-T 合成技术，从 1955 年到 1982 年先后建成的三座生产厂，年处理煤炭总计达 4590 万吨，产品总量达 768 万吨，主要产品为汽油、柴油、蜡、氨、乙烯、丙烯、聚合物、醇、醛、酮等 113 种，其中油品占 60%左右，保证了全南非 28%的汽油、柴油供给量。其间接液化技术处于世界领先地位。

煤炭间接液化技术主要有三种，即南非的萨索尔（Sasol）费托合成法、美国的 Mobil（甲醇制汽油法）和正在开发的直接合成法。目前，煤间接液化技术在国外已实现商业化生产，全世界共有 3 家商业生产厂正在运行，它们分别是南非的萨索尔公司和新西兰、马来西亚的煤炭间接液化厂。新西兰煤炭间接液化厂采用的是 Mobil 液化工艺，但只进行间接液化的第一步反应，即利用天然气或煤气化合成气生产甲醇，而没有进一步以甲醇为原料生产燃料油和其他化工产品，生产能力 1.25 万桶/天。马来西亚煤炭间接液化厂所采用的液化工艺和南非萨索尔公司相似，但不同的是它以天然气为原料来生产优质柴油和煤油，生产能力为 50 万吨/年。因此，从严格意义上说，南非萨索尔公司是世界上唯一的煤炭间接液化商业化生产企业。

费托合成（Fisher-Tropsch Sythesis）合成是指 CO 在固体催化剂作用下非均相氢化生成不同链长的烃类（$C_1 \sim C_{25}$）和含氧化合物的反应。该反应于 1923 年由 F. Fischer 和 H. Tropsch 首次发现后经 Fischer 等人完善，并于 1936 年在鲁尔化学公司实现工业化，费托（F-T）合成因此而得名。

费托合成反应化学计量式因催化剂的不同和操作条件的差异将导致较大差别，但可用以下两个基本反应式描述。

① 烃类生成反应

$$CO+2H_2 \longrightarrow -\!\!(CH_2)\!\!- +H_2O$$

② 水气变换反应

$$CO+H_2O \longrightarrow H_2+CO_2$$

由以上两式可得合成反应的通用式：

$$2CO+H_2 \longrightarrow -\!\!(CH_2)\!\!- +CO_2$$

由以上两式可以推出烷烃和烯烃生成的通用计量式如下：

③ 烷烃生成反应

$$nCO+(2n+1)H_2 \longrightarrow C_nH_{2n+2}+nH_2O$$

$$2nCO+(n+1)H_2 \longrightarrow C_nH_{2n+2}+nCO_2$$

$$3nCO+(n+1)H_2O \longrightarrow C_nH_{2n+2}+2(2n+1)CO_2$$

$$nCO_2+(3n+1)H_2 \longrightarrow C_nH_{2n+2}+2nH_2O$$

④ 烯烃生成反应

$$nCO+2nH_2 \longrightarrow C_nH_{2n}+nH_2O$$

$$2nCO+nH_2 \longrightarrow C_nH_{2n}+nCO_2$$

$$3nCO+nH_2O \longrightarrow C_nH_{2n}+2nCO_2$$

$$nCO_2+3nH_2 \longrightarrow C_nH_{2n}+2nH_2O$$

间接液化的主要反应就是上面的反应，由于反应条件的不同，还有甲烷生成反应，醇类生成反应（生产甲醇就需要此反应），醛类生成反应等等。

从工艺过程看，煤间接液化可分为高温合成与低温合成两类工艺。高温合成得到的主要产品有石脑油、丙烯、α-烯烃和 C_{14}～C_{18} 烷烃等，这些产品可以用作生产石化替代产品的原料，如石脑油馏分制取乙烯、α-烯烃制取高级洗涤剂等，也可以加工成汽油、柴油等优质发动机燃料。低温合成的主要产品是柴油、航空煤油、蜡和 LPG 等。煤间接液化制得的柴油十六烷值可高达 70，是优质的柴油调兑产品。

煤间接液化制油工艺主要有 Sasol 工艺、Shell 的 SMDS 工艺、Syntroleum 技术、Exxon 的 AGC-21 技术、Rentech 技术。已工业化的有南非的 Sasol 的浆态床、流化床、固定床工艺和 Shell 的固定床工艺。国际上南非 Sasol 和 Shell 马来西亚合成油工厂已有长期运行经验。

典型煤基 F-T 合成工艺包括：煤的气化及煤气净化、变换和脱碳；F-T 合成反应；油品加工等 3 个纯“串联”步骤。萨索尔采用固定床加压鲁奇气化炉进行气化，使用 5～75mm 的块煤，操作压力 2.8～3.5MPa，气化装置产出的粗煤气经除尘、冷却得到净煤气，净煤气经 CO 宽温耐硫变换和酸性气体（包括 H_2 和 CO_2 等）脱除，得到成分合格的合成气（图 9-6）。合成气进入合成反应器，在一定温度、压力及催化剂作用下，H_2 和 CO 转化为直链烃类、水以及少量的含氧有机化合物（图 9-7 及图 9-8）。生成物经三相分离，水相去提取醇、酮、醛等化学品；油相采用常规石油炼制手段(如常、减压蒸馏)，根据需要切割出产品馏分，经进一步加工(如加氢精制、临氢　降凝、催化重整、加氢裂化等工艺)得到合格的油品或中间产品；气相经冷冻分离及烯烃转化处理得到 LPG、聚合级丙烯、聚合级乙烯及中热值燃料气。

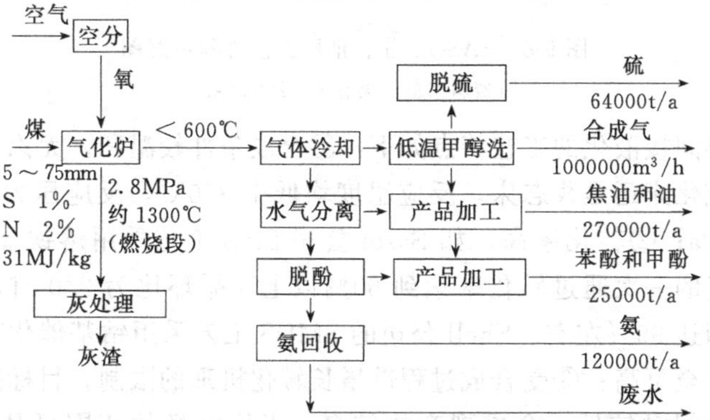

图 9-6　SASOL 煤气化工艺流程示意图

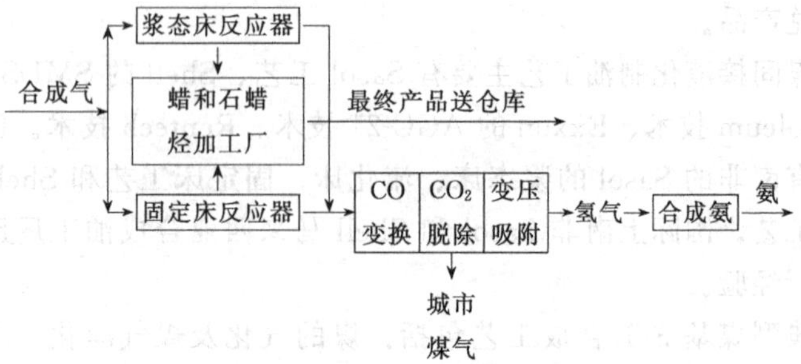

图 9-7 SASOL-Ⅰ厂工艺流程示意图

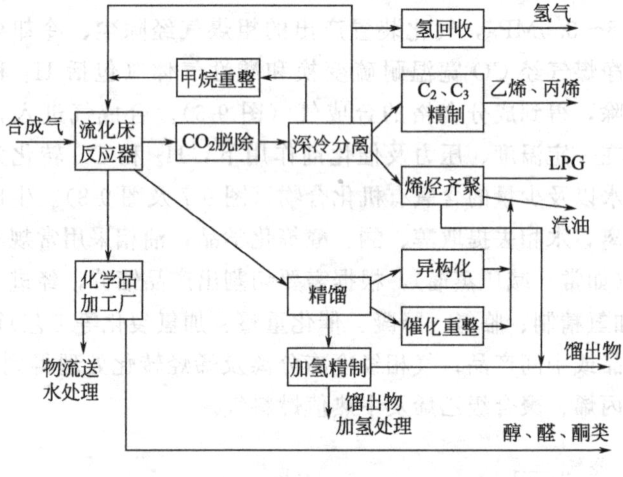

图 9-8 SASOL-Ⅱ、Ⅲ厂工艺流程示意图

（资料来源，吴春来，2003 年）

煤间接液化的工艺特点如下：①合成条件较温和，无论是固定床、流化床还是浆态床，反应温度均低于 350℃，反应压力 2.0～3.0MPa；②转化率高，如 Sasol 公司 SAS 工艺采用熔铁催化剂，合成气的一次通过转化率达到 60%以上，循环比为 2.0 时，总转化率即达 90%左右。Shell 公司的 SMDS 工艺采用钴基催化剂，转化率甚至更高；③受合成过程链增长转化机理的限制，目标产品的选择性相对较低，合成副产物较多，正构链烃的范围可从 C_1 至 C_{100}；随合成温度的降低，重烃类（如蜡油）产量增大，轻烃类

（如 CH_4、C_2H_4、C_2H_6 ……）产量减少；④有效产物 —CH_2— 的理论收率低，仅为 43.75%，工艺废水的理论产量却高达 56.25%；⑤煤消耗量大，一般情况下，约 5～7t 原煤产 1t 成品油。新鲜水消耗量大，约 12～13m^3/t 成品油；⑥反应物均为气相，设备体积庞大，投资高，运行费用高；⑦煤基间接液化全部依赖于煤的气化，没有大规模气化便没有煤基间接液化；⑧投资大且产品涉及面广，必须控制投资风险和市场风险。

我国从 20 世纪 50 年代初即开始进行煤炭间接液化技术的研究，曾在锦州进行过 4500 吨/年的煤间接液化试验，后因发现大庆油田而中止。由于 20 世纪 70 年代的两次石油危机，以及“富煤少油”的能源结构带来的一系列问题，我国自 20 世纪 80 年代初又恢复对煤间接液化合成汽油技术的研究，由中科院山西煤化所组织实施。

“七五”期间，山西煤化所的煤基合成汽油技术被列为国家重点科技攻关项目。1989 年在代县化肥厂完成了小型实验。“八五”期间，国家和山西省政府投资 2000 多万元，在晋城化肥厂建立了年产 2000t 汽油的工业试验装置，生产出了 90 号汽油。在此基础上，提出了年产 10 万吨合成汽油装置的技术方案。2001 年，国家 863 计划和中科院联合启动了“煤变油”重大科技项目。2002 年 9 月，千吨级浆态床中试平台实现了第一次试运转，并合成出第一批粗油品，低温浆态合成油可以获得约 70% 的柴油，十六烷值达到 70 以上，其他产品有 LPG（约 5%～10%）、含氧化合物等。其核心技术费托合成的催化剂、反应器和工艺工程也取得重大突破。目前已具备建设万吨级规模生产装置的技术储备，在关键技术催化剂的研发方面已拥有自主知识产权。二个年产 15 万吨到 16 万吨合成液化油的潞安及朔州煤间接液化生产厂已开工建设。

与此同时，兖矿集团于 2002 年在上海张江建立煤间接液化技术实验室，开展低温费托合成工艺技术研究，次年在实验室研究基础上编制了低温费托合成中试装置工艺设计软件包，并完成中试装置施工设计，到2004年4月，万吨级/年（设计能力）煤间接液化中试装置打通工艺流程，获得中试产品，装置连续稳定运行196天，取得了可为工业化应用提供依据的完整中试试验数据。和石油化工研究院合作开发的间接液化产品提质加工技术的研究也业已完成，由此形成了具有自主知识产权的煤间接液化生产燃料油的成套技术。兖矿集团利用自主技术在陕西榆林和贵州织金建设年产百万吨级油品的间接液化厂可行性研究也已经启动。

在技术开发的同时，国内煤炭企业对引进萨索尔成熟技术建设煤间接液化厂也做了许多前期工作。平顶山煤业集团和神华集团及所属宁煤集团就间接液化商业化示范工厂进行过煤种评价试验和建厂预可行性研究。目前后者商谈在稳步推进中。

煤间接液化是以煤气化制得的合成气为源头，气化用煤的选择及其对煤质的要求在第7章已经有所讨论，无须赘述。

从一次能源的资源结构看，我国资源是煤多油少，发展煤液化技术，势在必然，也是我国能源可持续发展中一项可行的和有效的技术途径。预计今后5到10年，我国将加大投资建设煤炭液化工厂，以减少对高价进口石油的依赖。目前国内在建和拟建的煤制油项目产能已达1600万吨，从中长期看，如果通过煤液化工业技术能代替5000万吨/年以上的石油资源将大大降低石油的对外依赖程度。煤炭液化的经济效益在国际油价处于不同水平时有不同的考虑。当前国际油价一度突破每桶70美元，已到必须考虑开发新的石油替代资源问题的紧迫时刻，煤炭液化是能源替代战略的一个重要选择方向。

9.1.3 煤炼油和煤提油

煤炼油工艺，即煤的低温干馏工艺始于20世纪初期，主要是为获得煤气和从煤气中回收低沸点烃类物质。多数以褐煤、次烟煤或高挥发分烟煤为原料，热解温度600～700℃。干馏产物中煤气产率较低，一般为120～200m^3/t干煤，其中H_2、CH_4、C_mH_n含量较多，高达70%以上，热值高达25～26MJ/Nm^3，是优质的城市民用煤气，也可用作合成原料气；液态生成物产率较高，一般达

6%～12%，相对密度小，沸点低，其组成虽与石油类相似，但个别组分都显现热不稳定性，且含酚类较多，通常要经过加氢催化后炼制汽油、煤油、柴油、石蜡和沥青等；干馏后固体残留物是活性较高的半焦，强度低且块变小，多孔，一般俗称“蓝炭”，可用作铁合金用焦和无烟燃料或型焦的原料，更是高炉喷吹用燃料的上佳原料。先前国内有些单位，曾进行过迴转窑低温热解和固态热载体流化床干馏制取半焦和油品的有益尝试，但因经济和技术问题，都未能取得成功。当前西部地区，如陕西、内蒙古为发挥当地煤炭资源优势，已建成诸多煤干馏“蓝炭”厂，生产煤焦油已达数百万吨，所得粗焦油都不经加氢，当燃料油或低速马达用燃料出售。当前油价高涨，当地煤价又低，半焦和煤焦油均有销路，大多数处于盈利状态。这些低温干馏炉型处理量小，一般单炉处理能力仅5万～10万吨/年且分散经营，环境污染严重，较难治理。因此，低温干馏煤炼油技术，在我国尚未能大规模应用。

美国SGI公司在20世纪80年代末开发一种煤炼油称LFC技术，通过低温干馏将次烟煤或褐煤炼制得燃料油和高品位洁净半焦，并在科罗拉多州建成一座日处理能力为1000t的次烟煤低温干馏商业示范厂。

要形成低温干馏煤炼油的产业链，移植和消化、创新油页岩干馏技术，当属首要选项。在油页岩加工煤油业，国内有抚顺的圆形炉和茂名的三段干馏方形炉，其处理能力偏小，很难与近代化的煤制油技术匹敌。

油页岩遍布世界各地，资源分布不均衡，我国油页岩探明可采储量约300多亿吨，折合页岩油储量拾多亿吨，最大储量在吉林农安，约100多亿吨，可是其油收率低，层薄而开采不经济；抚顺、茂名油页岩油收率约7%，露天开采已数拾年，开采储量约几拾亿吨，除开发油页岩干馏工业炉型外，迄今世界上较成熟经过长期生产的有：爱沙尼亚的Galoter颗粒页岩干馏炉和Kiriver块页岩炉；巴西的Petrosix块页岩干馏炉以及澳大利亚正在开发放大加拿大研制的Taciuk颗粒页岩干馏炉。下面作简要介绍。

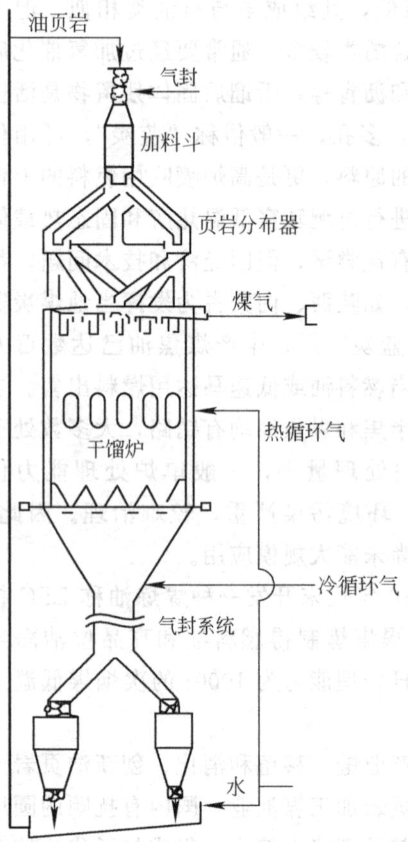

图 9-9　巴西 Petrosix 页岩干馏炉简图

（资料来源：钱家麟，2005 年）

爱沙尼亚 Galoter 炉是固体热载体干馏炉，炉体呈水平倾斜式圆筒形，页岩入料粒度小于25mm，以页岩灰作固体热载体，干馏温度 500℃，时间约 30min，油收率为铝甑收率的 90%～100%，煤气产率 $48m^3/t$ 页岩，煤气热值 $46MJ/m^3$，含烯烃 30%，可作为化工原料或燃气。单炉日处理能力 3750t 油页岩，热效率为70%～80%。

巴西的 Petrosix 油页岩干馏炉系巴西石油公司（Petrobras）20 世纪 60 年代所开发，1967 年在 Sao Mateus Do Sul 建成直径 5.5m 的圆筒形干馏炉，日处理 2000t 油页岩，油收率为铝甑油收率的 85%～90%，图 9-9 示出 Petrosix 干馏炉简图。到 1991 年，又建成直径为 11m 日处理能力 6000t 油页岩的干馏炉。它们的生产业绩见表 9-3。

鉴于油页岩密度一般为 1.8～2.2，煤的密度约 1.45 左右，页岩的密度约为煤的 1.3 倍，相同容积的干馏炉，处理煤的能力要小。按西部地区神木煤估算，如按油收率约在 8%～11%计算，在不同炉径的 Petrosix 干馏炉上年处理煤量分别约 40 万吨（炉径 5.5m）和 150 万吨（炉径 11m）左右，年产油量分别约 4 万吨到 14 万吨；年产高热值（25～$26MJ/Nm^3$）煤气分别约 1.2 万～4 万吨。

表 9-3　巴西 Petrosix 油页岩干馏炉近年来生产业绩

项　目	炉径 5.5m	炉径 11m
建成日期/年	1967	1991
日处理油页岩/t	2000	6000
开工率/%	90	97.9
到 2000 年 10 月末运转时间/a	24	9
期间处理页岩总量/Mt	12.64	17.74
产页岩油总量/百万桶	5.64	8.67
产页岩油总量/万吨	80.53	123
产硫/万吨	12.16	13.4
产高热值煤气/万吨	23.7	20.81 （另产液化气 11.14 万吨）
产油率①/%	6.37	6.98
年产油量/万吨	3.4～3.6	13～14
吨油投资/美元	970～1030	664～715
总投资/万美元	3500	9300

① 铝甑干馏产油率：7.4%。

注：资料来源为钱家麟，2005 年。

Taciuk 颗粒页岩干馏炉是以加拿大该发明人命名，是水平（微倾斜）迴转窑炉型，直径 8m，长 60m，连续运转。该炉原用于油砂热解炼油，后由澳大利亚南太平洋石油公司/中太平洋矿业公司（SPP/CPM）采用该技术放大设计用于澳大利亚昆士兰油页岩，已建成年产约 20 万吨油页岩的 Taciuk 炉，日处理油页岩 6000t，预计油收率为铝甑油收率的 95%。

嫁接移植油页岩干馏技术应用到煤炼油上，当然存在一定技术风险，需要通过试验、消化和再创造过程。油品的出路，宜走催化加氢，或先提取酚类后再加氢催化的路子，当燃料油当然是下策；关键是大宗产品半焦，要瞄准需求量大的市场，其次是价格，这里存在一个价格与销路的市场风险；煤气中含有较多的氢和甲烷，要依据煤气产量、组成，除部分自用外可以进行诸多选择。

煤提油工艺是指煤通过溶剂萃取得到液态产物，再进一步加工成油品的工艺。第二次世界大战前的 Pott-Broche 工艺就是采用较高的压力和温度条件，在没有氢气的气氛下用加氢煤焦油和产品油来对煤进行萃取，生产溶剂精炼煤。之后美国匹兹堡密特威煤矿公司（Pittsburg and Midway Coal Mining Company）开发成 SRC 工艺（Solvent Refined Coal）用煤藉溶剂萃取生产一种脱除灰分和硫的洁净固态燃料，通常称之为 SRC-I 工艺。

溶剂萃取，长期以来是人们用来研究煤化学结构的重要手段，可惜常温下大部分溶剂对煤的萃取率都很低，要通过由此所得的萃取物来说明煤的基本结构，非常困难。筛选过几拾种溶剂，只有含 N 的供电子能力较强的溶剂，才有较高的萃取率，如以室温下对某高挥发分烟煤为例，四氢呋喃（THF）8.0%，吡啶 12.5%，二甲亚砜 12.8%，乙二胺 22.4%。

煤的分子结构非常复杂，通常认为煤的有机质可以设想由以下四部分构成。

第一部分，是以化学共价键结合为主的三维交联的大分子，形成不溶性的刚性网络结构，它的主要前身物来自维管植物中以芳族结构为基础的木质素。

第二部分，包括相对分子质量一千至数千，相当于沥青质和前沥青质的大型和中型分子，这些分子中包含较多的极性官能团，它们以各种物理力为主，或相互缔合，或与第一部分大分子中的极性基团相缔合，成为三维网络结构的一部分。

第三部分，包括相对分子质量数百至一千左右，相对于非烃部分，具有较强极性的中小型分子，它们可以分子的形式处于大分子网络结构的空隙之中，也可以物理力与第一和第二部分相互缔合而存在。

第四部分，主要为相对分子质量小于数百的非极性分子，包括各种饱和烃和芳烃，它们多呈游离态而被包络、吸附或固溶于由以上三部分构成的网络之中。

煤复合结构中上述四个部分的相对含量视煤的类型、煤化程度、显微组成的不同而异。

上述复杂的煤化学结构，是具有不规则构造的空间聚合体，可以认为它的基本结构单元是以缩合芳环为主体的带有侧链和多种官能团的大分子，结构单元之间通过桥键相连，作为煤的结构单元的缩合芳环的环数有多有少，有的芳环上还有氧、氮、硫等杂原子，结构单元之间的桥键也有不同形态，有碳碳键、碳氧键、碳硫键、氧氧键等。煤分子间相互作用力有较强的离子间力（主要存在于低阶煤中）、电荷转移力（高挥发分煤中）、π—π 作用力（高阶煤中）、氢键作用力和范德华力等。这些作用力共同作用的结果使煤在大多数有机溶剂中不易溶解。

飯野（Iino）等人在研究常温下烟煤的溶剂萃取过程中发现 CS_2-NMP 混合溶剂的溶煤效果特别显著，对中国枣庄煤的萃取率高达 77.9%，在添加四氰基乙烯（TCNE）的情况下，对 UF 煤的萃取率高达 84.6%。同时发现萃取率随煤阶而异，煤中碳含量，C(daf)＝87%时的萃取率最高，见图 9-10。混合溶剂这种优良的溶煤性能，有望开发通过溶剂萃取煤提油的温和转化新工艺。

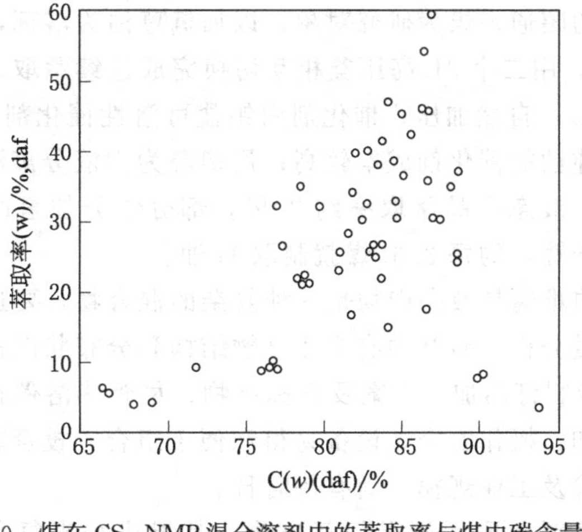

图 9-10　煤在 CS_2-NMP 混合溶剂中的萃取率与煤中碳含量关系

（资料来源：Iino，1991 年）

萃取率的高低还与煤中宏观煤岩组分有关，对由庞庄煤和童亭煤所得各宏观煤岩组分在混合溶剂 CS_2-NMP 中的萃取率（表 9-4）的结果表明，镜煤＞亮煤＞暗煤＞丝炭。

表 9-4 不同宏观煤岩组分的萃取率及分析结果

煤产地	煤炭组分	工业分析(w)/%			元素分析(w)daf/%				$S_{t,d}$/%	萃取率/%
		M_{ad}	A_d	V_{daf}	C	H	N	O_{diff}		
庞庄	镜煤	2.51	2.41	37.55	84.46	5.38	1.31	8.38	0.38	44.19
	亮煤	2.06	2.19	39.21	83.94	5.28	1.30	9.08	0.34	38.05
	暗煤	1.66	6.13	39.62	86.27	5.40	1.08	6.79	0.33	33.66
	丝炭	1.61	11.60	29.35	87.49	5.18	0.51	6.36	0.21	29.74
童亭	镜煤	1.00	5.66	29.03	89.27	5.50	1.59	2.87	0.66	81.39
	亮煤	0.99	7.33	31.85	88.80	5.42	1.57	3.30	0.76	76.25
	暗煤	0.93	39.43	31.60	84.71	5.41	1.17	7.14	0.58	36.46
	丝炭	0.66	19.48	32.12	84.69	3.44	0.60	10.74	0.29	13.39

注：资源来源为秦志宏等，1997 年。

一种利用热溶催化从煤炭中制取液体燃料的工艺方法于 2004 年面世。珠海三金高科技公司就此申报了专利并通过评审鉴定，其工艺流程如图 9-11 所示。有消息称，该试验是以与先锋褐煤性质相近的昭通褐煤为研究对象，以加氢蒽油为溶剂，萃取反应时间约 1h，用二个 3L 高压釜相互切换完成连续萃取，反应温度 390～400℃，自然加压；催化剂用钼盐可溶性催化剂（约 1%），不回收，吨油的催化剂成本较高；用糠醛为固液分离溶剂，经蒸馏后复用；液态产品萃取率约 30%，部分馏分加氢改质成成品油。依此推算，约每 3.6t 煤就制取 1t 油。

面临的难题是液态产物是一种复杂的混合物，要进行族组分分离和含量分析，对其中有机化合物结构和分布状况进行科学分析后，才能制订出加工方案及目标产物，尽管热溶催化煤提油工艺条件温和，操作安全，设备易得和便于组合，投资较少，但走向放大试验及工业规模，尚有待时日。

煤经溶剂萃取后所得的萃出物，其组成相当复杂。曾对大同、神府、龙口和平朔煤进行过分级萃取。所用煤样的工分及元分数据见表 9-5。对如上煤样依次用 CS_2、正己烷、苯、甲醇、丙酮、四氢呋喃（THF）及 THF/甲醇混合溶剂进行萃取，得到 CS_2 可溶物（F_1）、CS_2 不溶而正己烷可溶物（F_2）、正己烷不溶

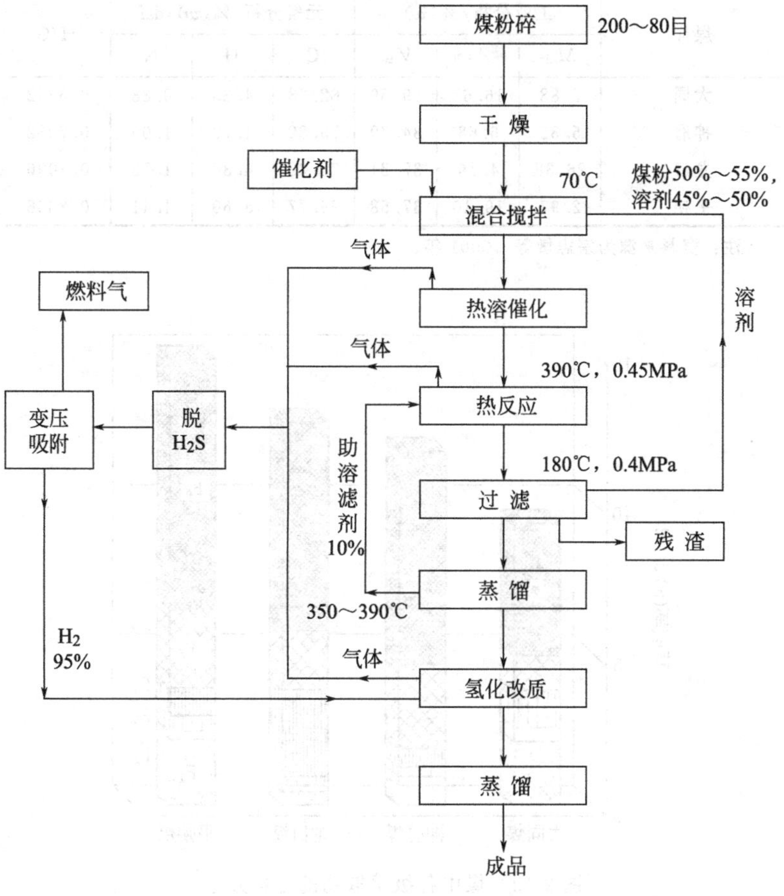

图 9-11 煤热溶催化制取液体燃料的工艺流程图

（资料来源：吴克等，2004，公开号 CN1515650A）

而苯可溶物（F_3）、苯不溶而甲醇可溶物（F_4）、甲醇不溶而丙酮可溶物（F_5）、丙酮不溶而 THF 可溶物（F_6）、THF 不溶而 THF/甲醇混合溶剂可溶物（F_7）。这四种煤的总萃取率约在 9%～14%之间，总萃取率依次有平朔煤＞龙口煤＞神府煤＞大同煤，萃取出的族组分含量分布见图 9-12。

表 9-5　大同、神府、龙口和平朔煤样的元素分析和工业分析数据

煤样	工业分析/%(w)			元素分析/%(w),daf			H/C
	M_{ad}	A_d	V_{daf}	C	H	N	
大同	2.88	16.62	29.59	82.38	4.35	0.88	0.6292
神府	5.33	6.68	34.79	79.82	4.73	1.05	0.7062
龙口	26.38	4.16	37.81	73.22	4.36	1.75	0.7096
平朔	2.97	19.10	37.58	79.77	5.60	1.41	0.8366

注：资料来源为宗志敏等，2001 年。

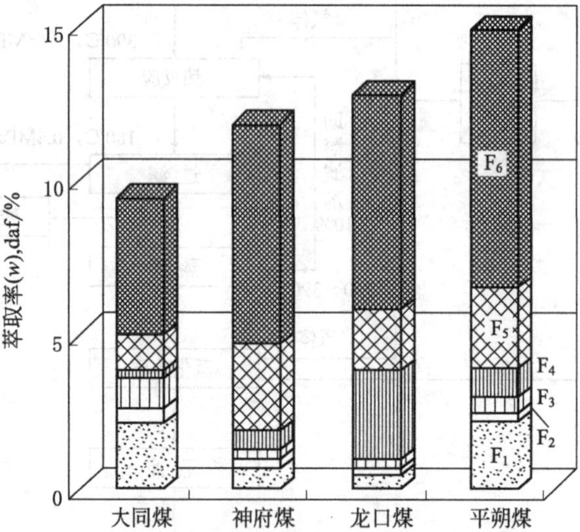

图 9-12　煤中各级萃取物的含量分布

（资料来源，宗志敏等，2001 年）

由图 9-12 可见，各种煤的族组分分布差别很大。F_6 是各种煤中含量最高的族组分。大同煤中的 F_1 含量与平朔煤相当，为 2.2%左右，另外两种煤中的 F_1 含量不足 0.5%。相对来讲，在所用 4 种煤中，大同煤的 F_2 和 F_3 含量最高，龙口煤的 F_4 含量最高，神府煤的 F_5 含量最高，平朔煤的 F_6 含量最高。表 9-6 列出用 GC/MS 从各族组分中检测出的有机化合物。

表 9-6 从 F_1～F_7 中检测出的有机化合物

F_1	F_2	F_3	F_4	F_5	F_6 和 F_7
2-6 环缩合芳烃、长链烷烃、3-叔丁基-α-四氢萘酮、四甲基茚满、二苯并呋喃、甲基二苯并呋喃、四甲基联苯、二乙基联苯、二苯并噻吩和藿烷	长链烷烃、二苯醚、四(乙二醇)双(2-乙基己酸)酯、油酸、十四酸、十六酸、十六二酸、磷酸三丁酯、正庚醇、2,6-二特丁基-2,5-环己二烯-1,4-二酮、2,6-二特丁基-4-甲基苯酚、1-二十二烯、6,10,14-三甲基-2-十五酮、柠檬酸丁酯、乙酰基柠檬酸三丁酯和胆固醇	乙基丁基苯、十氢萘、己基环己烷、辛基环己烷、长链烷烃、甲基双苯酮、联苯、二苯醚、磷酸三丁酯、长链脂肪酸、2-6 环缩合芳烃、癸基苯基醚、9,10-二溴蒽、甲基苯基茚满、甲基四氢萘、四甲基四氢萘、苯乙酸丙酯、2-甲氧基苯甲醇、1,1-二苯乙烷、八氢萘、二溴苯酚和四(乙二醇)双(2-乙基己酸)酯	苯酚、烷基苯酚、二溴苯酚、苯酐、环己邻二醇、甲基双苯酮、二甲基双苯酮、二甲基羟基喹啉、三甲基羟基喹啉、对苯二酚、磷酸三丁酯、萘烯、长链脂肪酸、长链脂肪酸甲酯、己二酸二癸酯和 1-(2,3,6-三甲基)-3-丁烯-2-酮	2-氨基咪唑、苯胺基甲酸、甲基喹啉、烷基二氢呋喃、环己邻二醇、邻氯环己醇、丙三醇、甲基双苯酮、二甲基双苯酮、长链烷烃、长链脂肪醇、环十二烷、2,6-二甲基-2,5-庚二烯-4-酮和 2,6-二甲基-6-硝基-2-庚烯-4-酮	四(乙二醇)双(2-乙基己酸)酯和己二酸二酯

注：资料来源为宗志敏等，2001 年。

由表可见，煤液萃取物显然是个不均一的各种结构化合物的混合物，要想进行单体分离，谈何容易。虽然如此，也不必悲观失望，近代科技发展已经深化对煤结构与萃取煤液的认识，具备了这些知识，就有可能去选择特定的煤种乃至煤的某一显微组分；选择能解离各种键的催化剂；进一步深入了解解聚过程的动力学、机理和热化学；知道煤的表面积与孔结构怎样与药剂接触；又如何获得分离所需求的产物——单体。最后通过选择适当的溶剂、药剂、催化剂和反应条件，接近由煤制化学制剂这个目标，寻找煤转化的有效方法。

9.2 煤液化与化学制品

9.2.1 煤间接液化与煤化工

能源和化工原料的开发，直接关系到国家能源战略安全和基本化工产品的供给。煤的液化是实现煤炭洁净、高效、经济和合理利用的重大技术举措，对煤化工利用具有重大的现实和战略意义。煤间接液化是以煤气化生产合成气为工艺步骤的第一步，在取得合成气后的煤化工工艺可以和天然气化工、煤层气化工并轨。既可以生产运输马达燃料为其主要产品方向，也可以生产化学制品为其产品方向。主要有三条合成工艺路线：烃类、醇类和其他碳氧化合物。烃类合成有制烷烃、低碳烯烃、芳烃和各类油品，常称间接液化；醇类合成有制甲醇、二甲醚（DME）、乙醇、低碳混合醇和乙二醇等；其他含氧化合物合成有羰基化制醋酸、酸酐、草酸等，以及它们的下游产品。

甲醇是重要的基础化工原料，又是清洁代用燃料，其下游产品有：醋酸、甲酸等有机酸类，醚、酯等各种含氧化合物，乙烯、丙烯等烯烃类，二甲醚、合成汽油等燃料类。发展甲醇下游产品是未来发展方向，要开发煤基合成二甲醚合成高辛烷值汽油技术及甲醇转化制芳烃（MTA）技术，延伸甲醇下游产业链。煤基甲醇是煤化工的又一重要方向：煤炭是国内生产甲醇的主要原料，煤基甲醇产量约占总产量的70%以上。今后甲醇消费仍然以化工需求为主，需求量稳步上升；作为汽油代用燃料，主要方式以掺烧为主，局部地区示范和发展甲醇燃料汽车，消费量均有所增加。预计几年后中国国内甲醇生产、消费量将达到平衡，国内生产企业之间、国内甲醇与进口甲醇之间的竞争将日趋激烈，降低生产成本对市场竞争显得更为重要。

尽管我国甲醇工业取得很大发展，但和国外相比，还存在很大差距，主要由于生产规模小，效率低。据不完全统计，目前全国生产厂达200家以上，规模都很小，10万吨/年以上的仅有10多家。随着煤制甲醇装置规模的扩大，投资和产品成本才能显著降低（表9-7）。

表9-7 不同规模煤制甲醇装置的投资与产品成本对比

投资及成本	甲醇生产能力/万吨					
	30	60	120	150	240	300
吨产品相对投资/%	100	87	76	72	69	68
吨产品生产成本/%	100	89	79	76	74	73

注：资料来源为张玉卓，2005年。

近年甲醇的表观消费量约在400万～500万吨/年内波动，受市场和价格拉动及基本建设投资的门槛较低等因素，国内目前已获批准在建和将建的生产能力超过500万吨/年，处于规划中的项目能力接近3000万吨/年。预计到2010年，国内甲醇需求量仅约800万～1000万吨/年，如果不及早延伸甲醇下游产品的深加工，市场竞争将相当惨烈。

由甲醇制乙烯、丙烯等低碳烯烃是最有希望替代石脑油为原料制烯烃的工艺路钱，避免对石油的过分依赖，目前工艺技术开发已日趋成熟。这一技术的工业化，一方面为甲醇开辟潜力巨大的应用空间，另一方面开辟了由煤经气化通过合成，生产基础有机化工原料的新工艺路线，有利于改变传统煤化工产品的格局，也是实现煤化工向石油化工延伸发展的有效途径。煤经甲醇制烯烃（MTO/MTP）属技术、资金、人才密集型产业，要认真考虑水资源、城市依托和产品与消费市场的运输成本等因素，切忌一哄而上，避免不应有的损失。

我国的有机化学工业也是从煤化工发展起来的。煤化工产品在整个化工产品中占很大的比重，如以煤为原料的合成氨产量，占全部合成氨产量的一半以上；以煤-焦-电石路线为基础的化工产品，在同类产品如聚氯乙烯中占3/4以上，氯丁橡胶、维尼纶的单体产品也是如此。

传统上有三条由煤获得化学制品的途径。一是煤焦油，这是众所周知的煤基化学制品的原料，是煤炼焦时的副产品。在20世纪中叶后，由于石油化工异军突起，构成对煤焦油化学工业的很大冲击。如甲苯和苯多数从石油催化重整或由催化重整所得甲苯加氢脱烷基得到。面对石油衍生化学品的强大竞争，如随焦炭产量下降，致使焦油产量减少，加上价格因素，传统的煤焦化产品仅能在很少程度上满足芳烃化合物增长的需求。

乙炔路线也是煤制取化学制品的一条重要工艺路线。无烟煤、焦炭在电弧炉中与石灰反应可以转化成碳化钙，水解后直接制得乙炔。一直到20世纪30年代末期，许多有机化学工业都是以乙炔为原料，通过合成制取许多重要产品。到40年代，则是通过低级烃气体裂解来满足乙炔需求的增加，50%以上的乙炔是生产乙烯时裂解的副产品。但是，煤转化成碳化钙的能源利用率极低，生产乙炔所需电耗为3.3kW·h/kg，耗电量极高。因此，煤-碳化钙-乙炔的生产工艺不宜大规模发展。加上大量的乙炔生产不易管理，大约需要3t纯度80%的碳化钙才能生产1t乙炔，同时生成大量的废热和废弃固态物，造成对环境的污染。现在大都用天然气和石油馏分热裂解来制取乙炔。

从经济上说，现在用煤制乙炔来生产化学制品的合理性还比较模糊。

第三条途径就是合成气制取化学制品的工艺。对煤来说，通过气化生产合成气，然后制取化学制品，具有较好的发展前景。如南非萨索尔公司通过煤的鲁奇气化，再合成生产系列化学制品（除南非特例外，一般都用天然气或石油馏分重整生产合成气）。但是也要看到，由煤通过气化-费托（F-T）合成转化成液体，再裂解为乙烯，再将乙烯合成所需要的化学制品，这条工艺路线太长。整个煤转化工序是解聚（气化）、F-T合成，然后再解聚（裂解），又一次合成（生产化学产品），降低了能量效率。国内有人对不同煤转化过程的技术经济评价方法建立了评价模型，在模型评价边界条件相近的情况下，得到如表9-8的研究结果。工艺路线过长和能效较低的缺点，应从合成下游产品的稀缺性和高附加值上得以补偿。

表 9-8 不同煤转化过程的技术、经济、环境性能的比较

指标	项目	单位	直接液化	间接液化		甲 醇
				高温合成	低温合成	
技术	能量效率	%	59.75	41.56	41.26	45.64
	产品收率	%daf	55.15	38.09	43.2	100.35
消耗	水耗	t/GJ	0.16	0.25	0.26	0.31
		t/t	7	11.21	11.96	7.05
	煤耗	tce/GJ	0.061	0.075	0.076	0.068
经济	投资	元/t	7260	9110.07	8414.82	3295.08
		元/GJ	169.76	200.05	183.01	144.12
	产品成本	元/t	1771.06	2191.11	1845.89	1083.97
		元/GJ	41.41	48.12	40.15	47.41
	财务 IRR	%	10.16	14.96	9.64	14.53
环境	排放 CO_2	kgC/GJ	20.09	34.72	35.61	29.22
	排放 SO_2	kg/GJ	0.01	0.004	0.004	0.003
	排放 NO_x	kg/GJ	0.09	0.133	0.186	0.17
	排放粉尘	kg/GJ	0.01	0.01	0.013	0.02
	排放废水	kg/GJ	6.87	6.29	6.46	5.58
	排放灰渣	kg/GJ	3.36	9.92	10.29	8.86

注：资料来源为俞珠峰等，2006 年。

9.2.2 煤直接液化与煤化工

煤的直接液化，比较一致的想法是生产合成液体燃料，但是直接液化工艺也能生产出具有竞争力的化学制品的原料。从煤液化生产油品，相对于石油而言，稠环芳烃居多，要打开这些稠环，耗氢量大。这涉及煤直接液化的产品方向的问题。据预测，煤液化所需煤量每年约为数亿吨，可见它将在世界上拥有广阔的市场。问题在于经济性。煤液化所得煤液如果考虑直接替代石油馏分，那么煤通过液化工艺制得化学品的经济性就取决于液化工艺本身。如果由煤液化生产液体燃料的经济性一时无法与石油匹敌，那么煤基化学工业的经济问题，在今后也不能得出完全肯定的结论。要确立这样一种观点，发展煤液化和煤化工是有条件的，必须遵循有序发展的原则，切莫一哄而上。煤液化的经济性应该随着国际石油价格的高低，有着不同的对策。从战略储备；代用燃料与煤化工并举到作为石油替代燃料来降低对国外石油进口的依存度；当前，由于国际石油价格不断攀升且很不稳定，以煤为原料的煤制油及煤化工逐步显示出竞争优势，期待它来消除高涨国际油价对国民经济带来的负面影响。一批煤制油和煤制烃工厂的开工建设，拉开了我国新能源崛起的序幕。

未来 20 年，煤化工行业将是我国能源行业的重要发展方向，我国将成为世界最大的煤化工业国家。除此之外，具有优势的因素是煤衍生物的芳烃特性。从发展看，近代的具有芳香结构的工程高聚物和高碳材料必须靠煤的衍生物作为原料。预计在 21 世纪初，新型材料的生产将进一步增长，其中包括芳香高聚物，诸如工程塑料、高温耐热高聚物、碳/碳复合材料、液晶高聚物、高聚薄膜、碳纤维等。新型高聚材料其研究重点由脂肪族高聚物转向链上带有芳环，以及从有苯环的转向带有萘环及联苯环的高聚物。高聚物骨架中具有芳环及加长主链，使大分子更具刚性，其强度可与钢铁相媲美。另一方面主链结构引入可挠性小、空间障碍大的芳核基团也提高了高聚材料的玻璃化温度；主链的热稳定性和刚性由于高链能的大分子基团的引入得以提高，因为热降解断裂 C—C 的键能为 346kJ/mol，而断裂联苯的键能增高为 431kJ/mol。聚酯、聚酰胺类高聚物主链引入芳环结构后，提高了高聚物的熔点。例如聚酯的熔点 $T_m=267℃$，而聚对羟基苯甲酸的熔点＞450℃，分解温度也相应提高。所以新近开发的高温耐热高聚物主链中都含有芳环，这必将促使芳烃化合物需求的增长。现代的一些高分子材料如液晶高聚物（LCP），由于其独特的性能，它们在商业和军事上占有十分重要的地位，其商业应用前景和成本联系在一起，即主要取决于多环芳烃单体的生产成本。只有选择适宜的原料来制取这些芳香单体才能推动高聚物工艺过程的商业化。煤恰恰是个富芳烃的物料。煤液的基本组成就是 1-4 环芳烃和酚类化合物的混合物。因此，煤基化学制品的研究可为将来高值芳香单体的开发做出重大的贡献。

许多芳香化合物和含杂原子化合物都可以转化成高聚物的单体。如芳香二酸类、芳香二醇类都是优质工程热塑性塑料的基本构成组分。6-羟基-2-萘甲酸，4,4′-二羟基联苯，对羟基苯酸和对苯二酸是液晶高聚物的重要单体。图 9-13 示出制取芳香高聚材料的一些重要单体结构。这些单体用来制取工程塑料、液晶高聚物和高温耐热高聚物。

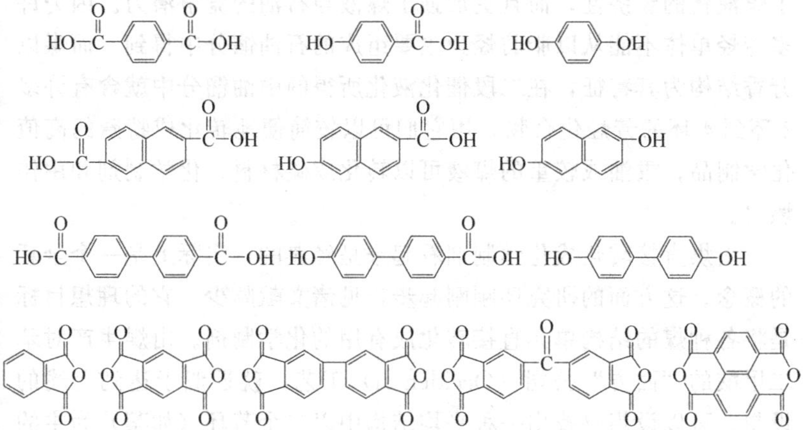

图 9-13 芳香高聚物的一些重要单体结构

（资料来源：C. Song et al，1993 年）

许多单体可以从相应的烷基芳烃氧化制取。芳环上的烷基链很容易氧化成羟基及羧基。问题是如何制备这些芳香烃。

另一种设想是以煤液化残渣中沥青烯和前沥青烯为原料，制取高碳材料。利用液化中间产物能溶于有机溶剂的特性，采用有机溶剂夹带技术完成模板的孔道填充过程，经过后续的物理加工过程，获得不同结构和形貌的新型多孔炭材料，用以生产超比表面活性炭或电容。这为煤液化中间产物或残渣的高效利用提供了一条新途径。

煤制高聚物和高碳材料确实存在诱人的前景，但与现存的成熟煤加工利用工艺相比，煤制高聚物和高碳材料能否在可预见的将来，进入商业化阶段，现在下结论还为时尚早。但是不容忽视其巨大的潜力。开发这些近代高分子材料所急需的芳烃单体，有待煤化学、煤化工的深入研究，以促进这类高科技新材料的发展。

要从石油馏分中制取上述多环芳烃单体，相对于煤来说就困难得多，这就为从煤及煤液中去探索制备这些有竞争潜力的芳烃单体提供了较好的发展机遇。由煤液制取化学制品如芳烃单体可以看作是煤液化产品的深化与发展。从煤液制取高值的芳烃单体不仅增强了煤液化的经济性，而且更加强了煤液与石油的竞争潜力。因为许多芳烃单体不能从以脂肪烃为主要组成的石油馏分中得到，而煤以芳香结构为其特征，在二段催化液化所得的中油馏分中就含有许多2环到4环的芳烃化合物，用它们可以较简便地转化成特殊的高值化学制品；重油或较重的煤液可以转化成碳材料、化学制剂和用作燃料。

由煤直接转化成化学制剂看起来是经典的，实际上是一个全新的概念。这方面的研究还刚刚起步，见诸文献颇少。它的理想目标是将各种煤的结构单元直接转化成有用的化学制剂。由煤生产对苯二甲酸的“西方”公司（Occidental）工艺，就近似于达到上述的设想。可以设想寻找出一种平均结构中以二个芳环（如萘）为主的原料煤，通过催化加氢，解聚，脱除烷基交联键，适度减少芳环体系，就有可能得到高收率的萘和十氢萘。如果这个设想能实现，朝着这个方向研究下去，必将出现一个新的煤化学分支。

开发煤制高值芳香化学制剂，芳香高聚物的生产，将又重新回到以煤为主要原料的技术路线上来。如果芳香高分子化合物从煤中开发制取，脂肪族化合物由石油馏分中得到，这样就能收到物尽其用的效果。

煤直接液化所得煤液保留了煤分子中大部分原有组分或芳环结构，从理论上讲，由煤液制取特殊芳香制剂比用F-T合成产物更具吸引力。煤液与高温煤焦油相比，煤焦油所含芳香物相对要简单些,多数属非取代芳香化合物；从制备芳香化学制品原料的要求来看，煤液衍生物中含有许多不希望有的多取代基芳香体系。有两种办法来解决取代芳香族问题。第1种是先应用一种简单的液化方法，接着对煤液进行脱烷基反应，例如采用短接触时间加氢热解液化法，再用氧化铬/氧化铝催化剂进行催化脱烷基反应；第2种办法是在较低温度下对液化衍生芳香化合物催化解聚，再在较高温度下加氢脱烷基化，脱除烷基官能团，生成相对侧链较少的芳烃。

这里，举一个加氢液化后所得液化油族组分的实例。煤样采自山东兖州北宿矿16层，在0.1t/d液化连续装置上进行循环加氢。16层煤是个高挥发分($V_{ad}=42.18\%$)的高硫煤($S_{ad}=2.45\%$)，煤样粒度粉碎到<100目。初始溶剂为北京焦化厂的脱晶蒽油(DAO)。以Fe,S作催化剂及助催化剂。反应压力为25MPa，温度450℃；煤浆浓度40%（质量），流量8kg/h；氢流量5Nm³/h。液化后，煤转化率（daf）达93%，油收率（daf）66%，氢耗4.5%。油品经族组分分析，其中一环芳烃17.49%，二环芳烃13.97%，三环芳烃4.76%，四环芳烃为5.18%，芴族5.92%，饱和物与极性化合物分别占14.92%和37.76%。问题的关键在于产品的分离。如果能找到较先进的分离方法，那么就能保证由煤制芳香化学制剂的大量需求。这类方法可以称之为通过液化工艺由煤制特殊制剂的“间接转化”方法。

另一类就是“直接转化”的方法。向煤中引入一种化学试剂，它仅能解离煤中的某种已知的几个键，或断开那些想让它断裂的结构。按照现代的煤化学知识，低阶煤的结构中多数含有1～2环的芳香体系。低阶煤中含有酚、烷基酚、邻苯二酚、烷基邻苯二酚、甲苯、二甲苯和其他烷基苯以及少量的烷基萘，基本上是1～2环为代表的芳香烃结构；到高阶煤就会有较多的2～4环的芳烃结构。因此，选择低阶煤为目标，有可能直接提供BTX、萘系、酚系、邻苯二酚系的化学制剂；对低阶煤采用温和氧化的方法，能够得到大量的苯羧酸；某些煤中存在不少较长链的脂肪族单元，剪断这些链段，同时能回收以脂肪族为原料的有用产品。

要强调的是，现在该是改变对煤认识的时候了。首先要把煤看成是碳氢化合物的宝贵资源，当然燃烧仍是煤的几个主要用途之一，其次要通过液化，将煤化学纳入有机合成、有机化工的领域。一般的有机合成较为简明，选取一个起始物料，研究它的结构和立体化学图像，再选定一个试剂，它只与起始物料中几个特殊键起反应，通过试验，透彻了解其反应机理，再进一步对包括试剂、物料在内的各种反应条件（温度、压力、时间、溶剂、催化剂）加以选定，最终反应得到理想的单组分产物；也允许得到有少量其他组分共存的混合物，通过溶解度或挥发性的差异很容易将其他组分从主组分中分离出去。所有这些对煤来说，当然要复杂得多：首先煤的结构不清楚；而且是个不均一的各种结构化合物的混合物；其次许多反应机理不清楚，反应产物是许许多多复杂组分的混合物。在20世纪，随着科技发展，人们已经深化了对煤的认识，对煤的结构、反应性、溶解和裂解动力学与反应机理有了深刻的认识。终有一天，将能通过煤的液化或热溶解，来完成由煤直接制得化学制品这个目标，完成煤向高值材料领域的转化。

9.3 直接液化工艺对煤质的要求

煤性质与煤液化特性之间的相关关系是十分复杂的。这不仅因为煤的多样性和不均一性，还因为对一个特定的煤来说，这种关系除考虑煤本身性质外，还与煤的转化深度、液化反应速率、煤液化时所用的溶剂种类、过程条件以及条件的组合密切相关。液化条件比较温和时，煤性质对煤液化特性的影响就大，例如在不加氢、短停留时间液化时，煤性质就起着重要作用；在苛刻条件下，不同煤加氢液化时转化率或油收率的差异就不甚明显。即便如此，人们总还想找出一个或者一组参数，这类参数和煤的基本化学、物理或地球化学性质相关，并与煤液化生成的液态产物之间产生相关关系，用这些关系来选择液化用煤或指导液化工艺。

遇到的难题之一是，要把不同实验室研究结果放在同一基准上进行比较，这十分困难。因为来自不同资料来源的数据或结果，其测试方法各不相同。有的把煤的液化反应活性以吡啶可溶物的量来表征，则中等煤阶煤，即C含量在83%～84%的煤液化转化率最高。如果反应活性以苯或己烷可溶物收率表示，则低煤阶煤（C含量为78%）为最佳。因此，建立一套可以互相比较的标准试验程序就显得十分必要了。

另一个难题是，某些实验室的试验结果放大到中试或商业规模应用时，就不一定吻合。例如间歇式液化过程所得结果，与其相应连续反应装置上所得结果，就可能很不一致，表现在总的转化率和蒸馏产物收率不相同。还有不少煤在加氢液化时，总转化率可以很相近，但氢解所得的油收率（主要是可溶产物）可能相差甚远。总之，实验室研究中注意的煤液化转化率与油收率，与商业操作中关心的相应收率有可能不十分相关。在商业规模生产中，循环溶剂的质量对过程的影响是十分重要的，而在实验室研究中，要连续反应并获得有效结果，就显得有些困难。因而，要根据实验室结果去开发一个针对煤液化的分类系统，以评价商业规模液化装置上煤的液化特征，就不可能非常有效。

9.3.1 煤阶的影响

所有煤分类系统中，都采用煤阶作为一个重要的分类指标。但是煤阶对液化的影响并不是一种“单一”的影响，而是颇为复杂。有些学者根据研究结果认为低阶煤能得到最高的液化油收率；有些则从高挥发分烟煤中获得最佳转化率；另外有些人在煤阶与转化率的相关关系上，始终没有得到满意的结果。显然，这些差异中部分是由于所采用的试验条件不同所致。一般公认的规律是在整个煤阶范围内，煤固有的液化反应活性是随煤阶增高而降低。但是如果把煤的溶解度和速率一并考虑，则烟煤同样能显现出较高的反应活性。

下面一点似乎没有什么争议，即很高煤阶的煤，相对来说液化反应活性差，液化收率低。大体上当煤阶高于高挥发分烟煤（$C_{daf}>88\%$）时，即使这些煤中镜质组和稳定组的含量很高，它的液化速率和油收率也相当低。因为这些煤芳香度很高，几乎不含活性氢，可能只含有少量的活性官能团。一般认为，褐煤、次烟煤和高挥发烟煤是适宜于液化的原料煤。在短停留时间的加氢液化过程中，高挥发烟煤的转化率，要比褐煤和次烟煤来得高；当以较长停留时间液化时，这几类煤的转化率就相当接近。这些结果如果和其他转化工艺过程相比较，如燃烧、气化过程，也可以看出低煤阶煤的反应性总比高煤阶煤高。资料表明：低煤阶煤的反应活性比较高，但对操作条件的敏感程度也要比烟煤高。

在较长停留时间液化时（>30min），液化过程中的氢耗和苯可溶物收率大概与煤阶成反比。这一点和在典型液化条件下，较低煤阶煤所获得的可蒸馏产物收率高于烟煤的结果是一致的。一般来说，可蒸馏产物收率及最高油收率随煤阶下降及H/C原子比增加而增高，相对应地煤的芳香结构缩合程度下降，脂肪族官能团含量增多。从褐煤与次烟煤液化所得沥青烯，与烟煤所得的相比，通常脂肪烃含量较高，芳香结构缩合程度更低。

低煤阶煤所得液态产物与烟煤所得的相比，产物中含氧官能团多；产物过滤黏度随煤阶下降而增高；气体产率，如CO、CO_2和低碳烃的收率也随煤阶下降而增多。

中煤阶煤很快就能达到最高转化率，如图9-14所示；高挥发分烟煤转化率最高，即便具有反应活性的显微组分含量相近，比高挥发分烟煤煤阶低或高的煤，其转化率也不及高挥发分烟煤高。

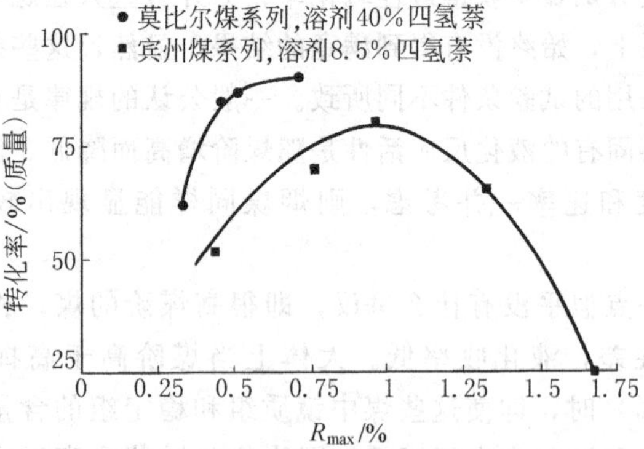

图9-14　煤转化率随煤阶的变化

（资料来源：Whitehurst等人，1980年）

液化工艺不同，煤阶对油收率的影响也不同。有的学者认为，镜质组最大反射率R_{max}在0.5%～0.6%间的煤，油收率最高；有的预测0.5%～0.9%间的煤最适宜于液化。应该说在上述反射率范围以外的煤，也可能适合于液化，但其对液化的反应活性或油收率则由煤的结构特征所决定。

美国对 C_{daf}＝75％～90％的煤，进行短停留时间的液化转化率试验，发现转化率与煤的吉氏最大流动度及吡啶抽出率相关（图9-15）。认为煤中碳含量大约在85％附近时，转化率最高，原因是 C_{daf}＝82％～88％的煤其大分子结构中键的交联密度最小，流动性最大。而褐煤和次烟煤在短停留时间液化时，则不能达到如上烟煤的液化转化率，其原因当然可能是多方面的，但不能排除这两类煤因对热处理的敏感性不一样，引起产物中键的交联密度的不同。低煤阶煤具有这种交联特性，可以帮助我们理解煤阶对煤液化影响出现反常的原由。如上所述，低煤阶煤虽然其液化反应活性较好，但一定要选择适宜的操作条件，才能使其高反应活性显示出来。为了避免交联的发生，可在液化时采用催化剂加氢或较低反应温度等措施。因此，当谈及煤阶对液化特性的影响时，就不能撇开液化的反

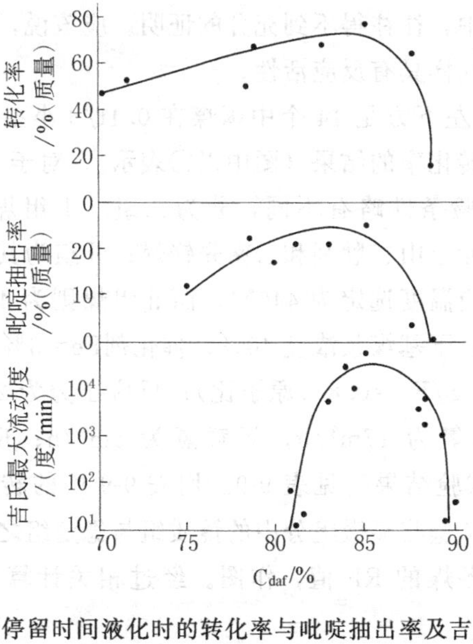

图 9-15　煤短停留时间液化时的转化率与吡啶抽出率及吉氏最大流动度

（资料来源：C. E. Snape，1987年）

应条件，也需要考虑煤的结构特性。

采用液化反应动力学参数，如平均速率常数等来反映煤阶与液化反应活性的关系，也是一个可取的方法。用动力学参数定义煤阶煤的反应活性，然后再与转化率等相关，通过正向反应速率常数就能预测煤的液化特性。

表征煤阶的镜质组反射率也常常用来预测煤的液化转化率，有人提出“煤岩因子”（Petrofactor）作为预测反应活性的手段。这个因子将煤阶与显微组分中的活性部分（镜质组加稳定组）结合成一个指标。其定义式如下：

$$\text{RF(煤岩因子)}=1000\times R_{\max}/\text{活性显微组分含量}$$

图 9-16 是煤岩相因子与澳大利亚煤在四氢萘中液化所得转化率之间的关系图。有些美国学者应用上述概念于美国一些州的褐煤和次烟煤上，也验证了其间的相关情况（相关系数为0.67）。这里隐含了一种假定，即认为惰质组是完全没有反应活性的。这一点，在煤液化实践中，往往得不到充分的证明。应该说，低反射率的那部分惰质组，同样具有反应活性。

图 9-16 的左下方是 14 个中国煤在 0.1t/d 小型连续试验装置中加氢液化时转化率的结果（图中以○表示）。对于 14 个煤样（参见表 9-2），试验条件略有不同，分为二组。Ⅰ组煤为辽宁沈北，内蒙海拉尔、元宝山、胜利和云南先锋煤；Ⅱ组为其余 9 种煤。对于Ⅰ组煤，反应温度选定为 440℃，而Ⅱ组煤则为 450℃。其余操作条件均一致：干基煤浆浓度 40%；催化剂Fe=3%（wt，干煤）；助催化剂为 S，S/Fe=0.8（原子比）；反应压力为 24.52MPa；氢气流量中循环氢为 $17m^3/h$，新鲜氢为 $5m^3/h$；反应器容量为 10.4L。主要试验结果列见表 9-9。用表 9-9 中的转化率（conv.）与表 9-2 中的 $R_{\max}$与显微组分中的镜质组与稳定组之和作为活性组分，分别求得各煤的 RF 值，作图。经过相关计算，有如下回归方程：

$$\text{液化转化率 conv.}=99-0.834\text{RF}$$

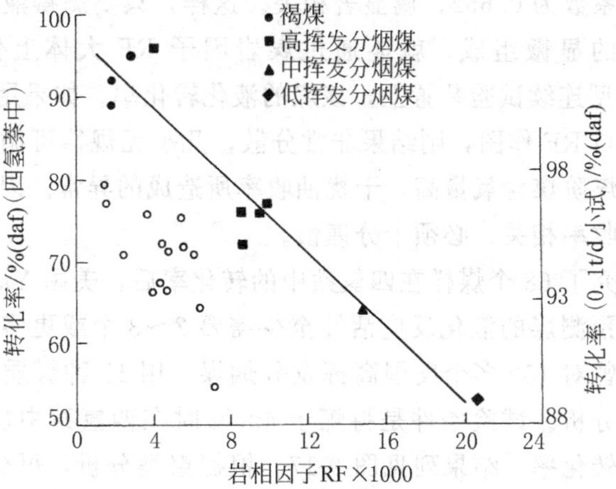

图 9-16　煤的岩相因子与煤液化转化率的关系

（资料来源：黑色实点，Guyot，1978 年；图中o为中国煤在 0.1t/d 小试的液化转化率结果）

表 9-9　15 种中国煤在 0.1t/d 装置上的试验结果　单位：%（daf）

煤样	反应温度/℃	反应压力/MPa	氢耗量	转化率	水产率	气产率	油产率①	氢利用率②
山东兖州	450	25	5.36	93.84	9.97	12.77	67.58	12.61
山东滕县	450	25	5.56	94.33	10.46	13.47	67.02	12.05
山东龙口	450	25	5.24	94.16	15.69	15.66	66.37	12.67
陕西神木	450	25	5.46	88.02	11.05	12.90	60.74	11.12
吉林梅河口	450	25	5.90	94.00	13.60	16.85	66.54	11.27
辽宁沈北	450	25	6.75	96.13	16.74	15.93	68.04	10.08
辽宁阜新	450	25	5.50	95.91	14.04	14.90	62.05	11.28
辽宁抚顺	450	25	5.05	93.64	11.51	18.72	62.84	12.44
内蒙古海拉尔	440	25	5.31	97.17	16.37	16.63	59.25	11.16
内蒙古元宝山	440	25	5.63	94.18	14.91	16.42	62.49	11.10
内蒙古胜利	440	25	5.72	97.02	20.00	17.87	62.34	10.90
黑龙江依兰	450	25	5.90	94.79	12.33	16.90	62.60	10.61
黑龙江双鸭山	450	25	5.12	93.27	9.24	16.05	60.53	11.82
甘肃天祝	450	25	6.61	96.17	11.43	14.50	69.62	10.84
云南先锋	440	25	6.22	97.62	19.37	16.83	60.44	9.72

① 油产率为己烷萃取产率。

② 氢利用率为油产率与氢耗的比值。

注：资料来源为舒歌平等，2003 年。

相关系数为 0.652，属显著相关。这样，只要测得液化用煤的 R_{max} 和煤的显微组成，就能通过煤岩因子 RF 大体上估计出在 0.1t/d 小型连续试验装置上，该煤的液化转化率。如果用表 9-9 中的油收率与 RF 作图，则结果非常分散，几乎无规律可循。这也许是由于低煤阶煤含氧量高，干扰油收率所造成的异常。因此要用煤阶来和油收率相关，必须十分谨慎。

在研究了 68 个煤样在四氢萘中的转化率后，美国 Yarzab 等人指出，要预测煤的液化反应活性至少需要 2～3 个或更多的煤质参数。他们曾对 100 多个美国高挥发分烟煤，用 15 种煤质分析数据进行聚类分析。试验条件是将煤于 400℃时在四氢萘中加氢液化，并求出其转化率。结果列见图 9-17。根据聚类分析，可分为 3 组，3 组煤的地质年代相差很大，如第三组主要由白垩纪煤组成，每组的液化特性明显不同。图 9-17 的横坐标为碳含量，纵坐标为全硫含量，如果前者表征煤阶，由图可见，煤中硫含量也是影响液化的

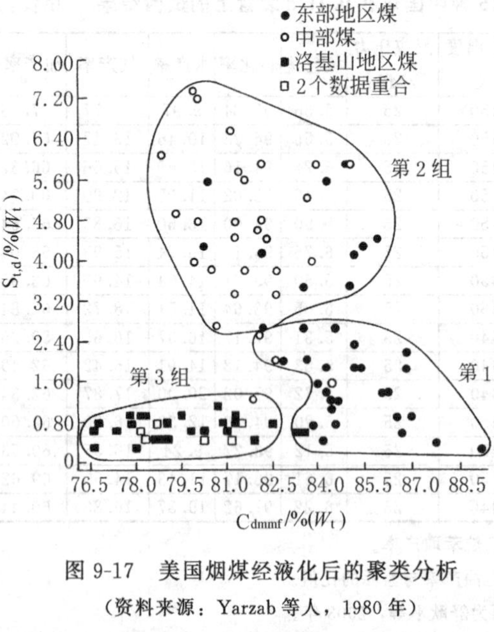

图 9-17　美国烟煤经液化后的聚类分析

（资料来源：Yarzab 等人，1980 年）

主要因素。第1组煤属中等含硫的高煤阶烟煤，其转化率有

$$\text{conv.}=34.8R_{max}+50.7\text{H/C}+0.16V_t+30.5$$

第2组煤属中等煤阶高硫烟煤，有下式：

$$\text{conv.}=0.86V_{dmmf}-22.8R_{max}+1.39S_t+39.0$$

第3组煤属低硫含量的低煤阶煤，有

$$\text{conv.}=0.93V_{dmmf}+0.28\text{TRM}-1.7$$

式中 R_{max}—— 镜质组平均最大反射率,%；

H/C—— 煤的氢碳原子比；

V_t——镜质组含量,% (V, dmmf)；

V_{dmmf}——无水无矿物质基的挥发分,%；

S_t——干基全硫含量,%；

TRM—— 总的活性显微组分,% (V)，即镜质组与稳定组之和。

如果一个煤样属于以上任何一组，就可以通过组内回归方程来预测该煤的转化率。这样就可以通过煤的编码系统或煤层煤分类，用相关的方程估算出煤在液化过程中的转化率。

以上的聚类分析，给我们提供了一种研究思路。但是要直接把中国煤套到上面三个回归方程中去应用，则要特别小心，主要是要考虑煤的地质年代上的差异。从这里也可以看到煤的液化特性还受到地质年代与成煤原始物料的影响，要推广这些回归方程来预测转化率，会受到许多条件的制约。

总之，仅仅单一地用煤阶是不能准确地预测煤的液化反应特性的。只有适当地加上其他一些参数，才能使预测功能得到改善。要特别注意，有些相关关系的建立，必须在液化操作条件相同时，方才有效。对于煤阶相近的两种煤，但其液化特性却不相同，其原由将在下面进一步讨论。通常，当低煤阶煤液化转化加工比较困难时，要注意煤中含钙的情况，因为含钙较高的褐煤，在液化反应器中容易生成有害的碳化钙沉积，造成操作困难，这时，就需要寻找更好的液化原料煤。

9.3.2 煤的化学组成和性质：碳和氢

一般来说，液化转化率随煤中碳含量增高而下降，例如对高阶烟煤和无烟煤，它们的转化率非常低。在液化用煤聚类分析的图 9-8 中，虽然没有将 C_{daf} 纳入预测转化率的三组回归方程中，但 C_{daf} 却是将煤借聚类分析分成三组时的主要参数。特别当采用 H/C 原子比时，碳含量这个参数对预测转化率和油收率就显得十分重要。

波兰曾报道过对 20 个次烟煤与烟煤的碳含量与转化率的回归方程，试验条件是 60min 的液化反应停留时间，其方程有：

$$\text{conv.} = 80.2 - 1.1C_{daf} + 0.78(O_{daf} + N_{daf}) + 1.4V_{daf}$$

碳含量和挥发分前系数相对较高，说明 C_{daf} 和 V_{daf} 对煤液化转化率有较大的影响。

由于液化产品中氢含量总比原料煤中的氢来得高，不难预计含氢量高的煤，是较为理想的液化原料煤。正因为如此，用 H/C 原子比就要比单一的 C、H 参数来得更好。如果以正戊烷可溶物来表征油收率，那么煤中 H/C 原子比与油收率间有如图 9-18 的相关关

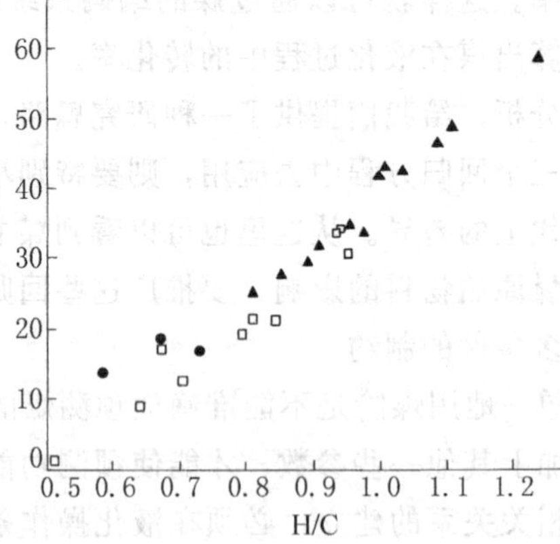

图 9-18 澳大利亚煤的油收率与 H/C 原子比

□–中高挥发分次烟煤及烟煤；

●–低挥发分的次烟煤；

▲–褐煤

（资料来源：P. Redlich 等，1985 年）

系。由图可见，油收率几乎与 H/C 原子比有着一种近于直线的相关关系。由煤中 H/C 原子比不难推算出油收率(正戊烷可溶物的量)。

在液化操作条件相同的情况下，可以认为用煤在蒽油中的抽出率能表征煤的反应活性。于是想到用碳、氢为坐标的赛勒（Seyler）煤分类图，参见图 9-19。根据煤中 C、H、O或挥发分，就不难从图 9-19 中找到该煤的位置与该煤在蒽油中的抽出率，这种抽出率能在某种程度上表征或预测液化时的转化率。

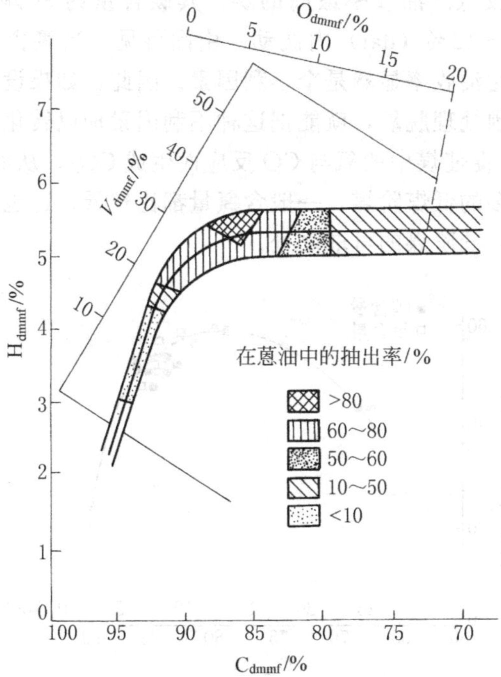

图 9-19　煤在赛勒煤分类图中的转化率

（资料来源：J. W. Clarke 等，1980 年）

9.3.3　氧和氮

通常都认为氧、氮含量低的煤属优质的液化原料煤。煤中氧含量高，分解时析出的氧与氢相结合而生成水，增加了液化时的氢消耗，增加液化成本。氮的存在会使油品中含氮化合物增加，从油品精炼的角度考虑，为了易于炼制成合格油品，同时也为了环保的考虑，均不希望煤中有高氮含量。

煤经溶剂萃取后，萃取物中的氧、氮含量与原料煤中这两种元素的量有关，而且萃取物及馏出物中的氧、氮含量通常都比原料中的要低。在德国的 Kohleöl 液化工艺中，煤液化转化率和油收率与原料煤中的氧含量有抛物曲线型的相关关系（图 9-20）。当煤阶较高时，煤中含氧量低，蒸馏油品收率也相应较低，说明那些煤的液化反应活性较低。油收率最高的煤，其碳含量约 80%（daf），含氧量在 10%～12%（daf）内波动。由图可见，高氧含量的低煤阶煤，对煤液化油收率显然是个不利因素。因此，如果设法在进入液化工艺前先预处理脱氧，就能把这种不利因素加以转化。例如液化时通入 CO，促使煤中的氧与 CO 反应而生成 CO_2，从而降低氢耗。不过，含氧多的低煤阶煤，一般含氮量都比较低，这也是与中、高煤阶煤相比，低阶煤的可取之处。

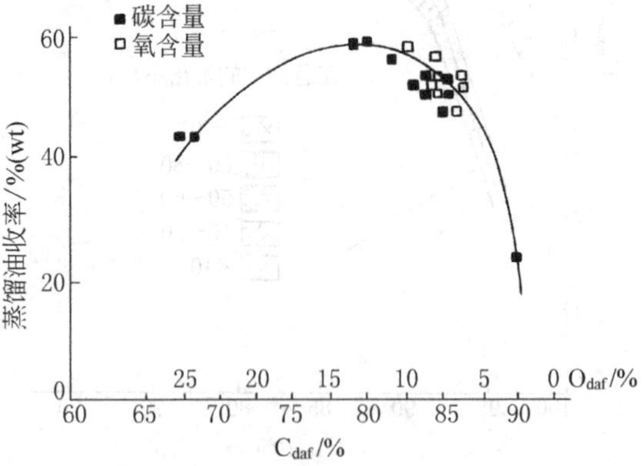

图 9-20　油收率和煤中碳、氧含量的关系

（资料来源：Strobel 和 Friedrich，1985 年）

对于短停留时间（60min）液化煤的转化率，有人曾据实验结果推导出多元回归方程，来说明氧含量对转化率的影响。在前面 9.3.2中就可看到回归方程中包含有（O＋N）这个参数，而且参

数前具有+0.78的系数，说明在短停留时间液化时，有机氧与氮对煤的反应活性有某种增强作用。由于例行的元素分析中都用差减法来确定煤中氧含量，这就使氧值带有许多不确定性，有关氧含量对液化特性的影响的研究，也较难取得一致的认同。因此考虑分类时，为了保持煤分类的简易可行，不会优先考虑氧、氮这些参数。

9.3.4 硫

煤中硫在液化过程中有显著的重要性，在图9-8的聚类分析图中，已经显示出全硫含量是转化率的主要控制因素。图中将煤按碳、硫进行分组，说明煤中硫对液化过程的独特作用。在煤燃烧和焦化过程中，硫是有害的物质，但是在煤液化过程中，硫具有催化或助催化作用。实验已经证实，煤中黄铁矿硫要比有机硫更具有催化性能。为了避免黄铁矿硫的存在会掩盖有机硫对液化的催化作用，曾经进行过专门试验，也确证了液化油收率随煤中有机硫含量的增加而增高。

在9.3.1中，曾单独列出含碳量中等、含硫高的一组煤，其回归方程中，就将全硫含量作为预测煤转化率的一个参数。对这组26个煤样用^{13}C-NMR谱图进一步研究煤中含硫官能团的分布，结果表明，这组煤中的含硫官能团要比估计的复杂得多，它们有着不同的有机硫结构类型，致使有些煤其有机硫含量虽然相近，但液化特性却可能有很大差异。鉴于有机硫类型对转化率影响的不确定性，目前还不能确定各种类型硫对转化率究竟产生多大影响。因此当硫含量作为煤液化反应活性的一个表征指标时，用全硫还是比用有机硫更好。

全硫含量已经在中国煤炭编码系统中作为一个分类指标，除了考虑环境保护因素外，对选择液化用煤也能起到指导作用。

9.3.5 挥发分

挥发分经常作为表征煤阶的一个参数，它对液化特性的影响，如同煤阶对转化率的影响一样，与液化操作条件有关；同时，还需要把表征煤阶的挥发分与其他参数相组合，才能更好地预测煤的液化性能。在先前对低硫、低煤阶煤的转化率预测方程中，就列出挥发分对转化率的影响，挥发分前系数为+0.93，说明在这一组煤中，挥发分对转化率有着很重要的影响。但是也有一些学者指出，煤转化率与挥发分之间并没有明确的相关关系，因为挥发分量中包含有含氧官能团的受热分解，所以使它与转化率间的相关性变差。

为了排除含氧官能团热分解的影响，有人提出用挥发碳来替代挥发分。挥发碳是煤中元素碳与挥发分和固定碳的函数。结果表明，挥发碳高的煤，其液化反应活性要比挥发碳低的煤要好。

人们对挥发分测定方法的简便、快速始终抱有好感，所以希望这个例行分析指标能和液化转化率等液化特性相关。但是，单用挥发分这个指标来预测煤的液化特性时其相关性并不好，必须与其他指标相组合才行，而且，这种相关性又与液化操作条件以及所用的煤种有关，因此很难将挥发分作为液化煤分类中的一个重要指标。

9.3.6 水分

液化过程中，原料煤中的水分要低，因为水的存在会使氢化反应速度放慢，所以，低煤阶煤的高水分成为液化中的一个不利因素。水分高的煤，首先需要干燥，这就造成了不必要的热损失。只有在某些液化工艺中，如一氧化碳蒸汽工艺，这时水的存在才是有益的。

液化褐煤与次烟煤时，转化率对煤的干燥方法与干燥程度特别敏感。尤其要避免干燥时使煤遭受氧化，氧化会使干燥后褐煤液化的油品中轻质油产率的降低。

水分对液化反应特性会起到一定作用，但其重要性还没有达到作为一个独立参数的程度。在中国煤编码系统中，水分已经作为一个分类参数，用来标明对煤用途的制约。

9.3.7 无机组分

无机组分的存在，在多数的煤转化工艺中，都是个消极因素，影响煤转化终端产品的质量与过程效率，因此一般来讲，都希望煤中无机组分越少越好。然而，矿物质对煤液化转化率的影响，则有它的特殊性，实验表明，有些矿物质对液化具有催化作用。前面已经提到，煤中黄铁矿的存在就对煤液化具有催化活性，能提高煤的转化率。在低硫煤液化时，加入黄铁矿会提高转化率，减小液化产物的黏度，并提高油收率。

黄铁矿对煤氢化的催化作用早在20世纪30年代就已经被发现。但是这种催化作用究竟是利于煤转化成前沥青烯和沥青烯，还是利于沥青烯转化成油的反应，却不能取得一致。对于不同的煤来说，加入黄铁矿后的液化效果是不同的。总的来说，随煤阶的下降，添加黄铁矿后，转化率及蒸馏产物收率的增加就比较明显。

不同形态的黄铁矿对煤液化的促进作用也是不相同的。细分散形态的黄铁矿，其催化活性较好。例如冈瓦纳煤中含有细浸染状共生黄铁矿，就比同一地域内具有不同形态的黄铁矿的催化活性高。因此，黄铁矿的量固然值得关注，对于黄铁矿的存在形态也应加以注意。

有证据表明，除黄铁矿以外，有些矿物质同样对煤液化具有催化作用（表9-10）。例如铝硅酸盐，这类矿物盐常常用来作为热裂解的催化剂。某些碱金属及碱土金属阳离子也具有催化作用。这些阳离子在煤中以金属有机化合物的螯合物形式存在，或者被煤所吸收，对低煤阶煤来说，结合的阳离子的存在，对液化有良好的作用。例如与羧基结合的钠离子，对衍生液体产物的质量就有有利的影响。富钠煤液化，较贫钠煤的衍生液体产物的黏度低，为液化工艺操作带来好处。

表9-10　不同催化剂的液化活性评价试验（高压氢试验）单位：%

催化剂名称	氢耗量	转化率	前沥青烯	沥青烯	水产率	气产率	油产率
无催化剂	5.0	79.1	7.8	20.3	11.8	14.8	29.4
赤铁矿	5.0	93.2	1.0	16.9	10.6	16.7	53.0
铁精矿	5.3	96.6	0.5	14.8	10.8	16.8	59.0
铁精矿(细)	5.3	97.5	0.7	10.1	11.5	13.0	67.2
黄铁矿	5.4	95.3	1.7	16.8	10.4	16.1	55.7
煤中伴生黄铁矿	5.4	93.9	0.4	11.4	11.0	15.2	61.3
伴生黄铁矿(细)	5.6	98.0	0.7	9.7	12.1	12.4	68.7
镍铜原矿	5.0	85.8	5.0	22.0	10.3	17.5	36.0
镍铜精矿	4.8	89.5	5.7	18.6	10.3	17.7	42.0
炼镍闪速炉炉渣	5.4	92.5	0.2	15.0	11.3	14.4	57.0
辉钼矿	5.5	92.0	1.3	17.0	11.0	18.2	50.0
钼灰	6.0	99.6	0.1	2.0	12.8	13.1	77.6
轻稀土矿	5.2	89.3	1.3	18.1	9.5	16.7	48.9
钛精矿	5.5	93.0	0.6	14.4	10.7	16.5	56.3
硫钴矿	5.6	96.5	2.0	14.0	10.3	17.5	58.3
合成硫化铁	5.9	97.6	0.4	8.4	12.0	12.5	70.0

注：资料来源为舒歌平等，2003年。

不过，也要看到矿物质或者结合的阳离子对液化过程的不利影响，特别要注意其是否会促使催化剂中毒，或者形成某种固体沉积物附着在反应器内，使转化率下降，增加磨耗，恶化热传导，引起堵塞等等。如前面已经提到低阶煤中往往有较多的钙，一旦生成碳酸钙，就会引起沉积和堵塞。但是从另一方面看，碳酸钙也是个脱硫剂，能起到脱硫脱氯的作用，使液态产品中硫含量降低，因而具有明显的环保作用。

无机组分量的不同，除影响液化转化率外，还会影响到液化反应的最佳温度，从而使最高油收率受到影响。从液化的经济性考虑，液化转化率与油收率相比较，后者要比前者更值得关注。

9.4 岩相组成和性质

在各种煤转化工艺中，煤的岩相组成对液化的影响显得最为敏感。两种元素组成相近的煤，它们的萃取率却不相同，常可从它们具有不同的煤岩组成上得到解释。因此在许多煤分类系统中，总把煤的显微组分含量当作一种分类指标，在中国煤层煤分类中，它就是三个分类指标之一。

现已确认，在较低煤阶烟煤和次烟煤中，镜质组和稳定组是最容易被液化的。一般认为各显微组分的液化反应活性有如下顺序：

稳定组＞镜质组＞惰质组

举例来说，曾对内蒙东胜马家塔煤及其分离的“纯镜质组”和“纯惰质组”进行的高压釜液化试验证实，它们的液化特性的确存在明显差别，表 9-11 是试验结果。按转化率和油产率的高低次序来评价原煤、“纯镜质组”和“纯惰质组”的液化反应性，试验结果是原煤＞“纯镜质组”＞“纯惰质组”。同时发现“纯惰质组”的转化率也达到 62%，说明它有一定的反应活性。试验还发现原煤的转化率及油产率高于纯煤岩组分试验结果的线性叠加，说明各煤岩组分之间在液化反应过程中有某些协同作用。

表 9-11 内蒙古东胜马家塔原煤及其纯煤岩组分的液化试验结果

	原 煤	纯镜质组	纯惰质组
镜质组/%	60.04	97.55	2.73
壳质组/%	1.5	0.38	0.36
惰质组/%	36.48	1.51	96.90
矿物质/%	1.88	0.57	0.36
挥发分 V_{daf}/%	36.43	39.60	25.3
灰 分 A_d/%	4.42	2.37	3.54
元素分析			
C_{daf}/%	79.77	77.83	82.63
H_{daf}/%	4.67	5.03	3.77
N_{daf}/%	0.99	1.01	0.80
S_{daf}/%	0.20	0.19	0.18
O_{daf}/%	14.37	15.94	12.62
试验条件	反应温度450℃，氢初压10MPa，催化剂 Fe_2O_3 加入量为3%，溶剂：煤=1.5：1		
试验结果			
转化率/%	90.24	83.17	62.33
油产率/%	56.07	50.10	27.16
氢 耗/%	5.99	6.52	4.69

注：资料来源为舒歌平等，2003年。

事实上，各种显微组分的转化特性，和液化工艺条件紧密相关。例如惰质组，在焦化过程中被认为是不具活性的。但是在较苛刻的液化条件下，惰质组也具有反应活性，特别对反射率较低的那部分惰质组，可以看作是活性组分；即便在较宽松的液化条件下，惰质组也能生成沥青烯及有较低的油收率。从反应路径上分析，也许惰质组除有沥青烯转化生成油的正向反应外，同时也存在由油转化成沥青烯的逆向反应，而且这种逆向反应要较另两种显微组分来得强烈，这就使惰质组有较低的油收率。不能单纯从显微组分与转化率的差异上去找原因，也要从煤转化成前沥青烯、沥青烯，然后生成油的反应路径上去找原因，去了解不同显微组分间的反应行为的差别。

对于低煤阶煤褐煤来说，不但其惰质组、稳定组及腐植组的加氢液化活性不同，腐植组中的不同组分/亚组分/种的活性也有差异，明显影响到褐煤的转化率。有人曾对霍林河褐煤进行加氢活化试验，用微型高压釜进行煤与四氢萘(1∶3)的加氢液化（氢压6MPa，反应温度430℃，反应时间60min)。用苯萃取求得转化率。煤样均采自霍林河，选用5个不同宏观煤岩特征的煤样，有丝质煤、木质煤、粒状碎屑煤、线理状碎屑煤和均一状碎屑煤；依次用样号1～5表示。试验结果列见表9-12。结合不同显微组分活化后的显微镜特征观察，对易于活化的腐植组显微组分及五组分和种之间，又可按活化程度排列如下高低顺序：

密屑体 > 结构腐木质体 A、假鞣质体 > 结构腐木质体 B、充分分解腐木质体 B、均匀腐胶体 > 木质结构体、鞣质体

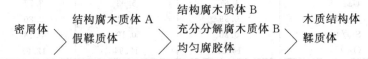

由于亚组分组组成不同，转化率竟有10%以上的差异。

表 9-12　霍林河褐煤加氢液化试验煤样煤岩煤质特征及转化率

样　　号		1	2	3	4	5
挥发分 V_{daf}/%		23.65	39.86	46.23	44.31	43.24
碳 C_{daf}/%		81.91	72.39	70.52	70.58	73.38
氢 H_{daf}/%		3.36	4.69	4.97	5.13	4.89
转化率(干燥无灰基)/%		34.60	74.60	81.70	59.30	64.60
有机显微组分	腐植组(结构木质体)	28.4(6.7)	98.2	85.9	96.3	96.1
	结构腐木质体 A		96.6		19.9	
	结构腐木质体 B	1.6		11.5	39.2	57.1
	细屑体	8.2	0.2	26.5	2.3	
	密屑体	5.2		46.2	30.0	22.3
	假鞣质体			0.4	8.3	3.1
	鞣质体		0.2		1.8	
	凝胶体	6.7	1.2	1.3	1.8	13.6
稳定组			1.8	14.1	3.7	3.9
其中沥青质体			1.0	13.2	2.3	1.3
惰质组		71.6				
无机显微组分，w_B%			0.8	8.4	0.5	0

注：资料来源为叶道敏，2005年。

煤“岩相因子”RF与转化率的关系，已经表明煤阶及活性显微组分对液化反应活性的影响。但是亦有人认为，稳定组中孢子体是在液化过程中不具反应活性的，提出：

$$活性显微组分比率=(V_t+E-S)/(100-I)$$

式中 S ——孢子体；

V_t——反射率为0.1%～0.6%间的镜质组含量。

然而这一点，并未取得大家的认同。由上可见，对液化用煤来说，究竟哪些显微组分是活性的，“活性”与“惰性”该怎样划分，至今没有取得一致。

煤岩相组成应用到液化用煤分类上，尚存在煤岩学本身的一些问题，需要进一步研究和解决。例如，①显微组成相同，反射率直方图也相近，但是由于显微组成的宏观岩相类型不同，即交互生长的形态不同，致使氢化过程中它们表现出来的液化行为也不相同；②显微组分的形态学特征，如粒子的大小与分散情况等都影响其反应活性；③液化过程中，显微组成之间，会不会存在协同作用；④低煤阶煤的腐植组与通常的镜质组，在液化特性上也有差异，这显然是由于凝胶化作用程度不同造成的；⑤只有地质年代和成煤原始植物相近的煤的显微组分，它们的液化特性才相近。业已发现，有相同显微组分的两种煤，其化学性质并不相同。从世界地域看，最典型的例子就是北半球的煤和南半球的冈瓦纳煤，同样是镜质组或惰质组，其液化特性却有所差异，说明两者的镜质组与镜质组、惰质组与惰质组，在结构上各有不同，冈瓦纳煤中的惰质组即便在焦化中，也往往具有反应活性。因此，仅此一例就说明，用镜质组和稳定组含量来预测煤的液化行为就不可能十分精确。可见关于“活性”与“惰性”组分的概念，在炼焦工业中也许是一种成功的技术概念，但未必能成功地应用到液化工艺。

9.5 具有潜力的分析技术

9.5.1 差示扫描热量计

利用差示扫描热量计（DSC）可以测定煤通过氢气时，氢化过程中所释放出的热量，用来预测煤在溶剂（四氢萘）中的液化特性，释放出的热量越大，预示着转化率越高。如果将氢化热以 Q 表示（以煤起始质量为基准的 J/g），它和转化率的关系，有如图 9-21 的散点图。图中除去样号 265 和 290 煤样外，可以推导出如下线性方程，相关系数为 0.81（煤样数 25 个）。

$$转化率(\%)=0.018Q+46.8$$

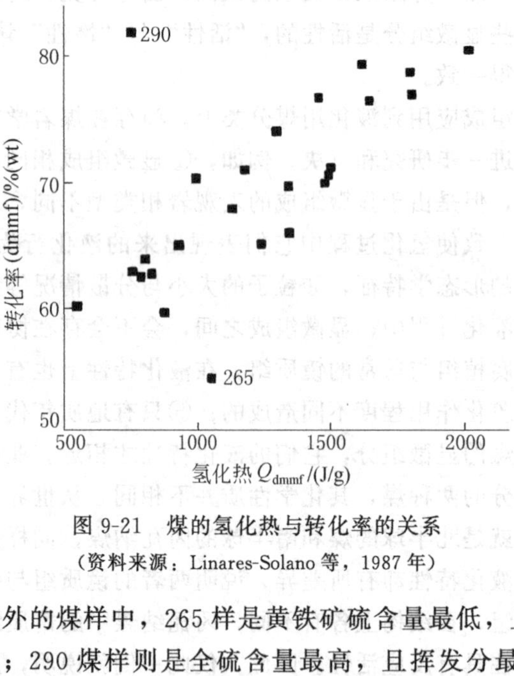

图 9-21 煤的氢化热与转化率的关系
（资料来源：Linares-Solano 等，1987 年）

二个例外的煤样中，265 样是黄铁矿硫含量最低，且全硫含量最低的煤样；290 煤样则是全硫含量最高，且挥发分最高的煤样。至于为什么会偏离回归线，其原因尚待进一步研究。

9.5.2 热解质谱

热解质谱可以作为筛选液化用煤和预测煤液化特性的一种方法。如果将热解质谱的数据与煤溶解度或转化率等表征反应活性的结果相关联，就可以推导出一个或一组参数用于分类和选择液化用煤。对 47 个采自美国宾州煤样库的煤样进行热解质谱试验，用统计分析方法，如因子分析、逐步回归分析法处理居里点热解质谱的峰强，再用以乙基醋酸酯可溶物计算出的转化率数据相关联（见图 9-22）。发现烷基酚或芳基醚的峰与乙基醋酸酯可溶物所定义的转化率成正相关，而与各类萘系、芘类或联苯类的峰强呈负相关；同时也观察到硫含量与液化反应活性呈正相关。至于这些相关究竟有些什么化学意义，现在看来，还需要深入研究。

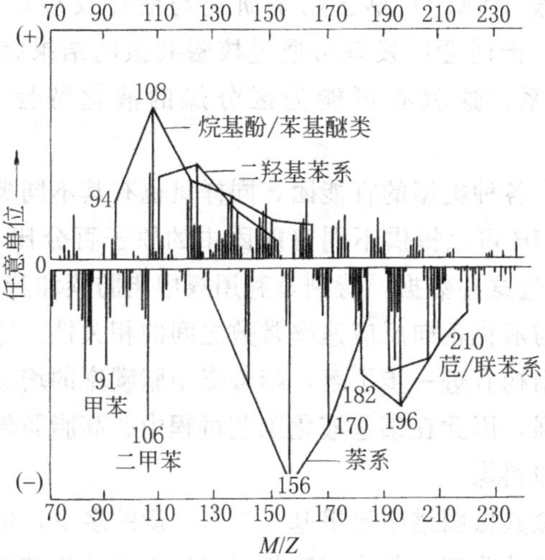

图 9-22　乙基醋酸酯可溶物的质谱峰和煤转化率的相关因子

（资料来源：Durfee 和 Vorhees，1985 年）

热解质谱已普遍用来鉴定煤化学结构中的分子级组分，而这些组分显然与煤液化产物中的组成相关。由此可见，热解质谱在预测液化过程煤转化率和液态产品组成方面，是一种具有潜力的分析方法。作为常规分析手段，热解质谱装备价格昂贵，是推广应用中的一个弱点；由于对谱图的解析与解释也比常规测试方法来得复杂，必须具备专门化学知识才能对图谱进行剖析，这样使其普遍应用受到限制。

热解质谱法对测定结果的重现性很好。PY-ms 谱图能对煤的

芳碳率 f_a 作出评估；根据煤中关键性分子簇团数量上的差别，可以推断煤阶，并指导选择液化用煤与分类；居里点热解质谱可以灵敏地判断煤是否遭受氧化，因为煤经过氧化会降低煤的反应活性；由于反应活性与煤中硫有明显的正相关，就能以此来预测煤的液化特性。总之，热解质谱法能比常规煤分类中所用的工艺指标给出更多的化学讯息。

9.5.3 核磁共振

核磁共振（NMR）早已用来研究与液化反应活性相关的煤的化学结构，同时业已发现可通过核磁共振的结果找出与煤转化率的相关关系，这就有可能为区分煤的液化特性提供有用的参数。

煤中具有各种类型的官能团，同样氢也有其不同类型与所处环境，因此 NMR 可以提供不同官能团中的原子百分比（一般有碳、氢、氧），通过这些数据，特别是利用煤中脂肪族和芳香族的比例，可以了解它与液化正向反应速率常数之间的相关性。通过氢谱，能对脂肪族氢结构有进一步了解，随着煤中脂碳率的增加，煤的反应活性有所增强，因此在某些液化工艺过程中，高脂肪氢的煤通常是优质的液化原料煤。

根据核磁共振图谱中亚甲基（CH_2）量的多少，也可以推断煤液化过程中的油收率。每当煤阶相近或煤工业分析结果相同的二种煤，其液化特性却不相同时，往往可以从核磁共振法所提供的煤结构存在差异方面去找到解释。

在解释煤中各显微组分液化特性差异时，核磁共振谱图提供了清晰的讯息：惰质组具有较高的芳碳率，其次是镜质组，最低是稳定组。由于惰质组中有不少具有芳香结构的分子单元，其缩合程度高，不易液化，故可以此来解释液化特性欠佳的原因。氢谱在液化产品的分析鉴别方面，更具有潜力，可以为液化产品的组成和结构提供丰富的化学讯息。不过，为了预测煤的液化特性，确定 NMR 与其他煤性质间的相关性，还有大量的工作，需要进一步去开发和研究。

9.5.4 傅立叶红外光谱

傅立叶红外光谱（FTIR）是预测煤液化的各种收率以及煤在液化过程中其有机结构如何发生变化的一种有潜力的分析技术，也可能构成一种新的分类指标。例如可以通过脂肪族氢的含量或亚甲基量来预测煤的液化收率。

傅立叶红外光谱能够提供煤中脂肪族氢和芳香族氢各自所占的比例，并对脂肪族和芳香族中C—H和O—H基团的数量作出定量的估算。测试方法是将煤样与KBr混合压制成片，经多次连续扫描后得到FTIR谱图。利用编制好的软件程序对讯号进行拟合、解析、差减等数据处理，大大降低了人为定性、定量的误差。特征频带2920cm^{-1}表征煤中脂肪氢—CH吸收；3020cm^{-1}对应于芳香氢的伸缩振动，而860cm^{-1}、800cm^{-1}和750cm^{-1}对应于缩聚芳烃的面外弯曲振动，反映煤中芳氢和缩聚芳烃氢的量。通过脂肪氢与芳香氢的比值变化，就可以预测出煤的液化收率。也可用(860+800+750)cm^{-1}/2920cm^{-1}的讯号强度比来代表芳香氢与脂肪氢的吸收比，它同样是煤转化率的函数。

FTIR谱图也能定量估算出煤中矿物质类型以及提供煤是否经受氧化的信息。以柴里煤氧化前后红外光谱为例（见图9-23），由图9-23(b)可见，氧化初期，氧化煤中出现了酮及羧基官能团（1706cm^{-1}和1540cm^{-1}），氧化程度加深后出现1769cm^{-1}和1651cm^{-1}吸收峰，分别表征有酯（Ar—C(=O)—OR）和高稠合羰基(R—C(=O)—Ar)产生。图9-23(a)表明煤中脂肪烃的变化，2945cm^{-1}、2921cm^{-1}和2858cm^{-1}三个吸收峰，分别为甲基及亚甲基的特征峰，随氧化程度的加深，煤中脂肪结构逐渐减少。

利用漫反射FTIR技术还可对煤的液化产物性质、产率及残渣性质进行检测。图9-24是兖州烟煤在不同预热温度下氯仿抽出物的红外光谱。兖州煤经预热后，氯仿抽出物量在350℃时有个最大值，它是煤预热增加黏结性的技术依据。由图可见，在预热温度

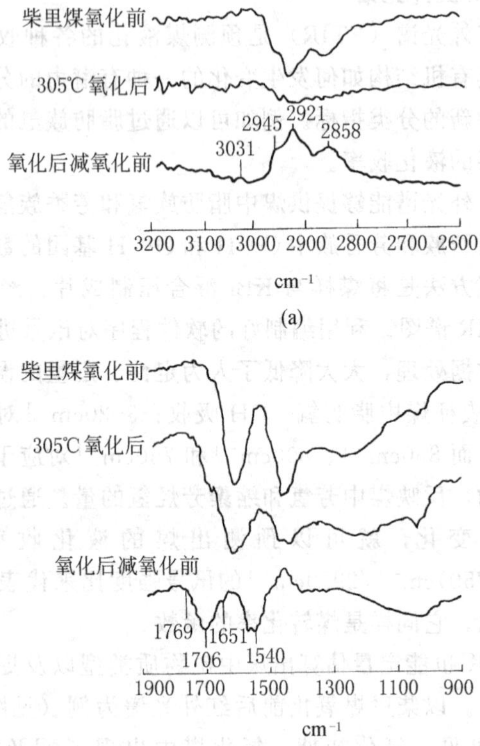

图 9-23　柴里煤氧化前后红外特征峰强度变化

350℃前，$1100cm^{-1}$和 $1735cm^{-1}$ 的含氧基团及羰基酯的特征峰，其峰高并没有什么变化；预热温度到煤软化温度 350℃后，这些峰强急速下降而逐渐消失，说明芳香性醚氧键和甲氧基的断裂。由此可以得出一个推论，兖州煤预热到软化温度前，抽出量的增加，主要经历的是热物理过程，而 350℃软化温度之后，抽出量增加是热化学与热物理过程的综合结果，从而丰富了对煤液化工艺中出现的一些现象的认识。

FTIR 图谱提供了煤及煤液化产品的官能团结构的信息，通过对其的研究，发现了醚键对煤液化的重要性。有实验证实，含有高

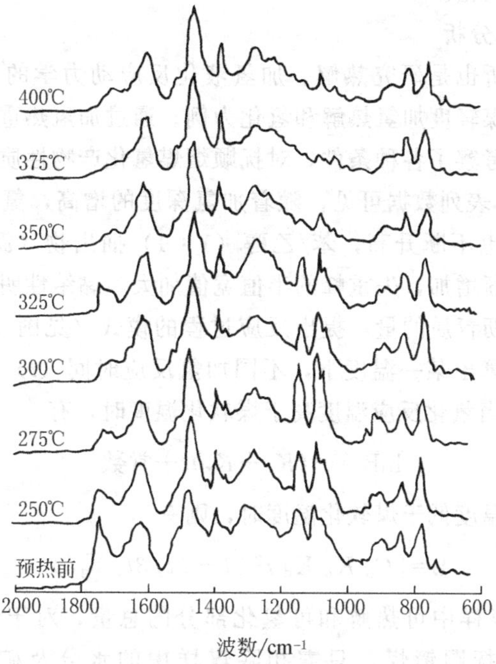

图 9-24　兖州煤在不同预热温度下氯仿抽出物的红外光谱（600～2000cm^{-1}）

醚基团的煤，由于受热后易于解离，它比低醚基团含量的煤，具有更好的液化特性，因此可以认为高醚官能团含量的煤，是优质的液化原料煤，并有人主张通过煤中总氧量和各种含氧官能团量来预测煤液化收率。不过这类方程对含硫高的煤并不适用。在图 9-22 的热解质谱峰与煤转化率的相关图中，有过酚类化合物峰与乙基醋酸酯可溶物所表征的转化率间的相关性，这在 FTIR 谱图中，也能得到相应的验证，说明煤中酚基团的数量对液化作用的贡献。上面所讨论的各种官能团，由于它们和液化收率相关，所以就有可能用它们来对液化用煤进行分类。

前述的这些有潜力的近代测试技术，总的来说，要比常规方法更客观、可靠，精确度更高，但要用作分类指标，则首先要使这些测定方法标准化。

9.5.5 热重分析

热重分析也是研究热解、加氢液化反应动力学的一种重要手段。以抚顺煤轻度加氢热解和氢化为例。通过加氢热重分析与氢化条件试验，考察了各种条件，对抚顺烟煤氢化产物性质的影响（见表 9-13）。由表列数据可见，随着加氢深度的增高，氢化烟煤的最大失重峰温也不断升高，苯/乙醇（1∶1）抽出物（沥青质）量，随峰温也逐渐增加，失重峰的半值宽值加大，黏结性明显增高。由热重分析及沥青质的量，提出反应过程的模式（见图 9-25）。由图 9-25 可以推算出某一温度下，不同加氢反应时间（t）生成的沥青质 B 的量。当氢化反应温度高于煤软化温度时，有

$$\ln B = -(K_o + K_r)t + 常数$$

当加氢反应温度低于煤软化温度时，则有

$$B = [C_o K_h K_d t^2 (1 - 2t/3t_m)]/2$$

式中 C_o 为煤样中可热解和可氢化部分的总量，对于低灰、岩相十分均一的抚顺镜煤，只需扣除煤样中的水分及矿物质即可；t_m 为沥青质 B 值达到最大值的时间。借热重分析，通过如上解析与计算，加深了对煤加氢过程的全面认识。

表 9-13 抚顺烟煤加氢条件与产物性质①

加氢条件		产物性质			
氢压/MPa	加氢时间/h	最大失重峰温/℃	苯/乙醇抽出物 B /%	黏结性指标	挥发分(daf)/%
0		450	6.66	0	44.69
0.5	4	450	13.86	15	35.72
0.9	4	455	20.29	18	36.99
3.0	2	475	21.65	19	37.87
3.0	3	490	27.31	81	39.59
3.0	4	495	40.32	92	43.83

① 氢化温度：350℃；催化剂：Fe_2O_3 1.7%；MoO_3 0.44%。

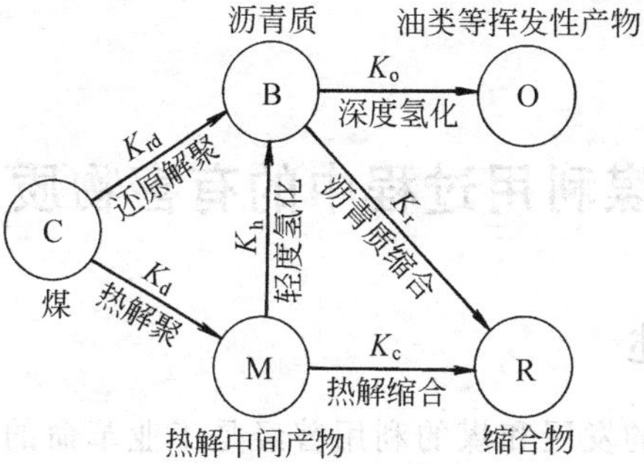

图 9-25 烟煤轻度氢化反应过程框图

K_{rd}—还原解聚反应速率常数；K_d—热解聚化反应速率常数；K_h—轻度氢化反应速率常数；K_c—热解产物缩合反应速率常数；K_o—深度氢化反应速率常数；K_r—沥青质缩合反应速率常数

10 煤和煤利用过程中的有害物质及其防治

10.1 概　述

煤炭工业的发展和煤的利用曾经是工业革命的最重要特征之一。工业革命初期，每研制成功一种煤转化工艺都是一种突破。在当时的条件下，为了经济的发展和工业进步，各种工艺，特别是煤转化加工工艺对环境和健康所造成的危害，都被看成是必然的结果而加以容忍和被迫接受。但是从20世纪初，随着生物学和工程学中各领域的认知的不断发展，公众对工业化过程中对环境和健康方面造成的危害，逐渐转而采取更加理智的态度。

英国最早发现燃煤后产生的煤烟和颗粒物对环境所造成的影响。20世纪初期，人们只对燃煤后排出的微粒炭给予密切关注，开展了对其起因和脱除方法的研究。到20世纪60年代，公众就燃煤污染物对人类健康影响和安全的关心程度大为加强，对空气、水和土壤受到的危害和不良影响特别关注。这种关心，一方面由于要满足人口不断增加和日趋富裕的人类健康需要，同时也出于人们对有限的环境资源必须加以保护的认识加强，以及满足人类持续发展的需求。因此对大量燃煤所产生的 SO_2、NO_x、PM_{10} 和 $PM_{2.5}$ 以及 CO_2 等温室气体的排放，要求特别加以控制。环境保护的几条原则，逐渐为人们和工业部门的负责人所接受。

这些原则如下。①人类只拥有一个地球。地球上的空气、水、土壤、植物和动物都是公共资源。向这些资源排入任何物质，特别是有害物质，绝不是现有工业设施和新建厂的特有权利。②排放大气中的每一种气态、气溶胶或粒状物质，最终都要返回生物圈，沉积到土壤植被或进入地球的地表水系统。③当评价任何工业过程的费用和效益时，必须要将对污染物控制及环境保护的支出估算进去，

表 10-1　煤热转化的不同工艺主要排放物与燃烧排放物的比较

工艺类型①	总颗粒② /(t/a)	硫氧化合物 /(t/a)	氮氧化物 /(t/a)	烃 /(t/a)	一氧化碳 /(t/a)	醛 /(t/a)	控制排放③	燃料消耗 /(10^6 t/a)
费托合成(间接液化)④	2110	29010	14570	320	1080	5.4	C	8.6
煤液化(除间接液化外)④	810	6620	3880	80	340	0.7	C	5.2
溶剂精炼煤④	570	3830	3340	65	310	0.3	C	5.4
固定床气化(高热值煤)④	770	11910	5340	120	395	2.0	C	5.3
低热值煤气化	600	9240	4140	92	310	1.5	C	4.1
焦化	3150	18	36	3780⑤	1143	—	U	1.8
煤直接燃烧⑥,⑦	6000⑧	102000	24000	240	600	5.1⑨	U	2.4
油直接燃烧⑦	2300⑧	54000	24000	736	9	N.D.⑩	U	1.7
天然气直接燃烧⑦	465⑧	12	13000	—	—	N.D.⑩	U	1.5

①每年操作 328 天（按 90%开工率）。②按美国肯塔基煤。③C=有控制排放，U 不加控制排放（注 8 除外）。④一个单元厂每年控制的大气排放物量（其产量相当于为维持一个 1000MW 电厂，以 33%总热效率运转所需的产物）。⑤焦化厂的烃包括甲烷等。⑥未注明煤阶，S=2.25%，A=10%。⑦生产能力为 1000MW。⑧大约控制 97%。⑨估算值。⑩未测定。

注：资料来源为美国能源研究开发署和环保局，1975 年。

构成一个总的经济平衡估算方法。

这三条环境保护原则对煤炭生产和加工利用工业特别重要。特别在煤利用过程中，每一种污染物组分，包括痕量元素，它们的迁移、脱除、形成及控制，乃至最终去向，都需要给出明确的处理路线，换句话说，煤利用过程中释放出的排放物浓度、排放量以及其最终归宿，都要有详尽完整的资料，以便为制订相关的环境法规提供科学的技术依据。

除关心燃煤排放物对大气造成的污染及温室效应外，还需要关注煤经热解转化后的排放物对环境和健康的影响。煤的主要用途除作为燃煤外，也是炼焦、气化、液化转化及化工工业的原料。最近一段时期，国际油价上涨，刺激煤转化市场升温，颇有前景。为提高煤的附加值，国内不少煤业集团和与煤相关的产业，看好煤的液化、气化和焦化等热解转化工艺。在积极促进煤转化加工产业发展的同时，要提醒业主留意煤转化工艺可能对环境造成的负面影响。20 世纪 70 年代，美国能源研究开发署（U. S. Energy Research and Development Administration）和环保局（U. S. Environmental Protection Agency）公开发表的不同煤转化工艺主要排放物的统计或估算结果，同时列出煤、油、天然气燃烧后排放物种类及数量上的差异，以兹比较（表 10-1）。随着科技进步及对污染物控制程度的加强，煤转化后主要排放物的量有所下降，但仍可供国内各界人士参考。

在煤转化过程中常见的大宗排放物有 CS_2、COS、H_2S、NH_3、HCN 和 BTX（苯、甲苯和二甲苯）。表 10-2 列出几种煤转化过程排放物对植物的潜在毒性的评价。煤热解转化过程中，所排放的化学物质种类很多，不可能对这些排放物都限制排放，或者全都实行控制，而只能从中选出一些重点污染物予以控制。这样就必须确定一个筛选原则，从而筛选出潜在危害性大的排放物作为控制对象，提出一份控制化学品的名单。从数学上看，这一筛选过程就是优选过程，把优先选择的有毒污染物称为环境优先污染物，简称为优先污染物（Priority pollutants）。世界各国都发表有毒污染物的控制名单，其特点是这些污染物都难于降解，在环境中有一定残留水平，具有生物积累性，有致癌、致畸、致突变的三致作用和毒性，且具有可检出性，它们都对人体健康或生态环境构成潜在威胁。我国对有毒化学品也进行大量筛选工作，表10-3列出我国环境优先污染物的名单，又称“黑名单”。从名单上的化学品看，有很多属于煤热解转化过程中的排放物。

表 10-2 几种煤转化排放物对植物的潜在毒性评价

排放气体	排放浓度(达到标准的预计浓度) /×10⁻⁶	短时间内可能达到的浓度 /×10⁻⁶	预计对植物有毒性的浓度范围
CS_2	90		0.30
H_2S	10	200～10000	0.3～1000
NH_3	25		20～50
HCN	10		1000
苯、甲苯和二甲苯		10～2000	10000

注：资料来源：M. A. Elliott et al，1991年。

表 10-3 我国环境优先污染物名单

1. 二氯甲烷	21. 多氯联苯	41. 苯并(*k*)荧蒽
2. 三氯甲烷	22. 苯酚	42. 苯并(*a*)芘
3. 四氯化碳	23. 间甲酚	43. 茚并(1,2,3-*c*,*d*)芘
4. 1,2-二氯乙烷	24. 2,4-二氯酚	44. 苯并(ghi)芘
5. 1,1,1-三氯乙烷	25. 2,4,6-三氯酚	45. 邻苯二甲酸二甲酯
6. 1,1,2-三氯乙烷	26. 五氯酚	46. 邻苯二甲酸二丁酯
7. 1,1,2,2-四氯乙烷	27. 对硝基酚	47. 邻苯二甲酸二辛酯
8. 三氯乙烯	28. 硝基苯	48. 六六六
9. 四氯乙烯	29. 对硝基甲苯	49. DDT
10. 三溴甲烷	30. 2,4-二硝基甲苯	50. 敌敌畏
11. 苯	31. 三硝基甲苯	51. 乐果
12. 甲苯	32. 对硝基氯苯	52. 对硫磷
13. 乙苯	33. 2,4-二硝基氯苯	53. 甲基对硫磷
14. 邻二甲苯	34. 苯胺	54. 除草醚
15. 间二甲苯	35. 二硝基苯胺	55. 敌百虫
16. 对二甲苯	36. 对硝基苯胺	56. 丙烯腈
17. 氯苯	37. 2,6-二氯-1-硝基苯胺	57. *N*-亚硝基二甲胺
18. 邻二氯苯	38. 萘	58. *N*-亚硝基二丙胺
19. 对二氯苯	39. 荧蒽	
20. 六氯苯	40. 苯并(*b*)荧蒽	

注：资料来源：王连生，1995年。

在“黑名单”中，共有19类，68种优先控制的污染物，其中优先控制的有毒有机化合物有12类58种，占总数的85.29%，包括10种卤代烃类，6种苯系物，4种氯化苯类，1种多氯联苯，7种酚类，6种硝基苯，4种苯胺，7种多环芳烃，3种邻苯二甲酸酯，8种农药。丙烯腈和两种亚硝胺。

作为对比，美国国家环保局（EPA）根据1976年的筛选原则及样本分析、手册及从水中检出频率，公布了129种优先控制污染物，其中114种有机化合物和15种无机物。这129种优先污染物中，有许多与煤热解排放物有关，如烷烃、苯、萘、酚系及苯胺、多环芳烃及其衍生物。欧洲共同体除公布污染物的“黑名单”外，还公布了“灰名单”；德国等欧洲国家都公布了水中化学有害物质的名单，要求按毒性大小分级加以控制，这里不一一列举。

10.2 煤中有害元素的分布、迁移及防治

10.2.1 煤中微量元素及其分布

在本书4.2.5中，已经就煤中微量元素的量值及波动范围，有所论述。煤中赋存60多种微量元素，其中Ge、Ga和V等可作为有益伴生矿产加以利用；而另一些微量元素，如As、F、Cr和Hg等则为有害元素或潜在有害元素，它们在储存堆放、运输、燃烧及加工利用过程中，可通过各种形式进入到大气、土壤和水域等环境中，从而造成污染。要深入研究煤中微量有害元素的含量、赋存状态、成因及其分布规律，研究其迁移、释放行为，使资源利用与环境得以协调，保证国民经济的可持续发展。煤中有害微量元素有22种：Ag、As、Ba、Be、Cd、Co、Cl、Cu、Cr、F、Hg、Mn、Mo、Ni、Pb、Se、Sb、Th、Tl、U、V和Zn，其中Be、Cd、Hg、Pb和Tl为有毒元素，As、Be、Cd、Cr、Ni和Pb为致癌元素。我国煤中有害元素的研究起步较晚，20世纪80年代以来，才加强了对煤及其燃烧产物中有害元素的分布规律、赋存状态及对环境污染的研究。初步发现，全国煤中Cr、F、Hg、Mo、Se、U和V等元素含量均高于美国和世界煤中的平均值，As在局部地区达异常高值。表10-4列出我国煤中微量

表 10-4　中国煤中微量和痕量元素的浓度（未特别注明者，均为 10^{-6}）

元素	波动范围	算术平均值	几何平均值	富集因子	标准差	测试样品数
La	0.21～118	26.09	19.34	3.26,3.07	19.48	126
Ce	2.35～225	49.82	38.22	3.12,3.03	38.47	126
Nd	0.06～87.7	22.06	16.83	2.96,2.86	16.05	127
Sm	0.08～19.3	4.09	3.18	2.56,2.52	2.88	126
Eu	0.02～2.54	0.72	0.57	2.26,2.27	0.45	126
Tb	0.03～2.4	0.58	0.47	2.34,2.46	0.40	126
Yb	0.05～20.15	1.78	1.34	22.25,21.24	1.98	127
Lu	0.01～30.2	0.52	0.24	3.90,2.28	2.67	127
ΣREE	4.51～451.4	105.57	81.96	3.12,3.08	77.77	126
L/H	2.07～86.11	41.16	38.06	2.10,2.46	13.55	126
As	0.21～32000	276.61	4.26	576.94,11.27	2850.85	132
Hg	0.046～4.8	1.372	0.578	6440,3437.8	1.25	36
Cd	0.04～1.2	0.46	0.32	8.60,7.70	0.35	36
Zn	0.56～193.0	43.24	28.90	2.32,1.97	39.67	106
Cu	4.28～133.7	28.22	20.50	1.93,1.77	28.05	40
Pb	5.28～69.7	24.77	19.69	7.44,7.50	16.85	26
Sb	0.05～120.0	2.56	0.58	48.03,13.77	11.08	133
Se	0.12～56.7	6.22	3.64	467.04,346.48	60.29	118
Mo	0.20～241.0	18.15	4.07	45.43,12.92	49.82	54
Fe/%	0.071～4.48	1.211	0.916	0.81,0.78	0.86	127
Co	0.03～39.6	6.72	4.75	1.01,0.90	5.95	127
Ni	1.10～255.0	22.62	15.22	1.13,0.97	28.54	116
Cr	0.46～942.7	34.87	17.97	1.31,0.86	88.77	137
Mn	6.02～8540	271.22	49.45	1.07,0.25	1279.30	46
V	3.40～1292	94.11	37.66	2.62,1.33	225.22	46
Ba	4.10～1540	169.01	111.66	1.49,1.25	197.83	123
F	100.0～3600	1200	728.64	7.21,5.55	1141.43	8
Cl	58.70～1865	404.58	287.88	1.17,1.05	388.79	45
Br	0.26～68.8	8.66	3.83	13.00,7.30	11.96	118
U	0.16～199.3	7.52	2.71	10.45,4.78	24.31	135
Th	0.09～25.4	6.90	4.93	2.70,2.45	4.80	137
Al/%	0.100～7.11	1.941	1.377	0.89,0.80	1.45	56
Ca/%	0.166～4.82	1.306	0.851	1.18,0.98	1.29	45
Mg/%	0.050～3.97	0.421	0.261	0.68,0.53	0.63	45
K/%	0.010～2.89	0.330	0.214	0.59,0.49	0.37	131
Na/%	0.002～0.46	0.081	0.047	0.13,0.10	0.08	126
Ti	108.00～6460	1685.72	1249.40	1.11,1.04	1298.15	46
Zr	31.00～876	246.75	200.64	5.61,5.79	173.53	42
Rb	1.40～408	20.68	12.01	0.86,0.64	40.94	133
Cs	0.07～33.0	2.21	0.99	2.77,1.57	4.30	125
B	2.50～45.0	14.34	7.81	5.38,3.72	16.50	14
Ga	1.90～198.0	81.06	31.00	20.29,9.84	91.57	21
Sr	4.90～894.0	175.96	134.16	1.76,1.70	146.90	115
Hf	0.20～17.1	3.26	2.45	4.08,3.88	2.65	126
Ta	0.04～141.0	3.91	0.62	7.35,1.47	18.50	136
W	0.17～57.6	2.35	1.20	5.87,4.00	6.09	127
Sc	0.12～18.3	5.81	4.58	0.99,0.99	3.45	137

注：标准差以算术平均值计算：ΣREE＝La＋Ce＋Sm＋Nd＋Eu＋Tb＋Yb＋Lu；L/H＝(La＋Ce＋Sm＋Nd＋Eu)/(Tb＋Yb＋Lu)。资料来源为任德贻等，1999 年。

和痕量元素的浓度、算术平均值、几何平均值和标准差，以及富集因子和测试煤样数目。我国不同成煤时代煤中微量和痕量元素浓度的几何平均值见表 10-5。

杨起、任德贻等人的研究还较系统地测定了我国东部各主要煤田的煤中微量元素含量水平，认为太原组富硫煤中相对聚集的主要有害元素为 As、Pb、Cd、Co、Sn、Se、Sb、Mo、Cr 和 Ni 等，它们均具有硫化物亲和性，成岩硫化物是有害元素的主要载体。

同时，发现华北太原组富硫煤中有害元素 As、Mo、Pb、Cu 和 Se 等主要以无机态赋存于成岩期形成的黄铁矿中，有机态有害元素含量水平较低，与山西组煤持平，采用洗选方法即可去除富硫煤中大部分有害元素。东北侏罗纪、白垩纪和第三纪煤中普遍含 Cr 较高，沈北第三纪褐煤中 Cr、Cu、Ni 和 Co 等潜在有害微量元素高度富集，且均以有机态为主（占 54%～100%）。黔西南晚二迭世无烟煤中硫化物态的 Se 占 56%～80%；As 和 Hg 的赋存状态多样，但多以硫化物态居首位；Sb 以硅铝化合物态居首位，硫化物态次之；Ba、V、Be、Cr 和 F 等则均以有机态为主，占 76%～98%。黔西南晚三迭世烟煤中 Se、Hg、Ba、V、Be 和 Cr 均以有机态为主。

煤中微量和痕量元素的富集，有些来源于低温岩浆热液作用和热裂缝、火山喷发、江河湖泊的沉积环境等。例如 Br、Se 和 Sb 的富集，主要来自火山活动。

表 10-6 列出我国几个主要煤田煤的微量元素浓度（10^{-6}），这些煤多数是动力煤，有平朔、唐山、贵州的六盘水、华北的大同和阜新的煤。采用原煤直接溶样和使用等离子体发射光谱及质谱分析法测定上述煤中微量元素，计 51 个。研究表明，与海水有关的过渡相沉积环境中的煤，其 Li、Be、Sc、Ti、V、Zn、Cu、Ca、As、Se、Y、Zr、Sn、Pb、Th、U 和稀土元素含量相对较高，内陆湖泊沉积环境中的煤，其微量元素含量相对较低。

作为举例，下面对我国煤中第一类对环境有影响的元素，汞、铬和硒，以及属第二类元素的镍的情况，稍加讨论。

表 10-5　中国煤中微量和痕量元素浓度的几何平均值

（未特别注明者，均为 10^{-6}）

元素	N	E	J3-K1	J 1-2	T3	P2	P1	C2
La	12.09	24.61	16.91	6.83	23.77	28.25	18.48	20.08
Ce	21.55	42.96	30.59	12.64	42.90	53.79	43.23	39.12
Nd	14.06	22.14	14.92	7.54	18.45	24.86	12.94	16.77
Sm	2.44	4.20	2.47	1.04	3.26	4.82	3.30	2.93
Eu	0.54	1.04	0.39	0.20	0.67	0.86	0.55	0.50
Tb	0.35	0.60	0.37	0.18	0.49	0.69	0.47	0.41
Yb	0.96	1.31	0.87	0.50	1.71	1.97	1.41	1.27
Lu	0.16	0.21	0.15	0.10	0.30	0.34	0.30	0.20
ΣREE	52.61	97.54	66.71	28.09	92.41	118.12	89.16	82.17
L/H	34.72	45.12	49.15	35.19	35.44	38.09	35.75	41.48
As	9.28	3.64	3.22	3.25	9.65	6.67	1.92	2.29
Hg	nd	nd	nd	nd	nd	0.250	1.09	1.29
Cd	nd	nd	nd	nd	nd	0.637	0.111	0.218
Zn	28.10	42.11	24.64	16.65	46.05	31.80	30.17	27.79
Cu	nd	nd	nd	nd	nd	25.91	15.92	16.95
Pb	nd	nd	nd	nd	nd	11.04	30.13	22.10
Sb	1.37	0.35	0.69	0.31	1.12	0.87	0.40	0.32
Se	0.80	1.63	0.47	0.40	1.15	7.63	4.44	4.54
Mo	nd	nd	nd	nd	nd	5.40	2.58	2.99
Fe/%	0.97	1.19	0.69	0.81	1.62	1.29	0.471	0.769
Co	3.80	13.77	4.78	5.37	9.83	6.61	2.83	2.80
Ni	12.78	47.88	8.51	18.30	30.56	22.01	9.37	9.87
Cr	22.42	68.42	14.30	9.78	35.82	21.65	13.15	13.85
Mn	nd	nd	nd	nd	nd	81.09	25.86	31.10
V	nd	nd	nd	nd	nd	75.53	15.47	22.59
Ba	165.50	259.95	233.77	156.76	206.03	75.16	114.14	112.66
F	nd	nd	nd	nd	nd	nd	1319.82	510.17
Cl	nd	nd	nd	nd	nd	210.24	496.33	335.47
Br	1.93	0.74	0.56	0.72	3.31	4.29	9.76	5.18
U	4.12	1.20	1.21	1.13	6.59	2.83	2.61	4.05
Th	3.80	4.48	4.30	2.12	6.36	4.67	7.44	6.89
Al/%	nd	nd	nd	nd	nd	1.35	1.609	1.747
Ca/%	nd	nd	nd	nd	nd	1.08	0.289	0.790
Mg/%	nd	nd	nd	nd	nd	0.22	0.325	0.313
K/%	0.222	0.28	0.43	0.114	0.554	0.22	0.20	0.166
Na/%	0.018	0.11	0.16	0.064	0.029	0.04	0.059	0.032
Ti	nd	nd	nd	nd	nd	1342.62	1406.0	1418.3
Zr	nd	nd	nd	nd	nd	245.69	133.41	188.81
Rb	20.48	18.14	21.98	7.90	39.75	11.35	9.28	10.81
Cs	3.12	1.99	2.46	0.63	4.16	0.92	0.82	0.61
B	nd	nd	nd	nd	nd	nd	2.87	15.23
Ga	nd	nd	nd	nd	nd	1.90	22.70	87.24
Sr	100.02	129.48	111.89	141.02	104.74	141.45	107.71	179.83
Hf	1.21	2.37	1.78	0.85	1.78	3.30	2.93	2.98
Ta	0.23	0.60	0.43	0.20	0.43	0.94	0.73	0.49
W	0.95	1.68	0.81	0.78	5.47	1.15	1.28	1.38
Sc	4.85	11.79	3.39	1.91	6.63	4.77	5.40	5.04

注：表中 nd 表示未检出；ΣREE 及 L/H 见表 10-1。成煤时代符号：N，晚第三世；E，早第三世；J3-K1 晚侏罗纪世—早白垩世；J 1-2，中、早侏罗世；T3，晚三迭世；P2，晚二迭世；P1，早二迭世；C2，中石炭世煤。

资料来源为任德贻等，1999 年。

表 10-6 我国几个主要煤田煤的微量元素含量　单位：10^{-6}

元素	平朔	唐山	六盘水	大同	阜新
Li	61.03 34.46～86.79	51.81	21.95 13.68～36.48	6.22 4.01～9.67	4.6 1.8～6.4
Be	1.48 1.07～2.04	2.60	2.35 1.34～3.03	0.69 0.22～2.67	1.1 0.3～2.4
B	50.27 38.74～75.77	76.75	12.79 7.07～22.40	36.26 20.43～51.66	69.5 51～91
Sc	4.58 2.12～6.19	8.13	5.03 3.95～5.63	1.40 0.77～4.52	5.9 3.9～7.9
Ti	908.44 180.2～1463.3	3346.99	1026.33 703.5～1338.5	246.22 140.10～334.24	583 100.0～700.0
V	21.75 15.08～34.82	70.46	82.37 23.82～115.57	15.13 7.59～35.74	20.4 14.3～28.0
Cr	9.28 6.66～11.65	18.45	16.93 12.60～20.04	8.76 5.27～22.71	27.9 13.1～45.5
Co	1.35 0.72～2.41	9.73	27.78 3.81～15.40	3.22 0.44～15.09	6.0 3.6～8.3
Ni	9.99 2.36～8.05	13.66	15.06 8.08～19.97	30.87 4.13～174.61	14.5 5.0～22.0
Zn	45.59 10.40～59.57	112.53	45.45 32.02～58.34	29.87 13.26～61.29	36.2 22.0～61.3
Cu	16.87 8.42～27.78	49.20	45.30 17.70～60.11	7.85 5.37～18.33	11.7 8.2～13.8
Ga	13.78 10.26～17.79	20.81	6.84 5.66～7.77	1.74 1.26～2.65	4.5 2.0～7.8
Ge	0.61 0.49～0.78	2.99	2.04 0.47～4.75	0.76 0.16～3.06	0.55 0.2～0.9
As	6.9 4.14～10.30	9.52	6.26 3.21～11.88	4.79 3.20～7.01	4.98 2.6～7.2
Se	2.37 0.55～5.89	9.37	3.84 3.09～4.31		
Rh	1.19 0.35～2.89	18.36	5.45 3.02～9.88	1.25 0.38～5.11	21.5 10.0～37.0
Sr	208.47 88.10～426.27	740.04	63.50 37.99～93.07	292.71 44.90～1261.89	69.83 49.0～87.0
Y	6.57 4.24～8.31	9.35	14.70 13.13～16.97	1.84 0.89～4.30	5.9 2.6～11.7
Zr	83.36 62.45～96.82	179.99	47.75 44.87～52.89	20.22 7.45～49.69	12.5 9.0～15.0
Nb	27.91 8.05～84.03	24.88	7.83 7.50～8.11	9.1 0.42～48.34	
Mo	2.28 1.24～4.31	4.07	1.61 1.01～1.78	0.59 0.27～1.00	5.1 2.2～7.3

续表

元素	平朔	唐山	六盘水	大同	阜新
Ag	0.94 0.78～1.06	1.95	0.36 0.28～0.46	0.86 0.44～2.33	
Cd	0.52 0.37～0.92	0.93	0.50 0.19～0.79	0.43 0.22～0.82	
Sn	6.48 1.87～28.06	3.64	1.91 0.90～3.86	1.66 0.86～3.22	1.4 0.8～1.8
Sb	3.09 0.11～11.56	1.18	0.73 0.06～1.45	1.11 0～7.84	0.4 0.3～0.5
Te	4.97 0～20.10	9.68	0.12 0.09～0.15	0.83 0～5.82	
Cs	0.12 0～0.31	1.44	0.49 0.28～0.82	0.13 0～0.93	1.7 1.0～2.4
Ba	59.85 40.91～98.00	326.83	74.26 19.00～166.26	184.16 108.6～446.6	111.5 94～139
La	23.05 9.84～32.45	45.04	20.79 13.05～25.18	8.14 4.31～11.11	6.7 3.3～10.9
Ce	38.57 11.50～92.95	74.26	52.30 25.74～69.17	10.13 6.45～16.53	13.3 6.3～23.3
Pr	4.80 1.96～9.28	8.61	7.18 3.72～9.20	1.17 0.66～1.76	1.7 0.8～3.0
Nd	15.41 7.32～26.53	30.94	26.65 12.91～32.96	4.04 2.17～5.87	5.8 2.7～9.9
Sm	2.92 1.57～3.79	6.47	5.28 3.21～6.37	0.73 0.42～1.25	1.2 0.7～2.3
Eu	0.41 0.15～0.59	1.48	1.09 0.44～1.47	0.03 0～0.22	0.32 0.2～0.6
Gd	3.04 1.67～4.20	6.04	4.73 3.18～5.57	0.76 0.46～1.38	1.12 0.6～2.1
Tb	0.48 0.27～0.60	0.68	0.66 0.55～0.71	0.10 0.06～0.22	0.17 0.1～0.4
Dy	2.76 1.57～3.55	4.39	3.61 3.48～3.27	0.55 0.20～1.40	1.05 0.5～2.2
Ho	0.53 0.33～0.65	0.72	0.70 0.65～0.78	0.14 0.09～0.28	
Er	1.51 0.96～2.01	2.11	1.91 1.20～2.23	0.31 0.10～0.81	0.6 0.3～1.3
Yb			1.68 1.38～2.15		
Hf	5.36 3.42～8.72	7.62	2.19 1.98～2.57	1.24 0.59～1.99	0.78 0.5～1.3
Ta	4.90 1.33～17.03	4.75	0.54 0.32～0.94	1.88 0.26～7.46	0.92 0.3～1.8

续表

元素	平朔	唐山	六盘水	大同	阜新
W	7.32 0.25～19.43	0.97	0.63 0.39～1.11	2.03 0～13.87	1.22 0.7～2.0
Pt	171.64 99.50～167.20	552.95		162.36 130.30～179.70	
Au	0.81 0.20～2.26	0.89		0.49 0.17～2.13	
Hg	0.53 0～7.12	0.80	0.14 0.10～0.18	0.03 0～0.12	
Tl	0.28 0～0.88	1.37	0.41 0.12～0.62	0.15 0～0.54	0.2 0.2～0.4
Pb	27.25 12.20～47.42	38.98	11.54 7.81～16.22	6.70 3.68～10.09	10.6 5.4～15.4
Bi	5.82 0.72～35.00	0.97	0.21 0.12～0.34	0.63 0.33～1.40	
Th	12.43 9.03～19.81	13.10	34.11 26.70～46.08	1.88 1.04～8.07	3.8 2.0～7.6
U	3.67 2.49～4.96	5.75	1.94 1.34～2.70	0.88 0.33～1.32	1.7 0.6～4.8

注：资料来源为庄新国等，1999 年。

汞曾经广泛用于工业、农业和医药等领域，但是由于人们对汞的短期毒性以及长期的致病效果特别关注，汞的用途已大为缩减。煤燃烧是大气中汞污染的重要来源之一。汞蒸气有毒，元素汞在厌氧甲烷合成细菌作用下可以转化为毒性更强的甲基汞。近年来煤燃烧产生的汞对环境污染已引起世界许多国家的高度重视。汞是煤中潜在毒害微量元素中受关注最多的元素之一。由于汞的挥发性，意味着汞会很快地出现再循环，从而加剧了汞在全球大气中的扩散。一旦通过饮食或吸入进入人体，就很难被排出，而容易累积到一定程度引起中毒。大气中的汞，90%以上以元素形态存在。在美国某地区测到的汞的沉积物为 43～358ng/(m^2/每周)，平均值高达 186ng/(m^2/每周)，尤其以湿态沉积物存在的数量，大大超过干态沉积物的量。

我国煤中汞浓度的几何均值为 0.579μg/g，高于美国煤和世界煤的浓度（见表 10-7）。

表 10-7　我国和其他一些国家煤中的汞含量

产　地	含量/(μg/g)	算术平均值/(μg/g)	几何平均值/(μg/g)	样品数
中国煤①	0.003～10.5	0.158		990
美国煤②	最高为10	0.17	0.10	7649
世界煤③	0.02～1.0	0.012		
东北及内蒙古东部煤④	0.003～1.649	0.158		203
山西煤⑤	0.015～1.306	0.156		68
贵州二迭纪煤⑥	0.096～2.670	0.552	0.410	32
云南煤⑦		0.38		42

①张军营（1999）；②R. Finkelman（1993）；③V. Valkovic（1983），Yudovich（1985）and Swaine（1990）；④王起超（1996）；⑤山西煤中微量元素研究（1996）；⑥冯新斌（1998）；⑦周义平（1994）。

注：资料来源为张军营等，1999年。

表 10-8　人为排入大气中的汞量

地　区	时间（年份）	排放总量/t	煤炭燃烧		其他	
			排放量/t	占总量的比例/%	排放量/t	占总量的比例/%
全世界①	1992	2199	753.8	34.3	1445.2	65.7
北美洲	1992	332	81.3	24.5	250.7	75.5
中、南美洲	1992	73	6.2	8.5	66.8	91.5
西欧	1992	352	94.6	26.9	257.4	73.1
东欧、前苏联	1992	282	114.4	40.6	167.6	59.4
非洲	1992	113	28.7	25.4	84.3	74.6
亚洲	1992	1012	420.0	41.5	592	58.5
大洋洲	1992	35	8.6	24.6	26.4	75.4
中国②	1994		296			
中国③	1995		213.8			

注：资料来源为①除中国外，由 Pirrone et al 1996 年资料统计；②冯新斌等，1996年；③王起超等，1999年。

国际上特别是美国对我国燃煤排放出的汞量比较关注，最近环保总局驳斥美国汞污染源自中国的报导。恰当估算我国和各地区向大气排放的汞量对评估全球大气环境质量和地区性大气环境质量十分重要。燃煤排出的汞是大气中汞的重要来源，燃烧石油油品同样也要排放出汞。煤燃后将汞排入大气，再沉降到地面，这是煤中汞进入环境的主要渠道。表 10-8 列出人为排入大气中的汞量。估算燃煤排入大气的汞量需要三个参数：燃用煤量，单位质量煤中汞含量及燃烧过程中汞的排放率。表 10-7 中我国煤中汞的平均值取 (0.22～0.32) $\times 10^{-6}$ 估算，这与全国多数中汞含量均值为 (0.1～0.15) $\times 10^{-6}$ 相比，汞含量偏大，由此估算出排出汞量肯定也偏大。因此需要恰如其分地评估燃煤时汞的排放量。表 10-9 列出中国若干煤田（矿区）煤中汞含量，供读者参考。

表 10-9 中国若干煤田（矿区）煤中的汞含量 $w(Hg)$，10^{-6}

地区、煤田(矿区、矿)	成煤时代(层位)	煤类	样品数	范围	算术平均值	几何平均值	资料来源
吉林 通化	C-P	QM-FM		0.43			王起超(1997)
辽宁 南票	C-P	QM		0.66			王起超(1997)
本溪采屯	C-P	JM-PM		0.30			荆治严(1992)
南票	C-P	QM		0.20			荆治严(1992)
北票	C-P	QM		0.04			荆治严(1992)
河北 唐山荆各庄	C-P	QM	1	0.8			庄新国(1999)
山西 主要煤田	C-P(太原组)	QM-WY	22	0.28～1.24	0.17		袁三畏(1999)
主要煤田	P(山西组)	QM-WY	35	0.02～1.31	0.17		袁三畏(1999)
平朔安太堡矿	C-P(太原组)	QM	2	0.264～0.283	0.274	0.273	袁三畏(2000)
平朔安太堡矿	P(山西组)	QM	3	0.187～0.229	0.205	0.204	袁三畏(2000)
平朔安太堡矿	C-P(太原组)	QM	8	0.00～7.12	0.53	0.26	庄新国(1998)
阳泉	C-P	WY		0.07			荆治严(1992)
大同	C-P	CY		0.04			荆治严(1992)
霍州矿区	P(山西组)	QM-JM	10	0.012～0.132	0.064	0.049	荆治严(2000)
陕西 韩城象山，桑树坪	C-P(太原组)	SM-PM	5	0.60～2.0	1.50		雒昆利(2000)
韩城象山，马沟渠	C-P(太原组)	SM-PM	6	0.55～0.9	0.7		雒昆利(2000)
韩城象山，辽源矿	P(山西组)	SM-PM	6	0.15～0.30	0.20		雒昆利(2000)
韩城象山，辽源矿	P(山西组)	SM-PM	6	0.35～0.56	0.40		雒昆利(2000)
河南 平顶山矿区	C-P(太原组)	QM	12	0.050～0.128	0.098		刘绪五(1996)
平顶山矿区	P(山西组)	QM	25	0.035～0.160	0.074		刘绪五(1996)
平顶山矿区	P(山西组)	QM	3	0.116～0.497	0.227	0.188	* (2000)
平顶山矿区	P(石盒子组)	QM	65	0.035～2.200	0.213		刘绪五(1996)
山东 枣庄矿区	C-P(太原组)	FM	4	0.160～0.313	0.232	0.225	* (2000)
枣庄矿区	P(山西组)	FM	3	0.127～0.257	0.186	0.179	* (2000)
江苏 徐州矿区	C-P(太原组)	QM	3	0.102～0.211	0.140	0.130	* (2000)

续表

地区、煤田(矿区、矿)	成煤时代(层位)	煤类	样品数	范围	算术平均值	几何平均值	资料来源
徐州垞城矿	P(石盒子组)	QM	5	0.022～0.109	0.056	0.042	* (1994)
安徽 淮南新庄孜矿	P(山西组)	QM	2	0.057～0.067	0.052	0.062	* (1994)
淮南新庄孜矿	P(石盒子组)	QM	9	<0.001～0.173	0.075	0.041	* (1994)
淮南矿区	P(山西组)	QM	4	0.088～1.448	0.613	0.319	* (2000)
淮南矿区	P(石盒子组)	QM	1	2.422			* (2000)
湖南 梅田矿区	P_2(龙潭组)	PM-WY	9	0.05～0.2	0.07	0.07	* (1994)
贵州 晴隆、贞丰、兴仁	P_2(龙潭组)	WY	14		0.172		张军营(1999)
水城汪家寨矿	P_2(龙潭组)	QM-FM	3	0.10～0.18	0.14	0.13	曾荣树(1998)
六枝、水城、盘县	P_2(龙潭组)	QM-JM	60	0.01～1.47	0.27		郭英廷(1996)
六枝矿区	P_2(龙潭组)	QM-JM			0.26		郭英廷(1996)
水城矿区	P_2(龙潭组)	QM-JM			0.46		郭英廷(1996)
盘县矿区	P_2(龙潭组)	QM-JM			0.13		郭英廷(1996)
六枝矿区	P_2(龙潭组)	JM-PM	6	0.138～2.670	0.77	0.48	冯新斌(1998)
水城矿区	P_2(龙潭组)	QM-JM	14	0.143～2.110	0.69	0.53	冯新斌(1998)
盘县矿区	P_2(龙潭组)	QM-FM	10	0.096～0.615	0.30	0.25	冯新斌(1998)
贵阳矿区	P_2(龙潭组)	JM-WY	2	0.188～0.322	0.247	0.25	冯新斌(1998)
兴仁县交乐乡	P_2(龙潭组)	WY	6	2.0～45.0	18.9	12.9	Belkin(1997)
安龙县海子乡	P_2(龙潭组)	WY	7	0.32～4.1	2.4	1.5	Belkin(1997)
兴义县	P_2(龙潭组)	WY	4	0.1～0.48	0.3	0.27	Belkin(1997)
滇东-黔西	P_2(龙潭组)	QM-JM	44	0.05～0.30	0.14		周义平(1982)
云南 老厂	P_2(龙潭组)	WY	42	<0.03～3.8	0.38		周义平(1994)
老厂大格矿	P_2(龙潭组)	WY	2	0.047～0.68	0.364		周义平(1998)
老厂舍补矿	P_2(龙潭组)	WY	2	0.073～1.9	0.987		周义平(1998)
老厂黄家湾矿	P_2(龙潭组)	WY	1	2.8			周义平(1998)
老厂四角地矿	P_2(龙潭组)	WY	1	0.4			周义平(1998)
老厂新寨矿	P_2(龙潭组)	WY	1	0.12			周义平(1998)
贵州 龙头山	T_3		14	0.34～10.5	1.611	0.813	Zhang JY(1999)
黑龙江 双鸭山	J	CY-QM		0.03			王起超(1997)
鸡西	J	QM-SM		0.15			王起超(1997)
七台河	J	YM-WY		0.20			王起超(1997)
七台河	J	JM-PM		0.14			荆治严(1992)
吉林 辽源	J	CY,QM		0.26			王起超(1997)
辽宁 北票	J	QM-FM		0.09			王起超(1997)
铁法	J	CY,QM		0.16			王起超(1997)
抚顺	J	CY,QM		0.17			荆治严(1992)

续表

地区、煤田(矿区、矿)	成煤时代(层位)	煤类	样品数	范 围	算术平均值	几何平均值	资料来源
阜新	J	CY		0.08			荆治严(1992)
八道豪	J	CY		0.08			荆治严(1992)
铁法	J	CY,QM		0.10			荆治严(1992)
内蒙古 雁北	J	HM		0.02			荆治严(1992)
霍林河	J	HM		0.69			王起超(1997)
大雁	J	HM		0.07			王起超(1997)
山西 大同	J	CY		0.04			荆治严(1992)
大同矿区	J_1(大同组)	RN	8	0.04～0.28	0.13		袁三畏(1999)
大同一矿	J_1(大同组)	RN	8	0.00～0.12	0.03		庄新国(1999)
神府-东胜矿区	J_2(延安组)	CY	726	0.01～1.00	0.06		窦廷焕(1998)
辽宁 抚顺	R	CY,QM		0.07			王起超(1997)
沈北	R	HM		0.05			荆治严(1992)
山西 恒曲 103 钻孔	E	HM	3	0.03～0.04	0.037		袁三畏(1999)
云南 临沧帮卖矿	N	HM	1	0.109			*　(2000)
小龙潭矿	N	HM	3	0.056～0.087	0.067	0.066	*　(2000)
东北-内蒙古东部		HM-WY	203	0.003～1.649	0.158	0.077	王起超(1996)
东北-内蒙古东部		HM			0.383		王起超(1996)
东北-内蒙古东部		CY			0.072		王起超(1996)
东北-内蒙古东部		QM			0.144		王起超(1996)
东北-内蒙古东部		JM			0.268		王起超(1996)
东北-内蒙古东部		SM			0.729		王起超(1996)
东北-内蒙古东部		WY			0.184		王起超(1996)

注：资料来源为转引自唐修义等，2004 年。

铬是煤中有害元素之一，它是人体正常新陈代谢作用所必需的微量元素，有益于人体的球蛋白、糖、脂肪及胆固醇的代谢作用；但同时也是致癌、致畸和致突变的“三致”元素。煤中铬的赋存形式既有无机态，又有有机态。我国煤中铬含量的算术平均值为34.87μg/g,几何平均值为 17.97μg/g。波动范围为0.46～942.7μg/g。表 10-5 中已经列出我国各主要成煤时代煤中铬含量的算术平均值。由表列结果可见，早第三纪煤中铬含量较高，占煤炭资源量和产量很大比例的华北石炭二迭纪和北方中生代侏罗纪煤中铬含量均较低。要特别注意高铬煤造成的废渣对生态环境的破坏，避免铬污染。

表10-10及表10-11列出中国24省（市、自治区）110个煤矿煤中的铬含量及若干煤田（矿区）煤中铬的含量。

表10-10　中国24省（市、自治区）110个煤矿煤中铬的含量

省(市、自治区)	$w(Cr)/10^{-6}$	省(市、自治区)	$w(Cr)/10^{-6}$	省(市、自治区)	$w(Cr)/10^{-6}$
黑龙江	9.37～23.5	吉林	10.4～57.7	辽宁	33.8～117.0
内蒙古	5.62～18.0	河北	11.9～54.8	北京	5.38～6.48
山西	2.37～15.6	山东	13.7～26.3	江苏	18.6～30.9
安徽	21.3～25.4	河南	12.8～24.5	陕西	16.3～31.5
湖北	30.9～81.3	湖南	12.8～82.3	江西	32.5～38.3
浙江	34.8	福建	52.7	广西	24.4～125.0
贵州	30.1～42.9	云南	8.7～66.6	四川①	19.2～92.9
甘肃	16.4～20.2	宁夏	3.53～12.0	新疆	0.46～13.5

① 含重庆市。

注：资料来源为陈冰如，1989。转引自唐修义等，2004年。

表10-11　中国若干煤田（矿区）煤中铬的含量　w (Cr)，单位：10^{-6}

地区、煤田(矿区、矿)	成煤时代(层位)	煤类	样品数	范　围	算术平均值	几何平均值	资料来源
河北 唐山荆各庄	C-P	QM	1	18.45			庄新国(1999)
山西 主要煤田	C-P(太原组)	QM-WY	22	2.8～15.3	8.72		袁三畏(1999)
主要煤田	P(山西组)	QM-WY	35	2.5～32.0	11.1		袁三畏(1999)
浑源(藻煤)	C-P(太原组)			3.8			张振桴(1992)
平朔安太堡矿	C-P(太原组)	QM	8	6.66～11.65	9.28	9.1	庄新国(1998)
朔州平鲁矿	C-P	QM		8.8			张振桴(1992)
左权温城矿	C-P	JM		9.1			张振桴(1992)
阳泉	C-P	WY		13.2			张振桴(1992)
西山矿区	C-P	JM-SM	5	8.2～10.6	9.5	9.4	张振桴(1992)
西山	C-P(太原组)	SM	1	9.1			唐修义等(1994)
汾西矿区	C-P	PM	3	4.4～10.2	7.1	6.7	张振桴(1992)
霍西	C-P(太原组)	PM	7	2.2～17.0	7.8	6.5	唐修义等(1994)
河南 平顶山矿区	C-P(太原组)	QM	4	3.42～68.3	36.7	18.20	唐修义等(2000)
平顶山矿区	P(山西组)	QM	4	8.16～18.2	14.37	13.67	唐修义等(2000)
平顶山矿区	P(石盒子组)	QM	7	20.0～53.0	36.11	34.02	唐修义等(2000)
山东 肥城和新汶煤田	C-P(太原组)	QM-FM	17		7.36		曾荣树(2000)
肥城和新汶煤田	P(山西组)	QM-FM	6		4.93		曾荣树(2000)

续表

地区、煤田（矿区、矿）	成煤时代（层位）	煤类	样品数	范　围	算术平均值	几何平均值	资料来源
柴里矿	P(山西组)	QM	1	16.8			唐修义等(1994)
陶庄矿	P(山西组)	PM	2	9.4～10.5	10.0	9.9	唐修义等(1994)
枣庄矿	P(太原组)	PM	10	1.9～24.5	8.8	6.5	唐修义等(1994)
江苏 徐州垞城矿	C-P(太原组)	QM	1	7.8			唐修义等(1994)
徐州垞城矿	P(山西组)	QM	1	14.1			唐修义等(1994)
徐州垞城矿	P(石盒子组)	QM	5	14.0～42.0	27.4	25.6	唐修义等(1994)
安徽 淮北煤田	P(山西组)	QM-WY	7	6.6～19.1	11.6	10.8	唐修义等(1994)
淮北煤田	P(石盒子组)	QM-WY	5	14.2～24.4	19.7	19.4	唐修义等(1994)
淮南新庄孜矿	P(山西组)	QM	2	11.0～16.0	13.5	13.3	唐修义等(1994)
淮南煤田	P(石盒子组)	QM	20	10.1～72.0	26.0	24.8	唐修义等(1994)
浙江 长广	P_2(龙潭组)	QM		13.6			李文华(1986)
江西 乐平(残殖煤)	P_2(龙潭组)	FM		14.6			张振桴(1992)
沿沟,鸣山,桥头丘矿	P_2(乐平组)	QM-FM	13		14.9		庄新国(2001)
湖南 辰溪	P_2(吴家坪组)	QM		173.0			李文华(1986)
梅田矿区	P_2(龙潭组)	PM-WY	10	2.9～28.2	9.0	6.9	唐修义等(1994)
广西 合山	P_2(合山组)	FM		181.0			李文华(1986)
四川 筠连	P_2(龙潭组)	WY		31.7			张振桴(1992)
贵州 水城矿区①	P_2(龙潭组)	QM-JM	3	16.0～27.0	21.0	20.5	曾荣树(1998)
水城汪家寨矿	P_2(龙潭组)	QM-JM	3	12.0～20.04	16.93	16.61	曾荣树(1998)
六枝和水城	P_2(龙潭组)	QM-WY	45	7～63	15		庄新国(2001)
六盘水地区	P_2(龙潭组)	QM-WY	32		4.1		倪建宇(1998)
江西 乐平沿沟煤矿	T_3(安源组)	JM-WY	31		54.6		庄新国(2001)
辽宁 北票	J_1(北票组)	QM-FM	29		55.82		孔洪亮(2001)
山西 大同	J_1(大同组)	RN	4	3.6～18.6	10.8	8.2	唐修义等(1994)
大同1＃,2＃,3＃	J_1(大同组)	RN	3	2.1～5.8	4.2	3.8	张振桴(1992)
大同矿区	J_1(大同组)	RN	8	2.2～19.4	6.56		袁三畏(1999)
大同一矿	J_1(大同组)	RN	8	5.27～22.71	8.76		庄新国(1999)
鄂尔多斯盆地	J_2(延安组)	CY-RN			11.5	5.7	李河名(1993)
神木-东胜矿区	J_2(延安组)	CY	5	1.49～50.60	17.64	9.31	唐修义等(2000)
神府-东胜矿区	J_2(延安组)	CY	732	0.1～127.6	9.89		窦廷焕(1998)
新疆 哈密三道岭	J_1(八道湾组)	CY	4	3.5～10.3	6.9	6.0	唐修义等(1994)
哈密三道岭露天	J_1(八道湾组)	CY	4	2.51～6.04	4.38	4.17	唐修义等(2000)
哈密七泉湖红星	J_1(八道湾组)	CY	2	1.15～1.71	1.43	1.40	唐修义等(2000)
阜康三工河矿	J_1(八道湾组)	CY	4	3.35～7.96	5.26	5.01	唐修义等(2000)
艾维尔沟	J_1(八道湾组)	QM-JM	5	0.79～12.40	4.77	3.27	唐修义等(2000)
库车俄霍布拉克	J_1(塔里奇克)	QM	2	3.14～21.60	12.37	8.24	唐修义等(2000)

续表

地区、煤田（矿区、矿）	成煤时代（层位）	煤类	样品数	范　围	算术平均值	几何平均值	资料来源
库车阿艾东风矿	J_1（塔里奇克）	QM	4	2.06～5.74	3.27	2.99	唐修义等(2000)
和田布雅矿区	J_1（塔里奇克）	CY	1	77.9			唐修义等(2000)
准东巴里坤，三塘湖	J_2（西山窑组）	QM	4	3.35～17.7	9.15	7.26	唐修义等(2000)
准南硫磺沟矿	J_2（西山窑组）	QM	5	1.56～4.38	2.81	2.58	唐修义等(2000)
伊宁霍城	J_2（西山窑组）	CY	10	3.59～25.3	12.67	10.57	唐修义等(2000)
库车阳霞大道矿	J_2（克孜勒努尔）	QM	9	1.02～10.1	5.4	4.44	唐修义等(2000)
辽宁 阜新海州矿	K_1（阜新组）	CY	6	13.1～45.5	27.88		Querol(1997)
抚顺西露天矿	E	QM	1	27.4			唐修义等(2000)
沈北煤田	E_3	HM	7	7.63～145	85.8	53.16	任德贻(1999)
山西 恒曲 103 钻孔	E	HM	3	15.8～38.9	29.73		袁三畏(1999)
云南 临沧帮卖矿	N	HM	1	6.19			唐修义等(2000)
小龙潭矿	N	HM	3	2.87～20.80	8.99	5.82	唐修义等(2000)
小龙潭矿	N	HM		12.7			张振桴(1993)
东北-内蒙古东部		HM-WY	203	3.04～422.4	17.89	13.54	王起超(1996)
东北-内蒙古东部		HM			7.03		王起超(1996)
东北-内蒙古东部		CY			30.60		王起超(1996)
东北-内蒙古东部		QM			18.94		王起超(1996)
东北-内蒙古东部		JM			12.58		王起超(1996)
东北-内蒙古东部		SM			7.28		王起超(1996)
东北-内蒙古东部		WY			8.99		王起超(1996)

① 样品采自保华矿、大河边矿和老鹰山洗煤厂。

注：资料来源为转引自唐修义等，2004 年。

中国煤中硒平均含量高于美国煤和世界煤中的硒含量（见表 10-12），中国燃煤型硒污染也较为严重。表 10-5 列出我国不同成煤时代煤中的硒含量。我国部分石煤中硒含量特别高，达84mg/g，为世界所罕见。

硒是植物、动物和人类必需的微量元素。中国是世界缺硒地方病高发区之一，但又是世界硒中毒地方病高发区之一，尤其是燃煤引起的硒中毒在世界上更为突出。陕西安康、湖北恩施等地富硒石煤的燃烧利用，都曾引发过人、畜硒中毒事件。但是我国多数地区又缺硒，人体需要补硒。陕南紫阳县曾发生过煤烟型硒中毒事件，但是在当地富硒土地上种植的茶叶都成为有益健康的“富硒茶”。

表 10-12 世界各地煤中硒含量

地 区	范围 /(μg·g⁻¹)	算术平均值 /(μg·g⁻¹)	几何平均值 /(μg·g⁻¹)	样品数
中国煤①	0.12～56.7	6.22	3.64	118
美国煤②	最高为 150	2.8	1.8	7563
世界煤③	0.2～10	3.0		
山西煤④	<0.8～12.6	4.938		69
贵州煤⑤	0.35～4.38	2.41	2.11	32
东北、内蒙东部煤⑥	0.062～3.506	0.671	0.333	203
四川东部燃煤型氟病区煤⑦		4.477		29
高硒石煤⑧	32～1150			28

①任德贻，赵峰华，1997；②R Finkelman，1993；③V Valkovic，1983，Yudovich，1985，Swaine，1990；④山西煤中微量元素研究，1996；⑤冯新斌，1998；⑥王起超，1996；⑦程云，1993；⑧彭安，1995。

注：资料来源为转引自张军营，1999 年。

看来，人类对硒是既不可缺少，又不能过多。研究煤中硒可能造成的不利和有利因素都有意义。

硒的挥发性强，燃煤排放的硒是大气中硒的重要来源。在飞灰中硒较为富集，SeO_2 又是有毒物质，在大量燃煤地区产生局部硒污染是很有可能的，要及早注意防范。

中国煤中硒含量在东北、内蒙较低，西南地区煤中较高，山西煤中硒含量也较高，见表 10-12 及表 10-13。从成煤时代来看，煤层由老到新，煤中硒含量逐渐降低，古生代煤中硒含量明显高于中、新生代。山西省煤中硒分布也基本符合这一规律，如太原组煤中硒平均为 5.627μg/g（22 样），山西组煤中硒平均含量为 5.207μg/g(35 样)，侏罗纪大同组煤中硒平均含量为 0.523μg/g(8 样)。从煤阶来看，硒的含量有随煤阶增高而增加的趋势，无烟煤中硒含量普遍较高。

煤中砷是人们最为关注的有毒元素之一，砷的毒性在古代就因砒霜对人体产生剧毒而广为人知，尽管砷也是一种有效的医用元素，如制成含砷制剂用以治疗诸如梅毒及一些寄生虫病症等，但都十分关注其毒性，因此各国环境保护法规都对大气、水体、土壤中砷的限量作出严格规定。我国新疆、内蒙、贵州等地曾发现过由于砷含量过高而导致的“地方性砷中毒”。贵州织金县的中毒事件就

表 10-13　中国若干煤田（矿区）煤中硒的含量　w(Se)，单位：10^{-6}

地区、煤田（矿区、矿）	成煤时代（层位）	煤类	样品数	范围	算术平均值	几何平均值	资料来源
河北 唐山荆各庄	C-P	QM	1	9.37			庄新国(1999)
山西 主要煤田	C-P(太原组)	QM-WY	22	1.1～11.2	5.63		袁三畏(1999)
主要煤田	P(山西组)	QM-WY	35	<0.9～12.2	5.21		袁三畏(1999)
平朔安太堡矿	C-P(太原组)	QM	8	0.55～5.89	2.37	2.30	庄新国(1998)
西山	C-P(太原组)	SM	1	4.2			唐修义等(1994)
霍西	C-P(太原组)	PM	7	0.96～4.1	2.6	2.3	唐修义等(1994)
河南 平顶山矿区	C-P(太原组)	QM	4	0.47～8.95	4.71	2.15	唐修义等(2000)
平顶山矿区	P(山西组)	QM	4	3.81～12.2	6.58	5.91	唐修义等(2000)
平顶山矿区	P(石盒子组)	QM	7	3.84～9.43	6.12	5.76	唐修义等(2000)
山东 柴里矿	P(山西组)	QM	1	5.2			唐修义等(1994)
陶庄矿	P(山西组)	PM	2	3.5～5.1	4.3	4.2	唐修义等(1994)
枣庄矿	C-P(太原组)	PM	10	1.0～4.7	2.6	2.3	唐修义等(1994)
江苏 徐州垞城矿	C-P(太原组)	QM	1	4.1			唐修义等(1994)
徐州垞城矿	P(山西组)	QM	1	8.6			唐修义等(1994)
徐州垞城矿	P(石盒子组)	QM	5	8.7～12.2	10.3	10.2	唐修义等(1994)
安徽 淮北煤田	P(山西组)	QM-WY	7	4.3～8.3	6.0	5.9	唐修义等(1994)
淮北煤田	P(石盒子组)	QM-WY	5	4.4～11.3	7.5	7.1	唐修义等(1994)
淮南新庄孜矿	P(山西组)	QM	2	1.6～8.1	4.9	3.6	唐修义等(1994)
淮南新庄孜矿	P(石盒子组)	QM	9	6.7～16.3	11.5	11.0	唐修义等(1994)
淮南李一矿	P(石盒子组)	QM	5	6.2～22.2	11.3	9.9	唐修义等(1994)
淮南潘一矿	P(石盒子组)	QM	6	3.4～9.2	5.7	5.2	唐修义等(1994)
浙江 长广	P_2(龙潭组)	QM		15.8			李文华(1986)
湖南 辰溪	P_2(吴家坪组)	QM		11.5			李文华(1986)
梅田矿区	P_2(龙潭组)	PM-WY	10	0.7～11.2	3.2	2.3	唐修义等(1994)
广西 合山	P_2(合山组)	FM		23.0			李文华(1986)
湖北 鄂西自治州	P_2(龙潭组)	YM	27	2.40～20.0	8.7	6.81	苏宏灿(1980)
鄂西自治州	P_2(龙潭组)	WY	34	0.24～7.6	3.9	3.29	苏宏灿(1980)
贵州 水城矿区①	P_2(龙潭组)	QM-FM	3	6.4～9.0	7.5	7.40	曾荣树(1998)
水城汪家寨矿	P_2(龙潭组)	QM-FM	3	3.09～4.31	3.84	3.80	曾荣树(1998)
辽宁 北票	J_1(北票组)	QM-FM	29		18.14		孔洪亮(2001)
山西 大同	J_1(大同组)	RN	4	1.9～8.4	4.8	4.2	唐修义等(1994)
大同	J_1(大同组)	RN	8		0.523		张军营(1999)
神府-东胜矿区	J_2(延安组)	CY	712	0.02～13.2	0.25		窦廷焕(1998)
神府-东胜矿区	J_2(延安组)	CY	5	0.07～5.37	1.44	0.38	唐修义等(2000)
新疆 哈密三道岭	J_1(八道湾组)	CY	4	<0.4～0.5	0.4	0.4	唐修义等(1994)
哈密三道岭露天矿	J_1(八道湾组)	CY	4	0.03～0.69	0.25	0.14	唐修义等(2000)
哈密七泉湖红星矿	J_1(八道湾组)	CY	2	0.12～0.12	0.12	0.12	唐修义等(2000)
阜康三工河矿	J_1(八道湾组)	CY	4	0.02～0.19	0.11	0.08	唐修义等(2000)
艾维尔沟	J_1(八道湾组)	QM-JM	5	0.02～0.16	0.11	0.08	唐修义等(2000)
库车俄霍布拉克	J_1(塔里奇克)	QM	2	0.12～0.60	0.36	0.27	唐修义等(2000)
库车阿艾东风矿	J_1(塔里奇克)	QM	4	0.24～0.37	0.31	0.30	唐修义等(2000)
和田布雅矿区	J_1(塔里奇克)	CY	1	0.28			唐修义等(2000)

续表

地区、煤田(矿区、矿)	成煤时代(层位)	煤类	样品数	范围	算术平均值	几何平均值	资料来源
准东巴里坤三塘湖	J_2(西山窑组)	QM	4	0.02～0.15	0.09	0.08	唐修义等(2000)
准南硫磺沟矿	J_2(西山窑组)	QM	5	0.08～0.19	0.13	0.12	唐修义等(2000)
伊宁霍城	J_2(西山窑组)	CY	10	0.04～0.22	0.13	0.11	唐修义等(2000)
库车阳霞大道南	J_2 克孜勒努尔	QM	9	0.02～0.19	0.11	0.08	唐修义等(2000)
辽宁 沈北煤田	E_3	HM	7	0.63～1.8	1.274	1.180	任德贻(1999)
抚顺西露天矿	E	QM	1	0.35			唐修义等(2000)
山西 恒曲 103 钻孔	E	HM	3	2.2～12.6	6.03		袁三畏(1999)
云南 临沧帮卖矿	N	HM	1	0.04			唐修义等(2000)
小龙潭矿	N	HM	3	0.12～1.19	0.62	0.43	唐修义等(2000)
东北-内蒙古东部		HM-WY	203	0.062～3.506	0.671	0.333	王起超(1996)
东北-内蒙古东部		HM			0.126		王起超(1996)
东北-内蒙古东部		CY			0.150		王起超(1996)
东北-内蒙古东部		QM			0.076		王起超(1996)
东北-内蒙古东部		JM			1.044		王起超(1996)
东北-内蒙古东部		SM			1.710		王起超(1996)
东北-内蒙古东部		WY			2.33		王起超(1996)

① 样品采自保华矿、大河边矿和鹰山洗煤厂。

注：资料来源为转引唐修义等，2004 年。

属于煤烟污染型砷和氟联合中毒，并证实不仅与当地采掘和燃用当地富砷煤有关，也和燃煤的落后方式有很大关系。至今国内尚未见工业、民用锅炉燃煤引发砷中毒的先例。

食品工业对煤中砷含量颇为敏感，在煤加工利用中砷对煤制品也有影响，砷的存在能使煤加氢液化用的催化剂中毒就是一例；钢铁冶炼的焦炭中过多的砷会影响钢铁的质量；烟气中砷的氧化物会腐蚀锅炉及管道，都需要对砷的危害加以预防和控制。中国多数煤中砷的含量都不高，选煤又能够比较容易脱除砷的主要载体黄铁矿，因为一般认为煤中多数砷最有可能以类质同象或固溶体赋存在黄铁矿里，或同生黄铁矿微粒和其他硫化物矿物中，表 10-14 列举中国若干煤田（矿区）煤中砷含量，可供参考。

铍的氧化物及卤化物都有毒，铍易挥发，燃煤排出的铍赋存在烟尘固体微粒的表面，是大气中铍的重要来源。

铍离子有一定毒性，可引起过敏、癌症等病症。煤和石油的开发利用是大气中铍污染的首要来源，目前地球大气圈中每年的铍进入量在 3000t 以上，远高于该元素同期的工业生产总量（约 500t），

表 10-14　中国若干煤田（矿区）煤中砷的含量　w(As) 单位：10^{-6}

地区、煤田(矿区、矿)	成煤时代(层位)	煤类	样品数	范围	算术平均值	几何平均值	资料来源
河北 唐山荆各庄	C-P	QM	1	9.52			庄新国(1999b)
山西 主要煤田	C-P(太原组)	YM-WY	22	0.44～4.2	2.1		袁三畏(1999)
主要煤田	P(山西组)	YM-WY	35	<0.2～3.8	0.9		袁三畏(1999)
浑源(藻煤)	C-P(太原组)			4.7			张振桴(1992)
平朔安太堡矿	C-P(太原组)	QM	8	4.14～10.3	6.9	6.7	庄新国(1998)
平朔安太堡矿	C-P(太原组)	QM	2	2.46～5.36	3.9		赵峰华(1999)
朔州平鲁矿	C-P	QM		0.2			张振桴(1992)
左权温城矿	C-P	JM		6.8			张振桴(1992)
阳泉	C-P	WY		0.7			张振桴(1992)
阳泉	C-P(太原组)	WY	2	0.66～1.8	1.2		赵峰华(1999)
西山矿区	C-P	PM-SM	5	0.10～24.2		2.5	张振桴(1992)
西山矿	C-P(太原组)	SM	1	3.4			唐修义等(1994)
汾西矿区	C-P	FM-SM	3	0.4～1.1	0.8		张振桴(1992)
霍西矿	C-P(太原组)	FM	7	0.7～5.4	2.0	1.7	唐修义等(1994)
河南 平顶山矿区	C-P(太原组)	QM	4	0.22～2.46			唐修义等(2000)
平顶山矿区	P(山西组)	QM	4	0.34～0.46			唐修义等(2000)
平顶山矿区	P(石盒子组)	QM	7	0.43～1.94			唐修义等(2000)
山东 肥城和新汶煤田	C-P(太原组)	QM-FM	17		11.4		曾荣树(2000)
肥城和新汶煤田	P(山西组)	QM-FM	6		1.6		曾荣树(2000)
济宁煤田	C-P	QM	38	1.04～5.47	2.9	2.6	刘桂建(1999b)
淄博矿	C-P(太原组)	PM	1	7.9			唐修义等(1994)
柴里矿	P(山西组)	QM	1	3.5			唐修义等(1994)
陶庄矿	P(山西组)	FM	2	0.4～0.5			唐修义等(1994)
枣庄矿	C-P(太原组)	FM	10	0.5～26.0	5.6	3.2	唐修义等(1994)
江苏 徐州垞城矿	C-P(太原组)	QM	1	2.8			唐修义等(1994)
徐州垞城矿	P(山西组)	QM	1	0.5			唐修义等(1994)
徐州垞城矿	P(石盒子组)	QM	5	0.4～5.2	1.1	1.0	唐修义等(1994)
安徽 淮北煤田	P(山西组)	QM-W	7	0.03～1.4	0.6	0.4	唐修义等(1994)
淮北煤田	P(石盒子组)	QM-WY	5	1.5～5.7	2.9	2.5	唐修义等(1994)
淮南新庄孜矿	P(山西组)	QM	2	1.9～19.4	10.7	6.1	唐修义等(1994)
淮南新庄孜矿	P(石盒子组)	QM	9	0.8～3.9	1.8	1.6	唐修义等(1994)
淮南李一矿	P(石盒子组)	QM	5	1.2～47.7	11.5	4.4	唐修义等(1994)
淮南潘一矿	P(石盒子组)	QM	6	0.2～0.6	0.4	0.3	唐修义等(1994)
浙江 长广	P_2(龙潭组)	QM		14.5			李文华(1993)
江西 赣中地区	P_2(龙潭组)	JM-WY	283	0.4～107.0	11.4		周贤定(1991)
乐平(残植煤)	P_2(龙潭组)	FM		9.5			张振桴(1992)

续表

地区、煤田（矿区、矿）	成煤时代（层位）	煤类	样品数	范围	算术平均值	几何平均值	资料来源
湖南 辰溪	P_2(龙潭组)	QM		47.9			李文华(1993)
梅田矿区	P_2(龙潭组)	PM-WY	10	0.8～25.6	10.0	5.5	唐修义等(1994)
广西 合山	P_2(合山组)	PM		3.36			李文华(1993)
重庆 南桐东林矿	P_2(龙潭组)	SM		2.8			肖达先(1989)
四川 筠连	P_2(龙潭组)	WY		26.5			张振桴(1992)
贵州 水城矿区①	P_2(龙潭组)	QM-PM	3	0.75～1.2	0.92	0.9	曾荣树(1998)
水城汪家寨矿	P_2(龙潭组)	QM-PM	3	3.21～11.88	6.26	5.20	曾荣树(1998)
六枝和水城	P_2(龙潭组)	QM-WY	45	3～19	8		庄新国(2001a)
林东，六盘水矿区	P_2(龙潭组)	QM-WY	32		7.6		倪建宇(1998)
六盘水矿区	P_2(龙潭组)	QM-JM	62	0.15～60.01			郭英廷(1996)
织金	P_2(龙潭组)	WY		7180.0	2167.0		郑宝山(1997)
纳雍矿	P_2(龙潭组)		1	1.26			赵峰华(1999a)
织金县北坡	P_2(龙潭组)	WY	4		2166.7		安冬(1992)
织金县鼠场	P_2(龙潭组)	WY	4		26.5		安冬(1992)
织金县兴寨	P_2(龙潭组)	WY	3		2.5		安冬(1992)
兴仁县交乐乡	P_2(龙潭组)	WY	6	405.0～7931.0	2408.7	16.50	Belkin(1997)
兴仁县交乐乡	P_2(龙潭组)	WY	64	15.0～8300.0	876.3		周代兴(1993)
兴仁县交乐乡	P_2(龙潭组)	WY	18	1.0～39.0	10.8		周代兴(1993)
安龙县海子乡	P_2(龙潭组)	WY	4	48.0～35037.0	1456.1	168.7	Belkin(1997)
兴义县	P_2(龙潭组)	WY	4	5.2～1100.0	434.6	52.8	Belkin(1997)
云、贵、川、渝	P_2(龙潭组)		1016	0.1～1438	11.29	3	李大华(2002)
江西 赣中地区	T_3(安源组)	JM-WY	78	0.1～9.8	3.1		周贤定(1991)
湖南 杨梅山矿	T_3(杨梅山组)	FM-JM		87.0			肖达先(1989)
贵州 黔西南龙头山	T_3(二桥组)		14	1.2～238.0	72.48	8.62	Zhang J. Y. (1999)
云、贵、川、渝	T_3		358	0.1～407.4	13.97	5.59	李大华(2002)
云、贵、川、渝	J_1		27	0.6～70.9	6.97	3.15	李大华(2002)
吉林 营城十号井	J_1(沙河子组)	CY			157.0		肖达先(1999)
辽宁 北票	J_1(北票组)	QM-FM	29		210.56		孔洪亮(2001)
山西 大同	J_1(大同组)	RN	4	0.5～6.1	2.6	1.8	唐修义等(1994)
大同	J_1(大同组)	RN	3	0.8～23.5	8.5	2.9	张振桴(1992)
大同矿区	J_1(大同组)	RN	8	0.14～67.0	11.29		袁三畏(1999)
大同一矿	J_1(大同组)	RN	8	3.2～7.01	4.79		庄新国(1999)
鄂尔多斯盆地	J_2(延安组)	CY-RN			16.3	8.1	李河名(1993)
内蒙古 东胜板亥矿	J_2(延安组)	CY-RN		154.75	38.0		李河名(1993)
东胜黑桥沟矿	J_2(延安组)	CY-RN			0.97		李河名(1993)
东胜唐公沟矿	J_2(延安组)	CY-RN			15.18		李河名(1993)

续表

地区、煤田 (矿区、矿)	成煤时代 (层位)	煤类	样品数	范围	算术平均值	几何平均值	资料来源
陕西 彬县水帘乡	J_2(延安组)	BN		31.08	15.0		李河名(1993)
宁夏 灵武磁窑堡	J_2(延安组)	BN		48.48	18.25		李河名(1993)
神府-东胜矿区	J_2(延安组)	CY	752	0.04～78.0	1.77		窦廷焕(1998)
神府-东胜矿区	J_2(延安组)	CY	5	0.21～0.72	0.42		唐修义等(2000)
新疆 哈密三道岭	J_1(八道湾组)	CY	4	1.0～6.8	3.0		唐修义等(1994)
哈密三道岭矿	J_1(八道湾组)	CY	4	1.84～3.04	2.20		唐修义等(2000)
哈密红星矿	J_1(八道湾组)	CY	2	0.17～0.29	0.23		唐修义等(2000)
阜康三工河矿	J_1(八道湾组)	CY	4	0.69～1.79	1.24		唐修义等(2000)
艾维尔沟	J_1(八道湾组)	QM-JM	5	0.23～1.28	0.58		唐修义等(2000)
库车俄霍布拉克	J_1(塔里奇克组)	QM	2	1.01～1.15	1.08	1.0	唐修义等(2000)
库车阿艾东风矿	J_1(塔里奇克组)	QM	4	0.23～0.40	0.34		唐修义等(2000)
和田布雅矿区	J_1(塔里奇克组)	CY	1	1.76			唐修义等(2000)
巴里坤三塘湖矿	J_2(西山窑组)	QM	4	0.48～6.81	3.86		唐修义等(2000)
淮南硫磺沟矿	J_2(西山窑组)	QM	5	1.27～1.74	1.49		唐修义等(2000)
伊宁霍城	J_2(西山窑组)	CY	10	0.92～4.28	1.85		唐修义等(2000)
库车大道南矿	J_2(克孜勒努尔)	QM	9	0.45～5.86	2.18		唐修义等(2000)
辽宁 阜新海州矿	K_1(阜新组)	CY	6	2.6～7.2	4.98		Querol(1997)
云、贵、川、渝	R	HM	446	0.6～632	37.76	15.98	李大华(2002)
辽宁 沈北煤田	E_3	HM	7	2.3～38.3	9.88	4.65	任德贻(1999)
抚顺西露天矿	E	QM	1	2.18			唐修义等(2000)
山西 恒曲 103 钻孔	E	HM	3	7.6～15.5	11.87		袁三畏(1999)
云南 沧源芒回矿	R	CY-QM			176.0		肖达先(1989)
临沧帮卖矿	N	HM	1	10.8			唐修义等(2000)
小龙潭矿	N	HM	3	6.72～16.8	12.0		唐修义等(2000)
小龙潭矿	N	HM		23.8			张振桴(1993)
东北-内蒙古东部		HM-WY	203	1.25～12.22	4.84	3.73	王起超(1996)
东北-内蒙古东部		HM			8.48		王起超(1996)
东北-内蒙古东部		CY			5.33		王起超(1996)
东北-内蒙古东部		JM			3.85		王起超(1996)
东北-内蒙古东部		SM			2.95		王起超(1996)
东北-内蒙古东部		WY			6.06		王起超(1996)

① 样品采自保华矿、大河边矿和老鹰山洗煤厂。

注：资料来源为转引唐修义等，2004 年。

煤中铍已对大气环境和人体健康造成了严重的影响。在美国《洁净空气修正案》(CAAA，1990) 所列出的189种污染物中，包括铍及其化合物。中国《大气污染物综合排放标准》(GB 16297—1996) 中，铍及其化合物的最高允许排放浓度为0.012mg/m^3，是所有11种无机元素中最低的。

中国煤中铍含量相对于世界煤中铍平均水平来说，总体水平较低。据对中国1018个煤层煤样及生产样煤中铍实例数据统计，不同聚煤区煤中铍的含量分布见表10-15。

表10-15　中国不同聚煤区煤中铍含量分布

聚　煤　区	煤样数(个)	范围 $w/10^{-6}$	算术平均值 $w/10^{-6}$	标准差 $w/10^{-6}$
东北	134	0～9	1.89	1.02
华北晚石炭-早二迭世	378	0～7	1.90	1.12
华北早-中侏罗世	83	0～8	1.90	1.47
华南	357	0～16	1.98	1.37
西北早-中侏罗世	63	0～3	0.90	0.61

注：资料来源为白向飞等，2004年。

曾对10个煤田煤中铍含量进行过测定，它们分别采自云南小龙潭煤田 N_1^3，煤层，其铍含量平均为 0.1×10^{-6}，霍林河煤田14#煤层，Be＝1.47×10^{-6}，铁法煤生产样，Be＝2.03×10^{-6}，义马煤田1^{-2}层，1.01×10^{-6}，神东煤田2^{-1}层，1.62×10^{-6}，大同煤田10－11层1.83×10^{-6}，平朔安太堡矿区4层1.83×10^{-6}，准格尔煤田黑岱沟6Ⅳ层1.51×10^{-6}，潞安常村矿生产样1.86×10^{-6}及兖州煤田16层煤中铍含量平均为1.47×10^{-6}。

煤中镉属有害元素，原煤中含镉量一般很低。燃后煤灰中镉有所富集，含量增加。我国的农用粉煤灰中污染物控制标准（GB 8173—87）对最高允许含镉量作出规定（$5\times10^{-6}\sim10\times10^{-6}$），但至今尚未见到超标的报道。通常认为煤中多数镉赋存在闪锌矿中，部分镉也可以赋存在其他矿物中，由此，通过洗选，镉较易脱除。我国若干煤田煤中含镉量见表10-16。

表 10-16　中国若干煤田（矿区）煤中镉的含量　w(Cd)，单位：10^{-6}

地区、煤田(矿区、矿)	成煤时代(层位)	煤类	样品数	范围	算术平均值	几何平均值	资料来源
河北 唐山荆各庄	C-P	QM	1	0.93			庄新国(1999)
山西 浑源(藻煤)	C-P(太原组)			1.2			张振桴(1991)
平朔安太堡矿	C-P(太原组)	QM	8	0.37～0.92	0.52	0.49	庄新国(1998)
朔州平鲁矿	C-P(太原组)	QM		0.8			张振桴(1991)
左权温城矿	C-P	JM		1.3			张振桴(1991)
阳泉	C-P	WY		1.6			张振桴(1991)
西山矿区	C-P	JM-SM	4	0.6～1.1	0.80	0.77	张振桴(1991)
古交随老母勘探区	C-P(太原组)	PM-SM	2	0.20～0.39	0.30	0.27	葛银堂(1996)
古交随老母勘探区	P(山西组)	PM-SM	3	0.12～0.2	0.16	0.15	葛银堂(1996)
汾西矿区	C-P	PM	3	1.0～1.5	1.20	1.18	张振桴(1991)
山东 肥城和新汶煤田	C-P(太原组)	QM-FM	17		0.4		曾荣树(2000)
肥城和新汶煤田	P(山西组)	QM-FM	6		0.1		曾荣树(2000)
江苏 徐州垞城矿	P(石盒子组)	QM	5	<0.01～0.11	0.03	0.02	唐修义等(1994)
安徽 淮南新庄孜矿	P(山西组)	QM	2	<0.04～0.06	0.05	0.05	唐修义等(1994)
淮南新庄孜矿	P(石盒子组)	QM	9	<0.01～0.14	0.06	0.04	唐修义等(1994)
江西 乐平(残殖煤)	P_2(龙潭组)	FM		1.0			张振桴(1991)
沿沟,鸣山,桥头丘矿	P_2(乐平组)	QM-FM	13		0.4		庄新国(2001)
湖南 梅田矿区	P_2(龙潭组)	PM-WY	9	0.7～10.0	3.8	2.6	唐修义等(1994)
四川 筠连	P_2(龙潭组)	WY		3.1			张振桴(1991)
贵州 水城汪家寨矿	P_2(龙潭组)	QM-JM	3	0.19～0.79	0.50	0.42	曾荣树(1998)
六枝、水城、盘县	P_2(龙潭组)	QM-JM	63	0.18～3.02	1.11		郭英廷(1996)
六枝	P_2(龙潭组)	QM-JM			0.76		郭英廷(1996)
水城	P_2(龙潭组)	QM-JM			0.96		郭英廷(1996)
盘县	P_2(龙潭组)	QM-JM			1.59		郭英廷(1996)
六枝和水城	P_2(龙潭组)	QM-WY	45	0.2～1.3	0.6		庄新国(2001)
滇东 老厂	P_2(龙潭组)	WY	42	<0.5～2.9	0.59		周义平(1993)
滇东-黔西	P_2(龙潭组)		42	0.45～2.6	0.83		周义平(1998)
江西 乐平沿沟煤矿	T_3(安源组)	JM-WY	31		1.0		庄新国(2001)
辽宁 北票	J_1(北票组)	QM-FM	29		0.28		孔洪亮(2001)
山西 大同1#,2#,3#	J_1(大同组)	RN	3	0.3～0.9	0.7	0.6	张振桴(1991)
大同一矿	J_1(大同组)	RN	8	0.22～0.82	0.43		庄新国(1999)
神府-东胜矿区	J_2(延安组)	CY	713	0.01～1.18	0.03		窦廷焕(1998)

续表

地区、煤田（矿区、矿）	成煤时代（层位）	煤类	样品数	范围	算术平均值	几何平均值	资料来源
云南 小龙潭矿	N	HM		1.6			张振桴(1991)
东北-内蒙古东部		HM-WY	203	0.01～0.30	0.12	0.104	王起超(1996)
东北-内蒙古东部		HM			0.08		王起超(1996)
东北-内蒙古东部		CY			0.12		王起超(1996)
东北-内蒙古东部		QM			0.11		王起超(1996)
东北-内蒙古东部		JM			0.15		王起超(1996)
东北-内蒙古东部		SM			0.14		王起超(1996)
东北-内蒙古东部		WY			0.19		王起超(1996)

注：资料来源为转引自唐修义等，2004 年。

铅是有毒元素，各种环保法规里都规定了铅的允许限量，环境中铅的来源众多，燃烧汽油排入大气中的铅最多，其次是冶金工业，燃煤也是大气中铅的来源之一。燃煤后底灰和飞灰中的铅含量都大于原煤，说明铅在煤灰中更为富集。通过大气颗粒物分析，煤灰颗粒粒径越小，铅含量越高。由于铅较易淋出，对电厂及洗煤厂周围环境监测铅的迁移是需要的。在煤制油过程中，也非常关心煤中铅的迁移与积累。自然界的铅具有亲硫性，主要以硫化物形式存在，铅在煤中也主要成为硫化物或赋存在其他硫化物矿物内，因此较易通过洗煤加以脱除或控制。表 10-17 列出中国若干煤田（矿区）煤中铅的含量。

镍是煤中常见的有害元素。世界煤中镍含量平均值约在 15～20μg/g 之间，波动范围 0.5～50μg/g。我国煤中镍含量的平均值为 22.62μg/g，几何平均值为 15.22μg/g，波动范围为 1.10～255.0μg/g。不同成煤时代镍含量的算术平均值列见表 10-5。表 10-18 列出中国煤中镍的分析结果。

镍是动物必需的微量元素，适量的镍可增加胰岛素，降低血糖；但是它也是致癌元素之一，如羰基镍在化学致癌物中属于确认致癌物。镍对人体的危害主要来自大气中的镍，而燃煤是大气中镍

表 10-17　中国若干煤田（矿区）煤中铅的含量　　单位：10^{-6}

地区、煤田（矿区、矿）	成煤时代（层位）	煤类	样品数	范围	算术平均值	几何平均值	资料来源
河北 唐山荆各庄	C-P	QM	1	38.98			庄新国(1999)
山西 主要煤田	C-P(太原组)	QM-WY	22	12.0～88.0	30.18		袁三畏(1999)
主要煤田	P(山西组)	QM-WY	34	6.0～66.0	26.59		袁三畏(1999)
浑源(藻煤)	C-P(太原组)			19.6			张振桴(1992)
平朔安太堡矿	C-P(太原组)	QM	2	13.1～18.3	15.7	15.5	唐修义等(2000)
平朔安太堡矿	P(山西组)	QM	3	15.7～47.0	29.6	26.8	唐修义等(2000)
平朔安太堡矿	C-P(太原组)	QM	8	12.20～47.42	27.25	24.8	庄新国(1998)
朔州平鲁矿	C-P(太原组)	QM		15.8			张振桴(1992)
左权温城矿	C-P	JM		9.7			张振桴(1992)
阳泉	C-P	WY		11.1			张振桴(1992)
西山矿区	C-P	JM-SM	5	5.8～26.0	15.3	12.9	张振桴(1992)
汾西矿区	C-P	PM	3	5.9～11.10	9.0	8.7	张振桴(1992)
霍州矿区	P(山西组)	QM-JM	10	5.22～28.70	13.57	12.08	唐修义等(2000)
陕西 韩城、铜川、蒲白	C-P		33		30.7		雒昆利(2002)
河南 平顶山矿区	P(山西组)	QM	4	10.4～20.9	15.03	14.54	唐修义等(2000)
山东 肥城和新汶煤田	C-P(太原组)	QM-FM	17		11.97		曾荣树(2000)
肥城和新汶煤田	P(山西组)	QM-FM	6		22.88		曾荣树(2000)
济宁煤田	C-P	QM	38	11.46～36.5	19.3	18.6	刘桂建(1999)
柴里矿	P(山西组)	QM	1	12.8			唐修义等(1994)
枣庄矿区	C-P(太原组)	FM	4	5.22～13.10	8.50	8.05	唐修义等(2000)
枣庄矿区	P(山西组)	FM	3	10.4～26.10	18.3	17.1	唐修义等(2000)
枣庄矿	C-P(太原组)	PM	1	7.2			唐修义等(1994)
江苏 徐州垞城矿	C-P(太原组)	QM	1	2.3			唐修义等(1994)
徐州垞城矿	P(山西组)	QM	1	50.6			唐修义等(1994)
徐州矿区	C-P(太原组)	QM	3	7.83～20.9	13.04	11.94	唐修义等(2000)
安徽 淮北煤田	P(山西组)	QM-WY	7	5.2～27.0	10.8	8.8	唐修义等(1994)
淮北煤田	P(石盒子组)	QM-WY	5	14.2～31.1	25.3	24.1	唐修义等(1994)
淮南煤田	P(山西组)	QM	4	7.83～26.1	15.03	13.68	唐修义等(2000)
淮南煤田	P(石盒子组)	QM	1	10.4			唐修义等(2000)
江西 乐平(残殖煤)	P_2(龙潭组)	QM		8.5			张振桴(1992)
沿沟，鸣山，桥头丘矿	P_2(乐平组)	QM-FM	13		13.7		庄新国(2001)
四川 筠连	P_2(龙潭组)	WY		36.3			张振桴(1992)
贵州 水城汪家寨矿	P_2(龙潭组)	QM-FM	3	7.81～16.22	11.54	11.03	曾荣树(1998)
六枝和水城	P_2(龙潭组)	QM-WY	45	7～27	14		庄新国(2001)

续表

地区、煤田(矿区、矿)	成煤时代(层位)	煤类	样品数	范围	算术平均值	几何平均值	资料来源
六枝、水城、盘县	P_2(龙潭组)	QM-JM	63	3.3～93.8	19.5		郭英廷(1996)
六枝	P_2(龙潭组)	QM-JM			32.2		郭英廷(1996)
水城	P_2(龙潭组)	QM-JM			17.9		郭英廷(1996)
盘县	P_2(龙潭组)	QM-JM			9.4		郭英廷(1996)
江西 沿沟煤矿	T_3(安源组)	JM-WY	31		26.3		庄新国(2001)
辽宁 北票	J_1(北票组)	QM-FM	29		15.92		孔洪亮(2001)
山西 大同1#,2#,3#	J_1(大同组)	RN	3	0.9～7.4	3.6	2.6	张振桴(1992)
大同矿区	J_1(大同组)	RN	8	6.0～30.0	12.88		袁三畏(1999)
大同一矿	J_1(大同组)	RN	8	3.68～10.09	6.7		庄新国(1999)
鄂尔多斯盆地	J_2(延安组)				<4		李河名(1993)
神府-东胜矿区	J_2(延安组)	CY	732	0.30～790.0	8.42		窦廷焕(1998)
辽宁 沈北煤田	E_3	HM	7	2.12～41.35	22.74	13.95	任德贻(1999)
山西 恒曲103钻孔	E	HM	3	29.0～38.0	33.0		袁三畏(1999)
云南 临沧帮卖矿	N	HM	1	7.83			唐修义等(2000)
小龙潭矿	N	HM	3	13.1～20.9	16.57	16.26	唐修义等(2000)
小龙潭矿	N	HM		2.8			张振桴(1993)
东北-内蒙古东部		HM-WY	203	0.89～108.10	20.32	18.29	王起超(1996)
东北-内蒙古东部		HM			14.67		王起超(1996)
东北-内蒙古东部		CY			17.70		王起超(1996)
东北-内蒙古东部		QM			19.94		王起超(1996)
东北-内蒙古东部		JM			24.70		王起超(1996)
东北-内蒙古东部		SM			26.92		王起超(1996)
东北-内蒙古东部		WY			47.07		王起超(1996)

注：资料来源为转引自唐修义等，2004年。

表 10-18 中国若干煤田（矿区）煤中镍的含量 单位：10^{-6}

地区、煤田(矿区、矿)	成煤时代(层位)	煤类	样品数	范围	算术平均值	几何平均值	资料来源
河北 唐山荆各庄	C-P	QM	1	13.66			庄新国(1999)
山西 浑源(藻煤)	C-P(太原组)			8.7			张振桴(1991)
平朔安太堡矿	C-P(太原组)	QM	8	2.36～40.75	9.99	6.8	庄新国(1998)
朔州平鲁矿	C-P(太原组)	QM		13.1			张振桴(1991)
左权温城矿	C-P	JM		22.8			张振桴(1991)
阳泉	C-P	WY		6.2			张振桴(1991)

续表

地区、煤田(矿区、矿)		成煤时代(层位)	煤类	样品数	范围	算术平均值	几何平均值	资料来源
	西山矿区	C-P	JM-SM	4	2.9～15.4	8.1	6.8	张振桴(1991)
	汾西矿区	C-P	PM	3	6.5～12.5	9.9	9.6	张振桴(1991)
	霍西	C-P(太原组)	PM	1	144.0			唐修义等(1994)
山东	肥城和新汶煤田	C-P(太原组)	QM-FM	17		31.83		曾荣树(2000)
	肥城和新汶煤田	P(山西组)	QM-FM	6		6.5		曾荣树(2000)
	淄博	C-P(太原组)	PM	1	4.9			唐修义等(1994)
	柴里矿	P(山西组)	QM	1	78.5			唐修义等(1994)
	陶庄矿	P(山西组)	PM	2	30.6～30.9	30.8	30.7	唐修义等(1994)
	枣庄矿	C-P(太原组)	PM	10	14.2～57.8	38.9	36.5	唐修义等(1994)
江苏	徐州垞城矿	C-P(太原组)	QM	1	1.5			唐修义等(1994)
	徐州垞城矿	P(山西组)	QM	1	6.5			唐修义等(1994)
	徐州垞城矿	P(石盒子组)	QM	5	1.0～59.0	28.0	16.1	唐修义等(1994)
安徽	淮北煤田	P(山西组)	QM-WY	7	3.8～9.8	7.3	7.0	唐修义等(1994)
	淮北煤田	P(石盒子组)	QM-WY	4	12.5～31.3	19.8	18.6	唐修义等(1994)
	淮南新庄孜矿	P(山西组)	QM	2	16.0～33.0	24.5	23.0	唐修义等(1994)
	淮南新庄孜矿	P(石盒子组)	QM	9	34.0～155.0	67.2	60.3	唐修义等(1994)
	淮南李一矿	P(石盒子组)	QM	1	166.0			唐修义等(1994)
	淮南潘一矿	P(石盒子组)	QM	6	12.3～24.7	15.8	15.3	唐修义等(1994)
江西	乐平(残殖煤)	P_2(龙潭组)	FM		14.7			张振桴(1991)
	沿沟,鸣山,桥头丘矿	P_2(乐平组)	QM-FM	13		8.5		庄新国(2001)
湖南	梅田矿区	P_2(龙潭组)	PM-WY	10	2.4～116.0	16.9	7.3	唐修义等(1994)
四川	筠连	P_2(龙潭组)	WY		65.2			张振桴(1991)
贵州	水城汪家寨矿	P_2(龙潭组)	QM-FM	3	8.08～19.97	15.06	14.03	曾荣树(1998)
	六枝和水城	P_2(龙潭组)	QM-WY	45	6～54	18		庄新国(2001)
	六盘水地区	P_2(龙潭组)	QM-WY	32		5.41		倪建宇(1998)
	水城11#煤层	P_2(龙潭组)	QM			2.31		倪建宇(1998)
	水城11#煤层	P_2(龙潭组)	FM			2.50		倪建宇(1998)
	水城11#煤层	P_2(龙潭组)	JM			8.55		倪建宇(1998)
江西	沿沟煤矿	T_3(安源组)	JM-WY	31		34.4		庄新国(2001)
辽宁	北票	J_1(北票组)	QM-FM	29		34.23		孔洪亮(2001)
山西	大同1#,2#,3#	J_1(大同组)	RN	3	6.6～16.6	12.4	11.6	张振桴(1991)
	大同一矿	J_1(大同组)	RN	8	4.13～174.61	30.87		庄新国(1999)
鄂尔多斯盆地		J_2(延安组)	CY-RN			11.9	9.4	李河名(1993)
神府-东胜矿区		J_2(延安组)	CY	732	2.0～226.2	9.14		窦廷焕(1998)

续表

地区、煤田(矿区、矿)	成煤时代(层位)	煤类	样品数	范围	算术平均值	几何平均值	资料来源
辽宁 阜新海州矿	K_1(阜新组)	CY	6	5.0～22.0	14.5		Querol(1997)
沈北煤田	E_3	HM	7	40.51～155.3	80.60	73.78	任德贻(1999)
云南 小龙潭矿	N	HM		10.5			张振桴(1991)
东北-内蒙古东部		HM-WY	203	1.24～1126.4	20.82	10.06	王起超(1996)
东北-内蒙古东部		HM			6.13		王起超(1996)
东北-内蒙古东部		CY			21.89		王起超(1996)
东北-内蒙古东部		QM			16.64		王起超(1996)
东北-内蒙古东部		JM			12.60		王起超(1996)
东北-内蒙古东部		SM			8.86		王起超(1996)
东北-内蒙古东部		WY			12.39		王起超(1996)

注：资料来源为转引自唐修义等，2004 年。

的主要来源，据预测世界镍排放量约(3375×10^3)～(24150×10^3) kg/a，仅次于燃油对大气中镍的“贡献”。对层燃炉燃煤产物的研究表明，煤中镍有 17.86%存在于飞灰，78.20%存在于底灰，有 3.94%进入大气。由于水体中的镍离子与氨基酸、黄腐植酸等形成可溶性络合物，易于迁移，又可被水中溶胶、凝胶物、悬浮物和矿物颗粒等吸附，形成聚合体而沉淀，因此要对燃煤电厂灰池水中及洗煤厂沉淀池中的镍倍加注意，要注意镍含量的迁移。

由表列数据可见，采自湖南梅田、辽宁沈北、安徽淮南、山西大同等矿区的少数煤样中，检测到镍含量高达 100×10^{-6}～250×10^{-6}，在东北-内蒙东部地区煤中镍含量出现异常高值，达 1126.4×10^{-6}。

10.2.2 煤中有害元素的迁移与富集

采煤过程中，除某些溶于矿井水的有害元素造成较小的局部影响外，由于采煤区表层周围煤的风化，尤其是矿物质中黄铁矿的分解，生成酸性浸出物，造成对附近水源的污染。美国和一些国家已经规定对废弃煤矿必须采取防治污染的措施。露天采煤使地形地貌发生变化，地下水的水质亦有所改变。次表层的通风及表层细菌量的变化，使煤中存有的黄铁矿发生氧化，pH 值下降，酸度增加，一些微量元素如砷、硒可能被析出。黄铁矿氧化还产生硫酸，会浸出附近岩石中的有害元素，造成对水质的污染。在回填露天煤矿时，也要注意微量元素对植物再生长的影响。例如在富集过多的硒和钼的地区，放牧动物吃了当地的植物，就会产生一系列的不良症状。因此，必须从“生物地球化学循环”的概念，去评价微量元素在人类生活圈内的循环。

我国是燃用煤炭的大国，煤的燃烧除产生大量的 SO_2 和 NO_x 外，煤中有害元素也会发生转化与迁移并进入大气环境。各种微量元素多数以矿物、单质、螯合物等赋存形态存在于煤中，燃烧后经历高温阶段，微量元素经过复杂的物理化学作用过程，分别向炉渣、底灰、飞灰和烟气中转化，进行重新分配。这个再分配过程分别与元素在煤中的分布赋存形态、元素的物理化学特性及其在高温燃烧时的挥发性表现以及煤中有机碳总量和燃烧中硅酸盐矿物含量等因素有关。其中不挥发的微量元素与大多数常量元素一样主要存在于炉渣和底灰中；可挥发的微量元素在燃烧气化后部分可再向固态形式转化并在飞灰中聚集，部分散发到大气环境中；而最具挥发性的那些微量元素大多穿过烟尘脱除装置和脱硫系统而进入到大气环境中，造成污染。

微量元素按其转化行为大体上可分为三类：第一类，微量元素在燃烧后，在底灰和飞灰中呈均量分布，没有明显的富集和稀释现象；第二类元素是明显地在飞灰中富集，而在底灰中较少，随飞灰粒径的减小，其富集程度更为明显；第三类元素具有挥发性，甚至在飞灰中也不具富集现象，全部或大部分呈气态排入大气。如果按元素或其氧化物的沸点来分类，微量元素在高温下的表现与该元素或其氧化物的沸点高低密切相关。图 10-1 示出以挥发性为基础的微量元素分类。

影响微量元素最终分布的物理化学因素有：①气流中夹带的飞灰颗粒热转换表面上的不均一冷凝作用；②飞灰表面的物理与化学吸附作用；③在超饱和条件下微米级空气溶胶的均一凝集与合并；④微量元素与飞灰、热气流间发生的均一和不均一的化学反应；⑤

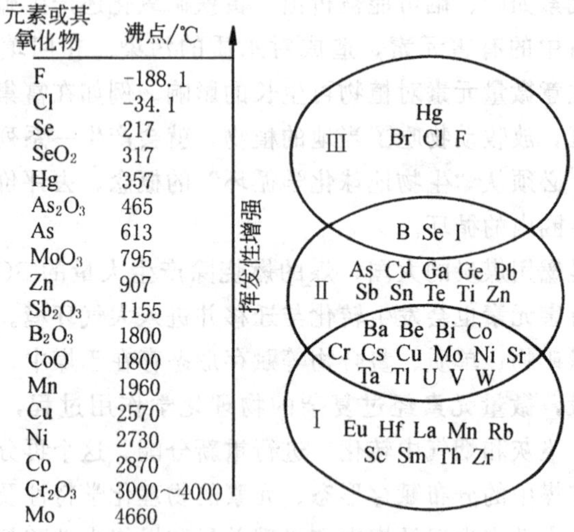

图 10-1 微量元素按其挥发性的分类
（资料来源：L. B. Clarke，L. L. Sloss，1992 年）

挥发状态下的组分在高分压的燃烧炉中和出口处释放热量的大小；⑥气流与排出控制装备的碰撞。此外，电除尘系统和纤维过滤装置所收集下的煤尘粒度分布与除尘率，也对微量元素的分布具有直接的影响。

一般煤经燃烧后，矿物质大约有 20％转入底灰，80％左右进入飞灰。底灰存留在燃炉的燃烧区，飞灰则通过静电除尘器或纤维过滤装置，脱除约 99％的飞灰，其余以＜10μm 的微粒随烟道气排入大气。要关心飞灰与底灰的处理，特别当将灰排入煤灰处理池时，要防止地面水或地下水对灰中微量元素的浸出所造成的污染。对下列这些微量元素，尤其要特别注意：As、B、Cd、Cu、Mo、Ni、Se 和 Zn。如果在灰池中添加富黏土的泥土，或采用黏土衬里、塑料布衬，可降低浸出物对土壤和水质的污染。

煤在燃烧过程中，其中矿物质经高温后转化呈气态及灰粒形式的转化模式如图 10-2 所示。由图可见，煤燃后灰粒大小一般为 0.01～250μm，并表现为双峰粒度分布态。亚微米级灰粒为0.05～

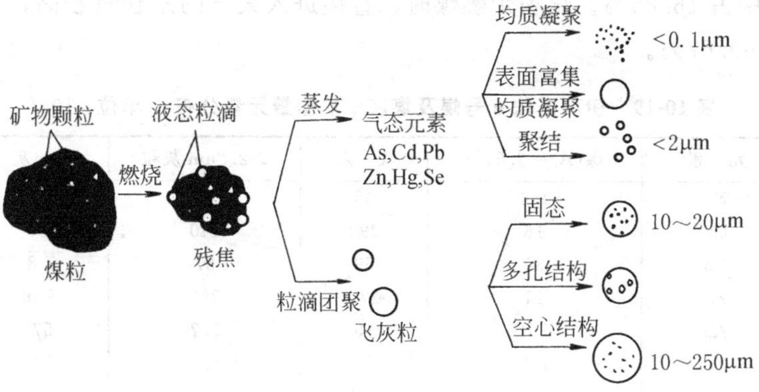

图 10-2　煤燃烧过程中，矿物质转化成气态及灰粒的转化模式
（资料来源：L. B. Clarke，L. L. Sloss，1992 年）

0.20μm，是由于矿物元素蒸发再凝聚到燃煤表面而形成的；10μm 以上的灰粒，从成分上看，主要由 Si、Al、Fe、Ca、Mg、K 和 Na 的氧化物和硫酸盐所组成。

在温度高达 1400℃的燃烧炉中，煤粒经历了一系列的物理化学转化过程，包括凝聚、矿物颗粒熔化、残炭的形成、矿物熔化后的聚结、挥发性元素的蒸发等。在高温下煤粒中矿物颗粒处于熔化状态或部分熔化状态，同时煤中主要来自黏土矿物和硅酸盐矿物的熔化态玻璃质颗粒与残炭颗粒互相作用，进而又聚结，使部分灰粒粒度变大。由于残炭颗粒孔隙性的增强，又可导致颗粒的破碎，使部分灰粒再次变小。空心的灰胞是通过熔化粒中心挥发性成分的膨胀作用而产生的。

下面举两个煤灰中微量元素富集及分布的例子。一是美国伊利诺依 6 号煤（表 10-19）经燃烧后，一些微量元素在底灰与飞灰中的富集与分布。另一个例子是关于汞在飞灰中的分布特征，分析了不同燃煤炉型汞的富集因子的变化（表 10-20）后，发现煤灰粒度越细，汞的富集因子越高。后有人分析烟尘中汞的平均含量约为 1.06μg/g，波动范围在 0.15～2.31μg/g 之间（煤样品 21 个）。对于层燃炉，煤中汞进入大气的占 56.28%，飞灰中占 26.87%，底灰中占16.85%。煤粉炉燃煤时，直接进入大气的汞含量较高，约为69.67%。

表 10-19 伊利诺依6号煤及煤灰中的微量元素分布 单位：10^{-6}

元素	煤(A_d=3.6%)	飞灰	>2.2μm 灰粒	底灰
Sc	1.4	46	44	4.3
Cr	16	290	440	530
Co	30	59	57	6.8
Zn	11	270	250	500
As	1.1	15	5.7	57
Se	1.3	13	5.6	13
Cd	—	4.2	—	3.9
Sb	0.28	3.0	1.5	11
U	2.2	27	31	31

注：资料来源为J. J. Helble，1994年。

表 10-20 煤在不同燃煤炉型中汞的富集因子变化

KZL4-10 链条炉			SZP10-13 抛煤机炉		
煤灰	飞灰粒度/μm	汞的富集因子	煤灰	飞灰粒度/μm	汞的富集因子
旋风除尘器前烟尘	>10	4.03	静电除尘器前烟尘	>10	1.20
	<10	10.55		<10	1.35
旋风除尘器后烟尘	>10	4.56	静电除尘器后烟尘	>10	2.33
	<10	12.76		<10	6.03
旋风除尘器灰		0.90	旋风除尘器灰		1.08
炉渣		0.34	炉渣		0.45

注：资料来源为陈嘉春转引自张军营，1999年。

储运过程中，只要储存时间不长，煤的风化并不严重，微量元素对环境的影响就不很明显。例如对洗精煤，通常其黄铁矿含量已经很低，加上如果采用堆放夯实措施，阻止水和空气的侵入，使风化得到控制，这种情况下，微量有害元素的存在及对环境的影响也不足为患。

10.2.3 煤中有害物质的防治

煤洗选的目的，就是降低煤中矿物质的含量，减少灰产率，这样就带来一个额外的成效，即能在脱灰的同时使与硫化物或其他矿物相结合的微量元素含量降低。因而，微量元素的减少与灰产率的降低之间存在相关关系。研究表明，当灰产率从原煤的25%～30%下降到洗精煤的6%～10%时，As、Cr、Mn、Ni和Pb的含量减少54%～75%；Cd、Co和Be的含量下降了41%～52%；Hg、Sb和Se降低得较少，减少14%～34%。采用重介质旋流器和浮选方法等先进选煤技术后，As、Cd、Pb、Ni和Sb的下降幅度还要比常规选煤来得大。但要注意选煤后也会带来一些麻烦，即尾煤中的有害元素含量相对增高。特别当尾煤中富集有黄铁矿时，它是一个潜在的酸性溶液的来源，将会浸出有害的微量元素，使水质遭到污染，可能引发环境灾害。因此对于选煤厂来说，要对尾煤和洗矸采取切实措施，以防治可能造成的污染。

另一个选煤后要注意的问题，是放射性污染问题。在排矸或洗选后尾矿的堆放和利用中，要注意煤中镭、铀和钍这些具有放射性的微量元素，它们会不断地放出少量的氡。特别当利用煤矸石制建材时，要检测氡的放射强度，看看是否超标，以避免人体长期遭受放射性污染。至于燃煤排放物中的放射性污染，一般是很低的，无需过分注意。

表10-21列出老鹰山洗煤厂用不同密度重液浮沉后样品中微量元素与原样的变化情况，表中同时还列出贵州保华和大河边煤矿煤不同密度样品的微量元素含量的变化情况。由表可见，各种微量元素经浮沉洗选后在高密度组分中的富集倍率，说明洗选是降低煤中微量元素的有效方法。

循环流化床燃烧并喷加脱硫剂，也是一种降低微量元素危害的有效方法。实验表明，潜在有害微量元素As、Se、Sb、Cr、Cu、Ni和Ba等大都在细粒级（<0.03mm）中富集，烟道灰中则有Be、As、Hg、F、Zn、Ni和Cr等微量元素富集。固硫剂的加入，能对As和Se的污染起到扼制作用，使烟道灰中的As含量降低80%，Se含量降低80%甚至90%。采用黏土、塑料衬也是防治灰池中微量有害元素迁移的一种有效方法，不过要定时测定黏土吸附微量元素的容量，并延长衬料的寿命，避免造成吸附有害元素的能力失效。

表 10-21　煤样经不同密度浮沉后，各级样品中微量元素的变化情况　　单位：μg/g

样品号	贵州保华矿			大河边矿		老鹰山洗煤厂				
重液密度	1.24～1.38	>1.8	原样	<1.24	原样	<1.24	1.24～1.38	1.38～1.8	>1.8	原样
La	13.8	80.5	29.5	10.9	32.5	10.8	15.0	41.1	43.8	24.0
Ce	29.5	154	57.4	21.2	59.4	22.7	27.9	78.6	89.6	42
Nd	9.6	55.5	22	8.4	20.9	7.9	12.7	31.9	31.4	16.2
Sm	2.1	12.6	4.9	1.9	3.7	1.9	2.1	6.6	7.8	3.8
Eu	0.55	2.8	1.2	0.46	0.95	0.39	0.45	1.3	1.8	0.77
Tb	0.44	2.3	0.95	0.38	0.56	0.40	0.39	0.93	1.6	0.80
Al	5100	42400	10400	3980	26000	3430	1300	18000	33800	10800
Ca	<500	3570	1830	659	5940	<500	<500	<500	9270	4000
Yb	1.3	2.7	1.7	0.97	1.6	0.98	1.2	2.6	2.3	1.6
Lu	0.21	0.40	0.26	0.16	0.26	0.18	0.20	0.40	0.40	0.26
U	<0.3	5.9	1.8	1.2	2.8	<0.3	1.61	3.8	6.0	1.4
As	<0.7	<0.7	0.81	<0.7	1.2	<0.7	1.46	1.56	9.3	0.75
Sb	0.42	1.3	0.37	0.30	0.36	0.48	0.58	0.81	1.9	0.47
Na	74	286	154	73	585	37	54	143	220	249
Ba	13	127	<10	55	268	48	29	71	176	11
Rb	6.1	9.5	<3.0	5.6	12.5	<3.0	<3.0	<3.0	<3.0	<3.0
Se	4.9	17	7.1	4.0	9.0	3.9	3.9	7.0	19	6.4
Th	2.5	13.8	4.5	1.8	8.2	1.8	3.3	8.4	9.6	4.0
Cr	19	63.9	27	9.5	16	7.4	13.4	24.9	52.9	19.9
Hf	1.5	5.8	1.9	0.55	3.1	0.62	1.9	3.4	4.2	2.1
Sr	<50	101	66.9	<50	557	<50	<50	110	118	117
Zr	<40	271	187	<40	197	108	94	156	334	216
Cs	<0.1	0.60	0.50	<0.1	0.81	0.33	0.24	0.33	0.51	0.43
W	254	12400	27	439	19	338	373	1540	10600	15
Sc	3.5	14.8	5.9	2.4	7.4	2.4	3.0	6.8	11	4.8
Fe	1630	22000	4780	1860	6110	1260	1470	5420	51900	4490
Zn	<15	75.6	<15	<15	<15	<15	16.7	26.5	55.6	<15
Ta	0.33	2.0	0.45	0.14	0.4	0.11	0.27	0.76	1.5	0.37
Co	16	27	20.5	4.6	8.9	5.6	13.2	11	18.5	13
Br	1.9	<0.4	5.7	<0.4	2.9	<0.4	4.0	2.4	<0.4	3.4
Cl	260	<20	219	242	165	175	59	188	152	200
Mn	3.3	62	16	3.5	115	6.5	1.3	10	206	32
V	92	298	114	36	52	29	15	125	193	87
Ti	2340	31000	4900	1600	6100	1200	490	6600	20000	5300

注：表中数据由中国科学院高能物理研究所分析测试中心使用中子活化分析测试。资料来源为曾荣树等，1998年。

目前，各行业都在使用低硫煤，因为这类煤中的微量有害元素的含量不高，也就不会在这方面带来太多的环境污染问题。

此外，要多方位地研究煤中微量元素对健康与环境的影响，要正确分析微量元素对人类健康的积极和消极作用，忽视人类健康所必需的微量元素，一味强调微量元素本身的有害性，也是不可取的。

10.3 煤利用过程中的致癌化合物

煤经液化与焦化过程，都能得到沥青系的稠环芳烃化合物，其中有些是具有致癌活性的化合物，尽管它们的致癌程度各有差异，但是足以引起人们的密切注意。

钱树安收集了国际上自50年代起，直到90年代初期的沥青系化合物的系统信息，收集了用现代高分辨毛细管气相色谱法、高效液相色谱法、气相色谱/质谱联合法和高分辨质谱法等技术，由沥青系中检定出的282种单种化合物的结果，包括多环芳烃（PAH）117种，含氮芳香化合物72种，含氧芳香化合物62种及含硫芳香化合物31种。PAH的最高分子量为596，相当于15环芳烃。了解这些多环芳烃的形成过程，以及其中某些化合物的致癌活性，对煤化学和煤化工的科研工作者，特别对环境保护工作者具有重要的意义。

煤在液化过程中，溶剂中发生煤大分子的解聚和弱键的断裂，而转变成液态产物（如溶剂精炼煤SRC）。煤焦油及沥青是煤炼焦时析出挥发物，流经焦炉炉顶空间，部分经过深度热解而得。由于煤料初次热解，其挥发物组成的复杂性，以及高温气相热解反应的多方向性，决定了煤液化、焦化产生的沥青系化合物组成的极端复杂性。

10.3.1 多环芳烃化合物的形成

多环芳烃化合物中有多环芳烃（Polycyclic Aromatic Hydrocarbons），简称PAH，以及含有杂环（氧或氮、硫）的多环芳香化合物（Polycyclic Hetro-aromatic Compounds），另外还有少数杂原子不在环上的多环芳烃。PAH和含氮芳香烃具有不同程度的致癌活性，从20世纪60年代起就引起环境科学工作者的注意，进行过许多单体模拟热解试验，力图阐明各种PAH的生成机理。

苯、甲苯、苯乙烯3种单环烃，除由煤热解挥发物中的长链烷基苯及多取代苯高温热裂解生成外，也可能通过丁二烯及一些烯烃，或丁二烯自身的Diels-Alder双烯加成反应再脱氢而生成。苊烯、萘的前驱体也都是由丁二烯或二烯的热解产物脱氢而生成。

以菲的生成为例，它可能是由一个环己烯自由基（或一个苯基）和苯乙烯（或3-乙烯基环己烯）的缩合并进一步脱氢而成。如果它的第一阶段产物经重排，再环化脱氢，就生成蒽。菲的生成有如下式：

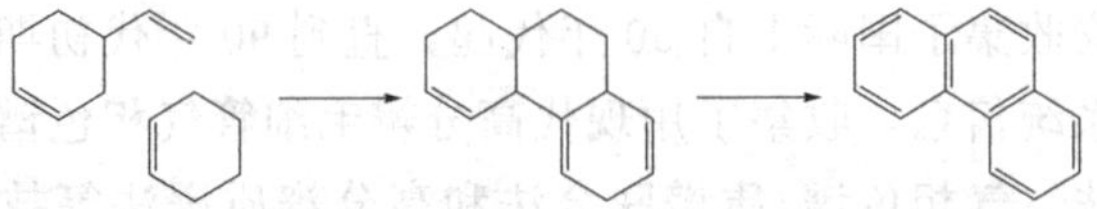

蒽和菲在950℃高温下可互相转化，且在平衡情况下菲在产物中的含量大于蒽。

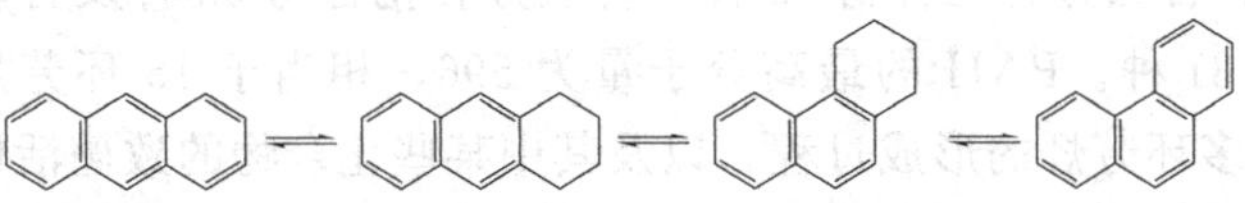

苯、甲苯、苯乙烯、苊烯、茚、萘、菲和蒽，这8种低分子芳烃构成了煤沥青系中许多重质多环芳烃的初始反应物。

煤沥青系中含量较多的化合物，还有芘、芴、荧蒽、苯并[a]芘、晕苯和丁省等，其中苯并[a]芘是致癌物中的典型代表。实验证明，用1,3-丁二烯苯热解，其产物中就能检出0.12%的苯并[a]芘。

四氢萘700℃热解可导得0.17%的苯并[a]芘，丁基苯热解可导得苯并[a]芘含量约1%，因此很自然地设想苯并[a]芘的形成一般都经由中间体所形成。通常，在热解产物中检出显著量的苯并[a]芘的同时，也检出少量苯并[e]芘。根据苯并[a]芘的形成机理，于是便推测苯并[e]芘的生成也是经由中间产物而得来的。

此外，通过芳环的增稠反应，将芴热解可导致生成䓛，苯并［a］蒽、苯并［c］菲等。加上分子间或分子内的进一步缩合反应，同类或异类分子的二缩聚反应，导致缩合五环芳烃、六环芳烃及苯并荧蒽、苝、芴并荧蒽和三亚苯等多环芳香烃化合物的生成。

煤液化产物中，由于存在氢转移反应，即某些反应物在热解时所生成的游离态氢随即又转移到形成的缩聚芳烃上，就会有二氢化蒽、四氢化蒽类化合物生成。从煤液化产物 SRC 的含氧化合物中，检定出芳香酚类如丁省酚、芘酚、萘酚；呋喃系有二苯并呋喃，直到甲基萘并菲并呋喃；醌类化合物有蒽醌、苯并蒽醌、苯并芘醌；还有呫吨，呫吨酚等。从 SRC 的含氮化合物中检出了吡啶系、喹啉系、吖啶系以及氮杂芘到氮杂晕苯等一系列多环含氮杂环化合物；含吡咯基团化合物有咔唑，苯并咔唑直到二萘并咔唑；此外还检出萘胺。噻吩系化合物也大量存在于 SRC 中，如二苯并噻吩系、萘并苯并噻吩系；硫酚系有萘硫酚。以上各个系列的含氧、含氮、含硫芳香化合物在 SRC 中和在煤沥青中的并行检出，再一次说明了呋喃基、酚羟基、芳香醚、呫吨、芳香醌、吡啶环、吡咯基，以及噻吩环的高度热稳定性。

10.3.2 致癌化合物的活性及其分子结构

在前述所检出的 282 种化合物中，至少有 41 种化合物具有不同程度的致癌活性，它们多数属多环芳烃或含氮芳香化合物，只有一个含氧芳香化合物；但是检出的 31 种含硫芳香化合物中，都不具致癌活性。表 10-22 列出这些致癌化合物的名称及结构，以供参考。

表 10-22 从煤沥青系中检出的致癌化合物

编号	名 称	分子式	分子量	结构式	备 注
1	蒽 Anthracene	$C_{14}H_{10}$	178	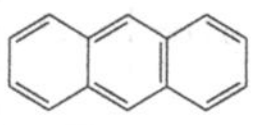	在中温沥青(俄)中含1%～2%。致癌活性：+
2	9,10-二甲基蒽 9,10-Dimethylanthracene	$C_{16}H_{14}$	206	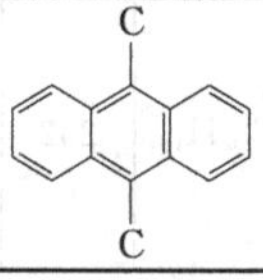	我国太钢中温沥青中含0.06%。致癌活性：+

续表

编号	名 称	分子式	分子量	结构式	备 注
3	菲 Phenanthrene	$C_{14}H_{10}$	178	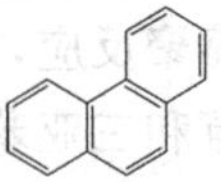	在同一沥青样品中含量大于蒽。致癌活性：＋
4	苯并[*a*]蒽 Benz[*a*]anthracene	$C_{18}H_{12}$	228	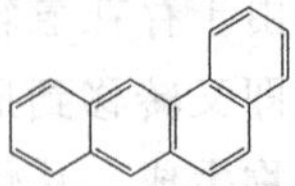	别名丁芬，在中温沥青（英）中含 0.55%。致癌活性：＋
5	6-甲基苯并[*a*]蒽 6-Methylbenz[*a*] anthracene	$C_{19}H_{14}$	242	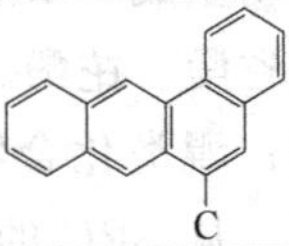	致癌活性：＋＋
6	9,10-二甲基苯并[*a*]蒽 9,10-Dimethylbenz[*a*]anth-racene	$C_{20}H_{16}$	256	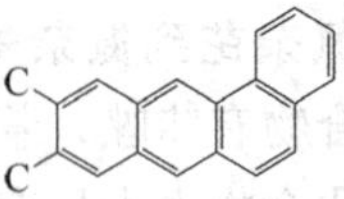	致癌活性：＋
7	䓛 Chrysene	$C_{18}H_{12}$	228	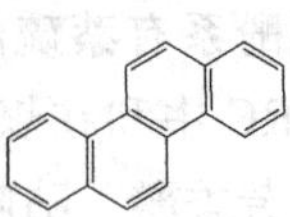	中国太钢中温沥青含3.3%，俄国中温沥青含3%～5%，致癌活性：＋，质谱法检出 C_1～C_3 取代物
8	苯并[9,10]菲或称三亚苯 Tripenylene	$C_{18}H_{12}$	228	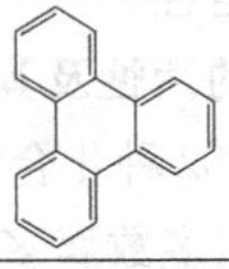	致癌活性：＋
9	苯并(*a*)芘 Benzo(*a*)pyrene	$C_{20}H_{12}$	252	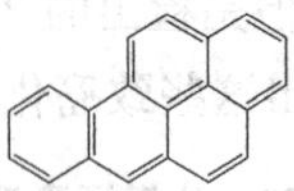	原名3,4-苯并芘，在俄中温沥青中含4%～10%。我国太钢中沥含1.49%。致癌活性：＋＋
10	苯并(*e*)芘 Benzo(*e*)pyrene	$C_{20}H_{12}$	252	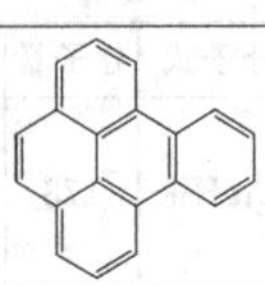	在中温沥青(英)中含0.3%。我国太钢中沥含0.23%。致癌活性：＋
11	苯并(*b*)荧蒽 Benzo(*b*)fluoran-thene	$C_{20}H_{12}$	252	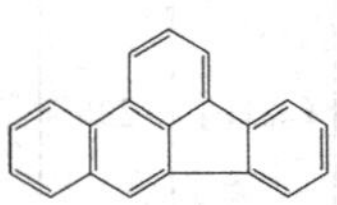	别名 Benz(*e*)ace-phenanthrylene。中温沥青(英)中含0.24%。致癌活性：＋＋

续表

编号	名 称	分子式	分子量	结构式	备 注
12	苯并(*j*)荧蒽 Benzo(*j*)fluora-nthene	$C_{20}H_{12}$	252	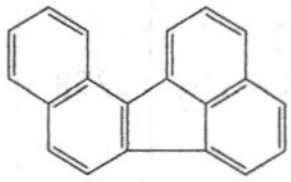	英国中温沥青中含0.3%,我国太钢中沥中含1.57%。致癌活性:++
13	苯并(*k*)荧蒽 Benzo(*k*)fluor-anthene	$C_{20}H_{12}$	252	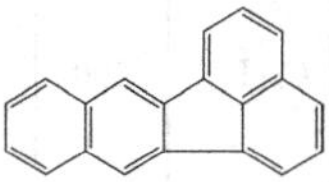	英国中温沥青中含0.4%,我国太钢中沥中含1.78%。致癌活性:++
14	苯并苝 Benzope-rylene	$C_{22}H_{12}$	276	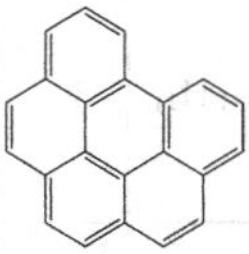	俄中温沥青中含约2%,英中温沥青中含0.31%。致癌活性:+
15	蒽垛蒽 Anthanthrene	$C_{22}H_{12}$	276	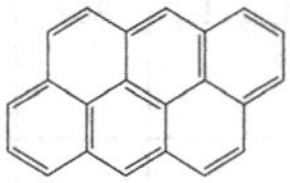	别名 Dibenzo[def,mno]chrysene。质谱法还检出甲基衍生物。英中温沥青中含0.12%。致癌活性:+
16	茚并(1,2,3-*cd*)荧蒽 Indeno(1,2,3-cd)fluoranthene	$C_{22}H_{12}$	276	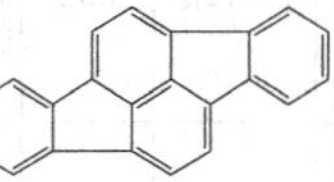	致癌活性:+
17	茚并[1,2,3-*cd*]芘 Indeno[1,2,3-cd]pyrene	$C_{22}H_{12}$	276	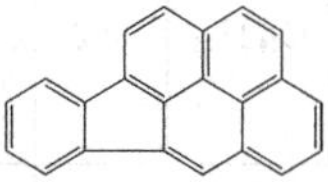	别名 3,4-*o*-phenylenepyrene 致癌活性:+
18	二苯并[*a*,*c*]蒽 Dibenz[*a*,*c*]anthracene	$C_{22}H_{14}$	278	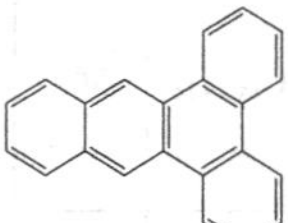	致癌活性:+
19	二苯并[*a*,*h*]蒽 Dibenz[*a*,*c*] an-thracene	$C_{22}H_{14}$	278	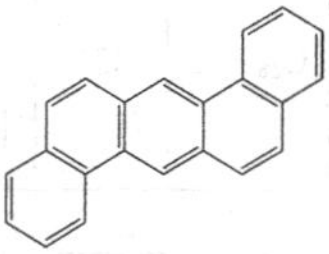	英中温沥青中含0.07%。致癌活性:+
20	二苯并(*a*,*i*)蒽 Dibenz(*a*,*i*) anthracene	$C_{22}H_{14}$	278	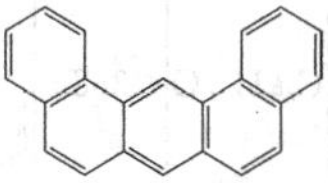	英中温沥青中含0.04%。致癌活性:+

续表

编号	名 称	分子式	分子量	结构式	备 注
21	苯并(*g*)䓛 Benzo(*g*)chrysene	$C_{22}H_{14}$	278	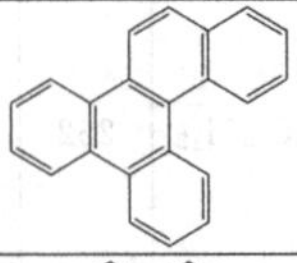	致癌活性:+ 质谱法还检出 C_2 取代物
22	晕苯 Coronene	$C_{24}H_{12}$	300	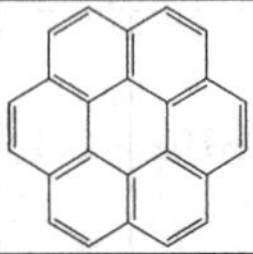	别名蔻,在俄中温沥青中含 3%～3.5%。致癌活性:+
23	二苯并(*a*,*l*)芘 Dibenzo(*a*,*l*)pyrene	$C_{24}H_{14}$	302	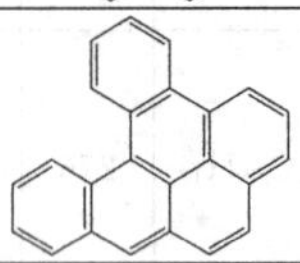	别名 Dibenzo[def,p]chrysene。在英中温沥青中含 0.2%。致癌活性:++
24	二苯并[*a*,*e*]芘 Dibenzo[*a*,*e*] pyr-ene	$C_{24}H_{14}$	302	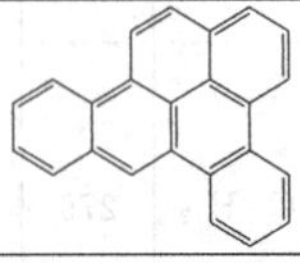	别名 Naphtho[1,2,3,4-def]chrysene,在英中温沥青中含 0.92%。致癌活性:++
25	二苯并[*a*,*h*]芘 Dibenzo[*a*,*h*] pyrene	$C_{24}H_{14}$	302	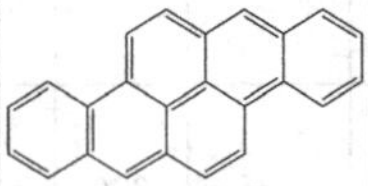	别名 Dibenzo[b,def]chrysene,在英中温沥青中含 0.05%。致癌活性:++
26	二苯并[*a*,*i*]芘 Dibenzo[*a*,*i*] pyr-ene	$C_{24}H_{14}$	302	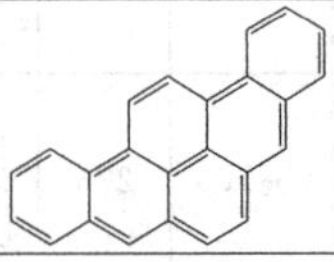	别名 Benzo[rst]pentaphene 在英中温沥青中含 0.07%。致癌活性:++
27	二苯并荧蒽 Dibenzofluorant- hene	$C_{24}H_{14}$	302	苯环并位未定	系毛细管气相色谱检出,苯环并位未定,其中二苯并(*a*,*e*)荧蒽。致癌活性:+
28	靴二蒽 Peropyrene	$C_{26}H_{14}$	326	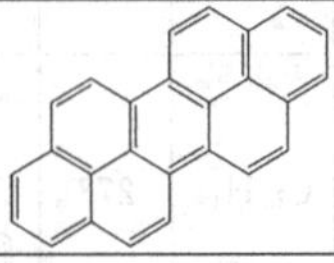	致癌活性:+
含氧多环芳香化合物					
29	二萘并 [2,1-*b*:2′3′-*d*]呋喃 Dinaphtho [2,1-*b*:2′,3′-*d*]furan	$C_{20}H_{12}O$	268	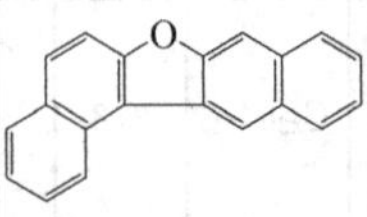	致癌活性:+ 质谱法还检出 C_1～C_3 取代物

续表

编号	名 称	分子式	分子量	结构式	备 注
含氮多环芳香化合物					
30	β-萘胺 β-Naphthylamine	$C_{10}H_9N$	143	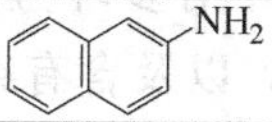	致癌活性：++
31	2-甲基喹啉 2-Methylquinoline	$C_{10}H_9N$	143	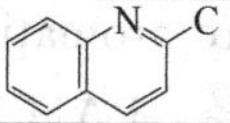	致癌活性：+
32	3-甲基喹啉 3-Methylquinoline	$C_{10}H_9N$	143	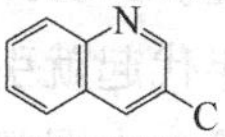	致癌活性：+
33	4-甲基喹啉 4-Methylquinoline	$C_{10}H_9N$	143	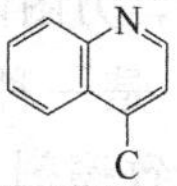	致癌活性：+
34	5-甲基喹啉 5-Methylquinoline	$C_{10}H_9N$	143	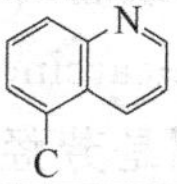	致癌活性：+
35	6-甲基喹啉 6-Methylquinoline	$C_{10}H_9N$	143	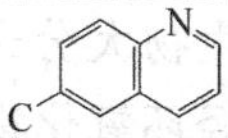	致癌活性：+
36	7-甲基喹啉 7-Methylquinoline	$C_{10}H_9N$	143	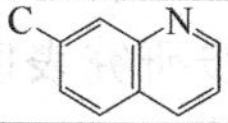	致癌活性：+
37	8-甲基喹啉 8-Methylquinoline	$C_{10}H_9N$	143	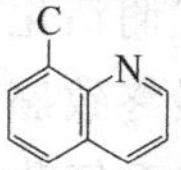	致癌活性：+
38	菲啶 Phenanthrydine	$C_{13}H_9N$	179	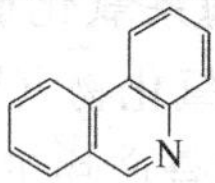	别名 Benzo[c]quinoline 致癌活性：+
39	11H-苯并[a]咔唑 11H-Benzo[a]carb-azole	$C_{16}H_{11}N$	217	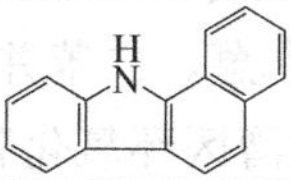	致癌活性：+
40	苯并[a]吖啶 Benz[a]acridine	$C_{17}H_{11}N$	229	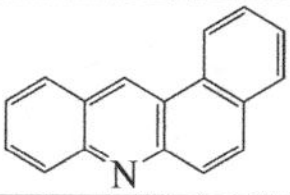	致癌活性：+
41	苯并[c]吖啶 Benz[c]acridine	$C_{17}H_{11}N$	229	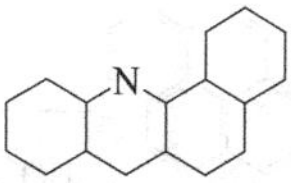	致癌活性：+

注：资料来源为钱树安，1994 年。

尚有一些多环芳香化合物具有致癌活性，而未能在表中列出；此外，致癌活性的强弱，也有待诸多的实验加以确认，这些都需要煤化学及环境化学检测以及病理研究工作者的修正和补充。

10.3.3 致癌作用与实例

多环芳烃化合物中有多环芳烃，(Polycyclic Aromatic Hydrocarbons) 简称 PAH，以及含有杂环（氧或氮、硫）的多环芳香化合物（Polycyclic Hetro-aromatic Compounds)，另外还有少数杂原子不在环上的多环芳烃。PAH 和含氮芳香烃具有不同程度的致癌活性，从 20 世纪 60 年代起就引起环境科学工作者的注意，进行过许多单体模拟热解试验，力图阐明各种 PAH 的生成机理。

多环芳烃（PAH）是一种预致癌剂（Pre-carcinogen)，需经微粒体酶代谢化成为近致癌剂（Proximate-carcinogen)，并最终成为终致癌剂（Ultimate-carcinogen)。研究表明，多环芳烃的最终致癌剂是芳烃环氧化物，这是一种亲电性试剂，可在生物大分子的负电性中心上发生反应，合成的芳烃环氧化物勿需代谢活化即表现致突变活性。进一步研究表明，处于所谓湾区（图 10-3）的角环在代谢活化过程中，对致癌性能起着关键作用，而其最终致癌形成是湾区环氧化物。例如：苯并[*a*] 芘经微粒体单氧酶系氧化成 7,8-环氧化物，再水解成相应的 7,8-二氢二醇-9,10-环氧化物（图 10-4）并且有实验证明苯并 [*a*] 芘在体内与 DNA 的结合产物正是由相应的 7,8-二氢二醇环氧化物生成的。对苯并 [*a*] 蒽，二苯并（*a*,*h*）蒽、䓛、5-甲基䓛等的实验，也证明了角环及湾区环氧化物的重要性。在这些实验事实的基

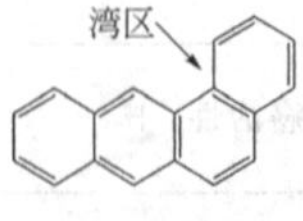

图 10-3 苯并 [*a*] 蒽的湾区

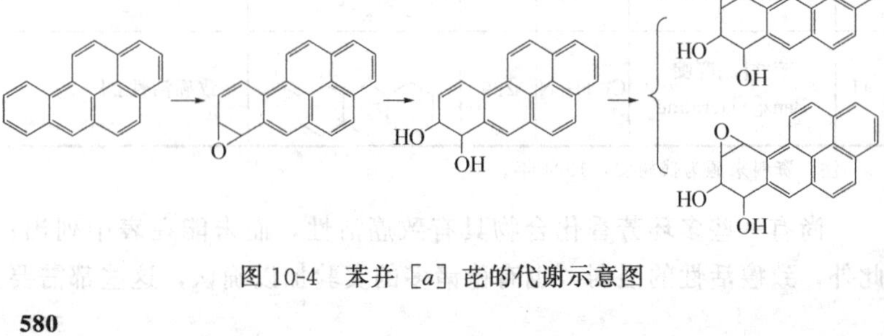

图 10-4 苯并 [*a*] 芘的代谢示意图

础上，Jerina 提出了湾区理论，认为湾区的角环在代谢活化过程中，对致癌反应起着关键性的作用，其最终致癌形成为湾区环氧化物；湾区碳阳离子的稳定性越高，致癌性越强（如图 10-5）。正离子的稳定性，可以借微扰分子轨道法（PMO）计算正离子的离域能（$\Delta E_{离域}$）而定量的估计。

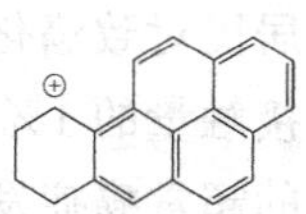

图 10-5　苯并[a]芘的湾区碳阳离子

针对多环芳烃（PAH）的强致癌作用，设想到用聚合物改性的办法来减少沥青类物的致癌成分的含量。如在一定温度下使聚合物与沥青类致癌物均匀混合，使其发生化学反应，即化学改性。由于高温作用（200～350℃），聚合物发生一定的解聚，生成活性游离基碎片，引发与包括各种致癌物结构发生各种复杂反应，如缩合、聚合、共聚、取代等，致使致癌物结构变化而失去致癌活性（灭毒），得到低毒或微毒改性沥青。选择改性剂的原则是在保证与煤沥青类相似相溶前提下，同时满足化学反应活性的要求，选用分子中含有芳香结构和活性基团的线型高分子聚合物。

从上面的分析可见，癌一直是煤热解转化接触人群的主要健康隐患。关于致癌的忧虑主要依据是两种类型的研究。

① 流行病学研究：此类研究已经表明，常规接触煤产物的工人（例如煤气、焦化和煤加氢工业的工人以及铺路工和沥青工）患癌的危险性增加。

② 实验室研究：此类研究利用动物、细菌和人体细胞培养系统确定了各种煤产物和其中所含化学药品的致癌性。

煤转化排放物对环境的影响，大致可分为全球性影响、区域性影响和局部影响三种类型。尽管从煤热解转化过程中排放出的多环芳烃化合物要比燃煤电厂来得多，但其作用相对其他排放物而言，对环境的影响不算太大。一个单元煤热解转化系统对健康的区域性影响，要比一个单元燃煤电厂系统小得多，其主要原因是就区域环境而言，排放物对健康的影响大都和煤燃烧产物有关。煤热转化排放物对健康的影响，多数是局部性的。如果将炼焦厂工人的超常癌症发病率与附近居民的患癌症发病率的危险性进行统计，炼焦厂附近居民对致癌化合物的接触量，估计大约是处于轻微接触条件下工人接触量的1%。在这些处于低浓度接触的人群中间，没有发现显著的超常癌症发病率，因而就区域性人群来看，这些排出物可能对健康不会有什么影响；当然其潜在影响，还有待生态、环境和病理工作者进一步验证。

10.4 煤中硫和SO_2排放及其防治

大量煤炭的燃用，伴随而来的环境问题日益严重。大气就像地球外一层薄而脆弱的皮肤，保护着地球上人类免受来自空间有害物的影响。而空气中二氧化硫（SO_2）和悬浮微粒则成为侵袭污染大气的明显标志物。SO_2是目前我国大气污染、生态环境破坏的主要污染物之一，1998年全国排放SO_2 20.90Mt，酸雨覆盖面积占国土总面积约30%，2005年SO_2排放总量为25.49Mt，较2000年增加27%，每年因SO_2和酸雨造成的经济损失超过1000亿元。燃煤是SO_2排放的主要来源，占煤炭消费总量约7%的高硫煤燃烧排放SO_2占全国SO_2排放总量约1/4。因此，了解煤中硫的分布特征，特别是高硫煤的生产和消费中减排SO_2的措施，就成为迫切需要解决的课题。

10.4.1 中国不同含硫量煤的分布

从总体来看，我国煤炭中含硫量不高。在全国1万多亿吨煤炭总储量中，以低硫煤为主，煤层平均含硫约0.9%。含硫量＞2%的煤约占煤炭储量的10%。但是，煤中硫分分布极不均匀，总的趋势是：南方地区煤中硫分高，北方地区煤含硫低；深部煤层煤炭硫分高，浅部含硫低；变质程度高的煤炭硫分高，低煤阶煤，如褐煤的硫分低；陆相成因的上部煤层煤硫分低，而过渡相及海相的下部煤层煤硫分相当高；处于还原环境成煤期的煤，煤中有机硫含量高。

中南、西南地区煤炭资源缺乏，煤炭质量较差，这些地区的煤炭又大都含硫很高。我国的高硫煤（S＞3%）和中高硫煤（S为2%～3%）主要就集中在两广、两湖、四川、贵州等省（区）。贵州大部分为高硫煤，较为典型的六枝矿区炼焦煤的平均硫分为2%～6%；四川几乎有3/4左右的高硫煤，南桐、天府等煤田的平均硫分多在4%左右。广西、重庆、浙江等省市商品煤的平均硫分都很高，一般达3.5%～4.0%。而北方、东北地区，尤其是东北三省煤中硫分最低，在0.21%～0.78%之间波动。

我国陆相沉积煤田的煤，平均硫分多低于1.5%；海陆交互相沉积或浅海相沉积煤田的煤，平均硫分普遍高达2%～6%以上。煤田受海浸时间越长，硫分也往往越高。

全国各省（市、区）煤炭的硫分及储量列于表10-23。由表列数据可知，以>3%含硫量的高硫煤储量及占全国储量的百分率为例，这类煤在西南区的可采储量为482Mt，占该类煤全国总储量的66.2%；华东区有129Mt，占该类煤全国总储量的17.7%；中南区

表10-23　我国各省（市、区）煤炭含硫量及储量（截止1995年底）

大区	省(市、区)	储量/Mt	硫分 $S_{t,d}$/%	占全国储量/%	平均硫分>3%的省、区
华北	北京	2399	0.21	0.24	
	河北	15172	0.92	1.52	
	山西	258656	1.16	25.84	
	内蒙古	225170	0.86	22.50	
东北	辽宁	6707	0.78	0.67	
	吉林	2168	0.51	0.22	
	黑龙江	21890	0.21	1.19	
华东	江苏	3905	0.68	0.39	
	浙江	120	4.52	0.01	*
	安徽	24544	0.42	2.45	
	福建	1180	0.85	0.12	
	江西	1411	1.03	0.14	
	山东	22572	1.32	2.26	
中南	河南	22264	0.72	2.22	
	湖北	554	4.63	0.06	*
	湖南	3009	1.06	0.31	
	广东	643	0.93	0.06	
	广西	2094	3.29	0.21	*
	海南	98	4.00	0.01	*

续表

大区	省(市、区)	储量/Mt	硫分 $S_{t,d}$/%	占全国储量/%	平均硫分>3%的省、区
西南	四川(包括重庆)	9775	3.12	0.98	*
	贵州	50705	1.72	5.07	
	云南	24038	0.75	2.40	
	西藏	84	3.00	0.001	*
西北	陕西	161802	0.70	16.17	
	甘肃	9275	0.43	0.93	
	青海	4378	0.24	0.44	
	宁夏	30943	0.75	3.09	
	新疆	95271	0.35	9.52	

有 102Mt，占该类煤全国总储量的 14%。

从开采条件看，高硫煤地区的煤炭资源赋存条件差，建井投资和生产成本相对偏高。因此，无论从经济效益还是环境效益看，现今开发利用这些高硫煤都是不适宜的。

不同煤阶或不同牌号煤中硫的分布情况见表 10-24。由统计结果可见，低煤阶煤中硫含量较低，中高煤阶煤中硫含量较高，其中尤以气肥煤中硫平均含量最高，达 3.15%，其次为贫煤（2.52%）、肥煤（2.10%）、瘦煤（1.88%）和焦煤（1.80%），这几种烟煤里中高硫及高硫煤的比例都占到 40%～50%。无烟煤（1.58%）及贫瘦煤（1.28%）中也会有 20%～30%的高硫煤及中高硫煤。其余牌号的煤，如褐煤、长焰煤、不黏煤、弱黏煤、气煤及 1/3 焦煤中的平均硫含量都低于 1.0%。前三种烟煤主要分布在西北、东北及华北部分地区，主要成煤时代为早、中、晚侏罗纪，煤中平均含硫量都很低；褐煤中硫分变化一般在 0.2%～6%，其中吉林、内蒙古等北方早第三纪褐煤，其硫分一般都小于 0.8%，到南方如云南晚第三纪褐煤及广西、海南等地的褐煤，煤中硫分就较高，可达 3%以上；无烟煤中硫含量变化更大从 0.08%～8.43%，如北京无烟煤属华北早侏罗纪及晚石炭纪煤，煤中硫仅为 0.24%，到南方四川、江西等地的华南晚二迭纪无烟煤，其平均硫分超过 3%，最大可到 8%左右。气肥煤主要分布在浙江的华南晚二迭纪龙潭组煤田及江苏、山东部分晚石炭纪煤田，其强还原性的聚煤环境形成的煤，其含硫量一般都较高。可见，不同牌号煤中硫的分布规律实际上和成煤时代及聚煤区是相关的。

表 10-24　中国不同牌号煤中硫含量分布　　单位：%

煤牌号	算术平均值	标准差	最小值	最大值	煤样数	分布比例		
						0～1.0%	1.0%～2.0%	>2.0%
褐煤(HM)	0.92	0.89	0.14	6.51	103	65.1	26.2	8.7
长焰煤(CY)	0.7	0.61	0.04	3.28	112	78.5	16.1	5.4
不黏煤(BN)	0.55	0.35	0.14	2.24	73	90.4	8.2	1.4
弱黏煤(RN)	0.71	0.63	0.08	3.89	59	78.0	18.6	3.4
气煤(QM)	0.87	1.12	0.06	9.60	227	78.4	8.0	13.6
气肥煤(QF)	3.15	1.26	0.65	6.80	87	8.0	6.9	85.1
1/3 焦煤(1/3JM)	0.68	0.67	0.10	4.54	370	83.5	10.8	5.7
肥煤(FM)	2.10	1.80	0.12	9.62	155	39.3	18.7	42
焦煤(JM)	1.80	1.62	0.08	6.92	375	48.3	11.2	40.5
瘦煤(SM)	1.88	1.61	0.23	6.13	75	41.4	17.3	41.3
贫瘦煤(PS)	1.28	1.23	0.22	5.40	87	58.6	19.5	21.9
贫煤(PM)	2.52	2.05	0.26	8.45	97	28.9	19.6	51.5
无烟煤(WY)	1.58	1.81	0.08	8.43	411	59.1	11.7	29.2

注：资料来源为罗陨飞等，2005 年。

10.4.2　高硫煤的赋存、生产与消费

根据 GB/T 15224.2—94“煤炭质量分级——煤炭硫分分级”国家标准规定，煤中干燥基全硫含量 $S_{t,d}>3.00\%$ 的煤为高硫分煤，简称高硫煤（HS）；$S_{t,d}=2.01\%\sim3.00\%$ 范围的煤为中高硫煤（MHS）。该标准适用于煤炭勘探、生产和加工利用中对煤炭按硫分分级。国家环境总局对上述标准存有异议，提出在煤炭流通和使用领域，$S_{t,d}>2.00\%$ 的煤就应该称之为高硫煤。

从硫在煤炭中赋存形态来分析，全国高硫煤可采煤层煤含硫量经加权计算后平均为 3.39%，其中有机硫占全硫总量的 30.49%。1995 年高硫商品煤中，有机硫总硫量占全硫总量的 42.22%，按常规推算，即约有 1.25Mt SO_2 的排放量源于高硫商品煤中的有机硫，这部分硫是无法通过物理洗选加工方法所能脱除的。表 10-25

列出我国高硫煤和中高硫煤硫的赋存情况及其分布。

表10-25中的一个显著特点是有机硫的占有率。在煤层煤样的高硫、中高硫煤中，有机硫占全硫的34%～40%。在高硫和中高硫的动力煤中，黄铁矿硫的平均含量为1.69%，有机硫为0.94%，硫酸盐硫为0.13%，在这类高硫商品煤中，有机硫占全硫量的43.5%，华东、中南、西北和华北区的高硫商品煤中，有机硫占全硫的一半以上。这说明燃煤产生的硫污染，由于目前还没有脱有机硫的有效办法，有机硫的相对贡量要比有机硫在全硫中所占比例来得大，其危害要比通常认识更严重。随着煤层的进一步开发和延深，高有机硫煤覆盖面积及产量还将逐渐扩大和增加，而高有机硫煤的脱硫技术还很落后，科研投入比脱无机硫更少。为了减少燃煤对大气污染，除不断加强脱除有机硫技术研究外，减少高硫煤的生产，也是一种现实可行的途径。

表10-25　我国高硫煤和中高硫煤硫的赋存情况及其分布

煤类及地区	煤层煤样					商品煤样				
	全硫 $S_{t,d}/\%$	硫化铁硫 $S_{p,d}/\%$	有机硫 $S_{o,d}/\%$	硫酸盐硫 $S_{s,d}/\%$	有机硫占有率/%	全硫 $S_{t,d}/\%$	硫化铁硫 $S_{p,d}/\%$	有机硫 $S_{o,d}/\%$	硫酸盐硫 $S_{s,d}/\%$	有机硫占有率/%
全国	2.76	1.61	1.04	0.11	37.7	2.76	1.47	1.20	0.09	43.5
动力煤	2.76	1.69	0.94	0.13	34.1	2.66	1.87	0.68	0.11	25.6
炼焦煤	2.75	1.54	1.12	0.09	40.7	—	1.34	—	0.07	—
华东区	2.16	1.09	0.98	0.09	45.4	2.65	1.21	1.35	0.09	50.9
中南区	3.20	1.62	1.46	0.12	45.6	3.42	1.53	1.82	0.07	53.2
西南区	3.54	2.69	0.74	0.11	20.9	3.48	2.63	0.77	0.08	22.1
西北区	2.82	1.14	1.59	0.09	56.4	2.36	1.04	1.25	0.07	53.0
华北区	2.50	1.39	0.98	0.13	39.2	2.30	1.03	1.19	0.08	51.7
东北区	2.70	1.91	0.62	0.17	23.0	2.66	1.67	0.69	0.30	25.9

从煤炭生产上看，1995年商品煤的平均硫含量约为1.0%，高硫煤占煤炭总量的6.86%，达88.63Mt，中高硫煤占4.47%，达57.75Mt。在西南区，1995年含硫大于2%的78.09Mt煤产量中，高硫煤量达68.07Mt，占全国高硫煤量的76.8%，占高硫和中高硫煤产量的53.3%。在近11.00Mt含硫大于4%的高硫煤产量中，

西南区生产 4.43Mt，中南区生产 3.91Mt，华东区生产 2.24Mt，分别占该类煤总量的 40.5%、35.7%和 20.5%；重庆、广西和浙江等省（区、市）的商品煤平均硫分都高达 3.5%～4.0%以上。

表 10-26 列出平均含硫超过 2%的煤矿商品煤的质量及总硫贡量。由表可见，1995 年全国商品煤平均含硫超过 2%的有 23 个矿务局（矿），其中以湖北松宜和广西合山两局的平均硫分最高，$S_{t,d}$分别为 5.85%和 5.60%；硫分大于 4%的有黄石、林东、东罗、长广和六枝 5 个局矿；平均硫分 3.50%～4.00%的有芙蓉、南桐、松藻、华蓥山、天府、坪石和西湾等局、矿。除上述 23 个矿务局平均含硫＞2%外，还有一些局的商品煤平均含硫虽然不高，但局内部分矿井煤的含硫却很高。不难看出，高硫煤资源量较多的地区，生产出的高硫煤量越多，对社会的硫贡量及 SO_2 污染危害也越大。

表 10-26　平均硫分超过 2%的局（矿）

商品煤质量和总硫贡量（1995 年）

局(矿)名称	A_d /%	V_{daf} /%	$S_{t,d}$ /%	$Q_{net,ar}$ /(MJ/kg)	商品煤量 /Mt	商品煤总硫量 /t
汾西	23.6	24.0	2.72	24.13	2.55	69400
东山	14.6	15.3	2.28	28.43	1.05	23900
长广	40.6	44.0	4.24	18.52	0.72	30500
英岗岭	33.8	12.9	3.03	20.88	0.51	15500
淄博	28.8	14.0	2.78	22.31	3.50	97300
坪石	33.2	33.3	3.86	16.35	0.34	13100
合山	51.6	21.7	5.60	13.09	1.71	95800
东罗	50.3	30.6	4.51	14.32	1.48	66700
罗城	39.1	8.3	2.42	18.54	0.52	12600
西湾	33.1	29.7	3.60	21.77	0.06	2200
芙蓉	32.0	12.1	3.88	20.83	2.52	97800
南桐	21.4	21.6	3.69	25.01	2.36	87100
松藻	24.6	12.4	3.51	23.58	2.90	101800
中梁山	25.4	21.9	2.81	23.36	0.52	14600
华蓥山	30.9	19.0	3.98	22.05	0.88	35000
天府	27.5	17.0	3.69	23.34	1.37	50500
六枝	25.0	20.9	4.06	23.55	1.35	54800

续表

局(矿)名称	A_d /%	V_{daf} /%	$S_{t,d}$ /%	$Q_{net,ar}$ /(MJ/kg)	商品煤量 /Mt	商品煤总硫量 /t
林东	26.6	16.7	4.81	23.32	0.40	1920
澄合	20.2	20.0	2.89	26.18	1.50	43300
石嘴山	17.6	36.2	2.89	26.20	2.67	77200
黄石	18.9	7.6	5.09	25.68	0.37	18800
松宜	22.1	16.0	5.85	25.02	0.66	38600
永安	24.9	5.3	2.11	22.73	0.50	10600

注：资料来源为“高硫煤生产与消费控制及其污染防治对策的研究”，1998 年。

从高硫煤 1995 年的消费情况看，高硫煤和中高硫煤的消费大户是电力行业，其次是民用、化工、石化和水泥行业。这五个行业高硫煤和中高硫煤消费总量占抽样统计量的 82.45%，按行业依次占统计量的 64.34%、8.68%、3.45%、3.18%及 2.80%。

如果以煤炭平均硫分 1%为计算基准，设定 SO_2 排放因子为 0.018t/t 煤，1995 年高硫煤产量占总煤量的 6.86%，排放 SO_2 量约为 5.83Mt；中高硫煤产量占总煤量的 4.47%，排放 SO_2 量为 2.66Mt。合计高硫及中高硫煤产量占总煤量 11.33%，排放 SO_2 量为 8.5Mt。这样，二者的 SO_2 排放量分别约占当年全国 SO_2 排放量（23.69Mt）的 24.61%及 11.24%，二者合计占全国排放 SO_2 总量的 35.85%。

高硫煤和中高硫煤的产量仅占煤炭生产总量的 11%，但却有 1/3 以上的 SO_2 排放量来源于占煤总量 1/9 的高硫煤和中高硫煤，其中高硫煤排放的 SO_2 要占 SO_2 总排放量的 1/4。根据对 1998 年煤产量及高硫煤产量，以及全年的 SO_2 排放量进行统计计算，占煤炭消费总量约 7%的高硫煤，燃煤排放的 SO_2 仍占全国 SO_2 总排放量的 1/4。

高硫煤和中高硫煤的另一特点是这些煤中的有机硫含量一般较高，而无法通过物理洗选法脱除这部分有机硫。我们曾采集 100 多个高硫煤和中高硫煤样进行小型洗选试验（用 1.4 氯化锌重液浮沉），考察原煤及其选后精煤的黄铁矿硫、有机硫和全硫的分布、变化和脱除率，结果见表10-27。表列数据表明，有机硫在精煤的全硫中的占有率高达67%，乐平统高硫煤，精煤中有机硫占全硫的78.83%，太原统煤为61.0%，只有侏罗纪煤中的有机硫占精煤全硫的41%，小于全硫含量的一半。表列结果表明多数煤田煤的黄铁矿硫脱除率在40%～60%之间，多数黄铁矿硫易于脱除；有些黄铁矿硫与有机硫含量均较高的煤田，可能其黄铁矿呈浸染状，其脱除率一般较低。有些黄铁矿硫脱除率很高，如云南明良煤高达70%以上，但全硫脱除率很低，甚至负值，这主要因为有机硫含量较高，选后因脱除了灰分，使精煤的全硫反而比原煤还高。这说明并不是所有煤的全硫脱除率都随黄铁矿等无机硫脱除率的增高而增大。表10-28示出煤中黄铁矿硫的脱除率与全硫脱除率间的关系。只有当黄铁矿硫含量高于3%时，其黄铁矿硫的脱除率才随$S_{p,d}$值的增高而明显增大。$S_{p,d}=3\%\sim5\%$的煤，其全硫平均脱除率为55.3%，当$S_{p,d}=1\%\sim3\%$时脱硫率降为40.03%，黄铁矿硫少而有机硫较高的煤，如陆相沉积的煤中黄铁矿硫多以微细颗粒状存在，其脱硫率普遍较差。

表10-27 不同成煤时代各煤田的全硫含量及脱除率（均值）

煤田名称	成煤时代	煤样数	原煤全硫 $S_{t,d}$/%	精煤全硫 $S_{t,d}$/%	全硫平均脱除率/%	黄铁矿硫脱除率/%	原煤有机硫 $S_{o,d}$/%	精煤回收率/%
煤田合计	乐平纪	71	4.39	2.74	37.63	66.48	2.16	53.1
	太原纪	76	3.43	2.28	33.60	64.09	1.39	54.3
	侏罗纪	22	2.81	2.04	27.23	50.74	0.84	49.6
	全　国	169	3.75	2.45	34.55	63.77	1.66	53.2
天府	乐平统	9	3.651	1.21	63.73	84.08	0.82	43.8
南桐	乐平统	18	3.55	1.57	62.11	74.46	1.28	48.8
水城	乐平统	3	4.86	1.99	57.95	72.47	0.94	57.0
井陉	太原统	2	3.23	1.47	51.06	—	1.48	59.1
淄博	太原统	18	3.69	1.86	47.84	61.77	1.08	58.5
铜川	太原统	12	4.13	2.35	47.12	90.81	1.76	42.9
汾西	太原统	2	3.79	2.47	39.89	77.78	1.22	62.5
新汶孙村	太原统	3	3.26	1.74	39.14	77.54	1.50	51.0
宣洛	太原统	3	3.67	2.30	35.67	74.43	1.80	48.3
枣庄	太原统	4	2.44	1.61	30.37	75.18	1.08	77.9

续表

煤田名称	成煤时代	煤样数	原煤全硫 $S_{t,d}$/%	精煤全硫 $S_{t,d}$/%	全硫平均脱除率/%	黄铁矿硫脱除率/%	原煤有机硫 $S_{o,d}$/%	精煤回收率/%
香溪	侏罗纪	4	3.75	2.51	29.41	63.31	1.03	47.0
林东	乐平统	4	4.50	3.41	22.10	78.87	3.00	78.1
涟邵桥头河	乐平统	3	2.31	2.02	12.06	81.58	1.73	79.7
杨梅山	乐平统	2	2.99	2.64	11.06	21.91	1.49	71.5
宁乡煤炭坝	乐平统	2	4.19	4.11	2.09	39.11	3.87	76.2
兴隆	太原统	8	1.94	1.92	1.03	51.00	0.90	36.9
明良	下右炭统	3	3.85	3.90	−1.33	71.96	3.42	55.1
辰溪	下二迭统	3	6.95	7.03	−2.88	—	5.78	51.5
合山	乐平统	2	7.43	7.52	−4.91	72.70	6.35	37.1
斋堂	太原统	3	2.92	3.55	−23.38	26.59	2.02	43.3
松宜	下二迭纪	2	4.20	6.42	−50.45	63.75	3.92	18.4

表 10-28　煤中黄铁矿硫含量与黄铁矿硫和全硫的脱除率

黄铁矿硫含量 $S_{p,d}$/%	>1		1~3		3~5		>5	
	全硫	黄铁矿硫	全硫	黄铁矿硫	全硫	黄铁矿硫	全硫	黄铁矿硫
平均脱除率/%	45.90	60.21	40.03	62.60	55.30	70.32	56.87	77.91

从硫在煤炭中赋存形态来分析，全国高硫煤可采煤层煤含硫量经加权计算后平均为 3.39%，其中有机硫占全硫总量的 30.49%。1995 年高硫商品煤中，有机硫总硫量占全硫总量的 42.22%，按常规推算，即约有 1.25Mt SO_2 的排放量源于高硫商品煤中的有机硫，要减排这部分 SO_2，就要解决脱除有机硫的问题，而有机硫的脱除是脱硫技术中的攻关难题。

10.4.3　SO_2 的减排措施及其经济性

通过对高硫煤中有机硫的分布，以及燃用高硫煤的 SO_2 排放占全国燃煤排放 SO_2 较大比例的分析，可以顺理成章地得出必须控制高硫煤生产的结论。这是从源头着手以减少 SO_2 排放的重要措施，是减排 SO_2 措施中最经济的可行办法，也是全过程减排燃煤 SO_2 的第一步。

全过程减排燃煤 SO_2 是指在煤炭的开采、加工和利用全过程中，依据煤质、用户燃烧装备特点、减排技术的适应性和排放指标等条件，进行合理的技术选择或组合，以达到有效减排 SO_2 的目的。目前，用于全过程减排 SO_2 的方法或技术还有：燃烧前煤炭加工脱硫、燃烧中脱硫和燃烧后烟气脱硫等（详见图 6-15）。现分述如下。

（1）选煤。中国动力用商品煤中，灰分大于 20%的约占 60%，硫分大于 1%的约占 30%，目前动力煤入洗率尚不足 10%（包括出口动力煤洗选），动力煤洗选的发展潜力很大。发展动力煤洗选的意义在于：①减少煤炭灰分、硫分，向用户提供优质、高效的燃料煤，从而使用户提高燃烧效率、改善运行，并从中获得经济效益；②排矸，提高运输效率，减少运费；③洗选煤燃烧后降低灰微尘和 SO_2 排放，减少对环境污染。选煤技术也是一种从源头上减少污染的洁净煤技术，其技术是成熟的。

通过重力法洗选降低煤中的硫含量，其脱硫效果与煤中硫的赋存状态和选煤技术有关。煤中呈结核状或团块状集中的黄铁矿硫易于通过选煤除去，而呈星散嵌布式分散在煤的有机物孔隙中的就不易通过重力法脱除；煤中的有机硫目前尚没有大规模工业化的脱除方法。不同的选煤技术脱硫效果不同，近年来发展的重介旋流器技术、细粒煤分选技术等都有利于提高煤的洗选脱硫率。

（2）固硫型煤。散煤在层状燃烧设备（如链条锅炉、层燃窑炉等）中燃烧时，由于粒度大小不匀，对燃烧效率和烟尘排放有很大影响。粉煤成型和添加固硫剂可明显提高燃烧效率，减少污染物（粉尘和 SO_2）排放。

粉煤成型技术可分为集中成型和炉前成型两大类。集中成型是工厂化大规模成型，型煤通过运输供给用户，技术是成熟的，但由于考虑在运输中型煤受到雨水淋湿、机械破损等影响，对产品的耐水性和抗机械破损的强度要求就较高，从而使型煤加工成本提高，限制其推广应用。

炉前成型是在锅炉前将煤成型，由于对型煤的强度要求较低，大大降低了型煤生产成本。

在型煤中加入固硫剂，促使煤中的部分硫分转入灰渣，从而减少排放 SO_2。国内对固硫剂的研究较多，报道的固硫率在 30%～60%不等，但一般情况固硫效果只能在 30%～40%之间。

对于固硫型煤和层燃炉、民用燃煤炉来说，如何提高固硫率或脱硫率，一直是高温脱硫中的难点，主要是由于：①固硫产物 $CaSO_4$ 热力不稳定；②吸收剂容易烧结；③层燃炉中有机硫释出速度大于石灰石分解速度，来不及反应；④添加固硫剂的单混方式下脱硫率难以突破 40%等。

对 $CaSO_4$ 的高温分解研究中发现，硫酸钙有 α，β 和 γ 三种形态，其热力稳定性依次为 $\alpha\text{-}CaSO_4 > \beta\text{-}CaSO_4 > \gamma\text{-}CaSO_4$，CaS 氧化为 $CaSO_4$ 的反应速度和转化程度都明显大于其氧化成 SO_2 的过程，在高温空气气氛下固硫中间产物 CaS 与 O_2 的反应是两个平行反应。据此，针对上述四大固硫难点，采取相应对策如下：①利用钙铝基等复合添加剂促使生成耐热固硫产物；②添加有效金属成分改善吸收剂的微观孔隙结构；③将石灰石与电石渣等废弃物优势互补提高脱硫率；④将床层掺混与空间喷粉相结合形成两段脱硫技术使炉内脱硫率突破 40%的门槛而提高到 75%。

(3) 动力配煤。动力配煤的核心是煤的均质化，它可以均化、稳定煤的质量，有的还可优化煤质（如改善煤的燃烧性能或结渣性能等），使煤的质量符合燃烧装备的设计要求，从而提高燃烧效率，实现节能。在配煤中加入固硫剂可以减少 SO_2 排放。电站出于均化煤质的目的，一般在自设的煤场实现简单的混配，目前国内已有 200 多家动力配煤生产线，但加工煤量与燃煤总量相比还很低（2%左右）。动力配煤并配加固硫剂技术的应用正日益受到关注和发展。

(4) 固硫民用型煤。民用型煤主要指蜂窝煤和煤球，目前全国约有 60Mt 生产能力，大中城市的民用型煤普及率已达到用煤户的 70%，是目前应用最成熟、最广泛的型煤技术。

一般散煤燃烧的有效热能利用率约 20%～30%。民用型煤的节煤效果很明显，采用高效炉具后，热效率可达到 45%以上，减少煤尘40%～60%，加固硫剂后SO_2减排40%左右，节能和环保效果显著。

经过对上述各种脱硫、固硫技术减排SO_2量的经济分析及测算，工业锅炉采用燃烧洗精煤、固硫型煤及固硫配煤减排SO_2的运行费用随原煤含硫量的变化，见图10-6。

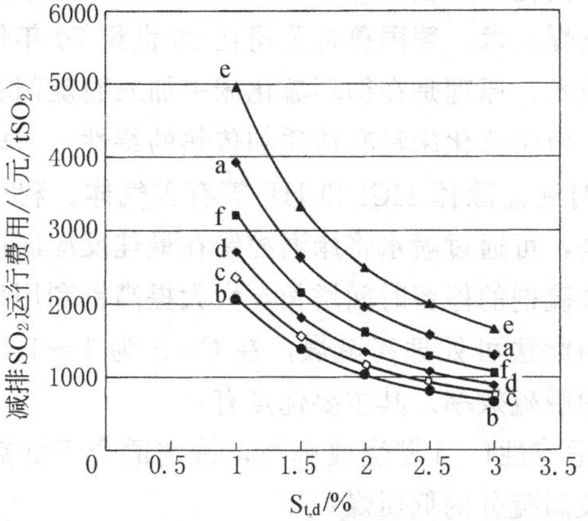

图10-6 工业锅炉燃烧洗精煤、固硫型煤、固硫配煤时减排SO_2的运行费用比较

图注：a—洗精煤脱硫率30%；d—洗精煤脱硫率40%；b—洗精煤脱硫率50%；e—固硫型煤：集中成型；c—固硫型煤：炉前成型；f—固硫配煤

（资料来源：杜铭华等，“减排SO_2合理技术经济途径及其综合效益评估”，1999年）

由图10-6可见：

① 各种技术的减排单位SO_2的运行成本随原料煤中含硫量增大而降低，图中曲线均呈单调下降；

② 集中成型型煤的运行成本较高，主要由于集中成型的型煤加工成本较高；

③ 炉前成型与固硫配煤组合技术的减排运行成本较低，这与炉前成型加工成本较低和节煤效益较好有关；

④ 当洗煤脱硫率≥40%时，燃烧洗选煤其减排SO_2运行费用较低；

⑤ 工业锅炉燃用含硫量较低的煤时，应优先选择洗选煤或炉前成型型煤；如含硫量较高，应考虑洗选和其他（配煤、型煤）技术的结合应用；

⑥ 与 SO_2 及酸雨造成的环境经济损失（4934 元/tSO_2）相比，经过估算，工业锅炉采用上述减排技术的费用要低得多。

（5）循环流化床燃烧（CFBC）脱硫技术。循环流化床锅炉作为一种新的燃煤技术，德国鲁奇公司在 20 世纪 70 年代开发了循环流化床脱硫技术。原理是在循环流化床中加入脱硫剂石灰石以达到脱硫的目的，由于流化床具有传质和传热的特性，所以在有效的吸收 SO_x 的同时还能除掉 HCl 和 HF 等有害气体。利用循环流化床的一大优点是，可通过喷水将床温控制在最佳反应温度下，通过物料的循环使脱硫剂的停留时间增长，大大提高钙利用率和反应器的脱硫效率。用此法可处理高硫煤，在 Ca/S 为 1～1.5 时，能达到 90%～97%的脱硫效率。其主要优点有：

① 燃料适应性广且燃烧效率高，特别适合于低热值、较低灰熔融温度及较高硫分的低质煤；

② 脱硫效率高，循环流化床锅炉炉膛燃烧温度通常在 900℃左右，恰好是脱硫剂发挥作用的最佳反应温度，如在燃煤中掺入一定数量的石灰石，即可取得较好的脱硫效果；

③ 低温燃烧能降低氮氧化物排放量；

④ 燃煤制备系统简单；

⑤ 排出的灰渣易于实现综合利用，减少灰渣二次污染；

⑥ 燃煤过程的负荷调节范围大，调节速度快，负荷可调到 30%左右而不影响燃煤过程。

与煤粉炉相比，循环流化床锅炉由于需要分离器、返料装置、外置热交换器和高压头的送引风机，因此系统相对较为复杂。

截止 2003 年，国内已经有近 500 多台 35t/h 和 75t/h 循环流化床锅炉在运行，已实现了 75t/h 级以下的循环流化床锅炉的商业化。此外，运行的有 130t/h 13 台，240t/h 2 台，420t/h 1 台。拟建 2×300MW 或 2×400MW 煤气化联合循环发电机组（IGCC）。

30 万千瓦大型循环流化床锅炉以四川白马电厂项目为依托，逐步实现了国产化，并已批量生产。无论从燃用劣质煤还是从环保角度看，应该大力推广 CFBC 技术，它能有效解决高硫煤燃烧后 SO_2 的减排问题。由于构造简单，造价低，约为湿法脱硫投资的 50%；在使用 $Ca(OH)_2$ 作脱硫剂时，有很高的钙利用率和脱硫效率；运行可靠，由于采用干法运行，产生的固态产物易于处理。

(6) 烟气脱硫净化（FGD）技术。烟气净化是燃烧后脱硫的主要技术，也是国内外与大型电站燃煤锅炉配套的最主要的减排 SO_2 技术。按工艺特点可分为湿法、半干法和干法三大类；按副产物的处置方式又分回收和抛弃 2 种流程。以湿法烟气脱硫为代表的工艺有：石灰/石灰石-石膏法、双碱法、氨吸收法、海水法等；其特点是：技术工艺成熟、脱硫效率高（90%以上），且脱硫副产品大都可回收利用，但其投资和运行费用较高。半干法脱硫工艺为代表的有：旋转喷雾干燥法（SDA）、炉内喷钙尾部增湿活化（LIFAC）等；干法脱硫工艺为代表的有：荷电干式喷射脱硫法（CDSI）、等离子体法（电子束辐射/脉冲电晕）等。下面列举在我国已中试、示范应用或在建的几种有代表性的烟气脱硫技术。

① 石灰石-石膏法。亦称湿法烟气脱硫技术，其早期发展可追溯到 20 世纪的 60 年代中期，而干法烟气脱硫技术的早期发展则是 20 世纪 70 年代。然而，早期的烟气脱硫技术，不论是湿法，还是干法脱硫技术工艺，由于受到当时技术发展条件上的限制，整个脱硫系统建设投资和运行成本相对较高，而且脱硫效率低、系统复杂、运行可靠性能差，使得该技术在电力市场上的应用受到了一定的限制。经过了 30 多年的发展，到 20 世纪 90 年代，烟气脱硫技术有了长足的进展，特别是湿法烟气脱硫以其工艺的成熟性、运行的高可靠性，以及高的脱硫技术性能等特点，在世界电力市场上得到了广泛的应用。据英国（伦敦）国际能源机构的煤研究中心 1998 年的统计结果表明：在世界范围内，安装烟气脱硫装置的火电机组装机容量已达 229484MW。同时，在已安装的烟气脱硫装置的所有火电机组中，采用湿法脱硫工艺脱硫的

机组容量占整个安装烟气脱硫机组容量的86%以上，且其中采用传统的石灰石-石膏的湿法脱硫工艺占据了90%以上的份额（见图10-7及图10-8）。

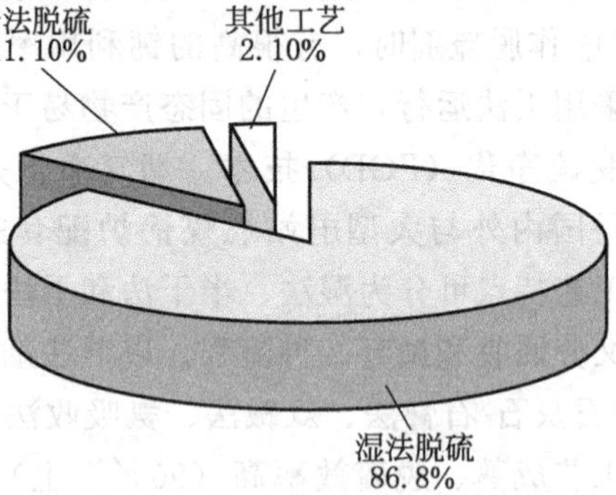

图 10-7　多种脱硫工艺（湿法、干法、其他）在电力市场中的比例份额

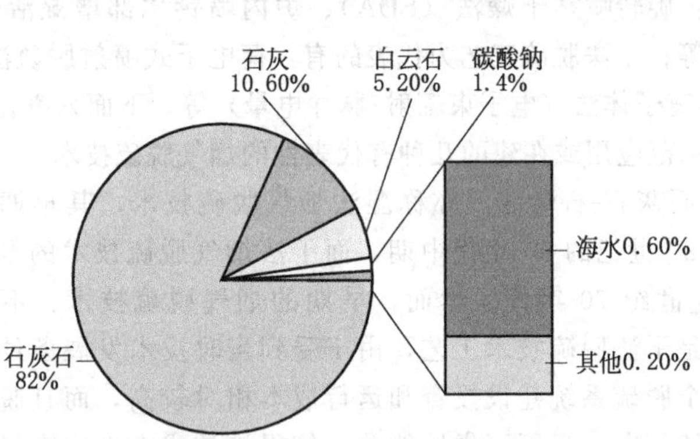

图 10-8　湿法脱硫工艺中采用不同吸收剂的比例份额

湿法烟气脱硫的特点是原理简单，脱硫效率和吸收剂利用率高（有些机组 Ca/S 接近 1，脱硫效率超过 90%），能够适应大容量机组、高硫煤以及高 SO_2 含量的烟气条件，可用率高（超过 90%），吸收剂价廉易得，副产品石膏具有综合利用的商业价值。它是目前世界上技术最成熟、应用最广泛的控制 SO_2 排放技术。表 10-29 中列出了国内使用该脱硫方法的电厂的一些主要情况。

表 10-29　国内主要石灰石-石膏法烟气脱硫系统状况一览表

项　目	重庆珞璜电厂一期	重庆珞璜电厂二期	太原第一热电厂	重庆电厂	杭州半山电厂	陕西韩城第二电厂
机组容量	2×360MW	2×360MW	1×300MW	2×200MW	2×125MW	1×600MW
煤含硫量/%	4.02	4.02	2.12	2.2～3.9	1.5	1.65
处理烟气量/(m^3/h,湿)	2×1087200	2×915500(处理每台炉的85%的烟气量)	600000(2/3的烟气量)	2×880000	2×615000	1383000(一台炉65%的烟气量)
吸收剂	石灰石(250目筛余5%,纯度>95%)		石灰石(100目筛余5%,纯度>90%)	石灰石(90%<75μm,纯度>90%)	石灰石(90%<75μm,纯度>92%)	石灰石(250目筛余5%,纯度>91%)
脱硫效率/%	95	95	80	>95	>90	>95
吸收塔数量	2	2	1	1	1	1
占地面积/m^2	82×150	82×150	1040(根据现有场地情况布置设备)	59×60(在现有场地布置)	45×40(在现有场地布置)	80×100
副产品处置	送入水力灰场或制成石膏综合利用		制成石膏综合利用	石膏浆液浓缩至50%～60%抛弃	制成石膏综合利用	制成石膏综合利用
投运日期	1#,1992.10 2#,1993.1	预计1999年建成投产	1996.3			
承包商	日本三菱	日本三菱	日本日立	德国斯坦米勒公司	德国斯坦米勒公司	招标后定
费用	23070.9万元RMB(1993年决算),其中外汇3640万美元(汇率:1∶5.22),占电厂总投资的11.15%	50000万元RMB(1995年价),其中外汇2200万美元,占电厂总投资的9.82%	20亿日元	7444.3万马克(1998年价),包括中资和外资	7011.6万马克(1998年价),包括中资和外资	
备注	成套引进	关键设备三菱提供,大部分国内分包	中日合作简易湿法脱硫试验装置	德国政府贷款,正在建设	德国政府贷款,正在建设	招标书基本编制完毕

注：资料来源为张晔，1999年。

相对于湿法烟气脱硫，所谓干法烟气脱硫，是指脱硫的最终产物是干态的。主要有喷雾干燥法、炉内喷钙尾部增湿活化、循环流化床法、荷电干式喷射脱硫法（CSDI 法）、电子束照射法（EBA）、脉冲电晕法（PPCP）以及活性炭吸附法等。

② 旋转喷雾干燥法（SDA 法）。旋转喷雾干燥法（SDA 法）是美国 JOY 公司和丹麦 NIRO 公司联合研制出的工艺。这种脱硫工艺相比湿法烟气脱硫工艺具有设备简单，投资和运行费用低，占地面积小等特点，而且具有 75%～90%的烟气脱硫率。过去 SDA 法只适合中、低硫煤，现在已研制出适合高硫煤的流程。因此，这种脱硫工艺在我国颇有应用前景。

旋转喷雾烟气脱硫是利用喷雾干燥的原理，将吸收剂浆液雾化喷入吸收塔。在吸收塔内，吸收剂在烟气中的二氧化硫发生化学反应的同时，吸收烟气中的热量使吸收剂中水分蒸发干燥。完成脱硫反应后的废渣以干态排出。为了把它与炉内喷钙脱硫相区别，又把这种脱硫工艺称作半干法脱硫。旋转喷雾烟气脱硫反应过程包含有四个步骤，即：吸收剂制备；吸收剂浆液雾化；雾粒和烟气混合，吸收二氧化硫并被干燥；废渣排出。旋转喷雾烟气脱硫工艺一般用生石灰（主要成分是 CaO）作吸收剂。生石灰经熟化变成具有较好反应能力的熟石灰［主要成分是 $Ca(OH)_2$］浆液。熟石灰浆液经装在吸收塔顶部的高达 15000～20000r/min 的高速旋转雾化器喷射成均匀的雾滴，其雾粒直径可小于 100μm。这些具有很大表面积的分散微粒，一经与烟气接触，便发生强烈的热交换和化学反应，迅速地将大部分水分蒸发，形成含水量少的固体灰渣。如果吸收剂颗粒没有完全干燥，则在吸收塔之后的烟道和除尘器中仍可继续发生吸收二氧化硫的化学反应。

旋转喷雾干燥法的系统相对简单、投资低、运行费用也不高，而且运行相当可靠，不会产生结垢和堵塞，只要控制好干燥吸收器的出口烟气温度，对于设备的腐蚀性也不高。由于其干式运行，最终产物易于处理，但脱硫效率略低于湿法。山东黄岛电厂引进了此套装置，运行良好。图 10-9 示出喷雾干燥法结构图。

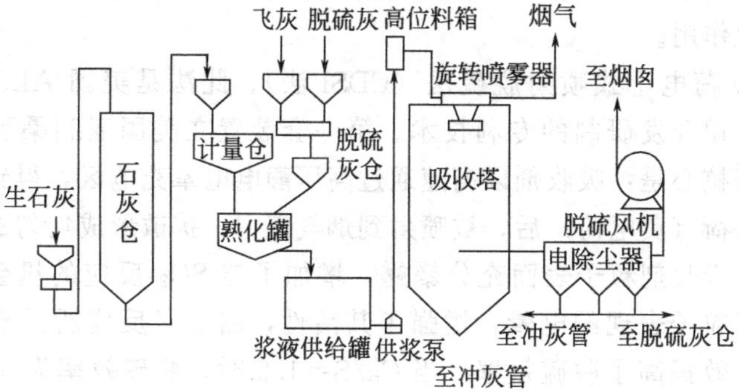

图 10-9　喷雾干燥法结构图
（资料来源：CCC，2001 年）

③ 炉内喷钙尾部增湿活化法（LIFAC 法与 LIMB 法）。炉内喷钙尾部增湿活化法（LIFAC 法）是芬兰 IVO 公司和 TAMPELLA 公司联合开发，是在炉内喷钙的基础上发展起来。传统炉内喷钙工艺的脱硫效率仅为 20%～30%，而 LIFAC 法在空气预热器和除尘器间加装一个活化反应器，并喷水增湿，促进脱硫反应，使最终的脱硫效率达到 70%～75%。LIFAC 法比较适合中、低硫煤，其投资及运行费用具有明显优势，较具竞争力。另外由于活化器的安装对机组的运行影响不大，比较适合中小容量机组和老电厂的改造。

LIMB 法与 LIFAC 法实质相同，只是加上多级燃烧器以控制 NO_x 的排放。由于采用分级送风燃烧，使局部温度降低，不但减少了 NO_x 的生成而且使钙基脱硫剂避免了炉内高温烟气的影响，减少了脱硫剂表面的“死烧”，增加了反应表面积，提高了脱硫效率。LIFAC 和 LIMB 法虽然具有投资费用较低、运行费用较低的优势，但是其脱硫效率比湿法要低不少。南京下关电厂的国产 12.5 万千瓦机组应用了此项技术，脱硫效率为 75%。

值得注意的是，对于旋转喷雾干燥法、循环流化床法和炉内喷钙尾部增湿活化法，都可以利用飞灰来提高钙利用率和脱硫效率。

研究的结果认为飞灰中含有较大量的金属氧化物，对于脱硫有较强的催化作用。

④ 荷电干式喷射脱硫法（CDSI 法）。此法是美国 ALANCO 环境公司开发研制的专利技术。第一套装置在美国亚利桑那州运行，其核心是：吸收剂以高速通过高压静电电晕充电区，得到强大的静电荷（负电荷）后，被喷射到烟气流中，扩散形成均匀的悬浊状态。吸收剂粒子表面充分暴露，增加了与 SO_2 反应的机会。同时由于粒子表现的电晕，增强了其活性，缩短了反应所需滞留时间，有效提高了脱硫效率。当 Ca/S=1.5 时，脱硫效率为 60%～70%。CDSI 法的投资及占地仅为传统湿法的 10%和 27%。由于占地很小，可以利用现有烟道，对现有电厂改造尤为适用，适用于中、低硫煤燃煤锅炉。表 10-30 列出以上几种烟气脱硫工艺经济性能的比较。

表 10-30 几种 FGD 工艺经济性能比较

工艺流程	湿式石灰石-石膏法	喷雾干燥	LIFAC 法	CDSI 法
适用煤种含硫量/%	>1.5	1.3	<2	<2
Ca/S	1.1	1.5	2.0	1.5
钙的利用率/%	>90	40～45	35～40	4～45
脱硫效率/%	>90	80～85	70～75	60～70
投资占电厂总投资比例/%	13～19	8～12	3～5	2～4
脱硫费用/（元/tSO_2 脱除）	900～1250	750～1050	600～900	600～800
设备占地面积	大	中	小	极小
灰渣状态	湿	干	干	干
烟气再热	需要	无需	无需	无需

⑤ 电子束照射法（EBA 法）。这是一种较新的脱硫工艺，经过 20 多年的研究开发。已从小试、中试和工业示范逐步走向工业化。其原理为在烟气加入反应器之前先加入氨气，然后在反应器中用电子加速器产生的电子束照射烟气，使水蒸气与氧等分子激发产

生了氧化能力强的自由基，这些自由基使烟气中的 SO_2 和 NO_x 很快氧化，产生硫酸与硝酸，再和氨气反应形成硫酸铵和硝酸铵化肥。由于烟气温度高于露点，不需再热。其主要特点有：是一种干法处理过程，不产生废水废渣；能同时脱硫脱硝，并可达到 90%以上的脱硫率和 80%以上的脱硝率；系统简单，操作和维修方便，过程易于控制；对于不同含硫量的烟气和烟气量的变化有较好的适应性和负荷跟踪性；副产品为硫铵和硝铵混合物，可用作化肥；脱硫成本低于常规方法。

日本荏原公司与四川电力局合作，于 1997 年在成都热电厂建成示范装置。实际运行中，在燃煤含硫量在 0.8%～3.5%间变化，脱硫效率在 80%以上，脱硝效率在 20%左右。设备可靠安全，其副产品硫铵销路良好。以上几种烟气脱硫技术的投资及运行情况参见表 10-31。

⑥ 脉冲电晕等离子体法（PPCP 法）。此法是 1986 年日本专家增田闪一在 EBA 法的基础上提出的。由于它省去昂贵的电子束加速器，避免了电子枪寿命短和 X 射线屏蔽等问题，因此一经提出各国专家竞相研究。目前日本、意大利、荷兰、美国都在积极开展研究，已建成 14000m^3/h 的试验装置，能耗 12～15 $W \cdot h/m^3$。我国许多高等院校及科研单位也纷纷加入研究行列，进行了小试研究，取得了能耗 4$W \cdot h/m^3$ 的国际领先研究成果，但规模仅为 12m^3/h，尚需扩大。PPCP 法是靠脉冲高压电源在普通反应器中形成等离子体，产生高能电子（5～20eV），由于它只提高电子温度，而不提高离子温度，能量效率比 EBA 高 2 倍。PPCP 法设备简单、操作简便、投资是 EBA 法的 60%，因此成为国际上干法脱硫脱硝的研究前沿。

⑦ 海水脱硫法。特点是采用天然海水作为吸收剂，无需其他任何添加剂，工艺简单，无结垢、堵塞现象，可用率高，无脱硫灰渣生成，脱硫效率高（>90%），燃用高、中、低硫煤都可适用。投资参见表 10-31。

表 10-31 国内其他主要的烟气脱硫系统状况一览表

脱硫方法	喷雾干燥法		炉内喷钙尾部增湿活化法		海水脱硫法	荷电干式喷射法	电子束法
电厂名称	四川白马电厂	山东黄岛电厂	南京下关电厂	辽宁抚顺电厂	深圳西部电厂	山东德州热电厂	成都热电厂
机组容量	1×200MW	1×210MW	2×125MW	1×120MW	1×300MW	1×120MW	1×1200MW
煤含硫量/%	3.2	1.86	0.92	0.54	0.75	1.0	2.0
处理烟气量/(m^3/h,湿)	8000(相当于25MW容量烟气量)	300000(炉后抽出部分烟气脱硫)	2×544000	480000	1220000	40000	300000(炉后抽出部分烟气脱硫)
吸收剂	生石灰,200目,CaO纯度60%~70%	生石灰,纯度70%,粒径4mm	石灰石48%,40μm,纯度>95%	石灰石	天然海水	$Ca(OH)_2$,粒径30~50μm,纯度>90%	氨气
脱硫效率/%	80	70	>75	40	>90	70	80
吸收塔数量	1	1	2	1	1	1	1
占地面积/m^2	10×40+16×24(主设备+石灰制备)	64×98	约8000		50×135+37×150	100	4×60
脱硫生成物处置	经静电除尘器后水力输送至灰场	经静电除尘器后水力输送至灰场	经静电除尘器后送至干灰库	经静电除尘器后送至干灰库	吸收后经海水恢复系统排放海洋	经静电除尘器后抛弃	可用作氮肥
投运日期	1991年8月	1994年4月		1996年	1999年3月投产	1995年9月	1996年12月
承包商	国内设计和供货	日本三菱	芬兰IVO	芬兰IVO	挪威ABB公司	美国阿兰柯环境资源公司	日本茌原
费用	950万元RMB(1991年价格)	16亿日元	800万美元		19647万RMB	200万RMB	800万RMB(日方设备和土建,中方拆迁和运行)
备注	中试装置	中日合作项目	全套引进,目前1号炉脱硫设备已投运	引进炉内喷钙部分		脱硫过程在现有锅炉出口烟道进行	1998年6月验收

注：资料来源为张晔，1999年。

⑧ 排烟循环流化床脱硫技术。锅炉烟气由吸收塔底部进入，与雾化的石灰浆液逆流混合中 SO_2 被中和吸收。其优点是脱硫效率高（约 79%），脱硫剂利用率高，喷钙与增湿同时完成。

⑨ 其他方法。近年来，我国又开发了一些简易除尘脱硫装置，脱硫效率中等，占地小，投资少，已开始应用于现有燃煤锅炉的改造。但应用范围还很有限。

燃煤电厂所选择的脱硫方法受多种因素影响，要进行技术经济比较而且要结合现实的条件。总的来说，要从以下几个方面进行考虑：脱硫效率首先要满足环保要求；选择技术成熟，运行可靠的工艺；选择投资省，运行费用低的工艺；要考虑废料的处置和二次污染问题；吸收剂要有稳定的来源，并且质优价廉，这是一个非常重要的影响因素。相对而言，我国石灰石资源比较丰富，纯度高，且分布广，而高纯度石膏的供应就很困难；副产品处置要有场地，综合利用要有市场；燃用煤种的含硫量是影响脱硫技术选择的重要因素，必须根据燃煤含硫量选择恰当的脱硫方法。

图 10-10 示出经估算后电站燃用洗煤及采用烟气脱硫技术随原煤含硫量的运行费用变化的曲线。

由图 10-10 可见：

① 电站燃烧洗煤和采用 FGD 脱硫，其单位减排 SO_2 运行费用随原煤（或燃料煤）的含硫量增大而相对减少；

② 当洗选脱硫率大于 40%时，电站燃用洗选煤的减排运行费用与采用 FGD 的费用相近或较低；

③ 5 种 FGD 技术中，单位脱硫运行费用由高到低的顺序是：电子束法、石灰石-石膏法、简易湿法、炉内喷钙-尾部增湿法、旋转喷雾干燥法；随煤中硫分增高，不同技术间的差别减小；电厂规模越大，减排费用越低。

对 5 种 FGD 技术进行比较后，估算其单位投资由大到小的顺序是：石灰石-石膏法、电子束法、简易湿法、喷雾干燥法、炉内喷钙-尾部增湿法。此外，机组容量越大，单位投资越低；采用钙

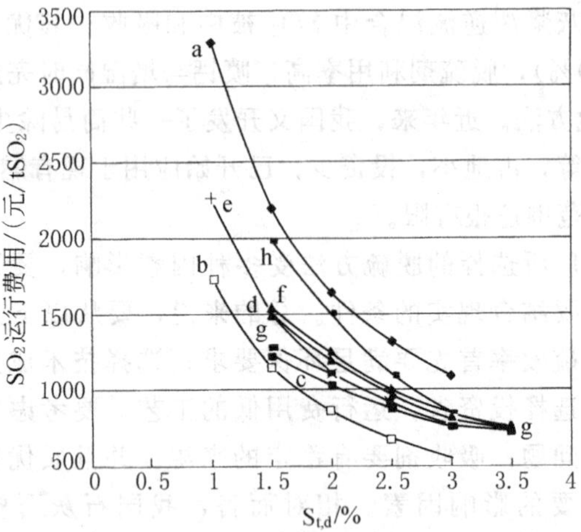

图 10-10　电站燃烧洗煤、FGD 脱硫运行费用随原煤含硫量的变化

图注：a—选煤 1 脱硫率 30%；b—选煤 3 脱硫率 50%；c—喷雾干燥法；d—简易湿法；e—选煤 2 脱硫率 40%；f—石灰石-石膏法；g—炉内喷钙-尾部增湿法；h—电子束法

（资料来源：杜铭华等，“减排 SO_2 合理技术经济途径及其综合效益评估”，1999 年）

基脱硫剂的单位投资随煤中硫分增大而增加。如洗煤与 FGD 相组合脱硫，则燃用动力洗煤和 FGD 技术相组合的脱硫运行费用大于其中任意单一技术，因此，如果没有其他特殊需要（排矸，提高热值），一般不作两种技术的组合应用。

由此不难看出，动力煤洗选技术有利于排矸减运、脱除硫分、提高热值。燃烧洗选煤可改善电站运行效率，综合效益好，且一次性投入较低。当脱硫率不小于 40%时，应优先考虑选择燃烧洗选煤为 SO_2 的减排方式。

FGD 的脱硫率远远高于洗选的脱硫率，因此对含硫较高的煤，特别对较大容量电站，FGD 的脱硫成本相对较低，应优先考虑应用 FGD 技术。

按时价估计，当燃煤硫分在 1.0%～2.0%，洗煤脱硫率为

30%～40%时，电站采用洗选煤的单位减排运行费用约1157～2266元/t SO_2，FGD所需花费的运行费用约881～1981元/t SO_2，远远高于国家目前对两控区征收的排污费额（0.2元/kg SO_2），即目前征收的排污费额不足以激励电站去主动采用减排 SO_2 的技术。因此，采取政策措施和经济手段加大 SO_2 排污费的征收力度势在必然。

10.4.4 脱除煤中有机硫的方法

化学法脱硫多数用于脱除煤中有机硫，主要是利用不同的化学反应，包括生物化学反应，将煤中的硫转变为不同形态而使之分离，广义地讲，液化、气化和热解等转化工艺也能达到脱硫分离的目的。相对物理脱硫法而言，化学脱硫法的效率较高，能除掉有机硫（见表10-32）。但也有其致命弱点，一是多数化学法是在高温高压下进行，有的使用不同的氧化剂，操作费用和设备投资费用高；二是反应条件较为强烈，可能使煤质发生变化，使煤的发热量、结焦性、膨胀性遭到破坏，使脱硫净化后产品的用途受到限制，很难被工业大规模采用。生物脱硫技术的难点在于生物化学过程往往反应太慢，微生物要求温度又过于敏感；加上煤不溶于水，迫使煤粒径要求非常细，否则界面反应很困难，致使能耗增加；煤中矿物质可能对微生物有毒或扼制细菌培育生成，这些都是生物脱硫的技术难点。

表10-32所列的化学脱硫净化法，均没有商业化，要找到一种技术上可行，经济上合理、简便、有效的脱除煤中有机硫的方法，看来是一项难度较大的长期任务。

表10-32 脱硫方法总表

方法名称			原理	脱黄铁矿硫百分率/%	脱有机硫百分率/%
物理净化法	1	重力法	煤和黄铁矿密度差	40～70	0
	2	浮选法	煤憎水，黄铁矿亲水	53	0
	3	油团聚	煤亲油性，黄铁矿憎油	49	0
	4	磁分离	黄铁矿磁性	60～80	0
	5	Magnex过程	蒸汽沉积磁化，干选	52	0

续表

方法名称			原理	脱黄铁矿硫百分率/%	脱有机硫百分率/%
化学净化法	1	BHC法	碱水液法	50～84	0
	2	Meyers过程	$Fe_2(SO_4)_3$,氧化法	83～98	0
	3	LOL氧化法	O_2/空气氧化	90～98	30～40
	4	PETC法	空气氧化	～100	45
	5	KVB法	NO_2 选择氧化	～100	50
	6	氯解法	Cl_2 分解	>90	70
	7	微波法	微波能	10～40	10～30
	8	超临界醇抽提法	醇氢键、偶极溶解	0	20～35
	9	TRW法	熔融碱(MCL)	>90	80～90
	10	全氯乙烷法	重力浮沉与抽提	90	40～70
	11	高能辐射法	辐照形成自由基、氧化	30～80	10～70
	12	快速热解法	反应动力学	40～50	50～60
	13	生物化学法	生物氧化还原反应	60～90	50～60
	14	碱液浮沉浸熔法(F-L)	重力法与碱熔法相结合	80～90	80～90

10.5 排放 CO_2 的封存及利用

近50年来，全球气候变暖主要是人类使用化石燃料而排放的二氧化碳，CO_2 等温室气体效应造成的。考虑到世界上约85%的能源需求都依靠化石燃料来满足，要迅速抛开化石燃料而对全球经济不产生严重影响，恐怕是不可能的。因此减少温室气体 CO_2 的排放，减缓温室气体的影响和控制气候变化，世界各主要工业化国家都先后开始多种技术探索，其中封存二氧化碳技术能大量削减 CO_2 向大气的排放，尤其受到各国的重视。另一方面大量排出 CO_2，造成世界上碳基能量损耗过快，碳基能量资源的消耗以及现有能量体系的低效率，已使 CO_2 的利用成为全球注目的议题。

燃煤发电是排放 CO_2 迅速增长的大户。一个50万千瓦的燃煤电厂每年排放的 CO_2 约3Mt 。2005年我国火力发电量为20180亿千瓦小时，燃煤电厂排放的 CO_2 量约为18亿吨。作为全球第二大能源消费国家（仅次于美国），其能耗70%来自煤炭，2004年中国消费了全球煤炭消耗量的34%，促使全球煤炭消费增长了74%；煤化工、煤制油的蓬勃发展，一方面能减少对进口石油产品的依赖，促进能源供应的多样性，但同时也导致 CO_2 排放量有迅速增长势头。据统计，1995年我国排放的CO_2量折合成碳为821Mt，占全世界的13.2%，仅次于美国。据2000年法国“Le Monde L'Economie”报道，要求中国减排CO_2量为31.8%。图10-11示出全世界由于燃料燃烧释放出的CO_2排放量。另据美国能源信息情报署出版的“国际能源展望2005”综述：预计全球CO_2排放总量将从2004年的244亿吨增长到2010年的302亿吨，到2025年将达到388亿吨。

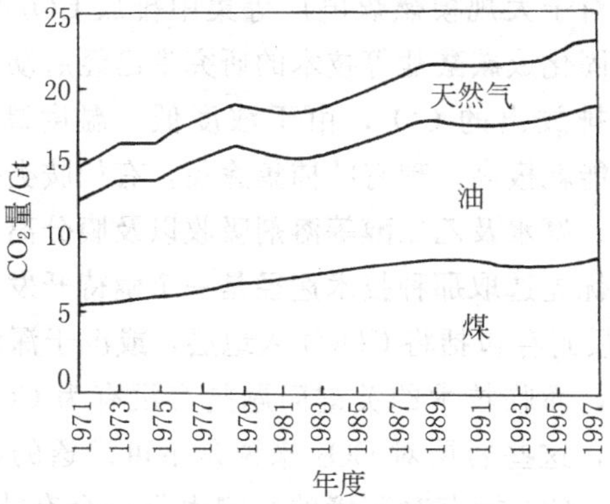

图 10-11　世界燃料燃烧释放的CO_2量

[资料来源：1999年国际能源署（IEA）报告]

据IEA统计数据，2003年中国CO_2排放量在全球中的份额已上升到14.9%，预测中国的CO_2排放量将从2003年的38亿吨增长到2020年的72亿吨，几乎相当于美国的CO_2排放量。随着新兴经济地区（包括中国和印度等亚洲国家）化石燃料消费量的大量增长，2025年新兴经济地区的CO_2排放量占预测CO_2排放总量的68%。如今，清洁发展机制（Clean Development Mechanism，简称CDM）对各国减排CO_2的专项资金资助业已启动，要抓住机遇，积极申报项目，参与CO_2的减排工作。

10.5.1　CO_2封存

目前已取得共识：化石燃料燃烧后所排放的CO_2可以通过捕集和封存而大为减少，而且这对于大型固定排放源来说，也是最实用的技术。2005年10月政府间气候变化专门委员会（IPCC）完成了一项具

体探讨将 CO_2 埋于地表下以及海洋深处的可行性报告，报告中确认，捕集和储存 CO_2 可能成为稳定大气中温室气体量的一个补充解决办法，并可能在对应气候变化中起到重要作用（见 IPCC Special Report on Carbon Dioxide Capture and Storage，10 Oct. 2005）。CO_2 捕集、储存的主要技术及地层中铺设管道和灌注技术等，都已经进入成熟期，在阿尔及利亚、加拿大和挪威北海海岸，已经有 3 个捕集和封存项目在开展工作。对于大规模燃煤电厂等集中排放 CO_2 源的回收 CO_2 技术和封存或固化成碳酸盐等技术的研究都已经启动。

燃煤电厂排放出的 CO_2，由于浓度低、温度高，体系复杂，捕集和分离时能耗极高。现有的捕集途径，有如胺类化合物的水溶性化学吸收剂、氨水及乙二醇等溶剂吸收以及膜分离、固体吸附剂等分离技术，优先选取那种技术途径是一个亟待开发研究的课题。

CO_2 的地质封存包括将 CO_2 注入地层，或沉于深海底后转化成固体矿物质等，面临技术的关键问题是有没有为 CO_2 封存提供足够空间的岩层，这些岩层对 CO_2 来说是不可渗透的，要确保封存的安全和稳定；CO_2 封存对环境的影响也是一个有待评估的项目。地质封存的主要对象是衰竭或即将衰竭的油气田储层或煤层、深部含盐水层及不可采煤层。

美国、英国、澳大利亚和日本都相应制定封存 CO_2 的开发计划。美国在 2002 年“全球气候变化计划”中表明在 10 年内将美国温室气体排放强度降低 18%，由美国国家能源技术研究所（NETI）承担 CO_2 封存工作，已有 80 多个研发项目，目标是开发出到 2012 年进行商业化示范的安全、经济且高效的技术，并要求在 2012 年进入市场。表 10-33 简要列举美国 CO_2 封存技术 6 个主要项目的情况。2003 年美国宣布了 FutureGen（“未来电力”）示范项目，其概念流程如图 10-12 所示，该项目计划未来 10 年内投资 10 亿美元，建成世界上首个污染近零排放、电力和氢联合生产、年处理 100 万吨 CO_2、规模为 275MW（净当量功输出）的研究电站，作为新型发电、CO_2 回收、煤制氢技术的大型试验基地，预计 2007 年 9 月完成选址工作。

英国在 2003 年能源白皮书中规定，为防止地球气候变暖，到

表 10-33　美国 CO_2 封存技术 6 个主要项目

序号	项目名称	执行者	方式	规模	场所特征	概　要
1	地层产业公司在西珍珠女王储藏库的 CO_2 封存	地层产业公司	快速注入	42d 内注入约 2200t CO_2	枯竭油田	美国最早的大规模现场试验项目，2002 年 12 月至 2003 年 2 月位于美国新墨西哥州 Hobbs 附近的地层产业公司在西珍珠女王储存库注入了约 2200t 的 CO_2，并对 CO_2 的状况进行监测
2	不可开采煤层中的 CO_2 封存（综合调查以及商业化验证试验）(COAL-SEQ)	伯灵顿国际财团	快速注入	6a 注入280000t CO_2	不可开采的深层煤层	在不能开采的深部煤层里贮存 CO_2 的验证试验。目的在于对贮存库贮留机理和储藏库模型进行实际验证。主要目标是：①储藏库模型提供的煤层贮存 CO_2 模拟的有效性进行验证；②评估在不同煤炭特征、注入气体特性等条件下的贮留可能性
3	Weybum 强化采油(EOR) 计划	ENCANA 石油公司	2001 年开始注入	预计 15a 间共注入 CO_2 2×10^{13}t	枯竭油田储存库	项目地点在 1954 年发现的加拿大的 Weyburn 油田。Encana（石油公司）为了促进石油生产，从 2000 年开始大量地注入 CO_2。项目期间，预测将有约 20Mt 的 CO_2 被永久地贮留。CO_2 由位于 North Dakota 州的 Dakota 气化公司的燃料合成厂，通过全长 400km 的管道（费用：1 亿美元）输送提供

续表

序号	项目名称	执行者	方式	规模	场所特征	概　要
4	ECBM 生产以及不可开采煤层中 CO_2 贮留	CONSOL ENERGY	注入准备计划 2005 年注入	1a 注入 26000t CO_2	不可开采的深层煤层	由阿帕拉契亚中部（维吉尼亚州西南部）的煤层气（CBM）主要生产者 CONSOL ENERGY 牵头。由于两个煤层水平方向上需要开发的井群最长延绵 900m，因此采用倾斜采掘方式。最初是从两个煤层上回收 CBM，然后从较低的煤层注入 CO_2。在回收 CBM 的同时，监测两个煤层的 CO_2 浓度
5	美国电力（AEP）山地发电厂调查项目	美国电力（AEP）	注入准备（尚无注入计划）		含水岩层	2002 年 11 月，DOE 公布开始在西维吉尼亚州 New Haven 的 AEP 的山地发电厂执行 CO_2 埋存的研究项目。其目的是由于预定的贮存地点附近上部岩层十分坚硬，通过该项目确认不会产生 CO_2 缓慢泄漏以及周边无裂缝
6	弗里奥地层 CO_2 贮存场验证试验（地质封存 GEO-SEQ 项目的一部分）	得克萨斯大学地质经济办公署	注入准备（长期计划的前期工作）		含水岩层	向得克萨斯州的含水岩层中贮存 CO_2 过程的实际验证试验。得克萨斯州为了抵消人为活动引起的 CO_2 排放，认为有必要大规模贮存 CO_2。主要的目的在于：①验证向含水岩层注入 CO_2 对健康、安全及环境无不良影响；②掌握 CO_2 在地下的分布状态；③验证概念模型；④获得未来实施大规模注入试验所需要的必要的感性认识

注：资料来源：NETL 美国国家能源技术研究所，2004 年。

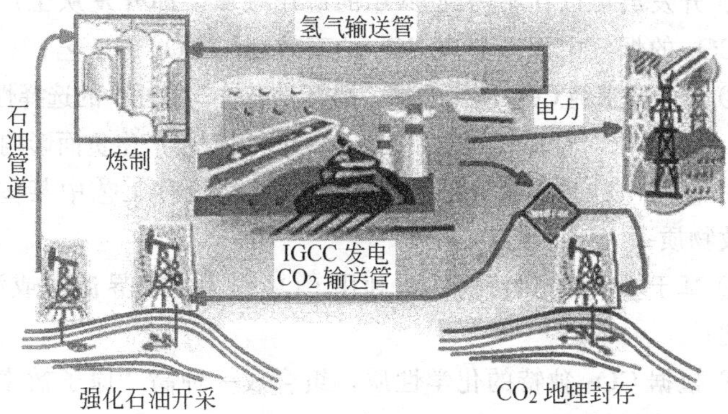

图 10-12 美国“未来电力”（FutureGen）示范项目概念流程

2050 年将削减 60％的 CO_2 排放；澳大利亚在开发 Gorgon 天然气的同时，实施 CO_2 的回收计划，并计划在 Barrow 岛实施地下封存；日本政府承诺在 2008～2012 年间，将 CO_2 的年排放量降低到 1990 年（1.236 Bt）的 94％，即年削减量约为 74 Mt。在日本长冈县实施的 CO_2 注入验证试验已经启动，它将是世界上第一个在陆地含水岩层中封存 CO_2 的项目，2005 年 1 月已经注入 CO_2 达 1 万吨，目前正应用地震波层析技术对注入地层中的状态进行监视工作。

10.5.2 CO_2 利用

先来看看阻碍 CO_2 捕集、分离、提纯乃至利用的诸多因素。第一个是捕集、分离、提纯和利用 CO_2 以及将它输送到用户的成本问题，其中捕集 CO_2 的成本约占总成本的 80％，按最经济的溶剂吸收法分离技术，捕集分离每吨 CO_2 的成本约 40～50 欧元，而当前排放每吨 CO_2 的罚款额仅为 20 欧元；第二个是 CO_2 化学转化所需要的能量，如外加反应剂的来源及成本；第三因为市场规模的制约，即对现有投资缺乏激励政策，对“CO_2 基”化学制品缺乏工业支持；第四个是来自社会和经济驱动力的缺失。

如今，必须高瞻远瞩地站在科学前沿来倡导 CO_2 的利用，探索扩大 CO_2 利用的方法。

① 开发出可以在不需纯 CO_2 的应用领域，即开发从工厂含高浓度 CO_2 的烟气中无需分离 CO_2 的高效利用 CO_2 的工艺；

② 对于要求纯 CO_2 应用领域，要开发高效、能耗少的选择性分离技术，同时要求对过程气中的如 H_2O，O_2 和 N_2 不产生负面影响；

③ 作为一种替代媒介或作为溶剂去取代现存工艺中某些危险的低效物质；

④ 基于 CO_2 的独特物性，利用 CO_2 作为超临界流体或溶剂、反溶剂；

⑤ 根据 CO_2 独特的化学性质，组合成一种高“原子效率”的物质，比如羰化作用、碳酸酯合成等；

⑥ 利用 CO_2 作为一种反应物或原料，生产制备成有用的化学品；

⑦ 通过封存利用 CO_2 进行能量的转化；

⑧ CO_2 再循环作化学品的碳原料以及作为能量的再生资源；

⑨ 在生物化学或地质生成环境条件下转化成“新化石”能源。

比较现实的几个实例如下。

① CO_2 的甲烷重整过程循环，当在 Ni-CeO_2 催化剂存在条件下，[如 $Ce_{1-x}Ni_xO_2$（$x=0.1\sim0.5$），其中，以 $Ce_{0.8}Ni_{0.2}O_2$ 活性较高且热稳定好]，甲烷和 CO_2 的三重整。利用煤制油、煤基合成二甲醚过程或燃煤电厂烟道气中大量的 CO_2，在无需分离的条件下，将 CO_2 与水蒸气和氧进行重整，通过 CO_2 变换、水蒸气变换和甲烷的部分氧化生产出工业上合格的氢/一氧化碳比例的合成气。甲烷和 CO_2 重整反应属强吸热反应，反应过程需要高强度供热，引入甲烷纯氧或空气氧化反应，使甲烷 CO_2 重整过程能在低能耗情况下顺利进行。图 10-13 就以煤基合成二甲醚过程中 CO_2 的天然气部分氧化重整过程循环作为示例。

CO_2 的甲烷重整反应的反应方程如下：

$$CH_4+CO_2 = 2CO+2H_2,\quad \Delta H_{298K}=247\ kJ/mol$$

$$CH_4+0.5O_2 = CO+2H_2,\quad \Delta H_{298K}=-36\ kJ/mol$$

$$CH_4+2O_2 = CO_2+2H_2O,\quad \Delta H_{298K}=-802\ kJ/mol$$

$$CH_4+H_2O = CO+3H_2,\quad \Delta H_{298K}=206\ kJ/mol$$

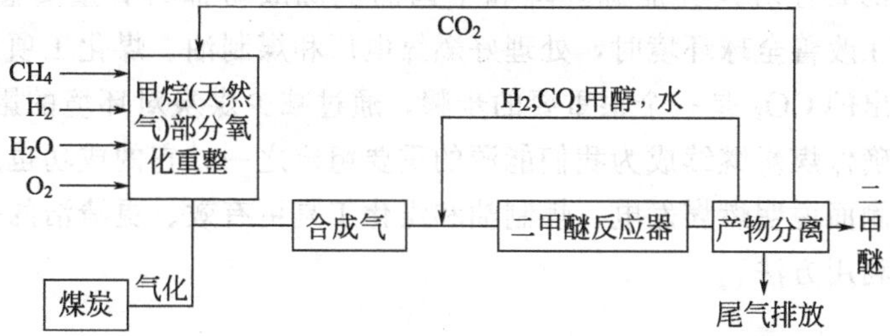

图 10-13　煤基合成二甲醚过程中 CO_2 的天然气部分氧化重整过程循环
（资料来源：贾广信等，2006 年）

对上述多反应同时进行的 CO_2 甲烷重整过程需要进行全面的热力学分析，为达到合格 H_2/CO 比的合成气，也需要合理解决煤基合成气和甲烷重整合成气之间的配气和调节研究。

② 用 CO_2 和甲醇进行二甲基碳酸酯的合成，这一工艺较之先前工艺的优点是有益于环保，避免有害光气（碳酰氯）的污染。

③ CO_2 用作超临界萃取的溶剂或一种共反应物，以及作为一种惰性气体作为输送气加以利用，这是大家都熟知的实例。

在 CO_2 分离方面，除常用溶剂吸收及膜分离技术外，现在已开发出一种用中孔分子筛 MCM-41 和聚乙烯亚胺（PEI）作为 CO_2 高容量选择性吸附剂，亦称“分子笼”（molecular basket），应用这种 MCM-41-PEI 吸附剂无需预先脱水就能对混合气中的 CO_2 进行选择性吸附，水分的存在更能提高对 CO_2 的吸附容量。业已证实，MCM-41-PEI 的联合应用比单独用 MCM-41 或单用 PEI 的吸附量更好，这种 CO_2 介孔分子筛吸附剂，有着很大的比表面积和较大的孔容，孔径从 2nm 到 50nm，值得关注。

从战略上讲，要开发利用 CO_2 对环境友好的物理化学工艺过程，强化这类工艺的价值；要利用 CO_2 来生产对工业上有用的化学制品和新材料，提高产品的价值；利用 CO_2 作为一种过程流体，并作为能量转化中的一种媒介；利用 CO_2 再循环节省碳资源以维持能源的持续发展，提高碳的利用率。

要启动对大型固定 CO_2 排放源的封存及利用的研发工作，

CO_2 的封存对世界能源环境和中国的能源战略都具有重要意义，因为在改善全球环境时，处理好燃煤电厂和煤制油、煤化工项目中排放出的 CO_2 是一个很重要的步骤，通过减少煤炭对环境的影响，能够确保煤炭继续成为我们能源的重要组成之一，它的成功也从另一个侧面说明燃煤发电、煤制油和煤化工是更有效、更清洁的一种煤炭利用方法。

附录 1　烟煤分类用煤（洗煤）性质及其炼焦所得焦炭结果

编号	煤样	A_d /%	V_{daf} /%	S_d /%	元素分析(daf)/%			胶质层厚度 Y/mm	黏结指数 G	格金焦型①	膨胀序数 CSN	奥阿膨胀度② b/%	吉氏流动度 lgα	焦炭转鼓强度/%		粉焦率/%	块焦率/%	
					C	H	N							M_{40}	M_{10}	F_{10}	Q_{60}	Q_{40}
1	峰二	14.49	24.84	0.51	88.41	5.22	1.51	22	80	13	6.5	34	3.58	79.50	8.1	2.9	71.0	89.4
2	峰三	16.62	30.79	0.81	86.74	5.47	1.79	28	84	14	5	209	5.05	74.40	8.3	3.8	70.7	87.8
3	峰四	10.20	17.60	1.37	90.20	4.71	1.31	7	28	4	3.5	−21	1.00	62.90	24.9	26.5	46.4	63.8
4	峰五	12.32	23.57	0.74	88.57	5.25	1.53	15	83	15	7.5	46	3.14	79.10	8.3	2.4	66.0	89.6
5	峰黄沙	8.61	29.74	0.63	88.05	5.43	1.70	37	93	18	6	316	5.44	73.50	6.3	4.0	54.8	84.4
6	峰牛儿庄	10.50	18.07	0.32	90.22	4.84	1.54	6	18	4	3	c. o.	0.74	58.0	29.9	36.4	37.7	55.9
7	井陉三矿	11.77	20.73	0.47	88.30	4.78	1.67	11.5	51	6	2.5	−17	2.02	75.3	12.2	7.7	64.9	82.9
8	开滦赵各庄	14.49	38.13	0.55	83.68	6.03	1.04	13.5	69	10	3.5	11	3.76	70.9	11.0	5.4	64.0	84.1
9	开滦范各庄	9.98	37.10	1.77	85.23	6.00	1.54	33	97	17	7.5	269	5.51	66.10	13.8	4.5	50.1	82.8
10	开滦唐山	6.17	34.38	0.49	87.20	5.58	1.56	22.5	87	15	5	125	5.06	63.2	12.3	3.7	44.2	80.3
11	开滦荆各庄	13.03	38.46	0.45	80.59	5.35	1.58	5	18	3	1	c. o.	0.74	—	—	65.6	10.2	24.1
12	开滦林西	11.27	27.20	0.69	88.36	5.31	1.59	25.5	85	15	6.5	144	4.48	75.2	7.2	3.1	60.3	87.8
13	开滦吕家坨	11.52	29.42	0.76	87.80	5.44	1.64	26	90	16	6	139	4.42	74.8	8.1	3.3	59.2	87.5
14	开滦唐家庄	11.05	33.48	1.00	87.42	5.52	1.54	28.5	90	17	6	278	5.27	64.8	9.7	3.7	52.2	85.7
15	邢台立井	7.84	36.22	0.37	86.32	5.51	1.51	19.5	86	15	4.5	74	5.15	66.4	11.5	4.1	52.2	83.6

续表

编号	煤样	A_d /%	V_{daf} /%	S_d /%	元素分析(daf)/%			胶质层厚度 Y/mm	黏结指数 G	格金焦型①	膨胀序数 CSN	奥阿膨胀度② b/%	吉氏流动度 lgα	焦炭转鼓强度/%		粉焦率/%	块焦率/%	
					C	H	N							M_{40}	M_{10}	F_{10}	Q_{60}	Q_{40}
16	大同姜家湾	3.21	30.73	0.44	83.96	5.14	0.84	0,粉	0	1	1	c. o.	0.15	—	—	97.1	0	0
17	大同马武山	3.16	34.50	0.29	83.76	5.37	1.01	5	17	3	2	c. o.	0.69	—	—	41.2	19.3	41.2
18	大同红十三	3.51	29.06	0.38	85.08	4.79	0.84	0,块	3	2	1	c. o.	0.30	—	—	90.4	0	2.3
19	西山西铭	9.75	16.75	0.51	90.71	5.00	1.39	7	35	4	3.5	c. o.	0.84	59.9	23.7	20.1	49.6	70.4
20	西山杜儿坪	6.62	16.29	0.72	90.67	4.78	1.49	5	17	4	3.5	c. o.	0.60	52.4	28.6	36.9	35.4	54.2
21	汾西水洛	5.00	19.94	2.88	88.56	4.81	1.28	10	63	7	8	−13	1.70	76.0	11.5	6.6	59.3	84.0
22	汾西高阳井	4.84	23.09	0.51	89.98	5.22	1.59	18	86	13	7	55	3.64	80.7	6.3	2.2	58.3	88.6
23	汾西两渡	12.66	19.94	1.44	88.99	4.89	1.24	7.5	44	5	5	c. o.	1.15	75.3	13.3	10.5	66.4	83.3
24	汾西富家滩	10.84	30.72	1.06	87.47	5.60	1.46	33	89	16	5.5	291	5.42	75.7	6.8	4.7	61.8	85.2
25	鹤岗黄家堡	15.08	29.83	0.42	85.52	5.32	1.69	12	48	9	2.7	−21	2.59	74.5	11.8	8.1	66.3	83.8
26	霍县辛置	8.83	30.40	0.35	87.57	5.47	1.54	21.5	82	13	4.5	121	4.84	76.2	6.3	3.6	54.2	84.4
27	霍县南下花	9.19	31.92	0.41	86.75	5.16	1.45	20	80	13	3	58	5.11	74.2	8.3	4.3	50.7	83.0
28	潞安石圪节	10.92	17.36	0.30	90.84	5.02	1.57	6	21	4	3.5	c. o.	0.94	60.1	24.6	24.6	45.7	67.0
29	潞安王花	10.80	15.93	0.33	90.90	4.85	1.47	0,块	15	3	1	c. o.	0.50	—	—	82.9	2.5	11.0
30	潞安五阳上	10.70	16.77	0.55	90.74	4.99	1.48	6	18	4	4	c. o.	0.81	50.6	34.5	47.6	32.0	46.1

续表

编号	煤样	A_d /%	V_{daf} /%	S_d /%	元素分析(daf)/%			胶质层厚度 Y/mm	黏结指数 G	格金焦型①	膨胀序数 CSN	奥阿膨胀度② b/%	吉氏流动度 lgα	焦炭转鼓强度/%		粉焦率/%	块焦率/%	
					C	H	N							M_{40}	M_{10}	F_{10}	Q_{60}	Q_{40}
31	潞安五阳中	9.65	16.05	0.51	90.94	4.84	1.57	0,块	13	2	1	c.o.	0.30	—	—	89.9	0.5	1.0
32	潞安五阳下	9.82	16.60	0.46	90.50	4.87	1.52	4	17	3	3	c.o.	0.60	—	—	55.1	22.3	37.1
33	雁北小峪	10.50	36.30	0.47	82.33	5.76	1.53	10	40	4	2	c.o.	1.33	54.7	27.2	20.9	44.0	66.3
34	乌达五虎山	5.05	29.44	2.43	87.21	5.59	1.45	27	96	16	5.5	233	4.84	66.2	10.7	3.7	45.3	82.1
35	乌达苏赫园	13.09	32.00	0.69	86.24	5.90	1.56	14.5	83	13	5	78	3.75	73.6	10.6	3.1	62.8	88.1
36	乌达东方红	12.94	29.04	0.73	86.93	5.58	1.61	17.5	85	13	5.5	82	4.06	74.1	10.2	2.8	61.4	88.5
37	乌达乌达混	8.97	30.25	2.72	86.21	5.39	1.34	25.5	92	16	6	240	4.81	72.6	10.4	3.7	54.8	84.3
38	包头阿刀亥	12.92	18.55	0.88	89.19	4.83	1.46	8	43	6	3.5	−9	1.26	66.9	15.9	11.4	53.3	78.7
39	包头白狐沟	8.23	21.11	0.17	88.90	4.69	1.07	0,块	6	3	1	c.o.	0.30	—	—	93.3	0.0	1.3
40	包头五当沟	9.37	35.96	0.65	86.31	5.84	1.34	18	95	19	8.5	252	4.70	63.7	12.0	3.1	51.6	82.8
41	海渤湾平沟	10.21	29.98	1.05	87.11	5.23	1.33	20	83	14	5.5	114	4.38	76.8	8.5	3.0	54.4	86.1
42	海渤湾红旗16-1	15.19	27.55	2.01	86.01	5.27	1.60	19	83	13	6.5	68	3.64	80.8	8.6	3.3	66.5	88.7
43	海渤湾红旗16-3	28.51	27.77	1.21	84.02	5.24	1.46	12	36	7	2	−13	2.42	61.1	32.1	7.9	80.7	85.5
44	海渤湾红旗16-4	16.31	26.60	1.21	86.94	5.13	1.63	17.5	74	12	4.5	46	3.80	80.3	7.9	4.0	71.5	87.8
45	海渤湾公乌素	17.51	21.70	1.99	85.52	4.98	1.54	15	67	11	4	28	3.75	75.8	9.9	4.5	71.1	87.8

续表

编号	煤样	A_d /%	V_{daf} /%	S_d /%	元素分析(daf)/%			胶质层厚度 Y/mm	黏结指数 G	格金焦型①	膨胀序数 CSN	奥阿膨胀度② b/%	吉氏流动度 lgα	焦炭转鼓强度/%		粉焦率/%	块焦率/%	
					C	H	N							M_{40}	M_{10}	F_{10}	Q_{60}	Q_{40}
46	海渤湾归洞沟	10.71	29.42	0.79	87.16	5.21	1.30	16	76	12	4.5	49	3.70	77.5	8.4	4.9	56.3	84.4
47	抚顺龙凤	5.86	40.24	0.54	83.63	5.92	1.04	11.5	67	5	2.5	−12	2.09	—	—	10.8	19.6	60.3
48	抚顺老虎台	4.80	43.52	0.70	80.83	6.12	1.62	8.5	60	4	2.5	c. o.	1.15	—	—	33.4	6.4	29.3
49	红旗二井3层	0.72	24.25	0.51	89.56	5.06	1.57	30	93	17	8	169	4.16	81.7	5.9	2.5	64.8	90.5
50	红旗二井七层	11.39	25.35	0.90	89.03	5.24	1.55	26	89	17	8.5	142	4.47	82.6	7.0	2.3	69.5	91.6
51	本溪五接层	10.79	17.67	1.34	89.98	4.57	1.49	10	47	7	3	6	1.68	71.8	12.0	7.7	62.0	85.6
52	本溪彩屯五接层	11.39	16.14	1.01	90.09	4.53	1.55	4	16	4	1	c. o.	0.90	47.6	31.7	49.8	32.6	43.9
53	本溪洗精	12.63	20.30	1.72	89.02	4.75	1.45	16	58	8	3.5	−5	2.17	78.8	7.8	3.2	69.5	89.4
54	彩屯洗精	11.63	15.44	1.55	90.17	4.97	1.47	0,块	10	3	1	c. o.	0.30	—	—	95.2	0.2	1.2
55	北票台吉洗	12.47	38.05	0.25	86.06	5.94	1.20	14	66	12	3.5	13	4.81	56.4	14.8	7.9	63.8	83.2
56	北票三宝	11.96	26.30	0.65	88.51	5.10	1.21	17	68	10	4.5	27	3.08	71.1	11.1	4.5	61.4	85.8
57	辽源西安	5.55	41.35	0.70	81.45	5.81	1.12	10.5	57	3	2.5	c. o.	0.90	—	—	8.4	13.8	60.9
58	杉松岗一井	8.41	24.53	0.83	88.55	5.34	1.45	10	54	6	4.5	3	1.23	71.0	11.4	9.5	47.6	80.4
59	杉松岗二井	32.04	23.31	0.60	87.00	4.90	1.63	0,粉	0	2	0.5	c. o.	0.30	—	—	99.9	0.0	0.0
60	通化湾沟	16.90	33.71	0.34	84.42	5.31	1.45	10	45	6	2.5	−8	2.59	67.5	20.2	16.5	65.4	75.5

续表

编号	煤样	A_d /%	V_{daf} /%	S_d /%	元素分析(daf)/%			胶质层厚度 Y/mm	黏结指数 G	格金焦型①	膨胀序数 CSN	奥阿膨胀度② b/%	吉氏流动度 lgα	焦炭转鼓强度/%		粉焦率/%	块焦率/%	
					C	H	N							M_{40}	M_{10}	F_{10}	Q_{60}	Q_{40}
61	通化砟子	8.26	26.41	0.38	87.94	5.02	1.40	12	72	9	5.5	15	2.26	75.2	9.4	5.5	55.2	85.8
62	通化八道口	8.35	18.56	0.40	90.43	4.71	1.52	0,块	16	4	3	c. o.	0.78	—	—	88.1	1.6	6.8
63	通化道清	10.98	23.87	0.45	88.21	5.10	1.73	13	76	11	7	30	2.80	78.9	8.5	4.3	63.5	88.5
64	通化铁厂洗	12.67	23.84	0.46	88.56	4.94	1.47	12	58	7	3.5	−1	2.31	72.3	13.7	10.0	54.6	79.4
65	鸡西滴道	8.92	22.99	0.44	89.56	5.23	1.11	11	60	7	5.5	−9	1.42	74.3	11.2	9.2	56.2	83.5
66	鸡西平岗	8.32	31.08	0.43	87.19	5.61	1.63	16	89	17	9	126	3.53	74.8	9.7	3.0	61.1	89.4
67	鸡西—道河子	11.69	34.15	0.32	83.72	5.49	1.01	5.5	18	3	1	c. o.	0.79	—	—	79.0	5.1	16.4
68	鸡西穆陵	13.95	36.15	0.50	85.50	5.48	1.39	16	83	15	6	68	4.33	68.0	11.4	3.3	65.3	87.7
69	鸡西城子河	7.97	30.45	0.40	87.63	5.55	1.06	15	88	11	7.5	78	3.58	70.7	11.8	3.3	53.1	85.9
70	鸡西东海	10.81	28.49	0.60	87.78	5.10	1.01	13	80	10	7.5	33	3.13	73.4	12.2	3.7	63.1	88.2
71	双鸭岭西	8.68	30.54	0.34	88.09	5.64	1.14	16	94	18	9	137	3.70	71.8	10.6	2.9	59.0	87.8
72	双鸭集贤	7.25	36.18	0.28	84.72	5.74	1.17	12.5	70	10	4.5	−1	2.34	36.8	15.5	8.7	40.1	43.9
73	双鸭四方台	8.81	40.61	0.30	83.38	6.00	1.26	10.5	69	9	1	−10	2.49	—	—	10.1	26.5	65.3
74	双鸭洗精	10.46	36.36	0.28	84.98	5.46	1.18	14	75	12	5	13	3.04	57.9	13.7	5.2	52.1	80.9
75	鹤岗南山	8.56	36.57	0.23	85.52	5.87	1.01	11.5	79	14	7	33	3.45	48.5	12.3	4.6	51.1	81.0

续表

编号	煤样	A_d /%	V_{daf} /%	S_d /%	元素分析(daf)/%			胶质层厚度 Y/mm	黏结指数 G	格金焦型[①]	膨胀序数 CSN	奥阿膨胀度[②] b/%	吉氏流动度 lgα	焦炭转鼓强度/%		粉焦率/%	块焦率/%	
					C	H	N							M_{40}	M_{10}	F_{10}	Q_{60}	Q_{40}
76	鹤岗新一	10.39	38.42	0.17	84.91	5.88	0.93	12	83	16	8	72	3.74	22.2	13.6	5.0	34.5	71.7
77	鹤岗兴安	8.10	36.57	0.15	84.46	5.66	0.98	10	51	5	3	−22	1.86	32.6	20.8	18.8	36.9	62.0
78	七台河桃山三井	10.78	35.12	0.25	84.03	5.39	1.02	14	82	9	6	17	2.54	47.2	9.8	3.9	47.8	81.0
79	七台河桃山六井	10.98	25.56	0.29	89.15	5.50	1.59	25	95	15	9	180	4.18	81.5	7.2	2.4	70.8	91.3
80	七台河富强	9.14	25.15	0.32	89.35	5.43	1.63	19	90	17	9	166	3.80	80.2	8.7	2.8	68.2	90.2
81	七台河新建	10.20	30.62	0.25	87.36	5.43	1.25	16	82	15	8	92	3.52	71.9	10.3	2.9	62.1	87.9
82	徐州夹河	9.39	38.10	0.41	83.90	5.81	1.50	12	63	7	4	−7	3.41	56.7	17.6	8.4	53.6	79.3
83	徐州韩桥	5.33	43.68	2.67	82.89	6.35	1.47	26	95	18	5.5	201	5.61	46.1	18.8	6.1	52.7	80.9
84	徐州权台	10.65	36.26	0.43	82.63	5.61	1.55	8	30	4	1.5	c.o.	1.20	47.3	32.3	27.4	40.1	60.1
85	淮南孔集	10.93	36.78	0.53	82.68	5.40	1.53	6.5	20	4	1.5	c.o.	0.90	42.8	36.2	33.1	30.4	52.4
86	淮南新庄孜	9.30	39.43	0.33	85.81	5.95	1.54	16	82	15	5	90	5.27	61.2	9.7	5.1	54.6	83.8
87	淮南谢三	5.94	37.57	0.38	84.88	5.47	1.56	14	71	14	4.5	14	3.81	59.5	9.8	5.4	51.6	85.2
88	淮南九龙岗	10.28	34.72	0.76	83.97	5.51	1.59	9	39	7	3	−24	1.56	66.1	12.4	11.1	53.2	79.9
89	淮北朱庄	11.97	22.74	0.44	88.27	4.95	1.68	14	73	13	8	47	2.93	77.1	7.2	3.2	63.7	90.4
90	淮北张大庄	11.87	25.49	0.40	88.70	5.07	1.67	18	78	15	7.5	111	3.94	77.9	7.1	2.9	64.7	91.1

续表

编号	煤样	A_d /%	V_{daf} /%	S_d /%	元素分析(daf)/%			胶质层厚度 Y/mm	黏结指数 G	格金焦型[①]	膨胀序数 CSN	奥阿膨胀度[②] b/%	吉氏流动度 lgα	焦炭转鼓强度/%		粉焦率/%	块焦率/%	
					C	H	N							M_{40}	M_{10}	F_{10}	Q_{60}	Q_{40}
91	淮北岱河	12.33	18.36	0.45	89.50	4.70	1.42	8	24	4	3.5	−14	1.34	59.4	22.2	25.1	49.1	67.1
92	花鼓山	5.48	27.29	0.94	88.41	5.51	1.86	23.5	95	18	9	255	4.28	78.6	9.5	1.8	63.8	91.5
93	丰城坪湖	10.90	19.95	0.94	89.02	4.91	1.76	11.5	60	9	8.5	−3	1.38	80.3	7.4	2.9	68.2	91.9
94	丰城建新	11.48	19.85	1.21	89.14	5.02	1.67	9.5	57	8	7	−15	1.08	78.9	10.2	8.8	68.8	86.2
95	萍乡高坑	6.19	31.76	0.63	86.35	5.52	1.68	14	83	14	8	64	3.33	66.4	10.7	3.4	55.0	89.1
96	枣庄八一魏庄	7.60	44.27	2.28	84.37	6.18	1.67	36	100	18	4.5	246	5.61	40.2	18.9	8.0	49.3	75.9
97	枣庄甘林	9.75	32.47	3.00	87.22	5.74	1.53	43	99	18	7	372	5.56	62.1	10.4	4.2	62.1	86.3
98	枣庄东井	8.36	30.39	0.48	87.55	5.52	1.70	23.5	87	15	4.5	144	5.13	62.6	7.7	3.7	37.9	83.6
99	枣庄陶庄	7.34	33.51	0.41	87.16	5.38	1.59	21	85	14	4.5	108	5.18	64.9	9.3	4.5	36.6	80.5
100	枣庄柴里	8.30	38.35	0.83	83.41	5.78	1.56	13	72	10	4.5	5	3.86	60.6	11.5	5.6	50.0	80.8
101	肥城杨庄	10.53	36.24	0.58	83.84	5.58	1.64	11	69	9	3.5	−14	3.09	62.7	15.8	7.5	56.6	80.4
102	新汶华丰	12.50	42.37	3.28	81.67	5.97	1.36	16.5	88	14	4.5	49	4.61	49.9	17.1	5.9	56.5	80.7
103	新汶孙村	10.54	36.29	0.77	83.75	5.55	1.57	11	63	7	3.5	−3	2.87	51.6	16.3	7.9	58.8	81.3
104	新汶禹村	10.02	39.24	0.83	82.10	5.87	1.56	10	53	6	2.5	−22	1.89	47.8	27.0	17.7	41.7	68.3
105	淄博洪山	8.48	17.07	0.50	90.92	4.90	1.43	10	65	7	5	2	1.81	60.0	14.6	6.0	51.5	83.1

续表

编号	煤样	A_d /%	V_{daf} /%	S_d /%	元素分析(daf)/%			胶质层厚度 Y/mm	黏结指数 G	格金焦型①	膨胀序数 CSN	奥阿膨胀度② b/%	吉氏流动度 lgα	焦炭转鼓强度/%		粉焦率/%	块焦率/%	
					C	H	N							M_{40}	M_{10}	F_{10}	Q_{60}	Q_{40}
106	淄博埠村	9.59	16.14	1.23	90.26	4.65	1.48	5	16	3	1	c. o.	0.78	—	—	77.5	8.6	14.6
107	兖州唐村	4.27	43.07	2.68	81.24	5.68	1.48	17.5	83	11	4.5	38	3.98	27.0	15.9	6.5	38.3	73.3
108	兖州南屯	10.16	38.06	0.64	81.79	5.81	1.54	8	33	4	1.5	c. o.	1.23	—	—	47.4	25.1	43.4
109	平顶山一矿	10.97	35.02	0.41	86.08	5.77	1.65	19	85	15	5	136	5.33	65.0	11.8	8.8	58.0	86.5
110	平顶山二矿	10.14	30.69	0.57	86.90	5.38	1.74	18	87	14	4.5	139	4.94	70.8	8.9	4.1	49.2	84.0
111	平顶山十矿	17.12	35.47	0.50	85.64	5.68	1.54	18.5	69	12	3.5	−9	5.24	70.7	12.7	6.6	64.4	84.0
112	平顶山梁洼	8.89	32.04	0.33	86.07	5.33	1.65	12	71	9	3.5	−10	3.21	64.7	13.8	6.9	48.2	79.8
113	朝川三里寨	23.04	29.22	0.48	87.22	5.66	1.37	16	59	14	4	19	4.05	70.6	19.1	5.9	59.9	84.1
114	鹤壁五矿	10.46	15.61	0.37	90.95	4.35	1.54	0,块	15	3	1	c. o.	0.30	—	—	90.0	0.5	2.5
115	观音堂张村	12.34	20.47	1.44	89.08	4.88	1.41	13	62	7	4.5	−6	2.26	66.2	11.9	6.4	76.9	87.5
116	松宜猴子洞	15.82	17.15	5.67	85.40	4.65	0.73	4.5	17	4	2.5	c. o.	0.60	—	—	65.6	17.1	27.3
117	涟邵斗笠山	8.31	25.22	0.73	88.22	5.14	1.98	13.5	67	9	5.5	8	2.95	64.2	15.7	5.6	66.2	85.8
118	涟邵牛马司	2.64	22.67	0.63	89.83	5.01	1.96	15.5	81	12	8	43	3.01	76.6	10.1	3.4	56.7	88.4
119	涟邵洪山殿	5.84	16.68	2.08	89.53	4.60	1.96	6.5	17	3	3.5	c. o.	0.60	—	—	52.0	22.0	39.0
120	煤炭坝	10.66	31.46	3.92	83.83	5.08	1.59	14	64	9	4	−20	3.55	60.5	22.4	6.7	64.6	84.6

续表

编号	煤样	A_d /%	V_{daf} /%	S_d /%	元素分析(daf)/%			胶质层厚度 Y/mm	黏结指数 G	格金焦型[①]	膨胀序数 CSN	奥阿膨胀度[②] b/%	吉氏流动度 lgα	焦炭转鼓强度/%		粉焦率/%	块焦率/%	
					C	H	N							M_{40}	M_{10}	F_{10}	Q_{60}	Q_{40}
121	广旺广元	9.26	35.45	1.32	82.96	5.40	1.46	0,块	10	3	1	c. o.	0.70	—	—	86.7	1.5	7.0
122	广旺唐家河	17.58	23.33	0.65	88.48	5.20	1.22	12.5	51	7	4.5	−1	1.93	75.5	12.0	9.7	71.5	84.9
123	渡口大宝鼎	13.39	20.99	0.42	89.71	4.97	1.00	14	76	10	7.5	18	2.67	74.3	10.3	3.3	80.6	92.4
124	渡口小宝鼎	10.30	17.66	0.71	90.38	4.67	1.09	11.5	61	9	5	5	1.72	74.5	9.6	5.1	54.4	80.2
125	渡口花山	7.65	20.49	0.45	89.94	4.83	1.07	11.5	62	9	5	−7	2.12	71.1	13.8	6.0	67.6	87.6
126	渡口龙洞	6.94	30.16	0.34	86.98	5.40	1.27	13	75	9	4.5	22	2.53	68.1	10.5	4.4	56.2	86.1
127	华蓥山柏林	8.60	32.20	0.72	86.45	5.49	1.59	17	80	14	7	70	3.94	68.5	10.6	3.4	59.2	88.6
128	华蓥山金刚	10.48	34.45	0.65	85.60	5.55	1.52	12	67	10	4.5	5	3.36	56.2	12.2	5.0	61.7	85.7
129	华蓥山天府	10.60	19.52	1.02	89.63	4.93	1.59	13.5	76	10	8.5	33	2.47	81.1	8.1	3.3	71.1	92.6
130	中梁山	11.17	19.38	1.25	89.42	5.00	1.62	9	52	5	4.5	−18	1.42	73.2	17.2	16.6	64.3	78.6
131	南桐红岩	10.53	32.74	1.93	86.65	5.50	1.69	36	99	19	6	514	5.61	66.1	7.9	3.9	65.9	89.5
132	南桐	10.41	22.36	1.52	89.06	5.26	1.70	18	91	16	9	120	3.59	82.0	8.0	2.3	74.9	93.1
133	永荣双河	9.19	34.52	1.05	85.00	5.70	1.32	11	70	10	5	6	3.01	62.9	10.3	4.0	62.5	88.7
134	嘉阳	12.00	28.25	0.59	86.16	5.30	1.54	7.5	18	4	1.5	c. o.	1.23	57.4	30.4	31.7	47.9	60.8
135	云南圭山	15.09	22.90	2.30	86.90	5.39	1.59	14.5	60	6	3.5	c. o.	2.59	76.6	13.7	7.3	72.9	87.5

续表

编号	煤样	A_d /%	V_{daf} /%	S_d /%	元素分析(daf)/%			胶质层厚度 Y/mm	黏结指数 G	格金焦型[①]	膨胀序数 CSN	奥阿膨胀度[②] b/%	吉氏流动度 $\lg\alpha$	焦炭转鼓强度/%		粉焦率/%	块焦率/%	
					C	H	N							M_{40}	M_{10}	F_{10}	Q_{60}	Q_{40}
136	富源后所	12.84	37.79	0.32	86.39	5.94	1.70	18	80	13	2	60	5.61	72.2	7.1	6.0	63.0	84.1
137	羊场	17.17	29.97	0.20	87.29	5.59	1.74	20	77	12	4.5	80	4.53	73.9	8.3	4.7	65.7	87.1
138	田坝	11.79	28.36	0.17	88.06	5.49	1.67	20.5	79	13	5.5	115	4.60	76.3	8.7	4.3	67.2	87.0
139	一平浪	9.91	27.18	1.29	88.47	5.26	1.56	28.5	94	17	8.5	218	4.86	82.1	8.0	2.7	75.4	92.0
140	六枝四角田	8.19	14.98	1.63	89.89	4.37	1.49	0,块	14	3	1	c. o.	0.48	—	—	94.6	0.0	0.4
141	六枝六枝	7.24	17.87	2.60	89.86	4.82	1.39	10	73	6	8	−1	2.6	80.5	9.8	5.5	68.1	89.4
142	六枝凉水井	11.68	27.14	1.84	87.56	5.15	1.64	18	78	12	6	77	4.77	77.6	8.2	4.1	68.9	89.4
143	六枝地宗	10.26	20.42	2.08	88.42	5.15	1.32	10	64	7	5	−15	2.03	75.8	15.0	8.1	71.4	87.5
144	盘江火烧铺	9.40	29.58	0.33	88.46	5.58	1.87	29.5	86	15	6	242	5.15	67.3	6.9	4.2	67.6	88.3
145	盘江月亮田	13.35	35.18	0.46	86.51	5.69	1.70	18	78	13	4	62	5.07	71.1	10.6	5.0	66.9	87.6
146	水城大河边	9.31	41.93	1.73	84.16	5.90	1.62	13	78	12	3	58	5.61	49.6	9.3	7.0	59.5	83.0
147	水城木冲三井	15.35	25.31	0.63				20	79			72	3.92	80.5	9.5	3.4	73.6	91.6
148	水城老鹰山	7.61	34.92	0.23				20	80			44	5.49	64.5	5.8	5.5	56.6	85.9
149	水城汪家寨	9.52	26.64	0.58				22	86			62	4.56	79.2	8.7	3.3	68.4	90.1
150	铜川东坡	11.92	19.87	1.72	88.85	4.96	1.46	13	64	9	4.5	3	2.22	75.1	9.5	5.5	58.1	85.5

续表

编号	煤样	A_d /%	V_{daf} /%	S_d /%	元素分析(daf)/%			胶质层厚度 Y/mm	黏结指数 G	格金焦型①	膨胀序数 CSN	奥阿膨胀度② b/%	吉氏流动度 lgα	焦炭转鼓强度/%		粉焦率/%	块焦率/%	
					C	H	N							M_{40}	M_{10}	F_{10}	Q_{60}	Q_{40}
151	铜川金华山	8.07	18.84	1.48	89.56	4.78	1.28	8	32	6	3	−24	1.20	57.1	28.6	28.5	40.4	61.3
152	铜川黄陵店头	8.65	31.16	0.65	85.25	5.26	1.27	5	15	3	1	c. o.	0.90	—	—	66.9	13.0	25.6
153	澄河董家河	12.92	18.12	2.49	88.15	4.47	1.04	8.5	31	6	2.5	−20	1.36	65.1	20.9	22.3	56.7	71.5
154	韩城下峪口	7.85	18.75	0.40	90.53	5.02	1.63	11	65	10	5.5	−5	1.81	75.7	9.9	5.5	52.2	84.2
155	南家嘴	6.02	40.60	0.40	83.28	6.02	2.08	14	77	9	3.5	−9	2.94	36.9	14.9	7.1	40.0	71.3
156	武威冰草湾	11.51	27.20	1.74	86.02	5.09	1.66	12	56	6	3	c. o.	2.63	63.2	18.9	7.6	60.9	83.1
157	窑街天祝	8.84	42.30	0.86	79.60	5.74	1.92	0,块	5	2	1	c. o.	0.60	—	—	75.4	1.8	12.1
158	武威东水泉	12.06	35.66	0.56	85.24	5.72	1.56	13.5	74	13	4.5	10	3.30	69.6	16.9	4.9	61.2	86.9
159	山丹平坡	8.81	25.47	1.93	88.40	5.14	1.25	21	84	15	6.5	134	4.38	68.2	10.2	3.8	55.9	87.4
160	靖远大水头	11.66	32.59	0.35	85.47	5.23	1.50	6	12	4	1	c. o.	0.95	—	—	78.8	3.7	9.3
161	石炭井一矿	10.85	19.62	0.59	89.46	4.65	1.34	11	57	7	2.5	−10	2.15	69.4	12.1	7.6	64.4	86.0
162	石炭井二矿	13.70	24.20	1.25	87.95	4.91	1.50	17	75	13	5.5	38	3.39	69.1	10.3	3.8	72.3	89.6
163	石炭井三矿	12.47	28.23	0.93	87.48	5.28	1.56	22	81	13	5	107	4.32	67.2	9.8	4.9	61.3	86.5
164	石炭井乌兰	8.79	29.70	0.74	86.89	5.13	1.34	15.5	71	9	4	22	3.18	65.4	12.5	4.9	57.7	85.8
165	大武口洗煤	11.99	23.59	1.16	87.70	4.98	1.56	13.5	71	8	5	−6	2.68	71.8	13.5	4.7	66.3	88.4

续表

编号	煤样	A_d /%	V_{daf} /%	S_d /%	元素分析(daf)/%			胶质层厚度 Y/mm	黏结指数 G	格金焦型①	膨胀序数 CSN	奥阿膨胀度② b/%	吉氏流动度 lgα	焦炭转鼓强度/%		粉焦率/%	块焦率/%	
					C	H	N							M_{40}	M_{10}	F_{10}	Q_{60}	Q_{40}
166	红苍	11.32	27.95	0.46	86.95	5.06	1.08	9	35	5	3	c. o.	1.26	50.4	29.8	26.8	41.3	60.8
167	热水	14.44	18.16	0.25	89.96	4.39	0.89	0,粉	0	2	0.5	n. s.		—	—	100.0	0.0	0.0
168	昌吉五宫矿	4.82	40.80	0.43	84.13	5.97	1.62	17	98	16	8.5	169	4.86	25.2	15.8	58.6	35.5	75.0
169	昌吉白杨河	7.22	37.44	0.72	84.99	6.26	1.67	16	94	16	8	118	4.79	55.7	11.7	7.1	51.2	84.2
170	昌吉大黄山	10.43	42.34	0.26	82.92	5.92	1.55	12	74	6	5	5	2.77	—	—	10.8	26.3	60.2
171	昌吉小龙口	9.87	34.43	0.47	87.07	6.01	1.80	26	96	17	7	247	5.31	55.8	12.6	3.2	56.2	86.4
172	阜康西沟	7.07	33.02	0.32	85.23	5.74	1.59	13	76	7	4	−5	3.02	57.1	13.2	5.6	47.8	82.6
173	乌鲁木齐沙沟	6.36	42.12	0.43	83.82	6.30	2.04	26	101	18	8	221	5.50	15.4	22.0	5.2	42.5	71.9
174	乌鲁木齐六道沟 4-6	7.36	36.17	0.41	84.08	5.25	0.94	6.5	15	2	1.5	c. o.	1.08	—	—	63.6	8.1	18.7
175	乌鲁木齐六道沟 1-2	4.90	36.69	0.34	83.76	5.19	0.97	7.5	18	2	1	c. o.	1.08	—	—	61.6	10.4	23.3
176	艾维尔沟 B5	10.32	27.51	0.36	88.35	5.22	1.47	21.5	88	12	9	64	3.33	79.6	10.8	3.9	76.6	88.5
177	艾维尔沟 B7	6.61	25.67	0.38	89.77	5.24	1.38	26.5	98	17	9	183	4.03	78.1	8.0	2.4	62.9	89.5

① 格金焦型的数字化表识。以 A 记作 1,B 记作 2,余类推。

② 奥阿膨胀度测定值 c. o. 表示“仅收缩”;n. s. 表示“不软化”。

附录2　烟煤分类煤样(大样的浮煤)的分析结果

编号	矿井名称	工业分析/%			元素分析(daf)/%					岩相组分(以有机质计)/%			最大平均反射率 R_{max}/%
		A_d	V_{daf}	$S_{t,d}$	S	C	H	N	O	镜质组 V	惰质组 I	壳质组 E	
1	峰二	8.54	24.46	0.60	0.66	89.41	5.19	1.58	3.16	69.03	30.86	0.11	1.240
2	峰三	7.80	29.92	0.71	0.77	88.26	5.17	1.64	4.16	64.05	34.89	1.06	1.121
3	峰四	5.49	17.47	1.16	1.23	90.66	4.98	1.34	1.79	72.22	27.78	0.00	1.586
4	峰五	7.27	23.31	0.74	0.80	89.46	4.99	1.55	3.20	71.16	28.62	0.22	1.266
5	峰峰黄沙	6.80	30.03	0.61	0.65	88.61	5.51	1.73	3.50	64.97	33.16	1.87	1.079
6	牛儿庄	6.80	17.49	0.37	0.40	90.42	4.70	1.68	2.80	67.37	32.53	0.10	1.725
7	井陉三矿	6.86	19.77	0.51	0.55	89.89	4.76	1.70	3.10	52.63	47.37	0.00	1.458
8	开滦赵各庄	7.72	39.67	0.63	0.68	84.45	6.07	1.71	7.09	59.21	29.76	11.03	0.790
9	开滦范各庄	6.10	37.78	1.66	1.77	86.02	5.88	1.60	4.73	84.32	11.26	4.42	0.923
10	开滦唐山	4.90	34.38	0.45	0.47	87.34	5.64	1.60	4.95	60.15	34.72	5.13	0.934
11	开滦荆各庄	6.33	38.38	0.54	0.58	81.46	5.37	1.56	11.03	69.99	23.57	6.44	0.706
12	开滦林西									66.98	32.59	0.43	1.159
13	开滦吕家坨									70.15	27.53	2.32	1.111
14	开滦唐家庄									69.82	26.76	3.42	1.008
15	邢台立井	5.35	36.62	0.37	0.39	86.50	5.40	1.67	6.04	53.47	38.78	7.75	0.821
16	大同姜家湾	2.97	30.21	0.36	0.37	84.31	4.95	0.76	9.61	48.88	49.90	1.22	0.797
17	大同马武山	2.61	34.55	0.26	0.27	83.60	5.05	1.04	10.04	70.99	27.69	1.32	0.780
18	大同云岗矿	3.04	29.45	0.36	0.37	85.41	4.92	0.87	8.43	45.01	53.77	1.22	0.800
19	西山西铭	6.01	15.98	0.54	0.57	90.77	5.01	1.42	2.23	65.75	34.04	0.21	1.705
20	西山杜儿坪	4.11	15.66	0.59	0.62	91.34	4.76	1.56	1.72	75.39	24.61	0.00	1.794
21	汾西水峪	2.65	19.70	3.06	3.14	88.67	4.83	1.27	2.09	74.39	25.61	0.00	1.569
22	汾西高阳	4.44	23.12	0.52	0.54	90.35	5.39	1.56	2.16	73.57	26.43	0.00	1.350
23	汾西两渡	6.49	18.83	1.45	1.55	89.71	5.10	1.33	2.31	79.08	20.70	0.22	1.573
24	汾西富家滩	7.59	31.36	1.16	1.26	87.43	5.47	1.54	4.30	72.02	26.94	1.04	1.058

续表

编号	矿井名称	工业分析/%			元素分析(daf)/%					岩相组分(以有机质计)/%			最大平均反射率 R_{max}/%
		A_d	V_{daf}	$S_{t,d}$	S	C	H	N	O	镜质组 V	惰质组 I	壳质组 E	
25	轩岗黄甲堡	6.66	32.75	0.50	0.54	85.55	5.59	1.75	6.57	52.10	37.13	10.77	0.969
26	霍州辛置	6.03	31.41	0.34	0.36	88.62	5.39	1.58	4.05	56.83	36.39	6.78	0.957
27	霍州南下庄	5.49	32.69	0.40	0.42	86.94	5.62	1.59	5.43	52.80	37.14	10.06	0.954
28	潞安石圪节	7.29	17.39	0.35	0.38	90.81	4.87	1.55	2.39	69.29	30.60	0.11	1.736
29	潞安王庄	6.71	15.32	0.34	0.36	91.42	4.75	1.50	1.97	67.16	32.84	0.00	1.864
30	潞安五阳上	6.60	16.09	0.51	0.55	91.52	4.75	1.51	1.67	68.22	31.57	0.21	1.709
31	潞安五阳中	7.65	15.90	0.47	0.51	91.03	4.80	1.60	2.06	63.64	36.26	0.10	1.884
32	潞安五阳下	7.02	15.81	0.44	0.47	91.13	4.93	1.51	1.96	75.60	24.40	0.00	1.741
33	雁北小峪矿	6.31	37.48	0.53	0.57	83.09	5.76	1.49	9.09	59.24	29.68	11.08	0.788
34	乌达五虎山	3.26	28.89	2.13	2.20	87.62	5.46	1.43	3.29	67.56	31.93	0.51	1.021
35	乌达苏赫图	6.61	28.68	0.80	0.86	87.23	5.67	1.67	4.57	59.91	34.97	5.12	0.973
36	乌达黄白茨	8.50	31.70	0.70	0.77	86.36	5.59	1.55	5.73	66.99	31.18	1.83	1.069
37	乌达混煤	4.52	29.64	2.11	2.21	86.88	5.23	1.38	4.30	69.44	29.74	0.82	1.021
38	包头阿刀亥	5.13	17.32	0.97	1.02	90.35	4.68	1.45	2.50	79.27	20.73	0.00	1.648
39	包头白狐沟	4.83	20.30	0.20	0.21	89.68	4.68	1.11	4.32	48.82	50.87	0.31	1.244
40	包头五当沟	6.68	35.67	0.65	0.70	86.10	5.72	1.36	6.12	94.56	2.30	3.14	0.912
41	海勃湾平沟斜井	6.04	29.74	0.88	0.94	87.87	5.28	1.32	4.59	64.23	32.95	2.82	1.089
42	海勃湾老石旦 16-1	9.65	28.03	2.18	2.41	86.89	5.21	1.64	3.85	73.72	24.68	1.60	1.264
43	海勃湾老石旦 16-3	7.21	24.53	1.38	1.49	88.20	5.08	1.19	4.04	49.70	49.57	0.73	1.201
44	海勃湾老石旦 16-4	8.81	26.75	1.19	1.30	88.32	5.32	1.65	3.41	58.55	40.80	0.65	1.158
45	海勃湾公乌素	7.82	27.44	2.09	2.27	87.16	5.21	1.62	3.74	51.33	47.79	0.88	1.124
46	海勃湾旧洞沟	6.37	28.86	0.82	0.88	88.13	5.54	1.34	4.11	62.13	35.74	2.13	1.041
47	抚顺龙凤	5.95	39.36	0.59	0.63	83.28	6.02	1.03	9.04	87.96	6.43	5.61	0.764
48	抚顺老虎台	4.71	43.96	0.67	0.70	80.55	6.17	1.53	11.05	94.03	0.51	5.46	0.654

续表

编号	矿井名称	工业分析/%			元素分析(daf)/%					岩相组分(以有机质计)/%			最大平均反射率 R_{max}/%
		A_d	V_{daf}	$S_{t,d}$	S	C	H	N	O	镜质组 V	惰质组 I	壳质组 E	
49	红阳二井二层	4.45	24.36	0.57	0.60	89.99	5.45	1.54	2.42	72.74	27.16	0.10	1.276
50	红阳二井七层	8.09	24.78	0.92	1.00	89.14	5.17	1.63	3.06	75.16	24.73	0.11	1.335
51	本溪五接层	6.26	17.61	1.21	1.29	90.69	4.73	1.54	1.75	72.07	27.93	0.10	1.335
52	本溪彩屯	6.81	15.63	1.03	1.11	90.87	4.67	1.59	1.76	79.42	20.47	0.11	1.882
53	本溪洗精									78.24	21.76	0.00	1.493
54	彩屯洗精									72.20	27.80	0.00	1.889
55	北票台吉洗									58.08	32.62	9.30	0.775
56	北票三宝									69.31	30.17	0.52	1.125
57	辽源西安	5.09	41.38	0.72	0.76	81.25	5.76	1.09	11.14	96.79	0.93	2.28	0.617
58	杉松岗一井	6.10	25.11	0.92	0.98	91.19	5.41	1.81	0.61	95.33	4.15	0.52	1.292
59	杉松岗二井	8.81	20.64	0.75	0.82	88.85	4.64	1.62	4.07	—	—	—	
60	通化湾沟	6.32	33.21	0.41	0.44	86.01	5.35	1.49	6.71	65.77	27.04	7.19	0.928
61	通化砟子	6.58	26.16	0.35	0.37	88.43	5.28	1.43	4.49	75.80	22.75	1.45	1.232
62	通化八道江	5.92	17.58	0.46	0.49	90.91	4.79	1.55	2.26	75.63	24.37	0.00	1.732
63	通化道清	7.01	23.91	0.47	0.51	89.41	5.11	1.66	3.31	74.87	24.92	0.21	1.403
64	通化铁厂洗									65.78	33.79	0.43	1.261
65	鸡西滴道	8.55	22.55	0.41	0.45	89.51	5.26	1.10	3.68	84.35	15.65	0.00	1.346
66	鸡西平岗	7.48	30.68	0.43	0.46	87.11	5.53	1.65	5.25	93.47	5.60	0.93	1.040
67	鸡西二道河子	8.16	33.98	0.39	0.42	83.89	5.30	1.01	9.38	87.30	9.89	2.91	0.847
68	鸡西穆陵	11.57	35.50	0.51	0.58	85.70	5.80	2.04	5.88	84.23	14.72	1.05	0.941
69	鸡西城子河	6.33	30.36	0.40	0.43	87.51	5.41	1.04	5.61	78.62	20.86	0.52	1.023
70	鸡西东海	7.39	28.00	0.66	0.71	87.99	5.56	1.12	4.62	79.07	20.72	0.21	1.149
71	双鸭岭西	8.79	30.62	0.32	0.35	88.16	5.57	1.16	4.76	91.78	8.01	0.21	1.113
72	双鸭集贤	6.20	36.52	0.27	0.29	84.74	5.60	1.27	8.10	89.18	8.78	2.04	0.781

续表

编号	矿井名称	工业分析/%			元素分析(daf)/%					岩相组分(以有机质计)/%			最大平均反射率 R_{max}/%
		A_d	V_{daf}	$S_{t,d}$	S	C	H	N	O	镜质组 V	惰质组 I	壳质组 E	
73	双鸭四方台	7.62	40.34	0.27	0.29	84.16	6.23	1.30	8.02	90.00	0.63	9.38	0.738
74	双鸭洗精									87.84	7.07	5.09	0.744
75	鹤岗南山	6.96	36.35	0.24	0.26	85.61	5.62	1.01	7.50	86.36	11.44	2.20	0.837
76	鹤岗新一	7.38	38.20	0.17	0.18	85.44	5.97	0.87	7.54	92.77	4.75	2.48	0.755
77	鹤岗兴安	5.23	36.41	0.14	0.15	84.34	5.51	0.98	9.02	77.28	21.70	1.01	0.754
78	七台河桃山三井	8.68	35.67	0.30	0.33	84.98	5.72	1.71	7.26	87.57	10.75	1.69	0.845
79	七台河桃山六井	8.41	25.69	0.30	0.33	89.32	5.31	1.58	3.46	93.18	6.82	0.00	1.322
80	七台河桃山富强	7.95	25.06	0.32	0.35	88.96	5.46	1.59	3.64	96.76	3.24	0.00	1.296
81	七台河新建洗									79.79	19.48	0.73	1.013
82	徐州夹河	6.61	38.52	0.39	0.42	84.30	5.60	1.55	8.13	50.58	29.93	19.49	0.768
83	徐州韩桥	4.57	44.09	2.60	2.72	83.29	6.00	1.42	6.57	77.46	16.39	6.15	0.674
84	徐州权台	7.49	36.56	0.52	0.56	83.61	5.46	1.56	8.81	61.43	25.00	13.57	0.800
85	淮南孔集	7.84	36.59	0.51	0.55	83.48	5.62	1.50	8.85	53.75	27.03	19.22	0.767
86	淮南新庄孜	9.10	39.91	0.32	0.35	85.53	5.76	1.54	6.82	55.27	25.83	18.90	0.813
87	淮南谢三矿	5.65	37.75	0.33	0.35	84.70	5.48	1.70	7.77	55.86	31.69	12.45	0.775
88	淮南九龙岗	7.58	34.04	0.74	0.80	84.67	5.30	1.62	7.61	61.71	26.95	11.34	0.894
89	淮北朱庄	7.63	22.99	0.43	0.47	89.51	5.30	1.68	3.04	75.35	24.44	0.21	1.414
90	淮北张大庄	9.44	24.62	0.37	0.41	89.08	5.31	1.61	3.59	75.72	23.97	0.31	1.131
91	淮北岱河	7.78	18.14	0.46	0.50	89.99	4.71	1.53	3.27	77.04	22.86	0.11	1.691
92	江西花鼓山	3.80	26.69	0.98	1.02	88.11	5.07	1.89	3.91	93.46	6.34	0.20	1.210
93	丰城坪湖									78.73	19.22	2.05	1.638
94	丰城建新									77.16	22.09	0.75	1.640
95	萍乡高坑	4.52	31.54	0.62	0.65	86.38	5.46	1.73	5.78	79.07	18.03	2.90	1.041
96	枣庄魏庄	4.22	45.01	2.15	2.24	84.62	6.10	1.63	5.41	78.01	16.55	5.45	0.705

续表

编号	矿井名称	工业分析/%			元素分析(daf)/%					岩相组分(以有机质计)/%			最大平均反射率 R_{max}/%
		A_d	V_{daf}	$S_{t,d}$	S	C	H	N	O	镜质组 V	惰质组 I	壳质组 E	
97	枣庄甘林	7.87	32.26	2.73	2.96	87.49	5.58	1.48	2.49	88.85	11.15	0.00	1.043
98	枣庄东井	5.46	30.45	0.43	0.45	88.06	5.34	1.74	4.41	63.30	30.10	6.60	1.017
99	枣庄陶庄	6.78	33.79	0.40	0.43	87.22	5.42	1.62	5.31	51.20	41.81	6.99	0.890
100	枣庄柴里	6.33	38.79	0.74	0.79	83.99	5.53	1.61	8.08	50.52	36.59	12.89	0.773
101	肥城杨庄	7.70	37.31	0.56	0.61	84.24	5.45	1.71	7.99	52.44	36.06	11.50	0.768
102	新汶华丰	8.02	42.25	3.21	3.49	82.46	5.93	1.45	6.67	79.18	15.10	5.72	0.702
103	新汶孙村	5.41	38.13	0.58	0.61	84.12	5.65	1.18	8.44	61.98	27.71	10.31	0.785
104	新汶禹村	8.51	38.98	0.80	0.87	82.07	5.58	1.60	9.88	65.12	20.61	14.27	0.740
105	淄博洪山	5.68	16.60	0.49	0.52	91.24	4.74	1.47	2.03	66.00	33.79	0.21	1.778
106	淄博埠村	7.00	14.99	1.15	1.24	90.89	4.63	1.38	1.86	67.49	32.09	0.43	1.888
107	兖州唐村	2.54	45.20	2.57	2.64	83.23	6.06	1.53	6.54	79.86	16.26	3.89	0.591
108	兖州南屯	5.25	38.20	0.57	0.60	83.06	5.52	1.57	9.25	58.38	30.77	10.85	0.710
109	平顶山一矿	8.31	35.33	0.41	0.45	86.49	5.99	1.60	5.47	63.03	25.74	11.23	0.958
110	平顶山三矿	8.22	31.23	0.51	0.56	86.86	5.47	1.82	5.29	58.97	34.07	6.96	1.008
111	平顶山十矿	8.90	35.64	0.50	0.55	86.19	6.03	1.49	5.74	56.24	32.14	11.63	0.919
112	平顶山梁洼	6.88	31.31	0.28	0.30	86.40	5.62	1.63	6.05	54.25	39.87	5.88	0.877
113	朝川三里寨	10.08	29.91	0.59	0.66	87.86	5.54	1.47	4.47	61.10	37.46	1.44	1.168
114	鹤壁五矿	7.38	15.28	0.41	0.44	91.34	4.83	1.59	1.80	74.95	25.05	0.00	1.948
115	观音堂	7.40	19.98	1.29	1.39	89.82	4.89	1.45	2.45	56.47	43.53	0.00	1.512
116	松宜猴子洞	11.00	16.96	5.92	6.65	85.69	4.51	0.73	2.42	77.24	22.76	0.00	1.724
117	涟邵斗笠山	4.44	25.30	0.84	0.88	88.78	5.17	1.07	4.10	61.17	36.85	1.98	1.318
118	涟邵牛马司	2.12	21.44	0.59	0.60	89.67	4.90	1.94	2.89	67.07	32.73	0.20	1.344
119	涟邵洪山殿	2.86	15.57	1.28	1.32	90.97	4.61	2.03	1.07	77.39	22.51	0.10	1.830
120	湖南煤炭坝	2.77	30.35	3.13	3.22	85.58	5.02	1.59	4.59	60.67	35.86	3.47	0.926

续表

编号	矿井名称	工业分析/%			元素分析(daf)/%					岩相组分(以有机质计)/%			最大平均反射率 R_{max}/%
		A_d	V_{daf}	$S_{t,d}$	S	C	H	N	O	镜质组 V	惰质组 I	壳质组 E	
121	广旺广元	6.76	35.62	1.20	1.29	81.64	5.23	1.42	10.42	62.68	31.13	6.19	0.799
122	广旺唐家河	8.64	22.24	0.12	0.13	89.44	5.13	1.14	4.16	74.78	24.78	0.44	1.410
123	攀枝花大宝顶	6.45	19.69	0.40	0.43	90.17	4.75	0.97	3.68	74.95	24.84	0.21	1.538
124	攀枝花小宝顶	7.51	16.68	0.72	0.78	90.88	4.50	1.02	2.82	86.35	13.65	0.00	1.850
125	攀枝花花山	5.81	19.75	0.46	0.49	91.07	4.59	1.04	2.81	67.38	32.52	0.10	1.467
126	攀枝花龙洞	5.73	30.66	0.29	0.31	86.02	5.13	1.23	7.31	78.31	18.39	3.31	1.052
127	华蓥山柏林	6.17	32.11	0.70	0.75	86.70	5.47	1.53	5.55	76.60	20.60	2.80	0.988
128	华蓥山金刚	7.35	33.46	0.63	0.68	85.80	5.52	1.49	6.51	69.60	26.53	3.87	0.882
129	华蓥山天府	9.83	19.22	1.07	1.19	89.46	5.08	1.61	2.66	81.68	18.32	0.00	1.619
130	中梁山	11.02	19.07	1.25	1.40	89.21	4.94	1.61	2.84	75.76	24.24	0.00	1.601
131	南桐红岩	10.15	32.40	2.01	2.24	86.47	5.57	1.68	4.04	81.36	16.42	2.22	1.054
132	南桐南桐矿	10.18	21.99	1.60	1.78	89.12	5.24	1.63	2.23	77.08	22.39	0.53	1.493
133	永荣双河	9.25	34.19	1.07	1.18	85.25	5.60	1.38	6.59	69.72	23.77	6.51	0.871
134	四川嘉阳	11.70	27.57	1.53	1.73	85.97	5.10	1.41	5.79	50.16	46.00	3.84	0.976
135	云南圭山	8.30	21.90	1.69	1.84	88.76	5.12	1.60	2.68	55.12	44.55	0.33	1.408
136	富源后所	11.58	37.14	0.34	0.38	86.58	5.95	1.73	5.36	39.94	33.72	26.34	0.994
137	羊场	13.77	30.13	0.16	0.19	87.53	5.74	1.75	4.79	60.87	33.09	6.04	1.048
138	田坝	10.50	28.12	0.28	0.31	88.32	5.65	1.67	4.05	53.12	36.75	10.13	1.109
139	一平浪	5.83	26.34	1.17	1.24	88.91	5.15	1.61	3.09	83.68	15.69	0.63	1.342
140	六枝四角田	5.93	14.59	1.63	1.73	90.52	4.50	1.48	1.77	64.00	36.00	0.00	1.747
141	六枝六枝矿	5.83	18.43	2.42	2.57	90.69	4.74	1.40	0.60	69.85	29.54	0.62	1.634
142	六枝凉水井	9.86	26.62	1.68	1.86	88.24	5.47	1.69	2.74	58.76	40.30	0.95	1.124
143	六枝地宗	7.76	20.34	1.85	2.01	88.95	4.95	1.40	2.69	58.31	37.89	3.80	1.428
144	盘江火铺	7.16	28.88	0.39	0.42	88.01	5.56	1.83	4.18	56.18	33.79	10.03	1.152

续表

编号	矿井名称	工业分析/%			元素分析(daf)/%					岩相组分(以有机质计)/%			最大平均反射率 R_{max}/%
		A_d	V_{daf}	$S_{t,d}$	S	C	H	N	O	镜质组 V	惰质组 I	壳质组 E	
145	盘江月亮田	12.91	34.72	0.43	0.49	85.88	5.43	1.78	6.42	64.71	25.13	10.16	0.925
146	水城大河边	9.00	41.77	1.53	1.68	84.57	5.95	1.71	6.09	48.81	22.69	28.50	0.800
147	水城木冲沟	13.11	25.29	0.70	0.81	89.31	5.74	1.47	2.67	77.64	22.26	0.10	1.193
148	水城老鹰山	7.47	34.94	0.31	0.34	87.00	5.66	1.61	5.39	64.98	16.70	18.32	0.948
149	水城汪家寨	8.96	26.44	0.62	0.68	88.86	5.61	1.68	3.17	67.68	25.73	6.59	1.190
150	铜川东坡	6.21	19.12	1.65	1.76	90.15	5.08	1.24	1.77	76.45	23.33	0.22	1.526
151	铜川金华山	5.36	17.94	1.54	1.63	90.50	4.77	1.30	1.80	69.41	30.59	0.00	1.638
152	黄陵店头	5.68	32.13	0.60	0.64	84.98	5.38	1.32	7.68	55.42	41.88	2.71	0.863
153	澄合董家河	7.52	18.01	2.73	2.95	88.98	4.67	1.07	2.33	58.40	33.90	7.70	1.726
154	韩城下峪口	4.45	17.80	0.46	0.48	91.22	5.06	1.50	1.74	71.93	28.07	0.00	1.645
155	南家嘴	4.23	40.02	0.57	0.60	83.74	6.15	2.09	7.42	75.13	18.73	6.14	0.738
156	武威冰草湾	7.13	28.12	1.83	1.97	87.64	5.19	1.62	3.58	56.36	43.11	0.53	1.087
157	窑街天祝矿	5.51	41.46	0.97	1.03	80.60	5.70	2.00	10.67	93.98	3.22	2.80	0.659
158	武威东水泉	8.83	35.07	0.60	0.66	85.65	5.36	1.38	6.95	64.42	28.40	7.18	0.888
159	山丹平坡	5.86	26.29	1.61	1.71	89.23	5.18	1.24	2.64	67.85	32.04	0.10	1.207
160	靖远大水头	8.34	30.71	0.42	0.46	85.78	5.28	0.89	7.59	50.16	46.88	2.96	0.865
161	石炭井一矿	8.39	19.58	0.59	0.64	90.19	4.85	1.46	2.86	57.62	42.17	0.21	1.510
162	石炭井二矿	7.32	24.26	1.62	1.75	88.94	4.97	1.47	2.87	61.46	38.32	0.22	1.256
163	石炭井三矿	7.04	29.22	1.14	1.23	88.06	5.35	1.47	3.89	62.26	36.99	0.75	1.097
164	石炭井乌兰	7.14	29.18	0.75	0.81	87.14	5.10	1.66	5.29	49.74	46.09	4.17	0.956
165	大武口洗煤									63.64	35.93	0.43	1.288
166	青海江苍	4.53	27.45	0.27	0.28					54.08	44.86	1.06	1.081
167	青海热水	4.51	15.58	0.26	0.27	90.73	4.35	0.96	3.69	49.67	50.33	0.00	1.725
168	昌吉五宫	2.70	39.56	0.39	0.40	84.55	6.09	1.64	7.32	87.78	10.99	1.23	0.791

续表

编号	矿井名称	工业分析/%			元素分析(daf)/%					岩相组分(以有机质计)/%			最大平均反射率 R_{max}/%
		A_d	V_{daf}	$S_{t,d}$	S	C	H	N	O	镜质组 V	惰质组 I	壳质组 E	
169	昌吉白杨河	5.62	37.24	0.61	0.65	85.34	6.05	1.69	6.27	83.61	14.24	2.15	0.852
170	昌吉大黄山	2.60	40.62	0.36	0.37	83.29	6.03	1.51	8.80	80.67	18.39	0.94	0.747
171	昌吉小龙口	4.67	34.21	0.48	0.50	87.27	6.09	1.85	4.29	85.00	14.79	0.21	1.006
172	阜康西沟	3.13	32.90	0.33	0.34	86.28	5.66	1.62	6.10	66.56	32.08	1.35	0.922
173	乌鲁木齐沙沟	2.29	42.85	0.32	0.33	82.96	6.01	2.03	8.67	93.54	4.82	1.64	0.823
174	乌鲁木齐六道湾 4-1	2.45	35.31	0.23	0.24	84.65	5.86	0.97	8.28	61.89	34.04	4.07	0.715
175	乌鲁木齐六道湾 1-2	2.22	36.22	0.25	0.26	84.25	5.85	1.02	8.62	60.75	36.63	2.62	0.717
176	艾维尔沟 B5 层	5.20	26.64	0.34	0.36	89.47	5.62	1.53	3.02	94.43	5.05	0.53	1.339
177	艾维尔沟 B7 层	4.51	25.05	0.35	0.37	90.45	5.62	1.46	2.10	95.71	4.29	0.00	1.465

附录 3　烟煤分类煤样（小样）的分析结果

编号	矿井名称	工业分析/%			元素分析(daf)/%					岩相组分(以有机质计)/%			最大平均反射率 R_{max}/%	煤类
		A_d	V_{daf}	$S_{t,d}$	S	C	H	N	O	镜质组 V	惰质组 I	壳质组 E		
1	唐家庄	5.97	38.22	2.32	2.47	86.87	5.50	1.23	3.93	88.75	10.22	1.02	0.903	QF
2	吕家坨	8.09	29.91	0.52	0.57	88.27	5.21	1.33	4.62	84.51	14.97	0.52	1.250	FM
3	荆各庄	7.09	39.51	0.59	0.64	81.84	5.30	1.41	10.81	79.34	16.14	4.52	0.732	QM
4	马家沟	8.49	33.64	1.24	1.36	88.12	5.40	1.51	3.61	76.57	22.91	0.52	1.016	FM
5	孙庄	6.00	31.40	0.39	0.41	88.53	5.39	1.34	4.33	70.09	27.75	2.16	1.020	FM
6	牛儿庄	7.24	14.02	0.79	0.85	91.12	4.20	1.24	2.59	79.96	20.04	0.00	1.947	PM
7	羊一矿	8.29	21.59	0.44	0.48	89.58	4.77	1.23	3.94	73.52	26.48	0.00	1.307	JM
8	羊二矿	7.99	19.67	0.42	0.46	90.38	4.72	1.24	3.20	76.90	23.00	0.10	1.571	SM
9	通二矿	7.56	19.62	0.35	0.38	90.22	4.72	1.27	3.41	71.27	28.73	0.00	1.530	SM
10	井陉	5.12	28.06	0.91	0.96	89.31	5.33	1.40	3.00	82.90	17.10	0.00	1.205	FM
11	灵山厂	8.18	39.87	1.11	1.21	85.19	5.59	1.30	6.71	63.60	27.09	9.31	0.842	QM
12	下花园	4.97	34.60	0.13	0.14	82.90	5.19	1.05	10.72	65.52	32.08	2.40	0.797	BN
13	大同王村	3.24	32.14	0.42	0.43	82.05	4.45	1.03	12.04	57.79	40.49	1.72	0.642	BN
14	大同云岗	3.73	24.33	0.20	0.21	85.18	4.51	0.87	9.23	23.58	75.71	0.71	0.842	BN
15	大同晋华宫	2.92	32.46	0.22	0.23	83.54	4.82	0.86	10.55	62.68	35.80	1.52	0.769	RN
16	西山官地	4.51	14.38	0.46	0.48	91.71	4.38	1.35	2.08	82.89	17.11	0.00	1.811	PS
17	西山杜儿坪	8.28	17.28	0.56	0.61	90.99	4.74	1.33	2.33	90.89	9.11	0.00	1.720	SM
18	太原东山	6.77	15.81	1.33	1.43	90.87	4.30	1.28	2.12	89.42	10.58	0.00	1.725	PS
19	汾西张庄	6.36	27.47	1.52	1.62	87.85	5.22	1.27	4.04	83.91	16.09	0.00	1.182	FM
20	汾西南关	3.68	29.75	2.97	3.08	87.47	5.02	1.20	3.23	80.69	19.31	0.00	1.041	FM
21	汾西柳湾	3.56	24.50	2.68	2.78	87.62	4.98	1.20	3.42	76.62	23.38	0.00	1.234	JM
22	轩岗焦家庄	6.68	33.08	1.75	1.88	84.96	5.27	1.43	6.46	68.98	27.45	3.57	0.946	1/3JM
23	霍县曹村	5.21	32.84	0.36	0.38	87.04	5.10	1.54	5.94	60.81	33.40	5.79	0.937	FM
24	古交煤窑	6.87	27.98	0.52	0.56	88.38	5.09	1.52	4.45	79.92	18.85	1.23	1.162	FM

续表

编号	矿井名称	工业分析/%			元素分析(daf)/%					岩相组分(以有机质计)/%			最大平均反射率 R_{max}/%	煤类
		A_d	V_{daf}	$S_{t,d}$	S	C	H	N	O	镜质组 V	惰质组 I	壳质组 E		
25	乌达苏赫图 10#	4.76	32.41	1.83	1.92	87.04	5.19	1.37	4.48	79.94	18.53	1.54	1.016	FM
26	乌达苏赫图一井 9#	3.24	31.05	2.13	2.20	87.30	5.13	1.52	3.85	80.77	18.72	0.51	1.014	FM
27	乌达苏赫图二井 12#	5.25	32.01	1.54	1.63	87.73	5.26	1.26	4.12	74.46	22.15	3.38	1.031	FM
28	乌达苏赫图小窑 15#	8.17	28.23	1.15	1.25	88.78	5.06	1.43	3.48	76.47	23.01	0.52	1.130	FM
29	乌达苏赫图小窑 13#	6.24	28.67	0.76	0.81	88.71	5.09	1.51	3.88	81.13	18.35	0.52	1.093	FM
30	乌达五虎山 10#	5.36	31.37	2.07	2.19	87.57	5.12	1.19	3.93	71.77	26.79	1.44	1.002	FM
31	乌达五虎山 2 上	7.93	29.67	0.55	0.60	87.39	4.94	1.21	5.86	60.88	35.52	3.59	1.054	1/3JM
32	乌达五虎山 2 下	6.86	32.05	0.57	0.61	86.47	5.11	1.14	6.67	79.79	15.77	4.43	0.978	1/3JM
33	乌达五虎山一区	3.87	29.66	2.19	2.28	87.70	5.11	1.15	3.76	78.49	20.90	0.61	1.070	FM
34	乌达黄白茨	7.22	33.18	0.66	0.71	87.40	5.22	1.36	5.31	76.68	18.76	4.56	0.970	1/3JM
35	黄白茨平峒	8.02	33.54	0.65	0.71	86.59	5.24	1.28	6.18	76.22	19.13	4.65	0.930	1/3JM
36	包头杨圪楞 3#	3.62	19.02	0.21	0.22	91.63	4.51	0.81	2.83	70.32	29.58	0.10	1.619	SM
37	包头杨圪楞 4#	3.67	21.16	0.29										JM
38	准旗二道沟	4.64	39.63	1.48	1.55	80.58	5.25	1.14	11.48	71.75	22.99	5.26	0.578	CY
39	乌达苏赫图	3.24	16.85	0.49	0.51	91.42	4.31	1.29	2.47	47.85	52.15	0.00	1.723	PS
40	康包东庄	3.54	24.44	0.14	0.15	89.45	4.19	1.08	5.13	64.33	35.47	0.20	1.265	JM
41	野马兔	7.78	9.13	0.50									2.720	WY
42	海勃湾老石旦	7.43	29.73	0.61	0.66	87.50	5.30	1.28	5.26					JM
43	公乌素	6.53	31.77	2.68	2.87	86.61	5.30	1.67	3.55	85.48	14.41	0.11	1.085	FM
44	平沟	7.42	28.41	1.28	1.38	88.37	5.71	1.56	2.98				1.130	FM
45	旧洞沟	5.81	29.74	0.71	0.75	88.30	5.09	1.06	4.80	58.77	39.46	1.77	1.105	1/3JM
46	河滩沟	4.72	21.97	0.13										JM
47	长汉沟	7.50	40.35	0.43						88.48	7.24	4.28	0.790	QM
48	白狐沟	3.21	24.51	0.12						90.20	9.80	0.00	1.293	RN

续表

编号	矿井名称	工业分析/%			元素分析(daf)/%					岩相组分(以有机质计)/%			最大平均反射率 R_{max}/%	煤类
		A_d	V_{daf}	$S_{t,d}$	S	C	H	N	O	镜质组 V	惰质组 I	壳质组 E		
49	南票大窑沟	8.24	43.29	0.61	0.66	81.16	5.76	1.14	11.28	70.13	13.25	16.62	0.643	QM
50	南票小凌河	6.43	41.62	0.77	0.82	81.11	5.52	1.14	11.41	70.60	20.24	9.16	0.647	CY
51	南票三家子	5.26	39.02	0.72	0.76	81.97	5.27	1.17	10.83	74.97	17.82	7.21	0.791	CY
52	北票台吉	7.01	35.88	0.21	0.23	86.23	5.67	1.07	6.80				0.846	QM
53	北票冠山	7.49	36.88	0.19										1/3JM
54	抚顺龙凤	3.84	43.43	0.58	0.60	82.51	6.44	0.85	9.60	94.33	0.51	5.17	0.671	QM
55	阜新高德	5.82	36.76	0.85										CY
56	辽源西安	7.76	41.91	0.94	1.02	80.86	5.58	1.39	11.15	93.42	0.63	5.95	0.636	QM
57	辽源平岗	7.46	35.96	0.44	0.48	77.85	5.07	1.18	15.42	97.10	0.41	2.49	0.548	BN
58	辽源太信	7.33	42.21	1.11	1.20	80.92	5.70	1.63	10.55	96.95	0.63	2.42	0.701	QM
59	杉松岗三坑	4.80	28.91	0.73	0.77	89.03	5.29	1.41	3.50	95.11	3.67	1.22	1.273	FM
60	杉松岗四坑	7.65	33.47	0.54	0.58	87.66	5.52	1.24	5.00	86.31	8.57	5.12	1.094	1/3JM
61	通化砟子	4.50	25.32	0.38	0.40	89.03	5.03	1.03	4.51	76.79	21.66	1.55	1.308	JM
62	通化八道江	6.70	17.81	0.53	0.57	89.68	4.48	1.16	4.11	68.94	30.95	0.10	1.846	PS
63	通化五道江	5.37	13.43	0.45	0.48	90.64	4.11	1.47	3.30	78.60	21.29	0.11	2.018	PM
64	通化道清	5.90	13.34	0.45	0.48	91.74	4.00	1.30	2.48					PM
65	通化苇塘	7.24	28.10	0.34	0.37	86.91	4.67	1.45	6.60	64.56	33.37	2.07	1.213	1/3JM
66	吉林蛟河	7.12	38.86	0.29	0.31	84.32	5.51	1.04	8.82	94.93	1.24	3.83	0.762	QM
67	鸡西平岗	5.98	24.58	0.54	0.57	89.37	5.08	1.18	3.80	98.76	1.24	0.00	1.356	JM
68	鸡西正阳	5.66	34.55	0.42	0.45	83.54	5.10	0.82	10.09	85.14	11.87	2.99	0.846	RN
69	鸡西二道河子	6.36	34.23	0.41	0.44	83.66	5.39	1.36	9.15	89.70	8.61	1.69	0.835	RN
70	鸡西大通	5.45	19.10	0.44	0.47	90.68	4.78	1.78	2.29	84.72	15.28	0.00	1.664	SM
71	鸡西城子河	5.47	36.15	0.28	0.30	83.50	5.33	1.01	9.86	91.08	8.50	0.42	0.820	RN
72	鸡西滴道	4.83	21.02	0.64	0.67	89.57	4.93	0.94	3.89	98.88	1.12	0.00	1.420	1/2ZN

续表

编号	矿井名称	工业分析/%			元素分析(daf)/%					岩相组分(以有机质计)/%			最大平均反射率 R_{max}/%	煤类
		A_d	V_{daf}	$S_{t,d}$	S	C	H	N	O	镜质组 V	惰质组 I	壳质组 E		
73	鸡西麻山	10.52	26.57	0.53	0.59	88.55	5.16	0.96	4.74	93.54	6.46	0.00	1.362	JM
74	鸡西穆陵	7.12	33.76	0.46	0.50	84.38	5.58	1.78	7.77	96.49	2.08	1.43	1.919	1/3JM
75	鸡西小恒山	7.35	31.96	0.53	0.57	86.12	5.12	0.99	7.20	89.18	9.35	1.47	0.979	1/2ZN
76	双鸭七星矿	6.08	39.89	0.30	0.32	81.69	5.39	1.15	11.45	91.08	1.64	7.28	0.679	CY
77	双鸭四方台	8.29	42.66	0.30	0.33	83.49	5.88	1.11	9.19	86.02	1.44	12.54	0.708	QM
78	双鸭岭东	8.51	31.08	0.33	0.36	88.13	5.28	0.88	5.35	92.16	7.33	0.52	1.176	1/3JM
79	双鸭宝山	8.00	39.00	0.27	0.29	84.10	5.62	0.94	9.05	89.30	8.24	2.46	0.744	QM
80	七台河新建	7.12	27.62	0.29	0.31	87.77	5.25	1.38	5.29	90.13	9.87	0.00	1.210	JM
81	七台河桃山	4.55	25.36	0.27	0.28	89.73	5.14	1.05	3.80	99.09	0.71	0.20	1.369	JM
82	七台河新兴	9.05	30.52	0.22	0.24	86.43	5.35	1.36	6.62	85.10	14.48	0.42	1.002	1/3JM
83	鹤岗兴山	4.64	30.32	0.22	0.23	87.75	4.86	1.14	6.02	81.07	18.31	0.62	0.967	1/3JM
84	徐州旗山	6.93	36.22	0.39	0.42	83.23	5.32	1.38	9.65	75.59	16.51	7.90	0.842	RN
85	徐州青山泉	4.96	46.28	3.18	3.35	82.23	5.90	1.24	7.28	90.92	4.64	4.44	0.679	QF
86	徐州卧牛矿	6.61	36.64	0.42	0.45	83.69	5.20	1.24	9.42	52.32	34.57	13.11	0.744	1/2ZN
87	徐州夹河	5.65	37.44	0.34	0.36	84.73	5.38	1.27	8.26	51.40	37.04	11.55	0.765	QM
88	徐州韩桥	5.14	42.73	1.90	2.00	81.17	5.50	1.13	10.20	77.30	18.10	4.60	0.719	QM
89	徐州大黄山	6.20	37.03	0.41	0.44	83.68	5.48	1.32	9.08	75.82	13.98	10.20	0.807	QM
90	南京泉塘	6.49	19.86	0.99	1.06	90.24	4.79	1.75	2.16	80.56	19.44	0.00	1.595	SM
91	镇江伏牛山	6.52	41.96	0.70	0.75	81.54	5.50	1.51	10.70	45.45	29.61	24.95	0.619	QM
92	砀山龙潭天然焦	14.70	17.10	2.76	3.24	88.52	4.43	1.12	2.69					PS
93	砀山 225 天然焦	13.54	17.47	2.37	2.74	89.49	4.61	1.51	1.65					PS
94	淮北石台	7.18	22.80	0.51	0.55	89.67	4.89	1.42	3.47	86.35	13.65	0.00	1.376	JM
95	淮北袁庄	8.86	36.64	0.39	0.43	84.54	5.34	1.25	8.44	67.39	22.43	10.19	0.842	QM
96	淮北沈庄	8.59	39.52	0.65	0.71	83.53	5.47	1.38	8.91	54.10	26.23	19.67	0.777	QM

续表

编号	矿井名称	工业分析/%			元素分析(daf)/%					岩相组分(以有机质计)/%			最大平均反射率 R_{max}/%	煤类
		A_d	V_{daf}	$S_{t,d}$	S	C	H	N	O	镜质组 V	惰质组 I	壳质组 E		
97	淮北杨城	8.52	15.85	0.48	0.52	90.75	4.42	1.35	2.96	84.09	15.91	0.00	1.807	PS
98	淮北朱庄	9.88	18.82	0.50	0.55	90.40	4.77	1.26	3.02	72.77	27.14	0.09	1.623	SM
99	萍乡安源	6.34	29.98	0.42	0.45	86.92	5.16	1.15	6.32	76.46	21.17	2.36	0.994	QM
100	萍乡巨源	5.17	19.17	0.70	0.74	90.72	4.45	1.44	2.65	89.47	10.53	0.00	1.689	JM
101	丰城坪湖	6.26	20.03	0.70	0.75	90.16	4.93	1.29	2.87	89.00	11.00	0.00	1.600	JM
102	丰城尚庄一	6.36	17.27	1.05	1.12	90.45	4.63	1.45	2.35	75.67	24.33	0.00	1.729	SM
103	丰城云庄	5.61	16.86	1.08	1.14	90.48	4.47	1.33	2.58	76.74	23.26	0.00	1.777	PS
104	丰城建新	5.85	20.00	0.99	1.05	89.97	4.85	1.42	2.71	78.95	21.05	0.00	1.534	JM
105	乐平桥头丘	8.18	49.64	2.58	2.81	83.53	6.22	1.17	6.27	29.14	20.76	50.10	0.753	QM
106	乐平钟家山	8.82	35.82	1.68	1.84	87.66	5.72	1.33	3.45	55.50	13.09	31.41	0.923	FM
107	柴里三分层	7.57	38.16	0.52	0.56	84.77	4.57	1.27	8.83	48.09	41.30	10.61	0.782	QM
108	柴里二分层	7.04	37.44	0.49	0.53	85.33	4.47	1.39	8.28	47.94	41.77	10.29	0.770	QM
109	枣庄田屯	6.01	26.05	1.86	1.98	88.58	5.18	1.30	2.96	86.82	13.07	0.10	1.171	FM
110	枣庄山家林	6.18	33.26	2.26	2.41	87.02	5.56	1.41	3.60	90.99	8.70	0.31	1.106	FM
111	枣庄朱子埠	3.34	34.79	2.33	2.41	87.76	5.47	1.21	3.15	83.76	15.94	0.30	0.950	FM
112	枣庄北井	2.68	32.12	1.93	1.98	88.00	5.18	1.21	3.63	81.84	17.86	0.31	1.097	FM
113	肥城大封	6.33	42.00	1.94	2.07	83.60	5.61	1.36	7.36	81.86	14.99	3.14	0.726	QM
114	肥城陶阳	3.76	43.30	2.95	3.07	83.79	5.83	1.07	6.24	84.84	11.70	3.46	0.709	QF
115	肥城曹庄	5.16	36.98	0.44	0.46	84.48	5.64	1.42	8.00	65.41	27.46	7.13	0.786	QM
116	淄博黑山	6.53	20.76	2.84	3.04	90.13	4.78	1.11	0.94	90.28	9.72	0.00	1.509	JM
117	淄博岭子	4.86	11.37	0.98	1.03	91.89	4.18	1.26	1.64	88.22	11.78	0.00	2.071	PM
118	淄博洪山	5.25	17.55	0.42	0.44	91.33	4.65	1.37	2.21	72.42	27.48	0.10	1.726	JM
119	淄博埠村	4.34	15.76	0.42	0.44	90.06	4.27	1.20	4.03	67.77	32.23	0.00	1.862	SM
120	新汶禹村	6.09	40.00	0.76	0.81	83.42	5.53	1.37	8.87	73.19	18.32	8.49	0.749	QM

续表

编号	矿井名称	工业分析/%			元素分析(daf)/%					岩相组分(以有机质计)/%			最大平均反射率 R_{max}/%	煤类
		A_d	V_{daf}	$S_{t,d}$	S	C	H	N	O	镜质组 V	惰质组 I	壳质组 E		
121	新汶张庄	3.51	43.05	1.43	1.48	83.85	5.85	1.44	7.38	82.99	12.73	4.28	0.730	QF
122	新汶协庄	3.81	40.09	1.16	1.21	84.04	5.72	1.34	7.69	63.03	28.79	8.18	0.725	QM
123	莱芜潘西	5.74	34.71	0.43	0.46	86.23	5.28	1.42	6.61	65.22	24.77	10.01	0.904	1/3JM
124	临沂大芦湖	4.85	30.22	0.52	0.55	87.64	5.24	1.49	5.08	56.05	40.02	3.93	1.049	1/3JM
125	坊子矿北井	11.57	34.02	0.55	0.62	83.58	4.95	0.85	10.00	68.11	29.34	2.54	0.844	RN
126	长广千井湾	14.19	50.90	3.04	3.54	84.34	6.75	1.80	3.57	14.51	11.10	74.39	0.744	QF
127	长广新槐	12.05	52.07	3.03	3.45	83.95	6.64	1.45	4.51	26.43	6.77	66.81	0.740	QF
128	长广白龙岗	15.28	54.92	2.08	2.46	83.32	6.83	1.28	6.11	16.98	14.78	68.24	0.714	QF
129	平顶山四矿	9.40	35.41	0.39	0.43	86.86	5.63	1.26	5.82	79.54	13.67	6.78	1.021	1/3JM
130	平顶山六矿	9.35	34.53	0.41	0.45	86.43	5.39	1.25	6.48	79.21	13.72	7.07	0.992	1/3JM
131	平顶山七矿	10.28	37.03	0.30	0.33	85.15	5.23	1.23	8.06	76.88	12.92	10.21	0.935	1/3JM
132	平顶山高庄	8.43	35.54	0.86	0.94	83.92	5.39	1.21	8.54	85.98	8.56	5.46	1.017	1/3JM
133	新峰一矿	7.82	18.42	0.46	0.50	90.59	4.46	1.24	3.21	80.23	19.67	0.10	1.743	SM
134	新峰二矿	8.82	22.46	0.64	0.70	90.03	4.73	1.09	3.45	82.48	17.42	0.10	1.529	JM
135	新峰四矿	12.50	22.58	0.42	0.48	89.87	4.71	1.28	3.66	73.60	26.40	0.00	1.514	JM
136	新峰五矿	6.58	14.24	0.42	0.45	91.59	4.16	1.26	2.54	57.96	42.04	0.00	2.031	PM
137	鹤壁五矿	6.64	14.78	0.35	0.37	91.87	4.63	1.41	1.72	62.23	37.77	0.00	1.911	PS
138	鹤壁八矿东	6.35	14.92	0.44	0.47	91.42	4.03	1.23	2.85	60.08	39.92	0.00	1.930	PS
139	鹤壁八矿西	4.93	14.70	0.32	0.34	92.23	4.44	1.42	1.57	72.37	27.63	0.00	1.931	PS
140	观音堂一矿	8.83	25.21	1.56	1.71	89.02	4.71	1.38	3.18	50.47	49.53	0.00	1.317	JM
141	宜洛李沟	8.48	19.07	1.11	1.21	90.16	4.27	1.07	3.29	52.89	47.11	0.00	1.536	SM
142	宜洛沈村	7.23	20.26	2.44	2.63	89.30	4.65	1.23	2.19	66.94	33.06	0.00	1.519	JM
143	松宜陈家河	10.35	11.64	6.26	6.98	86.24	3.70	0.57	2.51	93.15	6.85	0.00	2.335	PM
144	松宜石家湾	9.06	18.22	5.65	6.21	86.68	4.31	0.61	2.19	95.10	4.90	0.00	1.672	JM

续表

编号	矿井名称	工业分析/%			元素分析(daf)/%					岩相组分(以有机质计)/%			最大平均反射率 R_{max}/%	煤类
		A_d	V_{daf}	$S_{t,d}$	S	C	H	N	O	镜质组 V	惰质组 I	壳质组 E		
145	松宜坛子口	6.08	15.56	6.30	6.71	86.89	4.00	0.59	1.81	97.15	2.85	0.00	1.767	SM
146	松宜鸽子坛	8.16	15.73	6.50	7.08	86.33	4.23	0.56	1.80	94.09	5.91	0.00	1.949	PS
147	松宜干沟河	4.98	17.56	7.02	7.39	87.82	4.18	0.55	0.06	98.28	1.72	0.00	1.765	JM
148	群力沙石坑	2.54	31.92	0.75	0.77	86.97	4.98	1.75	5.53	54.98	37.97	7.05	0.875	1/3JM
149	资兴杨梅山	7.37	21.79	2.42	2.61	88.76	4.63	1.31	2.69	92.14	7.86	0.00	1.609	JM
150	椒板溪	12.64	22.92	5.03	5.76	86.57	5.19	1.19	1.29	37.65	20.75	41.60	1.340	JM
151	青山江	5.20	20.33	1.71	1.80	90.73	4.32	1.70	1.45	78.79	21.21	0.00	1.526	JM
152	潭家山	6.00	22.06	1.16	1.23	89.65	4.66	1.78	2.68	75.43	24.57	0.00	1.346	JM
153	韶山老井	1.97	35.52	1.24	1.26	84.86	5.26	1.67	6.95	63.42	26.65	9.93	0.931	1/3JM
154	牛马司铁箕山	3.21	21.81	0.64	0.66	90.00	4.47	1.95	2.92	66.97	32.62	0.41	1.466	JM
155	牛马司宋家塘	3.62	24.02	1.29	1.34	89.09	5.08	1.66	2.83	67.96	29.70	2.34	1.301	JM
156	牛马司香花台	4.08	25.35	0.67	0.70	89.56	4.88	1.93	2.93	62.28	34.33	3.39	1.349	JM
157	牛马司观山	3.89	17.27	0.57	0.59	90.08	4.42	1.77	3.14	73.12	26.88	0.00	1.767	PS
158	辰溪杉木溪	8.09	35.69	9.01	9.80	81.96	4.89	1.20	2.15	49.06	37.37	13.57	0.909	FM
159	资兴宇字矿	5.56	25.45	0.80	0.85	89.17	4.81	1.07	4.10	73.44	26.15	0.41	1.337	JM
160	资兴周源山	7.40	29.81	0.83	0.90	88.83	5.15	1.09	4.03	82.29	16.77	0.94	1.239	1/3JM
161	资兴宝源山	9.47	24.94	0.84	0.93	88.94	4.99	1.53	3.61	84.08	15.60	0.31	1.380	JM
162	黔阳双溪	4.02	22.31	7.72	8.04	85.39	4.46	0.49	1.62	93.86	6.14	0.00	1.505	FM
163	源陵矿	9.52	42.80	9.77	10.80	80.77	5.68	0.57	2.18	30.89	20.70	48.41	0.740	QF
164	煤炭东风	3.83	30.87	3.90	4.06	86.16	4.94	1.34	3.50	54.58	40.58	4.84	1.003	1/3JM
165	煤炭五亩冲	2.75	30.67	2.98	3.06	86.48	4.94	1.50	4.02	60.87	33.85	5.28	1.015	1/3JM
166	桥头四方山	3.24	22.36	1.90	1.96	89.46	4.71	1.52	2.35	70.06	29.94	0.00	1.344	JM
167	南岭关春	5.34	30.76	1.23	1.30	87.23	5.33	1.06	5.08	93.29	6.19	0.52	1.135	1/3JM
168	南岭八字岭	4.47	36.02	4.64	4.86	84.09	5.42	1.59	4.04	94.47	5.43	0.10	0.944	FM

续表

编号	矿井名称	工业分析/%			元素分析(daf)/%					岩相组分(以有机质计)/%			最大平均反射率 R_{max}/%	煤类
		A_d	V_{daf}	$S_{t,d}$	S	C	H	N	O	镜质组 V	惰质组 I	壳质组 E		
169	东罗那全	8.67	18.16	4.65	5.09	86.96	4.40	1.14	2.41	90.08	9.92	0.00	1.569	PS
170	东罗五联	10.21	18.82	4.29	4.78	87.12	4.42	1.03	2.65	88.93	11.07	0.00	1.642	PS
171	东罗板雷	13.60	19.73	3.97	4.59	87.37	4.58	1.04	2.42	75.38	24.62	0.00	1.583	PS
172	南桐四井	8.96	31.65	1.80	1.98	88.21	5.63	1.46	2.72	38.90	31.90	29.20	1.076	FM
173	南桐一井	7.40	15.67	1.43	1.54	90.50	4.60	1.46	1.90	92.34	7.56	0.10	1.833	PS
174	红岩丛林	7.42	24.87	1.59	1.72	88.10	4.99	1.58	3.61	89.74	10.26	0.00	1.381	FM
175	东林二井	6.81	15.52	1.45	1.56	90.45	4.55	1.48	1.96	91.53	8.47	0.00	1.878	SM
176	南桐一井 6#	7.07	19.77	1.32	1.42	89.33	4.64	1.46	3.15	92.03	7.97	0.00	1.601	JM
177	南桐二井 6#	7.15	24.65	1.14	1.23	88.04	5.24	1.49	4.00	92.78	7.22	0.00	1.310	JM
178	达县白腊坪	4.84	29.12	0.61	0.64	87.71	4.95	1.38	5.32	72.76	25.30	1.93	1.158	1/3JM
179	达县柏林	9.46	28.96	0.63	0.70	86.61	4.83	1.27	6.59	56.23	41.88	1.88	1.041	1/2ZN
180	铁山南 K21	5.77	30.37	0.53	0.56	86.96	5.13	1.45	5.90	62.42	33.68	3.90	0.995	1/3JM
181	铁山南 K11	5.83	28.34	0.60	0.64	86.99	5.05	1.20	6.12	64.74	32.93	2.33	1.098	1/2ZN
182	忠县二井	9.16	24.30	3.70	4.07	87.79	4.75	1.78	1.61	93.42	6.58	0.00	1.327	JM
183	忠县三井	8.50	27.04	5.66	6.19	86.06	4.93	1.12	1.70	89.67	10.33	0.00	1.236	FM
184	永川六井	5.59	32.03	0.48	0.51	86.07	5.07	1.35	7.00	66.84	28.32	4.84	0.982	QM
185	永川七井	7.10	32.95	0.92	0.99	85.26	5.22	1.23	7.30	73.76	19.81	6.43	0.880	QM
186	永川新兴	7.10	30.79	0.63	0.68	87.10	4.90	1.36	5.96	59.56	37.84	2.60	1.135	1/3JM
187	荣昌四井	4.54	33.88	0.50	0.52	85.82	5.26	1.31	7.09	67.62	27.68	4.70	0.885	QM
188	荣昌双河	7.79	34.09	1.08	1.17	84.90	5.22	1.11	7.60	77.78	17.61	4.61	0.917	1/3JM
189	隆昌一井	7.10	30.79	0.65	0.70	85.27	5.14	1.12	7.77	57.38	36.80	5.82	0.902	1/2ZN
190	嘉阳天锡	6.30	30.67	0.50	0.53	86.70	5.36	1.40	6.01	53.19	38.73	8.09	0.969	QM
191	中梁山南 K1	8.95	19.36	1.23	1.35	89.66	4.92	1.61	2.46	76.07	23.93	0.00	1.599	JM
192	嘉陵一井	5.89	32.80	0.81	0.86	85.92	5.24	1.30	6.68	68.79	23.82	7.39	0.977	1/3JM

续表

编号	矿井名称	工业分析/%			元素分析(daf)/%					岩相组分(以有机质计)/%			最大平均反射率 R_{max}/%	煤类
		A_d	V_{daf}	$S_{t,d}$	S	C	H	N	O	镜质组 V	惰质组 I	壳质组 E		
193	江北二井	5.45	27.80	0.47	0.50	88.06	4.86	1.12	5.46	64.48	34.19	1.33	1.113	JM
194	威远二井	5.53	30.52	0.50	0.53	86.02	5.23	1.55	6.67	59.60	36.01	4.38	0.994	QM
195	天府南井	11.09	20.91	1.06	1.19	89.89	4.92	1.54	2.46	86.59	13.30	0.11	1.541	JM
196	广旺白水	6.98	29.18	0.65	0.70	88.18	5.21	1.28	4.63	84.85	15.05	0.10	1.166	1/3JM
197	广旺拣银岩	6.33	25.20	0.52	0.56	88.98	4.86	1.23	4.37	64.17	35.32	0.51	1.300	JM
198	广旺赵家坝	5.98	15.86	0.41	0.44	91.30	4.69	1.06	2.51	84.77	15.23	0.00	1.837	PS
199	广旺宝轮院	9.10	36.66	0.15	0.17	84.61	5.18	0.99	9.05	14.07	63.28	22.65	0.743	RN
200	广元荣山矿	5.92	31.48	1.11	1.18	87.87	5.38	1.32	4.25	84.89	14.39	0.72	1.078	FM
201	广元旺苍矿	7.81	29.63	0.59	0.64	88.73	5.41	1.21	4.01	94.79	4.89	0.32	1.215	FM
202	广元上寺矿	12.24	43.34	10.83	12.34	79.45	5.17	0.77	2.27	85.81	14.19	0.00	0.838	QF
203	攀枝花大宝顶	6.14	18.35	0.46	0.49	91.52	4.66	1.07	2.26	83.23	16.77	0.00	1.696	JM
204	攀枝花太平矿	3.64	21.30	0.58	0.60	90.39	4.77	1.10	3.14	75.66	24.34	0.00	1.443	JM
205	攀枝花沿江矿	4.52	14.60	1.05	1.10	92.03	4.08	1.23	1.56	78.07	21.93	0.00	1.909	PS
206	云南恩洪	6.77	21.70	0.20	0.21	91.58	4.99	1.61	1.61	80.17	19.63	0.21	1.473	JM
207	云南圭山	7.22	22.15	0.29	0.31	90.30	4.94	1.44	3.01	85.77	14.02	0.20	1.465	JM
208	云南明良	6.26	21.53	4.68	4.99	88.65	4.47	0.81	1.08	87.00	12.90	0.10	1.516	FM
209	云南富源	7.97	35.90	0.24	0.26	86.21	5.46	1.65	6.42	61.27	23.26	15.47	1.004	1/3JM
210	云南羊场	8.69	26.86	0.20	0.22	89.18	5.13	1.60	3.87	79.13	16.00	4.87	1.267	FM
211	云南一平浪	4.53	26.93	1.21	1.27	88.87	5.10	1.66	3.10	93.39	6.40	0.20	1.319	FM
212	六枝凉水井	8.87	24.36	1.24	1.36	88.93	4.99	1.58	3.14	68.24	30.18	1.58	1.199	JM
213	六枝四角田	7.13	16.53	1.44	1.55	90.62	4.35	1.50	1.98	74.56	25.44	0.00	1.723	PS
214	六枝大用	12.00	17.16	0.96	1.09	90.85	4.30	1.24	2.52	64.67	35.33	0.00	1.620	PS
215	六枝地宗	7.04	23.22	1.25	1.34	89.28	4.65	1.44	3.29	72.11	27.79	0.10	1.269	JM
216	水城汪家寨	7.26	28.77	1.07	1.15	88.96	5.05	1.42	3.42	64.95	28.14	6.91	1.123	FM

续表

编号	矿井名称	工业分析/%			元素分析(daf)/%					岩相组分(以有机质计)/%			最大平均反射率 R_{max}/%	煤类
		A_d	V_{daf}	$S_{t,d}$	S	C	H	N	O	镜质组 V	惰质组 I	壳质组 E		
217	水城大河边	7.75	43.23	1.33	1.44	84.99	5.70	1.31	6.56	48.97	25.52	25.52	0.784	QM
218	水城木冲沟	14.32	26.19	0.59	0.69	87.52	4.92	1.32	5.55	67.36	30.35	2.29	1.258	JM
219	水城红旗	10.76	41.12			83.89	5.50	1.35	9.26	55.32	26.28	18.40	0.674	QM
220	盘江火铺	9.97	32.86	0.76	0.84	88.41	5.20	1.61	3.94	56.99	29.97	13.04	1.020	1/3JM
221	盘江山脚树	13.51	34.12	0.26	0.30	87.56	5.10	1.48	5.56	69.86	21.83	8.31	0.957	1/3JM
222	贵阳煤矿	7.44	14.72	2.66	2.87	90.94	4.03	1.01	1.15	51.59	48.41	0.00	1.957	PM
223	林东煤矿	4.44	20.56	2.97	3.11	89.62	4.49	0.99	1.79	78.30	21.49	0.20	1.467	JM
224	蔡冲煤矿	5.96	23.17	4.02	4.27	88.58	4.58	0.79	1.78	78.89	21.11	0.00	1.445	JM
225	鱼洞矿	10.45	40.12	2.56	2.86	83.37	5.38	0.92	7.47	80.21	13.82	5.97	0.790	QM
226	瓮安矿	10.58	32.11	1.63	1.82	87.92	5.24	1.19	3.83	72.21	24.74	3.05	1.066	FM
227	铜川鸭口矿	5.52	16.64	1.70	1.80	90.08	4.27	1.16	2.69	78.60	21.40	0.00	0.729	SM
228	三里洞下	6.96	16.30	4.17	4.48	88.06	4.07	1.00	2.39	78.56	21.44	0.00	1.784	PS
229	桃园平峒	7.54	17.45	4.42	4.78	88.32	4.28	0.82	1.80	88.96	11.04	0.00	1.702	JM
230	蒲白南桥	4.33	14.96	0.58	0.61	91.28	4.33	1.20	2.58	90.14	9.86	0.00	1.802	PS
231	蒲白白水	6.89	13.99	3.94	4.23	88.85	4.00	0.90	2.02	88.19	11.81	0.00	1.954	PM
232	权家河	6.75	16.28	2.05	2.20	90.13	4.36	1.00	2.31	79.65	20.35	0.00	1.759	SM
233	韩城马沟渠	7.60	15.35	0.44	0.48	90.67	4.29	1.20	3.36	80.32	19.68	0.00	1.769	PS
234	陕南镇巴矿	5.87	12.17	0.63	0.67	91.39	4.16	1.26	2.52	92.86	7.14	0.00	2.014	PM
235	大荆东风	18.57	30.09	2.80	3.44	86.87	4.94	0.97	3.78	80.80	19.20	0.00	1.045	1/3JM
236	鸭口 5-1#	5.50	17.38	1.30	1.38	90.52	4.67	1.21	2.22	74.41	25.59	0.00	1.677	SM
237	鸭口 5-2#	7.15	16.79	1.74	1.87	90.08	4.27	1.16	2.62	82.52	17.48	0.00	1.750	SM
238	桃园 3CF	7.72	16.94	4.96	5.37	88.32	4.60	0.82	0.89	72.34	27.66	0.00	1.676	SM
239	桃园	6.62	16.33	3.02	3.23	89.03	4.47	1.08	2.19	91.28	8.72	0.00	1.782	PS
240	蒲白白堤 5	6.15	12.43	1.14	1.21	90.89	4.35	1.12	2.43	90.70	9.30	0.00		PM

续表

编号	矿井名称	工业分析/%			元素分析(daf)/%					岩相组分(以有机质计)/%			最大平均反射率 R_{max}/%	煤类
		A_d	V_{daf}	$S_{t,d}$	S	C	H	N	O	镜质组 V	惰质组 I	壳质组 E		
241	蒲白马村	4.65	14.00	1.61	1.69	90.85	4.35	1.12	1.99	88.41	11.59	0.00	1.979	PM
242	韩城马沟渠 11#	11.18	15.45	1.97	2.22	88.92	4.43	1.06	3.37	85.18	14.82	0.00	1.999	PS
243	商县大荆胜利	8.52	25.60	1.80	1.97	88.54	5.00	1.06	3.43	87.98	12.02	0.00		JM
244	权家河 5204	7.63	16.96	2.34	2.53	89.15	4.64	0.95	2.73	69.69	30.20	0.10	1.697	SM
245	权家河 5305	7.39	16.71	2.43	2.62	89.09	4.48	0.97	2.84	57.08	42.92	0.00	1.669	SM
246	汉中 1#	5.71	34.32	1.55	1.64	86.28	5.61	1.03	5.44	95.94	1.52	2.54	0.983	1/3JM
247	汉中 2#	6.64	33.44	1.14	1.22	86.88	5.45	1.09	5.36	91.85	7.84	0.31	0.932	FM
248	汉中 3#	7.93	30.71	0.88	0.96	86.77	5.52	1.08	5.67	86.90	10.34	2.76	0.969	1/3JM
249	蒲城工农矿	4.25	18.36	2.07	2.16	90.08	4.58	1.26	1.92	77.06	22.94	0.00	1.661	SM
250	蒲城东风新	4.04	14.94	1.50	1.56	90.74	4.36	1.23	2.11	74.54	25.46	0.00	1.786	PS
251	蒲城官路 4#	6.67	15.52	0.99	1.06	90.52	4.58	1.28	2.56	88.31	11.69	0.00		PS
252	浦城官路 5#	6.14	12.28	1.35	1.44	90.64	4.41	1.18	2.33	88.63	11.37	0.00		PM
253	蒲城 78-2#	5.02	14.12	1.31	1.38	90.98	4.38	1.14	2.12	81.87	18.13	0.00		PS
254	窑街天祝	4.38	42.63	0.95	0.99	80.54	5.36	1.39	11.72	97.17	0.30	2.53	0.613	CY
255	甘肃山丹	9.15	27.86	1.30	1.43	88.26	5.10	1.15	4.06	70.88	29.12	0.00	1.177	FM
256	靖远大水头	6.45	32.93	0.25	0.27	85.78	5.22	0.83	7.90	54.97	43.41	1.62	0.827	RN
257	靖远宝积山	4.84	34.44	0.25	0.26	84.19	5.23	0.80	9.52	64.97	33.60	1.43	0.849	RN
258	石嘴山一矿	6.14	32.85	0.87	0.93	85.12	5.48	1.65	6.82	67.49	28.00	4.51	0.935	1/3JM
259	石嘴山二矿	6.57	35.43	2.73	2.92	84.25	5.25	1.28	6.30	73.26	23.52	3.21	0.876	1/3JM
260	石炭井一矿	12.47	18.65	0.71	0.81	89.06	4.83	1.60	3.70	78.85	21.15	0.00	1.770	SM
261	石炭井二矿	3.74	21.59	1.44	1.50	90.26	4.79	1.31	2.14	68.50	31.29	0.20	1.448	JM
262	石炭井三矿	8.92	29.17	0.52	0.57	87.10	4.82	1.19	6.32	71.10	28.07	0.83	1.141	1/3JM
263	石炭井四矿	8.68	25.46	1.81	1.98	88.76	4.80	1.27	3.19	68.08	30.44	1.48	1.211	JM
264	石炭井乌兰矿	9.02	32.43	0.48	0.53	87.08	5.51	1.23	5.65	69.49	27.09	3.41	0.943	1/3JM

编号	矿井及煤层名称	工业分析					
		煤样浮沉	M_{ad} /%	A_d /%	V_{daf} /%	$S_{t,d}$ /%	$Q_{gr,daf}$ /(MJ/kg)
1	北京局杨坨矿五槽	—1.90	1.13	21.94	7.06	0.42	31.49
2	北京局大台矿五槽	—1.90	3.01	4.94	3.26	0.31	33.06
3	北京局王平村矿主井五槽	—1.85	3.03	11.25	3.92	0.58	32.35
4	北京局长沟峪矿三槽	—1.85	3.31	6.58	6.67	0.15	31.65
5	北京局门头沟矿九龙立井五槽	—1.85	3.41	5.55	3.47	0.25	33.10
6	河北张家口八宝山煤矿七一井3层	—1.40	1.16	7.96	10.19	0.25	35.63
7	河北衡水地区半个山	—1.60	2.10	7.89	4.70	0.41	34.64
8	河北保定灵山煤矿三井6层	—1.60	3.79	13.48	5.95	0.86	33.73
9	河北峰峰矿务局薛村矿	—1.40	0.81	6.91	12.50	0.30	35.96
10	河北秦皇岛柳江煤矿大槽沟煤3	—1.50	1.38	12.55	6.67	0.73	34.76
11	河北秦皇岛柳江煤矿大槽沟煤5	—1.45	0.62	16.41	8.44	0.73	34.87
12	河北秦皇岛柳江煤矿山井口煤3	—1.55	1.38	14.22	7.47	0.58	34.57
13	河北峰峰万年矿一号井大煤顶层	—1.80	1.20	5.29	3.28	0.25	33.27
14	山西阳泉矿务局一矿北四尺斜井	—1.40	0.89	7.23	8.54	1.00	36.02
15	山西阳泉矿务局二矿西四尺井7采区T3层	—1.40	0.80	9.41	8.67	0.77	35.66
16	山西阳泉矿务局二矿西四尺井	—1.45	1.02	7.64	7.70	0.89	35.71
17	山西阳泉矿务局二矿西四尺井3层12#	—1.40	0.87	7.58	8.94	1.00	35.42
18	山西阳泉矿务局二矿西四尺井S2层8#	—1.40	0.80	10.01	9.19	0.73	35.68
19	山西晋城晋普山煤矿3#	—1.45	0.75	4.75	4.66	0.41	34.97
20	山西晋城四新矿	—1.55	4.72	7.69	5.78	0.36	34.90
21	山西晋城凤凰山3号层	—1.55	4.73	6.85	5.66	0.37	34.86
22	山西晋城王台铺矿大井3号层	—1.55	4.70	7.91	5.56	0.44	34.77
23	西山白家庄二号井15尺层	—1.40	1.41	5.01	12.11	1.65	35.84
24	西山局西铭矿玉门坑15尺层	—1.40	1.20	4.38	13.67	1.75	35.99
25	西山杜儿坪三尺煤	—1.40	1.40	5.71	13.84	1.00	35.99
26	西山官地矿	—1.40	1.43	4.24	11.58	1.99	35.64
27	山西荫营煤矿固平峒煤矿	—1.40	1.84	6.15	10.13	0.54	35.90
28	辽宁本溪牛心台煤矿二坑大槽层	—1.45	0.52	9.08	6.82	0.40	35.67
29	本溪牛心台煤矿二坑大槽层	—1.50	1.11	6.64	6.80	0.95	35.64
30	本溪牛心台煤矿生产煤样	—1.50	1.22	7.02	7.57	1.20	35.36
31	吉林通化矿务局松树镇煤矿一井二层	—1.75	2.78	10.42	4.34	0.43	33.86

煤样的分析结果

密度		元素分析(daf)/%					R_{max} /%	H_v /(kg/mm^2)	抗碎强度 SS/%	煤类
$(TRD)_d$	ARD	C	H	N	S	O				
2.04	1.82	92.72	1.14	0.88	0.54	4.72	8.570	120.6		WY1
1.81	1.76	95.76	1.16	0.39	0.32	2.37	8.360	144.8		WY1
1.91	1.80	94.90	1.18	0.72	0.65	2.55	9.420	121.2		WY1
		93.36	1.11	0.24	0.16	5.13	11.840	133.8		WY1
1.79	1.73	96.34	1.30	0.27	0.26	1.83	9.930	140.5		WY1
1.45	1.37	93.38	3.84	0.90	0.27	1.61	1.368	39.9		PM
1.59	1.51	94.20	2.47	1.55	0.44	1.34	5.147	55.6	84.57	WY2
1.67	1.54	94.34	2.20	1.27	1.00	1.19	10.420	48.0	21.22	WY2
1.40	1.33	91.59	4.04	1.46	0.32	2.59	1.588	30.6	78.01	PM
1.59	1.46	92.47	3.13	1.41	0.83	2.16	3.105	40.0	92.90	WY3
1.56	1.40	90.79	3.71	1.29	0.88	3.33	1.848	42.5	90.53	WY3
1.61	1.47	92.35	3.11	1.34	0.67	2.53	2.650	46.6	88.47	WY3
1.80	1.75	95.87	1.82	0.78	0.27	1.26	5.904	219.4	84.23	WY1
1.43	1.36	91.78	3.94	1.40	1.08	1.80	2.306	31.0	40.08	WY3
1.45	1.36	91.96	3.99	1.41	0.85	1.79	2.570	32.0	55.49	WY3
1.46	1.38	92.21	3.75	1.32	0.96	1.76	2.167	33.0	50.18	WY3
1.44	1.36	91.53	4.02	1.34	1.08	2.03	2.466	33.8	46.02	WY3
1.46	1.36	91.37	3.99	1.56	0.81	2.27	2.575	34.0	53.60	WY3
1.57	1.52	94.50	2.83	0.92	0.43	1.32	3.436	54.8	89.18	WY2
1.58	1.50	93.74	3.37	1.09	0.37	1.43	4.085	45.0	92.07	WY2
1.57	1.50	93.95	3.29	1.05	0.39	1.32	4.158	46.5	84.50	WY2
1.60	1.52	93.92	3.22	1.01	0.48	1.37	4.247	50.2	92.40	WY2
1.38	1.30	90.86	4.40	1.39	1.74	1.61	2.555	30.6	91.59	PM
1.38	1.34	90.80	4.57	1.32	1.83	1.48	2.396	27.9		PM
1.37	1.31	90.90	4.59	1.26	1.06	2.19	2.255	30.8		PM
1.39	1.35	91.17	4.31	1.24	2.08	1.20	2.378	30.8	29.00	PM
1.40	1.34	92.05	4.13	1.32	0.58	1.92	2.792	31.1		PM
1.49	1.40	93.81	3.33	1.04	0.44	1.38	2.435	49.8	95.29	WY3
1.46	1.39	92.47	3.77	1.25	1.02	1.49	2.255	41.0		WY3
1.46	1.39	92.01	4.01	1.23	1.30	1.45	2.454	37.4		WY3
1.73	1.63	94.90	1.84	1.22	0.48	1.56	7.340	152.4		WY1

编号	矿井及煤层名称	工业分析					
		煤样浮沉	M_{ad} /%	A_d /%	V_{daf} /%	$S_{t,d}$ /%	$Q_{gr,daf}$ /(MJ/kg)
32	通化矿务局五道江煤矿古元井	-1.40	0.65	7.29	15.39	0.41	35.94
33	通化道清南平峒四号层	-1.45	1.14	9.36	16.93	0.52	35.70
34	江西高安田南煤矿 B6 层	-1.60	1.88	10.49	7.49	1.55	34.81
35	江西信丰大阿煤矿二号主井	-1.60	1.06	5.98	11.90	0.77	35.68
36	江西信丰大阿煤矿 B2 层	-1.60	1.16	7.57	12.34	1.17	35.62
37	江西安福县铁华山煤矿	-1.80	3.42	7.26	1.92	0.83	33.52
38	江西宜春芦村煤矿东煤巷一号	-1.65	2.19	8.20	4.44	0.48	34.59
39	江西信丰南大桥矿三号井	-1.45	1.17	6.28	7.50	1.35	35.24
40	江西英岗岭煤矿桥头二号井	-1.45	0.80	8.40	8.86	1.64	35.25
41	江西英岗岭煤矿东村井	-1.45	0.89	9.78	8.25	1.62	35.13
42	江西新华煤矿二分矿	-1.60	1.20	10.48	11.16	1.16	35.36
43	江西蓬花县长埠煤矿三坑口	-1.80	3.88	6.28	1.94	0.80	35.21
44	江西萍乡青山煤矿五一平峒大槽	-1.60	1.15	7.35	9.10	3.28	35.13
45	江西萍乡高坑石炭井东大巷	-1.80	4.25	4.79	1.92	0.86	33.34
46	江西花鼓山皇化井(新余)B4 层	-1.80	3.94	9.80	2.83	0.43	34.00
47	江西大光山煤矿一采区(安富)B4 层	-1.80	4.13	7.92	2.16	0.88	33.41
48	江西新华煤矿一分矿 B4 煤层	-1.80	1.01	9.81	10.32	1.15	35.52
49	江西南桥煤矿 B3 层	原煤	1.65	20.16	10.53	0.54	34.39
50	江西分宜西茶煤矿一井 B4 层	原煤	3.02	9.46	7.85	0.54	34.01
51	南京青龙山煤矿一号井 14 煤层	-1.80	1.24	9.41	3.12	0.68	33.45
52	南京宝华井	-1.55	1.26	10.06	5.90	1.52	35.01
53	山东淄博龙泉矿	-1.40	0.62	9.93	12.76	1.31	36.28
54	山东淄博西河矿	-1.45	0.64	6.82	12.27	1.82	36.10
55	浙江康山煤矿南淄煤井中层	-1.45	1.04	17.12	11.63	5.87	33.19
56	福建龙溪地区陆家地煤矿 C5 层	原煤	0.63	10.93	2.10	0.17	32.97
57	福建永定县培中一号南采区	-1.65	0.65	6.56	3.49	1.05	34.47
58	福建邵武煤矿一号井 D 层	-1.75	1.13	8.99	2.62	0.70	33.73
59	福建永安加福煤 C8	1.75	0.93	4.01	1.71	0.80	33.98
60	福建康安加福煤矿 C9	原煤	5.83	9.27	2.13	1.18	33.63
61	福建永安加福煤矿 C10 层	-1.80	1.13	7.78	2.43	0.81	33.74
62	福建龙岩田螺形煤矿 C5 层	-1.70	1.46	4.60	2.61	1.04	34.40

续表

密度		元素分析(daf)/%					R_{max} /%	Hv /(kg /mm^2)	抗碎强度 SS/%	煤类
$(TRD)_d$	ARD	C	H	N	S	O				
1.40	1.33	91.20	4.30	1.61	0.45	2.44	1.205	31.2	70.04	PM
1.42	1.33	90.37		1.33			1.822	28.2	33.73	PM
1.51	1.41	90.83	3.59	1.20	1.73	2.65	2.670	36.0		WY3
1.41	1.35	91.35	4.20	1.58	0.82	2.05	1.760	26.6		PM
1.42	1.34	90.21	4.20	1.53	1.27	2.79	1.70	25.3		PM
1.84	1.74	96.16	1.37	0.47	0.89	0.91				WY1
1.67	1.59	94.84	2.37	0.84	0.52	1.43				WY2
1.47	1.41	90.84	3.72	1.41	1.41	2.59	2.295	35.6	29.80	WY3
1.46	1.38	91.59	3.84	1.45	1.79	1.33	2.028	35.4	46.79	WY3
1.49	1.39	91.00	3.53	1.29	1.80	2.38	2.145	23.4	9.80	WY3
1.45	1.34	90.19	4.31	1.54	1.30	2.66	1.960	39.4		PM
1.78	1.72	95.60	1.65	0.60	0.85	1.30	8.150	110.8		WY1
1.47	1.40	90.15	3.94	1.17	3.54	1.20	1.960	23.0		WY3
1.84	1.79	94.52	1.15	0.46	0.90	2.97	8.090	178.8		WY1
1.72	1.62	95.26	2.27	0.74	0.47	1.26	6.420	106.0		WY2
1.84	1.40	95.70	1.46	0.49	0.95	1.40	8.120	156.0		WY1
1.45		90.06	4.28	1.61	1.28	2.77	2.000	23.8		PM
1.58	1.38	89.93	4.01	1.58	0.67	3.81	2.471	36.2		WY3
1.76	1.67	95.07	1.98	1.20	0.59	1.16	5.260	124.0		WY1
1.95	1.86	94.95	1.60	0.79	0.76	1.90	6.735	101.0		WY1
1.34	1.44	92.10	3.20	1.42	1.69	1.59	3.550	11.4		WY3
1.37	1.32	91.71	4.37	1.49	1.38	1.05	1.792	34.6	70.56	PM
1.41	1.34	91.28	4.23	1.39	1.96	1.14	1.848	35.8	55.59	PM
1.34	1.37	86.89	3.41	1.49	7.08	1.13	2.085	28.4	36.14	PM
1.92	1.81	97.22	1.07	0.37	0.19	1.15	8.588	81.8	30.97	WY1
1.66	1.59	94.08	2.70	0.90	1.12	1.20	4.175	65.7	72.03	WY2
1.79	1.70	96.15	1.73	0.64	0.77	0.71	7.950	97.6		WY1
1.77	1.73	96.44	1.74	0.61	0.83	0.38	7.485	144.0		WY1
1.83	1.74	95.95	1.50	0.56	1.30	0.69	7.275	131.4	26.29	WY1
1.80	1.72	95.59	1.59	0.59	0.88	1.35	7.523	142.8	62.81	WY1
1.68	1.63	94.94	2.33	0.81	1.08	0.84	6.480	120.4	45.30	WY2

编号	矿井及煤层名称	工业分析					
		煤样浮沉	M_{ad} /%	A_d /%	V_{daf} /%	$S_{t,d}$ /%	$Q_{gr,daf}$ /(MJ/kg)
63	福建龙岩红炭山孔矿虎坑山井 360D12	−1.75	1.89	7.01	2.62	1.10	33.79
64	福建龙岩红炭山煤矿虎坑山井 360D16	−1.75	1.90	8.17	2.78	0.65	33.71
65	福建龙岩红炭山矿 560 平峒 D27	原煤	4.57	4.82	3.42	0.68	34.40
66	福建龙岩红炭山矿 560 平峒 D28	原煤	4.54	9.09	3.39	0.70	34.25
67	福建龙岩红炭山煤矿赖坑三采区 D48	−1.65	1.90	6.44	4.21	0.77	34.08
68	福建龙岩红炭山煤矿赖坑三采 D54	−1.65	1.55	6.44	4.02	0.59	34.28
69	福建上京煤矿三号井	原煤	5.38	9.72	1.85	0.44	33.46
70	焦作矿务局中马村矿大煤	−1.55	1.88	7.49	5.93	0.37	34.93
71	焦作矿务局大陆矿大煤	−1.50	1.76	8.10	6.29	0.36	35.12
72	焦作矿务局冯营矿顶层	−1.50	2.41	7.50	6.41	0.32	35.42
73	焦作矿务局演马庄矿中层	−1.45	2.90	6.28	5.87	0.36	35.12
74	河南新密矿务局王庄矿 B10	−1.40	0.89	8.31	11.86	0.35	35.83
75	河南鹤壁	原煤	1.45	13.01	13.69	0.37	35.79
76	湖南连邵矿务局朝阳煤矿高木冲井	原煤	2.05	9.19	7.14	0.89	35.23
77	湖南连邵矿务局朝阳井 3a	原煤	1.40	10.66	7.66	1.84	35.83
78	湖南白沙煤矿塘一井	−1.70	0.86	6.49	2.70	0.38	34.37
79	湖南白沙煤矿夏塘斜井 VI 层	原煤	1.75	8.14	4.97	0.58	34.47
80	湖南白沙矿务局永红煤矿付留下井	原煤	0.89	17.18	6.60	0.61	35.28
81	湖南白沙矿务局永红煤矿付留下井	原煤	0.92	14.79	6.92	0.64	35.09
82	湖南白沙矿务局永红煤矿	−1.50	0.77	8.57	6.13	0.67	35.36
83	湖南白沙矿务局永红煤矿付台下井	原煤	0.88	29.65	8.39	0.53	34.82
84	湖南白沙矿务局永红煤矿付台下井	−1.50	0.80	9.79	6.69	0.63	35.38
85	湖南金竹山煤矿土朱矿井 2 煤层	−1.55	6.70	5.91	4.93	0.46	34.73
86	金竹山土朱矿 3 煤层	原煤	2.92	15.71	5.89	0.32	34.27
87	金竹山煤矿土朱矿井 4 煤层	原煤	2.53	15.31	5.75	0.43	34.53
88	金竹山煤矿土朱矿井 5 煤层	原煤	1.85	4.81	5.46	0.44	35.39
89	湖南金竹山煤矿托山 5 煤层	原煤	9.20	4.99	5.86	0.50	35.85
90	湖南金竹山煤矿托山煤矿 3 煤层	原煤	1.61	1.04	6.75	0.53	35.41
91	湖南街洞煤矿茶山岭斜井 6 煤层	原煤	3.01	8.05	3.43	0.66	34.29
92	湖南街洞煤矿茶山岭斜井 7 煤层	−1.65	1.86	7.07	4.63	5.60	35.28
93	湖南白沙矿务局湘永矿荆草坪矿井	原煤	1.20	7.25	6.29	7.80	35.63

续表

密度		元素分析(daf)/%					R_{max}/%	*H*v/(kg/mm²)	抗碎强度*SS*/%	煤类
$(TRD)_d$	ARD	C	H	N	S	O				
1.75	1.68	94.62	2.27	0.64	1.18	1.29	4.910	143.0	36.28	WY2
1.76	1.68						5.017	121.2	39.86	WY1
1.65	1.60						4.183	90.0	80.45	WY1
1.68	1.59						4.329	80.2	67.64	WY1
1.65	1.59	93.59	2.70	0.83	0.83	2.05	4.080	70.8	91.03	WY2
1.63	1.57						4.150	61.0	88.67	WY2
1.90	1.80	96.87	1.63	0.48	0.49	0.53	8.950	219.0		WY1
1.58	1.51	93.50	2.93	1.07	0.40	2.10	4.330	48.6		WY2
1.53	1.45	93.35	3.12	1.16	0.39	1.98	3.270	32.8		WY3
1.51	1.44	93.82	3.21	1.13	0.34	1.50	3.500	46.0		WY3
1.54	1.48	93.90	3.04	1.18	0.38	1.50	3.980	42.4		WY3
1.43	1.35	91.98	4.02	1.61	0.39	2.00	1.730	280.0	57.24	PM
1.43	1.33	91.44	4.45	1.57	0.41	2.13	2.064	29.0		PM
1.51	1.42	92.42	3.47	0.96	0.98	2.17	2.885	30.0	61.36	WY3
1.51	1.40	92.44	3.80	1.02	2.05	0.69	2.653	37.4	76.90	WY3
1.71	1.65	95.52	2.02	0.86	0.41	1.19	7.070	94.6		WY2
1.60	1.52	94.11	3.25	1.16	0.63	0.85	4.388	64.4		WY3
1.61	1.44						3.010	38.8		WY3
1.58	1.43						2.948	41.2		WY3
1.52	1.43	92.95	3.67	1.36	0.73	1.29	2.953	39.6		WY3
1.68	1.38						2.865	40.8		WY3
1.52	1.42	92.39	3.59	1.40	0.69	1.93	2.980	39.4		WY3
1.58	1.52	93.40	2.90	0.83	0.49	2.38	4.680	53.2		WY2
1.67	1.51						5.118	57.4		WY2
1.65	1.50						5.259	52.0		WY2
1.52	1.47	94.18	3.22	0.86	0.46	1.28	3.980	43.8		WY3
1.46	1.41	93.37	3.83	1.01	0.53	1.26	2.635	43.8		WY3
1.51	1.41						2.965	44.2		WY3
1.72	1.64	95.19	2.21	0.81	0.72	1.07	7.000	117.0	43.47	WY2
1.65	1.58	94.81	2.58	0.77	0.60	1.24	5.365	74.0	61.02	WY2
1.49	1.42	92.77	3.59	1.52	0.84	1.28	2.783	44.8	77.89	WY3

编号	矿井及煤层名称	工业分析					
		煤样浮沉	M_{ad} /%	A_d /%	V_{daf} /%	$S_{t,d}$ /%	$Q_{gr,daf}$ /(MJ/kg)
94	湖南白沙矿务局湘永矿白鸡洞矿井	原煤	1.09	5.88	7.85	0.65	35.56
95	河南新密芦沟矿 B10 层	—1.45	0.85	7.38	8.15	3.20	35.63
96	河南新密裴沟矿 B10 层	—1.40	0.74	9.76	13.02	0.33	35.91
97	河南新密米村矿 B10 层	—1.40	0.75	7.26	10.06	3.20	35.89
98	湖北咸宁七约山炭山湾煤矿	—1.45	0.65	6.56	9.26	3.24	35.24
99	湖北襄阳东巩煤矿胡家嘴煤矿	—1.55	0.84	8.03	5.43	0.50	35.32
100	湖北黄石胡家湾煤矿	原煤	2.50	6.70	12.33	2.17	33.93
101	广东四望嶂矿务局四望嶂平峒七煤层	—1.58	6.25	6.94	3.82	0.14	32.42
102	广东四望嶂矿务局大窝里西平峒 4 煤层	—1.90	1.25	9.69	6.70	0.02	31.17
103	广东梅田矿务局六矿	原煤	4.82	8.67	3.75	0.47	32.54
104	广东红工矿务局一矿四槽	—1.45	0.96	5.46	9.31	1.12	35.69
105	广东红工矿务局二矿五槽 15 层	—1.45	0.93	7.01	8.75	1.11	35.55
106	广东红工矿务局三矿(格顶)六槽 21 层	—1.45	0.27	4.99	8.16	0.89	35.46
107	广东红工矿务局四矿五槽 15 层	—1.40	0.84	4.14	10.91	0.87	35.92
108	广东连阳煤矿 5 层	—1.45	0.61	11.40	16.99	8.16	33.87
109	广东连阳煤矿磨万坑矿井 5 层	—1.45	0.42	7.24	13.75	9.19	34.13
110	广东梅田矿务局浆水斜井 12-2 层	原煤	2.38	4.57	7.67	0.83	35.89
111	广东梅田三矿	原煤	2.33	4.17	7.92	0.90	35.76
112	广东梅县明山煤矿Ⅱ6 层	—1.85	0.67	7.80	2.10	0.33	33.35
113	广西合山矿务局东矿斜井四上层	—1.50	1.06	14.07	13.73	8.18	33.50
114	广西合山矿务局东矿斜井 4 下层	—1.45	1.15	12.30	14.07	11.17	33.14
115	广西罗城矿务局呼略矿 1 层	原煤	3.73	8.85	3.93	2.84	34.25
116	广西罗城矿务局塘北矿 3 层	原煤	3.85	6.74	3.26	2.43	34.68
117	广西红山矿务局红茂煤田更班矿	原煤	0.93	7.55	10.55	1.27	35.38
118	广西红山矿务局红茂煤田更班矿	原煤	1.05	4.65	7.78	1.61	36.00
119	广西红山矿务局红茂煤田下金矿	原煤	1.58	6.92	8.82	2.33	35.53
120	广西红山矿务局红茂煤田下金矿	—1.40	1.38	2.64	6.38	1.72	35.88
121	贵州六枝化处煤矿 19 煤层	—1.40	1.23	9.59	10.77	1.01	36.08
122	贵州六枝木岗煤矿斜井 19 煤层	—1.40	0.88	5.20	13.60	1.97	35.94
123	贵州贵阳煤矿小河沟坑 K7 煤层	—1.40	0.78	9.41	13.80	2.21	36.17
124	贵州遵义煤矿六号井	—1.45	0.72	8.90	7.75	5.94	34.77
125	贵州桐梓楚米煤矿西平峒 4 煤层	—1.40	1.10	7.38	9.76	1.17	35.85

续表

密度		元素分析(daf)/%					R_{max} /%	Hv /(kg /mm²)	抗碎强度 SS/%	煤类
$(TRD)_d$	ARD	C	H	N	S	O				
1.46	1.40	92.06	3.72	1.54	0.69	1.99	2.670	33.3		WY3
1.45	1.38	93.07	3.89	1.52	0.35	1.17	2.230	37.6		WY3
1.42	1.32	90.37	4.23	1.78	0.34	3.28	1.580	26.9		PM
1.43	1.36	91.74	4.16	1.58	0.35	2.17	1.820	29.2		PM
1.44	1.37	89.63	3.96	1.39	3.47	1.55	1.775	28.0		WY3
1.56	1.48	93.90	3.17	0.82	0.55	1.56	3.220	45.0		WY2
1.49	1.42	87.70	4.11	1.67	2.33	4.19	1.653	31.2		PM
1.86	1.79	96.06	0.79	0.48	0.15	2.52	11.080	156.4		WY1
2.18	2.08	95.16	0.54	0.03	0.02	4.25	8.420	26.8		WY1
1.96	1.87	96.32	1.00	0.70	0.52	1.46	9.380	144.8		WY1
1.43	1.38	91.57	3.83	1.45	1.19	1.96	1.565	33.2		WY3
1.44	1.37	91.27	3.76	1.52	1.19	2.26	2.190	33.4		WY3
1.45	1.40	91.68	3.46	1.86	0.94	2.06	2.456	39.4		WY3
1.38	1.34	91.53	4.07	1.74	0.9	1.76	1.880	30.3		PM
1.47	1.36	83.28	3.95	0.72	9.21	2.84	1.418	23.8	55.13	PM
1.43	1.36	84.61	3.68	0.75	9.91	1.05	1.625	26.8		PM
1.44	1.39	92.30	3.41	1.38	0.87	2.04	2.262	31.2		WY3
1.41	1.37	93.08	3.49	1.46	0.94	1.03			52.01	WY3
1.86	1.78	95.83	1.61	0.38	0.36	1.82	8.955	69.0		WY1
1.50	1.36	83.60	3.83	0.82	9.52	2.23	1.305	27.8		PM
1.48	1.36	82.00	3.73	0.54	12.74	0.99	1.318	33.2		PM
1.68	1.59	93.96	2.01	0.71	2.99	0.33	7.730	82.6		WY2
1.70	1.63	94.94	1.92	0.49	2.61	0.04	7.000	78.8		WY1
1.45	1.37	92.23	3.84	1.09	1.38	1.46	3.640	42.4	70.10	PM
1.44	1.39	93.21	3.47	0.87	1.69	0.76	2.190	32.2	81.29	WY3
1.47	1.40	92.68	3.54	0.84	2.50	0.44	2.510	32.4	57.29	WY3
1.44	1.41	93.57	3.40	1.05	1.77	0.21	2.073		62.78	WY3
1.42	1.33	91.01	4.40	1.67	1.12	1.80	1.795	27.2		PM
1.38	1.33	90.27	4.50	1.42	2.08	1.73	1.400	24.0		PM
1.41	1.32	90.92	4.49	1.15	2.44	1.00	1.733	19.5		PM
1.47	1.38	88.01	3.91	0.71	6.52	0.85	2.330	35.4		WY3
1.42	1.35	90.84	4.13	1.38	1.27	2.38	2.033	29.0		WY3

编号	矿井及煤层名称	工业分析					
		煤样浮沉	M_{ad} /%	A_d /%	V_{daf} /%	$S_{t,d}$ /%	$Q_{gr,daf}$ /(MJ/kg)
126	贵州织金高山煤厂红联23坑	−1.55	1.33	7.96	6.57	2.05	35.21
127	贵州织金联会煤厂红联27坑	−1.55	1.30	8.71	6.93	1.72	35.08
128	四川芙蓉中平峒B3+4层	−1.50	0.94	12.29	8.47	1.56	35.43
129	四川芙蓉矿务局杉木树矿南井	−1.45	0.66	8.50	8.82	1.52	35.77
130	四川芙蓉矿务局白皎矿4煤层	−1.50	0.88	10.51	7.53	1.16	35.44
131	四川松藻矿务打通一矿8煤层	−1.45	0.76	9.89	9.14	1.84	35.40
132	四川攀枝花矿务局沿江矿45煤层	−1.40	0.58	6.35	13.74	1.20	36.23
133	四川松藻煤矿二井	−1.45	1.22	9.20	9.59	1.30	35.31
134	陕西铜川三里洞矿F2层	原煤	0.67	25.48	18.06	5.84	33.48
135	宁夏碱沟山二号井3层	原煤	5.01	5.17	3.45	0.75	33.11
136	汝箕沟西沟平峒2-1层	原煤	1.12	5.01	7.72	0.20	35.66
137	宁夏石炭井卫东煤矿2层4分层	−1.40	0.80	4.66	8.37	0.15	36.07

注：镜质组最大反射率 R_{max}，显微硬度 H_V 及抗碎强度 SS 均为原煤样的测定结果。

续表

密度		元素分析（daf）/%					R_{max} /%	Hv /(kg /mm^2)	抗碎强度 SS/%	煤类
$(TRD)_d$	ARD	C	H	N	S	O				
1.54	1.46	92.28	3.06	1.12	2.22	1.32	2.848	42.0		WY3
1.55	1.46	92.29	3.23	1.14	1.89	1.45	2.898	44.2		WY3
1.50	1.38	91.63	3.86	1.21	1.78	1.52	2.195	36.2	79.57	WY3
1.44	1.36	91.38	3.81	1.39	1.66	1.76	1.950	37.8	78.14	WY3
1.50	1.40	92.60	3.75	1.24	1.30	1.11	2.193	37.7	83.25	WY3
1.46	1.36	90.45	4.16	1.57	2.05	1.77	1.968	32.2	69.72	WY3
1.39	1.33	91.53	4.42	1.31	1.28	1.46	1.477	28.4	79.08	PM
1.46	1.37	90.58	3.95	1.59	1.14	2.74	2.125	33.4	39.86	WY3
1.60	1.35	86.62	4.16	1.56	6.00	1.66	1.255	30.8	52.68	SM
1.89	1.84	96.96	1.15	0.56	0.79	0.54	9.935	133.0	76.30	WY1
1.47	1.42	93.77	3.72	0.73	0.21	1.57	2.775	43.00	91.87	WY3
1.39	1.34	93.29	4.05	0.84	0.16	1.66	2.030	41.4		WY3

附录 5a 褐煤分类煤样的分析结果

序号	矿井和煤层名称	工业分析					反射率	元素分析(daf)/%					透光率①	最高内在水
		M_{ad} /%	A_d /%	V_{daf} /%	$S_{t,d}$ /%	$Q_{gr,daf}$ /(MJ/kg)	R_{max}/%	C	H	N	S	O	P_M/%	MHC/%
1	吉林延边煤矿 470 水平	5.60	9.75	41.02	0.29	31.98	0.540	79.42	5.53	1.08	0.34	13.63	72.8	11.77
2	吉林蛟河珲春北矿松林井 6 层	8.93	13.70	44.70	0.40	28.91	0.462	72.53	5.22	1.01	0.46	20.78	13.0	18.92
3	梅河煤矿一井 12 层	8.20	6.83	44.72	0.37	30.19	0.431	73.39	5.66	1.84	0.40	18.71	32.0	14.29
4	梅河煤矿二井 12 层	5.70	5.93	45.96	0.41	30.20	0.486	74.02	5.78	1.83	0.44	17.93	30.4	14.09
5	梅河煤矿三井 12 层	3.44	4.23	44.31	0.45	30.90	0.659	76.24	5.63	1.38	0.46	16.29	49.3	8.83
6	梅河煤矿三井 12 层 A	3.73	6.17	45.52	0.53	31.25	0.603	76.21	6.10	1.52	0.56	15.61	56.1	8.20
7	吉林和龙煤矿松下坪井 2A 层	4.43	8.55	37.47	0.46	31.80	0.651	78.64	5.41	0.88	0.50	14.57	78.6	10.27
8	营城九井二层	5.77	6.93	36.24	0.79	31.12	0.597	77.91	5.30	0.94	0.84	15.01	81.0	11.44
9	黑龙江五九煤矿胜利斜井 4 层	12.18	9.36	47.06	0.56	31.70	0.464	77.29	5.94	1.96	0.62	14.19	65.5	17.80
10	抚顺西露天矿	4.02	4.98	46.04	0.51	32.33	0.577	78.42	4.70	1.17	0.54	15.17	74.9	9.29
11	山东黄县煤矿立井一层	4.21	9.32	47.51	0.65	29.32	0.542	72.69	5.89	1.82	0.70	18.90	28.6	22.39
12	扎赉诺尔矿务局露天矿	15.86	8.46	42.47	0.37	27.71	0.313	73.23	4.53	1.00	0.40	20.84	32.0	30.22
13	崇礼县煤矿 4 层	10.19	16.19	44.45	1.74	28.62	0.333	72.29	5.01	0.80	2.07	19.83	10.0	27.06
14	伊盟罕台川矿次窑沟矿 2 层	13.93	5.38	37.29	0.19	29.25	0.434	76.19	4.87	0.88	0.20	17.86	58.5	24.50

续表

序号	矿井和煤层名称	工业分析					反射率	元素分析(daf)/%					透光率①	最高内在水
		M_{ad}/%	A_d/%	V_{daf}/%	$S_{t,d}$/%	$Q_{gr,daf}$/(MJ/kg)	R_{max}/%	C	H	N	S	O	P_M/%	MHC/%
15	伊盟乌素沟矿南梁井下层	13.15	4.16	38.20	0.21	30.51	0.514	77.72	5.41	1.24	0.22	15.41	67.8	17.14
16	固阳窝尔沙豪煤矿	16.74	6.95	40.64	1.43	30.16	0.531	75.01	5.51	1.99	1.54	15.95	50.6	20.59
17	营盘湾矿二矿 4 层	6.79	5.58	39.22	0.28	31.01	0.597	78.28	5.41	1.07	0.30	14.94	72.9	7.50
18	海州露天矿 E_1 层	3.47	5.20	41.44	0.27	32.68	0.711	78.38	5.54	1.06	0.28	14.74	83.8	9.71
19	元宝山矿三斜井 4 层	8.77	7.29	43.70	1.63	29.44	0.482	73.71	5.30	0.95	1.76	18.28	26.8	18.21
20	阜新东梁煤矿二井上层	3.18	8.85	41.28	2.73	29.57	0.456	73.76	5.24	1.11	2.99	16.90	47.8	16.91
21	铁法大明二矿一井	3.61	6.82	37.94	0.52	30.50	0.513	77.82	5.51	1.19	0.56	14.92	68.0	15.46
22	平庄西露天煤矿一层	10.73	8.02	42.25	1.30	28.44	0.365	72.11	5.26	1.05	1.41	20.17	17.5	20.42
23	平庄古山煤矿二井 6～8 分层	7.72	5.58	43.25	1.07	41.65	0.437	73.86	5.50	1.26	1.14	18.24	32.5	17.22
24	舒兰东富煤矿二井 15 层	8.05	14.79	52.51	0.22	29.36	0.380	72.67	6.00	1.88	0.26	19.19	22.1	18.28
25	大雁矿务局一号井一层	16.27	14.09	45.32	0.54	28.12	0.480	71.42	5.23	1.49	0.63	21.23	19.6	28.81
26	依兰煤矿露天采区上层	7.16	9.46	46.68	0.46	31.60	0.622	76.67	5.86	2.09	0.51	14.87	71.8	9.27
27	义马北露天矿	6.33	8.55	41.55	0.97	29.77	0.402	75.43	5.52	1.17	1.06	16.82	51.5	16.08
28	义马跃进矿	6.61	6.11	41.66	1.24	30.04	0.389	75.14	5.59	1.12	1.32	16.83	43.7	14.29

续表

序号	矿井和煤层名称	工业分析					反射率	元素分析(daf)/%					透光率①	最高内在水
		M_{ad} /%	A_d /%	V_{daf} /%	$S_{t,d}$ /%	$Q_{gr,daf}$ /(MJ/kg)	R_{max}/%	C	H	N	S	O	P_M/%	MHC/%
29	广东石鼓煤矿姑古岭矿井南夏底层	2.05	18.83	52.99	1.04	32.51	0.511	77.26	6.83	2.24	1.28	12.39	86.3	17.38
30	田东那读煤矿岩林井南一采区	9.73	9.25	44.86	1.17	29.70	0.528	73.55	5.53	2.08	1.29	17.55	44.6	17.28
31	广西百色田阳公娄煤矿 A 层	7.56	6.60	42.02	1.17	29.29	0.553	73.78	5.64	2.29	1.25	17.40	50.3	16.33
32	广西百色县那怀煤矿	6.70	10.56	46.15	2.18	29.43	0.501	71.64	5.96	2.72	2.43	17.25	57.1	17.83
33	云南可保煤矿五邑露天	6.98	7.79	56.53	0.78	27.45	0.314	68.50	5.92	1.56	0.85	23.17	12.2	36.10
34	云南潦浒七队	4.58	6.32	59.63	0.19	27.80	0.297	68.71	6.20	1.14	0.20	23.75	6.6	28.02
35	小龙潭煤矿布沼坝坑	14.13	9.97	51.67	1.43	26.69	0.453	68.53	5.42	1.95	1.59	22.54	4.2	28.55
36	云南寻甸	11.79	13.60	61.80	0.68	27.52	0.289	67.79	6.04	0.92	0.79	24.46	11.7	29.89
37	甘肃阿拉善右旗长山煤矿 3 层	9.37	7.28	35.57	0.24	30.39	0.461	78.08	4.58	0.84	0.26	16.24	62.1	14.69
38	甘肃永登县大有煤矿	8.74	11.31	48.55	4.21	30.19	0.380	73.59	5.36	0.89	4.74	15.42	44.8	19.68

① P_M 为用 72 型分光光度计在波长 475nm 时测得的透光率。

附录 5b　褐煤分类煤样煤质特征综合表

序号	矿井和煤层名称	工业分析					元素分析(daf)/%					透光率[①] P_M/%	氧化腐植酸/%
		M_{ad} /%	A_d /%	V_{daf} /%	$S_{t,d}$ /%	$Q_{gr,daf}$ /(MJ/kg)	C	H	N	S	O		
1	云南小龙潭	10.39	10.95	48.76	1.90	26.37	68.06	4.74	1.82	2.13	23.25	15.5	48.00
2	勐滨矿 K 层	15.10	6.67	47.80	0.42	28.32	71.38	4.97	0.81	0.45	22.39	22.0	45.12
3	舒兰六层	14.97	13.24	50.77	0.29	27.47	69.19	5.69	1.56	0.34	23.22	26.3	54.10
4	扎赉诺尔中层	10.65	5.78	46.30	0.32	27.58	70.09	5.12	1.38	0.34	23.07	28.7	32.50
5	元宝山矿 5～6 层	8.17	8.00	40.02	1.21	29.66	74.71	4.74	0.86	1.32	18.37	30.6	30.42
6	平庄古山二井五层	13.62	8.71	39.32	1.92	29.09	74.11	5.16	1.24	2.10	17.39	39.6	24.04
7	沈阳清水台 3 井	7.75	10.03	42.94	0.99	29.33	73.25	5.57	1.77	1.10	18.31	45.3	53.50
8	广西百色	7.14	21.52	42.07	1.21	29.68	73.37	5.28	2.13	1.54	17.68	52.0	32.20
9	义马下磨矿 3 层	9.25	6.78	41.19	1.08	29.96	74.52	5.24	0.99	1.16	18.19	52.3	12.02
10	义马南露天矿下层	10.49	8.03	39.36	0.64	29.48	74.62	5.00	1.06	0.69	18.63	55.2	12.89
11	义马常村矿下层	7.76	7.25	38.68	0.96	29.72	75.16	5.11	1.09	1.04	17.60	57.2	13.50
12	五九煤矿	8.23	5.32	46.46	0.31	32.10	78.28	6.00	1.81	0.33	13.58	66.2	3.90
13	五九煤矿	9.33	6.64	45.35	0.43	31.76	77.81	5.89	1.74	0.46	14.10	67.6	3.88
14	五九煤矿	8.37	6.59	43.38	0.46	31.81	77.01	5.37	1.81	0.49	15.32	68.2	4.01
15	铁法二井	8.80	7.01	39.72	0.91	31.42	77.02	5.26	1.05	0.98	15.69	75.6	4.68

续表

序号	矿井和煤层名称	工业分析					元素分析(daf)/%					透光率① P_M/%	氧化腐植酸/%
		M_{ad} /%	A_d /%	V_{daf} /%	$S_{t,d}$ /%	$Q_{gr,daf}$ /(MJ/kg)	C	H	N	S	O		
16	营城七井	8.19	10.18	38.93	0.89	31.75	78.09	5.41	1.07	0.99	14.44	75.6	2.20
17	和龙松下坪	8.28	7.56	36.67	0.79	32.15	79.46	5.14	0.93	0.85	13.62	76.1	2.11
18	抚顺西露天矿	6.75	9.93	47.70	0.96	33.03	78.59	5.95	1.69	1.07	12.70	76.0	4.64
19	五龙矿十五区	5.19	6.82	37.74	0.57	32.71	80.32	5.63	1.31	0.61	12.13	87.5	1.13
20	辽源西安矿上煤	5.42	6.85	40.84	0.71	32.68	78.90	5.53	1.90	0.76	12.91	84.7	1.10
21	蛟河煤矿	2.89	10.05	38.96	0.44	32.68	81.03	5.70	1.13	0.49	11.65	88.7	1.40
22	五九煤矿四层	4.51	5.31	44.48	0.30	32.18	78.09	5.77	1.78	0.32	14.02	69.0	3.35
23	五九煤矿四下层	5.45	8.67	43.19	0.52	31.76	77.44	5.62	1.77	0.57	14.60	67.0	4.07
24	五九煤矿五层	10.42	8.36	43.73	0.41	31.42	77.10	5.47	1.83	0.45	15.15	64.5	6.98
25	梅河一井 12 层	7.52	5.73	45.56	0.47	30.17	74.33	5.52	1.77	0.50	17.88	46.5	14.21
26	梅河二井 12 层	9.07	6.44	45.57	0.56	29.47	74.15	5.49	1.64	0.60	18.12	44.5	17.03

① P_M 为用 72 型分光光度计在波长 475nm 时测得的透光率。

附录 6

国际标准　ISO 15585
硬煤-黏结指数测定方法　2006-01-15　第一版

目录

前言
1　范围
2　引用标准
3　术语和定义
4　原理
5　专用煤
6　仪器
7　实验煤样
8　实验步骤
9　结果计算
10　补充试验
11　精度
12　检验报告
附录　A　测定黏结指数用标准无烟煤的采样、制样方法
附录　B　测定黏结指数用标准无烟煤质量鉴定

前言

国际标准化组织（ISO）是世界各国标准化团体（ISO 成员）的联合会。通常由 ISO 技术委员会制定国际标准，每个成员关心的项目，若有与该项目相关的技术委员会存在，该成员则有权出席此相关的委员会。

政府及非政府的国际组织，可与 ISO 协作也可参与其中工作。ISO 与国际电气技术委员会（IEC）的全部电气技术标准化事务紧密合作。

国际标准要依据 ISO/IEC 导则第二部分（ISO/IEC Directives，Part 2）所示准则制定。技术委员会的主要任务是制定国际标准，国际标准的制定与技术委员会成员国表决情况相关联。国际标准文本的出版，必须获得参加表决的成员国 75%以上的同意，方可出版。ISO 关注国际标准化文本中某些可能归属专利权的部分，但对其中任一或全部专利权不负鉴别责任。

ISO 15585 由 ISO/TC27 技术委员会，固体矿物燃料技术委员会 SC5（分析方法）分会制定。

硬煤-黏结指数测定方法

1 范围

本国际标准规定了硬煤黏结指数的测定方法。适用于评价镜质组随机反射率 R_r 大于 0.6%和小于或等于 1.8%（>0.6%≤1.8%）烟煤的黏结能力。

2 引用标准

应用本标准时下面所列引用标准，通过本标准引用成为本标准的条文。标有日期的引用标准，仅适用于该日期的对应文本，未标日期的引用标准表明是最新文本（包括任何修正文本）。

ISO 562， 硬煤和焦炭-挥发分测定
ISO 589， 硬煤-全水分测定
ISO 1171，固体矿物燃料-灰分测定

3 术语和定义

3.1 黏结指数

煤样经 850℃加热后，对煤粒之间或煤粒与惰性物颗粒之间结合物强度的度量。

4 原理

将一定粒度的试验煤样和标准无烟煤，在规定条件下混合，快速加热成焦，所得焦块在一定规格的转鼓内进行强度检验，以焦块

的耐磨强度，即对破坏抗力的大小表示试验煤样的黏结能力。

5 专用煤

5.1 标准无烟煤 空气干燥基水分<2.5%（质量），干燥基灰分<4%（质量），干燥无灰基挥发分<8%（质量）。粒度为0.1～0.2mm，0.1mm的筛下物含量不得大于6%（质量），而0.2mm的筛上物含量不得大于4%（质量）。

注： 附录A和B对标准无烟煤的采样，制备和检验有详细规定。

6 仪器

6.1 天平 精度不低于0.01g；

6.2 坩埚 陶瓷，尺寸如下（见图1）[1]。

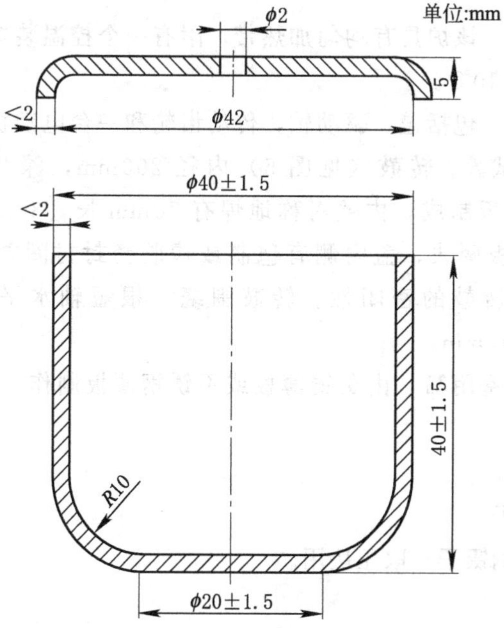

图1 坩埚和盖（单位：mm）

[1] 附录6图表号按原标准。

a）顶部外径：　40mm±1.5mm；

b）底部内径：　20mm±1.5mm；

c）坩埚高：　40mm±1.5mm；

d）壁厚：　<2mm。

6.3　盖　陶瓷，厚1.5～2.0mm，盖中央有一个直径2mm的小孔（见图1）。

6.4　搅拌丝　由直径1～1.5mm的金属丝制成，金属丝的一端有一个8mm的圆环（见图2）。

6.5　耐热压块　可由镍铬合金钢制成❶，质量110～115g（见图3）。

6.6　压力器　用来以质量6kg压紧试验煤样和无烟煤混合物（见图4）。

6.7　电炉　该炉具有均匀加热带，附有一个控温装置，控制温度在850℃±10℃。

6.8　转鼓　包括盖，驱动轴，传动齿轮和一台电动机，用于进行焦炭耐磨试验。转鼓（见图5）内径200mm，深70mm，由厚3mm的铁板制成，内壁对称地焊有70mm长，30mm宽，2mm厚的铁挡板两块，盖内侧有毡制或橡胶密封衬圈并有两对蝶型螺母保证转鼓的密闭性。转鼓围绕一根短轴水平旋转，转速（50±2）r/min。

6.9　实验室用筛　由黄铜薄板或不锈钢薄板制作，筛孔为圆孔，直径1mm。

6.10　秒表

6.11　刷子

6.12　长柄镊子　取压块用。

---

❶ 镍铬合金是适于制作商业用耐热压块的一个实例，提供此信息是为了方便ISO 15585的用户，并非是ISO对此压块组成的认定。

单位:mm

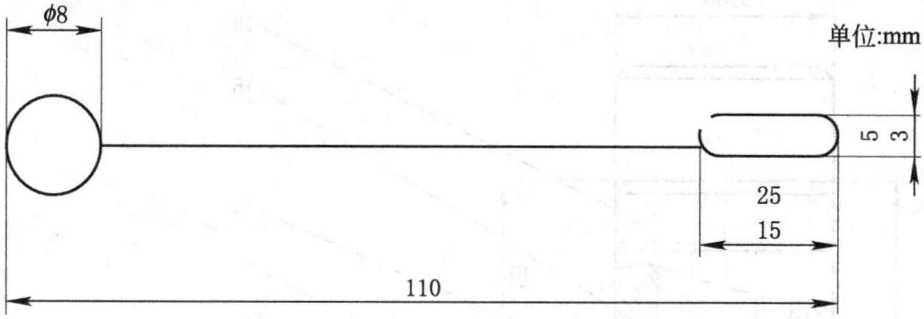

图 2　搅拌丝

单位:mm

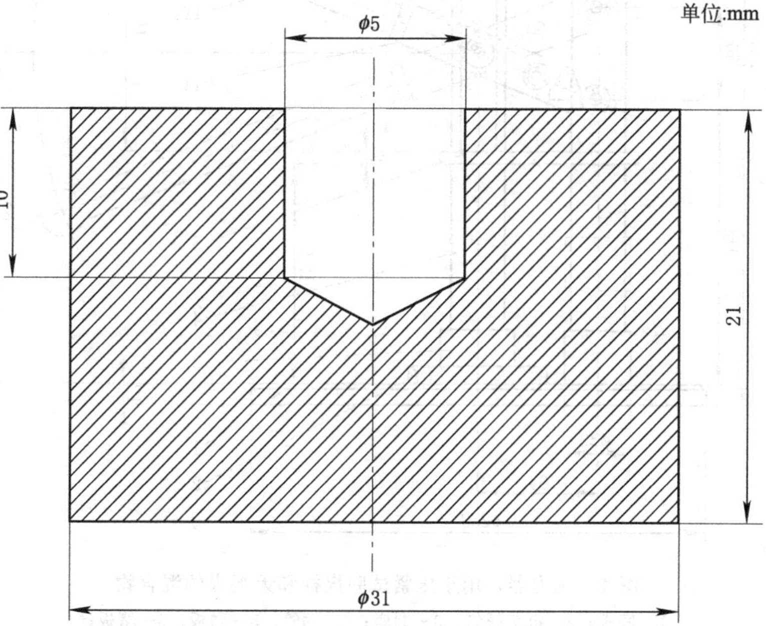

图 3　压块

单位:mm

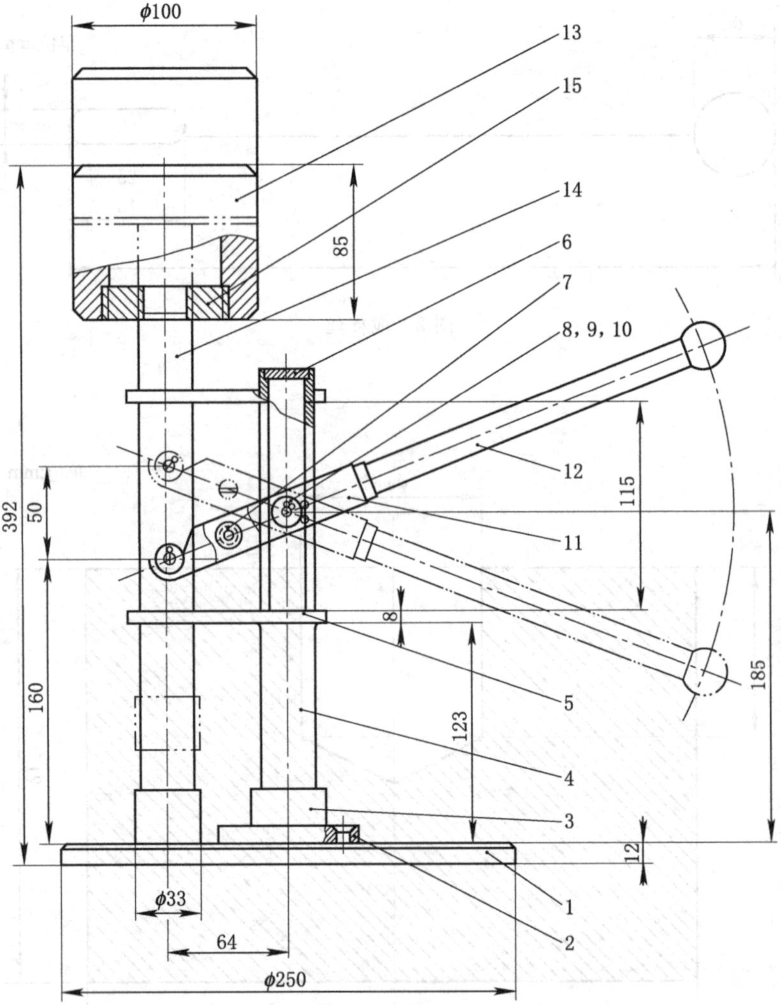

图 4　压力器，用于压紧试验煤样和无烟煤的混合物

1—底板；2—沉头螺钉；3—圆座；4—钢管；5—联板；6—堵板；7—支承轴；8—小轴；9—垫圈；10—开口销；11—支承架；12—手柄；13—压重；14—升降立轴；15—丝堵

单位:mm

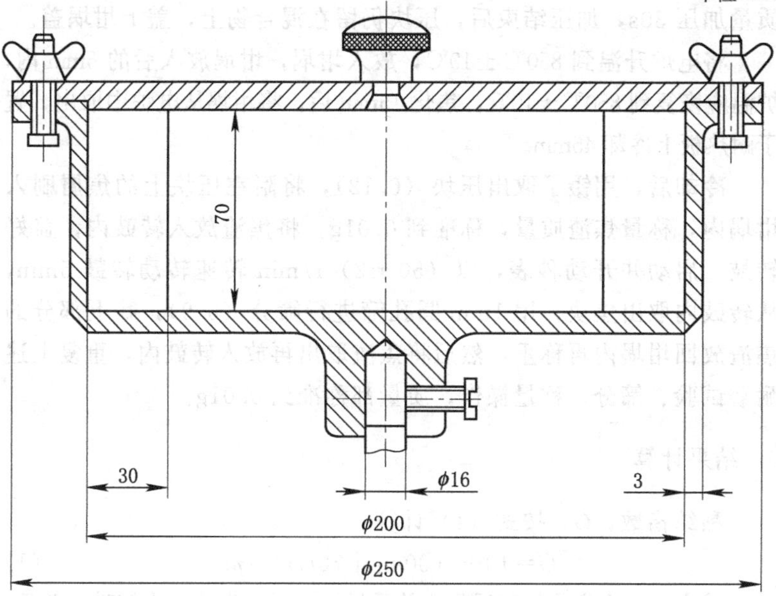

图 5　试验用转鼓

7　实验煤样

7.1　空气干燥基煤样，破碎到通过 0.2mm 试验用筛，注意切勿产生过多的小于 0.1mm 的煤粒，其中 0.1～0.2mm 的煤粒应占全部煤样的 20%（质量）到 40%(质量)。

7.2　试验煤样应装在密闭容器中，制样后到试验的时间不应超过一个星期。

8　实验步骤

每个试验煤样应进行重复测定，同一样品的两个坩埚应在不同炉次电炉的不同位置进行焦化。

称量洁净、干燥的坩埚，放入 1.00g 煤样和 5.00g 标准无烟煤(5.1)，质量应称准到 0.01g，用搅拌丝充分混合 2min（6.4），混合物用搅拌丝拨平，放上压块。然后将其置于压力器下，以 6kg 质量加压 30s，加压结束后，压块仍留在混合物上，盖上坩埚盖。

将电炉升温到 850℃±10℃，放入坩埚，坩埚放入后的 6min 内，炉温应恢复到 850℃±10℃，焦化 15min 后，将坩埚从电炉中取出，置于耐热板上冷却 45min。

冷却后，用镊子取出压块（6.12），将附在压块上的焦屑刷入坩埚内，称量焦渣质量，称准到 0.01g。将焦渣放入转鼓内，盖好转鼓。启动并开动秒表，以（50±2）r/min 转速转动转鼓 5min，从转鼓内取出焦块，用 1mm 圆孔筛进行筛分（6.9），筛上部分的焦渣放回坩埚内再称重，然后将焦渣取出再放入转鼓内，重复上述耐磨试验、筛分、称量操作，质量都称准到 0.01g。

9 结果计算

黏结指数，G，按式（1）计算：

$$G=10+(30m_1+70m_2)/m \tag{1}$$

式中，m 为焦化处理后焦渣总质量，g；m_1 为第一次转鼓试验后，筛上部分的质量，g；m_2 为第二次转鼓试验后，筛上部分的质量，g。

计算结果取到小数第一位。

以重复试验结果的算术平均值作为最终结果，报告结果取整数。

若重复试验结果超过表 1 规定的精度，需重新进行测定。

表 1 精度

黏结指数	结果间最大允许差值	
	相同试验室（重复性）	不同试验室（再现性）
≥18	3	4
<18	1	2

10 补充试验

当测得 $G<18$ 时，需重做试验，试验煤样和无烟煤的比例改为 3∶3，即 3g 试验煤样与 3g 标准无烟煤。其余试验步骤与条款 8

相同。结果按式（2）计算：

$$G=(30m_1+70m_2)/5m \tag{2}$$

11 精度

11.1 重复性

同一个分析煤样，在不同时间内，由同一操作人员用相同仪器于同一试验室中进行，重复测定结果不应大于表 1 中重复性的规定值。

11.2 再现性

不同试验室，取自制样最后阶段的有代表性的同一煤样，所得重复试验的平均测定值不应大于表 1 中再现性的规定值。

12 检验报告

检验报告包括以下内容：

a）煤样的认定；

b）试验方法的文本；

c）试验结果，取重复试验算术平均值的整数值。

附录6　A（补充件）

测定黏结指数用标准无烟煤的采样、制样方法

A1　标准无烟煤的来源

中国汝箕沟煤矿的两个指定的煤层定为制作标准无烟煤原料煤采集样点。

符合条款 5.1 规定并满足附录 B 要求的无烟煤，亦可用于制作标准无烟煤。

A2　制作标准无烟煤

制作标准无烟煤应遵照标准无烟煤的详细制作程序进行（包括从原料煤中剔出拣净脏杂物、夹石和其他污染物，干燥、用规定的破碎机破碎并以特定的筛子进行筛分）。

A3　质量的检验和认定

制作的标准无烟煤应定期检测，项目有：水分、灰分和挥发分（分别按照 ISO 589，ISO 1171 和 ISO 562 的规定进行），筛分分析、筛下物含量，以及制作的标准无烟煤对适当数目的烟煤测定黏结指数并与基准无烟煤对应的测值进行比较。

作为商品的标准无烟煤应注明灰分、挥发分及筛下物含量限额值，并附有批号及合格证。

附录6　B（补充件）

测定黏结指数用标准无烟煤质量鉴定

B1　基准无烟煤样

基准无烟煤样应每三年更换一次。

B1.1　制备方法

按附录A的规定，采制四个样品，每一样品量4kg，均匀分成两份，一份送检，另一份由制样单位保存。

B1.2　送检基准样的分析

送检样应进行下列测定：

a）对适当数目的烟煤测定其黏结指数，G；

b）按照条款5.1规定，测定水分，灰分和挥发分；

c）按照条款5.1规定，测定筛分规定值。

B1.3　测定方案

每一送检样品对8个烟煤测黏结指数G值（G值范围20～90，间隔大致为10），对每一个烟煤重复测定6次，送检样与基准样对8个烟煤的G平均值作统计分析比较（作S法及T法检验），应无显著差异。

B1.4　选定新基准样

新基准样所测的G平均值应与原基准样所测的G值作对比，四个新样品中至少要有两个符合要求，否则作废。均匀混合合格的样品作为新的基准样。

若第一次更换的基准样G值略低于原基准样（在规定的限值内），则第二次更换基准样时，其G值应略高于原基准样（在规定的限值内），防止逐次降低或增高。

B1.5　基准样的保存

将基准样均匀分成若干份，每份约200g，存放于干燥、阴暗处。

B2　商用标准无烟煤产品

每 200kg 作为一鉴定单元。

B2.1　取样方法

每 2kg 左右送检无烟煤作为一份，用取样长勺，按 5 点取样法，采集得到该份样品送检子样，约 150g。将每 100 份送检子样混合（取自 200kg 的一批煤样中）均匀后，缩分到 1kg 左右，作为送检样。

B2.2　送检样分析

标准无烟煤送检样应测定以下项目：

a）烟煤的黏结指数，G 值；

b）水分、灰分及挥发分，要求：

$$M_{ad}=1.5\%（质量）\sim 2.5\%（质量）;$$

$$A_{d}=1.5\%（质量）\sim 4.0\%（质量）;$$

$$V_{daf}=6.5\%（质量）\sim 8.0\%（质量）。$$

B2.3　测试方案

送检无烟煤和基准样对 4 个烟煤测定黏结指数 G 值，对每一个烟煤重复测定 6 次。结果用 T 检验法统计计算，应无显著差异。允许差可定为 2.5～3.0S，S 是综合标准差。

B2.4　标准无烟煤样的保存

存放于干燥、阴暗处，保存期三年（以发合格证之日起计算）。

主要参考文献

1 D. W. Van Krevelen. Coal，Typologyphysics-chemistry-constitution. Third，completely revised edition. Elsevier. Amsterdam. 1993

2 J. F. Unsworth，D. J. Barratt，P. T. Roberts. Coal quality and combustion performance，Coal Science and Technology. Vol. 19. Elsevier. Amsterdam. 1991

3 L. D. Smoot. Fundamentals of Coal Combustion，Coal Science and Technology. Vol. 20. Elsevier. Amsterdam. 1993

4 A. M. Carpenter. Coal Classification，IEA Coal Research. London. 1988

5 S. A. Benson，E. N. Steadman et al. Trace element transformation in coal-fired power systems. Fuel Processing Technology，Special Issue，Vol. 39. Elsevier. 1994

6 黄启震主编．炭素工艺与设备．第七卷．兰州炭素厂，1994

7 秦勇．中国高煤级煤的显微岩石学特征及结构演化．中国矿业大学出版社，1994

8 杨松君等主编．动力煤利用技术．北京：中国标准出版社，1999

9 陈文敏等主编．动力配煤．北京：煤炭工业出版社，1999

10 韩德馨主编．中国煤岩学．北京：中国矿业大学出版社，1996

11 杨金和等主编．煤炭化验手册．北京：煤炭工业出版社，1998

12 马学昌等编著．煤炭资源及其开发利用前景．北京：地质出版社，1994

13 唐修义等著．中国煤中微量元素．北京：商务印书馆，2006

14 ISO 15585 Hard Coal-Determination of Caking index. First edition，2006-01-15

15 ISO 11760 Classification of Coals. First edition，2005-02-15

第一版后记

一、关于书名。作者在申请国家科学技术著作出版基金资助时，曾用“中国煤炭分类和利用”作书名。完稿前加上本书附录后，感到本书应更名为“中国煤炭性质、分类和利用”更为贴切与符合实际。原因之一是煤的性质是煤分类的基础，书中为了阐明煤分类的全过程，用较大的篇幅来介绍中国煤的性质及其测试方法，突出煤性质的重要性，并应在书名上有所体现；其二，本书增加了附录，将煤炭分类研究中所采集与测试煤样的所有煤质数据提供给读者，可以说给读者一把打开中国煤炭资源性质“宝库”的钥匙，共同享有这一宝贵的煤质资源。这些煤样采自全国各地区，涵盖了不同成煤时代与地层，包括不同煤阶的近千个煤样。打开这个“煤质宝库”，有心的读者就可以利用这些丰富的素材，探索煤质间的关系，得到新的启迪；可以方便地知道某地区某矿区煤的性质；或者根据你所要求的煤质，去寻找所需的煤种，重新采样和研究。本书提供如此丰富的中国煤炭资源性质数据，更名为“中国煤炭性质、分类和利用”，既顺理成章，也名符其实。

二、撰写全书和整理附录煤质数据过程中，不时勾起许多难忘而美好的回忆。追忆起 20 多年前诸多共事同仁们的鼓励和帮助，当年的场景，都还历历在目。他们为中国煤分类研究付出了辛勤的劳动，贡献出创意和智慧。本书的出版，也为了记录他们的功绩。特别要提到的是汪寅人、罗颖都、杨金和、陈文敏、陈弥生、陶玉灵、张秀仪、郝琦、朱春笙、龚至丛、刘品双、江培林、冯安祖、钱湛芬、屈宇生、时铭扬、张孝天等，有了他们的支持、协作与配合，才使分类指标和分类方法研究不断取得进展和有所收获。作者在此向他们深表谢忱。

煤分类研究可以说是一项庞杂的系统工程；工作量之大，采集煤样之多，付出劳动之艰巨，试验之广泛，不仅在我国煤分类史上是空前的，在世界煤分类领域也是少见的。当时参与此项科研工作的有40多个单位，如按原来的单位名称有煤炭科学研究总院北京煤化所；西安分院地质所；重庆煤研所；冶金部鞍山热能研究所；鞍钢化工总厂；地质部地勘研究院；广西、新疆、广东、河南煤炭（燃化）局下属有关煤矿及矿务局；北京、开滦、淮南、淮北、峰峰、抚顺、萍乡、乌达、澄合、丰城、汝箕沟矿等矿务局及其化验室；湖南、山东、四川、江苏、黑龙江、辽宁、吉林、河北、内蒙古、山西、陕西、宁夏和贵州、广西煤田地勘公司及其化验室；江西、甘肃和重庆煤田地质研究所；云南143队地勘化验室；首钢、酒钢、武钢、重钢和太钢焦化厂及其化验室；淮南矿院及华东化工学院等单位的有关人员都参加过有关试验工作与应用推广研究，对煤分类的制订与完善，起了很好的促进作用，在此一并致谢。北京煤化所历届领导多年来也一直关心和支持本项工作与本书的出版，对他们的支持和帮助，以及国家科学技术著作出版基金委员会给予经费资助，表示衷心的感谢。

三、尽管经过多次删节，全书字数也已经超出原计划的30万字；再因增加“中国煤炭资源性质”部分作为附录，使出版字数大大超过预计。作者只能割爱，将参考文献改成主要参考书目。文中在所引处加注资料来源、原作作者及发表年份来加以弥补。读者如果要详细了解所引图表的原始出处，只能请读者来函再详告引用出处。这不能不说是留下一个缺憾。

四、行文至此，即将完成这本书的全部撰写任务，了却了一桩长期想出本中国煤分类专著的心愿，但也突然感到有些迷惘和忐忑不安，不知本书出版后，能否让读者真正做到开卷有益。掩卷长思，担心能否达到作者在前言中所设想的期望与效果，也就失去了撰写“前言”时的那种热情与踌躇满志的感觉。如果读者能从本书中得到某种收获和启迪，如果本书能为读者在中国煤炭资源、性质和分类到有效和洁净利用工程之间架起一座桥梁，作者将感到莫大的欣慰。

作　者

二〇〇一年三月